ISBN 3-7643-0546-0

ANALYSE FONCTIONNELLE

TOME III

ESPACES FONCTIONNELS USUELS

par

H. G. GARNIR

M. DE WILDE et J. SCHMETS

Institut de Mathématique
de l'Université de Liège (Belgique)

1973
BIRKHÄUSER VERLAG BASEL
UND STUTTGART

H. G. GARNIR · M. DE WILDE · J. SCHMETS

ANALYSE FONCTIONNELLE

TOME III

MATHEMATISCHE REIHE

BAND 45

LEHRBÜCHER UND MONOGRAPHIEN

AUS DEM GEBIETE DER EXAKTEN WISSENSCHAFTEN

TABLE DES MATIÈRES

LIVRE V

ESPACES FONCTIONNELS USUELS

Préliminaires 9

I. *Espaces de suites*

Espaces V et V^0 12
Espaces $\mathbf{A}-l_{1,2,\infty}$ et $\mathbf{A}-c_0$ 15
Espaces l et l^* 50
Espaces de suites à valeurs dans un espace linéaire à semi-normes 56

II. *Espaces de fonctions mesurables*

Espace $\mathbf{M}-L(\Omega)$ 67
Espaces $\mathbf{M}-L_{1,2,\infty}(\Omega)$ 70
Espaces $\mathbf{M}'\otimes\mathbf{M}''-L_1(\Omega'\times\Omega'')$ 117
Espaces $\mathbf{M}-L_{1,2,\infty}(\Omega; E)$ 119

III. *Espaces de fonctions continues*

Espace $C_0^{\mathrm{alg}}(e)$ 130
Espaces $\mathbf{A}-C_0(e)$ et $\mathbf{A}-C_0^0(e)$ 131
Mesure de Haar dans un groupe topologique localement compact de E_n 166
Espaces $\mathbf{A}'\otimes\mathbf{A}''-C_0^0(e'\times e'')$ 178
Espaces $\mathbf{A}-C_0(e; E)$ et $\mathbf{A}-C_0^0(e; E)$ 179

IV. *Espaces de mesures*

Espaces $M^{\mathrm{alg}}(\Omega)$ et $MB^{\mathrm{alg}}(\Omega)$ 185
Espaces de mesures munis de systèmes de semi-normes associées aux sous-ensembles de Ω 186
Espaces de mesures munis de systèmes de semi-normes associées aux fonctions continues dans Ω 194

V. *Espaces de fonctions dérivables*

Espaces $\mathbf{A}-C_L(\Omega)$ et $\mathbf{A}-C_L^0(\Omega)$ 216
Espaces $\mathbf{A}'\otimes\mathbf{A}''-C_L(\Omega'\times\Omega'')$ et $\mathbf{A}'\otimes\mathbf{A}''-C_L^0(\Omega'\times\Omega'')$ 239
Espaces $\mathbf{A}-C_L(\Omega; E)$ et $\mathbf{A}-C_L^0(\Omega; E)$ 247

VI. *Espace $D_\infty(\Omega)$ et distributions*

Espace $D_\infty(\Omega)$ 253
Distributions 257

Ouverts d'annulation et support d'une distribution ... 265
Distributions prolongeables dans $\mathbf{A}-C_L^0(\Omega)$ ... 270
Distributions d'ordre fini ... 271
Distributions à support compact ... 273
Distributions tempérées ... 276
Distributions périodiques et séries de Fourier ... 280
Régularisée d'une distribution ... 284
Structure précisée des distributions d'ordre fini ... 289
Distributions définies positives ... 297
Transformées de Laplace et de Fourier de distributions ... 301
Espace $D_\infty^*(\Omega)$ ... 319
Espace $D_\infty(\Omega' \times \Omega'')$ ... 323
Produit tensoriel de distributions ... 324
Produit de composition de distributions ... 328

VII. *Espaces de fonctions analytiques*

Espace $A(\Omega)$ ... 338
Espace $A_L(\Omega)$, $L(D)$ elliptique ... 345

Appendice: Théorème de Krein-Milman

Sous-ensembles extrémaux ... 350
Théorème de Krein-Milman ... 364

Bibliographie ... 369

Index ... 371

Index des notations ... 373

INTRODUCTION

Pour mener à bien les applications de l'analyse fonctionnelle, il faut non seulement connaître la théorie générale, mais encore disposer d'une documentation précise sur les espaces qu'on rencontre en pratique.

L'objet de ce livre est l'étude monographique des espaces fonctionnels usuels les plus importants.

Pour chacun d'eux, on dresse le bilan des conséquences de la théorie générale et on développe les propriétés qui résultent de sa nature particulière. Les semi-normes sont introduites à partir de multiplicateurs chaque fois que cela permet d'unifier les nombreux cas particuliers qui se présentent.

Le chapitre consacré aux fonctions continues contient d'importants compléments à la théorie de la mesure développée dans le tome II, notamment le théorème de Riesz et le théorème d'existence des mesures de Haar. Les espaces de mesures constituent la matière d'un chapitre spécial, où on accorde une attention particulière aux ensembles de mesures probabilistes.

Les distributions de L. Schwartz font l'objet d'une étude approfondie, vu leur utilité fondamentale dans les applications. L'élégance avec laquelle se démontrent leurs propriétés les plus difficiles illustre bien l'efficacité de la théorie générale. Toutefois, de nombreuses variantes permettent d'en aborder les points principaux à partir de connaissances élémentaires en analyse fonctionnelle.

L'étude de chaque type usuel d'espaces de suites et de fonctions se complète par celle de l'espace correspondant d'éléments à valeurs dans un espace linéaire à semi-normes et des produits tensoriels qui lui sont associés.

Un appendice constituant un addendum au tome I expose la théorie des éléments extrémaux et notamment le théorème de Krein-Milman et ses conséquences.

Nous gardons évidemment ici le point de vue constructif des tomes I et II, ce qui nous conduit à attacher une importance particulière aux propriétés de séparabilité. Il est remarquable que la théorie des espaces usuels ne s'en trouve modifiée que sur des points de détail. On ne perd pratiquement aucun résultat, si ce n'est dans des espaces déjà réputés pathologiques.

LIVRE V

ESPACES FONCTIONNELS USUELS

Préliminaires

1. — Dans ce livre, nous supposons connues les propriétés principales des suites de points de E_n et des fonctions de variables réelles. Nous utilisons, pour l'essentiel, les notations et la terminologie, d'ailleurs classiques, de H. G. Garnir, *Fonctions de variables réelles*, I (1970, 2e éd.) et II (1965), Vander, Louvain.

Nous référons à ces traités par FVR I ou II et aux tomes I et II du présent ouvrage par I ou II.

Nous désignons par

— $C_0(e)$, $(e \subset E_n)$, l'ensemble des fonctions continues dans e,

— $C_p(\Omega)$, (Ω ouvert de E_n), l'ensemble des fonctions p fois continûment dérivables dans Ω,

— $D_p(\Omega)$, le sous-ensemble de $C_p(\Omega)$ formé des fonctions à support compact dans Ω.

2. — Pour éviter des complications d'écriture, nous utilisons quand c'est nécessaire un indice unique i pour désigner les multi-indices $(i_1, \ldots, i_n)$, $i_1, \ldots, i_n$ entiers.

Pour ces multi-indices, nous adoptons les conventions suivantes:

— $i \leqq j$ si et seulement si $i_m \leqq j_m$, $(m=1, \ldots, n)$,

— $i! = i_1! \ldots i_m!$,

— $|i| = i_1 + \cdots + i_n$,

— $x^i = x_1^{i_1} \ldots x_n^{i_n}$,

— $D_x^i = D_{x_1}^{i_1} \ldots D_{x_n}^{i_n}$.

Ainsi, par exemple, ces notations permettent d'écrire

$$\frac{(x_1 + \cdots + x_n)^m}{m!} = \sum_{|i|=m} \frac{x^i}{i!}$$

et

$$D_x^m(fg) = \sum_{|i| \leqq m} C_m^i D_x^i f \cdot D_x^{m-i} g, \quad \text{où} \quad C_m^i = \frac{m!}{i!(m-i)!}\cdot$$

L'usage de ces notations introduit parfois une certaine ambiguïté, vite compensée par l'habitude. Sans elles, certains chapitres deviendraient inextricables.

3. — Nous recourons souvent à des fonctions auxiliaires dont la construction est classique et peut se faire d'un grand nombre de manières.

Dans les cas délicats, cette construction est esquissée en note. A cet effet, les rappels suivants sont utiles.

On appelle *unité universelle de composition* une fonction

$$\varrho_\varepsilon(x) = \frac{1}{\varepsilon^n}\varrho_1\left(\frac{x}{\varepsilon}\right),$$

où $\varrho_1(x)$ est une fonction indéfiniment continûment dérivable dans E_n, positive, à support dans $\{x: |x| \leqq 1\}$ et telle que

$$\int \varrho_1\, dx = 1.$$

Il est facile de construire des fonctions ϱ_1. On peut même les prendre sous la forme

$$\varrho_1(x) = \varrho^{(1)}(x_1) \ldots \varrho^{(n)}(x_n).$$

Rappelons que, si f est localement intégrable dans E_n, on a $f * \varrho_\varepsilon \in C_\infty(E_n)$ et

$$D_x^k(f*\varrho_\varepsilon) = D_x^{k'} f * D_x^{k''} \varrho_\varepsilon$$

si $k = k' + k''$ et si les dérivées de f considérées existent.

On appelle *ε-adoucie* d'un ensemble e une fonction continue f telle que $0 \leqq f(x) \leqq 1$ pour tout $x \in E_n$ et

$$f(x) = \begin{cases} 1 & \text{si} \quad x \in e, \\ 0 & \text{si} \quad d(x, e) \geqq \varepsilon. \end{cases}$$

Voici deux exemples de telles fonctions, respectivement continue et indéfiniment continûment dérivable:

$$f(x) = \left[1 - \frac{1}{\varepsilon} d(x, e)\right]_+$$

et

$$f'(x) = \delta_{\{x: d(x, e) \leqq \varepsilon/2\}} * \varrho_{\varepsilon/2}.$$

La fonction f' vérifie les majorations suivantes, souvent utiles:

$$\sup_{x \in E_n} |D_x^k f'(x)| \leqq C_k \varepsilon^{-|k|},$$

quel que soit k, où C_k est indépendant de e et de ε.

4. — Une *partition de l'unité dans un ouvert* $\Omega \subset E_n$ est une suite f_m de fonctions définies dans Ω, positives et telles que

$$\sum_{m=1}^{\infty} f_m(x) = 1, \quad \forall x \in \Omega.$$

La suite f_m est *localement finie dans* Ω si, pour tout compact $K \subset \Omega$, les f_m non nuls dans K sont en nombre fini.

Dans ce cas, si f et f_m sont p fois continûment dérivables dans Ω, on a

$$D_x^k f = \sum_{m=1}^{\infty} D_x^k (f_m f)$$

quel que soit k tel que $|k| \leqq p$.

Soit f_m une suite de fonctions positives définies dans Ω, localement finie et telle que, pour tout $x \in \Omega$, $f_m(x) \neq 0$ pour au moins un m. On obtient une partition de l'unité localement finie dans Ω *en passant aux moyennes*, c'est-à-dire en introduisant les fonctions

$$f'_m = f_m / \sum_{i=1}^{\infty} f_i.$$

On vérifie aisément que si les f_m sont p fois continûment dérivables dans Ω, il en est de même des f'_m.

5. — On appelle *transformée de Fourier* de $f \in L_1(E_n)$ l'expression

$$\mathscr{F}_x^{\pm} f = \int e^{\pm i(x,y)} f(y)\, dy.$$

On appelle *transformée de Laplace* de f au point $p = \xi + i\eta$, $(\xi, \eta \in E_n)$, l'expression

$$\mathscr{L}_p f = \mathscr{F}_\eta^- [e^{-(\xi,\cdot)} f] = \int e^{-(p,y)} f(y)\, dy,$$

pour autant que $e^{-(\xi,\cdot)} f$ appartienne à $L_1(E_n)$.

On pose

$$\Gamma_f = \{\xi : e^{-(\xi,\cdot)} f \in L_1(E_n)\}.$$

6. — A toute fonction f définie dans E_n, on associe

— $\bar{f}$, tel que

$$\bar{f}(x) = \overline{f(x)}, \quad \forall x \in E_n,$$

— $\tilde{f}$, tel que

$$\tilde{f}(x) = f(-x), \quad \forall x \in E_n,$$

— f^*, tel que

$$f^*(x) = \overline{f(-x)}, \quad \forall x \in E_n.$$

On a évidemment

$$f^* = \tilde{\bar{f}} = \bar{\tilde{f}}.$$

I. ESPACES DE SUITES

Espaces V et V^0

1. — Désignons une suite d'éléments x_n de $\mathbf{C}$ par les notations

$$\vec{x} \quad \text{ou} \quad (x_1, x_2, \ldots).$$

L'élément x_i est appelé $i^{\text{ème}}$ *composante* de $\vec{x}$.

Une suite $\vec{x}$ est *finie* si x_i est nul pour tout i assez grand.

Si $\vec{x}$ est fini, on appelle *dimension* de $\vec{x}$ le numéro de sa dernière composante non nulle. Si $\vec{x}$ est de dimension n, on écrit encore

$$\vec{x} = (x_1, \ldots, x_n).$$

On appelle $\vec{e}_i$ l'élément $\vec{x}$ dont toutes les composantes sont nulles sauf la $i^{\text{ème}}$, égale à 1:

$$\vec{e}_i = (\underbrace{0, \ldots, 0, 1}_{i}).$$

2. — Quelles que soient les suites $\vec{x}^{(1)}, \ldots, \vec{x}^{(m)}$, les nombres $c_1, \ldots, c_m \in \mathbf{C}$ et l'entier positif m, posons

$$\sum_{j=1}^{m} c_j \vec{x}^{(j)} = \left(\sum_{j=1}^{m} c_j x_1^{(j)}, \; \sum_{j=1}^{m} c_j x_2^{(j)}, \ldots \right).$$

La loi ainsi définie est une combinaison linéaire dans l'ensemble des suites.

Nous désignons par V l'espace linéaire obtenu en munissant l'ensemble des suites de cette combinaison linéaire.

Nous désignons par V^0 le sous-espace linéaire de V formé des suites finies.

3. — On appelle *produit scalaire* de $\vec{x}, \vec{y} \in V$ et on note $\vec{x} \times \vec{y}$ la valeur de la série

$$\sum_{i=1}^{\infty} x_i y_i,$$

si elle converge.

C'est toujours le cas si $\vec{x}$ ou $\vec{y} \in V^0$.

Si les produits scalaires $\vec{x} \times \vec{y}$ *et* $\vec{x}^{(j)} \times \vec{y}^{(k)}$, $(j=1, \ldots, m;\ k=1, \ldots, n)$, *sont définis, on a*

$$\vec{x} \times \vec{y} = \vec{y} \times \vec{x}$$

et

$$\left(\sum_{j=1}^{m} c_j \vec{x}^{(j)} \right) \times \left(\sum_{k=1}^{n} d_k \vec{y}^{(k)} \right) = \sum_{j=1}^{m} \sum_{k=1}^{n} c_j d_k \vec{x}^{(j)} \times \vec{y}^{(k)}.$$

C'est immédiat.

En particulier, *pour tout* $\vec{x} \in V^0$, *on a*

$$x_i = \vec{x} \times \vec{e}_i, \; \forall i.$$

Le produit scalaire donne lieu aux deux inégalités fondamentales suivantes.

Si les expressions qui figurent au second membre sont définies, le produit scalaire $\vec{x}\times\vec{y}$ est défini et on a

$$|\vec{x}\times\vec{y}| \leqq \sup_i |x_i| \cdot \sum_{i=1}^{\infty} |y_i|. \qquad\qquad |\vec{x}\times\vec{y}|^2 \leqq \sum_{i=1}^{\infty} |x_i|^2 \cdot \sum_{i=1}^{\infty} |y_i|^2.$$

L'égalité a lieu si et seulement si

il existe θ réel tel que

$$x_k = \sup_i |x_i| \cdot e^{i(\theta - \arg y_k)}$$

pour tout k tel que $y_k \neq 0$.

$\vec{x}=0$ ou il existe c tel que

$$y_i = c\overline{x_i}$$

pour tout i.

Si $\vec{x}$ et $\vec{y}\in V^0$, l'inégalité est connue et relève de l'étude de $\mathbf{C}_n$.

On passe au cas général en notant que, si les derniers membres sont définis, on a

$$\sum_{i=1}^{N} |x_i|\,|y_i| \leqq \sup_{i\leqq N} |x_i| \,.\, \sum_{i=1}^{N} |y_i| \leqq \sup_i |x_i| \,.\, \sum_{i=1}^{\infty} |y_i|,$$

$$\left(\sum_{i=1}^{N} |x_i|\,|y_i|\right)^2 \leqq \sum_{i=1}^{N} |x_i|^2 \,.\, \sum_{i=1}^{N} |y_i|^2 \leqq \sum_{i=1}^{\infty} |x_i|^2 \,.\, \sum_{i=1}^{\infty} |y_i|^2,$$

pour tout N. De là, les séries

$$\sum_{i=1}^{\infty} |x_i|\,|y_i| \quad \text{et} \quad \sum_{i=1}^{\infty} x_i y_i$$

convergent, ce qui prouve que $\vec{x}\times\vec{y}$ est défini, et on a

$$|\vec{x}\times\vec{y}| \leqq \sum_{i=1}^{\infty} |x_i|\,|y_i| \leqq \sup_i |x_i| \,.\, \sum_{i=1}^{\infty} |y_i|.$$

$$|\vec{x}\times\vec{y}|^2 \leqq \left(\sum_{i=1}^{\infty} |x_i|\,|y_i|\right)^2 \leqq \sum_{i=1}^{\infty} |x_i|^2 \,.\, \sum_{i=1}^{\infty} |y_i|^2.$$

Si

$$|\vec{x}\times\vec{y}| = \sup_i |x_i| \,.\, \sum_{i=1}^{\infty} |y_i|,$$

on a

$$\left|\sum_{i=1}^{\infty} x_i y_i\right| = \sum_{i=1}^{\infty} |x_i|\,|y_i| = \sup_i |x_i| \,.\, \sum_{i=1}^{\infty} |y_i|.$$

De la première égalité, il résulte qu'il existe θ réel tel que $x_k y_k = |x_k y_k| e^{i\theta}$ pour tout k et, de la seconde, que $|x_k| = \sup_i |x_i|$ pour tout k tel que $y_k \neq 0$, d'où la conclusion.

Si

$$|\vec{x}\times\vec{y}|^2 = \sum_{i=1}^{\infty} |x_i|^2 \cdot \sum_{i=1}^{\infty} |y_i|^2$$

et si $\vec{x} \neq 0$, on a

$$\sum_{i=1}^{\infty} |x_i|^2 \cdot \sum_{i=1}^{\infty} |y_i|^2 - |\vec{x} \times \vec{y}|^2 = \sum_{i=1}^{\infty} |x_i|^2 \cdot \sum_{i=1}^{\infty} \left| y_i - \frac{\vec{x} \times \vec{y}}{\sum_{i=1}^{\infty} |x_i|^2} \bar{x}_i \right|^2,$$

d'où la conclusion.

4. — Soit $\vec{x} \in V$. On dit que $\vec{x}$ est
— *réel* si toutes ses composantes sont réelles,
— *positif* (resp. *négatif*), ce qu'on note $\vec{x} \geqq 0$ (resp. $\vec{x} \leqq 0$), si toutes ses composantes sont positives (resp. négatives).

Si $\vec{x}, \vec{y} \in V$, on dit que $\vec{x}$ est *supérieur ou égal* à $\vec{y}$ (resp. *inférieur ou égal* à $\vec{y}$), ce qu'on note $\vec{x} \geqq \vec{y}$ (resp. $\vec{x} \leqq \vec{y}$), si $\vec{x} - \vec{y} \geqq 0$ (resp. $\vec{x} - \vec{y} \leqq 0$).

A tout $\vec{x} \in V$, on associe

— $\mathscr{R}\vec{x} = (\mathscr{R}x_1, \mathscr{R}x_2, \ldots)$, (*partie réelle* de $\vec{x}$),

— $\mathscr{I}\vec{x} = (\mathscr{I}x_1, \mathscr{I}x_2, \ldots)$, (*partie imaginaire* de $\vec{x}$),

— $\bar{\vec{x}} = (\bar{x}_1, \bar{x}_2, \ldots)$, (*conjugué* de $\vec{x}$),

— $|\vec{x}| = (|x_1|, |x_2|, \ldots)$, (*module* de $\vec{x}$).

Si $\vec{x}$ est réel, on lui associe en outre

— $\vec{x}_+ = (x_{1,+}, x_{2,+}, \ldots)$, (*partie positive* de $\vec{x}$),

— $\vec{x}_- = (x_{1,-}, x_{2,-}, \ldots)$, (*partie négative* de $\vec{x}$).

Les relations suivantes sont immédiates:

— $\vec{x} = \mathscr{R}\vec{x} + i\mathscr{I}\vec{x}$; $\bar{\vec{x}} = \mathscr{R}\vec{x} - i\mathscr{I}\vec{x}$; $\mathscr{R}\vec{x} = (\vec{x} + \bar{\vec{x}})/2$; $\mathscr{I}x = (\vec{x} - \bar{\vec{x}})/(2i)$,

— $\overline{\sum_{(j)} c_j \vec{x}^{(j)}} = \sum_{(j)} \bar{c}_j \bar{\vec{x}}^{(j)}$,

— $|\mathscr{R}\vec{x}|, |\mathscr{I}\vec{x}| \leqq |\vec{x}|$ et, si $\vec{x}$ est réel, $|\vec{x}_+|, |\vec{x}_-| \leqq |\vec{x}|$,

— $\left|\sum_{(j)} c_j \vec{x}^{(j)}\right| \leqq \sum_{(j)} |c_j| \, |\vec{x}^{(j)}|$,

— $|\vec{x}| = |\bar{\vec{x}}|$,

— si $\vec{x} \times \vec{y}$ est défini, $\bar{\vec{x}} \times \bar{\vec{y}}$ et $|\vec{x}| \times |\vec{y}|$ sont définis et on a

$$\overline{\vec{x} \times \vec{y}} = \bar{\vec{x}} \times \bar{\vec{y}} \quad \text{et} \quad |\vec{x} \times \vec{y}| \leqq |\vec{x}| \times |\vec{y}|.$$

On voit sans difficulté qu'avec ces conventions, l'espace V est complexe et que le module y vérifie les propriétés algébriques des modules (cf. I, p. 351).

EXERCICES

Dans les exercices qui suivent, on numérote les composantes de $\vec{x}\in V$ à partir de 0. On appelle *produit de composition* de $\vec{x}$ et $y\in V$ l'élément $\vec{x}*\vec{y}$ de V défini par

$$(\vec{x}*\vec{y})_m=\sum_{i=0}^{m}x_i y_{m-i}.$$

1. — Quels que soient $\vec{x},\vec{y},\vec{z},\vec{x}^{(j)}\in V$ et $c_j\in\mathbf{C}$,

— $\vec{x}*\vec{y}=\vec{y}*\vec{x}$,

— $(\vec{x}*\vec{y})*\vec{z}=\vec{x}*(\vec{y}*\vec{z})$,

— $(\sum_{(j)}c_j\vec{x}^{(j)})*\vec{y}=\sum_{(j)}c_j\vec{x}^{(j)}*\vec{y}$.

2. — Quels que soient $\vec{x}^{(1)},\dots,\vec{x}^{(n)}\in V$,

$$(\vec{x}^{(1)}*\dots*\vec{x}^{(n)})_0=x_0^{(1)}\dots x_0^{(n)}.$$

3. — Quel que soit $\vec{x}\in V$,

— $\vec{e}_0*\vec{x}=\vec{x}$, ($\vec{e}_0$ est une *unité* pour le produit de composition),

— $\vec{e}_i*\vec{x}=(\underbrace{0,\dots,0}_{i},x_1,x_2,\dots)$, $\forall i\geqq 1$,

— $\vec{e}_i*\vec{e}_j=\vec{e}_{i+j}$, $\forall i,j$.

4. — On dit que $\vec{x}\in V$ est *invertible* pour le produit de composition s'il existe $\vec{y}\in V$ tel que $\vec{x}*\vec{y}=\vec{e}_0$.

a) Si $\vec{x}$ est invertible, il existe un seul $\vec{y}$ tel que $\vec{x}*\vec{y}=\vec{e}_0$. On l'appelle *inverse* de $\vec{x}$ et on le note $1/\vec{x}$.

b) $\vec{x}$ est invertible si et seulement si $x_0\neq 0$.

c) Si $\vec{x}^{(1)},\dots,\vec{x}^{(n)}$ sont invertibles, $\vec{x}^{(1)}*\dots*\vec{x}^{(n)}$ est invertible et

$$\frac{1}{\vec{x}^{(1)}*\dots*\vec{x}^{(n)}}=\frac{1}{\vec{x}^{(1)}}*\dots*\frac{1}{\vec{x}^{(n)}}.$$

En déduire que l'ensemble $\mathscr{E}$ des $\vec{x}\in V$ non invertibles est invariant par composition avec un $\vec{y}\in V$, c'est-à-dire tel que $\vec{x}*\vec{y}\in\mathscr{E}$ pour tous $\vec{x}\in\mathscr{E}$ et $\vec{y}\in V$, et que c'est le plus grand ensemble différent de V qui possède cette propriété.

Espaces $\mathbf{A}-l_{1,2,\infty}$ et $\mathbf{A}-c_0$

5. — Désignons par $\mathbf{A}$ un ensemble de V tel que

— $\vec{a}\geqq 0$, $\forall\vec{a}\in\mathbf{A}$,

— pour tout i, il existe $\vec{a}\in\mathbf{A}$ tel que $a_i\neq 0$,

— quels que soient $\vec{a}^{(1)},\dots,\vec{a}^{(n)}\in\mathbf{A}$, il existe $C>0$ et $\vec{a}\in\mathbf{A}$ tels que

$$\vec{a}^{(1)},\dots,\vec{a}^{(n)}\leqq C\vec{a}.$$

En combinant les deux dernières conditions, on voit que, pour tout N, il existe $\vec{a}\in\mathbf{A}$ tel que $a_i\neq 0$ pour tout $i\leqq N$.

6. — On appelle

$\mathbf{A}-\boldsymbol{l}_1$	$\mathbf{A}-\boldsymbol{l}_2$	$\mathbf{A}-\boldsymbol{l}_\infty$

l'ensemble des $\vec{x}\in V$ tels que

$\sum_{i=1}^{\infty} a_i\vert x_i\vert < \infty$	$\sum_{i=1}^{\infty} a_i\vert x_i\vert^2 < \infty$	$\sup_i a_i\vert x_i\vert < \infty$

pour tout $\vec{a}\in\mathbf{A}$, muni des semi-normes

$\pi_{\vec{a}}^{(1)}(\vec{x}) = \sum_{i=1}^{\infty} a_i\vert x_i\vert,$	$\pi_{\vec{a}}^{(2)}(\vec{x}) = \left(\sum_{i=1}^{\infty} a_i\vert x_i\vert^2\right)^{1/2},$	$\pi_{\vec{a}}^{(\infty)}(\vec{x}) = \sup_i a_i\vert x_i\vert,$

où $\vec{a}\in\mathbf{A}$.

On vérifie immédiatement que les espaces introduits sont des espaces linéaires à semi-normes. Ce sont des sous-espaces linéaires de V et ils contiennent V^0.

Quand le contexte le permet, on omet d'écrire l'indice 1, 2, ∞ qui caractérise les semi-normes $\pi_{\vec{a}}$.

En outre, pour alléger les notations, on écrit

$$\mathbf{A}-l_{1,2,\infty};\quad \mathbf{A}-l_{1,2};\ \ldots,$$

pour

$$\mathbf{A}-l_i,\ (i=1,2,\infty);\quad \mathbf{A}-l_i,\ (i=1,2);\ \ldots.$$

Il est intéressant de mettre en évidence des caractéristiques communes aux semi-normes $\pi_{\vec{a}}$.

Dans ce qui suit, on suppose que $\vec{x}, \vec{y}, \ldots\in\mathbf{A}-l_{1,2,\infty}$ et que $\pi_{\vec{a}}$ désigne une semi-norme de cet espace.

— $\pi_{\vec{a}}(\vec{x}) = \sup_N \pi_{\vec{a}}\left(\sum_{i=1}^{N} x_i\vec{e}_i\right).$

— $\pi_{\vec{a}}(\vec{e}_i) = a_i$ *dans* $\mathbf{A}-l_{1,\infty}$ et $\pi_{\vec{a}}(\vec{e}_i) = \sqrt{a_i}$ *dans* $\mathbf{A}-l_2$.

— *Si* $|\vec{x}|\leqq|\vec{y}|$ *et si* $\vec{y}\in\mathbf{A}-l_{1,2,\infty}$, *alors* $\vec{x}\in\mathbf{A}-l_{1,2,\infty}$ *et on a* $\pi_{\vec{a}}(\vec{x})\leqq\pi_{\vec{a}}(\vec{y})$.

De là, vu le paragraphe 4, $\mathbf{A}-l_{1,2,\infty}$ *est un espace complexe modulaire.*

— *On a* $\pi_{\vec{a}}\leqq\pi_{\vec{b}}$ *si et seulement si* $\vec{a}\leqq\vec{b}$.

De là, *si* $\pi_{\vec{a}}\leqq\pi_{\vec{b}}$, *on a* $a_i=0$ *si* $b_i=0$.

Plus généralement, *si* $a_i\leqq\lambda_i b_i$ *pour tout* i *et si les* λ_i *sont bornés, on a* $\pi_{\vec{a}}\leqq(\sup_i \lambda_i)\pi_{\vec{b}}$ *dans* $\mathbf{A}-l_{1,\infty}$ [resp. $\pi_{\vec{a}}\leqq(\sup_i \sqrt{\lambda_i})\pi_{\vec{b}}$ *dans* $\mathbf{A}-l_2$].

— *Le système de semi-normes*

$$\pi_{\vec{a}}\left(\sum_{i=1}^{N} x_i \vec{e}_i\right), \quad \vec{a} \in \mathbf{A}, \qquad N = 1, 2, \ldots,$$

est équivalent au système de semi-normes

$$\sup_{i \leqq N} |x_i|, \qquad N = 1, 2, \ldots. \tag{*}$$

En particulier, *le système de semi-normes*

$$\pi_{\vec{a}}(\vec{x}), \quad \vec{a} \in \mathbf{A},$$

est plus fort que le système de semi-normes (*).

De fait, si $\vec{a}$ est tel que $a_i \neq 0$ pour tout $i \leqq N$, on a

$$\sup_{i \leqq N} |x_i| \leqq \frac{\pi_{\vec{a}}\left(\sum_{i=1}^{N} x_i \vec{e}_i\right)}{\inf_{i \leqq N} a_i}$$

dans $\mathbf{A}-l_1$ et $\mathbf{A}-l_\infty$ et

$$\sup_{i \leqq N} |x_i| \leqq \frac{\pi_{\vec{a}}\left(\sum_{i=1}^{N} x_i \vec{e}_i\right)}{\inf_{i \leqq N} \sqrt{a_i}},$$

dans $\mathbf{A}-l_2$.

Inversement, il est immédiat que, pour tout $\vec{a} \in \mathbf{A}$ et tout N, il existe C tel que

$$\pi_{\vec{a}}\left(\sum_{i=1}^{N} x_i \vec{e}_i\right) \leqq C \sup_{i \leqq N} |x_i|.$$

— *Toute semi-boule fermée de semi-norme $\pi_{\vec{a}}$ est fermée pour les semi-normes*

$$\sup_{i \leqq N} |x_i|, \qquad N = 1, 2, \ldots.$$

En effet, une telle semi-boule s'écrit

$$\{\vec{x} : \pi_{\vec{a}}(\vec{x} - \vec{y}) \leqq C\} = \bigcap_{N=1}^{\infty} \left\{\vec{x} : \pi_{\vec{a}}\left[\sum_{i=1}^{N} (x_i - y_i)\vec{e}_i\right] \leqq C\right\},$$

donc elle est fermée pour les semi-normes

$$\pi_{\vec{a}}\left(\sum_{i=1}^{N} x_i \vec{e}_i\right), \quad \vec{a} \in \mathbf{A}, \qquad N = 1, 2, \ldots.$$

Comme les fonctionnelles $\mathscr{C}_i(\vec{x}) = x_i$, $(i = 1, 2, \ldots)$, sont visiblement linéaires et bornées dans les espaces considérés, on en déduit que les *semi-normes $\pi_{\vec{a}}$ sont représentables.*

7. — Introduisons un sous-espace remarquable de $\mathbf{A}-l_\infty$.

On appelle $\boldsymbol{A}-\boldsymbol{c}_0$ le sous-espace linéaire de $\mathbf{A}-l_\infty$ formé des $\vec{x}$ tels que

$$a_i x_i \to 0, \quad \forall \vec{a} \in \mathbf{A},$$

muni des semi-normes induites par $\mathbf{A}-l_\infty$.

L'étude de $\mathbf{A}-c_0$ se ramène à celle de $\mathbf{A}-l_\infty$ par la propriété suivante.

L'espace $\mathbf{A}-c_0$ *est fermé dans* $\mathbf{A}-l_\infty$.

En effet, si $\vec{x}$ est dans l'adhérence de $\mathbf{A}-c_0$, pour $\vec{a}\in\mathbf{A}$ et $\varepsilon>0$ arbitraires, il existe $\vec{y}\in\mathbf{A}-c_0$ tel que

$$\pi_{\vec{a}}(\vec{x}-\vec{y}) = \sup_i a_i|x_i-y_i| \leqq \varepsilon/2.$$

Or, pour N assez grand, on a

$$a_i|y_i| \leqq \varepsilon/2, \quad \forall i \geqq N,$$

donc

$$a_i|x_i| \leqq \varepsilon, \quad \forall i \geqq N,$$

et $a_i x_i$ tend vers 0, d'où la conclusion.

Notons encore que $\mathbf{A}-c_0 = \mathbf{A}-l_\infty$ *si, pour tout* $\vec{a}\in\mathbf{A}$, *il existe* $\vec{b}\in\mathbf{A}$ *tel que* $\vec{a}\leqq\vec{b}$ *et que* $a_i/b_i\to 0$ *quand* $i\to\infty$, *si on pose* $a_i/b_i=0$ *quand* $b_i=0$.

De fait, soit $\vec{a}\in\mathbf{A}$ donné et soit $\vec{b}\geqq\vec{a}$ tel que, avec la convention de l'énoncé, a_i/b_i tende vers 0.

Quel que soit $\vec{x}\in\mathbf{A}-l_\infty$, on a

$$a_i|x_i| \leqq \frac{a_i}{b_i} b_i|x_i| \leqq \frac{a_i}{b_i}\pi_{\vec{b}}(\vec{x}) \to 0$$

si $i\to\infty$, d'où la conclusion.

EXERCICES

1. — Dans V^0,

a) $\pi^{(1)}_{\vec{a}} \leqq C\pi^{(2)}_{\vec{b}}$ si et seulement si $\sum_{b_i\neq 0} a_i^2/b_i \leqq C^2$ et $a_i=0$ si $b_i=0$.

b) $\pi^{(2)}_{\vec{a}} \leqq C\pi^{(1)}_{\vec{b}}$ si et seulement si $a_i \leqq C^2 b_i^2$ pour tout i.

c) $\pi^{(1)}_{\vec{a}} \leqq C\pi^{(\infty)}_{\vec{b}}$ si et seulement si $\sum_{b_i\neq 0} a_i/b_i \leqq C$ et $a_i=0$ si $b_i=0$.

d) $\pi^{(\infty)}_{\vec{a}} \leqq C\pi^{(1)}_{\vec{b}}$ si et seulement si $a_i \leqq C b_i$ pour tout i.

e) $\pi^{(2)}_{\vec{a}} \leqq C\pi^{(\infty)}_{\vec{b}}$ si et seulement si $\sum_{b_i\neq 0} a_i/b_i^2 \leqq C^2$ et $a_i=0$ si $b_i=0$.

f) $\pi^{(\infty)}_{\vec{a}} \leqq C\pi^{(2)}_{\vec{b}}$ si et seulement si $a_i^2 \leqq C^2 b_i$ pour tout i.

Suggestion. Pour établir que les conditions sont nécessaires, on part de

$$\pi_{\vec{a}}(\vec{x}) \leqq \pi_{\vec{b}}(\vec{x}),$$

en prenant $\vec{x}=\vec{e}_i$ pour b), d) et f). Pour a), on prend $\vec{x}=\vec{e}_i$ pour les i tels que $b_i=0$ et

$$\vec{x}=\sum_{\substack{b_i\neq 0\\ i\leqq N}}\frac{a_i}{b_i}\vec{e}_i, \qquad N=1,2,\ldots.$$

Il vient ainsi

$$\sum_{\substack{b_i\neq 0\\ i\leqq N}}\frac{a_i^2}{b_i}\leqq C\Bigg(\sum_{\substack{b_i\neq 0\\ i\leqq N}}\frac{a_i^2}{b_i}\Bigg)^{1/2}$$

d'où

$$\sum_{b_i\neq 0}\frac{a_i^2}{b_i}\leqq \sup_N \sum_{\substack{b_i\neq 0\\ i\leqq N}}\frac{a_i^2}{b_i}\leqq C^2.$$

Pour c) et e), raisonnement analogue à partir de

$$\sum_{\substack{b_i\neq 0\\ i\leqq N}}\frac{1}{b_i}\vec{e}_i.$$

Pour établir que les conditions sont suffisantes, il suffit de remplacer, dans $\pi_{\vec{a}}$, a_i par $(a_i/\sqrt{b_i})\sqrt{b_i}$ pour a) et f), par $(a_i/b_i^2)b_i^2$ pour b) et e) et par $(a_i/b_i)b_i$ pour c) et d). On applique alors les inégalités relatives au produit scalaire du paragraphe 3.

2. — Soient $\mathbf{A}$ et $\mathbf{B}$ deux ensembles de V qui vérifient les conditions du paragraphe 5. Si, dans V^0,

$$\{\pi^{(\alpha)}_{\vec{a}}:\vec{a}\in\mathbf{A}\}\leqq\{\pi^{(\beta)}_{\vec{b}}:b\in\mathbf{B}\},$$

alors $\mathbf{B}-l_\beta\subset\mathbf{A}-l_\alpha$, quels que soient $\alpha,\beta=1,2$ ou ∞ et la comparaison des deux systèmes de semi-normes considérées se maintient dans $\mathbf{B}-l_\beta$.

En outre, si $\beta=1,2$ et $\alpha=\infty$, on a aussi $\mathbf{B}-l_\beta\subset\mathbf{A}-c_0$.

3. — Si

$$\mathbf{B}=\{(a_1^2,a_2^2,\ldots):\vec{a}\in\mathbf{A}\},$$

on a

$$\mathbf{A}-l_1\subset\mathbf{B}-l_2\subset\mathbf{A}-c_0.$$

De plus,

$$\{\pi^{(2)}_{\vec{b}}:\vec{b}\in\mathbf{B}\}\leqq\{\pi^{(1)}_{\vec{a}}:\vec{a}\in\mathbf{A}\}$$

dans $\mathbf{A}-l_1$ et

$$\{\pi^{(\infty)}_{\vec{a}}:\vec{a}\in\mathbf{A}\}\leqq\{\pi^{(2)}_{\vec{b}}:\vec{b}\in\mathbf{B}\}$$

dans $\mathbf{B}-l_2$.

Suggestion. Noter que, pour tout $\vec{x}\in V^0$,

$$\sup_i a_i|x_i|\leqq\Bigg(\sum_{i=1}^{\infty}a_i^2|x_i|^2\Bigg)^{1/2}\leqq\sum_{i=1}^{\infty}a_i|x_i|$$

et appliquer l'ex. 2.

4. — Les espaces $\mathbf{A}-l_1$ et $\mathbf{A}-c_0$ sont égaux et leurs systèmes de semi-normes sont équivalents si et seulement si, pour tout $\vec{a}\in\mathbf{A}$, il existe $\vec{b}\in\mathbf{B}$ tel que $a_i=0$ si $b_i=0$ et

$$\sum_{b_i\neq 0}\frac{a_i}{b_i}<\infty.$$

Suggestion. Appliquer l'ex. 1, c) et d) et l'ex. 2.

5. — Si les systèmes de semi-normes de $\mathbf{A}-l_1$ et $\mathbf{A}-l_2$ ou de $\mathbf{A}-l_2$ et $\mathbf{A}-l_\infty$ sont équivalents dans V^0, alors

$$\mathbf{A}-l_1 = \mathbf{A}-l_2 = \mathbf{A}-l_\infty = \mathbf{A}-c_0$$

et les systèmes de semi-normes de ces différents espaces sont équivalents.

Suggestion. Dans le premier cas, vu l'ex. 2, on a $\mathbf{A}-l_1 = \mathbf{A}-l_2$ et les systèmes de semi-normes des deux espaces sont équivalents. De plus, pour tout $\vec{a}\in\mathbf{A}$, il existe successivement $\vec{b}$ et $\vec{c}\in\mathbf{A}$ et $C, C'>0$ tels que

$$\sqrt{a_i} \leqq Cb_i, \quad \sum_{c_i\neq 0}\frac{b_i^2}{c_i} \leqq C' \quad \text{et} \quad b_i=0 \quad \text{si} \quad c_i=0.$$

De là, $a_i=0$ si $c_i=0$ et

$$\sum_{c_i\neq 0}\frac{a_i}{c_i} < \infty,$$

ce qui entraîne que $\mathbf{A}-l_1 = \mathbf{A}-c_0$ et que les systèmes de semi-normes des deux espaces soient équivalents. Enfin, comme $a_i/c_i \to 0$, $\mathbf{A}-c_0 = \mathbf{A}-l_\infty$.

Raisonnement analogue dans le second cas.

8. — Avant d'aborder les propriétés de $\mathbf{A}-l_{1,2,\infty}$ et de $\mathbf{A}-c_0$, donnons quelques exemples usuels d'ensembles $\mathbf{A}$.

a) $\vec{a}-\boldsymbol{l}_1$, $\vec{a}-\boldsymbol{l}_2$, $\vec{a}-\boldsymbol{l}_\infty$ et $\vec{a}-\boldsymbol{c}_0$, où $\mathbf{A}=\{\vec{a}\}$, avec $a_i>0$ pour tout i.

Si $\vec{a}=(1, 1, 1, \ldots)$, on désigne ces espaces par

$$\boldsymbol{l}_1, \ \boldsymbol{l}_2, \ \boldsymbol{l}_\infty \ \text{ et } \ \boldsymbol{c}_0.$$

b) $\boldsymbol{l} = \mathbf{A}-l_1 = \mathbf{A}-l_2 = \mathbf{A}-l_\infty = \mathbf{A}-c_0$, où $\mathbf{A}=\{\vec{a}\in V: \vec{a}\geqq 0\}$.

L'espace l est l'espace V^0 muni du système de semi-normes

$$\{\pi_{\vec{a}}^{(1,2,\infty)}: \ \vec{a}\in V, \ \vec{a}\geqq 0.\}.$$

Démontrons d'abord l'égalité des espaces considérés à V^0.

Si $\vec{x}\notin V^0$, posons $a_i=i/|x_i|$ ($i/|x_i|^2$ dans le cas de $\mathbf{A}-l_2$) pour tout i tel que $x_i\neq 0$ et $a_i=0$ si $x_i=0$. On voit immédiatement que $\pi_{\vec{a}}(\vec{x})$ n'est pas défini, donc que $\vec{x}$ n'appartient à aucun des espaces considérés.

Ces quatre espaces ont en outre des systèmes de semi-normes équivalents. En effet, quel que soit $\vec{a}\in\mathbf{A}$,

— on a

$$\pi_{\vec{a}}^{(1)}(\vec{x}) \leqq \pi_{\vec{b}}^{(2)}(\vec{x}), \quad \forall \vec{x}\in V^0,$$

si $\vec{b}$ est tel que $b_i=2^i a_i^2$, car

$$\sum_{i=1}^{\infty} a_i|x_i| \leqq \left(\sum_{a_i\neq 0}\frac{a_i^2}{b_i}\right)^{1/2}\left(\sum_{i=1}^{\infty} b_i|x_i|^2\right)^{1/2}.$$

— on a

$$\pi_{\vec{a}}^{(2)}(\vec{x}) \leqq \pi_{\vec{b}}^{(\infty)}(\vec{x}), \quad \forall \vec{x} \in V^0,$$

si $\vec{b}$ est tel que $b_i^2 = 2^i a_i$.

— on a

$$\pi_{\vec{a}}^{(\infty)}(\vec{x}) \leqq \pi_{\vec{a}}^{(1)}(\vec{x}), \quad \forall \vec{x} \in V^0.$$

c) $\boldsymbol{l}^* = \mathbf{A}-l_1 = \mathbf{A}-l_2 = \mathbf{A}-l_\infty = \mathbf{A}-c_0$, où $\mathbf{A} = \{\vec{a} \in V^0 : \vec{a} \geqq 0\}$.

L'espace l^* est l'espace V, muni du système de semi-normes

$$\pi_N(\vec{x}) = \sup_{i \leqq N} |x_i|, \qquad N = 1, 2, \ldots.$$

C'est immédiat.

9. — Passons à présent aux propriétés de la convergence dans $\mathbf{A}-l_{1,2,\infty}$ et $\mathbf{A}-c_0$.

Introduisons pour cela une notion utile. Une suite $\vec{x}^{(m)}$ converge *par composante* vers $\vec{x}$ si $x_i^{(m)} \to x_i$ pour tout i.

a) *Si $\vec{x}^{(m)}$ tend vers $\vec{x}$ dans $\mathbf{A}-l_{1,2,\infty}$ ou $\mathbf{A}-c_0$, alors $\vec{x}^{(m)}$ converge par composante vers $\vec{x}$.*

C'est immédiat.

La réciproque n'est pas vraie en général, mais voici toutefois un résultat intéressant.

Si $\vec{x}^{(m)}$ est borné dans $\mathbf{A}-l_{1,2,\infty}$ et si $\vec{x}^{(m)} \to \vec{x}$ par composante, alors $\vec{x} \in \mathbf{A}-l_{1,2,\infty}$.

Si

$$\pi_{\vec{a}}(\vec{x}^{(m)}) \leqq C, \quad \forall m,$$

où $\pi_{\vec{a}}$ est une semi-norme de $\mathbf{A}-l_{1,2,\infty}$, on a

$$\pi_{\vec{a}}\left(\sum_{i=1}^{N} x_i^{(m)} \vec{e}_i\right) \leqq C, \quad \forall m, \ \forall N,$$

d'où

$$\pi_{\vec{a}}\left(\sum_{i=1}^{N} x_i \vec{e}_i\right) \leqq C, \quad \forall N.$$

Comme c'est vrai pour tout $\vec{a} \in \mathbf{A}$, il en résulte que $\vec{x} \in \mathbf{A}-l_{1,2,\infty}$.

b) *Les espaces $\mathbf{A}-l_{1,2,\infty}$ et $\mathbf{A}-c_0$ sont complets.*

Soit $\vec{x}^{(m)}$ une suite de Cauchy dans $\mathbf{A}-l_{1,2,\infty}$.

Elle est bornée dans $\mathbf{A}-l_{1,2,\infty}$ et chaque suite de composantes $x_i^{(m)}$ converge dans $\mathbf{C}$. Soit x_i sa limite. Vu a), on a alors $\vec{x} \in \mathbf{A}-l_{1,2,\infty}$.

Comme toute semi-boule fermée dans $\mathbf{A}-l_{1,2,\infty}$ est fermée pour les semi-normes

$$\sup_{i \leqq N} |x_i|, \qquad N = 1, 2, \ldots,$$

la suite $\vec{x}^{(m)}$ converge vers $\vec{x}$ dans $\mathbf{A}-l_{1,2,\infty}$, vu I, a), p. 43.

Pour $\mathbf{A}-c_0$, on note que c'est un sous-espace linéaire fermé de $\mathbf{A}-l_\infty$.

c) *Dans* $\mathbf{A}-l_{1,2}$ *et* $\mathbf{A}-c_0$, *on a*

$$\vec{x} = \sum_{i=1}^{\infty} x_i \vec{e}_i, \quad \forall \vec{x}.$$

Il en résulte que ces espaces sont séparables et que l'ensemble des $\vec{e}_i$ *y est total.*

En effet, si $\vec{a} \in \mathbf{A}$ et si $\vec{x}$ appartient à $\mathbf{A}-l_{1,2}$ ou $\mathbf{A}-c_0$, il est trivial que

$$\pi_{\vec{a}}\left(\vec{x} - \sum_{i=1}^{N} x_i \vec{e}_i\right),$$

qui s'écrit respectivement

$$\sum_{i=N+1}^{\infty} a_i |x_i| \qquad \Big| \qquad \left(\sum_{i=N+1}^{\infty} a_i |x_i|^2\right)^{1/2} \qquad \Big| \qquad \sup_{i \geqq N} a_i |x_i|$$

tend vers 0 quand $N \to \infty$.

d) Pour que $\mathbf{A}-l_\infty$ soit séparable, il suffit évidemment qu'il coïncide avec $\mathbf{A}-c_0$. On va voir que c'est aussi une condition nécessaire.

Les conditions suivantes sont équivalentes:

α) $\mathbf{A}-l_\infty$ *est séparable par semi-norme,*

β) $\mathbf{A}-l_\infty$ *est séparable,*

γ) *les* $\vec{e}_i$ *forment un ensemble total dans* $\mathbf{A}-l_\infty$,

δ) *pour tout* $\vec{x} \in \mathbf{A}-l_\infty$,

$$\vec{x} = \sum_{i=1}^{\infty} x_i \vec{e}_i,$$

la série convergeant dans $\mathbf{A}-l_\infty$,

ε) $\mathbf{A}-l_\infty = \mathbf{A}-c_0$.

Les implications suivantes sont immédiates:

$$(\varepsilon) \Rightarrow (\delta) \Rightarrow (\gamma) \Rightarrow (\beta) \Rightarrow (\alpha).$$

Il reste à prouver que $(\alpha) \Rightarrow (\varepsilon)$.

Si $\mathbf{A}-l_\infty \neq \mathbf{A}-c_0$, il existe $\vec{x} \in \mathbf{A}-l_\infty \setminus \mathbf{A}-c_0$. Il existe alors $\vec{a} \in \mathbf{A}$ tel que $a_i x_i \not\to 0$. Il existe donc $\varepsilon > 0$ et $i_k \uparrow \infty$ tels que

$$a_{i_k} |x_{i_k}| \geqq \varepsilon, \quad \forall k.$$

Désignons par X l'ensemble des y tels que

$$y_i = \begin{cases} 0 & \text{si } i \neq i_k, \ \forall k, \\ \pm x_i & \text{si } i = i_k. \end{cases}$$

L'ensemble X n'est pas dénombrable. En outre, quels que soient $\vec{y}$ et $\vec{y}' \in X$,

$$\pi_{\vec{a}}(\vec{y}-\vec{y}') \geqq 2\varepsilon$$

si $\vec{y} \neq \vec{y}'$. Donc X n'est pas séparable pour $\pi_{\vec{a}}$ et $\mathbf{A}-l_\infty$ n'est pas séparable par semi-norme, sinon X le serait aussi.

EXERCICES

1. — Soit $\vec{x}^{(0)} \geqq 0$ appartenant à $\mathbf{A}-l_\infty \setminus \mathbf{A}-c_0$. Il existe un ensemble non dénombrable $A \subset \mathbf{A}-l_\infty \setminus \mathbf{A}-c_0$, formé d'éléments $\vec{x}$ qui n'ont deux à deux qu'un nombre fini de composantes non nulles communes et tels que $0 \leqq \vec{x} \leqq \vec{x}^{(0)}$.

Suggestion. Comme $\vec{x}^{(0)} \in \mathbf{A}-l_\infty \setminus \mathbf{A}-c_0$, il existe $\vec{a} \in \mathbf{A}$, $\varepsilon > 0$ et $i_m \uparrow \infty$ tels que

$$a_{i_m} |x_{i_m}^{(0)}| \geqq \varepsilon, \ \forall m.$$

Désignons par r_m, $m=1, 2, \ldots$, les nombres rationnels compris entre 0 et 1.

A tout α irrationnel compris entre 0 et 1, associons l'élément $\vec{x}^{(\alpha)}$ défini de la manière suivante.

Soit $\alpha = 0, \alpha_1 \alpha_2 \ldots$ et soient $m_1, m_2, \ldots$ les numéros des rationnels $0, \alpha_1$; $0, \alpha_1\alpha_2$; ... . Posons

$$x_i^{(\alpha)} = \begin{cases} 0 & \text{si } i \neq i_{m_k}, \ \forall k, \\ x_i^{(0)} & \text{si } i = i_{m_k}. \end{cases}$$

L'ensemble des $x^{(\alpha)}$ répond à la question.

Il est contenu dans $\mathbf{A}-l_\infty \setminus \mathbf{A}-c_0$, puisque

$$a_{i_{m_k}} |x_{i_{m_k}}^{(\alpha)}| \geqq \varepsilon, \ \forall k.$$

Les $\vec{x}^{(\alpha)}$ n'ont deux à deux qu'un nombre fini de composantes non nulles communes, puisque, si $\alpha \neq \alpha'$,

$$0, \alpha_1 \ldots \alpha_k \neq 0, \alpha_1' \ldots \alpha_k'$$

dès que k est assez grand.

Ils ne sont pas dénombrables puisque les α ne sont pas dénombrables. Enfin, il est immédiat que $0 \leqq \vec{x}^{(\alpha)} \leqq \vec{x}^{(0)}$ pour tout α.

2. — Si $\mathbf{A}-l_\infty \neq \mathbf{A}-c_0$, il n'existe pas de projecteur borné de $\mathbf{A}-l_\infty$ sur $\mathbf{A}-c_0$ (cf. I, ex. 1, p. 187 pour la définition des projecteurs).

Suggestion. Supposons qu'un tel projecteur P existe. Posons

$$\mathscr{C}_i(\vec{x}) = (\vec{x} - P\vec{x})_i.$$

Il existe $\vec{a} \in \mathbf{A}$ tel que $a_i \neq 0$. Pour cet $\vec{a}$, il existe alors $\vec{b}$ et $C > 0$ tels que

$$\pi_{\vec{a}}(P\vec{x}) \leqq C\pi_{\vec{b}}(\vec{x}), \ \forall \vec{x} \in \mathbf{A}-l_\infty.$$

Dès lors, $\mathscr{C}_i$ est borné dans $\mathbf{A}-l_\infty$ et il existe C' et $\vec{c} \in \mathbf{A}$ tels que

$$|\mathscr{C}_i(\vec{x})| \leqq \frac{1}{a_i} \pi_{\vec{a}}(\vec{x} - P\vec{x}) \leqq \frac{1}{a_i} [\pi_{\vec{a}}(\vec{x}) + C\pi_{\vec{b}}(\vec{x})] \leqq C'\pi_{\vec{c}}(\vec{x}), \ \forall \vec{x} \in \mathbf{A}-l_\infty.$$

Soit A l'ensemble considéré dans l'ex. 1. Il y a au plus une infinité dénombrable de $\vec{x}\in A$ tels que

$$\mathscr{C}_i(\vec{x}) \neq 0.$$

En effet, soit m donné et soient $\vec{x}^{(1)}, \dots, \vec{x}^{(k)}$ tels que

$$|\mathscr{C}_i(\vec{x}^{(1)})|, \dots, |\mathscr{C}_i(\vec{x}^{(k)})| \geqq 1/m.$$

En annulant un nombre fini de leurs composantes, on peut modifier $\vec{x}^{(1)}, \dots, \vec{x}^{(k)}$ de manière qu'ils n'aient deux à deux aucune composante non nulle commune. Cela ne change pas la valeur des $\mathscr{C}_i(\vec{x}^{(1)}), \dots, \mathscr{C}_i(\vec{x}^{(k)})$, puisque $P\vec{y}=\vec{y}$ pour tout $\vec{y}\in \mathbf{A}-c_0$.

Posons alors

$$\theta_j = |\mathscr{C}_i(\vec{x}^{(j)})|/\mathscr{C}_i(\vec{x}^{(j)}).$$

Il vient

$$k/m \leqq \sum_{j=1}^{k} |\mathscr{C}_i(\vec{x}^{(j)})| = \left|\mathscr{C}_i\left(\sum_{j=1}^{k} \theta_j \vec{x}^{(j)}\right)\right| \leqq C'\pi_{\vec{c}}\left(\sum_{j=1}^{k} \theta_j \vec{x}^{(j)}\right). \qquad (*)$$

Or, pour tout i, $\sum_{j=1}^{k} \theta_j x_i^{(j)}$ comporte au plus un terme non nul, majoré en module par $x_i^{(0)}$. Donc le dernier membre de (*) est majoré par une constante C_i et $k \leqq C_i m$.

Il y a donc au plus un nombre fini de $\vec{x}\in A$ tels que

$$|\mathscr{C}_i(\vec{x})| \geqq 1/m$$

pour tous i, m fixés et, de là, il y en a au plus une infinité dénombrable tels que

$$\mathscr{C}_i(\vec{x}) \neq 0$$

pour au moins un i.

Cela étant, comme A n'est pas dénombrable, il contient nécessairement un $\vec{x}$ tel que $\mathscr{C}_i(\vec{x})=0$ pour tout i, donc tel que $\vec{x}=P\vec{x}$, ce qui entraîne $\vec{x}\in\mathbf{A}-c_0$, alors que $A\subset \mathbf{A}-l_\infty \setminus \mathbf{A}-c_0$.

10. — *Un ensemble B est borné dans $\mathbf{A}-l_\infty$ ou dans $\mathbf{A}-c_0$ si et seulement si il existe $\vec{x}^{(0)}\in\mathbf{A}-l_\infty$ tel que*

$$|\vec{x}| \leqq |\vec{x}^{(0)}|, \quad \forall \vec{x}\in B.$$

Soit B borné dans $\mathbf{A}-l_\infty$ ou $\mathbf{A}-c_0$.

Pour tout i, posons

$$x_i^{(0)} = \sup_{\vec{x}\in B} |x_i|.$$

Cette expression a un sens car, si $\vec{a}$ est tel que $a_i \neq 0$,

$$|x_i| \leqq \frac{1}{a_i}\pi_{\vec{a}}(\vec{x}) \leqq C_{\vec{a}}, \quad \forall \vec{x}\in B.$$

On a visiblement

$$|\vec{x}| \leqq |\vec{x}^{(0)}|, \quad \forall \vec{x}\in B.$$

Vérifions que $\vec{x}^{(0)}\in\mathbf{A}-l_\infty$. Pour tout $\vec{a}\in\mathbf{A}$, on a

$$a_i|x_i^{(0)}| \leqq \sup_{\vec{x}\in B} \pi_{\vec{a}}(\vec{x}) < \infty, \quad \forall i,$$

d'où la conclusion.

Inversement, soit $\vec{x}^{(0)} \in \mathbf{A}-l_\infty$ et soit $B \subset \mathbf{A}-l_\infty$ tel que

$$|\vec{x}| \leqq |\vec{x}^{(0)}|, \quad \forall \vec{x} \in B.$$

Il est immédiat que B est borné dans $\mathbf{A}-l_\infty$. S'il est contenu dans $\mathbf{A}-c_0$, il est donc aussi borné dans $\mathbf{A}-c_0$.

11. — a) *Pour que K soit précompact pour $\pi_{\vec{a}}$ dans $\mathbf{A}-l_{1,2,\infty}$ ou $\mathbf{A}-c_0$, il suffit que*

$$\sup_{\vec{x} \in K} |x_i| < \infty,$$

pour tout i tel que $a_i \neq 0$ et que

$$\sup_{\vec{x} \in K} \pi_{\vec{a}} \left(\vec{x} - \sum_{i=1}^{N} x_i \vec{e}_i \right) \to 0$$

quand $N \to \infty$.

La réciproque est vraie dans $\mathbf{A}-l_{1,2}$ et $\mathbf{A}-c_0$.

Soit K un ensemble de $\mathbf{A}-l_{1,2,\infty}$ ou de $\mathbf{A}-c_0$, satisfaisant aux conditions de l'énoncé et soit $\varepsilon > 0$. Il existe N tel que

$$\sup_{\vec{x} \in K} \pi_{\vec{a}} \Big(\vec{x} - \sum_{\substack{i \leqq N \\ a_i \neq 0}} x_i \vec{e}_i \Big) \leqq \varepsilon/2.$$

En outre, l'ensemble

$$K_N = \Big\{ \sum_{\substack{i \leqq N \\ a_i \neq 0}} x_i \vec{e}_i : \vec{x} \in K \Big\}$$

est borné dans $\mathbf{A}-l_{1,2}$ ou $\mathbf{A}-c_0$ et est de dimension finie, donc il est précompact. Il existe alors $\vec{x}^{(1)}, \ldots, \vec{x}^{(n)}$ tels que

$$K_N \subset \{\vec{x}^{(1)}, \ldots, \vec{x}^{(n)}\} + b_{\pi_{\vec{a}}}(\varepsilon/2),$$

d'où

$$K \subset \{\vec{x}^{(1)}, \ldots, \vec{x}^{(n)}\} + b_{\pi_{\vec{a}}}(\varepsilon),$$

ce qui établit la précompacité de K pour $\pi_{\vec{a}}$.

Réciproquement, si K est précompact pour $\pi_{\vec{a}}$, il est borné pour $\pi_{\vec{a}}$ donc, si $a_i \neq 0$,

$$\sup_{\vec{x} \in K} |x_i| \leqq \frac{1}{\pi_{\vec{a}}(\vec{e}_i)} \sup_{\vec{x} \in K} \pi_{\vec{a}}(\vec{x}) < \infty.$$

Soit $\varepsilon > 0$ fixé et soient $\vec{x}^{(1)}, \ldots, \vec{x}^{(n)}$ tels que

$$K \subset \{\vec{x}^{(1)}, \ldots, \vec{x}^{(n)}\} + b_{\pi_{\vec{a}}}(\varepsilon/2).$$

Si $\vec{x}^{(1)}, \ldots, \vec{x}^{(n)} \in \mathbf{A}-l_{1,2}$ ou $\mathbf{A}-c_0$, il existe N tel que

$$\pi_{\vec{a}} \left(\vec{x}^{(j)} - \sum_{i=1}^{N} x_i^{(j)} \vec{e}_i \right) \leqq \varepsilon/2, \qquad (j = 1, \ldots, n).$$

Alors, quel que soit $\vec{x} \in K$, si $\pi_{\vec{a}}(\vec{x}-\vec{x}^{(j)}) \leqq \varepsilon/2$, il vient

$$\pi_{\vec{a}}\left(\vec{x}-\sum_{i=1}^{N} x_i \vec{e}_i\right) \leqq \pi_{\vec{a}}\left(\vec{x}^{(j)}-\sum_{i=1}^{N} x_i^{(j)} \vec{e}_i\right)+\pi_{\vec{a}}(\vec{x}-\vec{x}^{(j)}) \leqq \varepsilon,$$

d'où

$$\sup_{\vec{x}\in K} \pi_{\vec{a}}\left(\vec{x}-\sum_{i=1}^{N} x_i \vec{e}_i\right) \to 0$$

quand $N \to \infty$.

EXERCICE

Soient $\vec{x} \in V$ et $e \subset V$.
Posons

$$N(\vec{x}) = \{\vec{y} : |\vec{y}| \leqq |\vec{x}|\} \quad \text{et} \quad N(e) = \bigcup_{\vec{x}\in e} N(\vec{x}).$$

a) K est précompact dans $\mathbf{A}-l_{1,2}$ ou dans $\mathbf{A}-c_0$ si et seulement si $N(K)$ y est également précompact.

b) Si $\vec{x} \in \mathbf{A}-l_\infty$, on a $\vec{x} \in \mathbf{A}-c_0$ si et seulement si $N(\vec{x})$ est précompact dans $\mathbf{A}-l_\infty$.

c) $N(K)$ est précompact dans $\mathbf{A}-l_\infty$ si et seulement si K est contenu dans $\mathbf{A}-c_0$ et y est précompact.

d) $\mathbf{A}-l_\infty = \mathbf{A}-c_0$ si et seulement si tout borné de $\mathbf{A}-l_\infty$ est précompact.

e) K est précompact dans $\mathbf{A}-c_0$ si et seulement si il existe $\vec{x} \in \mathbf{A}-c_0$ tel que $K \subset N(\vec{x})$.

Suggestion. Pour d), on note que, si $\vec{x} \in \mathbf{A}-c_0$, $N(\vec{x})$ est précompact, vu a), p. 25. De plus, si $\vec{x} \notin \mathbf{A}-c_0$, en reprenant la démonstration de d), p. 22, on voit que $N(\vec{x})$ n'est pas séparable par semi-norme, donc il n'est pas précompact.

Pour e), on note que, si K est précompact dans $\mathbf{A}-c_0$ et si on pose

$$x_i^{(0)} = \sup_{\vec{x}\in K} |x_i|,$$

$x_i^{(0)}$ est défini pour tout i et $\vec{x}^{(0)} \in \mathbf{A}-c_0$.

b) *Dans* $\mathbf{A}-l_{1,2,\infty}$ *et dans* $\mathbf{A}-c_0$,

K compact $\Leftrightarrow$ *K extractable* $\Leftrightarrow$ *K précompact fermé.*

En effet, dans les espaces considérés, les semi-normes naturelles sont plus fortes que les semi-normes dénombrables

$$\sup_{i\leqq N} |x_i|, \qquad N=1, 2, \ldots,$$

et les semi-boules fermées naturelles sont fermées pour ces semi-normes.

Comme ces espaces sont en outre complets, on conclut par I, d), p. 97.

c) *Les espaces* $\mathbf{A}-l_{1,2}$ *et* $\mathbf{A}-c_0$ *sont pc-accessibles.*

Posons

$$V_m \vec{x} = \sum_{i=1}^{m} x_i \vec{e}_i.$$

Les V_m sont des opérateurs finis, car

$$\pi_{\vec{a}}(V_m \vec{x}) \leqq \pi_{\vec{a}}(\vec{x}), \quad \forall \vec{x}, \quad \forall \vec{a} \in \mathbf{A}.$$

De plus, vu a), pour tout précompact K,

$$\sup_{\vec{x} \in K} \pi_{\vec{a}}(\vec{x} - V_m \vec{x}) \to 0$$

quand $m \to \infty$, d'où la conclusion.

12. — Examinons le dual de $\mathbf{A}-l_{1,2,\infty}$ et celui de $\mathbf{A}-c_0$.

Dans la suite, nous notons ces duaux $\mathbf{A}-l^*_{1,2,\infty}$ et $\mathbf{A}-c^*_0$. Nous notons $\mathbf{A}-l^*_{1,2,\infty,s}$ et $\mathbf{A}-c^*_{0,s}$, ..., les duaux simples, ... correspondants.

a) *Dans* $\mathbf{A}-l_1$, *une fonctionnelle linéaire* $\mathscr{C}$ *est telle que*

$$|\mathscr{C}(\vec{x})| \leqq C\pi_{\vec{a}}(\vec{x}), \quad \forall \vec{x} \in \mathbf{A}-l_1,$$

si et seulement si

$$\mathscr{C}(\vec{x}) = \sum_{i=1}^{\infty} a_i \xi_i x_i,$$

avec

$$|\xi_i| \leqq C \quad \text{si} \quad a_i \neq 0.$$

De plus, on a

$$\|\mathscr{C}\|_{\pi_{\vec{a}}} = \sup_{a_i \neq 0} |\xi_i|.$$

Si $\mathscr{C}$ a la forme annoncée, on a

$$|\mathscr{C}(\vec{x})| \leqq \sup_{a_i \neq 0} |\xi_i| \cdot \sum_{i=1}^{\infty} a_i |x_i| = C\pi_{\vec{a}}(\vec{x}), \quad \forall \vec{x} \in \mathbf{A}-l_1.$$

Inversement, si $\mathscr{C}$ est borné dans $\mathbf{A}-l_1$, comme $\vec{x} = \sum_{i=1}^{\infty} x_i \vec{e}_i$, on a

$$\mathscr{C}(\vec{x}) = \sum_{i=1}^{\infty} x_i \mathscr{C}(\vec{e}_i).$$

Il reste à évaluer les $\mathscr{C}(\vec{e}_i)$. Si

$$|\mathscr{C}(\vec{x})| \leqq C\pi_{\vec{a}}(\vec{x}), \quad \forall \vec{x} \in \mathbf{A}-l_1,$$

on a

$$|\mathscr{C}(\vec{e}_i)| \leqq C\pi_{\vec{a}}(\vec{e}_i) = Ca_i,$$

donc

$$\mathscr{C}(\vec{e}_i) = a_i \xi_i, \quad \text{où} \quad |\xi_i| \leqq C.$$

b) *Dans* $\mathbf{A}-l_2$, *une fonctionnelle linéaire* $\mathscr{C}$ *est telle que*

$$|\mathscr{C}(\vec{x})| \leqq C\pi_{\vec{a}}(\vec{x}), \quad \forall \vec{x} \in \mathbf{A}-l_2,$$

si et seulement si

$$\mathscr{C}(\vec{x}) = \sum_{i=1}^{\infty} a_i \xi_i x_i,$$

avec

$$\sum_{i=1}^{\infty} a_i |\xi_i|^2 \leqq C^2.$$

De plus, on a

$$\|\mathscr{T}\|_{\pi_{\vec{a}}} = \left(\sum_{i=1}^{\infty} a_i |\xi_i|^2 \right)^{1/2}.$$

Si $\mathscr{T}$ a la forme annoncée, on a

$$|\mathscr{T}(\vec{x})|^2 \leqq \left[\sum_{i=1}^{\infty} \left(\sqrt{a_i}\, |\xi_i|\right)\left(\sqrt{a_i}\, |x_i|\right) \right]^2$$

$$\leqq \sum_{i=1}^{\infty} a_i |\xi_i|^2 \cdot \sum_{i=1}^{\infty} a_i |x_i|^2 \leqq C^2 \pi_{\vec{a}}^2(\vec{x}), \ \forall \vec{x} \in \mathbf{A} - l_2.$$

Inversement, si $\mathscr{T}$ est borné dans $\mathbf{A} - l_2$,

$$\mathscr{T}(\vec{x}) = \sum_{i=1}^{\infty} x_i \mathscr{T}(\vec{e}_i), \ \forall \vec{x} \in \mathbf{A} - l_2.$$

Evaluons les $\mathscr{T}(\vec{e}_i)$. Comme $|\mathscr{T}(\vec{e}_i)| \leqq C\pi_{\vec{a}}(\vec{e}_i) = C\sqrt{a_i}$, on a $\mathscr{T}(\vec{e}_i) = 0$ si $a_i = 0$. Posons

$$\vec{x} = \sum_{\substack{i \leqq N \\ a_i \neq 0}} \frac{1}{a_i} \overline{\mathscr{T}(\vec{e}_i)} \vec{e}_i.$$

Il vient

$$\sum_{\substack{i \leqq N \\ a_i \neq 0}} \frac{1}{a_i} |\mathscr{T}(\vec{e}_i)|^2 = |\mathscr{T}(\vec{x})| \leqq C\pi_{\vec{a}}(\vec{x}) = C \left(\sum_{\substack{i \leqq N \\ a_i \neq 0}} \frac{1}{a_i} |\mathscr{T}(\vec{e}_i)|^2 \right)^{1/2},$$

d'où

$$\sum_{\substack{i \leqq N \\ a_i \neq 0}} \frac{1}{a_i} |\mathscr{T}(\vec{e}_i)|^2 \leqq C^2, \ \forall N.$$

En posant $\mathscr{T}(\vec{e}_i) = a_i \xi_i$, il vient alors

$$\mathscr{T}(\vec{x}) = \sum_{i=1}^{\infty} a_i \xi_i x_i, \ \forall \vec{x} \in \mathbf{A} - l_2,$$

et

$$\sum_{i=1}^{\infty} a_i |\xi_i|^2 \leqq C^2.$$

c) *Dans* $\mathbf{A} - c_0$, *une fonctionnelle linéaire* $\mathscr{T}$ *est telle que*

$$|\mathscr{T}(\vec{x})| \leqq C\pi_{\vec{a}}(\vec{x}), \ \forall \vec{x} \in \mathbf{A} - c_0,$$

si et seulement si

$$\mathscr{T}(\vec{x}) = \sum_{i=1}^{\infty} a_i \xi_i x_i,$$

avec

$$\sum_{a_i \neq 0} |\xi_i| \leqq C.$$

De plus, on a

$$\|\mathscr{T}\|_{\pi_{\vec{a}}} = \sum_{a_i \neq 0} |\xi_i|.$$

Si $\mathscr{T}$ a la forme annoncée, on a

$$|\mathscr{T}(\vec{x})| \leqq \sup_i a_i |x_i| . \sum_{i=1}^{\infty} |\xi_i| \leqq C\pi_{\vec{a}}(\vec{x}), \quad \forall \vec{x} \in \mathbf{A}-c_0.$$

Inversement, si $\mathscr{T}$ est borné dans $\mathbf{A}-c_0$,

$$\mathscr{T}(\vec{x}) = \sum_{i=1}^{\infty} x_i \mathscr{T}(\vec{e}_i), \quad \forall \vec{x} \in \mathbf{A}-c_0.$$

De

$$|\mathscr{T}(\vec{e}_i)| \leqq C\pi_{\vec{a}}(\vec{e}_i) = Ca_i,$$

on déduit que $\mathscr{T}(\vec{e}_i)=0$ si $a_i=0$.

Posons

$$\vec{x} = \sum_{\substack{i \leqq N \\ a_i \neq 0}} \frac{1}{a_i} e^{-i \arg \mathscr{T}(\vec{e}_i)} \vec{e}_i .$$

Il vient

$$\sum_{\substack{i \leqq N \\ a_i \neq 0}} \frac{1}{a_i} |\mathscr{T}(\vec{e}_i)| \leqq C,$$

d'où, en posant

$$\mathscr{T}(\vec{e}_i) = \xi_i a_i,$$

on obtient

$$\sum_{i=1}^{\infty} |\xi_i| \leqq C.$$

d) Il n'y a pas de théorème de structure analogue aux précédents pour les fonctionnelles linéaires bornées dans $\mathbf{A}-l_\infty$. Voici toutefois un résultat partiel.

Dans $\mathbf{A}-l_\infty$, *une fonctionnelle linéaire* $\mathscr{T}$ *est telle que*

$$|\mathscr{T}(\vec{x})| \leqq C\pi_{\vec{a}}(\vec{x}), \quad \forall \vec{x} \in \mathbf{A}-l_\infty,$$

et que

$$\lim_N \mathscr{T}\left(\vec{x} - \sum_{i=1}^{N} x_i \vec{e}_i\right) = 0, \quad \forall \vec{x} \in \mathbf{A}-l_\infty,$$

si et seulement si

$$\mathscr{T}(\vec{x}) = \sum_{i=1}^{\infty} a_i \xi_i x_i, \quad \forall \vec{x} \in \mathbf{A}-l_\infty.$$

avec

$$\sum_{a_i \neq 0} |\xi_i| \leqq C.$$

De plus, on a

$$\|\mathscr{C}\|_{\pi_{\vec{a}}} = \sum_{a_i \neq 0} |\xi_i|.$$

Si $\mathscr{C}$ a la forme annoncée, il est trivial que

$$|\mathscr{C}(\vec{x})| \leqq C\pi_{\vec{a}}(\vec{x}), \quad \forall \vec{x} \in \mathbf{A}-l_\infty,$$

et que

$$\left|\mathscr{C}\left(\vec{x} - \sum_{i=1}^{N} x_i \vec{e}_i\right)\right| = \left|\sum_{i=N+1}^{\infty} a_i \xi_i x_i\right| \leqq \pi_{\vec{a}}(\vec{x}). \sum_{i=N+1}^{\infty} |\xi_i| \to 0$$

quand $N \to \infty$.

Inversement, si

$$\mathscr{C}\left(\vec{x} - \sum_{i=1}^{N} x_i \vec{e}_i\right) \to 0$$

quand $N \to \infty$, on a

$$\mathscr{C}(\vec{x}) = \sum_{i=1}^{\infty} x_i \mathscr{C}(\vec{e}_i).$$

On conclut en procédant comme en c).

e) *Si* $\mathscr{C} \in \mathbf{A}-l^*_{1,2,\infty}$ *ou* $\mathbf{A}-c_0^*$ *s'écrit*

$$\mathscr{C}(\vec{x}) = \sum_{i=1}^{\infty} a_i \xi_i x_i, \quad \forall \vec{x} \in \mathbf{A}-l_{1,2,\infty} \text{ ou } \mathbf{A}-c_0,$$

$\mathscr{C}$ *est réel* (resp. *positif, nul*) *si et seulement si* ξ_i *est réel* (resp. *positif, nul*) *pour tout i tel que* $a_i \neq 0$.

C'est immédiat.

EXERCICE

Si $\mathscr{C}$ est une fonctionnelle linéaire positive dans $\mathbf{A}-l_\infty$ telle que

$$x_i^{(m)} \downarrow 0, \quad \forall i \Rightarrow \mathscr{C}(\vec{x}^{(m)}) \to 0,$$

alors

$$\mathscr{C}(\vec{x}) = \sum_{i=1}^{\infty} x_i \mathscr{C}(\vec{e}_i), \quad \forall \vec{x} \in \mathbf{A}-l_\infty,$$

la série du second membre convergeant absolument.

Suggestion. Soit $\vec{x} \in \mathbf{A}-l_\infty$. Si $\vec{x}^{(N)} = |\vec{x} - \sum_{i=1}^{N} x_i \vec{e}_i|$, on a $\mathscr{C}(\vec{x}^{(N)}) \to 0$. De là,

$$\sum_{i=1}^{N} |x_i| \mathscr{C}(\vec{e}_i)$$

converge. De plus,

$$\left|\mathscr{C}(\vec{x}) - \sum_{i=1}^{N} x_i \mathscr{C}(\vec{e}_i)\right| = \left|\mathscr{C}\left(\vec{x} - \sum_{i=1}^{N} x_i \vec{e}_i\right)\right| \leqq \mathscr{C}(\vec{x}^{(N)}) \to 0$$

quand $N \to \infty$.

13. — Les duaux de $\mathbf{A}-l_{1,2,\infty}$ et $\mathbf{A}-c_0$ possèdent des propriétés de séparabilité intéressantes.

a) *Les fonctionnelles*

$$\mathscr{T}_i(\vec{x}) = x_i, \qquad i=1, 2, \ldots,$$

forment un ensemble s-total dans le dual de $\mathbf{A}-l_{1,2,\infty}$ *et* $\mathbf{A}-c_0$.

En particulier, ces duaux sont s-séparables.

Il est trivial que les $\mathscr{T}_i$ sont des fonctionnelles linéaires et bornées dans les espaces considérés.

De plus,

$$\mathscr{T}_i(\vec{x}) = 0, \ \forall i \Rightarrow \vec{x} = 0,$$

d'où la conclusion.

b) *Pour tout précompact K de* $\mathbf{A}-l_1$ *et toute fonctionnelle linéaire bornée dans cet espace,*

$$\sup_{\vec{x}\in K} \left|\mathscr{T}\left(\vec{x} - \sum_{i=1}^{N} x_i \vec{e}_i\right)\right| \to 0$$

quand $N \to \infty$.

De là, les fonctionnelles

$$\mathscr{T}_i(\vec{x}) = x_i, \qquad i=1, 2, \ldots,$$

forment un ensemble pc-total dans le dual de $\mathbf{A}-l_1$.

En particulier, ce dual est pc-séparable.

De fait, il existe $\vec{a} \in \mathbf{A}$ et $C>0$ tels que

$$|\mathscr{T}(\vec{x})| \leqq C\pi_{\vec{a}}(\vec{x}), \ \forall \vec{x} \in \mathbf{A}-l_1,$$

et, vu a), p. 25,

$$\sup_{\vec{x}\in K} \pi_{\vec{a}}\left(\vec{x} - \sum_{i=1}^{N} x_i \vec{e}_i\right) \to 0$$

quand $N \to \infty$.

c) *Pour tout borné B de* $\mathbf{A}-l_2$ *ou* $\mathbf{A}-c_0$ *et toute fonctionnelle linéaire bornée dans cet espace,*

$$\sup_{\vec{x}\in B} \left|\mathscr{T}\left(\vec{x} - \sum_{i=1}^{N} x_i \vec{e}_i\right)\right| \to 0$$

quand $N \to \infty$.

De là, les fonctionnelles

$$\mathscr{T}_i(\vec{x}) = x_i, \qquad i=1, 2, \ldots,$$

forment un ensemble b-total dans le dual de $\mathbf{A}-l_2$ *et* $\mathbf{A}-c_0$.

En particulier, ces duaux sont b-séparables.

En effet, soit

$\mathscr{T} \in \mathbf{A}-l_2^*$.	$\mathscr{T} \in \mathbf{A}-c_0^*$.

Il existe $\vec{a} \in \mathbf{A}$ et $C > 0$ tels que $\mathscr{T}$ s'écrive

$$\mathscr{T}(\vec{x}) = \sum_{i=1}^{\infty} a_i \xi_i x_i,$$

avec

$$\sum_{i=1}^{\infty} a_i |\xi_i|^2 \leqq C^2. \qquad\qquad \sum_{i=1}^{\infty} |\xi_i| \leqq C.$$

Cela étant, si B est borné dans

$$\mathbf{A} - l_2, \qquad\qquad \mathbf{A} - c_0,$$

il vient

$$\sup_{\vec{x} \in B} \left| \mathscr{T}\left(\vec{x} - \sum_{i=1}^{N} x_i \vec{e}_i \right) \right| = \sup_{\vec{x} \in B} \left| \sum_{i=N+1}^{\infty} a_i \xi_i x_i \right| \leqq \sup_{\vec{x} \in B} \left(\sum_{i=1}^{\infty} a_i |x_i|^2 \right)^{\frac{1}{2}} \cdot \left(\sum_{i=N+1}^{\infty} a_i |\xi_i|^2 \right)^{\frac{1}{2}},$$

$$\sup_{\vec{x} \in B} \left| \mathscr{T}\left(\vec{x} - \sum_{i=1}^{N} x_i \vec{e}_i \right) \right| = \sup_{\vec{x} \in B} \left| \sum_{i=N+1}^{\infty} a_i \xi_i x_i \right| \leqq \sup_{\vec{x} \in B} \sup_{i} a_i |x_i| . \sum_{i=N+1}^{\infty} |\xi_i|,$$

où le dernier membre tend vers 0 quand $N \to \infty$, d'où la conclusion.

14. — Etudions à présent les espaces $\mathbf{A} - l_{1,2,\infty}$ et $\mathbf{A} - c_0$ munis de leurs semi-normes affaiblies.

a) Théorème de I. Schur-S. Banach

Une suite $\vec{x}^{(m)}$ converge dans $\mathbf{A} - l_1$ si et seulement si elle y converge faiblement.

Une suite $\vec{x}^{(m)}$ est de Cauchy dans $\mathbf{A} - l_1$ si et seulement si elle y est faiblement de Cauchy.

En particulier, $\mathbf{A} - l_1$ *est faiblement complet.*

Soit $\vec{x}^{(m)}$ tendant faiblement vers 0.

Si $\vec{x}^{(m)}$ ne tend pas vers 0 pour les semi-normes naturelles, il existe une sous-suite de $\vec{x}^{(m)}$, que nous noterons encore $\vec{x}^{(m)}$, $\vec{a} \in \mathbf{A}$ et $\varepsilon > 0$ tels que

$$\pi_{\vec{a}}(\vec{x}^{(m)}) > \varepsilon, \quad \forall m.$$

On détermine de proche en proche deux suites croissantes m_k et n_k de la façon suivante.

On part de $m_1 = 1$ et on choisit n_1 pour que

$$\sum_{i=n_1+1}^{\infty} a_i |x_i^{(m_1)}| \leqq \varepsilon/5.$$

Connaissant m_{k-1}, n_{k-1}, on choisit $m_k > m_{k-1}$ tel que

$$\sum_{i=1}^{n_{k-1}} a_i |x_i^{(m_k)}| \leqq \varepsilon/5, \tag{*}$$

puis $n_k > n_{k-1}$ tel que

$$\sum_{i=n_k+1}^{\infty} a_i |x_i^{(m_k)}| \leqq \varepsilon/5.$$

En (*), on utilise le fait que la suite $x_i^{(m)}$ tend vers 0 pour tout i.

Posons alors

$$\xi_j = e^{-i \arg x_j^{(m_k)}}, \quad \text{si} \quad n_{k-1} < j \leqq n_k,$$

et

$$\mathscr{T}(\vec{x}) = \sum_{i=1}^{\infty} a_i \xi_i x_i, \quad \forall \vec{x} \in \mathbf{A} - l_1.$$

On voit que $\mathscr{T}$ est une fonctionnelle linéaire bornée dans $\mathbf{A} - l_1$, ce qui est absurde, car

$$|\mathscr{T}(\vec{x}^{(m_k)})| \geqq \left| \sum_{i=n_{k-1}+1}^{n_k} a_i \xi_i x_i^{(m_k)} \right| - \left(\sum_{i=1}^{n_{k-1}} + \sum_{i=n_k+1}^{\infty} \right) a_i |x_i^{(m_k)}|$$

$$\geqq \sum_{i=n_{k-1}+1}^{n_k} a_i |x_i^{(m_k)}| - \left(\sum_{i=1}^{n_{k-1}} + \sum_{i=n_k+1}^{\infty} \right) a_i |x_i^{(m_k)}|$$

$$\geqq \pi_{\vec{a}}(\vec{x}^{(m_k)}) - 2 \left(\sum_{i=1}^{n_{k-1}} + \sum_{i=n_k+1}^{\infty} \right) a_i |x_i^{(m_k)}| \geqq \varepsilon/5,$$

alors que $\vec{x}^{(m_k)}$ tend vers 0 faiblement.

Le cas des suites de Cauchy se ramène au précédent par I, c), p. 44.

Variante. Soit $\vec{x}^{(m)} \to 0$ faiblement dans $\mathbf{A} - l_1$ et soient $\vec{a} \in \mathbf{A}$ et $\varepsilon > 0$ donnés.

L'ensemble

$$F = \{\vec{\xi} : \sup_i |\xi_i| \leqq 1\}$$

est le polaire de la boule de rayon 1 de l_1. Comme les $\vec{e}_i$ forment un ensemble total dans l_1, les semi-normes de $l_{1,s}^*$ sont équivalentes dans F aux semi-normes

$$\pi_N(\vec{\xi}) = \sup_{i \leqq N} |\xi_i|, \qquad N = 1, 2, \ldots .$$

A tout $\vec{\xi} \in l_\infty$, associons $\mathscr{T}_{\vec{\xi}} \in \mathbf{A} - l_{1,s}^*$, défini par

$$\mathscr{T}_{\vec{\xi}}(\vec{x}) = \sum_{i=1}^{\infty} a_i \xi_i x_i, \quad \forall \vec{x} \in \mathbf{A} - l_1.$$

L'ensemble

$$F = \{\vec{\xi} : \sup_i |\xi_i| \leqq 1\}$$

est complet pour les semi-normes π_N, $N=1, 2, \ldots$. Les ensembles

$$F_N = \{\vec{\xi} \in F : |\mathscr{T}_{\vec{\xi}}(\vec{x}^{(m)})| \leqq \varepsilon/2, \ \forall m \geqq N\}$$

sont fermés dans F pour les semi-normes de $l^*_{1,s}$, donc pour les π_N. De plus, leur union est F. De là, par I, p. 109, un des F_N contient un point intérieur dans F: il existe $\vec{\xi}^{(0)} \in F$, M et N entiers et $\eta > 0$ tels que

$$\sup_{i \leqq M} |\xi_i - \xi_i^{(0)}| \leqq \eta, \ \vec{\xi} \in F \Rightarrow |\mathscr{T}_{\vec{\xi}}(\vec{x}^{(m)})| \leqq \varepsilon/2, \quad \forall m \geqq N.$$

Soit alors $m \geqq N$ fixé. Posons

$$\xi_j = \xi_j^{(0)}, \ \forall j \leqq M \quad \text{et} \quad \xi_j = e^{-i \arg x_j^{(m)}}, \ \forall j > M.$$

Il vient $\vec{\xi} \in F$ et

$$|\mathscr{T}_{\vec{\xi}}(\vec{x}^{(m)})| = \left| \sum_{i=1}^{M} a_i \xi_i^{(0)} x_i^{(m)} + \sum_{i=M+1}^{\infty} a_i |x_i^{(m)}| \right| \leqq \varepsilon/2,$$

donc

$$\sum_{i=M+1}^{\infty} a_i |x_i^{(m)}| \leqq \varepsilon/2 + C \sup_{i \leqq M} |x_i^{(m)}|$$

et

$$\pi_{\vec{a}}(\vec{x}^{(m)}) \leqq \varepsilon/2 + C' \sup_{i \leqq M} |x_i^{(m)}|, \quad \forall m \geqq N.$$

Comme $x_i^{(m)} \to 0$ quand $m \to \infty$ pour tout i, on a donc

$$\pi_{\vec{a}}(\vec{x}^{(m)}) \leqq \varepsilon$$

pour m assez grand, d'où la conclusion.

EXERCICE

Préciser comme suit le théorème de Schur-Banach.

Une suite $\vec{x}^{(m)}$ converge vers 0 dans $\vec{a} - l_1$ si et seulement si

$$\sum_{i=1}^{\infty} a_i \xi_i x_i^{(m)}$$

tend vers 0 pour toute suite $\vec{\xi}$ dont les composantes ξ_i sont égales à 0 ou 1.

Suggestion. Dans la démonstration du texte, revenir au cas où $\vec{x}^{(m)} \geqq 0$ en considérant séparément $\mathscr{R}_{\pm} \vec{x}^{(m)}$ et $\mathscr{I}_{\pm} \vec{x}^{(m)}$. Remplacer les ξ_i qu'on y considère par 0 ou 1 selon que $x_i^{(m_k)} = 0$ ou non.

b) *Dans tout borné de* $\mathbf{A} - l_2$ *et* $\mathbf{A} - c_0$, *les semi-normes affaiblies sont uniformément équivalentes aux semi-normes*

$$\sup_{i \leqq N} |x_i|, \qquad N = 1, 2, \ldots.$$

Soit $\mathscr{T} \in \mathbf{A} - l_2^*$ ou $\mathbf{A} - c_0^*$.

Vu c), p. 31, si B est borné dans $\mathbf{A} - l_2$ ou $\mathbf{A} - c_0$, on a

$$\sup_{\vec{x} \in B} \left| \mathscr{T}\left(\vec{x} - \sum_{i=1}^{N} x_i \vec{e}_i \right) \right| \leqq \varepsilon/3$$

pour N assez grand. De là, quels que soient $\vec{x}, \vec{x}^{(0)} \in B$, on a

$$|\mathscr{C}(\vec{x}-\vec{x}^{(0)})| \leqq \sum_{i=1}^{N} |x_i - x_i^{(0)}| \, |\mathscr{C}(\vec{e}_i)| + 2\varepsilon/3 \leqq C \sup_{i \leqq N} |x_i - x_i^{(0)}| + 2\varepsilon/3,$$

d'où

$$\sup_{i \leqq N} |x_i - x_i^{(0)}| \leqq \varepsilon/(3C), \quad \vec{x}, \vec{x}^{(0)} \in B \Rightarrow |\mathscr{C}(\vec{x}-\vec{x}^{(0)})| \leqq \varepsilon.$$

De là, *dans* $\mathbf{A}-l_2$ *et* $\mathbf{A}-c_0$, *une suite* $\vec{x}^{(m)}$ *converge faiblement vers* $\vec{x}$ (resp. *est faiblement de Cauchy*) *si et seulement si elle est bornée et telle que* $x_i^{(m)}$ *tende vers* x_i (resp. *soit de Cauchy*) *pour tout* i.

Il suffit de noter qu'une telle suite est bornée et d'appliquer b).

c) *L'espace* $\mathbf{A}-l_2$ *est faiblement complet.*

En effet, soit $\vec{x}^{(m)}$ une suite faiblement de Cauchy dans $\mathbf{A}-l_2$. Pour tout i, $x_i^{(m)}$ tend vers $x_i \in \mathbf{C}$. Comme la suite $\vec{x}^{(m)}$ est bornée dans $\mathbf{A}-l_2$, vu a), p. 21, on a aussi $\vec{x} \in \mathbf{A}-l_2$. Il résulte alors de l'énoncé précédent que $\vec{x}^{(m)}$ tend faiblement vers $\vec{x}$, d'où la conclusion.

d) *Les espaces* $\mathbf{A}-c_0$ *et* $\mathbf{A}-l_\infty$ *sont faiblement complets s'ils coincident.*

Soit $\vec{x}^{(m)}$ une suite faiblement de Cauchy dans $\mathbf{A}-c_0$. Pour tout i, $x_i^{(m)}$ converge vers $x_i \in \mathbf{C}$. Comme la suite $\vec{x}^{(m)}$ est bornée dans $\mathbf{A}-l_\infty$, vu a), p. 21, on a $\vec{x} \in \mathbf{A}-l_\infty$, donc $\vec{x} \in \mathbf{A}-c_0$. Il résulte alors de b) que $\vec{x}^{(m)}$ tend faiblement vers $\vec{x}$, d'où la conclusion.

e) *Dans* $\mathbf{A}-l_{1,2}$ *et* $\mathbf{A}-c_0$,

$$K \text{ a-compact} \Leftrightarrow K \text{ a-extractable.}$$

Cela résulte de I, e), p. 213, car le dual de ces espaces est s-séparable.

f) *Dans* $\mathbf{A}-l_1$,

$$K \text{ compact} \Leftrightarrow K \text{ extractable} \Leftrightarrow K \text{ a-extractable} \Leftrightarrow K \text{ a-compact.}$$

Seule l'implication

$$K \text{ extractable} \Leftrightarrow K \text{ } a\text{-extractable}$$

n'a pas été démontrée. Elle est immédiate puisqu'une suite converge dans $\mathbf{A}-l_1$ si et seulement si elle y converge faiblement.

g) *Dans* $\mathbf{A}-l_2$, *tout borné a-fermé est a-compact et a-extractable.*

Soit B un tel borné. Les semi-normes affaiblies y sont uniformément équivalentes aux semi-normes dénombrables

$$\sup_{i \leqq N} |x_i|, \qquad N = 1, 2, \ldots.$$

Or il est précompact et complet pour les semi-normes affaiblies. D'où la conclusion, par I, d), p. 97.

EXERCICE

Si $\mathbf{A}-l_\infty \neq \mathbf{A}-c_0$, $\mathbf{A}-c_0$ n'est pas faiblement complet.

Suggestion. Soit $\vec{x}\in\mathbf{A}-l_\infty\setminus\mathbf{A}-c_0$. La suite $\sum_{i=1}^{m} x_i\vec{e}_i$ est faiblement de Cauchy dans $\mathbf{A}-c_0$. Si $\mathbf{A}-c_0$ était faiblement complet, on aurait $\vec{x}\in\mathbf{A}-c_0$, ce qui est absurde.

15. — a) *Pour que $\mathbf{A}-l_{1,2,\infty}$ ou $\mathbf{A}-c_0$ soit de Schwartz, il faut et il suffit que, pour tout $\vec{a}\in\mathbf{A}$, il existe $\vec{b}\in\mathbf{A}$ tel que $b_i\neq 0$ chaque fois que $a_i\neq 0$ et que $a_i/b_i\to 0$ si on pose $a_i/b_i=0$ chaque fois que $b_i=0$.*

Traitons d'abord le cas de $\mathbf{A}-l_{1,2}$ et $\mathbf{A}-c_0$.

Dans ces espaces, pour que $b_{\pi_{\vec{b}}}$ soit précompact pour $\pi_{\vec{a}}$, il faut et il suffit que

$$\sup_{\pi_{\vec{b}}(\vec{x})\leq 1} |x_i| < \infty \quad \text{si} \quad a_i\neq 0 \tag{*}$$

et

$$\lim_N \sup_{\pi_{\vec{b}}(\vec{x})\leq 1} \pi_{\vec{a}}\left(\sum_{i=N}^{\infty} x_i\vec{e}_i\right) = 0. \tag{**}$$

La condition (*) est visiblement équivalente à

$$a_i\neq 0 \Rightarrow b_i\neq 0.$$

La condition (**) équivaut à

$$\frac{a_i}{b_i}\,(0 \text{ si } b_i=0)\to 0,$$

si $a_i\neq 0$ implique $b_i\neq 0$.

En effet,

$$\sup_{\pi_{\vec{b}}(\vec{x})\leq 1} \pi_{\vec{a}}\left(\sum_{i=N}^{\infty} x_i\vec{e}_i\right)$$

est égal à

$$\sup_{\substack{i\geq N\\ b_i\neq 0}} \frac{a_i}{b_i}$$

dans $\mathbf{A}-l_1$ et $\mathbf{A}-c_0$ et à

$$\sup_{\substack{i\geq N\\ b_i\neq 0}} \sqrt{\frac{a_i}{b_i}}$$

dans $\mathbf{A}-l_2$. Pour le voir, dans le cas de $\mathbf{A}-l_1$ et $\mathbf{A}-c_0$, par exemple, on note que, si $b_i\neq 0$ et $i\geq N$,

$$\frac{a_i}{b_i} = \pi_{\vec{a}}\left(\frac{1}{b_i}\vec{e}_i\right) \leq \sup_{\pi_{\vec{b}}(\vec{x})\leq 1} \pi_{\vec{a}}\left(\sum_{i=N}^{\infty} x_i\vec{e}_i\right)$$

et que

$$\pi_{\vec{a}}\left(\sum_{i=N}^{\infty} x_i \vec{e}_i\right) \leqq \sup_{\substack{i \geqq N \\ b_i \neq 0}} \frac{a_i}{b_i}\, \pi_{\vec{b}}(\vec{x}).$$

Passons au cas de $\mathbf{A}-l_\infty$.

S'il est de Schwartz, $\mathbf{A}-c_0$ est de Schwartz, d'où la condition nécessaire.

Inversement, si la condition de l'énoncé est satisfaite, $\mathbf{A}-c_0$ est de Schwartz. De plus, en vertu du paragraphe 7, p. 18, on a $\mathbf{A}-l_\infty=\mathbf{A}-c_0$, donc $\mathbf{A}-l_\infty$ est de Schwartz.

b) *Pour que* $\mathbf{A}-l_{1,2,\infty}$ *ou* $\mathbf{A}-c_0$ *soit nucléaire, il faut et il suffit que pour tout* $\vec{a}\in\mathbf{A}$, *il existe* $\vec{b}\in\mathbf{A}$ *tel que* $b_i\neq 0$ *chaque fois que* $a_i\neq 0$ *et que*

$$\sum_{b_i\neq 0} \frac{a_i}{b_i} < \infty.$$

La condition est nécessaire.

En effet, si l'espace considéré est nucléaire, pour tout $\vec{a}\in\mathbf{A}$, il existe $\vec{b}\in\mathbf{A}$ tel que $\pi_{\vec{a}}$ soit nucléaire par rapport à $\pi_{\vec{b}}$. Autrement dit,

$$\vec{x} \underset{\pi_{\vec{a}}}{=} \sum_{m=1}^{\infty} \lambda_m \mathscr{C}_m(\vec{x})\, \vec{x}^{(m)}, \quad \forall \vec{x}, \tag{*}$$

avec

$$\lambda_m > 0, \quad \sum_{m=1}^{\infty} \lambda_m < \infty; \quad \|\mathscr{C}_m\|_{\pi_{\vec{b}}} \leqq 1; \quad \pi_{\vec{a}}(\vec{x}^{(m)}) \leqq 1.$$

Dans $\mathbf{A}-l_1$, en prenant $\vec{x}=\frac{a_i}{b_i}\vec{e}_i$, $(b_i\neq 0)$, on tire de (*), en égalant la $i^{\text{ème}}$ composante des deux membres,

$$\frac{a_i}{b_i} = \sum_{m=1}^{\infty} \lambda_m \mathscr{C}_m\left(\frac{\vec{e}_i}{b_i}\right) a_i x_i^{(m)} \leqq \sum_{m=1}^{\infty} \lambda_m a_i |x_i^{(m)}|.$$

De là,

$$\sum_{\substack{i\leqq N \\ b_i\neq 0}} \frac{a_i}{b_i} \leqq \sum_{m=1}^{\infty} \lambda_m \left(\sum_{i=1}^{\infty} a_i |x_i^{(m)}|\right) = \sum_{m=1}^{\infty} \lambda_m \pi_{\vec{a}}(\vec{x}^{(m)}) \leqq \sum_{m=1}^{\infty} \lambda_m$$

et

$$\sum_{b_i\neq 0} \frac{a_i}{b_i} < \infty.$$

De plus, $b_i\neq 0$ si $a_i\neq 0$ car, si $b_i=0$, on a $\pi_{\vec{b}}(\vec{e}_i)=0$, donc $\mathscr{C}_m(\vec{e}_i)=0$ et

$$\vec{e}_i \underset{\pi_{\vec{a}}}{=} 0.$$

Dans $\mathbf{A}-l_2$, prenons $\vec{x}=\sqrt{\frac{a_i}{b_i}}\,\vec{e}_i$, $(b_i\neq 0)$, et égalons la $i^{\text{ème}}$ composante des deux membres de (*). Il vient

$$\sqrt{\frac{a_i}{b_i}} = \sum_{m=1}^{\infty} \lambda_m \mathscr{C}_m \left(\frac{\vec{e}_i}{\sqrt{b_i}} \right) \sqrt{a_i}\, x_i^{(m)} \leqq \sum_{m=1}^{\infty} \lambda_m \sqrt{a_i}\, |x_i^{(m)}|.$$

De là,

$$\frac{a_i}{b_i} \leqq \sum_{m=1}^{\infty} \lambda_m \sum_{m=1}^{\infty} \lambda_m a_i |x_i^{(m)}|^2$$

et

$$\sum_{\substack{i \leqq N \\ b_i \neq 0}} \frac{a_i}{b_i} \leqq \sum_{m=1}^{\infty} \lambda_m \sum_{m=1}^{\infty} \lambda_m [\pi_{\vec{a}}(\vec{x}^{(m)})]^2 \leqq \left(\sum_{m=1}^{\infty} \lambda_m \right)^2,$$

d'où

$$\sum_{b_i \neq 0} \frac{a_i}{b_i} < \infty.$$

On vérifie comme ci-dessus que $b_i \neq 0$ si $a_i \neq 0$.

Passons à $\mathbf{A} - c_0$ et $\mathbf{A} - l_\infty$.

On a encore $b_i \neq 0$ si $a_i \neq 0$. De plus, pour tout i tel que $b_i \neq 0$, on a

$$\frac{a_i}{b_i} \leqq \sum_{m=1}^{\infty} \lambda_m \left| \mathscr{C}_m \left(\frac{1}{b_i} \vec{e}_i \right) \right| = \sum_{m=1}^{\infty} \lambda_m \mathscr{C}_m \left(\frac{\theta_{i,m}}{b_i} \vec{e}_i \right),$$

où $|\theta_{i,m}| = 1$ pour tous i, m. De là,

$$\sum_{\substack{i \leqq N \\ b_i \neq 0}} \frac{a_i}{b_i} \leqq \sum_{m=1}^{\infty} \lambda_m \mathscr{C}_m \left(\sum_{\substack{i \leqq N \\ b_i \neq 0}} \frac{\theta_{i,m}}{b_i} \vec{e}_i \right) \leqq \sum_{m=1}^{\infty} \lambda_m,$$

ce qui entraîne

$$\sum_{b_i \neq 0} \frac{a_i}{b_i} < \infty.$$

La condition est suffisante.

A $\vec{a} \in \mathbf{A}$, associons $\vec{b} \in \mathbf{A}$ tel que $b_i \neq 0$ quand $a_i \neq 0$ et que

$$\sum_{b_i \neq 0} \frac{a_i}{b_i} < \infty.$$

Dans $\mathbf{A} - l_1$ et $\mathbf{A} - c_0$, on a

$$\vec{x} = \sum_{i=1}^{\infty} x_i \vec{e}_i \underset{\pi_{\vec{a}}}{=} \sum_{a_i \neq 0} \frac{a_i}{b_i} (b_i x_i) \frac{1}{a_i} \vec{e}_i.$$

De là, $\pi_{\vec{a}}$ est nucléaire par rapport à $\pi_{\vec{b}}$ puisque, si on pose $\mathscr{C}_i(\vec{x}) = b_i x_i$,

$$\sum_{a_i \neq 0} \frac{a_i}{b_i} < \infty; \quad \|\mathscr{C}_i\|_{\pi_{\vec{b}}} \leqq 1; \quad \pi_{\vec{a}} \left(\frac{1}{a_i} \vec{e}_i \right) \leqq 1.$$

Donc $\mathbf{A} - l_1$ et $\mathbf{A} - c_0$ sont nucléaires. De plus, la condition de l'énoncé implique que $\mathbf{A} - l_\infty = \mathbf{A} - c_0$ (cf. p. 18), donc $\mathbf{A} - l_\infty$ est aussi nucléaire.

Pour $\mathbf{A}-l_2$, à $\vec{b}$, associons $\vec{c}\in\mathbf{A}$ tel que $c_i\neq 0$ quand $b_i\neq 0$ et

$$\sum_{c_i\neq 0}\frac{b_i}{c_i}<\infty.$$

Il vient

$$\sum_{a_i\neq 0}\sqrt{\frac{a_i}{c_i}}=\sum_{a_i\neq 0}\sqrt{\frac{a_i}{b_i}}\sqrt{\frac{b_i}{c_i}}\leqq\left(\sum_{a_i\neq 0}\frac{a_i}{b_i}\right)^{1/2}\left(\sum_{a_i\neq 0}\frac{b_i}{c_i}\right)^{1/2}<\infty$$

(on note que si $a_i\neq 0$, on a $b_i\neq 0$ et $c_i\neq 0$).

On a alors

$$\vec{x}=\sum_{i=1}^{\infty}x_i\vec{e}_i\underset{\pi_{\vec{a}}}{=}\sum_{a_i\neq 0}\sqrt{\frac{a_i}{c_i}}(\sqrt{c_i}x_i)\frac{1}{\sqrt{a_i}}\vec{e}_i$$

avec, si $\mathscr{C}_i(\vec{x})=\sqrt{c_i}x_i$,

$$\sum_{a_i\neq 0}\sqrt{\frac{a_i}{c_i}}<\infty;\quad \|\mathscr{C}_i\|_{\pi_{\vec{c}}}\leqq 1;\quad \pi_{\vec{a}}\left(\frac{1}{\sqrt{a_i}}\vec{e}_i\right)\leqq 1.$$

De là, $\pi_{\vec{a}}$ est nucléaire par rapport à $\pi_{\vec{c}}$ et $\mathbf{A}-l_2$ est nucléaire.

EXERCICES

Rappelons qu'on appelle $l_{1,2,\infty}$ et c_0 les espaces $\mathbf{A}-l_{1,2,\infty}$ et $\mathbf{A}-c_0$ lorsque $\mathbf{A}$ est constitué du seul élément

$$\vec{a}=(1,1,\ldots).$$

A tout $\vec{x}\in l_1$ (resp. l_2 ou l_∞) correspond une et une seule fonctionnelle linéaire définie par

$$\mathscr{C}_{\vec{x}}(\vec{y})=\sum_{i=1}^{\infty}x_iy_i,$$

bornée dans c_0, (resp. l_2 ou l_1). Dans ce qui suit, nous ne distinguerons pas $\vec{x}$ et $\mathscr{C}_{\vec{x}}$.

1. — Vérifier que

$$l_1\equiv c^*_{0,b};\quad l_2\equiv l^*_{2,b};\quad l_\infty\equiv l^*_{1,b},$$

le signe $\equiv$ signifiant que les espaces considérés sont égaux et que leurs normes sont égales, et que

$$l_1\subset l_2\subset l_\infty,$$

avec

$$\|\cdot\|_{l_\infty}\leqq\|\cdot\|_{l_2}\leqq\|\cdot\|_{l_1}.$$

2. — Les semi-normes de $c^*_{0,pc}$ sont équivalentes aux semi-normes

$$\pi^{(1)}_{\vec{a}}(\vec{x}),\quad \vec{a}\geqq 0,\ \vec{a}\in c_0.$$

Suggestion. Vu le point e) de l'ex. p. 26, les semi-normes de $c^*_{0,pc}$ sont équivalentes aux semi-normes

$$\sup_{\vec{y}\in N(\vec{a})}|\vec{y}\times\vec{x}|,\quad \vec{a}\geqq 0,\ \vec{a}\in c_0.$$

Ces expressions s'écrivent encore

$$\sup_{|y_i|\leqq a_i}\left|\sum_{i=1}^{\infty} y_i x_i\right| = \pi^{(1)}_{\vec{a}}(\vec{x}),$$

d'où la conclusion.

3. — Donner une démonstration directe du fait que l_∞ n'est pas séparable.

Suggestion. Soit $\vec{x}^{(m)}$, $(m=1, 2, \ldots)$, une suite d'éléments de l_∞. Définissons $\vec{x}$ par

$$x_i = \begin{cases} 2 & \text{si } |x_i^{(i)}|<1 \\ 0 & \text{si } |x_i^{(i)}|\geqq 1. \end{cases}$$

C'est un élément de l_∞ et on a

$$\|\vec{x}-\vec{x}^{(i)}\| \geqq |x_i - x_i^{(i)}| \geqq 1, \quad \forall i,$$

donc $\{\vec{x}^{(m)}: m=1, 2, \ldots\}$ n'est pas dense dans l_∞.

4. — L'ensemble des x dont les composantes sont égales à 0 ou 1 est total dans l_∞.

Suggestion. Soit $\vec{x}$ fixé dans l_∞. Partitionnons $\{z: |z|\leqq \|\vec{x}\|_{l_\infty}\}$ en un nombre fini d'ensembles e_k de diamètre inférieur à ε et fixons un point z_k dans chaque e_k. Pour tout i, x_i appartient à un e_k. Appelons $\vec{v}^{(k)}$ l'élément défini par $v_i^{(k)}=1$ si $x_i\in e_k$, 0 sinon. Il vient

$$\|\vec{x}-\sum_{(k)} z_k \vec{v}^{(k)}\|_{l_\infty} \leqq \varepsilon,$$

d'où la conclusion.

5. — Etablir la *règle des multiplicateurs:* si la série

$$\sum_{i=1}^{\infty} x_i y_i$$

converge quel que soit $y\in c_0$ (resp. l_2, l_1), alors $\vec{x}$ appartient à l_1 (resp. l_2, l_∞).

Suggestion. a) Supposons que $\vec{x}\notin l_1$. On peut déterminer une suite d'indices $r_m\uparrow\infty$, $(r_1=0)$, tels que

$$\sum_{i=r_m+1}^{r_{m+1}} |x_i| \geqq m.$$

Alors, la série

$$\sum_{i=1}^{\infty} x_i y_i,$$

où

$$y_j = \frac{1}{m} e^{-i \arg x_j}$$

si

$$r_m<j\leqq r_{m+1},$$

ne converge pas, bien que $\vec{y}\in c_0$.

b) Supposons que $\vec{x}\notin l_2$ et déterminons $r_m\uparrow\infty$, $(r_1=0)$, tels que

$$\sum_{i=r_m+1}^{r_{m+1}} |x_i|^2 \geqq m.$$

On prend alors

$$y_i = \overline{x_i} \Bigg/ \left(m \sum_{i=r_m+1}^{r_{m+1}} |x_i|^2 \right)$$

si $r_m < i \leqq r_{m+1}$, pour conclure de façon analogue.

c) Si $\vec{x} \notin l_\infty$, pour tout m, il existe i_m tel que $|x_{i_m}| \geqq m$. On peut de plus supposer les i_m deux à deux distincts.

La suite

$$y_i = \begin{cases} \dfrac{1}{m^2} & \text{si} \quad i = i_m, \\ 0 & \text{si} \quad i \neq i_m, \ \forall m, \end{cases}$$

conduit encore à une absurdité.

Variante. Si on pose

$$\mathscr{C}(\vec{y}) = \sum_{i=1}^{\infty} x_i y_i$$

et

$$\mathscr{C}_m(\vec{y}) = \sum_{i=1}^{m} x_i y_i,$$

l'hypothèse implique que la suite $\mathscr{C}_m$ soit de Cauchy dans $c_{0,s}^*$ (resp. $l_{2,s}^*$, $l_{1,s}^*$). Comme c_0, l_2 et l_1 sont des espaces de Banach, leur dual est s-complet, donc la limite $\mathscr{C}$ des $\mathscr{C}_m$ appartient à c_0^* (resp. l_1^*, l_2^*), ce qui prouve que $\vec{x} \in l_1$ (resp. l_2, l_∞).

6. — Soit r_m une suite de nombres deux à deux distincts compris entre 0 et θ, $\theta < 1$. L'ensemble des vecteurs

$$\vec{x}^{(m)} = (1, r_m, r_m^2, \ldots)$$

est total dans l_1, l_2 et c_0.

Suggestion. Il suffit d'établir que tout $\vec{x} \in l_\infty$ (resp. l_2, l_1) tel que

$$\vec{x} \times \vec{x}^{(m)} = 0, \ \forall m,$$

est nul. On conclut alors par I, b), p. 189.

Pour un tel $\vec{x}$, la série

$$\sum_{i=1}^{\infty} x_i z^{i-1}$$

converge et définit une fonction holomorphe dans $\{z : |z| < 1\}$.

Cette fonction s'annule en $z = r_m$, $(m = 1, 2, \ldots)$. Or on peut extraire des r_m une sous-suite qui converge vers $r \in [0, \theta]$. Donc la fonction est identiquement nulle, ce qui exige que x_i soit nul pour tout i.

7. — Soit E un espace linéaire à semi-normes. Si E est complet et si $f_m \to 0$ dans E, les séries $\sum_{i=1}^{\infty} x_i f_i$ convergent dans E pour tout $\vec{x} \in l_1$ et

$$\left\{ \sum_{i=1}^{\infty} x_i f_i : \sum_{i=1}^{\infty} |x_i| \leqq 1 \right\}$$

est compact et extractable.

Suggestion. On sait que $l_1 = c_0^*$ et que la boule fermée de centre 0 et de rayon 1 de l_1 est le polaire de la boule de centre 0 et de rayon 1 de c_0. Considérons l'opérateur T défini de l_1 dans E par

$$T\vec{x} = \sum_{i=1}^{\infty} x_i f_i,$$

les séries indiquées convergeant visiblement dans E.

Il suffit d'établir que T est borné de $c_{0,pc}^*$ dans E, puisque la boule unité de l_1 est compacte et extractable dans $c_{0,pc}^*$. Or

$$p(T\vec{x}) = \sum_{i=1}^{\infty} |x_i| p(f_i),$$

où le second membre est une semi-norme de $c_{0,pc}^*$, puisque $p(f_i) \to 0$ (cf. ex. 2, p. 39).

8. — Soit f_i une suite d'éléments de E, telle que

$$\sum_{i=1}^{\infty} |\mathscr{C}(f_i)| < \infty, \quad \forall \mathscr{C} \in E^*.$$

Si E est faiblement complet et séparable par semi-norme, on a

$$\sup_{\mathscr{C} \in b_p^{\triangle}} \sum_{i=N}^{\infty} |\mathscr{C}(f_i)| \to 0$$

si $N \to \infty$.

La série $\sum_{i=1}^{\infty} f_i$ converge alors dans E et l'ensemble

$$\left\{\sum_{i=1}^{\infty} x_i f_i : |x_i| \leqq 1, \ \forall i\right\}$$

est compact et extractable dans E.

Suggestion. Considérons l'opérateur T défini de E^* dans l_1 par

$$T\mathscr{C} = (\mathscr{C}(f_1), \mathscr{C}(f_2), \ldots), \quad \forall \mathscr{C} \in E^*.$$

Il est borné de E_s^* dans $l_{1,a}$. En effet, si $|a_i| \leqq 1$ pour tout i,

$$|\vec{a} \times T\mathscr{C}| = \left|\sum_{i=1}^{\infty} a_i \mathscr{C}(f_i)\right| = \left|\mathscr{C}\left(\sum_{i=1}^{\infty} a_i f_i\right)\right|,$$

où le dernier membre est une semi-norme dans E_s^*, vu la convergence de la série dans E_a. Dès lors, l'image par T de $b_p^{\triangle}$ est a-compacte, donc compacte (cf. f), p. 35), dans l_1 ce qui entraîne

$$\sup_{\mathscr{C} \in b_p^{\triangle}} \sum_{i=N}^{\infty} |\mathscr{C}(f_i)| \to 0$$

si $N \to \infty$.

Cela étant, la série $\sum_{i=1}^{\infty} f_i$ est de Cauchy dans E, puisque

$$p\left(\sum_{i=r}^{s} f_i\right) = \sup_{\mathscr{C} \in b_p^{\triangle}} \left|\sum_{i=r}^{s} \mathscr{C}(f_i)\right| \leqq \sup_{\mathscr{C} \in b_p^{\triangle}} \sum_{i=r}^{s} |\mathscr{C}(f_i)| \to 0$$

si $\inf(r, s) \to \infty$. Elle converge donc dans E.

En outre, l'opérateur T' défini de l_∞ dans E par

$$T'\vec{x} = \sum_{i=1}^{\infty} x_i f_i$$

est défini et borné de $l^*_{1,pc}$ dans E, puisque

$$p\left(\sum_{i=1}^{\infty} x_i f_i\right) = \sup_{\mathscr{C} \in b_p^\triangle} \left|\sum_{i=1}^{\infty} x_i \mathscr{C}(f_i)\right| = \sup_{\vec{y} \in Tb_p^\triangle} |\vec{x} \times \vec{y}|,$$

où $Tb_p^\triangle$ est précompact dans l_1. Donc

$$\left\{\sum_{i=1}^{\infty} x_i f_i : |x_i| \leqq 1, \ \forall i\right\}$$

image par T' de la boule unité de l_∞, est compact et extractable dans E.

9. — Soit E à semi-normes représentables. La suite $f_i \in E$ est telle que

$$\sup_{\mathscr{C} \in b_p^\triangle} \sum_{i=N}^{\infty} |\mathscr{C}(f_i)| \to 0$$

quand $N \to \infty$ si et seulement si

$$K = \left\{\sum_{(i)} x_i f_i : |x_i| \leqq 1, \ \forall i\right\}$$

est précompact pour p dans E.

Suggestion. L'ensemble K est précompact pour p dans E si et seulement si $b_p^\triangle$ est précompact pour

$$\sup_{f \in K} |\mathscr{C}(f)| = \sum_{i=1}^{\infty} |\mathscr{C}(f_i)|,$$

donc si et seulement si

$$\{(\mathscr{C}(f_1), \mathscr{C}(f_2), \ldots) : \mathscr{C} \in b_p^\triangle\}$$

est précompact dans l_1, ce qui a lieu si et seulement si

$$\sup_{\mathscr{C} \in b_p^\triangle} \sum_{i=N}^{\infty} |\mathscr{C}(f_i)| \to 0$$

quand $N \to \infty$.

10. — Soit E un espace linéaire à semi-normes, séparable pour p. Si $\mathscr{C}_m \in b_p^\triangle$ et si $\mathscr{C}_m(f) \to 0$ pour tout $f \in A$, il existe $\mathscr{Q}_m \in b_p^\triangle \cap A^\triangle$ tel que $\mathscr{C}_m + \mathscr{Q}_m \to 0$ dans E_s^*.

Suggestion. Soit $\{f_i: i = 1, 2, \ldots\}$ un ensemble dense pour p dans E. Posons

$$\pi_N(\mathscr{C}) = \sup_{i \leqq N} |\mathscr{C}(f_i)|, \qquad N = 1, 2, \ldots.$$

Pour qu'une suite $\mathscr{C}'_m$ équibornée pour p tende vers 0 dans E_s^*, il suffit que, pour tout N, $\pi_N(\mathscr{C}'_m) \to 0$ quand $m \to \infty$.

Pour tout N, il existe $M(N)$ tel que

$$\inf_{\mathscr{Q} \in b_p^\triangle \cap A^\triangle} \pi_N(\mathscr{C}_m + \mathscr{Q}) < 1/N, \quad \forall m \geqq M(N). \tag{*}$$

En effet, si ce n'est pas le cas, il existe N_0 et une sous-suite des $\mathscr{C}_m$, que nous noterons encore $\mathscr{C}_m$, tels que

$$\inf_{\mathcal{Q}\in b_p^\triangle \cap A^\triangle} \pi_{N_0}(\mathcal{C}_m+\mathcal{Q}) \geqq 1/N_0.$$

Des $\mathcal{C}_m$, on peut extraire une sous-suite $\mathcal{C}_{m_k}$ s-convergente. Soit $\mathcal{C}$ sa limite. Il vient

$$\pi_{N_0}(\mathcal{C}_m-\mathcal{C})\to 0$$

quand $m\to\infty$ et $-\mathcal{C}\in b_p^\triangle \cap A^\triangle$, ce qui est absurde.

On peut évidemment supposer que $M(N)\uparrow\infty$ quand $N\to\infty$. Vu (*), pour tout m tel que $M(N)\leqq m< M(N+1)$, il existe $\mathcal{Q}_m\in b_p^\triangle \cap A^\triangle$ tel que $\pi_N(\mathcal{C}_m+\mathcal{Q}_m)\leqq 1/N$. La suite $\mathcal{C}_m+\mathcal{Q}_m$ ainsi obtenue satisfait aux conditions de l'énoncé.

11. — Soit T un opérateur linéaire borné de c_0 dans E tel que T^{-1} existe et soit borné de Tc_0 dans c_0.

Si E est séparable pour p_0, il existe un opérateur linéaire borné T' de E sur c_0, tel que $T'f=T^{-1}f$ pour tout $f\in Tc_0$.

L'opérateur TT' est alors un projecteur de E sur Tc_0, borné et même complètement borné.

Suggestion Soient p_0 et C tels que

$$\|T^{-1}f\|_{c_0} \leqq Cp_0(f),\ \forall f\in Tc_0.$$

Considérons les fonctionnelles

$$\mathcal{C}_m(f) = (T^{-1}f)_m,$$

définies dans Tc_0. Elles sont linéaires et bornées par Cp_0. En vertu du théorème de Hahn-Banach, on peut les prolonger par des fonctionnelles $\mathcal{C}_m^*\in E^*$, bornées par Cp_0. Comme $T^{-1}f\in c_0$, on a $\mathcal{C}_m(f)\to 0$ quand $m\to\infty$ pour tout $f\in Tc_0$. De là, par l'ex. 10, on peut modifier les $\mathcal{C}_m^*$ pour que $\mathcal{C}_m^*\to 0$ dans E_s^* et $\mathcal{C}_m^*\in 2Cb_{p_0}^\triangle$.

Posons alors

$$T'f = (\mathcal{C}_1^*(f), \mathcal{C}_2^*(f), \ldots),\ \forall f\in E.$$

L'opérateur T' est visiblement linéaire et borné de E dans c_0. De plus, si $f\in Tc_0$, on a $\mathcal{C}_m^*(f)=\mathcal{C}_m(f)=(T^{-1}f)_m$ pour tout m, donc $T'=T^{-1}$ dans Tc_0. Cela entraîne que $T'E=c_0$ et que TT' est un projecteur de E sur Tc_0. Ce projecteur est complètement borné, puisque

$$p(TT'f) \leqq C_p\|T'f\|_{c_0} \leqq 2C_pCp_0(f),\ \forall f\in E.$$

12. — On appelle c le sous-espace de l_∞ formé des .. tels que x_m converge quand $m\to\infty$, muni de la norme induite par l_∞.

Etablir que

— si $x_m\to x$ et si $\vec{e}_0$ est tel que $(\vec{e}_0)_i=1$ pour tout i,

$$\vec{x} = \sum_{i=1}^{\infty}(x_i-x)\vec{e}_i+x\vec{e}_0.$$

— c est séparable.

— toute fonctionnelle linéaire bornée dans c est de la forme

$$\mathcal{C}(\vec{x}) = \sum_{i=1}^{\infty} y_ix_i+y_0x$$

et

$$\|\mathcal{C}\| = \sum_{i=0}^{\infty}|y_i|.$$

Suggestion. Pour la dernière assertion à établir, on note que

$$\mathscr{C}(\vec{x}) = \mathscr{C}\left[\sum_{i=1}^{\infty}(x_i - x)\vec{e}_i\right] + x\mathscr{C}(\vec{e}_0).$$

Le premier terme du second membre s'écrit sous la forme

$$\sum_{i=1}^{\infty} y_i(x_i - x) = \sum_{i=1}^{\infty} y_i x_i - x\left(\sum_{i=1}^{\infty} y_i\right),$$

avec $\sum_{i=1}^{\infty}|y_i| < \infty$, vu la structure du dual de c_0. De là, si on pose $y_0 = \mathscr{C}(\vec{e}_0) - \sum_{i=1}^{\infty} y_i$, on a

$$\mathscr{C}(\vec{x}) = \sum_{i=1}^{\infty} y_i x_i + y_0 x.$$

La majoration

$$|\mathscr{C}(\vec{x})| \leq \sup_i |x_i| \cdot \sum_{i=0}^{\infty}|y_i|$$

est immédiate.

Inversement, soient N et $\varepsilon > 0$ donnés. Il existe $N' > N$ assez grand pour que $\sum_{i=N'}^{\infty}|y_i| < \varepsilon$. Posons $\theta_i = |y_i|/y_i$, si $y_i \neq 0$, $\theta_i = 0$ sinon et

$$x_i = \begin{cases} \theta_i & \text{si } i \leq N, \\ 0 & \text{si } N < i < N', \\ \theta_0 & \text{si } N' \leq i. \end{cases}$$

Il vient

$$|\mathscr{C}(\vec{x})| = \left|\sum_{i=1}^{\infty} y_i x_i + y_0 \lim_i x_i\right| = \left|\sum_{i=1}^{N}|y_i| + \theta_0\left(\sum_{i=N'}^{\infty} y_i\right) + |y_0|\right|.$$

Comme $|\mathscr{C}(\vec{x})| \leq \|\mathscr{C}\|$, il vient

$$\sum_{i=1}^{N}|y_i| + |y_0| \leq \|\mathscr{C}\| + \varepsilon.$$

D'où, comme N et ε sont arbitraires,

$$\sum_{i=0}^{\infty}|y_i| \leq \|\mathscr{C}\|.$$

13. — Numérotons les composantes de $\vec{x} \in l_1$ à partir de 0. Muni du produit de composition $\vec{x} * \vec{y}$, défini p. 15, l_1 est une algèbre de Banach, commutative, séparable et avec unité. Ses fonctionnelles multiplicatives sont de la forme

$$\mathscr{C}_\theta(\vec{x}) = \sum_{m=0}^{\infty} \theta^m x_m, \quad |\theta| \leq 1.$$

Suggestion. Le produit $\vec{x} * \vec{y}$ est défini dans l_1 et on a

$$\|\vec{x} * \vec{y}\|_{l_1} \leq \|\vec{x}\|_{l_1}\|\vec{y}\|_{l_1}.$$

De fait,

$$\sum_{m=0}^{N}\left|\sum_{i=0}^{m} x_i y_{m-i}\right| \leq \sum_{i=0}^{N}|x_i| \cdot \sum_{m=0}^{N}|y_m|,$$

d'où l'appartenance du produit à l_1 et la majoration annoncée.

Il est en outre commutatif et associatif.

Pour ce produit, l_1 admet une unité: l'élément $\vec{e}_0 = (1, 0, 0, \ldots)$.

Soit $\mathscr{T}$ une fonctionnelle multiplicative dans l_1. On a $\mathscr{T}(\vec{e}_0)=1$. De plus, de

$$\vec{e}_i = \underbrace{\vec{e}_1 * \ldots * \vec{e}_1}_{i},$$

on déduit que, si $\mathscr{T}(\vec{e}_1)=\theta$, $\mathscr{T}(\vec{e}_i)=\theta^i$ pour tout $i>1$. Ce θ est tel que

$$|\theta| \leq \|\mathscr{T}\| \, \|\vec{e}_1\| \leq 1.$$

Il vient alors

$$\mathscr{T}(\vec{x}) = \sum_{i=0}^{\infty} x_i \mathscr{T}(\vec{e}_i) = \sum_{i=0}^{\infty} \theta^i x_i.$$

Inversement, on vérifie qu'une telle fonctionnelle est multiplicative, en notant que $\mathscr{T}(\vec{e}_i * \vec{e}_j) = \mathscr{T}(\vec{e}_i)\mathscr{T}(\vec{e}_j)$ pour tous i, j et que les $\vec{e}_i$ forment un ensemble total dans l_1.

14. — Numérotons les composantes de $\vec{x}$ par un indice entier variant de $-\infty$ à $+\infty$. La norme dans l_1 devient ainsi

$$\|\vec{x}\| = \sum_{i=-\infty}^{\infty} |x_i|.$$

Muni du produit $\vec{x} * \vec{y}$ défini par

$$(\vec{x} * \vec{y})_m = \sum_{i=-\infty}^{\infty} x_i y_{m-i},$$

l_1 est une algèbre de Banach commutative, séparable et avec unité.

Ses fonctionnelles multiplicatives sont les fonctionnelles

$$\mathscr{T}(\vec{x}) = \sum_{m=-\infty}^{\infty} e^{im\theta} x_m, \quad \theta \text{ réel}.$$

Suggestion. On vérifie comme dans l'ex. 13 qu'il s'agit d'une algèbre commutative et avec unité $\vec{e}_0$ et qu'on a $\vec{e}_i * \vec{e}_j = \vec{e}_{i+j}$.

Cela étant, si $\mathscr{T}$ est multiplicatif dans l_1, on a $\mathscr{T}(\vec{e}_0)=1$ et

$$\mathscr{T}(\vec{e}_i) = [\mathscr{T}(\vec{e}_1)]^i, \ \forall i.$$

Si $\mathscr{T}(\vec{e}_1)=\alpha$, on a

$$|\alpha^{\pm 1}| \leq \|\mathscr{T}\| \, \|\vec{e}_{\pm 1}\| \leq 1,$$

d'où $|\alpha|=1$ et $\alpha=e^{i\theta}$, avec θ réel. De là,

$$\mathscr{T}(\vec{x}) = \sum_{m=-\infty}^{\infty} e^{im\theta} x_m.$$

La réciproque est triviale.

15. — Soit E l'ensemble des fonctions

$$f(x) = \sum_{m=-\infty}^{\infty} f_m e^{imx}, \quad \text{où} \quad \sum_{m=-\infty}^{\infty} |f_m| < \infty,$$

définies dans $]-\infty, +\infty[$.

a) Les coefficients f_m sont univoquement définis à partir de f.

b) Muni de la norme

$$\|f\| = \sum_{m=-\infty}^{\infty} |f_m|$$

et du produit

$$(fg)(x) = f(x)g(x),$$

E est une algèbre de Banach commutative, séparable et avec unité.

c) Les fonctionnelles multiplicatives dans E sont les fonctionnelles

$$\mathscr{C}_x(f)=f(x), \quad x\in]-\infty,+\infty[.$$

Suggestion. a) Pour l'unicité des f_m, on note que

$$f_m = \frac{1}{2\pi}\int_0^{2\pi} f(x)e^{-imx}\,dx.$$

b) A $f(x)$, associons $\vec{f}=\sum_{m=-\infty}^{\infty} f_m\vec{e}_m$.

La correspondance ainsi établie entre E et l_1 est linéaire. De plus, on a $\|f\|=\|\vec{f}\|_{l_1}$ et, avec le produit introduit dans l'ex. 14, $\overrightarrow{fg}=\vec{f}*\vec{g}$. On en déduit sans peine que E est une algèbre de Banach commutative, séparable et avec unité.

c) Les fonctionnelles multiplicatives dans E sont de la forme

$$\mathscr{C}(f)=\sum_{m=-\infty}^{\infty} f_m e^{-im\theta}=f(\theta), \quad \theta \text{ réel}.$$

16. — Soit N entier positif et soient $\vec{a}^{(i)}$ les N^n éléments de $\mathbf{C}_n$ dont les composantes sont des racines $N^{\text{ièmes}}$ de 1. Pour tout $\vec{x}\in\mathbf{C}_n$, on a

$$\left(\sum_{i=1}^{n}|x_i|^2\right)^{1/2} \leqq \frac{\sqrt{2}}{N^n}\sum_{i=1}^{N^n}|\vec{a}^{(i)}\times\vec{x}|.$$

Suggestion. On note d'abord que

$$\frac{1}{N^n}\sum_{i=1}^{N^n}|\vec{a}^{(i)}\times\vec{x}|^2=\sum_{i=1}^{n}|x_i|^2$$

et

$$\frac{1}{N^n}\sum_{i=1}^{N^n}|\vec{a}^{(i)}\times\vec{x}|^4 \leqq 2\left(\sum_{i=1}^{n}|x_i|^2\right)^2.$$

On l'établit par récurrence par rapport à n à partir des relations

$$\frac{1}{N}\sum_{k=0}^{N-1}|z+\omega^k z'|^2=|z|^2+|z'|^2$$

et

$$\frac{1}{N}\sum_{k=0}^{N-1}|z+\omega^k z'|^4 \leqq |z|^4+6|z|^2|z'|^2+|z'|^4 \leqq 2(|z|^2+|z'|^2)^2,$$

vraies quels que soient $z, z'\in\mathbf{C}$ et ω racine $N^{\text{ième}}$ de 1, différente de 1.

Cela étant, par l'inégalité de Hölder, (cf. FVR I, p. 319),

$$\sum_{i=1}^{n}|x_i|^2=\frac{1}{N^n}\sum_{i=1}^{N^n}|\vec{a}^{(i)}\times\vec{x}|^{2/3+4/3} \leqq \frac{1}{N^n}\left(\sum_{i=1}^{N^n}|\vec{a}^{(i)}\times\vec{x}|\right)^{2/3}\left(\sum_{i=1}^{N^n}|\vec{a}^{(i)}\times\vec{x}|^4\right)^{1/3}$$

$$\leqq \frac{1}{N^{2n/3}}\left(\sum_{i=1}^{N^n}|\vec{a}^{(i)}\times\vec{x}|\right)^{2/3}\left[2\left(\sum_{i=1}^{n}|x_i|^2\right)^2\right]^{1/3},$$

d'où

$$\left(\sum_{i=1}^{n}|x_i|^2\right)^{1/2} \leqq \frac{\sqrt{2}}{N^n}\sum_{i=1}^{N^n}|\vec{a}^{(i)}\times\vec{x}|.$$

17. — Etablir que, quels que soient les $\vec{x}^{(j)} \in l_1$, on a

$$\sum_{(j)} \|\vec{x}^{(j)}\|_{l_2} \leq \sqrt{2} \sup_{\|\vec{y}\|_{l_\infty} \leq 1} \sum_{(j)} |\vec{y} \times \vec{x}^{(j)}|.$$

Suggestion. Compte tenu de l'ex. 16, on a, pour N et n entiers positifs,

$$\left(\sum_{i=1}^{n} |x_i|^2\right)^{1/2} \leq \frac{\sqrt{2}}{N^n} \sum_{i=1}^{Nn} |\vec{a}^{(i)} \times \vec{x}|, \quad \forall \vec{x} \in l_2,$$

où $\|\vec{a}^{(i)}\|_{l_\infty} \leq 1$ pour tout i. De là, quels que soient $\vec{x}^{(1)}, \ldots, \vec{x}^{(J)} \in l_1$,

$$\sum_{j=1}^{J} \left(\sum_{i=1}^{n} |x_i^{(j)}|^2\right)^{1/2} \leq \frac{\sqrt{2}}{N^n} \sum_{i=1}^{Nn} \left(\sum_{j=1}^{J} |\vec{a}^{(i)} \times \vec{x}^{(j)}|\right) \leq \sqrt{2} \sup_{\|\vec{y}\|_{l_\infty} \leq 1} \sum_{j=1}^{J} |\vec{y} \times \vec{x}^{(j)}|.$$

En passant à la limite sur n, il vient alors

$$\sum_{j=1}^{J} \|\vec{x}^{(j)}\|_{l_2} \leq \sqrt{2} \sup_{\|\vec{y}\|_{l_\infty} \leq 1} \sum_{j=1}^{J} |\vec{y} \times \vec{x}^{(j)}|,$$

d'où la conclusion.

*

* *

Soit e un ensemble arbitraire. Appelons

$\boldsymbol{l_1(e)}$	$\boldsymbol{l_2(e)}$	$\boldsymbol{l_\infty(e)}$

l'ensemble des fonctions f définies dans e qui ne diffèrent de 0 que dans un sous-ensemble dénombrable de e et telles que les expressions

$\sum_{f(x)\neq 0} \lvert f(x)\rvert$	$\left(\sum_{f(x)\neq 0} \lvert f(x)\rvert^2\right)^{1/2}$	$\sup_{f(x)\neq 0} \lvert f(x)\rvert$	(*)

soient définies. Appelons $c_0(e)$ l'ensemble des $f \in l_\infty(e)$ tels que, pour tout $\varepsilon > 0$, il existe $x_1, \ldots, x_N \in e$ tels que $|f(x)| \leq \varepsilon$ pour tout $x \neq x_1, \ldots, x_N$.

1. — Muni de la combinaison linéaire

$$\left(\sum_{i=1}^{N} c_i f^{(i)}\right)(x) = \sum_{i=1}^{N} c_i f^{(i)}(x), \quad \forall x \in e,$$

et des normes constituées par les expressions (*), les espaces considérés sont de Banach et $c_0(e)$ est un sous-espace linéaire fermé de $l_\infty(e)$.

Suggestion. Pour établir la complétion des espaces $l_{1,2,\infty}(e)$, on note que les éléments d'une suite $f^{(m)}$ ne diffèrent de 0 que dans un sous-ensemble dénombrable $\{x_i : i=1, 2, \ldots\}$ de e. On raisonne alors sur les

$$(f^{(m)}(x_1), f^{(m)}(x_2), \ldots)$$

comme sur les éléments de $l_{1,2,\infty}$.

Si on établit que $c_0(e)$ est un sous-espace linéaire fermé de $l_\infty(e)$, il est alors trivial qu'il est également complet.

Soit f dans l'adhérence dans $l_\infty(e)$ de $c_0(e)$ et soit $\varepsilon > 0$ fixé. Il existe $f_\varepsilon \in c_0(e)$ tel que

$$\sup_{x \in e} |f(x) - f_\varepsilon(x)| \leq \varepsilon/2.$$

Si $x_1, \ldots, x_N$ sont tels que

$$\sup_{\substack{x \in e \\ x \neq x_1, \ldots, x_N}} |f_\varepsilon(x)| \leqq \varepsilon/2,$$

on a

$$\sup_{\substack{x \in e \\ x \neq x_1, \ldots, x_N}} |f(x)| \leqq \varepsilon,$$

d'où la conclusion.

2. — Si e n'est pas dénombrable, les espaces $l_{1,2,\infty}(e)$ ne sont pas séparables. Plus précisément, si A est un sous-ensemble séparable d'un de ces espaces, il existe un sous-ensemble dénombrable $e' \subset e$ tel que tout $f \in A$ soit nul hors de e'.

Suggestion. Il suffit de noter qu'un tel e' existe pour tout ensemble A dénombrable et que, si tout $f \in A$ est nul hors de e', tout $f \in \bar{A}$ est aussi nul hors de e'.

3. — Toute fonctionnelle linéaire bornée dans $l_1(e)$ [resp. $l_2(e)$ ou $c_0(e)$] est de la forme

$$\mathscr{C}(f) = \sum_{f(x) \neq 0} f(x) g(x)$$

où $g(x)$ est une fonction bornée dans e [resp. un élément de $l_2(e)$ ou $l_1(e)$].

Suggestion. On note que, dans ces espaces,

$$f = \sum_{f(x) \neq 0} f(x) \delta_x,$$

d'où

$$\mathscr{C}(f) = \sum_{f(x) \neq 0} f(x) \mathscr{C}(\delta_x).$$

Il reste à voir que $\mathscr{C}(\delta_x)$ satisfait aux conditions de l'énoncé.
Pour $l_1(e)$, c'est trivial.
Pour $l_2(e)$ et $c_0(e)$, quels que soient $x_1, \ldots, x_N \in e$,

$$\sum_{k=1}^{N} |\mathscr{C}(\delta_{x_k})|^2 = \left| \mathscr{C}\left(\sum_{k=1}^{N} \overline{\mathscr{C}(\delta_{x_k})} \delta_{x_k} \right) \right| \leqq \|\mathscr{C}\| \left(\sum_{k=1}^{N} |\mathscr{C}(\delta_{x_k})|^2 \right)^{1/2}.$$

$$\sum_{k=1}^{N} |\mathscr{C}(x_k)| = \left| \mathscr{C}\left(\sum_{k=1}^{N} e^{-i \arg \mathscr{C}(\delta_{x_k})} \delta_{x_k} \right) \right| \leqq \|\mathscr{C}\|.$$

De là, il y a au plus un nombre fini de $x \in e$ tels que $|\mathscr{C}(\delta_x)| \geqq 1/m$ pour tout m fixé; il y a donc au plus une infinité dénombrable de x tels que $\mathscr{C}(\delta_x) \neq 0$.

Cela étant, on procède comme dans l'étude du dual de l_2 et c_0.

4. — Pour toute fonctionnelle linéaire bornée dans $l_\infty(e)$, il existe un ensemble dénombrable $\{x_i : i = 1, 2, \ldots\}$ tel que

$$f(x_i) = 0, \ \forall i \Rightarrow \mathscr{C}(f) = 0.$$

Suggestion. Soit $\mathscr{C}$ borné dans $l_\infty(e)$ et soient $f^{(m)} \in l_\infty(e)$ tels que $\|f^{(m)}\|_{l_\infty(e)} = 1$ et que $\mathscr{C}(f^{(m)}) \to \|\mathscr{C}\|$. Soit e' l'ensemble des x où un au moins des $f^{(m)}$ n'est pas nul. Il répond à la question. En effet, si ce n'est pas le cas, il existe f nul dans e' et tel que $\mathscr{C}(f) > 0$ et $\|f\| \leqq 1$. Il vient alors

$$\|\mathscr{C}\| < \|\mathscr{C}\| + \mathscr{C}(f) = \lim_m \mathscr{C}(f + f^{(m)}) \leqq \|\mathscr{C}\|,$$

ce qui est absurde.

5. — Soit e non dénombrable. Dans $l_1(e)$ muni des semi-normes

$$\sup_{(i)} \Big| \sum_{f(x)\neq 0} f(x) g_i(x) \Big|, \quad g_i \in l_\infty(e),$$

la loi

$$\mathscr{T}(f) = \sum_{f(x)\neq 0} f(x)$$

est une fonctionnelle linéaire continue et non bornée.

Suggestion. Elle est visiblement linéaire.

Elle est continue. En effet, étant donnés $f^{(m)} \in l_1(e)$, $m=0, 1, 2, \ldots$, si $\mathscr{E}$ est l'ensemble des x où un des $f^{(m)}$ au moins n'est pas nul, on a

$$|\mathscr{T}(f^{(0)}) - \mathscr{T}(f^{(m)})| = \Big| \sum_{x \in \mathscr{E}} [f^{(0)}(x) - f^{(m)}(x)] \delta_{\mathscr{E}}(x) \Big| \to 0$$

si $f^{(m)} \to f^{(0)}$ pour les semi-normes indiquées.

Elle n'est pas bornée. En effet, si elle l'était, elle s'écrirait

$$\mathscr{T}(f) = \sum_{f(x)\neq 0} f(x) g(x),$$

avec $g \in l_\infty(e)$. Pour voir que c'est absurde, il suffit de prendre $f = \delta_x$ où x est tel que $g(x) = 0$.

Espaces $\boldsymbol{l}$ et $\boldsymbol{l}^*$

16. — Nous désignons par $\boldsymbol{l}$ l'espace V muni du système de semi-normes

$$\pi_N(\vec{x}) = \sup_{i \leq N} |x_i|, \qquad N = 1, 2, \ldots.$$

Rappelons que l est l'espace $\mathbf{A} - l_{1,2,\infty}$ ou $\mathbf{A} - c_0$, où

$$\mathbf{A} = \{\vec{a} \in V^0 : \vec{a} \geqq 0\}.$$

Nous désignons par $\boldsymbol{l}^*$ l'espace V^0 muni d'un des systèmes de semi-normes

$$\{\pi_{\vec{a}}^{(i)} : \vec{a} \in V,\ \vec{a} \geqq 0\}, \qquad (i = 1, 2, \infty).$$

Rappelons que l^* est l'espace $\mathbf{A} - l_{1,2,\infty}$ ou $\mathbf{A} - c_0$, où

$$\mathbf{A} = \{\vec{a} \in V : \vec{a} \geqq 0\}.$$

Leur identification à des $\mathbf{A} - l_{1,2,\infty}$ fournit la plupart des propriétés de l et de l^*. Leur étude directe est également très aisée.

17. — Examinons les propriétés de l.

a) *L'espace l est de Fréchet.*

Il suffit de vérifier qu'il est complet, ce qui est trivial.

b) *Les semi-normes naturelles de l sont équivalentes à ses semi-normes affaiblies.*

En effet, les fonctionnelles linéaires $\mathscr{C}_i(\vec{x})=x_i$ sont bornées dans l et, pour tout N,

$$\pi_N(\vec{x}) = \sup_{i\leqq N} |\mathscr{C}_i(\vec{x})|, \quad \forall x\in l.$$

Il est donc a-complet.

c) *Une suite converge dans l si et seulement si elle converge par composante.*

d) *Un ensemble B est borné dans l si et seulement si*

$$\sup_{\vec{x}\in B} |x_i| < \infty, \quad \forall i,$$

donc si et seulement si il existe $\vec{x}^{(0)}\geqq 0$ tel que

$$|\vec{x}| \leqq \vec{x}^{(0)}, \quad \forall \vec{x}\in B.$$

e) *L'espace l est nucléaire* (donc *de Schwartz*).

En effet, pour tout N, de

$$\vec{x} \underset{\pi_N}{=} \sum_{i=1}^{N} x_i \vec{e}_i,$$

on déduit que $\pi_N \underset{n}{\leqq} \pi_N$.

En particulier, *tout borné de l est précompact et, ainsi, K est compact ou extractable dans l si et seulement si il est fermé et tel que*

$$\sup_{\vec{x}\in K} |x_i| < \infty, \quad \forall i.$$

f) *Le dual de l est l'ensemble des*

$$\mathscr{C}_{\vec{y}}(\vec{x}) = \sum_{i=1}^{\infty} x_i y_i, \quad \vec{y}\in V^0.$$

g) *On a*

$$l = \mathbf{C}\times\mathbf{C}\times\cdots.$$

On peut en déduire toutes les propriétés de l, à partir de celles de $\mathbf{C}$.

18. — Passons à l^*.

a) *Dans l^*, toute semi-norme est majorée par une semi-norme naturelle.*

En effet, quelle que soit la semi-norme p dans l^*, on a

$$p(\vec{x}) \leqq \sum_{i=1}^{\infty} |x_i|\, p(\vec{e}_i) = \pi_{\vec{a}}(\vec{x}),$$

si on pose

$$p(\vec{e}_i) = a_i, \quad \forall i.$$

De là, *l^* est tonnelé, bornologique et évaluable.*

On a même le fait plus fort: tout ensemble absolument convexe et absorbant contient une semi-boule.

b) *Un ensemble B est borné dans l^* si et seulement si il existe $\vec{x}^{(0)} \geqq 0$ appartenant à V^0 tel que*

$$|\vec{x}| \leqq \vec{x}^{(0)}, \quad \forall \vec{x} \in B.$$

En particulier, *tout borné de l^* est de dimension finie.*

Cela résulte d'un théorème précédent (cf. p. 24).

c) *Une suite converge dans l^* si et seulement si elle converge faiblement.*

En effet, si $\vec{x}^{(m)}$ est une suite faiblement convergente, l'ensemble des $\vec{x}^{(m)}$ est borné, donc

$$x_i^{(m)} = 0, \quad \forall i \geqq N, \quad \forall m,$$

pour N assez grand. Il est alors trivial que $\vec{x}^{(m)}$ converge dans l^*. On peut aussi utiliser le fait que l^* est un $\mathbf{A}-l_1$.

d) *L'espace l^* est complet et même a-complet.*

En effet, soit $\vec{x}^{(m)}$ une suite de Cauchy dans l^* ou $(l^*)_a$. Elle est bornée, donc il existe N tel que

$$x_i^{(m)} = 0, \quad \forall i > N.$$

En outre, si

$$x_i = \lim_m x_i^{(m)}, \quad \forall i \leqq N,$$

on a

$$(x_1, \dots, x_N, 0, \dots) \in l^*$$

et $\vec{x}^{(m)}$ tend vers $\vec{x}$ dans l^*.

Ici encore, on peut utiliser le fait que l^* est un $\mathbf{A}-l_1$.

e) *L'espace l^* est nucléaire* (donc *de Schwartz*).

En effet, pour tout $\vec{x} \in l^*$, on a

$$\vec{x} = \sum_{i=1}^{\infty} x_i \vec{e}_i,$$

la série étant en fait une somme finie.

Alors, quels que soient $\vec{a} \geqq 0$ et $\lambda_i > 0$ tels que $\sum_{i=1}^{\infty} \lambda_i < \infty$, si on pose

$$b_i = \frac{a_i}{\lambda_i},$$

il vient

$$\vec{x} \underset{\pi_{\vec{a}}}{=} \sum_{a_i \neq 0} \lambda_i (b_i x_i) \frac{\vec{e}_i}{a_i},$$

avec

$$\sum_{a_i \neq 0} \lambda_i < \infty; \quad \pi_{\vec{a}}\left(\frac{\vec{e}_i}{a_i}\right) \leqq 1 \text{ si } a_i \neq 0; \ |b_i x_i| \leqq \pi_{\vec{b}}(\vec{x}), \ \forall i.$$

f) *L'espace l^* est la limite inductive stricte des espaces de Banach*

$$l_n = \{(x_1, \dots, x_n, 0, \dots) : x_1, \dots, x_n \in \mathbf{C}\}.$$

Les l_n étant de dimension finie, ils sont de Banach et toutes les normes y sont équivalentes. On prend par exemple dans chaque l_n la norme

$$\pi_n(\vec{x}) = \sup_{i \leqq n} |x_i|.$$

On a

$$\pi_n(\vec{x}) = \pi_{n+1}(\vec{x}), \quad \forall \vec{x} \in l_n,$$

donc la limite inductive est stricte.

Vu a), les semi-normes de la limite inductive sont plus faibles que celles de l^*.

Inversement, soit $\vec{a} \geqq 0$ donné et soit

$$\gamma_j = \sup_{i \leqq j} a_i.$$

Pour toute décomposition

$$\vec{x} = \sum_{(j)} \vec{x}^{(j)}, \quad \vec{x}^{(j)} \in l_j,$$

il vient

$$\sum_{(j)} \gamma_j \pi_j(\vec{x}^{(j)}) \geqq \sum_{j \geqq i} \gamma_j |x_i^{(j)}| \geqq a_i |x_i|,$$

d'où, si π est la semi-norme de la limite inductive associée à la suite des γ_j,

$$\sup_i a_i |x_i| \leqq \pi(\vec{x}), \quad \forall \vec{x} \in l^*.$$

g) *Dans l^*, toute fonctionnelle linéaire est bornée.*

De plus, si on identifie $\vec{x}$ à $\mathscr{C}_{\vec{x}}$ défini par

$$\mathscr{C}_{\vec{x}}(\vec{y}) = \sum_{i=1}^{\infty} x_i y_i,$$

on a

$$l^* = (l)^*_b \quad et \quad l = (l^*)^*_b,$$

les systèmes de semi-normes étant équivalents dans ces espaces.

En particulier, l^* est le dual d'un espace de Fréchet nucléaire.

Le premier point résulte de a).

Le second découle de la structure du dual de l et l^* et de leurs bornés.

On peut encore, par cette voie, établir toutes les propriétés de l^* à partir de celles de l.

h) *Un ensemble F est fermé dans l^* si et seulement si il est fermé pour les suites ou encore si et seulement si*

$$F \cap \{\vec{x} : x_i = 0, \ \forall i \geqq N\}$$

est fermé pour tout N.

Etant donné qu'une suite convergente $\vec{x}^{(m)}$ de l^* est bornée donc telle que

$$x_i^{(m)} = 0, \quad \forall i \geqq N, \quad \forall m,$$

pour N assez grand, les deux conditions proposées sont équivalentes.

On a vu que $l^* = (l)_b^*$. Comme l est de Schwartz, on a aussi $(l)_b^* = (l)_{pc}^*$. On conclut en appliquant le théorème de Banach-Dieudonné, I, p. 230.

Variante. Soit F fermé pour les suites et soit $\vec{x}^{(0)} \notin F$. On va montrer qu'il existe $\vec{a} \geqq 0$ tel que

$$\sup_i a_i |x_i^{(0)} - x_i| \leqq 1 \Rightarrow \vec{x} \notin F.$$

On détermine de proche en proche une suite b_i de la manière suivante.

On fixe d'abord b_1 tel que

$$|x_1| \leqq b_1 \Rightarrow \vec{x}^{(0)} + x_1 \vec{e}_1 \notin F.$$

Si un tel b_1 n'existait pas, on pourrait trouver $\alpha_m \to 0$ tels que $\vec{x} + \alpha_m \vec{e}_1 \in F$, donc $\vec{x}$ appartiendrait à F.

Si on a trouvé $b_1, \ldots, b_i$ tels que

$$|x_j| \leqq b_j, \quad \forall j \leqq i \Rightarrow \vec{x}^{(0)} + \sum_{j=1}^{i} x_j \vec{e}_j \notin F, \tag{*}$$

on peut trouver b_{i+1} tel que

$$|x_j| \leqq b_j, \quad \forall j \leqq i+1 \Rightarrow \vec{x}^{(0)} + \sum_{j=1}^{i+1} x_j \vec{e}_j \notin F.$$

Sinon, il existe, pour tout m, $\vec{x}^{(m)}$ tel que

$$|x_j^{(m)}| \leqq b_j, \quad \forall j \leqq i; \quad |x_{i+1}^{(m)}| \leqq 1/m$$

et

$$\vec{x}^{(0)} + \sum_{j=1}^{i+1} x_j^{(m)} \vec{e}_i \in F.$$

Par extractions successives, on détermine une sous-suite m' de m telle que

$$x_j^{(m')} \to x_j, \quad \forall j \leqq i.$$

Il vient alors

$$\vec{x}^{(0)} + \sum_{j=1}^{i} x_j \vec{e}_j = \lim_{m'} \left[\vec{x}^{(0)} + \sum_{j=1}^{i+1} x_j^{(m')} \vec{e}_j \right] \in F,$$

ce qui contredit (*) puisque $|x_j| \leqq b_j$ pour tout $j \leqq i$.

Pour la suite ainsi déterminée, si on pose $a_i = 1/b_i$ pour tout i, il vient

$$\sup_i a_i |x_i - x_i^{(0)}| \leqq 1, \quad \vec{x} \in l^* \Rightarrow \vec{x} \notin F,$$

d'où la thèse.

i) *Tout sous-espace linéaire de l^* est fermé.*

Soit L linéaire. Pour qu'il soit fermé, vu h), il suffit que

$$L_N = L \cap \{\vec{x} : x_i = 0, \ \forall i \geqq N\}$$

soit fermé pour tout N. Or c'est un espace linéaire de dimension finie, donc il est fermé dans l^*.

Variante. Etablissons une remarque préliminaire: il existe une sous-suite $\vec{e}_{\nu_1}, \vec{e}_{\nu_2}, \ldots$ des $\vec{e}_i$ telle que tout $\vec{x} \in l^*$ s'écrive de façon unique

$$\vec{x} = \sum_{(i)} \alpha_{\nu_i} \vec{e}_{\nu_i} + \vec{\xi}, \quad \alpha_{\nu_i} \in \mathbf{C}, \ \vec{\xi} \in L. \tag{*}$$

Il suffit de prendre pour $\vec{e}_{\nu_i}$ les $\vec{e}_i$ qui ne s'expriment pas comme combinaison linéaire des $\vec{e}_j, j<i$, et d'un élément de L.

On obtient alors la décomposition indiquée en remplaçant, dans

$$\vec{x} = \sum_{i=1}^{\infty} x_i \vec{e}_i,$$

chaque $\vec{e}_i$, $i \neq \nu_1, \nu_2, \ldots$, par son expression en fonction des $\vec{e}_{\nu_j}$, $\nu_j < i$, et des éléments de L.

Si on pose alors

$$\mathscr{C}_i(\vec{x}) = \alpha_{\nu_i},$$

α_{ν_i} étant pris dans (*), les $\mathscr{C}_i$ sont des fonctionnelles linéaires, donc bornées, dans l^*.

Elles sont visiblement nulles dans L et

$$L = \bigcap_{i=1}^{\infty} \{\vec{x} : \mathscr{C}_i(\vec{x}) = 0\},$$

donc L est fermé dans l^*.

EXERCICES

1. — Pour tout opérateur linéaire borné T de l dans l, Tl est fermé dans l.

Suggestion. Vu I, b), p. 438, il suffit pour cela que $\{\mathscr{Q}(T.) : \mathscr{Q} \in l^*\}$ soit fermé dans l^*_s. Comme l^* est séparable et que $l^*_s = (l^*)_a$, il suffit donc que $\{\mathscr{Q}(T.) : \mathscr{Q} \in l^*\}$ soit fermé dans l^*, ce qui est toujours le cas, vu i).

2. — Montrer par un contre-exemple que l'adhérence pour les suites d'un ensemble de l^* n'est pas nécessairement fermée.

Suggestion. Considérons l'ensemble

$$A = \left\{ \frac{1}{i} \vec{e}_k + \frac{1}{k} \vec{e}_1 : i = 1, 2, \ldots, \ k = 2, 3, \ldots \right\}.$$

Soit $\vec{x}^{(m)}$ une suite convergente formée d'éléments de A. Il existe N tel que $x_i^{(m)} = 0$ pour tout $i > N$. Les $\vec{x}^{(m)}$ s'écrivent donc $\vec{x}^{(m)} = \frac{1}{i_m} \vec{e}_{k_m} + \frac{1}{k_m} \vec{e}_1$, avec $k_m \leqq N$. Comme les $x_1^{(m)}$ convergent, les k_m sont égaux à partir d'un certain m. Les i_m sont alors égaux ou tendent vers l'infini. Donc l'adhérence pour les suites de A est l'ensemble

$$\ddot{A} = A \cup \left\{ \frac{1}{k} \vec{e}_1 : k = 1, 2, \ldots \right\}.$$

Cet ensemble n'est pas fermé puisque $\frac{1}{k} \vec{e}_1 \to 0$ quand $k \to \infty$ et que $0 \notin \ddot{A}$.

Espaces de suites à valeurs dans un espace linéaire à semi-normes

19. — Soit E un espace linéaire à semi-normes et soit $\{p\}$ son système de semi-normes.

Désignons une suite d'éléments $f_m \in E$ par les notations

$$\vec{f} \quad \text{ou} \quad (f_1, f_2, \ldots).$$

L'élément f_i est appelé $i^{\text{ème}}$ *composante* de $\vec{f}$.

La suite est *finie* si $f_i = 0$ pour i assez grand.

Quelles que soient les suites $\vec{f}^{(1)}, \ldots, \vec{f}^{(m)}$, les nombres $c_1, \ldots, c_m \in \mathbf{C}$ et l'entier positif m, posons

$$\sum_{j=1}^{m} c_j \vec{f}^{(j)} = \left(\sum_{j=1}^{m} c_j f_1^{(j)}, \ \sum_{j=1}^{m} c_j f_2^{(j)}, \ \ldots \right).$$

La loi ainsi définie est visiblement une combinaison linéaire dans l'ensemble des suites d'éléments de E.

Nous désignons par $\boldsymbol{V(E)}$ l'ensemble des suites de E muni de cette combinaison linéaire et par $\boldsymbol{V^0(E)}$ le sous-espace linéaire de $V(E)$ formé des suites finies.

20. — *La fonctionnelle bilinéaire définie de E, V dans $V(E)$ par*

$$\mathscr{B}(f, \vec{x}) = (x_1 f, x_2 f, \ldots), \quad \forall f \in E, \quad \forall \vec{x} \in V,$$

est un produit tensoriel, noté $\otimes$ dans la suite.

De fait, si $f^{(1)}, \ldots, f^{(N)}$ sont linéairement indépendants et si

$$\sum_{n=1}^{N} \mathscr{B}(f^{(n)}, \vec{x}^{(n)}) = 0,$$

on a

$$\sum_{n=1}^{N} x_i^{(n)} f^{(n)} = 0, \quad \forall i,$$

donc

$$x_i^{(1)}, \ldots, x_i^{(N)} = 0, \quad \forall i,$$

et

$$\vec{x}^{(1)}, \ldots, \vec{x}^{(N)} = 0.$$

Pour ce produit tensoriel, on a visiblement

$$(\underbrace{0, \ldots, 0}_{i-1}, f, 0, \ldots) = f \otimes \vec{e}_i, \quad \forall i, \quad \forall f \in E,$$

et

$$E \otimes V^0 = V^0(E).$$

21. — Si $p \in \{p\}$ (resp. si $\mathscr{C} \in E^*$), posons

$$p(\vec{f}) = \big(p(f_1), p(f_2), \ldots\big) \qquad \big[\text{resp. } \mathscr{C}(\vec{f}) = (\mathscr{C}(f_1), \mathscr{C}(f_2), \ldots)\big].$$

Soit **A** un ensemble de V satisfaisant aux conditions du paragraphe 5, p. 15.

On appelle

$$\mathbf{A}-l_{1,2,\infty}(E) \qquad [\text{resp. } \mathbf{A}-c_0(E)]$$

l'ensemble des $\vec{f}\in V(E)$ tels que

$$p(\vec{f})\in \mathbf{A}-l_{1,2,\infty} \qquad [\text{resp. } \mathbf{A}-c_0], \quad \forall p\in\{p\},$$

muni du système de semi normes

$$\pi_{\vec{a},p}^{(1,2,\infty)}(\vec{f}) = \pi_{\vec{a}}^{(1,2,\infty)}[p(\vec{f})] \qquad [\text{resp. } \pi_{\vec{a},p}^{(\infty)}(\vec{f})], \quad \vec{a}\in\mathbf{A},\ p\in\{p\}.$$

Les sous-espaces de $V(E)$ ainsi définis sont visiblement linéaires.

Les $\pi_{\vec{a},p}$ y sont bien des semi-normes. De fait,

$$\pi_{\vec{a}}[p(c\vec{f})] = \pi_{\vec{a}}[|c|\,p(\vec{f})] = |c|\,\pi_{\vec{a}}[p(\vec{f})]$$

et

$$\pi_{\vec{a}}[p(\vec{f}+\vec{g})] \leqq \pi_{\vec{a}}[p(\vec{f})+p(\vec{g})] = \pi_{\vec{a}}[p(\vec{f})]+\pi_{\vec{a}}[p(\vec{g})],$$

puisque

$$0\leqq\vec{x}\leqq\vec{y} \Rightarrow \pi_{\vec{a}}(\vec{x})\leqq\pi_{\vec{a}}(\vec{y}).$$

On vérifie sans peine que, pour $\vec{a}\in\mathbf{A}$ et $p\in\{p\}$, ils forment un système de semi-normes dans les espaces considérés.

Notons immédiatement que $\mathbf{A}-c_0(E)$ *est un sous-espace linéaire fermé de* $\mathbf{A}-l_\infty(E)$.

En effet, soit $\vec{f}$ un élément de l'adhérence de $\mathbf{A}-c_0(E)$ dans $\mathbf{A}-l_\infty(E)$. Quels que soient $\vec{a}\in\mathbf{A}$, $p\in\{p\}$ et $\varepsilon>0$, il existe $\vec{g}\in\mathbf{A}-c_0(E)$ tel que

$$\sup_i a_i p(f_i-g_i) \leqq \varepsilon/2.$$

Comme $\vec{g}\in\mathbf{A}-c_0(E)$ on a

$$\sup_{i\geqq N} a_i p(g_i) \leqq \varepsilon/2$$

donc

$$\sup_{i\geqq N} a_i p(f_i) \leqq \varepsilon,$$

pour N assez grand. De là, $\vec{f}\in\mathbf{A}-c_0(E)$.

22. — Avant d'aborder les propriétés de $\mathbf{A}-l_{1,2,\infty}(E)$ et $\mathbf{A}-c_0(E)$, introduisons encore une notion utile. Une suite $\vec{f}^{(m)}\in V(E)$ converge *par composante* si $f_i^{(m)}$ converge dans E pour tout i.

a) *Si* $\vec{f}^{(m)}$ *converge vers* $\vec{f}$ *dans* $\mathbf{A}-l_{1,2,\infty}(E)$, $\vec{f}^{(m)}$ *converge par composante vers* $\vec{f}$.

Si $\vec{f}^{(m)}$ *est borné dans* $\mathbf{A}-l_{1,2,\infty}(E)$ *et si* $\vec{f}^{(m)}$ *converge par composante vers* $\vec{f}$, *alors* $\vec{f}\in\mathbf{A}-l_{1,2,\infty}(E)$.

La première partie de l'énoncé est triviale.

Pour la seconde on note que, si

$$\pi_{\vec{a},p}(\vec{f}^{(m)}) \leqq C, \ \forall m,$$

on a

$$\pi_{\vec{a},p}\left(\sum_{i=1}^{N} f_i \otimes \vec{e}_i\right) = \lim_{m} \pi_{\vec{a},p}\left(\sum_{i=1}^{N} f_i^{(m)} \otimes \vec{e}_i\right) \leqq C, \ \forall N,$$

d'où $\vec{f} \in \mathbf{A}-l_{1,2,\infty}(E)$.

b) *Si E est complet, les espaces $\mathbf{A}-l_{1,2,\infty}(E)$ et $\mathbf{A}-c_0(E)$ sont complets.*

Soit $\vec{f}^{(m)}$ une suite de Cauchy dans $\mathbf{A}-l_{1,2,\infty}(E)$. Comme E est complet, chaque suite de composantes converge, donc il existe $\vec{f}$ tel que $\vec{f}^{(m)} \to \vec{f}$ par composante. Elle converge alors pour les semi-normes

$$\sup_{i \leqq N} p_i(f_i), \quad p_1, \ldots, p_N \in \{p\}, \qquad N = 1, 2, \ldots. \tag{*}$$

La suite $\vec{f}^{(m)}$ étant bornée, vu a), on a $\vec{f} \in \mathbf{A}-l_{1,2,\infty}(E)$.

On vérifie comme au paragraphe 6, p. 17, que les semi-boules fermées de $\mathbf{A}-l_{1,2,\infty}(E)$ sont fermées pour les semi-normes (*). De là, par I, a), p. 43, la suite $\vec{f}^{(m)}$ converge alors vers $\vec{f}$ dans $\mathbf{A}-l_{1,2,\infty}(E)$.

Pour établir la complétion de $\mathbf{A}-c_0(E)$, on note qu'il est fermé dans $\mathbf{A}-l_\infty(E)$.

c) *Dans $\mathbf{A}-l_{1,2}(E)$ et $\mathbf{A}-c_0(E)$, on a*

$$\vec{f} = \sum_{i=1}^{\infty} f_i \otimes \vec{e}_i.$$

De là, *si E est séparable* (resp. *séparable par semi-norme*), *les espaces $\mathbf{A}-l_{1,2}(E)$ et $\mathbf{A}-c_0(E)$ sont séparables* (resp. *séparables par semi-norme*).

Si $\{f^{(j)}: j=1, 2, \ldots\}$ est dense pour p dans E, l'ensemble

$$\left\{\sum_{i=1}^{m} f^{(j_i)} \otimes \vec{e}_i : m, j_1, \ldots, j_m = 1, 2, \ldots\right\}$$

est dense dans $\mathbf{A}-l_{1,2}(E)$ et $\mathbf{A}-c_0(E)$ pour les semi-normes $\pi_{\vec{a},p}$, $\vec{a} \in \mathbf{A}$.

De fait, si N est tel que

$$\pi_{\vec{a},p}\left(\sum_{i=N+1}^{\infty} f_i \otimes \vec{e}_i\right) \leqq \varepsilon/2$$

et si $f^{(j_i)}$, $i=1, \ldots, N$, sont tels que

$$\pi_{\vec{a},p}[(f_i - f^{(j_i)}) \otimes \vec{e}_i] = a_i p(f_i - f^{(j_i)}) \text{ ou } [a_i p^2(f_i - f^{(j_i)})]^{1/2} \leqq \varepsilon/(2N),$$

il vient

$$\pi_{\vec{a},p}\left(\vec{f} - \sum_{i=1}^{N} f^{(j_i)} \vec{e}_i\right) \leqq \sum_{i=1}^{N} \pi_{\vec{a},p}[(f_i - f^{(j_i)}) \otimes \vec{e}_i] + \pi_{\vec{a},p}\left(\sum_{i=N+1}^{\infty} f_i \vec{e}_i\right) \leqq \varepsilon.$$

d) *Si* $\mathbf{A}-l_\infty(E)$ *est séparable* (resp. *séparable par semi-norme*), *on a* $\mathbf{A}-l_\infty = \mathbf{A}-c_0$.

En effet, considérons l'ensemble

$$A = \{f\otimes\vec{x}:\vec{x}\in\mathbf{A}-l_\infty\},$$

où $f\neq0$ est fixé arbitrairement. Soit p tel que $p(f)\neq0$. Si $\mathbf{A}-l_\infty(E)$ est séparable par semi-norme, A est séparable par semi-norme, d'où, comme

$$\pi_{\vec{a}}^{(\infty)}(\vec{x}-\vec{y}) = \frac{1}{p(f)}\pi_{\vec{a},p}^{(\infty)}(f\otimes\vec{x}-f\otimes\vec{y}),\quad \forall\vec{x},\vec{y}\in\mathbf{A}-l_\infty,$$

$\mathbf{A}-l_\infty$ est séparable par semi-norme et $\mathbf{A}-l_\infty = \mathbf{A}-c_0$.

e) *Un ensemble B est borné dans $\mathbf{A}-l_\infty(E)$ ou dans $\mathbf{A}-c_0(E)$ si et seulement si, pour tout $p\in\{p\}$, il existe $\vec{x}_p\geqq0$ appartenant à $\mathbf{A}-l_\infty$, tel que*

$$p(\vec{f})\leqq\vec{x}_p,\quad \forall\vec{f}\in B.$$

Ainsi, *B est borné dans $\mathbf{A}-l_\infty(E)$ ou $\mathbf{A}-c_0(E)$ si et seulement si*

$$\{p(\vec{f}):\vec{f}\in B\}$$

est borné dans $\mathbf{A}-l_\infty$ pour tout $p\in\{p\}$.

La démonstration est entièrement analogue à celle du paragraphe 10, p. 24.

f) *Un ensemble K est précompact pour $\pi_{\vec{a},p}$ dans $\mathbf{A}-l_{1,2,\infty}(E)$ ou $\mathbf{A}-c_0(E)$ si*

$$\{f_i:\vec{f}\in K\}$$

est précompact dans E pour tout i tel que $a_i\neq0$ et

$$\sup_{\vec{f}\in K}\pi_{\vec{a},p}\left(\sum_{i=N}^{\infty}f_i\otimes\vec{e}_i\right)\to0$$

quand $N\to\infty$.

Pour $\varepsilon>0$ fixé, soit N tel que

$$\sup_{\vec{f}\in K}\pi_{\vec{a},p}\left(\sum_{i=N+1}^{\infty}f_i\otimes\vec{e}_i\right)\leqq\varepsilon/2.$$

Soient ensuite, pour $i\leqq N$ tel que $a_i\neq0$, $f_i^{(\nu_i)}$, $(\nu_i=1,\dots,p_i)$, tels que

$$\{f_i:\vec{f}\in K\}\subset\{f_i^{(\nu_i)}:\nu_i=1,\dots,p_i\}+b_p(\varepsilon')$$

où

$$\varepsilon' = \varepsilon/(2Na_i),\quad \varepsilon/(2N\sqrt{a_i}),\quad \varepsilon/(2a_i)$$

selon qu'on traite $\mathbf{A}-l_1(E)$, $\mathbf{A}-l_2(E)$ ou $\mathbf{A}-l_\infty(E)$ et $\mathbf{A}-c_0(E)$.

Il vient

$$K\subset\left\{\sum_{i=1}^{N}f_i^{(\nu_i)}\otimes\vec{e}_i:\nu_j=1,\dots,p_j,\ j=1,\dots,N\right\}+b_{\pi_{\vec{a},p}}(\varepsilon),$$

d'où la conclusion.

Un ensemble K est précompact pour $\pi_{\vec{a},p}$ dans $\mathbf{A}-l_{1,2}(E)$ ou $\mathbf{A}-c_0(E)$ si et seulement si

$$\{f_i : \vec{f}\in K\}$$

est précompact dans E pour tout i tel que $a_i \neq 0$ et

$$\{p(\vec{f}) : \vec{f}\in K\}$$

est précompact pour $\pi_{\vec{a}}$ dans $\mathbf{A}-l_{\{1,2\}}$ ou $\mathbf{A}-c_0$.

On note que, si

$$\{p(\vec{f}) : \vec{f}\in K\}$$

est précompact pour $\pi_{\vec{a}}$, vu a), p. 25, on a

$$\sup_{\vec{f}\in K} \pi_{\vec{a}}\left[\sum_{i=N}^{\infty} p(f_i)\vec{e}_i\right] = \sup_{\vec{f}\in K} \pi_{\vec{a},p}\left(\sum_{i=N}^{\infty} f_i\otimes\vec{e}_i\right) \to 0$$

si $N\to\infty$, d'où la condition suffisante, par l'énoncé précédent.

Réciproquement, soit K précompact dans $\mathbf{A}-l_{1,2}(E)$ ou $\mathbf{A}-c_0(E)$. Posons

$$\tau_p\vec{f}=p(\vec{f}) \quad \text{et} \quad T_i\vec{f}=f_i.$$

On a

$$\pi_{\vec{a}}[\tau_p(\vec{f})-\tau_p(\vec{g})] \leqq \pi_{\vec{a},p}(\vec{f}-\vec{g}) \quad \text{et} \quad p(T_i\vec{f}) \leqq C\pi_{\vec{a},p}(\vec{f}) \quad \text{si} \quad a_i\neq 0,$$

d'où la conclusion.

g) *Si E est à semi-normes dénombrables, dans $\mathbf{A}-l_{1,2,\infty}(E)$ et $\mathbf{A}-c_0(E)$, on a*

$$K \text{ compact} \Leftrightarrow K \text{ extractable} \Leftrightarrow K \text{ précompact complet.}$$

En effet, considérons les semi-normes

$$\pi_N(\vec{f}) = \sup_{i\leqq N} p_N(f_i), \qquad N=1,2,\ldots,$$

où p_N, $(N=1,2,\ldots)$, sont les semi-normes dénombrables de E.

Les π_N forment un système de semi-normes plus faible que

$$\pi_{\vec{a},p_N}, \quad \vec{a}\in\mathbf{A}, \qquad N=1,2,\ldots.$$

En outre, les semi-boules fermées de semi-norme $\pi_{\vec{a},p_N}$ sont fermées pour les π_N, d'où la conclusion.

h) *Si E est pc-accessible, les espaces $\mathbf{A}-l_{1,2}(E)$ et $\mathbf{A}-c_0(E)$ sont pc-accessibles.*

Soit K précompact dans $\mathbf{A}-l_{1,2}(E)$ ou $\mathbf{A}-c_0(E)$ et soient $\pi_{\vec{a},p}$ et $\varepsilon>0$ donnés.

Vu f),

$$\sup_{\vec{f}\in K} \pi_{\vec{a},p}\left(\sum_{i=N+1}^{\infty} f_i\otimes\vec{e}_i\right) \leqq \varepsilon/2$$

pour N assez grand.

Pour chaque $i \leqq N$, comme $\{f_i : \vec{f} \in K\}$ est précompact dans E, il existe un opérateur fini de E dans E, V_i, tel que

$$\sup_{\vec{f} \in K} p(f_i - V_i f_i) \leqq \varepsilon/[2N\pi_{\vec{a}}(\vec{e}_i)+1].$$

L'opérateur

$$V\vec{f} = \sum_{i=1}^{N} V_i f_i \otimes \vec{e}_i$$

est visiblement fini dans $\mathbf{A}-l_{1,2}(E)$ ou $\mathbf{A}-c_0(E)$ et on a

$$\sup_{\vec{f} \in K} \pi_{\vec{a},p}(\vec{f}-V\vec{f}) \leqq \sum_{i=1}^{N} \sup_{\vec{f} \in K} p(f_i - V_i f_i)\pi_{\vec{a}}(\vec{e}_i) + \sup_{\vec{f} \in K} \pi_{\vec{a},p}\left(\sum_{i=N+1}^{\infty} f_i \otimes \vec{e}_i\right) \leqq \varepsilon,$$

d'où la conclusion.

23. — Précisons la structure du dual de $\mathbf{A}-l_{1,2}(E)$ et $\mathbf{A}-c_0(E)$.

a) *Dans*

$\mathbf{A}-l_1(E)$,	$\mathbf{A}-l_2(E)$,	$\mathbf{A}-c_0(E)$,

une fonctionnelle linéaire $\mathfrak{T}$ *est telle que*

$$|\mathfrak{T}(\vec{f})| \leqq C\pi_{\vec{a},p}(\vec{f}), \quad \forall \vec{f},$$

si et seulement si

$$\mathfrak{T}(\vec{f}) = \sum_{i=1}^{\infty} a_i \xi_i \mathscr{T}_i(f_i),$$

où $\mathscr{T}_i \in b_p^{\triangle}$ *pour tout* i *et*

$\sup_{a_i \neq 0} \lvert\xi_i\rvert \leqq C.$	$\sum_{i=1}^{\infty} a_i \lvert\xi_i\rvert^2 \leqq C^2.$	$\sum_{a_i \neq 0} \lvert\xi_i\rvert \leqq C.$

Il est immédiat que la condition est suffisante.

Pour établir qu'elle est nécessaire, on note que

$$\mathfrak{T}(\vec{f}) = \sum_{i=1}^{\infty} \mathfrak{T}(f_i \otimes \vec{e}_i).$$

Les fonctionnelles

$$\mathfrak{T}(f \otimes \vec{e}_i),$$

sont visiblement des fonctionnelles linéaires bornées dans E et on a

$$|\mathfrak{T}(f \otimes \vec{e}_i)| \leqq C\pi_{\vec{a}}(\vec{e}_i)p(f), \quad \forall f \in E,$$

d'où

$$\|\mathfrak{T}(\cdot \otimes \vec{e}_i)\|_p \leqq C\pi_{\vec{a}}(\vec{e}_i)$$

Posons, pour tout i tel que $a_i = 0$,

$$\xi_i = 0 \quad \text{et} \quad \mathscr{T}_i = 0$$

et, pour tout i tel que $a_i \neq 0$,

$$\xi_i = \|\mathfrak{T}(\cdot \otimes \vec{e}_i)\|_p / a_i$$

et

$$\mathscr{C}_i = \begin{cases} \mathfrak{T}(\cdot \otimes \vec{e}_i)/(a_i \xi_i), & \text{si} \quad a_i \xi_i \neq 0, \\ 0, & \text{si} \quad a_i \xi_i = 0. \end{cases}$$

Il reste à vérifier que les ξ_i satisfont aux relations annoncées.

Pour $\mathbf{A}-l_1(E)$, on a visiblement $\xi_i \leqq C$ pour tout i.

Pour $\mathbf{A}-l_2(E)$, on a, quels que soient $f_1, \ldots, f_N \in E$ tels que $p(f_i) \leqq 1$,

$$\sum_{\substack{i \leqq N \\ a_i \neq 0}} \frac{1}{a_i} |\mathfrak{T}(f_i \otimes \vec{e}_i)|^2 = \mathfrak{T}\left[\sum_{\substack{i \leqq N \\ a_i \neq 0}} \frac{1}{a_i} \overline{\mathfrak{T}(f_i \otimes \vec{e}_i)} f_i \otimes \vec{e}_i\right]$$

$$\leqq C \left(\sum_{\substack{i \leqq N \\ a_i \neq 0}} \frac{1}{a_i} \|\mathfrak{T}(\cdot \otimes \vec{e}_i)\|_p^2\right)^{1/2},$$

soit

$$\sum_{\substack{i \leqq N \\ a_i \neq 0}} \frac{1}{a_i} \|\mathfrak{T}(\cdot \otimes \vec{e}_i)\|_p^2 \leqq C^2,$$

d'où

$$\sum_{a_i \neq 0} a_i \xi_i^2 \leqq C^2.$$

Pour $\mathbf{A}-c_0(E)$, avec les mêmes notations, si $\theta_j = e^{-i \arg \mathfrak{T}(f_j \otimes \vec{e}_j)}$,

$$\sum_{\substack{i \leqq N \\ a_i \neq 0}} \frac{1}{a_i} |\mathfrak{T}(f_i \otimes \vec{e}_i)| = \left|\mathfrak{T}\left(\sum_{\substack{i \leqq N \\ a_i \neq 0}} \frac{\theta_i}{a_i} f_i \otimes \vec{e}_i\right)\right| \leqq C,$$

d'où

$$\sum_{\substack{i \leqq N \\ a_i \neq 0}} \frac{1}{a_i} \|\mathfrak{T}(\cdot \otimes \vec{e}_i)\|_p \leqq C$$

et

$$\sum_{a_i \neq 0} \xi_i \leqq C.$$

b) *Si E_s^* est séparable, $[\mathbf{A}-l_{1,2,\infty}(E)]_s^*$ est séparable.*

Si E_b^* est séparable, $[\mathbf{A}-l_2(E)]_b^*$ et $[\mathbf{A}-c_0(E)]_b^*$ sont séparables.

Soit $\{\mathscr{C}_i : i = 1, 2, \ldots\}$ dense dans E_s^*. Les fonctionnelles

$$\mathfrak{T}_{i,j}(\vec{f}) = \mathscr{C}_i(f_j)$$

sont linéaires et bornées dans $\mathbf{A}-l_{1,2,\infty}(E)$ et $\mathbf{A}-c_0(E)$. De plus, si

$$\mathfrak{T}_{i,j}(\vec{f}) = 0, \quad \forall i, j,$$

on a

$$f_j = 0, \quad \forall j,$$

d'où $\vec{f}=0$. De là, les $\mathfrak{T}_{i,j}$ forment un ensemble s-total dans les duaux considérés.

Si $\{\mathscr{C}_i: i=1, 2, \ldots\}$ est b-dense dans E^*, montrons que les $\mathfrak{T}_{i,j}$, $(i, j=1, 2, \ldots)$, forment un ensemble b-total dans

$[\mathbf{A}-l_2(E)]^*$.	$[\mathbf{A}-c_0(E)]^*$.

De fait, soit

$$\mathfrak{T}(\vec{f}) = \sum_{i=1}^{\infty} a_i \xi_i \mathscr{C}_i'(f_i),$$

avec $\mathscr{C}_i' \in b_p^{\triangle}$ pour tout i et

$\displaystyle\sum_{i=1}^{\infty} a_i \lvert\xi_i\rvert^2 < \infty,$	$\displaystyle\sum_{i=1}^{\infty} \lvert\xi_i\rvert < \infty,$

et soit B borné dans

$\mathbf{A}-l_2(E)$.	$\mathbf{A}-c_0(E)$.

Pour N assez grand, quel que soit $\vec{f} \in B$,

$$\sum_{i=N+1}^{\infty} a_i \lvert\xi_i\rvert \, \lvert\mathscr{C}_i'(f_i)\rvert$$

$\displaystyle\leqq \left(\sum_{i=N+1}^{\infty} a_i \lvert\xi_i\rvert^2\right)^{1/2} \pi_{\vec{a},p}(\vec{f}) \leqq \varepsilon/2$	$\displaystyle\leqq \sum_{i=N+1}^{\infty} \lvert\xi_i\rvert \pi_{\vec{a},p}(\vec{f}) \leqq \varepsilon/2.$

Soient alors $j_1, \ldots, j_N$ tels que

$$\sum_{i=1}^{N} a_i \lvert\xi_i\rvert \sup_{\vec{f} \in B} \lvert(\mathscr{C}_i' - \mathscr{C}_{j_i})(f_i)\rvert \leqq \varepsilon/2.$$

Il vient

$$\sup_{\vec{f} \in B} \left\lvert \left(\mathfrak{T} - \sum_{i=1}^{N} a_i \xi_i \mathfrak{T}_{j_i, i}\right)(\vec{f}) \right\rvert \leqq \varepsilon,$$

d'où la conclusion.

c) *Si E est à semi-normes représentables,* $\mathbf{A}-l_{1,2,\infty}(E)$ *et* $\mathbf{A}-c_0(E)$ *sont à semi-normes représentables.*

En effet, si p est représentable,

$$\sum_{i=1}^{\infty} a_i p(f_i) = \sup_N \sum_{i=1}^{N} a_i p(f_i) = \sup_N \sup_{\substack{\mathscr{C}_i \in b_p^{\triangle} \\ i \leqq N}} \sum_{i=1}^{N} a_i \lvert\mathscr{C}_i(f_i)\rvert$$

$$= \sup_N \sup_{\substack{\mathscr{C}_i \in b_p^{\triangle} \\ i \leqq N}} \sup_{\substack{\lvert\xi_i\rvert \leqq 1 \\ i \leqq N}} \left\lvert \sum_{i=1}^{N} a_i \xi_i \mathscr{C}_i(f_i) \right\rvert,$$

où les expressions

$$\sum_{i=1}^{N} a_i \xi_i \mathscr{C}_i(\cdot)$$

sont visiblement des fonctionnelles linéaires majorées par $\pi_{\vec{a},p}$ dans $\mathbf{A}-l_1(E)$.

De même,

$$\left[\sum_{i=1}^{\infty} a_i p^2(f_i)\right]^{1/2} = \sup_N \left[\sum_{i=1}^{N} a_i p^2(f_i)\right]^{1/2}$$

$$= \sup_N \sup_{\substack{\mathscr{C}_i \in b_p^{\triangle} \\ i \leqq N}} \left[\sum_{i=1}^{N} a_i |\mathscr{C}_i(f_i)|^2\right]^{1/2} = \sup_N \sup_{\substack{\mathscr{C}_i \in b_p^{\triangle} \\ i \leqq N}} \sup_{\sum_{i=1}^{N} a_i |\xi_i|^2 \leqq 1} \left|\sum_{i=1}^{N} a_i \xi_i \mathscr{C}_i(f_i)\right|,$$

où les expressions

$$\sum_{i=1}^{N} a_i \xi_i \mathscr{C}_i(\cdot)$$

sont des fonctionnelles linéaires majorées par $\pi_{\vec{a},p}$ dans $\mathbf{A}-l_2(E)$.

Enfin,

$$\sup_i a_i p(f_i) = \sup_i \sup_{\mathscr{C}_i \in b_p^{\triangle}} |a_i \mathscr{C}_i(f_i)|$$

où les

$$a_i \mathscr{C}_i(\cdot)$$

sont linéaires et majorés par $\pi_{\vec{a},p}$ dans $\mathbf{A}-l_\infty(E)$ et $\mathbf{A}-c_0(E)$.

d) *Si E_s^* est séparable, dans $\mathbf{A}-l_{1,2,\infty}(E)$ et $\mathbf{A}-c_0(E)$,*

$$K \text{ a-compact} \Leftrightarrow K \text{ a-extractable.}$$

En effet, ces espaces sont à dual s-séparable. On applique alors I, c), p. 97.

e) *Si E et $\mathbf{A}-l_{1,2,\infty}$* (resp. $\mathbf{A}-c_0$) *sont des espaces de Schwartz, $\mathbf{A}-l_{1,2,\infty}(E)$* [resp. $\mathbf{A}-c_0(E)$] *est de Schwartz.*

Le cas de $\mathbf{A}-l_\infty(E)$ se ramène à celui de $\mathbf{A}-c_0(E)$ puisque, si $\mathbf{A}-l_\infty$ est de Schwartz, $\mathbf{A}-l_\infty = \mathbf{A}-c_0$.

Soit $\pi_{\vec{a},p}$ fixé. Il existe $\vec{a}'$ tel que $b_{\pi_{\vec{a}'}}$ soit précompact pour $\pi_{\vec{a}}$ et p' tel que $b_{p'}$ soit précompact pour p.

Alors

$$\{f_i : \pi_{\vec{a}',p'}(\vec{f}) \leqq 1\}$$

est précompact pour p pour tout i tel que $a_i \neq 0$ et

$$\{p(\vec{f}) : \pi_{\vec{a}',p'}(\vec{f}) \leqq 1\} \subset b_{\pi_{\vec{a}'}}(1)$$

est précompact pour $\pi_{\vec{a}}$, donc $b_{\pi_{\vec{a}',p'}}$ est précompact pour $\pi_{\vec{a},p}$, vu f), p. 59.

f) *Si E et $\mathbf{A}-l_{1,2,\infty}$* (resp. $\mathbf{A}-c_0$) *sont nucléaires, alors $\mathbf{A}-l_{1,2,\infty}(E)$* [resp. $\mathbf{A}-c_0(E)$] *est nucléaire.*

Ici encore, le cas de $\mathbf{A}-l_\infty(E)$ se ramène à celui de $\mathbf{A}-c_0(E)$, car $\mathbf{A}-l_\infty = \mathbf{A}-c_0$ si $\mathbf{A}-l_\infty$ est nucléaire.

Soit $\pi_{\vec{a},p}$ fixé. Il existe $\vec{a}'$ tel que

$$\pi_{\vec{a}}(\vec{x}) \leqq \sum_{i=1}^{\infty} \lambda_i |\mathscr{X}_i(\vec{x})|,$$

avec

$$\lambda_i \geqq 0, \quad \sum_{i=1}^{\infty} \lambda_i < \infty; \quad |\mathscr{X}_i(\vec{x})| \leqq \pi_{\vec{a}'}(\vec{x}), \quad \forall i, \ \forall \vec{x}.$$

Il existe aussi p' tel que

$$p(f) \leqq \sum_{j=1}^{\infty} \mu_j |\mathscr{C}_j(f)|,$$

avec

$$\mu_j \geqq 0, \quad \sum_{j=1}^{\infty} \mu_j < \infty; \quad |\mathscr{C}_j(f)| \leqq p'(f), \quad \forall j, \ \forall f.$$

Il vient alors

$$\pi_{\vec{a},p}(\vec{f}) = \pi_{\vec{a}}[p(\vec{f})] \leqq \sum_{j=1}^{\infty} \mu_j \pi_{\vec{a}}[\mathscr{C}_j(\vec{f})] \leqq \sum_{j=1}^{\infty} \sum_{i=1}^{\infty} \lambda_i \mu_j |\mathscr{X}_i[\mathscr{C}_j(\vec{f})]|,$$

avec

$$\sum_{i,j=1}^{\infty} \lambda_i \mu_j < \infty$$

et

$$|\mathscr{X}_i[\mathscr{C}_j(\vec{f})]| \leqq \pi_{\vec{a}'}[\mathscr{C}_j(\vec{f})] \leqq \pi_{\vec{a}'}[p'(\vec{f})] = \pi_{\vec{a}',p'}(\vec{f}), \quad \forall i,j, \ \forall \vec{f},$$

d'où la conclusion.

24. — Passons à l'interprétation tensorielle des espaces étudiés.

a) *On a*

$$\mathbf{A}-l_1(E) = \mathbf{A}-l_1 \,\overline{\boldsymbol{\pi}}\, E.$$

La densité de

$$\mathbf{A}-l_1 \otimes E$$

dans $\mathbf{A}-l_1(E)$ découle de c), p. 58.

Pour établir que les systèmes de semi-normes

$$\{\pi_{\vec{a},p} : \vec{a} \in \mathbf{A}, p \in \{p\}\} \quad \text{et} \quad \{\pi_{\vec{a}} \,\overline{\boldsymbol{\pi}}\, p : \vec{a} \in \mathbf{A}, p \in \{p\}\}$$

sont équivalents dans $\mathbf{A}-l_1 \otimes E$, il suffit d'établir leur équivalence dans $V^0(E)$, puisque ce dernier est dense dans $\mathbf{A}-l_1 \otimes E$ pour les deux systèmes de semi-normes considérés.

Soient $\vec{a} \in \mathbf{A}$ et $p \in \{p\}$ donnés. Quel que soit $\vec{f} \in V^0(E)$

$$\pi_{\vec{a}} \,\overline{\boldsymbol{\pi}}\, p(\vec{f}) = \inf_{f = \sum_{(j)} g_j \otimes \vec{x}^{(j)}} \sum_{(j)} p(g_j) \pi_{\vec{a}}(\vec{x}^{(j)}).$$

La décomposition

$$\vec{f} = \sum_{(i)} f_i \otimes \vec{e}_i$$

conduit à

$$\pi_{\vec{a}}\, \overline{\boldsymbol{\pi}}\, p(\vec{f}) \leqq \sum_{(i)} a_i p(f_i) = \pi_{\vec{a},p}(\vec{f}).$$

De plus, si

$$\vec{f} = \sum_{(j)} g_j \otimes \vec{x}^{(j)},$$

on a

$$f_i \otimes \vec{e}_i = \sum_{(j)} x_i^{(j)} g_j \otimes \vec{e}_i, \quad \forall i.$$

De là,

$$f_i = \sum_{(j)} x_i^{(j)} g_j, \quad \forall i,$$

$$p(f_i) \leqq \sum_{(j)} |x_i^{(j)}|\, p(g_j)$$

et

$$\pi_{\vec{a},p}(\vec{f}) = \sum_{(i)} a_i p(f_i) \leqq \sum_{(j)} \Big(\sum_{(i)} a_i |x_i^{(j)}|\Big) p(g_j) = \sum_{(j)} p(g_j)\, \pi_{\vec{a}}(\vec{x}^{(j)}).$$

Il en résulte que

$$\pi_{\vec{a},p}(\vec{f}) \leqq \pi_{\vec{a}}\, \overline{\boldsymbol{\pi}}\, p(\vec{f}),$$

d'où la conclusion.

b) *Si E est à semi-normes représentables, on a*

$$\mathbf{A} - c_0(E) = \mathbf{A} - c_0\, \overline{\boldsymbol{\varepsilon}}\, E.$$

La densité de

$$\mathbf{A} - c_0 \otimes E$$

dans $\mathbf{A} - c_0(E)$ résulte de c), p. 58.

Pour établir l'équivalence des systèmes de semi-normes des deux espaces, on se ramène à $V^0(E)$.

Pour $\vec{a}$ et p donnés, on a, pour tout $f \in V^0(E)$,

$$\pi_{\vec{a}}\, \overline{\boldsymbol{\varepsilon}}\, p(\vec{f}) = \sup_{\mathscr{C} \in b_p^{\triangle}} \sup_{\mathscr{X} \in b_{\pi_{\vec{a}}}^{\triangle}} \Big| \sum_{(i)} \mathscr{C}(f_i)\, \mathscr{X}(\vec{e}_i) \Big|$$

$$= \sup_{\mathscr{C} \in b_p^{\triangle}} \sup_i a_i |\mathscr{C}(f_i)| = \sup_i \sup_{\mathscr{C} \in b_p^{\triangle}} a_i |\mathscr{C}(f_i)| = \sup_i a_i p(f_i) = \pi_{\vec{a},p}(\vec{f}),$$

d'où la conclusion.

II. ESPACES DE FONCTIONS MESURABLES

Espace $\mathbf{M}-L(\Omega)$

1. — Dans ce chapitre, Ω désigne un ouvert de E_n et $\mathbf{M}$ un ensemble de mesures dans Ω tel que, quels que soient l'entier N et $\mu_1, \ldots, \mu_N \in \mathbf{M}$, il existe $\mu \in \mathbf{M}$ et $C>0$ tels que

$$V\mu_1, \ldots, V\mu_N \leqq CV\mu.$$

Voici une remarque utile. Si on a $\mathbf{M} \ll \nu$, chaque $\mu \in \mathbf{M}$ s'écrit $\varrho_\mu \cdot \nu$ où ϱ_μ est localement ν-intégrable et la majoration ci-dessus devient

$$|\varrho_{\mu_1}|, \ldots, |\varrho_{\mu_N}| \leqq C|\varrho_\mu|, \quad \nu\text{-pp}.$$

2. — On dit qu'une fonction est **M**-*mesurable* si elle est μ-mesurable pour tout $\mu \in \mathbf{M}$.

Un ensemble est **M**-*négligeable* s'il est μ-négligeable pour tout $\mu \in \mathbf{M}$. Une relation a lieu **M**-pp si elle a lieu hors d'un ensemble **M**-négligeable.

On désigne par $\mathbf{M}-\boldsymbol{L}(\boldsymbol{\Omega})$ ou par $\mathbf{M}-\boldsymbol{L}$ s'il n'y a pas d'ambiguité sur Ω, l'espace des fonctions **M**-mesurables, où deux fonctions sont considérées comme égales si elles sont égales **M**-pp et où la combinaison linéaire est définie par

$$\left(\sum_{i=1}^{N} c_i f_i\right)(x) = \sum_{i=1}^{N} c_i f_i(x),$$

pour tout $x \in \Omega$ tel que les $f_i(x)$ soient tous définis.

Il est immédiat que la loi ainsi définie est une combinaison linéaire et que, dès lors, $\mathbf{M}-L$ *est un espace linéaire.*

Si $\mathbf{M}=\{\mu\}$, on écrit également $\boldsymbol{\mu}-\boldsymbol{L}(\boldsymbol{\Omega})$ ou $\boldsymbol{\mu}-\boldsymbol{L}$ pour $\{\mu\}-L(\Omega)$ ou $\{\mu\}-L$.

3. — Si $\mu \in \mathbf{M}$ et $f, g \in \mathbf{M}-L$, on note

$$(f, g)_\mu$$

l'expression

$$\int fg\, d\mu,$$

pour autant que fg soit μ-intégrable.

Si les expressions $(f, g)_\mu$ *et* $(f_j, g_k)_\mu$, $(j=1, \ldots, m;\ k=1, \ldots, l)$, *sont définies, les expressions*

$$(g, f)_\mu \quad \text{et} \quad \left(\sum_{j=1}^{m} c_j f_j, \sum_{k=1}^{l} d_k g_k\right)_\mu, \quad c_j, d_k \in \mathbf{C},$$

sont définies et on a

$$(f, g)_\mu = (g, f)_\mu$$

et

$$\left(\sum_{j=1}^{m} c_j f_j,\ \sum_{k=1}^{l} d_k g_k\right)_\mu = \sum_{j=1}^{m}\sum_{k=1}^{l} c_j d_k (f_j, g_k)_\mu .$$

C'est immédiat.

On a les deux inégalités fondamentales suivantes.

Si $f, g \in \mu - L$ et si les expressions qui figurent au second membre sont définies, $(f, g)_\mu$ existe et on a

$$|(f,g)_\mu| \leqq \sup_{\mu\text{-pp}} |f(x)| \cdot \int |g|\, dV\mu. \qquad\qquad |(f,g)_\mu| \leqq \left(\int |f|^2\, dV\mu\right)^{1/2} \cdot \left(\int |g|^2\, dV\mu\right)^{1/2}.$$

L'égalité a lieu si et seulement si

il existe $c \in \mathbf{C}$ tel que μ-pp,

— $|f(x)| \leqq |c|$ si $g(x) = 0$,

— $f(x) = c\bar{g}(x)/[J(x)|g(x)|]$ si $g(x) \neq 0$,

où J est tel que $\mu = J \cdot V\mu$.

(pour la seconde :) $g = 0$ ou il existe $c \in \mathbf{C}$ tel que μ-pp,

$$f(x) = c\bar{g}(x)/J(x),$$

Comme $fg \in \mu - L$, l'intégrabilité de fg par rapport à μ résulte des majorations μ-pp suivantes

$$|fg| \leqq \sup_{\mu\text{-pp}} |f(x)| \cdot |g|, \quad \mu\text{-pp.} \qquad\qquad |fg| \leqq \frac{|f|^2 + |g|^2}{2}, \quad \mu\text{-pp.}$$

La première inégalité est alors immédiate. Pour la seconde, on note que

$$\int |f|^2\, dV\mu \cdot \int |g|^2\, dV\mu - \left(\int |fg|\, dV\mu\right)^2$$

$$= \int |g|^2\, dV\mu \cdot \int \left| |f| - \frac{\int |fg|\, dV\mu}{\int |g|^2\, dV\mu} |g| \right|^2 dV\mu \geqq 0.$$

La condition pour qu'on ait l'égalité est visiblement suffisante.

Elle est nécessaire. De fait, si l'égalité a lieu, il existe θ tel que

$$e^{i\theta} \int fgJ\, dV\mu = \int |fg|\, dV\mu,$$

d'où

$$\int \mathscr{R}(|fg| - e^{i\theta} fgJ)\, dV\mu = 0.$$

Il vient alors $\mathscr{R}(|fg| - e^{i\theta} fgJ) = 0$ μ-pp, ce qui entraîne $fgJ = |fg|\, e^{-i\theta}$ μ-pp.

On a en outre, si $g \neq 0$,

$$\int [\sup_{\mu\text{-pp}} |f(x)| \cdot |g| - |fg|]\, dV\mu = 0 \qquad\qquad \int \left(|f| - \frac{\int |fg|\, dV\mu}{\int |g|^2\, dV\mu} |g| \right)^2 dV\mu = 0,$$

d'où

$$|fg| = \sup_{\mu\text{-pp}} |f(x)|\cdot|g| \quad \mu\text{-pp}, \qquad |f| = \frac{\int |fg|\, dV\mu}{\int |g|^2\, dV\mu} |g| \quad \mu\text{-pp},$$

ce qui fournit les conditions annoncées, en prenant

$$c = e^{-i\theta} \sup_{\mu\text{-pp}} |f(x)|. \qquad c = \frac{(f,g)_\mu}{\int |g|^2\, dV\mu} \quad \text{si} \quad g \neq 0 \quad \mu\text{-pp}.$$

Si $g=0$, c'est immédiat.

EXERCICE

Soit $\mu \geqq 0$ tel que $\mu(\Omega) = 1$.

— Si $f, g \in \mu - L_1$ et $|fg| \geqq 1$ μ-pp, on a

$$1 \leqq \int |f|\, d\mu \cdot \int |g|\, d\mu.$$

— Si $f \in \mu - L_1$,

$$\left[1+\left(\int |f|\, d\mu\right)^2\right]^{1/2} \leqq \int (1+|f|^2)^{1/2}\, d\mu \leqq 1+\int |f|\, d\mu.$$

Suggestion. De $1 \leqq |fg|^{1/2}$ μ-pp, on déduit que

$$1 = \mu(\Omega) \leqq \int |fg|^{1/2}\, d\mu \leqq \left(\int |f|\, d\mu \cdot \int |g|\, d\mu\right)^{1/2}.$$

Pour la seconde relation, on note que

$$[(1+|f|^2)^{1/2}+|f|][(1+|f|^2)^{1/2}-|f|] = 1,$$

d'où, par la première,

$$1 \leqq \left[\int (1+|f|^2)^{1/2}\, d\mu + \int |f|\, d\mu\right]\left[\int (1+|f|^2)^{1/2}\, d\mu - \int |f|\, d\mu\right].$$

De là

$$1+\left(\int |f|\, d\mu\right)^2 \leqq \left[\int (1+|f|^2)^{1/2}\, d\mu\right]^2.$$

La seconde partie de l'inégalité découle de la relation $(1+|f|^2)^{1/2} \leqq 1+|f|$.

4. — Si $f \in \mathbf{M}-L$, on dit que f est

— *réel* si $f(x)$ est réel $\mathbf{M}$-pp,

— *positif* (resp. *négatif*), ce qu'on note $f \geqq 0$ (resp. $f \leqq 0$), si $f(x)$ est positif (resp. négatif) $\mathbf{M}$-pp.

On dit que f est *supérieur ou égal* (resp. *inférieur ou égal*) *à* g, ce qu'on note $f \geqq g$ (resp. $f \leqq g$), si $f-g \geqq 0$ (resp. $f-g \leqq 0$).

A tout $f \in \mathbf{M}-L$, on associe

— $\mathscr{R}f$ *(partie réelle de f)*, défini par

$$(\mathscr{R}f)(x) = \mathscr{R}f(x) \quad \mathbf{M}\text{-pp},$$

— $\mathscr{I}f$ *(partie imaginaire de f)*, définie par

$$(\mathscr{I}f)(x) = \mathscr{I}f(x) \quad \mathbf{M}\text{-pp},$$

— $\bar{f}$ *(conjugué de f)*, défini par

$$(\bar{f})(x) = \overline{f(x)} \quad \mathbf{M}\text{-pp},$$

— $|f|$ *(module de f)*, défini par

$$(|f|)(x) = |f(x)| \quad \mathbf{M}\text{-pp}.$$

Si, en outre, f est réel, on lui associe également

— f_+ *(partie positive de f)*, défini par

$$(f_+)(x) = [f(x)]_+ \quad \mathbf{M}\text{-pp},$$

— f_- *(partie négative de f)*, défini par

$$(f_-)(x) = [f(x)]_- \quad \mathbf{M}\text{-pp}.$$

Les éléments $\mathscr{R}f$, $\mathscr{I}f$, ... appartiennent visiblement à $\mathbf{M}-L$.

Les relations suivantes sont immédiates.

— $f = \mathscr{R}f + i\mathscr{I}f$; $\bar{f} = \mathscr{R}f - i\mathscr{I}f$; $\mathscr{R}f = \dfrac{f+\bar{f}}{2}$; $\mathscr{I}f = \dfrac{f-\bar{f}}{2i}$,

— $\overline{\sum_{(j)} c_j f_j} = \sum_{(j)} \bar{c}_j \bar{f}_j$,

— $|\mathscr{R}f|$, $|\mathscr{I}f| \leqq |f|$ et, si f est réel, f_+, $f_- \leqq |f|$,

— $\left|\sum_{(j)} c_j f_j\right| \leqq \sum_{(j)} |c_j|\,|f_j|$,

— $|f| = |\bar{f}|$,

— si $(f, g)_\mu$ est défini, $(\bar{f}, \bar{g})_{\bar{\mu}}$ et $(|f|, |g|)_{V\mu}$ sont définis et on a

$$(f, g)_\mu = \overline{(\bar{f}, \bar{g})_{\bar{\mu}}} \quad \text{et} \quad |(f, g)_\mu| \leqq (|f|, |g|)_{V\mu}.$$

On voit sans difficulté qu'avec ces conventions, l'espace $\mathbf{M}-L$ est complexe et que le module y vérifie les propriétés algébriques des modules, (cf. I, p. 351).

Espaces $\mathbf{M}-L_{1,2,\infty}(\Omega)$

5. — On désigne par

$\mathbf{M}-L_1(\Omega)$	$\mathbf{M}-L_2(\Omega)$	$\mathbf{M}-L_\infty(\Omega)$

ou, plus simplement, par

$\mathbf{M}-L_1$	$\mathbf{M}-L_2$	$\mathbf{M}-L_\infty$

s'il n'y a pas d'ambiguité sur Ω, l'ensemble des $f\in\mathbf{M}-L(\Omega)$ tels que

	$\lvert f\rvert$	$\lvert f\rvert^2$	$\lvert f\rvert$
soit			
	μ-intégrable	μ-intégrable	borné μ-pp

pour tout $\mu\in\mathbf{M}$, muni des semi-normes

$\pi_\mu^{(1)}(f)=\int \lvert f\rvert\, dV\mu$	$\pi_\mu^{(2)}(f)=\left(\int \lvert f\rvert^2\, dV\mu\right)^{1/2}$	$\pi_\mu^{(\infty)}(f)=\sup_{\mu\text{-pp}}\lvert f(x)\rvert$

où $\mu\in\mathbf{M}$.

On vérifie sans peine que $\mathbf{M}-L_1$, $\mathbf{M}-L_2$ et $\mathbf{M}-L_\infty$ sont des sous-espaces linéaires de $\mathbf{M}-L$ et que les $\pi_\mu^{(i)}$ qu'on y considère y forment un système de semi-normes.

Traitons le cas de $\mathbf{M}-L_2$. Les deux autres sont immédiats.

Pour établir la linéarité de $\mathbf{M}-L_2$, on note que

$$\Big|\sum_{(i)} c_i f_i\Big|^2 \leqq \Big(\sum_{(i)} \lvert c_i\rvert^2\Big)\Big(\sum_{(i)} \lvert f_i\rvert^2\Big).$$

Pour prouver que

$$\pi_\mu^{(2)}(f+g) \leqq \pi_\mu^{(2)}(f)+\pi_\mu^{(2)}(g),$$

on note que

$$\begin{aligned}\int \lvert f+g\rvert^2\, dV\mu &= \int \lvert f\rvert^2\, dV\mu+\int \lvert g\rvert^2\, dV\mu+2\mathscr{R}\Big(\int f\bar{g}\, dV\mu\Big)\\ &\leqq \int \lvert f\rvert^2\, dV\mu+\int \lvert g\rvert^2\, dV\mu+2\int \lvert fg\rvert\, dV\mu\\ &\leqq \int \lvert f\rvert^2\, dV\mu+\int \lvert g\rvert^2\, dV\mu+2\Big(\int \lvert f\rvert^2\, dV\mu\cdot\int \lvert g\rvert^2\, dV\mu\Big)^{1/2}\\ &\leqq \Big[\Big(\int \lvert f\rvert^2\, dV\mu\Big)^{1/2}+\Big(\int \lvert g\rvert^2\, dV\mu\Big)^{1/2}\Big]^2.\end{aligned}$$

L'espace $\mathbf{M}-L_{1,2,\infty}$ *est complexe modulaire.*

Vu le paragraphe 4, p. 69, il suffit d'établir que les semi-normes $\pi_\mu^{(1,2,\infty)}$, $\mu\in\mathbf{M}$, sont modulaires, ce qui est trivial.

En général, quand le contexte le permet, on omet d'écrire l'indice $1, 2, \infty$ qui caractérise les semi-normes π_μ.

En outre, pour alléger les écritures, on écrit

$$\mathbf{M}-L_{1,2,\infty};\ \mathbf{M}-L_{1,2};\ \dots,$$

pour

$$\mathbf{M}-L_i,\ (i=1,2,\infty);\quad \mathbf{M}-L_i,\ (i=1,2);\ \dots.$$

Voici quelques remarques utiles sur $\mathbf{M}$.

— Si on ajoute à $\mathbf{M}$ ou si on retire de $\mathbf{M}$ une mesure μ pour laquelle il existe $C>0$ et $\mu'\in\mathbf{M}$, $\mu\neq\mu'$, tels que $V\mu\leqq CV\mu'$, on ne modifie pas $\mathbf{M}-L_{1,2,\infty}$.

— Si on substitue à $\mu \in \mathbf{M}$, μ' tel que $V\mu = V\mu'$, on ne modifie pas $\mathbf{M}-L_{1,2,\infty}$. Ainsi, on peut supposer $\mu \geqq 0$ pour tout $\mu \in \mathbf{M}$, quitte à substituer $V\mu$ à μ.

EXERCICES

1. — Etablir que

$$\mathbf{M}-L_1 \cap \mathbf{M}-L_\infty \subset \mathbf{M}-L_2$$

et que

$$\pi_\mu^{(2)}(f) \leqq [\pi_\mu^{(1)}(f)\pi_\mu^{(\infty)}(f)]^{1/2}, \quad \forall f \in \mathbf{M}-L_1 \cap \mathbf{M}-L_\infty .$$

2. — Si $V\mu(\Omega) < \infty$ pour tout $\mu \in \mathbf{M}$, on a

$$\mathbf{M}-L_\infty \subset \mathbf{M}-L_2 \subset \mathbf{M}-L_1$$

avec

$$\pi_\mu^{(1)}(f) \leqq \sqrt{V\mu(\Omega)}\, \pi_\mu^{(2)}(f), \quad \forall f \in \mathbf{M}-L_2 ,$$

et

$$\pi_\mu^{(2)}(f) \leqq \sqrt{V\mu(\Omega)}\, \pi_\mu^{(\infty)}(f), \quad \forall f \in \mathbf{M}-L_\infty .$$

6. — Voici quelques exemples d'espaces $\mathbf{M}-L_{1,2,\infty}$.

a) $\boldsymbol{\mu}-\boldsymbol{L}_{1,2,\infty} = \mathbf{M}-L_{1,2,\infty}$ où $\mathbf{M}=\{\mu\}$.

Les espaces $\mu-L_{1,2,\infty}$ sont visiblement normés.

Si μ est la mesure de Lebesgue l, on les note $\boldsymbol{L}_{1,2,\infty}$.

b) $\mathbf{M}-\boldsymbol{L}_{1,2,\infty}(\boldsymbol{e}) = \mathbf{M}_e - L_{1,2,\infty}$, où e est $\mathbf{M}$-mesurable et $\mathbf{M}_e = \{\mu_e\colon \mu \in \mathbf{M}\}$.

Si $\mathbf{M}$ se réduit à une mesure μ (resp. à l), on écrit

$$\boldsymbol{\mu}-\boldsymbol{L}_{1,2,\infty}(\boldsymbol{e}) \text{ [resp. } \boldsymbol{L}_{1,2,\infty}(\boldsymbol{e})]$$

pour $\mathbf{M}-L_{1,2,\infty}(e)$.

c) $\mathbf{M}-\boldsymbol{L}^b_{1,2,\infty} = \mathbf{M}_b - L_{1,2,\infty}$, où $\mathbf{M}_b = \{\mu_{B_m}\colon \mu \in \mathbf{M},\ m=1, 2, \ldots\}$, si on pose

$$B_m = \{x \in \Omega\colon |x| \leqq m\}.$$

Si $\mathbf{M}$ se réduit à μ ou à l, on écrit

$$\boldsymbol{\mu}-\boldsymbol{L}^b_{1,2,\infty} \text{ ou } \boldsymbol{L}^b_{1,2,\infty}$$

pour $\mathbf{M}-L^b_{1,2,\infty}$.

d) $\mathbf{M}-\boldsymbol{L}^{\mathrm{loc}}_{1,2,\infty} = \mathbf{M}^{\mathrm{loc}} - L_{1,2,\infty}$, où $\mathbf{M}^{\mathrm{loc}} = \{\mu_{K_m}\colon \mu \in \mathbf{M},\ m=1, 2, \ldots\}$, si K_m désigne une suite de compacts croissant vers Ω et tels que $K_m \subset \mathring{K}_{m+1}$ pour tout m.

On vérifie immédiatement que $\mathbf{M}-L_1^{\mathrm{loc}}$ est l'espace des fonctions localement μ-intégrables pour tout $\mu \in \mathbf{M}$.

Si $\mathbf{M}$ se réduit à μ ou l, on écrit

$$\boldsymbol{\mu}-\boldsymbol{L}^{\mathrm{loc}}_{1,2,\infty} \text{ ou } \boldsymbol{L}^{\mathrm{loc}}_{1,2,\infty}$$

pour $\mathbf{M}-L^{\mathrm{loc}}_{1,2,\infty}$.

e) $\mathbf{M}-L_{1,2}^{\text{comp}} = \mathbf{M}^{\text{comp}}-L_{1,2}$, où $\mathbf{M}^{\text{comp}}$ est l'ensemble des mesures μ' telles que, pour tout compact K contenu dans Ω, il existe $C>0$ et $\mu\in\mathbf{M}$ tels que

$$V\mu'_K \leqq CV\mu.$$

Si $\mathbf{M}$ se réduit à μ ou à l, on écrit

$$\boldsymbol{\mu}-\boldsymbol{L}_{1,2}^{\text{comp}} \text{ ou } \boldsymbol{L}_{1,2}^{\text{comp}}$$

pour $\mathbf{M}-L_{1,2}^{\text{comp}}$.

L'espace $\mathbf{M}-L_{1,2}^{\text{comp}}$ *est l'ensemble des éléments de* $\mathbf{M}-L_{1,2}$ *à support compact dans* Ω.

Si $f\in\mathbf{M}-L_{1,2}$ est à support compact dans Ω, on a visiblement $f\in\mathbf{M}-L_{1,2}^{\text{comp}}$.

Inversement, soit $f\in\mathbf{M}-L_{1,2}^{\text{comp}}$. Supposons que, pour aucun m, on n'ait $f\delta_{\Omega\setminus K_m}=0$ $\mathbf{M}$-pp. On peut alors déterminer une suite $m_i\uparrow\infty$ et une suite de mesures $\mu_i\in\mathbf{M}$ telles que, pour tout i, f ne soit pas égal à 0 μ_i-pp dans $K_{m_{i+1}}\setminus K_{m_i}$. Il existe $\varepsilon_i>0$ et $e_i\subset K_{m_{i+1}}\setminus K_{m_i}$ boréliens, non μ_i-négligeables et tels que

$$|f(x)| \geqq \varepsilon_i, \quad \forall x\in e_i, \quad \forall i.$$

Posons

$$\mu' = \sum_{i=1}^{\infty} \frac{1}{\varepsilon_i V\mu_i(e_i)} (\mu_i)_{e_i}.$$

On a visiblement $\mu'\in\mathbf{M}^{\text{comp}}$ et f n'est pas dans $\mu'-L_1$.

Si on prend

$$\mu' = \sum_{i=1}^{\infty} \frac{1}{\varepsilon_i^2 V\mu_i(e_i)} (\mu_i)_{e_i},$$

alors $\mu'\in\mathbf{M}^{\text{comp}}$ et $f\notin\mu'-L_2$.

L'espace $\mathbf{M}-L_1^{\text{comp}}$ *est la limite inductive des* $\mathbf{M}-L_1(K_m)$, *où* K_m *désigne une suite de compacts croissant vers* Ω *et tels que* $K_m\subset\mathring{K}_{m+1}$ *pour tout* m.

Le système de semi-normes induit par $\mathbf{M}-L_1^{\text{comp}}$ dans $\mathbf{M}-L_1(K_m)$ est visiblement équivalent à celui de $\mathbf{M}-L_1(K_m)$ quel que soit m. Donc les semi-normes de $\mathbf{M}-L_1^{\text{comp}}$ sont plus faibles que celles de la limite inductive des $\mathbf{M}-L_1(K_m)$.

Inversement, soit π une semi-norme de la limite inductive:

$$\pi(f) = \inf_{\substack{f=\sum_{(i)} f_i \\ f_i\in\mathbf{M}-L_1(K_i)}} \sum_{(i)} c_i \int |f_i|\, dV\mu_i.$$

Il vient, en posant $K_0=\varnothing$,

$$\pi(f) \leqq \sum_{i\geqq 1} c_i \int |f\delta_{K_i\setminus K_{i-1}}|\, dV\mu_i \leqq \int |f|\, dV\mu',$$

où

$$\mu' = \sum_{i=1}^{\infty} c_i(\mu_i)_{K_i\setminus K_{i-1}} \in \mathbf{M}^{\text{comp}},$$

d'où la conclusion.

EXERCICE

Soit $f \in \mu - L$ avec $\mu > 0$. On a $f \in \mu - L_2$ si et seulement si f est localement μ-intégrable et tel qu'il existe une mesure positive et bornée ν telle que

$$\left|\int_I f\,d\mu\right|^2 \leqq \mu(I)\nu(I)$$

pour tout semi-intervalle I dans Ω.

Suggestion. La condition est nécessaire car, si $f \in \mu - L_2$, la mesure $\nu = |f|^2 \cdot \mu$ convient. Passons à la condition suffisante. Si $\alpha = \sum_{(i)} c_i \delta_{I_i}$, les I_i étant deux à deux disjoints, on a

$$\left|\int \alpha f\,d\mu\right|^2 = \left|\sum_{(i)} c_i \int_{I_i} f\,d\mu\right|^2 \leqq \Big(\sum_{(i)} |c_i| \Big|\int_{I_i} f\,d\mu\Big|\Big)^2$$

$$\leqq \Big(\sum_{(i)} |c_i| \sqrt{\mu(I_i)}\sqrt{\nu(I_i)}\Big)^2 \leqq \sum_{(i)} |c_i|^2 \mu(I_i) \cdot \sum_{(i)} \nu(I_i) \leqq \nu(\Omega) \int |\alpha|^2\,d\mu.$$

Soit alors $Q_N \uparrow \Omega$ et soit

$$f_N(x) = \begin{cases} Nf(x)/|f(x)| & \text{si } x \in Q_N \text{ et } |f(x)| \geqq N, \\ f(x) & \text{si } x \in Q_N \text{ et } |f(x)| < N, \\ 0 & \text{si } x \notin Q_N. \end{cases}$$

Il existe une suite α_m de fonctions étagées qui tendent μ-pp vers f_N et qui sont majorées par $(N+1)\delta_{Q_N}$. Pour ces α_m, on a

$$\Big(\int |f_N|^2\,d\mu\Big)^2 \leqq \left|\int \bar{f}_N f\,d\mu\right|^2 = \lim_m \left|\int \bar{\alpha}_m f\,d\mu\right|^2$$

$$\leqq \lim_m \int |\alpha_m|^2\,d\mu \cdot \nu(\Omega) = \int |f_N|^2\,d\mu \cdot \nu(\Omega),$$

d'où

$$\int |f_N|^2\,d\mu \leqq \nu(\Omega).$$

Il résulte alors du théorème de Levi que $f \in \mu - L_2$.

7. — Examinons les propriétés de la convergence dans $\mathbf{M} - L_{1,2,\infty}$.

a) *Si la suite f_m est de Cauchy dans* $\mathbf{M} - L_{1,2,\infty}$ *et si elle converge* $\mathbf{M}$-pp *vers f, alors $f \in \mathbf{M} - L_{1,2,\infty}$ et f_m tend vers f dans* $\mathbf{M} - L_{1,2,\infty}$.

En effet, soit μ fixé dans $\mathbf{M}$.

Dans le cas de $\mathbf{M} - L_1$, par le critère de Cauchy, II, p. 54, on a $f \in \mu - L_1$ et

$$\int |f - f_m|\,dV\mu \to 0$$

si $m \to \infty$, d'où la conclusion.

Passons au cas de $\mathbf{M} - L_2$. La suite $|f_m|^2$ est de Cauchy dans $\mu - L_1$ car

$$\int \big||f_r|^2 - |f_s|^2\big|\,dV\mu = \int \big||f_r| - |f_s|\big|\,\big||f_r| + |f_s|\big|\,dV\mu$$

$$\leqq 2 \sup_m \pi_\mu^{(2)}(f_m) \cdot \pi_\mu^{(2)}(f_r - f_s) \to 0$$

si $\inf(r, s) \to \infty$. De là, $|f|^2$ est μ-intégrable, donc $f \in \mu - L_2$. En outre, pour r fixé, $|f_r - f_s|^2$ tend vers $|f_r - f|^2$ μ-pp et est de Cauchy dans $\mu - L_1$, car

$$\int \big||f_r - f_s|^2 - |f_r - f_{s'}|^2\big|\, dV\mu \leqq \int \big||f_r - f_s| - |f_r - f_{s'}|\big| \cdot \big||f_r - f_s| + |f_r - f_{s'}|\big|\, dV\mu$$

$$\leqq 4 \sup_m \pi_\mu^{(2)}(f_m) \cdot \pi_\mu^{(2)}(f_s - f_{s'}) \to 0$$

si $\inf(s, s') \to \infty$. Donc

$$\int |f_r - f|^2\, dV\mu = \lim_s \int |f_r - f_s|^2\, dV\mu \leqq \varepsilon$$

pour r assez grand, d'où la conclusion.

Traitons enfin le cas de $\mathbf{M} - L_\infty$.

La suite f_m étant bornée pour $\pi_\mu^{(\infty)}$, il existe C_μ tel que

$$e_m = \{x : |f_m(x)| \geqq C_\mu\}$$

soit μ-négligeable pour tout m. Si e est l'union des e_m et de l'ensemble des x où $f_m \not\to f$, e est μ-négligeable et on a

$$|f(x)| \leqq C_\mu$$

hors de e, donc $f \in \mu - L_\infty$.

Soit $\varepsilon > 0$ fixé et soit N tel que

$$\sup_{\mu\text{-pp}} |f_r(x) - f_s(x)| \leqq \varepsilon, \quad \forall r, s \geqq N.$$

Si e' est l'union de l'ensemble des x où $f_m \not\to f$ et des ensembles

$$e_{r,s} = \{x : |f_r(x) - f_s(x)| > \sup_{\mu\text{-pp}} |f_r(x) - f_s(x)|\},$$

e' est μ-négligeable et

$$\sup_{x \in \Omega \setminus e'} |f_r(x) - f(x)| = \lim_s \sup_{x \in \Omega \setminus e'} |f_r(x) - f_s(x)| \leqq \varepsilon, \quad \forall r \geqq N,$$

d'où

$$\sup_{\mu\text{-pp}} |f_r(x) - f(x)| \leqq \varepsilon, \quad \forall r \geqq N.$$

b) *Si* $\mathbf{M} \ll \nu$,

— *de toute suite de Cauchy dans* $\mathbf{M} - L_{1,2}$, *on peut extraire une sous-suite qui converge* $\mathbf{M}$-pp.

— *l'espace* $\mathbf{M} - L_{1,2}$ *est complet.*

Comme $\mathbf{M} \ll \nu$, vu II, p. 225, il existe une suite $\mu_i \in \mathbf{M}$ telle que $\mathbf{M} \simeq \{\mu_i : i = 1, 2, \ldots\}$.

Soit f_m une suite de Cauchy dans $\mathbf{M} - L_{1,2}$.

On détermine de proche en proche une suite d'entiers $m_k \uparrow \infty$ tels que

$$\sup_{i \leqq k} \pi_{\mu_i}(f_r - f_s) \leqq 2^{-k}, \quad \forall r, s \geqq m_k.$$

On a alors

$$\sum_{k=1}^{\infty} \pi_{\mu_i}(f_{m_k} - f_{m_{k+1}}) < \infty, \quad \forall i.$$

Considérons la suite

$$F_N = \sum_{k=1}^{N} |f_{m_k} - f_{m_{k+1}}|.$$

Pour tous i, N, on a $F_N \in \mu_i - L_{1,2}$ et

$$\pi_{\mu_i}(F_N) \leqq \sum_{k=1}^{\infty} \pi_{\mu_i}(f_{m_k} - f_{m_{k+1}}), \quad \forall N,$$

d'où, en vertu du théorème de Levi, la suite F_N ou F_N^2, selon qu'on traite le cas de $\mathbf{M} - L_1$ ou $\mathbf{M} - L_2$, converge μ_i-pp pour tout i et

$$|f_{m_r} - f_{m_s}| \leqq \sum_{k=r}^{s-1} |f_{m_k} - f_{m_{k+1}}| \to 0 \quad \mu_i\text{-pp}, \quad \forall i,$$

quand $\inf(r, s) \to \infty$.

Appelons $f(x)$ la limite des $f_{m_k}(x)$ en tout point où cette limite existe. La suite f_{m_k} tend vers f μ_i-pp pour tout i, donc $\mathbf{M}$-pp, ce qui établit le premier point de l'énoncé.

Pour le second, on note que, vu a), $f \in \mathbf{M} - L_{1,2}$ et f_{m_k} tend vers f dans $\mathbf{M} - L_{1,2}$, donc f_m tend vers f dans $\mathbf{M} - L_{1,2}$.

c) *L'espace* $\mathbf{M} - L_\infty$ *est complet.*

Soit f_m une suite de Cauchy dans $\mathbf{M} - L_\infty$. Posons

$$f(x) = \lim_m f_m(x)$$

en tout point où cette limite existe et appelons e l'ensemble des x où $f_m(x) \nrightarrow f(x)$. Cet ensemble e est μ-négligeable pour tout $\mu \in \mathbf{M}$, donc $\mathbf{M}$-négligeable. De là, vu a), $f \in \mathbf{M} - L_\infty$ et f_m tend vers f dans $\mathbf{M} - L_\infty$.

EXERCICES

1. — Etablir le théorème d'absolue continuité uniforme (cf. II, p. 229) à partir de I, p. 109.

Suggestion. Tous les ensembles e considérés dans cette démonstration sont supposés boréliens.

Soit μ_m une suite de mesures telle que $\mu_m(e)$ converge pour tout $e \subset e_0$, où e_0 est μ_m-intégrable pour tout m.

Vu II, A, p. 230 il suffit d'établir que si $\nu \simeq \{\mu_m : m = 1, 2, \ldots\}$ et si e_0 est ν-intégrable, pour tout $\varepsilon > 0$, il existe $\eta > 0$ tel que

$$V\nu(e) \leqq \eta, \; e \subset e_0 \Rightarrow \sup_m V\mu_m(e) \leqq \varepsilon.$$

Posons

$$F = \{\delta_e : e \subset e_0\}.$$

C'est visiblement un ensemble fermé dans $\nu - L_1$. En effet, si $\delta_{e_m} \to f$ dans $\nu - L_1$, on peut en extraire une sous-suite qui tend vers f ν-pp. Donc f est la fonction caractéristique d'un ensemble, égal ν-pp à un ensemble borélien contenu dans e_0.

Soit $\varepsilon > 0$ fixé. Posons

$$F_{\varepsilon,k} = \bigcap_{r,s \geq k} \{\delta_e \in F : |(\mu_r - \mu_s)(e)| \leq \varepsilon\}.$$

Il est immédiat que

$$F = \bigcup_{k=1}^{\infty} F_{\varepsilon,k}.$$

De plus, $F_{\varepsilon,k}$ est fermé dans $\nu - L_1$ pour tout k. En effet, soient $\delta_{e_m} \in F_{\varepsilon,k}$ tels que $\delta_{e_m} \to \delta_e$ dans $\nu - L_1$. Comme $\mu_r - \mu_s \ll \nu$, on a

$$\int |\delta_{e_m} - \delta_e| \, dV(\mu_r - \mu_s) \to 0,$$

vu II, a), p. 227, d'où

$$(\mu_r - \mu_s)(e_m) \to (\mu_r - \mu_s)(e).$$

Par I, p. 109, un des $F_{\varepsilon,k}$ contient un point intérieur dans F: il existe e_ε, k_ε et η_ε tels que

$$F_{\varepsilon,k_\varepsilon} \supset \left\{\delta_e \in F : \int |\delta_e - \delta_{e_\varepsilon}| \, dV\nu \leq \eta_\varepsilon\right\}.$$

Pour $\varepsilon' = \varepsilon/16$, on a donc

$$\int |\delta_e - \delta_{e_{\varepsilon'}}| \, dV\nu \leq \eta_{\varepsilon'}, \quad e \subset e_0 \Rightarrow |(\mu_r - \mu_s)(e)| \leq \varepsilon/16, \quad \forall r, s \geq k_{\varepsilon'}.$$

Il vient alors

$$V\nu(e) \leq \eta_{\varepsilon'}, \quad e \subset e_0 \Rightarrow V(\mu_r - \mu_s)(e) \leq \varepsilon/2, \quad \forall r, s \geq k_{\varepsilon'}. \qquad (*)$$

En effet, quel que soit $e' \subset e$, on a

$$\int |\delta_{e' \cup e_{\varepsilon'}} - \delta_{e_{\varepsilon'}}| \, dV\nu \quad \text{et} \quad \int |\delta_{e_{\varepsilon'} \setminus e'} - \delta_{e_{\varepsilon'}}| \, dV\nu \leq V\nu(e) \leq \eta_{\varepsilon'},$$

donc

$$|(\mu_r - \mu_s)(e')| = |(\mu_r - \mu_s)(e' \cup e_{\varepsilon'}) - (\mu_r - \mu_s)(e_{\varepsilon'} \setminus e')| \leq \varepsilon/8, \quad \forall r, s \geq k_{\varepsilon'},$$

et

$$V(\mu_r - \mu_s)(e) \leq 4 \sup_{e' \subset e} |(\mu_r - \mu_s)(e')| \leq \varepsilon/2, \quad \forall r, s \geq k_{\varepsilon'}.$$

Comme $\mu_1, \ldots, \mu_k, \ll \nu$, il existe $\eta > 0$ tel que

$$V\nu(e) \leq \eta, \quad e \subset e_0 \Rightarrow V\mu_m(e) \leq \varepsilon/2, \quad \forall m \leq k_{\varepsilon'}.$$

Il vient alors

$$V\nu(e) \leq \inf(\eta, \eta_{\varepsilon'}), \quad e \subset e_0 \Rightarrow \sup_m V\mu_m(e) \leq \varepsilon,$$

d'où la conclusion.

2. — Soient e_k, $k = 1, 2, \ldots$, une suite d'ensembles **M**-mesurables et soit T un opérateur linéaire borné de E de Baire dans $\mathbf{M} - L_{1,2,\infty}$, tel que, pour tout $f \in E$, $[Tf] \setminus e_k$ soit **M**-négligeable pour au moins un k. Etablir qu'il existe k_0 tel que $[Tf] \setminus e_{k_0}$ soit **M**-négligeable pour tout $f \in E$, donc tel que $T \in \mathscr{L}[E, \mathbf{M} - L_{1,2,\infty}(e_{k_0})]$.

Suggestion. On voit facilement que l'ensemble F_k des $g \in \mathbf{M} - L_{1,2,\infty}$ tels que $[g] \setminus e_k$ soit **M**-négligeable est fermé dans $\mathbf{M} - L_{1,2,\infty}$. Alors $T_{-1} F_k$ est fermé dans E pour tout k. Or $E = \bigcup_{k=1}^{\infty} T_{-1} F_k$. Dès lors, un des $T_{-1} F_k$ contient un point intérieur. Comme il est linéaire, il est donc égal à E.

8. — a) *L'espace* $\mathbf{M}-L_{1,2}$ *est séparable.*

De plus,

— *l'ensemble des fonctions étagées sur les semi-intervalles rationnels dans* Ω *et à coefficients rationnels y est dense.*

— $D_\infty(\Omega)$ *y est dense.*

Vérifions d'abord que l'ensemble des fonctions étagées sur les semi-intervalles rationnels et à coefficients rationnels est dense dans $\mathbf{M}-L_{1,2}$.

Pour $\mathbf{M}-L_1$, cela résulte du théorème d'approximation (cf. II, p. 53). Voici une démonstration qui convient à la fois pour $\mathbf{M}-L_1$ et $\mathbf{M}-L_2$.

Soient $f\in\mathbf{M}-L_{1,2}$, $\mu\in\mathbf{M}$ et $\varepsilon>0$.

Si les Q_m sont des unions finies de semi-intervalles rationnels dans Ω, telles que $Q_m\uparrow\Omega$, posons

$$f_m = f\delta_{Q_m\cap\{x:|f(x)|\leqq m\}}.$$

Comme $f_m\to f_{m_0}$ et que $|f-f_m|\leqq|f|$ μ-pp, on voit aisément que f_m converge dans $\mu-L_{1,2}$ vers f. Il existe donc m_0 tel que

$$\pi_\mu(f-f_{m_0})\leqq\varepsilon/2.$$

Comme f_{m_0} est μ-mesurable, il existe en outre une suite α_m de fonctions étagées sur les semi-intervalles rationnels dans Ω et à coefficients rationnels qui converge μ-pp vers f_{m_0}. Posons

$$\alpha_m^*(x) = \alpha_m\delta_{Q_{m_0}\cap\{x:|\alpha_m(x)|\leqq m_0+1\}};$$

les $\alpha_m^*(x)$ sont également des fonctions étagées sur les semi-intervalles rationnels dans Ω et à coefficients rationnels. De plus, les α_m^* convergent μ-pp vers f_{m_0} et sont majorés par $(m_0+1)\delta_{Q_{m_0}}$. Il existe donc m_0' tel que

$$\pi_\mu(f_{m_0}-\alpha_{m_0'}^*)\leqq\varepsilon/2,$$

d'où

$$\pi_\mu(f-\alpha_{m_0'}^*)\leqq\pi_\mu(f-f_{m_0})+\pi_\mu(f_{m_0}-\alpha_{m_0'}^*)\leqq\varepsilon.$$

Enfin, $D_\infty(\Omega)$ est dense dans $\mathbf{M}-L_{1,2}$.

Pour tout α étagé, il existe $\varphi_m\in D_\infty(\Omega)$, $C>0$ et Q étagé tels que $\varphi_m\to\alpha$ ponctuellement et $|\varphi_m|\leqq C\delta_Q$ pour tout m. De là,

$$\pi_\mu(\alpha-\varphi_m)\to 0$$

et, pour tout $f\in\mathbf{M}-L_{1,2}$, il existe successivement α étagé et $\varphi\in D_\infty(\Omega)$ tels que $\pi_\mu(f-\alpha)\leqq\varepsilon/2$ et $\pi_\mu(\alpha-\varphi)\leqq\varepsilon/2$, d'où

$$\pi_\mu(f-\varphi)\leqq\pi_\mu(f-\alpha)+\pi_\mu(\alpha-\varphi)\leqq\varepsilon.$$

EXERCICE

On a $f \in \mu - L_{1,2}$ si et seulement si il existe α_m étagés et $F \in \mu - L_1$ tels que $\alpha_m \to f$ μ-pp et $|\alpha_m|$ ou $|\alpha_m|^2 \leqq F$ μ-pp pour tout m.

En déduire que les fonctions étagées sont denses dans $\mu - L_{1,2}$.

Suggestion. La condition suffisante est triviale.

La condition est nécessaire. Soit $f \in \mu - L_{1,2}$. Comme f est μ-mesurable, il existe une suite de fonctions étagées α_m qui tend μ-pp vers f.

De plus, $|f|$ ou $|f|^2 \in \mu - L_1$, donc il existe une suite de fonctions étagées β_m telle que $\beta_m \to |f|$ ou $|f|^2$ μ-pp et telle que

$$\int |\beta_m - \beta_{m+1}|\, dV\mu \leqq 2^{-m}.$$

On peut sans restriction supposer $\beta_m \geqq 0$ pour tout m.

En vertu du théorème de Levi, la fonction

$$F = \beta_1 + \sum_{m=1}^{\infty} |\beta_m - \beta_{m+1}|$$

est définie μ-pp et μ-intégrable.

Les fonctions étagées

$$\alpha'_m(x) = \begin{cases} \dfrac{\alpha_m(x)}{|\alpha_m(x)|}\beta_m(x) \quad \text{ou} \quad \dfrac{\alpha_m(x)}{|\alpha_m(x)|}\sqrt{\beta_m(x)} & \text{si} \quad \alpha_m(x) \neq 0, \\ 0 & \text{si} \quad \alpha_m(x) = 0, \end{cases}$$

répondent à la question. De fait,

$$\alpha'_m(x) \to f(x) \quad \mu\text{-pp}$$

et

$$|\alpha'_m| \quad \text{ou} \quad |\alpha'_m|^2 \leqq \beta_m \leqq \beta_1 + \sum_{k=1}^{m-1} |\beta_k - \beta_{k+1}| \leqq F.$$

Les propriétés de séparabilité de $\mathbf{M} - L_\infty$ sont très réduites.

b) $\mathbf{M} - L_\infty$ *est séparable pour* π_μ, $\mu \in \mathbf{M}$, *si et seulement si* $[\mu]$ *est un ensemble fini.*

Si $[\mu] = \{x_i \colon i = 1, \ldots, N\}$, on a

$$f = \sum_{i=1}^{N} f(x_i)\,\delta_{x_i} \quad \mu\text{-pp},$$

donc les fonctions $\delta_{x_1}, \ldots, \delta_{x_N}$ forment un ensemble total pour π_μ dans $\mathbf{M} - L_\infty$, qui est dès lors séparable pour π_μ.

Si $[\mu]$ n'est pas fini, il existe une suite e_m d'ensembles boréliens, deux à deux disjoints et non μ-négligeables.

En effet, s'il existe une infinité dénombrable de points non μ-négligeables, il suffit de prendre ces points. Sinon, la partie diffuse de μ n'est pas nulle. Soit alors e_0 μ-intégrable et non μ-négligeable. Vu II, b), p. 208, on peut le partitionner en un nombre fini d'ensembles de $V\mu$-mesure strictement inférieure à $V\mu(e_0)/2$. Deux d'entre eux au moins ne sont donc pas μ-négligeables.

On en garde un et on partitionne l'autre comme on a partitionné e_0. On obtient encore au moins deux ensembles non μ-négligeables. On poursuit alors de proche en proche de la même manière.

Cela étant, soit

$$\mathscr{E} = \left\{ \sum_{m=1}^{\infty} c_m \delta_{e_m} : c_m = 0 \text{ ou } 1 \right\}.$$

Cet ensemble n'est pas dénombrable. De plus, quels que soient $f, g \in \mathscr{E}$, on a $\pi_\mu(f-g) = 1$ si $f \neq g$ μ-pp, donc $\mathscr{E}$ n'admet aucun sous-ensemble dénombrable dense pour π_μ et $\mathbf{M}-L_\infty$ n'est pas séparable pour π_μ.

c) *Les conditions suivantes sont équivalentes:*

α) $\mathbf{M}-L_\infty$ *est séparable,*

β) $\mathbf{M}-L_\infty$ *est séparable par semi-norme,*

γ) $[\mu]$ *est fini pour tout* $\mu \in \mathbf{M}$.

Il est immédiat que α entraîne β et, vu b), β entraîne γ.

Il reste donc à établir que γ entraîne α.

Si $[\mu]$ est fini pour tout $\mu \in \mathbf{M}$, l'ensemble des fonctions étagées à coefficients rationnels et définies sur les semi-intervalles rationnels est dense dans $\mathbf{M}-L_\infty$. En effet, soit $\mu \in \mathbf{M}$ et soit $[\mu] = \{x_i : i = 1, \ldots, N\}$. Il existe $I_1, \ldots, I_N$ rationnels tels que $x_i \in I_j$ si et seulement si $i = j$.

Soient alors $f \in \mathbf{M}-L_\infty$ et $\varepsilon > 0$. Pour tout $i \leqq N$, $f(x_i)$ est défini car les x_i ne sont pas $\mathbf{M}$-négligeables et il existe r_i rationnel tel que $|f(x_i) - r_i| \leqq \varepsilon$. Pour ces r_i, on a

$$\sup_{\mu\text{-pp}} \left| f(x) - \sum_{i=1}^{N} r_i \delta_{I_i}(x) \right| \leqq \varepsilon,$$

d'où la conclusion.

On peut aussi noter que, si $[\mu]$ est fini, les semi-normes $\pi_\mu^{(1)}$, $\pi_\mu^{(2)}$ et $\pi_\mu^{(\infty)}$ sont équivalentes entre elles et que, dans ces conditions, $\mathbf{M}-L_\infty = \mathbf{M}-L_2 = \mathbf{M}-L_1$, les systèmes de semi-normes de ces espaces étant équivalents. La séparabilité de $\mathbf{M}-L_\infty$ résulte alors de a).

d) *L'ensemble des fonctions caractéristiques des ensembles boréliens est total dans* $\mathbf{M}-L_\infty$.

Cela résulte immédiatement de II, p. 41.

9. — Voici un critère de précompacité dans certains espaces $\mathbf{M}-L_{1,2,\infty}$ liés à la mesure de Lebesgue.

Pour tout $f \in L_{1,2,\infty}(\Omega)$, $L^b_{1,2,\infty}(\Omega)$ ou $L^{\text{loc}}_{1,2,\infty}(\Omega)$, posons

$$\pi_e^{(1,2,\infty)}(f) = \pi_l^{(1,2,\infty)}(f\delta_e),$$

pour tout e l-mesurable contenu dans Ω et tel que cette expression soit définie dans l'espace considéré.

a) *Un ensemble $\mathscr{K}$ borné dans $L_{1,2,\infty}(\Omega)$ y est précompact si*

$$\sup_{f\in\mathscr{K}} \pi_K[f(x+h)-f(x)] \to 0$$

quand $h\to 0$ pour tout compact $K\subset\Omega$ et

$$\sup_{f\in\mathscr{K}} \pi_{\Omega\setminus K_m}(f) \to 0$$

si $K_m\uparrow\Omega$.

b) *Un ensemble $\mathscr{K}$ borné dans $L^b_{1,2,\infty}(\Omega)$ y est précompact si*

$$\sup_{f\in\mathscr{K}} \pi_K[f(x+h)-f(x)] \to 0$$

quand $h\to 0$ pour tout compact $K\subset\Omega$ et si, pour tout borné $B\subset\Omega$,

$$\sup_{f\in\mathscr{K}} \pi_{B\setminus K_m}(f) \to 0$$

si $K_m\uparrow B$.

c) *Un ensemble $\mathscr{K}$ borné dans $L^{\mathrm{loc}}_{1,2,\infty}(\Omega)$ y est précompact si*

$$\sup_{f\in\mathscr{K}} \pi_K[f(x+h)-f(x)] \to 0$$

quand $h\to 0$ pour tout compact $K\subset\Omega$.

Démontrons a)

Comme $\mathscr{K}$ est borné dans $L_{1,2,\infty}(\Omega)$, il y est faiblement précompact. Pour qu'il soit précompact, il suffit donc que la norme de $L_{1,2,\infty}(\Omega)$ y soit uniformément équivalente aux semi-normes affaiblies.

On peut supposer $\mathscr{K}$ absolument convexe, puisque son enveloppe absolument convexe satisfait visiblement aux conditions de l'énoncé. Cela permet de ne comparer les semi-normes qu'en 0, ce qui allège les calculs.

Soit $\varepsilon>0$ donné.

Vu les hypothèses, il existe un compact $K\subset\Omega$ tel que

$$\pi_{\Omega\setminus K}(f) \leqq \varepsilon/4$$

pour tout $f\in\mathscr{K}$.

Il existe ensuite $\eta<d(K, \complement\Omega)$ tel que, quels que soient h tel que $|h|\leqq\eta$ et $f\in\mathscr{K}$,

$$\pi_K[f(x+h)-f(x)] \leqq \varepsilon/2^{n+2}.$$

Désignons par I le semi-cube de centre 0 et de côté $\eta/(2\sqrt{n})$ et posons $c=l(I)$. Il existe $x_1, \ldots, x_N$ tels que les semi-cubes x_i+I soient deux à deux disjoints et recouvrent K.

Il vient

$$\pi_K(f) \leqq \pi_K\left[f(x)-\sum_{i=1}^N \frac{1}{c}\int_{x_i+I} f(y)\,dy\cdot\delta_{x_i+I}(x)\right] + C\sup_{i\leqq N}\left|\int_{x_i+I} f(y)\,dy\right|. \quad (*)$$

Calculons le premier terme du second membre.

Dans le cas de $L_1(\Omega)$, il vient

$$\pi_K\left[f(x)-\sum_{i=1}^{N}\frac{1}{c}\int_{x_i+I} f(y)\,dy\cdot\delta_{x_i+I}(x)\right]$$

$$=\int_K \sum_{i=1}^{N}\frac{1}{c}\,\delta_{x_i+I}(x)\left|\int_{x_i+I}[f(x)-f(y)]\,dy\right|dx$$

$$\leqq \int_K\left[\sum_{i=1}^{N}\frac{1}{c}\,\delta_{x_i+I}(x)\int_{2I}|f(x+h)-f(x)|\,dh\right]dx$$

$$\leqq 2^n\sup_{|h|\leqq\eta}\int_K|f(x+h)-f(x)|\,dx\leqq\varepsilon/4.$$

Pour l'avant-dernière majoration, on applique le théorème de Fubini et on note que $l(2I)=2^n l(I)=2^n c$.

On procède de façon analogue pour $L_2(\Omega)$. On a cette fois

$$\left\{\pi_K^{(2)}\left[f(x)-\sum_{i=1}^{N}\frac{1}{c}\int_{x_i+I} f(y)\,dy\cdot\delta_{x_i+I}(x)\right]\right\}^2$$

$$=\int_K \sum_{i=1}^{N}\frac{1}{c^2}\,\delta_{x_i+I}(x)\left|\int_{x_i+I}[f(x)-f(y)]\,dy\right|^2dx$$

$$\leqq \int_K\left[\sum_{i=1}^{N}\frac{1}{c}\,\delta_{x_i+I}(x)\int_{x_i+I}|f(x)-f(y)|^2\,dy\right]dx$$

$$\leqq \int_K\left[\sum_{i=1}^{N}\frac{1}{c}\,\delta_{x_i+I}(x)\int_{2I}|f(x+h)-f(x)|^2\,dh\right]dx$$

$$\leqq 2^n\sup_{|h|\leqq\eta}\int_K|f(x+h)-f(x)|^2\,dx\leqq(\varepsilon/4)^2.$$

Dans le cas de $L_\infty(\Omega)$, la majoration est triviale.

Le second membre de l'inégalité (*) est visiblement une semi-norme affaiblie dans $L_{1,2,\infty}(\Omega)$. Or, en résumant les résultats obtenus, on a

$$\pi(f)\leqq C\sup_{i\leqq N}\left|\int_{x_i+I}f(y)\,dy\right|+\varepsilon/2\leqq\varepsilon$$

si $f\in\mathscr{K}$ et si

$$\sup_{i\leqq N}\left|\int_{x_i+I}f(y)\,dy\right|\leqq\varepsilon/(2C),$$

d'où la conclusion.

Les démonstrations de b) et de c) sont entièrement analogues à la précédente.

d) *Dans le cas de* $L_{1,2}(\Omega)$, $L^b_{1,2}(\Omega)$ *et* $L^{\text{loc}}_{1,2}(\Omega)$, *les conditions de précompacité des énoncés* a), b) *et* c) *précédents sont nécessaires.*

Soit $\varphi \in D_\infty(\Omega)$. On a trivialement

$$\pi_K^{(1,2)}[\varphi(x+h)-\varphi(x)] \to 0$$

quand $h \to 0$ et

$$\pi^{(1,2)}_{\Omega\setminus K_m}(\varphi) \to 0$$

quand $K_m \uparrow \Omega$.

Soit $\mathscr{K}$ précompact dans $L_{1,2}(\Omega)$. Comme $D_\infty(\Omega)$ est dense dans $L_{1,2}(\Omega)$, pour tout $\varepsilon > 0$, il existe $\varphi_1, \ldots, \varphi_N \in D_\infty(\Omega)$ tels que

$$\mathscr{K} \subset \{\varphi_1, \ldots, \varphi_N\} + \{f : \pi(f) \leq \varepsilon/4\},$$

donc tel que, pour $|h| < d(K, \complement\Omega)$,

$$\sup_{f \in \mathscr{K}} \pi_K[f(x+h)-f(x)] \leq \sup_{i \leq N} \pi_K[\varphi_i(x+h)-\varphi_i(x)] + \varepsilon/2$$

et

$$\sup_{f \in \mathscr{K}} \pi_{\Omega\setminus K_m}(f) \leq \sup_{i \leq N} \pi_{\Omega\setminus K_m}(\varphi_i) + \varepsilon/4.$$

Il suffit alors de tenir compte des propriétés de φ qu'on vient de signaler pour conclure.

Le raisonnement est analogue dans le cas de $L^b_{1,2}(\Omega)$ et $L^{\text{loc}}_{1,2}(\Omega)$.

EXERCICE

* Déduire le critère de précompacité dans $L_{1,2}(E_n)$ du critère de précompacité dans $C_0(K)$.

Suggestion. Traitons par exemple le cas de $L_1(E_n)$. Soit $\mathscr{K}$ vérifiant les conditions de a), p. 81.

Pour $\varepsilon > 0$ fixé, il existe K tel que

$$\sup_{f \in \mathscr{K}} \pi_{\Omega\setminus K}(f) \leq \varepsilon/6.$$

Pour ce K, il existe η tel que

$$\sup_{f \in \mathscr{K}} \pi_K[f-(f\delta_{K_{2\eta}}) * \varrho_\eta] \leq \varepsilon/6,$$

si on pose $K_\varepsilon = \{x : d(x, K) \leq \varepsilon\}$. De fait, on a

$$\pi_K[f-(f\delta_{K_{2\eta}}) * \varrho_\eta] \leq \int_{|y| \leq \eta} \varrho_\eta(y) \left[\int_K |f(x)-f(x-y)|\, dx\right] dy$$

$$\leq \sup_{|y| \leq \eta} \sup_{f \in \mathscr{K}} \pi_K[f(x)-f(x+y)] \to 0$$

si $\eta \to 0$.

Vérifions à présent que

$$\mathscr{K}_{K,\eta} = \{(f\delta_{K_{2\eta}}) * \varrho_\eta : f \in \mathscr{K}\}$$

est précompact pour π_K. Il suffit pour cela qu'il soit précompact dans $C_0(K)$. Or il y est visiblement borné. De plus,

$$\sup_{f\in\mathscr{K}} \sup_{\substack{x,y\in K\\|x-y|\leqq h}} |(f\delta_{K_{2\eta}})*\varrho_\eta(x)-(f\delta_{K_{2\eta}})*\varrho_\eta(y)|$$

$$\leqq \sup_{f\in\mathscr{K}} \int_{K_{2\eta}} |f|\,dx\cdot \sup_{\substack{x,y\in E_\eta\\|x-y|\leqq h}} |\varrho_\eta(x)-\varrho_\eta(y)| \to 0$$

si $h\to 0$. Il est donc précompact, vu b), p. 148.

Il existe alors $f_1, \ldots, f_N\in\mathscr{K}$ tels que

$$\mathscr{K}_{K,\eta}\subset\{(f_i\delta_{K_{2\eta}})*\varrho_\eta : i\leqq N\}+b_{\pi_K}(\varepsilon/3).$$

Pour tout $f\in\mathscr{K}$, on a donc

$$\begin{aligned}\pi(f-f_i) &\leqq \pi_K(f-f_i)+\varepsilon/3\\ &\leqq \pi_K[(f\delta_{K_{2\eta}})*\varrho_\eta-(f_i\delta_{K_{2\eta}})*\varrho_\eta]+2\varepsilon/3\leqq\varepsilon\end{aligned}$$

pour i bien choisi, d'où

$$\mathscr{K}\subset\{f_i : i=1, \ldots, N\}+b_\pi(\varepsilon).$$

10. — *L'espace* $\mathbf{M}-L_{1,2}$ *est pc-accessible.*

Soit $\mu\in\mathbf{M}$. On peut sans restriction supposer $\mu\geqq 0$.

Désignons par Q_m des ensembles étagés croissant vers Ω. Pour tout m, soit $\mathscr{P}_m$ une partition finie de Q_m en semi-intervalles de diamètre inférieur à $1/m$ et soient $I_{i,m}$, $(i=1, \ldots, i_m)$, les semi-intervalles de $\mathscr{P}_m$ de μ-mesure non nulle. Posons

$$T_m f=\sum_{i=1}^{i_m}\frac{1}{\mu(I_{i,m})}\int_{I_{i,m}} f\,d\mu\cdot\delta_{I_{i,m}}.$$

Les T_m sont des opérateurs finis car, pour tout I dans Ω, la fonctionnelle $\mathscr{C}_I$ définie par

$$\mathscr{C}_I(f)=\int_I f\,d\mu,\quad \forall f\in\mathbf{M}-L_{1,2},$$

est bornée dans $\mathbf{M}-L_{1,2}$. De plus, on a

$$\pi_\mu(T_m f)\leqq\pi_\mu(f),\quad \forall f\in\mathbf{M}-L_{1,2}.$$

Dans le cas de $\pi_\mu^{(1)}$, c'est trivial. Pour $\pi_\mu^{(2)}$, on note que

$$[\pi_\mu^{(2)}(T_m f)]^2=\sum_{i=1}^{i_m}\frac{1}{[\mu(I_{i,m})]^2}\left|\int_{I_{i,m}} f\,d\mu\right|^2\mu(I_{i,m})\leqq\sum_{i=1}^{i_m}\int_{I_{i,m}}|f|^2\,d\mu\leqq\int|f|^2\,d\mu.$$

Soit K précompact dans $\mathbf{M}-L_{1,2}$.

Pour $\varepsilon>0$ fixé, il existe $\varphi_1, \ldots, \varphi_N\in D_\infty(\Omega)$ tels que

$$K\subset\{\varphi_1, \ldots, \varphi_N\}+b_{\pi_\mu}(\varepsilon/3).$$

Dès lors, pour tout $f\in K$, il existe i tel que

$$\pi_\mu[(1-T_m)f] \leqq \pi_\mu[(1-T_m)\varphi_i] + \pi_\mu[(1-T_m)(f-\varphi_i)] \leqq \pi_\mu[(1-T_m)\varphi_i] + 2\varepsilon/3,$$

d'où

$$\sup_{f\in K} \pi_\mu[(1-T_m)f] \leqq \sup_{i\leqq N} \pi_\mu[(1-T_m)\varphi_i] + 2\varepsilon/3.$$

Il reste donc à établir que, pour tout $\varphi \in D_\infty(\Omega)$, on a

$$\pi_\mu[(1-T_m)\varphi] \to 0$$

quand $m\to\infty$.

Soit $\varphi\in D_\infty(\Omega)$ fixé. Il existe alors $m_0 > 2/d([\varphi], \complement\Omega)$ tel que

$$\sup_{|x-y|\leqq 1/m_0} |\varphi(x)-\varphi(y)| \leqq \varepsilon/C,$$

où

$$C = \pi^{(1,2)}(\delta_{\{x:d(x,[\varphi])\leqq 1/m_0\}}).$$

Si $m \geqq m_0\sqrt{n}$, pour tout i tel que $I_{i,m}\cap[\varphi] \neq \varnothing$, on a

$$\left|\varphi(x) - \frac{1}{\mu(I_{i,m})}\int_{I_{i,m}} \varphi\, d\mu\right| \leqq \frac{1}{\mu(I_{i,m})}\int_{I_{i,m}} |\varphi(x)-\varphi(y)|\, d\mu(y) \leqq \varepsilon/C, \quad \forall x\in I_{i,m}.$$

De là, si $m\geqq m_0\sqrt{n}$,

$$\pi_\mu^{(1)}[(1-T_m)\varphi] \leqq \frac{\varepsilon}{C}\sum_{I_{i,m}\cap[\varphi]\neq\varnothing} \mu(I_{i,m}) \leqq \varepsilon$$

et

$$\pi_\mu^{(2)}[(1-T_m)\varphi] \leqq \frac{\varepsilon}{C}\Big[\sum_{I_{i,m}\cap[\varphi]\neq\varnothing} \mu(I_{i,m})\Big]^{1/2} \leqq \varepsilon,$$

d'où la conclusion.

11. — Etudions à présent le dual de $\mathbf{M}-L_{1,2,\infty}$.

On le désigne par $\mathbf{M}-L_{1,2,\infty}^*$. Dans le cas des espaces

$$\mathbf{M}-L_{1,2,\infty}(e), \quad \mathbf{M}-L_{1,2,\infty}^b, \quad \mathbf{M}-L_{1,2,\infty}^{\text{loc}} \quad \text{et} \quad \mathbf{M}-L_{1,2}^{\text{comp}},$$

on emploie les notations

$$\mathbf{M}-L_{1,2,\infty}^*(e), \quad \mathbf{M}-L_{1,2,\infty}^{b*}, \quad \mathbf{M}-L_{1,2,\infty}^{\text{loc}*} \quad \text{et} \quad \mathbf{M}-L_{1,2}^{\text{comp}*}.$$

Enfin, on désigne par $\mathbf{M}-L_{1,2,\infty,s}^*$, ... l'espace $\mathbf{M}-L_{1,2,\infty}^*$ muni du système des semi-normes simples, ... Les notations pour les autres duaux sont analogues.

a) *Dans* $\mathbf{M}-L_1$, *une fonctionnelle linéaire* $\mathscr{C}$ *est telle que*

$$|\mathscr{C}(f)| \leqq C\pi_\mu^{(1)}(f), \quad \forall f\in\mathbf{M}-L_1,$$

si et seulement si

$$\mathscr{C}(f) = \int \varphi f\, d\mu, \quad \forall f\in\mathbf{M}-L_1,$$

où $\varphi\in\mu-\mathrm{L}_\infty$ *est tel que* $\pi_\mu^{(\infty)}(\varphi)\leqq \mathrm{C}$.

De plus, on a

$$\|\mathscr{T}\|_{\pi_\mu^{(1)}} = \pi_\mu^{(\infty)}(\varphi).$$

Toute fonctionnelle qui a la forme indiquée est visiblement linéaire et bornée par $C\pi_\mu^{(1)}$.

Démontrons la réciproque.

Considérons la loi $\nu_{\mathscr{T}}$ qui, à tout semi-intervalle I dans Ω, associe $\mathscr{T}(\delta_I)$.

— Elle est évidemment additive.

— Elle est à variation finie et on a

$$V\nu_{\mathscr{T}}(I) \leqq CV\mu(I)$$

pour tout I dans Ω, car

$$\sum_{J\in\mathscr{P}(I)} |\mathscr{T}(\delta_J)| \leqq C \sum_{J\in\mathscr{P}(I)} \int \delta_J \, dV\mu = CV\mu(I).$$

— Elle est continue car, si $I_m \to I$ dans Ω,

$$|\mathscr{T}(\delta_{I_m}) - \mathscr{T}(\delta_I)| \leqq C \int |\delta_{I_m} - \delta_I| \, dV\mu \to 0.$$

C'est donc une mesure. De plus, par le théorème de Radon, elle est de la forme $\varphi \cdot \mu$, où φ est μ-mesurable et borné par C μ-pp, vu II, a), p. 150.

Soit $f \in \mathbf{M}-L_1$. Il existe une suite de fonctions étagées α_m de Cauchy pour μ et tendant vers f μ-pp. Il vient

$$\int f\varphi \, d\mu = \lim_m \int \alpha_m \varphi \, d\mu = \lim_m \mathscr{T}(\alpha_m) = \mathscr{T}(f),$$

d'où la conclusion.

b) *Dans* $\mathbf{M}-L_2$, *une fonctionnelle linéaire* $\mathscr{T}$ *est telle que*

$$|\mathscr{T}(f)| \leqq C\pi_\mu^{(2)}(f), \quad \forall f \in \mathbf{M}-L_2,$$

si et seulement si

$$\mathscr{T}(f) = \int \varphi f \, d\mu, \quad \forall f \in \mathbf{M}-L_2,$$

où $\varphi \in \mu - L_2$ *est tel que* $\pi_\mu^{(2)}(\varphi) \leqq C$.

De plus, on a

$$\|\mathscr{T}\|_{\pi_\mu^{(2)}} = \pi_\mu^{(2)}(\varphi).$$

Toute fonctionnelle qui vérifie les conditions de l'énoncé est visiblement linéaire dans $\mathbf{M}-L_2$ et bornée par $C\pi_\mu^{(2)}$.

Démontrons la réciproque.

Considérons la loi $\nu_{\mathscr{T}}$ qui, à tout I dans Ω, associe $\mathscr{T}(\delta_I)$.

— Elle est évidemment additive.

— Elle est à variation finie. De fait, pour tout I dans Ω, on a

$$\sum_{J\in\mathscr{P}(I)} |\nu_{\mathscr{C}}(J)| = \sum_{J\in\mathscr{P}(I)} \mathscr{C}(e^{-i\arg\mathscr{C}(\delta_J)}\delta_J)$$

$$\leqq C\Big(\int \Big|\sum_{J\in\mathscr{P}(I)} e^{-i\arg\mathscr{C}(\delta_J)}\delta_J\Big|^2 dV\mu\Big)^{1/2} = C\sqrt{V\mu(I)}\,.$$

— Elle est continue. De fait, si $I_m \to I$ dans Ω, alors $\delta_{I_m}\to\delta_I$ dans $\mathbf{M}-L_2$, d'où

$$\nu_{\mathscr{C}}(I_m) = \mathscr{C}(\delta_{I_m})\to\mathscr{C}(\delta_I) = \nu_{\mathscr{C}}(I).$$

C'est donc une mesure dans Ω.

Pour tout φ borélien borné et à support compact dans Ω, on a

$$\mathscr{C}(\varphi) = \int \varphi\, d\nu_{\mathscr{C}}.$$

En effet, c'est vrai pour les fonctions étagées. En outre, si c'est vrai pour les φ_m, si $\varphi_m\to\varphi$ et si $|\varphi_m|\leqq C\delta_Q$, c'est vrai pour φ car alors $\varphi_m\to\varphi$ dans $\mathbf{M}-L_2$.

Il en résulte que $\nu_{\mathscr{C}}\ll\mu$. En effet, soit e μ-négligeable. Pour tout $e'\subset e$, borélien borné et d'adhérence compacte dans Ω, on a $V\mu(e')=0$, donc $\nu_{\mathscr{C}}(e')=0$. De là, e est $\nu_{\mathscr{C}}$-négligeable.

Il existe alors φ localement μ-intégrable, tel que $\nu_{\mathscr{C}} = \varphi\cdot V\mu$. On peut sans restriction supposer φ borélien.

Si $Q_N\uparrow\Omega$ et si

$$\varphi_N = \varphi\delta_{\{x\in Q_N:|\varphi(x)|\leqq N\}},$$

il vient alors

$$\int|\varphi_N|^2\,dV\mu = \int\varphi\bar{\varphi}_N\,dV\mu = \mathscr{C}(\bar{\varphi}_N)\leqq C\Big(\int|\varphi_N|^2\,dV\mu\Big)^{1/2},$$

d'où

$$\int|\varphi_N|^2\,dV\mu\leqq C^2,\ \forall N.$$

De là, par le théorème de Levi, $\varphi\in\mu-L_2$ et

$$\int|\varphi|^2\,dV\mu\leqq C^2.$$

Soit à présent $f\in\mathbf{M}-L_2$. Vu a), p. 78 et b), p. 75, il existe $\alpha_m\to f$ μ-pp, tels que

$$\int|\alpha_r-\alpha_s|^2\,dV\mu\to 0$$

quand $\inf(r,s)\to\infty$. On a aussi

$$\Big(\int|\alpha_r\varphi-\alpha_s\varphi|\,dV\mu\Big)^2\leqq\int|\varphi|^2\,dV\mu\cdot\int|\alpha_r-\alpha_s|^2\,dV\mu\to 0$$

si $\inf(r,s)\to\infty$. Donc $\varphi f\in\mu-L_1$ et on a

$$\int\varphi f\,d\mu = \lim_m\int\varphi\alpha_m\,d\mu = \lim_m\mathscr{C}(\alpha_m) = \mathscr{C}(f).$$

Si ψ est tel que $V\mu = \psi \cdot \mu$, on voit que la fonction $\varphi\psi$ satisfait aux conditions de l'énoncé.

EXERCICE

Déduire de b) la condition nécessaire de a).

Suggestion. Soit $\mathscr{T}$ tel que

$$|\mathscr{T}(f)| \leqq C\pi_\mu^{(1)}(f), \quad \forall f \in \mathbf{M}-L_1.$$

Supposons d'abord Ω μ-intégrable. Désignons par D l'ensemble des α étagés dans Ω. On sait que D est dense dans $\mathbf{M}-L_1$ et $\mathbf{M}-L_2$. Pour $\alpha \in D$, on a

$$|\mathscr{T}(\alpha)| \leqq C\pi_\mu^{(1)}(\alpha) \leqq C\sqrt{V\mu(\Omega)} \cdot \pi_\mu^{(2)}(\alpha),$$

donc $\mathscr{T}$ se prolonge de façon unique par une fonctionnelle linéaire bornée dans $\mu-L_2$, qui s'écrit

$$\mathscr{T}(f) = \int fg\, d\mu, \quad \forall f \in \mu-L_2,$$

où $g \in \mu-L_2$. Comme

$$\left|\int_I g\, d\mu\right| = |\mathscr{T}(\delta_I)| \leqq CV\mu(I), \quad \forall I,$$

vu II, a), p. 150, on a $\pi_\mu^{(\infty)}(g) \leqq C$. Il est alors immédiat que

$$\mathscr{T}(f) = \int fg\, d\mu, \quad \forall f \in \mathbf{M}-L_1.$$

Passons au cas général. Vu II, c), p. 60, il existe a strictement positif et μ-intégrable dans Ω. Si, pour construire a, on part d'une partition localement finie de Ω, on a en outre $aD = D$. Posons $\mu' = a \cdot \mu$ et

$$\mathscr{T}'(\alpha) = \mathscr{T}(a\alpha), \quad \forall \alpha \in D.$$

Vu la première partie de l'énoncé, on a

$$\mathscr{T}(a\alpha) = \mathscr{T}'(\alpha) = \int \alpha g\, d\mu' = \int a\alpha\, g\, d\mu, \quad \forall \alpha \in D,$$

avec $\pi_\mu^{(\infty)}(g) = \pi_{\mu'}^{(\infty)}(g) \leqq C$. Comme $\{a\alpha : \alpha \in D\} = D$, il vient alors

$$\mathscr{T}(f) = \int fg\, d\mu, \quad \forall f \in \mathbf{M}-L_1.$$

c) Il n'y a pas de théorème de structure analogue aux précédents pour les fonctionnelles linéaires bornées dans $\mathbf{M}-L_\infty$. Voici toutefois un résultat partiel.

Dans $\mathbf{M}-L_\infty$, une fonctionnelle linéaire bornée $\mathscr{T}$ est telle que

$$\mathscr{T}(f) = \int \varphi f\, d\mu, \quad \forall f \in \mathbf{M}-L_\infty,$$

avec $\varphi \in \mu-L_1$ et $\mu \in \mathbf{M}$, si et seulement si, les $e_m \subset \Omega$ étant boréliens,

$$e_m \downarrow \varnothing \Rightarrow \mathscr{T}(\delta_{e_m}) \to 0.$$

De plus, on a

$$\|\mathscr{T}\|_{\pi_\mu^{(\infty)}} = \pi_\mu^{(1)}(\varphi).$$

La condition nécessaire est immédiate. De plus, l'égalité

$$\|\mathscr{T}\|_{\pi_\mu^{(\infty)}} = \pi_\mu^{(1)}(\varphi)$$

résulte de ce que, d'une part,

$$|\mathscr{T}(f)| = \left|\int \varphi f \, d\mu\right| \leqq \pi_\mu^{(1)}(\varphi) \cdot \pi_\mu^{(\infty)}(f),$$

donc

$$\|\mathscr{T}\|_{\pi_\mu^{(\infty)}} \leqq \pi_\mu^{(1)}(\varphi),$$

et, d'autre part,

$$\pi_\mu^{(1)}(\varphi) = \sup_{|\alpha| \leqq 1} \left|\int \alpha\varphi \, d\mu\right| \leqq \|\mathscr{T}\|_{\pi_\mu^{(\infty)}},$$

si α désigne une fonction étagée arbitraire dans Ω.

Passons à la condition suffisante.

Considérons la loi $\nu_{\mathscr{T}}$ qui, à tout I dans Ω, associe $\mathscr{T}(\delta_I)$.

— Elle est évidemment additive.

— Elle est à variation finie. De fait, pour tout I dans Ω, on a

$$\sum_{J \in \mathscr{P}(I)} |\nu_{\mathscr{T}}(J)| = \sum_{J \in \mathscr{P}(I)} \mathscr{T}(e^{-i \arg \mathscr{T}(\delta_J)} \delta_J) = \mathscr{T}\Big(\sum_{J \in \mathscr{P}(I)} e^{-i \arg \mathscr{T}(\delta_J)} \delta_J\Big)$$

et, si

$$|\mathscr{T}(f)| \leqq C \sup_{\mu\text{-pp}} |f|, \quad \forall f \in \mathbf{M} - L_\infty,$$

on obtient

$$\sum_{J \in \mathscr{P}(I)} |\nu_{\mathscr{T}}(J)| \leqq C,$$

d'où $V\nu_{\mathscr{T}}(I)$ existe et est majoré par C quel que soit I.

— Elle est continue. Si $I_m \downarrow \emptyset$, on a

$$\nu_{\mathscr{T}}(I_m) = \mathscr{T}(\delta_{I_m}) \to 0.$$

On a

$$\nu_{\mathscr{T}}(e) = \mathscr{T}(\delta_e)$$

pour tout e borélien.

De fait, considérons l'ensemble $\mathscr{E}$ des e pour lesquels cette égalité a lieu.

— $\mathscr{E}$ contient, par définition, les semi-intervalles dans Ω.

— Si $\mathscr{E}$ contient une suite de e_i deux à deux disjoints, il contient leur union. De fait,

$$\nu_{\mathscr{T}}\left(\bigcup_{i=1}^{\infty} e_i\right) = \sum_{i=1}^{\infty} \nu_{\mathscr{T}}(e_i) = \sum_{i=1}^{\infty} \mathscr{T}(\delta_{e_i}) = \mathscr{T}(\delta_e),$$

car

$$e \setminus \bigcup_{i=1}^{N} e_i \downarrow \emptyset.$$

En particulier, il contient donc Ω.

— Si $e \in \mathscr{E}$, on a $\Omega \setminus e \in \mathscr{E}$, car

$$\nu_{\mathscr{T}}(\Omega \setminus e) = \nu_{\mathscr{T}}(\Omega) - \nu_{\mathscr{T}}(e) = \mathscr{T}(\delta_\Omega) - \mathscr{T}(\delta_e) = \mathscr{T}(\delta_{\Omega \setminus e}).$$

De là, vu II, c), p. 121, $\mathscr{E}$ contient les ensembles boréliens.

Il en résulte que $\nu_{\mathscr{T}} \ll \mu$.

En effet, si e est borélien et μ-négligeable, pour tout borélien $e' \subset e$, $\delta_{e'} = 0$ μ-pp donc $\mathscr{T}(\delta_{e'}) = 0$ et $\nu_{\mathscr{T}}(e') = 0$, ce qui entraîne $V\nu_{\mathscr{T}}(e) = 0$.

Comme $V\nu_{\mathscr{T}}(I) \leqq C$ pour tout I dans Ω, on a aussi $V\nu_{\mathscr{T}}(\Omega) \leqq C$ et, dès lors, il existe $\varphi \in \mu - L_1$ tel que $\nu_{\mathscr{T}} = \varphi \cdot \mu$ et

$$V\nu_{\mathscr{T}}(\Omega) = \int |\varphi| \, dV\mu \leqq C.$$

On a

$$\mathscr{T}(f) = \int \varphi f \, d\mu, \quad \forall f \in \mathbf{M} - L_\infty.$$

De fait, c'est vrai pour les fonctions étagées sur les ensembles boréliens. Or celles-ci sont denses pour $\pi_\mu^{(\infty)}$ dans $\mathbf{M} - L_\infty$ et, si $f_m \to f$ pour $\pi_\mu^{(\infty)}$, on a

$$\mathscr{T}(f_m) \to \mathscr{T}(f)$$

et, par le théorème de Lebesgue,

$$\int \varphi f_m \, d\mu \to \int \varphi f \, d\mu.$$

d) *Si* $\mathscr{T} \in \mathbf{M} - L^*_{1,2,\infty}$ *s'écrit*

$$\mathscr{T}(f) = \int \varphi f \, d\mu, \quad \forall f \in \mathbf{M} - L_{1,2,\infty},$$

avec $\varphi \in \mathbf{M} - L_{\infty,2,1}$ *et* $\mu \geqq 0$, $\mathscr{T}$ *est réel* (resp. *positif, nul*) *si et seulement si* φ *est réel* (resp. *positif, nul*) μ-pp.

Cela résulte immédiatement de II, a) et b), p. 143.

EXERCICES

1. — Si $f \in \mu - L_\infty$, on a

$$\pi_\mu^{(\infty)}(f) = \sup_{\substack{g \in \mu - L_2 \\ \pi_\mu^{(2)}(g) \leqq 1}} \pi_\mu^{(2)}(fg).$$

Suggestion. On a évidemment

$$\sup_{\substack{g \in \mu - L_2 \\ \pi_\mu^{(2)}(g) \leqq 1}} \pi_\mu^{(2)}(fg) \leqq \pi_\mu^{(\infty)}(f).$$

Démontrons l'inégalité inverse. Quel que soit $\varepsilon > 0$, il existe e μ-intégrable et non μ-négligeable, tel que

$$|f(x)| \geqq \pi_\mu^{(\infty)}(f) - \varepsilon, \quad \forall x \in e.$$

Il vient alors

$$\pi_\mu^{(2)}(f\delta_e) \geqq [\pi_\mu^{(\infty)}(f) - \varepsilon] \cdot \pi_\mu^{(2)}(\delta_e),$$

d'où

$$\pi_\mu^{(\infty)}(f) - \varepsilon \leqq \sup_{\substack{g \in \mu - L_2 \\ \pi_\mu^{(2)}(g) \leqq 1}} \pi_\mu^{(2)}(fg), \quad \forall \varepsilon > 0,$$

ce qui fournit l'inégalité annoncée.

2. — *Règle des multiplicateurs*

Si φ est μ-mesurable,

a) $\varphi f \in \mu - L_1, \ \forall f \in \mu - L_1 \Rightarrow \varphi \in \mu - L_\infty$.

b) $\varphi f \in \mu - L_1, \ \forall f \in \mu - L_2 \Rightarrow \varphi \in \mu - L_2$.

c) $\varphi f \in \mu - L_2, \ \forall f \in \mu - L_2 \Rightarrow \varphi \in \mu - L_\infty$.

Suggestion. Traitons a) et b).

Posons

$$e_m = \{x \in Q_m : |\varphi(x)| \leq m\},$$

où les Q_m sont étagés et tels que $Q_m \uparrow \Omega$.

Visiblement $\varphi \delta_{e_m} \in \mu - L_{\infty,2}$ et

$$\int \varphi f \delta_{e_m} d\mu \to \int \varphi f \, d\mu, \quad \forall f \in \mu - L_{1,2}.$$

Posons

$$\mathscr{T}_m(f) = \int \varphi f \delta_{e_m} d\mu.$$

La suite $\mathscr{T}_m$ est de Cauchy dans $\mu - L^*_{1,2,s}$. Comme $\mu - L_{1,2}$ est de Banach, elle converge donc simplement. Si $\mathscr{T}$ est sa limite, on a $\mathscr{T}(f) = \int \varphi' f d\mu$ pour tout $f \in \mu - L_{1,2}$, avec $\varphi' \in \mu - L_{\infty,2}$. De là, $\varphi = \varphi'$ μ-pp car

$$\int \varphi' f \, d\mu = \lim_m \int \varphi f \delta_{e_m} d\mu = \int \varphi f \, d\mu, \quad \forall f \in \mu - L_{1,2}.$$

On ramène c) à a) en notant que tout $f \in \mu - L_1$ s'écrit $f = gh$, où $g, h \in \mu - L_2$. Pour obtenir une telle décomposition de f, on pose

$$g = \sqrt{|f|}, \quad h = f/\sqrt{|f|} \quad (0 \text{ si } f = 0).$$

Variantes

A. Pour a), si $\varphi \notin \mu - L_\infty$, il existe, parmi les ensembles disjoints

$$e_m = \{x : m^2 \leq |\varphi(x)| < (m+1)^2\}, \quad m \geq 1,$$

une sous-suite $e_{m'}$ d'ensembles non μ-négligeables.

La fonction

$$f(x) = \sum_{m'} \frac{\delta_{e_{m'}}}{\varphi(x) V\mu(e_{m'})}$$

est μ-intégrable, puisque

$$\int \sum_{m' \leq N} \frac{\delta_{e_{m'}}}{|\varphi(x)| V\mu(e_{m'})} dV\mu \leq \sum_{m=1}^{\infty} \frac{1}{m^2}.$$

Or φf n'est pas μ-intégrable, d'où une contradiction.

Pour b), si $\varphi \notin \mu - L_2$, il existe des ensembles e_m μ-mesurables et deux à deux disjoints tels que $|\varphi|^2 \delta_{e_m} \in \mu - L_1$ et

$$m^2 \leq \int_{e_m} |\varphi|^2 \, dV\mu.$$

Pour établir l'existence de ces e_m, on procède comme suit. Soient $e_1, \ldots, e_{m-1}$ fixés. Comme $\varphi \notin \mu - L_2$,

$$\varphi \delta_{\Omega \setminus \left(\bigcup_{i=1}^{m-1} e_i \right)} \notin \mu - L_2.$$

Soit

$$\mathscr{E}_N = \left\{x \in Q_N \setminus \left(\bigcup_{i=1}^{m-1} e_i\right) : |\varphi(x)| \leqq N\right\},$$

où $Q_N \uparrow \Omega$. Pour tout N, $|\varphi|^2 \delta_{\mathscr{E}_N} \in \mu - L_1$ et, pour N assez grand, $\int_{\mathscr{E}_N} |\varphi|^2 \, dV\mu \geqq m^2$.

Posons

$$f = \sum_{m=1}^{\infty} \frac{1}{m^2} \frac{\bar{\varphi}\,\delta_{e_m}}{\pi_\mu^{(2)}(\varphi\delta_{e_m})}.$$

La fonction f appartient visiblement à $\mu - L_2$ et φf n'appartient pas à $\mu - L_1$.

Pour c), si $\varphi \notin \mu - L_\infty$, soit $e_{m'}$ la suite d'ensembles considérés en a) et soit

$$f(x) = \sum_{m'} \frac{\delta_{e_{m'}}(x)}{\varphi(x)\sqrt{V\mu(e_{m'})}}.$$

On a visiblement $f \in \mu - L_2$ et $\varphi f \notin \mu - L_2$.

B. Pour a) et b), posons

$$e_m = \{x \in Q_m : |\varphi(x)| \leqq m\},$$

où $Q_m \uparrow \Omega$. Si $\varphi \notin \mu - L_{\infty,2}$, pour une sous-suite convenable e_{m_k} des e_m, on a $\pi_\mu^{(\infty,2)}(\varphi\delta_{e_{m_k}}) > 2^k$. Or, pour tout $f \in \mu - L_{\infty,2}$, on a

$$\pi_\mu^{(\infty,2)}(f) = \sup_{\substack{g \in \mu - L_{1,2} \\ \pi_\mu^{(1,2)}(g) \leqq 1}} \left|\int fg \, d\mu\right|.$$

Il existe donc $f_k \in \mu - L_{1,2}$ tels que $\pi_\mu^{(1,2)}(f_k) \leqq 1$ et

$$2^k \leqq \left|\int \varphi f_k \, \delta_{e_{m_k}} \, d\mu\right| \leqq \int |\varphi f_k| \, dV\mu.$$

Formons $f = \sum_{k=1}^{\infty} \frac{1}{2^k} f_k$. On a $f \in \mu - L_{1,2}$ et $\varphi f \notin \mu - L_1$, d'où la conclusion.

Pour c), on procède de la même manière à partir de l'ex. 1.

3. — Si f est μ-mesurable et n'est pas égal à 0 μ-pp, l'ensemble

$$A = \left\{g \in \mu - L_2 : fg \in \mu - L_1 \quad \text{et} \quad \int fg \, d\mu = 0\right\}$$

est dense dans $\mu - L_2$ si et seulement si $f \notin \mu - L_2$.

Suggestion. Si $f \in \mu - L_2$, A est visiblement fermé dans $\mu - L_2$ car, si $g_m \to g$ dans $\mu - L_2$, $fg_m \to fg$ dans $\mu - L_1$. Si A est dense, il est alors égal à $\mu - L_2$ et, en particulier,

$$\int f\bar{f} \, d\mu = 0.$$

donc $f = 0$ μ-pp.

Inversement, supposons que $f \notin \mu - L_2$.

L'ensemble $L = \{g \in \mu - L_2 : fg \in \mu - L_1\}$ est un sous-espace linéaire dense dans $\mu - L_2$. En effet, soit $e_m = \{x \in Q_m : |f(x)| \leqq m\}$, où les Q_m sont étagés et $Q_m \uparrow \Omega$. Pour tout α étagé, $\alpha f \delta_{e_m} \in \mu - L_1$ et $\alpha\delta_{e_m} \to \alpha$ dans $\mu - L_2$ car $e_m \uparrow \Omega$ μ-pp si $m \to \infty$.

La fonctionnelle linéaire définie dans L par $\mathscr{T}(g) = \int fg \, d\mu$ n'est pas bornée dans L pour la norme induite par $\mu - L_2$. En effet, si elle était bornée, on pourrait la prolonger par une fonctionnelle linéaire bornée dans $\mu - L_2$ donc elle s'écrirait

$$\mathscr{C}(g) = \int f' g \, d\mu, \quad \forall g \in \mu - L_2,$$

avec $f' \in \mu - L_2$. En particulier, on aurait

$$\int f' \alpha \delta_{e_m} d\mu = \int f \alpha \, \delta_{e_m} d\mu, \quad \forall \alpha, \quad \forall m,$$

donc $f\delta_{e_m} = f'\delta_{e_m}$ pour tout m et $f = f'$, ce qui est absurde, puisque $f \notin \mu - L_2$.

Puisque $\mathscr{C}$ n'est pas borné, son ensemble d'annulation A est dense dans L, lui-même dense dans $\mu - L_2$, d'où la conclusion.

4. — Soit $\mathscr{C} \in L_1^*$ tel que $\mathscr{C} \neq 0$. On a

$$\mathscr{C}(f * g) = \mathscr{C}(f)\mathscr{C}(g), \quad \forall f, g \in L_1,$$

si et seulement si il existe $x \in E_n$ tel que

$$\mathscr{C}(f) = \mathscr{F}_x^+ f.$$

Suggestion. La condition est visiblement suffisante. Démontrons qu'elle est nécessaire. On a

$$\mathscr{C}(f) = \int f\varphi \, dx, \quad \forall f \in L_1,$$

où φ est borné pp dans E_n. Il vient alors, si $f, g \in L_1$,

$$\mathscr{C}(f)\mathscr{C}(g) = \int f(x)\varphi(x)\, dx \cdot \int g(y)\varphi(y)\, dy$$

et

$$\mathscr{C}(f * g) = \int \left[\int f(x) g(y-x)\, dx \right] \varphi(y)\, dy,$$

d'où, en égalant les deux membres,

$$\int f(x)\{\varphi(x)\mathscr{C}(g) - \underset{(y)}{\mathscr{C}}[g(y-x)]\}\, dx = 0, \quad \forall f, g \in L_1,$$

et dès lors,

$$\varphi(x)\mathscr{C}(g) = \underset{(y)}{\mathscr{C}}[g(y-x)] \text{ pp}, \quad \forall g \in L_1.$$

La fonction $\underset{(y)}{\mathscr{C}}[g(y-x)]$ est continue. En effet,

$$|\underset{(y)}{\mathscr{C}}[g(y-x)] - \underset{(y)}{\mathscr{C}}[g(y-x')]| \leq C \int |g(y-x) - g(y-x')|\, dy \to 0$$

si $x' \to x$.

Fixons g tel que $\mathscr{C}(g) = 1$. On peut alors substituer à φ la fonction $\varphi'(x) = \underset{(y)}{\mathscr{C}}[g(y-x)]$.

On a $\varphi'(x+y) = \varphi'(x)\varphi'(y)$ quels que soient $x, y \in E_n$. En effet, pour tout x fixé,

$$\varphi'(x+y) = \underset{(u)}{\mathscr{C}}[g(u-x-y)] = \varphi(y)\, \underset{(u)}{\mathscr{C}}[g(u-x)] = \varphi'(y)\varphi'(x) \text{ pp}$$

et, comme les membres extrêmes sont continus, ils sont égaux partout.

Dès lors, (cf. FVR I, ex. 3 p. 476), $\varphi'(y) = e^{i(x,y)}$ pour tout $x \in E_n$, d'où la thèse.

12. — *Les espaces* $\mathbf{M}-L_{1,2,\infty}$ *sont à semi-normes représentables et on a*

$$\pi_\mu^{(1,2,\infty)}(f) = \sup_{\substack{g\in\mu-L_{\infty,2,1}\\ \pi_\mu^{(\infty,2,1)}(g)\leqq 1}} \left|\int fg\,d\mu\right|.$$

Cela résulte immédiatement de a), b) et c) ci-dessus.

13. — La séparabilité du dual de $\mathbf{M}-L_{1,2,\infty}$ est régie par les théorèmes suivants.

a) *Si* $\mathbf{M}\ll\mu$, *l'espace* $\mathbf{M}-L^*_{1,2,\infty,s}$ *est séparable.*

Soient $\mu_i\in\mathbf{M}$ tels que $\mathbf{M}\simeq\{\mu_i\colon i=1,2,\ldots\}$. Les fonctionnelles

$$\mathscr{C}_{i,j}(f) = \int_{I_j} f\,d\mu_i,$$

où I_j, $(j=1,2,\ldots)$, désignent les semi-intervalles rationnels dans Ω, forment alors un ensemble s-total dans $\mathbf{M}-L^*_{1,2,\infty}$, puisque

$$\mathscr{C}_{i,j}(f)=0,\ \forall i,j \Rightarrow f=0\ \mu_i\text{-pp},\ \forall i\Rightarrow f=0\ \mathbf{M}\text{-pp}.$$

b) *Si* $\mathbf{M}$ *est dénombrable,* $\mathbf{M}-L^*_{1,\infty,pc}$ *et* $\mathbf{M}-L^*_{2,b}$ *sont séparables.*

Pour $\mathbf{M}-L^*_{1,\infty,pc}$, cela résulte de I, a), p. 229.

Considérons $\mathbf{M}-L^*_{2,b}$. Pour tout $\mathscr{C}\in\mathbf{M}-L^*_2$, il existe $\mu\in\mathbf{M}$ et $\varphi\in\mu-L_2$ tels que $\mathscr{C}=\mathscr{C}_\varphi$ si on définit $\mathscr{C}_\varphi$ par

$$\mathscr{C}_\varphi(f) = \int \varphi f\,d\mu,\ \ \forall f\in\mathbf{M}-L_2.$$

Dès lors, il suffit de noter qu'il existe une suite α_m de fonctions étagées sur les semi-intervalles rationnels et à coefficients rationnels telles que

$$\|\mathscr{C}_\varphi-\mathscr{C}_{\alpha_m}\|_{\pi_\mu^{(2)}} = \pi_\mu^{(2)}(\varphi-\alpha_m)\to 0$$

quand $m\to\infty$, d'où la conclusion.

14. — Passons à présent à l'étude de $\mathbf{M}-L_{1,2,\infty}$ muni du système de semi-normes affaiblies, qu'on note $\mathbf{M}-L_{1,2,\infty,a}$.

Dans le cas de $\mathbf{M}-L_{\infty,a}$, on n'obtient que peu de résultats. On a intérêt à introduire un système de semi-normes plus faible.

On note $\mathbf{M}-L_{\infty,s}$, l'espace $\mathbf{M}-L_\infty$ muni du système de semi-normes

$$\sup_{i\leqq N}\left|\int f\varphi_i\,d\mu\right|,\quad N=1,2,\ldots,\quad \varphi_i\in\mu-L_1,\ \mu\in\mathbf{M}.$$

Si $\mathbf{M}=\{\mu\}$, il est immédiat qu'on peut assimiler $\mu-L_{\infty,s}$ à $\mu-L^*_{1,s}$.

Le dual de $\mathbf{M}-L_{\infty,s}$ *est l'ensemble des fonctionnelles de la forme*

$$\mathscr{C}(f) \doteq \int \varphi f \, d\mu, \quad \forall f \in \mathbf{M}-L_\infty,$$

avec $\varphi \in \mu - L_1$ *et* $\mu \in \mathbf{M}$.

Cela résulte immédiatement de I, p. 156.

EXERCICES

1. — Etablir que $\mathbf{M}-L_{\infty,s}$ est séparable par semi-norme.

Suggestion. De fait, les semi-normes de $\mathbf{M}-L_{\infty,s}$ sont plus faibles que celles de $\mathbf{M}-L_{\infty,a}$.

2. — Si $\delta_\Omega \in \mathbf{M}-L_1$, établir que tout ensemble absolument convexe de $\mathbf{M}-L_\infty$ fermé dans $\mathbf{M}-L_1$ est fermé dans $\mathbf{M}-L_{\infty,s}$.

Suggestion. Comme $\delta_\Omega \in \mathbf{M}-L_1$, on a

$$\mathbf{M}-L_\infty \subset \mathbf{M}-L_2 \subset \mathbf{M}-L_1;$$

il suffit alors de noter que tout ensemble absolument convexe fermé dans $\mathbf{M}-L_1$ est fermé dans $\mathbf{M}-L_{1,a}$.

15. — Introduisons dans $\mathbf{M}-L_1$ le système de semi-normes

$$\sup_{i \leq N} \left| \int_{e_i} f \, d\mu_i \right|, \qquad (*)$$

où $N=1, 2, \ldots, \mu_i \in \mathbf{M}$, et où les e_i sont boréliens.

a) *Dans tout borné de* $\mathbf{M}-L_1$, *le système de semi-normes de* $\mathbf{M}-L_{1,a}$ *est uniformément équivalent au système de semi-normes* (*).

Toute semi-norme (*) étant une semi-norme de $\mathbf{M}-L_{1,a}$, il suffit d'établir que si B est un borné de $\mathbf{M}-L_1$, si $\mu \in \mathbf{M}$ et si $\varphi \in \mu - L_\infty$, la semi-norme

$$\left| \int \varphi \cdot d\mu \right|$$

est majorée uniformément dans B par une semi-norme (*).

Posons

$$\sup_{f \in B} \pi_\mu^{(1)}(f) = C.$$

Soit $\varepsilon > 0$ fixé. Il existe une fonction étagée sur les ensembles boréliens $\psi = \sum_{(i)} c_i \delta_{e_i}$ telle que $\pi_\mu^{(\infty)}(\varphi - \psi) \leq \varepsilon/(3C)$ (cf. d), p. 80).

Dès lors, il vient, quels que soient $f, g \in B$,

$$\left| \int \varphi (f-g) \, d\mu \right| \leq \left| \int \psi (f-g) \, d\mu \right| + 2\pi_\mu^{(\infty)}(\varphi - \psi) \cdot \sup_{h \in B} \pi_\mu^{(1)}(h)$$

$$\leq C' \sup_i \left| \int_{e_i} (f-g) \, d\mu \right| + 2\varepsilon/3 \leq \varepsilon$$

si

$$\sup_i \left| \int_{e_i} (f-g)\, d\mu \right| \leqq \varepsilon/(3C'),$$

d'où la conclusion.

b) *Un ensemble est borné dans* $\mathbf{M}-L_1$ *si et seulement si il est borné pour les semi-normes* (*).

Une suite converge (resp. *est de Cauchy*) *dans* $\mathbf{M}-L_{1,a}$ *si et seulement si elle converge* (resp. *est de Cauchy*) *pour les semi-normes* (*).

Un ensemble est complet dans $\mathbf{M}-L_{1,a}$ *si et seulement si il est complet pour les semi-normes* (*).

La première assertion découle immédiatement de II, p. 232.

Le cas des suites convergentes s'en déduit par a).

Enfin, les cas des suites de Cauchy et des ensembles complets s'obtiennent par I, c), p. 44.

c) *La suite* f_m *converge vers* f (resp. *est de Cauchy*) *dans* $\mathbf{M}-L_1$ *si et seulement si elle est de Cauchy dans* $\mathbf{M}-L_{1,a}$ *et converge vers* f (resp. *est de Cauchy*) *en* μ*-mesure pour tout* $\mu \in \mathbf{M}$.

La condition nécessaire résulte de II, a), p. 111.

Passons à la condition suffisante.

Si f_m est de Cauchy en μ-mesure pour tout $\mu \in \mathbf{M}$, il existe f_μ tel que f_m tende vers f_μ en μ-mesure.

Si, en outre, f_m est de Cauchy dans $\mathbf{M}-L_{1,a}$, pour tout e borélien, la suite $\int_e f_m \, d\mu$ converge. Dès lors, par le théorème d'absolue continuité uniforme, (cf. II, p. 229), pour tout $\mu \in \mathbf{M}$,

$$\sup_m V(f_m \cdot \mu)(e_k) = \sup_m \int_{e_k} |f_m| \, dV\mu \to 0$$

pour toute suite d'ensembles μ-mesurables $e_k \downarrow \varnothing$ μ-pp.

Par le théorème de Vitali pour la convergence en mesure (cf. II, c), p. 111), on a alors

$$\int |f_m - f_\mu| \, dV\mu \to 0$$

si $m \to \infty$, donc f_m est de Cauchy dans $\mathbf{M}-L_1$.

Si $f_m \to f$ en μ-mesure pour tout $\mu \in \mathbf{M}$, alors, en prenant $f = f_\mu$, on voit que $f_m \to f$ dans $\mathbf{M}-L_1$.

d) *Si* $\mathbf{M} \ll \nu$, *l'espace* $\mathbf{M}-L_1$ *est a-complet.*

Soit f_m une suite de Cauchy dans $\mathbf{M}-L_{1,a}$.

Pour tout $\mu \in \mathbf{M}$ et tout e borélien, la suite $\int_e f_m \, d\mu$ converge. De là, par II, b), p. 234, il existe $f_\mu \in \mu - L_1$ tel que

$$\int_e f_m \, d\mu \to \int_e f_\mu \, d\mu,$$

pour tout e borélien.

Vu b), on a alors

$$\int \varphi f_m \, d\mu \to \int \varphi f_\mu \, d\mu$$

pour tout $\varphi \in \mu - L_\infty$.

Comparons les f_μ. Comme $\mathbf{M} \ll \nu$, chaque μ s'écrit $\mu = J_\mu \cdot \nu$, où J_μ est localement ν-intégrable.

Quels que soient μ et $\mu' \in \mathbf{M}$, on a $f_\mu = f_{\mu'}$ ν-pp dans l'ensemble des x où J_μ et $J_{\mu'}$ diffèrent de 0.

En effet, soit $\mu'' \in \mathbf{M}$ tel que $V\mu, V\mu' \leqq CV\mu''$. Cela implique que $J_\mu, J_{\mu'} \leqq CJ_{\mu''}$. De là, $J_\mu = \varphi J_{\mu''}$, $J_{\mu'} = \varphi' J_{\mu''}$, où $\varphi, \varphi' \in \mu'' - L_\infty$. Or, pour tout e borélien,

$$\int_e f_m J_\mu \, d\nu \to \int_e f_\mu J_\mu \, d\nu$$

et, de même,

$$\int_e f_m J_\mu \, d\nu = \int_e f_m \varphi J_{\mu''} \, d\nu \to \int_e f_{\mu''} \varphi J_{\mu''} \, d\nu = \int_e f_{\mu''} J_\mu \, d\nu,$$

ce qui entraîne, par II, a), p. 143, que $f_\mu = f_{\mu''}$ ν-pp dans l'ensemble des x où $J_\mu \neq 0$. De même, $f_{\mu'} = f_{\mu''}$ ν-pp dans l'ensemble des x où $J_{\mu'} \neq 0$, d'où la relation annoncée.

Cela étant, soient $\mu_i = J_i \cdot \nu \in \mathbf{M}$ tels que

$$\{\mu_i : i = 1, 2, \ldots\} \simeq \mathbf{M}.$$

Posons

$$e_1 = \{x : J_1(x) \neq 0\},$$

$$e_m = \{x : J_i(x) = 0 \ (i < m); \ J_m(x) \neq 0\}, \qquad (m = 2, 3, \ldots),$$

et

$$f(x) = \begin{cases} f_{\mu_i}(x) & \text{si} \quad x \in e_i, \quad (i = 1, 2, \ldots), \\ 0 & \text{sinon}. \end{cases}$$

On a $f = f_\mu$ μ-pp pour tout $\mu \in \mathbf{M}$. En effet, soit μ fixé dans $\mathbf{M}$ et soit

$$e = \{x : J_\mu(x) \neq 0\}.$$

On a $f = f_\mu$ ν-pp dans chaque $e \cap e_i$, puisque, dans $e \cap e_i$, $f = f_i$ et J_μ et $J_i \neq 0$. De là, $f = f_\mu$ μ-pp. En effet,

$$\Omega \setminus \left(\bigcup_{i=1}^{\infty} e_i \cap e \right) \subset (\Omega \setminus e) \cup \left(\Omega \setminus \bigcup_{i=1}^{\infty} e_i \right) \subset (\Omega \setminus e) \cup \left[\bigcap_{i=1}^{\infty} (\Omega \setminus e_i) \right],$$

où $\Omega \setminus e$ est μ-négligeable et $\bigcap_{i=1}^{\infty} (\Omega \setminus e_i)$ μ_i-négligeable pour tout i, donc $\mathbf{M}$-négligeable.

Cela étant, on a $f \in \mu - L_1$ pour tout $\mu \in \mathbf{M}$, donc $f \in \mathbf{M} - L_1$ et

$$\int \varphi f_m \, d\mu \to \int \varphi f \, d\mu, \quad \forall \varphi \in \mu - L_\infty, \quad \forall \mu \in \mathbf{M},$$

donc f_m tend faiblement vers f.

EXERCICE

De c) ci-dessus, déduire le théorème de Schur-Banach (cf. a), p. 32).

Suggestion. Traitons le cas de l_1. Le cas général est analogue. Soit $\vec{x}^{(m)}$ une suite qui converge faiblement vers 0 dans l_1.

Définissons μ dans E_1 par

$$\mu = \sum_{i=1}^{\infty} \delta_i$$

et posons

$$f_m(x) = \sum_{i=1}^{\infty} x_i^{(m)} \delta_i(x).$$

La suite f_m appartient à $\mu - L_1$ et y converge faiblement vers 0. Elle y converge aussi en μ-mesure. En effet, quel que soit N,

$$\mu(\{x : |f_m(x)| \geqq \varepsilon\} \cap [-N, N])$$

est le nombre de points $i \in [-N, N]$ tels que $|x_i^{(m)}| \geqq \varepsilon$. Cette expression tend vers 0 quand $m \to \infty$. D'où la conclusion.

16. — a) *Tout borné de* $\mathbf{M} - L_{\infty, s}$ *est borné dans* $\mathbf{M} - L_\infty$.

Soit B borné dans $\mathbf{M} - L_{\infty, s}$ et soit $\mu \in \mathbf{M}$ fixé.

Pour tout $f \in B$, définissons $\mathscr{C}_f$ par

$$\mathscr{C}_f(g) = \int f g \, d\mu, \quad \forall g \in \mu - L_1.$$

On a $\mathscr{C}_f \in \mu - L_1^*$ pour tout $f \in B$ et $\{\mathscr{C}_f : f \in B\}$ est s-borné dans $\mu - L_1^*$. Comme $\mu - L_1$ est de Banach, $\{\mathscr{C}_f : f \in B\}$ est donc équiborné et

$$\sup_{f \in B} \pi_\mu^{(\infty)}(f) = \sup_{f \in B} \|\mathscr{C}_f\|_{\pi_\mu^{(1)}} < \infty,$$

d'où la conclusion.

b) *Dans tout borné de* $\mathbf{M} - L_{2,\infty}$, *le système de semi-normes de* $\mathbf{M} - L_{2,a}$ (resp. *de* $\mathbf{M} - L_{\infty, s}$) *est uniformément équivalent au système de semi-normes*

$$\sup_{i \leqq N} \left| \int_{I_i} f \, d\mu \right|, \qquad N = 1, 2, \ldots, \qquad \mu \in \mathbf{M}, \tag{**}$$

où I_i, $(i = 1, 2, \ldots)$, *sont les semi-intervalles rationnels dans* Ω.

Il suffit évidemment d'établir que, dans tout borné, le système de semi-normes (**) est uniformément plus fort que l'autre.

Soit μ fixé dans $\mathbf{M}$ et soit B borné dans $\mathbf{M} - L_{2,\infty}$. Déterminons $C > 0$ tel que

$$\sup_{f \in B} \pi_\mu^{(2,\infty)}(f) \leqq C.$$

Pour tout $\varphi \in \mu - L_{2,1}$ et tout $\varepsilon > 0$, il existe α étagé sur les I_i tel que

$$\pi_\mu^{(2,1)}(\varphi - \alpha) \leqq \varepsilon/(4C).$$

Il vient alors, quels que soient $f, g \in B$,

$$\left|\int \varphi(f-g)\,d\mu\right| \leqq \left|\int (\varphi-\alpha)(f-g)\,d\mu\right| + \left|\int \alpha(f-g)\,d\mu\right|$$
$$\leqq \pi_\mu^{(2,1)}(\varphi-\alpha)\cdot\pi_\mu^{(2,\infty)}(f-g) + \left|\int \alpha(f-g)\,d\mu\right|$$
$$\leqq \varepsilon/2 + C' \sup_{i\leqq N}\left|\int_{I_i}(f-g)\,d\mu\right|,$$

pour C' et N assez grands. De là,

$$\sup_{i\leqq N}\left|\int_{I_i}(f-g)\,d\mu\right| \leqq \varepsilon/(2C'),\ f, g\in B \Rightarrow \left|\int \varphi(f-g)\,d\mu\right| \leqq \varepsilon,$$

d'où la conclusion.

c) *Une suite f_m converge vers f* (resp. *est de Cauchy*) *dans* $\mathbf{M}-L_{2,a}$ *ou* $\mathbf{M}-L_{\infty,s}$ *si et seulement si elle y est bornée et converge vers f* (resp. *est de Cauchy*) *pour les semi-normes* (**).

Cela découle immédiatement de b), vu que tout borné de $\mathbf{M}-L_{2,a}$ ou $\mathbf{M}-L_{\infty,s}$ est borné dans $\mathbf{M}-L_2$ ou $\mathbf{M}-L_\infty$ respectivement.

d) *Si* $\mathbf{M}\ll\nu$, $\mathbf{M}-L_{2,a}$ *et* $\mathbf{M}-L_{\infty,s}$ *sont complets.*

Soit f_m une suite de Cauchy dans $\mathbf{M}-L_{2,a}$ ou $\mathbf{M}-L_{\infty,s}$.

Elle appartient visiblement à $\mathbf{M}-L_1^{\mathrm{loc}}$ et y est faiblement de Cauchy. En effet, le dual de $\mathbf{M}-L_1^{\mathrm{loc}}$ est l'ensemble des fonctionnelles de la forme

$$\mathscr{C}(f) = \int \varphi f\,d\mu_K = \int \varphi f\delta_K\,d\mu,\quad \forall f\in\mathbf{M}-L_1^{\mathrm{loc}},$$

où K est compact dans Ω, $\varphi\in\mu-L_\infty$ et $\mu\in\mathbf{M}$, et il est immédiat que $\varphi\delta_K \in\mu-L_1\cap\mu-L_2$.

Vu d), p. 96, la suite f_m converge faiblement dans $\mathbf{M}-L_{1,a}^{\mathrm{loc}}$.

Soit f sa limite. Montrons que $f\in\mathbf{M}-L_{2,\infty}$.

Soit $\mu\in\mathbf{M}$ et soit

$$\mathscr{C}_m(\varphi) = \int \varphi f_m\,d\mu,\quad \forall\varphi\in\mu-L_{2,1}.$$

La suite $\mathscr{C}_m$ est de Cauchy dans $\mu-L_{2,1,s}^*$. Or $\mu-L_{2,1}$ est de Banach, donc son dual est s-complet. La suite $\mathscr{C}_m$ converge donc simplement et sa limite $\mathscr{C}$ s'écrit

$$\mathscr{C}(\varphi) = \int \varphi f_\mu\,d\mu,\quad \forall\varphi\in\mu-L_{2,1},$$

avec $f_\mu\in\mu-L_{2,\infty}$. Or, pour tout I dans Ω,

$$\int_I f\,d\mu = \lim_m \int_I f_m\,d\mu = \mathscr{C}(\delta_I) = \int_I f_\mu\,d\mu,$$

donc $f=f_\mu$ μ-pp et $f\in\mu-L_{2,\infty}$.

Il reste à s'assurer que f_m tend vers f pour les semi-normes de $\mathbf{M}-L_{2,a}$ ou $\mathbf{M}-L_{\infty,s}$, ce qui résulte immédiatement de c).

17. — Passons aux propriétés des compacts dans $\mathbf{M}-L_{1,2,a}$ et $\mathbf{M}-L_{\infty,s}$. Tous les ensembles e considérés dans ce paragraphe sont supposés boréliens.

a) *Si* $\mathbf{M}\ll v$, *dans* $\mathbf{M}-L_{1,2,\infty}$,

$$K \textit{ a-compact} \Leftrightarrow K \textit{ a-extractable}.$$

De plus, dans $\mathbf{M}-L_{\infty,s}$,

$$K \textit{ compact} \Leftrightarrow K \textit{ extractable}.$$

Il suffit de noter que $\mathbf{M}-L^*_{1,2,\infty,s}$ est séparable (cf. a), p. 94) et d'appliquer I, c), p. 97.

Pour $\mathbf{M}-L_{\infty,s}$, on note que son dual est s-séparable, l'ensemble dénombrable s-dense dans $\mathbf{M}-L^*_\infty$ donné en a), p. 94, étant aussi s-dense dans $[\mathbf{M}-L_{\infty,s}]^*$.

b) *Si* $\mathbf{M}\ll v$, *un ensemble* B *borné dans* $\mathbf{M}-L_1$ *est d'adhérence compacte ou extractable dans* $\mathbf{M}-L_{1,a}$ *si et seulement si l'une des deux conditions suivantes est réalisée:*

$$\sup_{f\in B}\int_{e_m}|f|\,dV\mu\to 0 \quad \textit{ou} \quad \sup_{f\in B}\left|\int_{e_m} f\,d\mu\right|\to 0,$$

pour tout $\mu\in\mathbf{M}$ *et toute suite d'ensembles boréliens* $e_m\downarrow\varnothing$.

Si, en outre, B *est a-fermé pour les suites,* B *est alors a-compact et a-extractable.*

A. Etablissons d'abord que si $B\subset\mathbf{M}-L_1$ et $\mu\in\mathbf{M}$, les conditions suivantes sont équivalentes:

$$\sup_{f\in B}\int_{e_m}|f|\,dV\mu\to 0 \quad \text{ou} \quad \sup_{f\in B}\left|\int_{e_m} f\,d\mu\right|\to 0$$

pour toute suite e_m telle que $e_m\downarrow\varnothing$.

La première entraîne trivialement la seconde.

La seconde entraîne la première.

Si la première est fausse, il existe une suite $e_m\downarrow\varnothing$ telle que

$$\sup_{f\in B}\int_{e_m}|f|\,dV\mu\not\to 0.$$

Il existe alors $\varepsilon>0$ et une sous-suite de e_m, que nous continuons à noter e_m, telle que

$$\sup_{f\in B}\int_{e_m}|f|\,dV\mu > 4\varepsilon,\ \forall m.$$

Déterminons de proche en proche $m_k\uparrow\infty$ et $f_k\in B$ de la manière suivante. On choisit $m_1=1$ et $f_1\in B$ tel que

$$\int_{e_1}|f_1|\,dV\mu > 4\varepsilon.$$

Si m_i et f_i, $i<k$, sont fixés, on prend m_k tel que

$$\int_{e_{m_k}} |f_i|\, dV\mu \leqq \varepsilon/2^k, \quad \forall i<k,$$

et $f_k \in B$ tel que

$$\int_{e_{m_k}} |f_k|\, dV\mu > 4\varepsilon.$$

Pour tout k, on détermine alors $e'_{m_k} \subset e_{m_k}$ tel que

$$\Big| \int_{e'_{m_k}} f_k\, d\mu \Big| \geqq \varepsilon.$$

C'est possible, puisque

$$4\varepsilon < \int_{e_{m_k}} |f|\, dV\mu \leqq 4 \sup_{e' \subset e_{m_k}} \Big| \int_{e'} f\, d\mu \Big| .$$

On pose

$$e''_{m_k} = \bigcup_{i=k}^{\infty} e'_{m_i}.$$

Comme $e_{m_k} \downarrow \varnothing$, on a aussi $e''_{m_k} \downarrow \varnothing$. En outre, pour tout k,

$$\Big| \int_{e''_{m_k}} f_k\, d\mu \Big| \geqq \Big| \int_{e'_{m_k}} f_k\, d\mu \Big| - \sum_{i=k}^{\infty} \Big| \int_{e'_{m_{i+1}} \setminus \bigcup_{j=k}^{i} e'_{m_j}} f_k\, d\mu \Big|$$

$$\geqq \varepsilon - \sum_{i=k}^{\infty} \int_{e_{m_{i+1}}} |f_k|\, dV\mu \geqq \varepsilon - \sum_{i=k}^{\infty} \varepsilon/2^{i+1} \geqq \varepsilon/2,$$

d'où une contradiction.

B. Supposons à présent $\overline{B}^a$ a-extractable dans $\mathbf{M}-L_1$ et prouvons que

$$\sup_{f \in B} \int_{e_m} |f|\, dV\mu \to 0, \quad \forall \mu \in \mathbf{M},$$

si $e_m \downarrow \varnothing$.

Si ce n'est pas le cas, il existe $\mu \in \mathbf{M}$, $\varepsilon > 0$ et $e_m \downarrow \varnothing$ tels que

$$\sup_{f \in B} \int_{e_m} |f|\, dV\mu > \varepsilon.$$

Il existe alors $f_m \in B$ tels que

$$\int_{e_m} |f_m|\, dV\mu \geqq \varepsilon, \quad \forall m, \tag{*}$$

et, de la suite f_m, on peut extraire une sous-suite f_{m_k} faiblement convergente.

Pour tout k, comme $f_{m_k} \in \mu - L_1$,

$$V(f_{m_k} \cdot \mu)(e_i) = \int_{e_i} |f_{m_k}| \, dV\mu \to 0$$

quand $i \to \infty$. De là, par le théorème d'absolue continuité uniforme (II, p. 229),

$$\sup_k \int_{e_m} |f_{m_k}| \, dV\mu \to 0$$

si $m \to \infty$, ce qui est absurde, vu (*).

C. Inversement, soit B borné et tel que

$$\sup_{f \in B} \int_{e_m} |f| \, dV\mu \to 0$$

quand $e_m \downarrow \emptyset$.

Pour tout e,

$$\mathscr{C}_e(f) = \int_e f \, d\mu, \quad \forall f \in \mathbf{M} - L_1,$$

est une fonctionnelle linéaire bornée dans $\mathbf{M} - L_1$, donc

$$\sup_{f \in \bar{B}^a} \left| \int_e f \, d\mu \right| = \sup_{f \in B} \left| \int_e f \, d\mu \right|.$$

Dès lors,

$$\sup_{f \in \bar{B}^a} \left| \int_{e_m} f \, d\mu \right| \to 0$$

si $e_m \downarrow \emptyset$ et, vu A,

$$\sup_{f \in \bar{B}^a} \int_{e_m} |f| \, dV\mu \to 0$$

si $e_m \downarrow \emptyset$. On peut donc substituer $\bar{B}^a$ à B, ou supposer B fermé dans $\mathbf{M} - L_{1,a}$.

Démontrons que B est a-extractable. Par a), il est alors a-compact.

C'est vrai si $\mathbf{M}$ est dénombrable. Supposons que $\mathbf{M} = \{\mu_i \colon i = 1, 2, \ldots\}$.

Il suffit, dans ce cas, d'établir que les semi-normes de $\mathbf{M} - L_{1,a}$ sont uniformément équivalentes dans B aux semi-normes

$$\sup_{i, j \leq N} \left| \int_{I_i} f \, d\mu_j \right|, \qquad N = 1, 2, \ldots, \tag{**}$$

où I_i, $(i = 1, 2, \ldots)$, sont les semi-intervalles rationnels dans Ω.

En effet, B est précompact dans $\mathbf{M} - L_{1,a}$. Vu d), p. 96, il y est en outre complet. Si les semi-normes de $\mathbf{M} - L_{1,a}$ y sont uniformément équivalentes à des semi-normes dénombrables, il est alors compact et extractable.

On sait déjà que, dans B, les semi-normes de $\mathbf{M} - L_{1,a}$ sont uniformément équivalentes aux semi-normes

$$\sup_{i, j \leq N} \left| \int_{e_i} f \, d\mu_j \right|, \qquad N = 1, 2, \ldots, \quad e_i \text{ borélien},$$

vu a), p. 95.

Soient e et j fixés et soit $\delta_{Q_m} \to \delta_e$ μ_j-pp, où Q_m est étagé sur les I_i. Quitte à substituer à e l'intersection des $\bigcup_{m=N}^{\infty} Q_m$, qui lui est égale μ_j-pp, on a

$$\bigcup_{m=N}^{\infty} Q_m \downarrow e$$

si $N \to \infty$ et

$$\bigcup_{m=N}^{N'} Q_m \uparrow \bigcup_{m=N}^{\infty} Q_m$$

si $N' \to \infty$. Il existe donc N tel que

$$\sup_{f \in B} \int_{\bigcup_{m=N}^{\infty} Q_m \setminus e} |f| \, dV\mu_j \leqq \varepsilon/8,$$

et, pour cet N, il existe N' tel que

$$\sup_{f \in B} \int_{\bigcup_{m=N}^{\infty} Q_m \setminus \left(\bigcup_{p=N}^{N'} Q_p\right)} |f| \, dV\mu_j \leqq \varepsilon/8.$$

Comme

$$\delta_e = \delta_{\bigcup_{m=N}^{\infty} Q_m \setminus \bigcup_{p=N}^{N'} Q_p} + \delta_{\bigcup_{m=N}^{N'} Q_m} - \delta_{\bigcup_{m=N}^{\infty} Q_m \setminus e},$$

on en déduit que

$$\left| \int_e (f-f') \, d\mu_j \right| \leqq \left| \int_{\bigcup_{m=N}^{N'} Q_m} (f-f') \, d\mu_j \right| + \varepsilon/2, \quad \forall f, f' \in B,$$

et, si $\bigcup_{m=N}^{N'} Q_m$ se partitionne en $I_{\nu_1}, \ldots, I_{\nu_p}$, $(\nu_1, \ldots, \nu_p \leqq N'')$,

$$\sup_{i \leqq N''} \left| \int_{I_i} (f-f') \, d\mu_j \right| \leqq \varepsilon/(2N''), \quad f, f' \in B \Rightarrow \left| \int_e (f-f') \, d\mu_j \right| \leqq \varepsilon,$$

ce qui fournit l'équivalence annoncée.

Soit enfin $\mathbf{M} \ll \nu$.

Il existe $\mu_i \in \mathbf{M}$, $(i=1, 2, \ldots)$, tels que $\mathbf{M}' = \{\mu_i : i=1, 2, \ldots\} \simeq \mathbf{M}$.

Toute suite $f_m \in B$ de Cauchy dans $\mathbf{M}' - L_{1,a}$ est de Cauchy dans $\mathbf{M} - L_{1,a}$. En effet, si ce n'est pas le cas, il existe $\mu \in \mathbf{M}$, $\varphi \in \mu - L_\infty$, $\varepsilon > 0$ et $r_m, s_m \uparrow \infty$ tels que

$$\left| \int \varphi (f_{r_m} - f_{s_m}) \, d\mu \right| \geqq \varepsilon, \quad \forall m. \tag{***}$$

Soient $\mu_i' \in \mathbf{M}$ tels que $V\mu_i, V\mu \leqq C_i V\mu_i'$ pour tout i et soit $\mathbf{M}'' = \{\mu_i' : i=1, 2, \ldots\}$. De $f_{r_m} - f_{s_m}$, on peut extraire une sous-suite qui converge dans $\mathbf{M}'' - L_{1,a}$. Soit f sa limite. Comme $f_{r_m} - f_{s_m} \to 0$ dans $\mathbf{M}' - L_{1,a}$, on a $f=0$ $\mathbf{M}'$-pp, donc $\mathbf{M}$-pp, ce qui contredit (***).

Cela étant, soit f_m une suite arbitraire de B. On peut en extraire une suite de Cauchy dans $\mathbf{M}'-L_{1,a}$, donc dans $\mathbf{M}-L_{1,a}$. Comme $\mathbf{M}-L_{1,a}$ est complet, elle est a-convergente et, comme B est a-fermé, sa limite appartient à B, d'où la thèse.

D. Supposons enfin que B satisfasse aux conditions de l'énoncé et soit a-fermé pour les suites. Son adhérence dans $\mathbf{M}-L_{1,a}$ étant a-extractable, B est a-extractable, donc a-compact.

c) *Dans l'énoncé* b), *on peut remplacer l'hypothèse «B borné» par la condition*

$$\sup_{f\in B} |f(x)| \leqq C(x),$$

pour tout x tel que $v(\{x\})\neq 0$.

Notons d'abord que, pour tout $\mu\in\mathbf{M}$ et tout $\varepsilon>0$, il existe $\eta>0$ tel que

$$V\mu(e) \leqq \eta \Rightarrow \sup_{f\in B} \int_e |f|\, dV\mu \leqq \varepsilon.$$

Si ce n'est pas le cas, il existe une suite de boréliens e_m tels que $V\mu(e_m)\leqq 2^{-m}$ et tels que

$$\sup_{f\in B} \int_{e_m} |f|\, dV\mu > \varepsilon.$$

Posons

$$e'_m = \bigcup_{k=m}^{\infty} e_k.$$

On a

$$V\mu(e'_m) \leqq \sum_{k=m}^{\infty} V\mu(e_k) \leqq 2^{-m+1},$$

donc $e'_m\downarrow\emptyset$ μ-pp. On peut modifier les e'_m μ-pp de façon que $e'_m\downarrow\emptyset$.

On a alors

$$\sup_{f\in B} \int_{e'_m} |f|\, dV\mu\to 0$$

si $m\to\infty$, ce qui est absurde.

Cela étant, soit μ fixé dans $\mathbf{M}$. Si $Q_m\uparrow\Omega$, on a

$$\sup_{f\in B} \int_{\Omega\setminus Q_m} |f|\, dV\mu \leqq 1$$

pour m assez grand. Pour cet m, soient x_i, $(i=1, 2, \ldots)$, les points de Q_m de $V\mu$-mesure non nulle. On a $\{x_i\colon i\geqq M\}\downarrow\emptyset$ si $M\to\infty$, donc, pour M assez grand,

$$\sup_{f\in B} \int_{\{x_i: i\geqq M\}} |f|\, dV\mu \leqq 1.$$

Comme la restriction de μ à $Q_m \setminus \{x_i: i=1, 2, \ldots\}$ est une mesure diffuse, pour tout $\eta > 0$ fixé, il existe une partition finie de $Q_m \setminus \{x_i: i=1, 2, \ldots\}$ en ensembles $e_1, \ldots, e_p$ tels que $V\mu(e_i) \leqq \eta$, $(i=1, \ldots, p)$.

Pour η assez petit, on a

$$\sup_{f \in B} \int_{e_i} |f| \, dV\mu \leqq 1, \quad \forall i \leqq p.$$

Au total, il vient

$$\int |f| \, dV\mu \leqq \int_{\Omega \setminus Q_m} |f| \, dV\mu + \int_{\{x_i : i \geqq M\}} |f| \, dV\mu + \sum_{i=1}^{p} \int_{e_i} |f| \, dV\mu + \sum_{j=1}^{M-1} |f(x_j)|$$

$$\leqq p + 2 + \sum_{j=1}^{M-1} \sup_{f \in B} |f(x_j)|,$$

pour tout $f \in B$, d'où la conclusion.

d) *Si* $\mathbf{M} \ll \nu$, *dans* $\mathbf{M}-L_{2,a}$ *et* $\mathbf{M}-L_{\infty,s}$, *tout borné fermé pour les suites est compact et extractable.*

De plus, le système de semi-normes de $\mathbf{M}-L_{2,a}$ (resp. $\mathbf{M}-L_{\infty,s}$) *y est uniformément équivalent à un système dénombrable de semi-normes.*

Soit B un tel ensemble. Il est contenu dans $\mathbf{M}-L_1^{\text{loc}}$ et borné dans cet espace car si $f \in \mathbf{M}-L_{2,\infty}$, pour tout compact K contenu dans Ω,

$$\int_K |f| \, dV\mu \leqq \sqrt{V\mu(K)} \cdot \pi_\mu^{(2)}(f) \quad \text{ou} \quad V\mu(K) \cdot \pi_\mu^{(\infty)}(f). \qquad (*)$$

Soit $\overline{\langle B \rangle}^a$ l'enveloppe absolument convexe fermée de B dans $\mathbf{M}-L_{1,a}^{\text{loc}}$. Vu b), p. 100, elle est compacte et extractable dans cet espace car, pour tout $\mu \in \mathbf{M}$, toute suite $e_m \downarrow \varnothing$ et tout compact $K \subset \Omega$, on a

$$\sup_{f \in \overline{\langle B \rangle}^a} \int_{e_m \cap K} |f| \, dV\mu = \sup_{f \in B} \int_{e_m \cap K} |f| \, dV\mu \to 0,$$

par la même majoration qu'en (*). Dès lors, si μ_i est une suite d'éléments de $\mathbf{M}$ telle que $\mathbf{M} \simeq \{\mu_i: i=1, 2, \ldots\}$ et si I_j, $j=1, 2, \ldots$, sont les semi-intervalles rationnels dans Ω, le système dénombrable de semi-normes

$$\pi_N(f) = \sup_{i,j \leqq N} \left| \int_{I_i} f \, d\mu_j \right|, \qquad N=1,2,\ldots, \qquad (**)$$

est équivalent et même uniformément équivalent à celui de $\mathbf{M}-L_{1,a}^{\text{loc}}$ dans $\overline{\langle B \rangle}^a$, vu I, a), p. 94.

Vu b), p. 98, le système de semi-normes (**) est uniformément équivalent dans B à celui de $\mathbf{M}-L_{2,a}$ ou $\mathbf{M}-L_{\infty,s}$ respectivement.

L'ensemble B est précompact et complet dans $\mathbf{M}-L_{2,a}$ (resp. $\mathbf{M}-L_{\infty,s}$), donc il est précompact et complet pour les π_n. Il est alors compact et extractable pour les π_n, donc aussi pour les semi-normes de $\mathbf{M}-L_{2,a}$ (resp. $\mathbf{M}-L_{\infty,s}$).

e) *Si* $\mathbf{M} \ll \nu$ *et si* B *est tel que son adhérence dans* $\mathbf{M}-L_{1,2,a}$ *ou* $\mathbf{M}-L_{\infty,s}$ *soit a-compacte et a-extractable, il en est de même pour* $\langle B \rangle$ *et pour*

$$\{\bar{f}:f\in B\},\quad \{|f|:f\in B\},$$
$$\{\mathscr{R}f:f\in B\},\quad \{(\mathscr{R}f)_{\pm}:f\in B\},$$
$$\{\mathscr{I}f:f\in B\},\quad \{(\mathscr{I}f)_{\pm}:f\in B\}.$$

Pour $\mathbf{M}-L_{2,a}$ et $\mathbf{M}-L_{\infty,s}$, c'est trivial.

Pour $\mathbf{M}-L_{1,a}$, comme

$$|\bar{f}|,\quad |\mathscr{R}f|,\quad |\mathscr{I}f|,\quad (\mathscr{R}f)_{\pm},\quad (\mathscr{I}f)_{\pm} \leqq |f|,$$

si B' désigne un quelconque des ensembles associés à B, on a

$$\sup_{f\in B'} \int_e |f|\, dV\mu \leqq \sup_{f\in B} \int_e |f|\, dV\mu$$

pour tout borélien e. Il suffit alors d'appliquer b), p. 100.

f) *Si* $\mathbf{M} \ll \nu$ *et si* K *est compact dans* $\mathbf{M}-L_{1,2,a}$ *ou* $\mathbf{M}-L_{\infty,s}$, *il en est de même pour*

$$\{\bar{f}:f\in K\},\quad \{\mathscr{R}f:f\in K\} \quad \textit{et} \quad \{\mathscr{I}f:f\in K\}.$$

Vu e), il suffit de vérifier que ces ensembles sont fermés pour les suites dans l'espace correspondant.

Traitons par exemple le cas de $\{\bar{f}:f\in K\}$. Les deux autres sont analogues.

Soit $f_m\in K$ tel que $\bar{f}_m \to g$ dans $\mathbf{M}-L_{1,2,a}$ ou $\mathbf{M}-L_{\infty,s}$. De f_m, on peut extraire une sous-suite f_{m_k} qui converge vers $f\in K$ dans $\mathbf{M}-L_{1,2,a}$ ou $\mathbf{M}-L_{\infty,s}$:

$$\int_e f_{m_k}\, d\mu \to \int_e f\, d\mu$$

pour tout $\mu\in\mathbf{M}$ et tout e borélien borné. On peut toujours supposer $\mu \geqq 0$ pour tout $\mu\in\mathbf{M}$. Il vient alors

$$\int_e g\, d\mu = \lim_k \int_e \bar{f}_{m_k}\, d\mu = \int_e \bar{f}\, d\mu,$$

donc $g=\bar{f}$ $\mathbf{M}$-pp.

EXERCICES

1. — Si $\mathbf{M} \ll \nu$ et si $F\in\mathbf{M}-L_{1,2,\infty}$, établir que

$$B_F = \{f\in\mathbf{M}-L_{1,2,\infty} : |f| \leqq |F| \text{ } \mathbf{M}\text{-pp}\}$$

est compact et extractable dans $\mathbf{M}-L_{1,2,a}$ et $\mathbf{M}-L_{\infty,s}$ respectivement.

Suggestion. L'ensemble B_F est évidemment borné dans l'espace correspondant.

De plus, il y est fermé pour les suites. De fait, si $f_m\in B_F$ converge vers f dans $\mathbf{M}-L_{1,2,a}$ ou $\mathbf{M}-L_{\infty,s}$,

$$e = \{x : |f(x)| > |F(x)|\}$$

est **M**-négligeable, sinon il existe $e' \subset e$ non **M**-négligeable, borné et tel que $\overline{e'} \subset \Omega$. On a alors $\delta_{e'} \in \mathbf{M}-L_1$ et $\mathbf{M}-L_2$ et il existe $\mu \in \mathbf{M}$ tel que $V\mu(e') > 0$. De là,

$$\int_{e'} |f_m|\, dV\mu \leqq \int_{e'} |F|\, dV\mu < \int_{e'} |f|\, dV\mu, \quad \forall m,$$

d'où une contradiction car la suite de mesures $f_m \delta_{e'} \cdot \mu$ converge faiblement vers $f \cdot \mu$ (cf. II, a), p. 233).

Vu d), p. 105, B_F est donc compact et extractable dans $\mathbf{M}-L_{2,a}$ et $\mathbf{M}-L_{\infty,s}$.

Vu b), p. 100, il l'est aussi dans $\mathbf{M}-L_{1,a}$ car

$$\sup_{f \in B_F} \int_{e_m} |f|\, dV\mu \leqq \int_{e_m} |F|\, dV\mu \to 0$$

pour toute suite de boréliens e_m tels que $e_m \downarrow \varnothing$.

2. — Si $\mathbf{M} \ll \nu$ et si $F_1, F_2 \in \mathbf{M}-L_{1,2,\infty}$ sont réels, établir que

$$B = \{f \in \mathbf{M}-L_{1,2,\infty} : F_1 \leqq f \leqq F_2 \ \mathbf{M}\text{-pp}\}$$

est compact et extractable dans $\mathbf{M}-L_{1,2,a}$ et $\mathbf{M}-L_{\infty,s}$ respectivement.

Suggestion. Vu l'ex. 1, il suffit que B soit fermé dans l'espace considéré.

Si, par exemple, f_0 n'est pas majoré par F_2 **M**-pp, il existe $\mu \in \mathbf{M}$ et e tel que $\delta_e \in \mu - L_1 \cap \mu - L_2$ pour lesquels $f_0 > F_2$ μ-pp dans e. Il vient alors, pour tout $f \in B$,

$$\left| \int_e (f_0 - f)\, dV\mu \right| \geqq \int_e (f_0 - F_2)\, dV\mu > 0,$$

d'où la conclusion.

3. — Etablir directement que, si f_m est une suite de fonctions μ-mesurables dont le module est majoré μ-pp par $F \in \mu - L_{1,2,\infty}$, il existe f μ-mesurable tel que $|f| \leqq F$ μ-pp et une sous-suite $f_{m'}$ de f_m qui converge vers f dans $\mu - L_{1,2,a}$ et $\mu - L_{\infty,s}$ respectivement.

Suggestion. Soient I_i les semi-intervalles rationnels dans Ω.

La suite

$$\int_{I_1} f_m\, d\mu$$

est bornée par

$$\int_{I_1} F\, dV\mu, \quad C\sqrt{V\mu(I_1)} \quad \text{ou} \quad C\, V\mu(I_1).$$

On peut donc en extraire une sous-suite convergente. De cette sous-suite, on peut extraire une nouvelle sous-suite, soit $f_{m'}$, telle que

$$\int_{I_2} f_{m'}\, d\mu$$

converge. Et ainsi de suite.

Par une extraction diagonale, on obtient alors une sous-suite f_{m_k} de f_m telle que

$$\int_{I_i} f_{m_k}\, d\mu$$

converge pour tout i.

Supposons que $F \in \mu - L_{2,\infty}$. Pour tout $\varphi \in \mu - L_{2,1}$, il existe α étagé sur les I_i tel que

$$\int |\varphi - \alpha| F \, dV\mu \leqq \pi_\mu^{(2,\infty)}(F) \cdot \pi_\mu^{(2,1)}(\varphi - \alpha) \leqq \varepsilon/3.$$

Il vient alors

$$\left| \int \varphi (f_{m_r} - f_{m_s}) \, d\mu \right| \leqq 2 \int |\varphi - \alpha| F \, dV\mu + \left| \int \alpha (f_{m_r} - f_{m_s}) \, d\mu \right| \leqq \varepsilon$$

pour inf (r, s) assez grand. Donc la suite f_{m_k} est de Cauchy dans $\mu - L_{2,a}$ et $\mu - L_{\infty,s}$ respectivement. Comme cet espace est complet, elle converge vers $f \in \mu - L_{2,\infty}$. Il reste à vérifier que $|f| \leqq F$ μ-pp, ce qui se fait comme dans l'ex. 1.

Supposons que $F \in \mu - L_1$. Pour tout $\varphi \in \mu - L_\infty$, il existe α_m étagés sur les I_i et $C > 0$ tels que $\alpha_m \to \varphi$ μ-pp et $|\alpha_m| \leqq C$. Par le théorème de Lebesgue, on a alors

$$\int |\varphi - \alpha_m| F \, dV\mu \to 0$$

si $m \to \infty$ et il existe α tel que

$$\int |\varphi - \alpha| F \, dV\mu \leqq \varepsilon/3.$$

On poursuit alors la démonstration comme ci-dessus.

4. — Si $\delta_\Omega \in \mathbf{M} - L_1$, tout compact de $\mathbf{M} - L_{\infty,s}$ est compact dans $\mathbf{M} - L_{1,2,a}$.

Suggestion. Si $\delta_\Omega \in \mathbf{M} - L_1$, on a $\mathbf{M} - L_\infty \subset \mathbf{M} - L_2 \subset \mathbf{M} - L_1$ et, pour tout $\mu \in \mathbf{M}$,

$$\pi_\mu^{(1,2)}(f) \leqq \pi_\mu^{(1,2)}(\delta_\Omega) \cdot \pi_\mu^{(\infty)}(f), \quad \forall f \in \mathbf{M} - L_\infty.$$

De plus, comme $\mu - L_\infty \subset \mu - L_2 \subset \mu - L_1$ pour tout $\mu \in \mathbf{M}$, les semi-normes de $\mathbf{M} - L_{1,2,a}$ sont plus faibles dans $\mathbf{M} - L_\infty$ que celles de $\mathbf{M} - L_{\infty,s}$.

5. — Soit $\mathbf{M} \ll \nu$. Si la suite f_m est bornée dans $\mathbf{M} - L_\infty$ et tend vers f_0 en μ-mesure pour tout $\mu \in \mathbf{M}$, alors

$$\sup_{g \in K} \int |g f_m| \, dV\mu \to 0$$

quand $m \to \infty$, quels que soient $\mu \in \mathbf{M}$ et K compact dans $\mathbf{M} - L_{1,a}$.

Suggestion. On peut sans restriction supposer que $f_0 = 0$.
Soient $\mu \in \mathbf{M}$ et $\varepsilon > 0$ fixés. Posons

$$\sup_m \pi_\mu^{(\infty)}(f_m) = C \quad \text{et} \quad \sup_{g \in K} \pi_\mu^{(1)}(g) = C'.$$

Si les Q_m sont étagés et tels que $Q_m \uparrow \Omega$, il existe M tel que

$$\sup_{g \in K} \int_{\Omega \setminus Q_M} |g| \, dV\mu \leqq \varepsilon/(3C).$$

De plus, il existe $\eta > 0$ tel que

$$V\mu(e) \leqq \eta \Rightarrow \sup_{g \in K} \int_e |g| \, dV\mu \leqq \varepsilon/(3C).$$

Dès lors, si on pose

$$e_m = \{x : |f_m(x)| \geqq \varepsilon/(3C')\} \cap Q_M,$$

comme $V\mu(e_m) \to 0$, il existe M' tel que

$$\sup_{g \in K} \int_{e_m} |g| \, dV\mu \leqq \varepsilon/(3C), \quad \forall m \geqq M'.$$

Dès lors, pour $m \geqq M'$, il vient

$$\sup_{g \in K} \int |gf_m|\, dV\mu$$

$$\leqq C \sup_{g \in K} \int_{\Omega \setminus Q_M} |g|\, dV\mu + \frac{\varepsilon}{3C'} \sup_{g \in K} \int_{Q_M \setminus e_m} |g|\, dV\mu + C \sup_{g \in K} \int_{e_m} |g|\, dV\mu$$

$$\leqq \frac{\varepsilon}{3} + \frac{\varepsilon}{3C'} \sup_{g \in K} \int |g|\, dV\mu + \frac{\varepsilon}{3} \leqq \varepsilon,$$

d'où la conclusion.

6. — Si K est un compact convexe de E_N, établir que

$$\mathscr{K}_K = \{(f_1, \ldots, f_N) : f_i \in \mu - L_\infty,\ (i = 1, \ldots, N);\ (f_1(x), \ldots, f_N(x)) \in K\ \mu\text{-pp}\}$$

est convexe, compact et extractable dans $E = \prod_{i=1}^{N} \mu - L_{\infty, s}$.

Suggestion. Il est trivial que $\mathscr{K}_K$ est convexe.

En outre, si $K \subset [a_1, b_1] \times \ldots \times [a_N, b_N]$, on a

$$\mathscr{K}_K \subset \prod_{i=1}^{N} \{f \in \mu - L_\infty : f(x) \in [a_i, b_i]\ \mu\text{-pp}\},$$

où le second membre est compact et extractable dans E, vu I, g), p. 138 et l'ex. 2, p. 107.

Il suffit donc de prouver que $\mathscr{K}_K$ est fermé dans E.

Désignons par $\vec{f}$ les éléments de E.

Comme K est compact et convexe dans E_N, on a

$$K = \bigcap_{|e|=1} \{y : (y, e) \leqq C_e\},$$

où $C_e = \sup_{z \in K} (z, e)$, et même

$$K = \bigcap_{i=1}^{\infty} \{y : (y, e^{(i)}) \leqq C_{e^{(i)}}\},$$

si $\{e^{(i)} : i = 1, 2, \ldots\}$ est dense dans $\{e : |e| = 1\}$. De là,

$$\mathscr{K}_K = \bigcap_{i=1}^{\infty} F_{e^{(i)}}, \quad \text{où} \quad F_e = \{\vec{f} \in E : (\vec{f}(x), e) \leqq C_e\ \mu\text{-pp}\}.$$

Chaque F_e est fermé dans E. En effet, si $\vec{f}^{(0)} \notin F_e$, il existe $\mathscr{E}$ μ-intégrable et non μ-négligeable tel que $(\vec{f}^{(0)}(x), e) > C_e$ dans $\mathscr{E}$. On a alors, pour tout $\vec{f} \in F_e$,

$$\left| \sum_{i=1}^{N} e_i \int_{\mathscr{E}} (f_i^{(0)} - f_i)\, dV\mu \right| \geqq \int_{\mathscr{E}} [(\vec{f}^{(0)}, e) - C_e]\, dV\mu > 0,$$

où

$$\pi(\vec{f}) = \left| \sum_{i=1}^{N} e_i \int_{\mathscr{E}} f_i\, dV\mu \right|$$

est une semi-norme de E, d'où la conclusion.

7. — De l'ex. 6, déduire que si μ est une mesure dans Ω et si K est un compact convexe de E_N, alors

$$K' = \left\{ \int M\vec{f}\, d\mu : \vec{f} \in \mathscr{K}_K \right\}$$

est un compact convexe de E_M si M représente un tableau à M lignes et N colonnes, dont toutes les composantes appartiennent à $\mu - L_1$.

On comparera ce résultat avec II, c), p. 217.

Suggestion. L'opérateur T défini de E dans E_M par

$$T\vec{f} = \int M\vec{f}\,d\mu, \quad \forall \vec{f} \in E,$$

est visiblement borné et $\mathscr{K}_K$ est un compact convexe de E, donc son image par T est un compact convexe de E_M.

*

* *

1. — Si $V\mu(\Omega) < \infty$, tout sous-espace linéaire L de $\mu - L_\infty$ tel que

$$\|f\|_{\mu - L_\infty} \leqq C\|f\|_{\mu - L_{1,2}}, \quad \forall f \in L,$$

est de dimension finie.

Suggestion. Notons d'abord que les énoncés sont équivalents. De fait, si

$$\|f\|_{\mu - L_\infty} \leqq C\|f\|_{\mu - L_1},$$

on a

$$\|f\|_{\mu - L_\infty} \leqq C\sqrt{V\mu(\Omega)}\,\|f\|_{\mu - L_2}$$

et, inversement, si

$$\|f\|_{\mu - L_\infty} \leqq C'\|f\|_{\mu - L_2},$$

on a

$$\|f\|_{\mu - L_\infty} \leqq C'(\|f\|_{\mu - L_\infty}\|f\|_{\mu - L_1})^{1/2},$$

soit

$$\|f\|_{\mu - L_\infty} \leqq C'^2\|f\|_{\mu - L_1}.$$

Traitons à présent le cas de $\mu - L_1$.

Comme L est séparable dans $\mu - L_1$, il est séparable dans $\mu - L_\infty$, donc, vu II, p. 44, il existe $\mathscr{C}_x \in \mu - L_\infty^*$ tel que

$$\mathscr{C}_x(f) = f(x) \quad \mu\text{-pp}, \quad \forall f \in L,$$

et

$$|\mathscr{C}_x(f)| \leqq \|f\|_{\mu - L_\infty} \leqq C\|f\|_{\mu - L_1}, \quad \forall f \in L, \quad \forall x \in \Omega. \tag{*}$$

Soit B la boule unité de L muni de la norme de $\mu - L_\infty$. Vu l'ex. 1, p. 106, $\bar{B}^a$ est a-extractable dans $\mu - L_1$. De toute suite $f_m \in B$, on peut donc extraire une sous-suite f_{m_k} telle que $\mathscr{C}_x(f_{m_k})$ converge pour tout x. La suite f_{m_k} converge donc μ-pp et, en vertu du théorème de Lebesgue, elle est de Cauchy pour la norme de $\mu - L_1$, donc pour celle de $\mu - L_\infty$. Dès lors, par I, p. 74, B est précompact dans L. Vu I, p. 79, L est donc de dimension finie.

* Donnons enfin une démonstration du second cas qui fait appel à la théorie des espaces de Hilbert.

Si les $e_i \in L$, $(i = 1, \ldots, N)$, sont orthonormés dans $\mu - L_2$, c'est-à-dire si

$$\int e_i \overline{e_j}\,dV\mu = \delta_{ij}, \quad \forall i, j \leqq N,$$

on a

$$\left|\sum_{i=1}^{N} e_i(x)\right| \leqq C\sqrt{N} \quad \mu\text{-pp},$$

d'où

$$N^2 = \int \left|\sum_{i=1}^{N} e_i(x)\right|^2 dV\mu \leqq C^2 N\,V\mu(\Omega),$$

d'où $N \leqq C^2 V\mu(\Omega)$.

2. — Si $V\mu(\Omega)<\infty$, établir que tout sous-espace linéaire L fermé à la fois dans $\mu-L_\infty$ et $\mu-L_1$ (resp. $\mu-L_\infty$ et $\mu-L_2$) est de dimension finie.

Suggestion. Pour les deux normes induites, L est un espace de Banach. De plus, on a

$$\|f\|_{\mu-L_{1,2}} \leqq C\|f\|_{\mu-L_\infty}, \quad \forall f\in L.$$

Par I, p. 421, on obtient alors

$$\|f\|_{\mu-L_\infty} \leqq C'\|f\|_{\mu-L_{1,2}}, \quad \forall f\in L,$$

et, par l'ex. 1, L est de dimension finie.

18. — Théorème de N. Dunford-B. J. Pettis

Soit E séparable par semi-norme.

Toute fonctionnelle bilinéaire bornée $\mathscr{B}$ de E, $\mathbf{M}-L_1$ dans $\mathbf{C}$ telle que

$$|\mathscr{B}(f,\varphi)| \leqq Cp(f)\pi_\mu^{(1)}(\varphi), \quad \forall f\in E, \quad \forall \varphi\in \mathbf{M}-L_1,$$

s'écrit

$$\mathscr{B}(f,\varphi) = \int \mathscr{C}_x(f)\varphi(x)\,d\mu, \quad \forall f\in E, \quad \forall\varphi\in\mathbf{M}-L_1,$$

où

— $\mathscr{C}_x\in Cb_p^\triangle$ μ-pp,

— $\mathscr{C}_x(f)\in\mu-L_\infty$, $\forall f\in E$,

— $\sup\limits_{\substack{\mu\text{-pp}\\ x\in\Omega}}\|\mathscr{C}_x\|_p = \sup\limits_{\pi_\mu^{(1)}(\varphi)\leqq 1}\ \sup\limits_{p(f)\leqq 1}|\mathscr{B}(f,\varphi)|$.

Voici une forme équivalente de cet énoncé.

Soit E séparable par semi-norme.

Tout opérateur linéaire borné T de E dans $\mu-L_\infty$ tel que

$$\pi_\mu^{(\infty)}(Tf) \leqq Cp(f), \quad \forall f\in E,$$

s'écrit

$$(Tf)(x) = \mathscr{C}_x(f)\ \mu\text{-pp}, \quad \forall f\in E,$$

où

— $\mathscr{C}_x\in Cb_p^\triangle$ μ-pp,

— $\mathscr{C}_x(f)\in\mu-L_\infty$, $\forall f\in E$,

— $\sup\limits_{\substack{\mu\text{-pp}\\ x\in\Omega}}\|\mathscr{C}_x\|_p = \sup\limits_{p(f)\leqq 1}\pi_\mu^{(\infty)}(Tf)$.

Le premier énoncé entraîne évidemment le second, en définissant $\mathscr{B}$ de E, $\mu-L_1$ dans $\mathbf{C}$ par

$$\mathscr{B}(f,\varphi) = \int \varphi\, Tf\,d\mu, \quad \forall f\in E, \quad \forall\varphi\in\mu-L_1.$$

Inversement, le second énoncé entraîne le premier. Pour tout $f\in E$, $\mathscr{B}(f,\alpha)$ est une fonctionnelle linéaire bornée dans le sous-espace linéaire de $\mu-L_1$

formé des fonctions étagées. Par densité, cette fonctionnelle se prolonge de façon unique à $\mu - L_1$. Notons encore $\mathscr{B}(f, \cdot)$ son prolongement et posons

$$\mathscr{B}(f, \varphi) = \int \varphi \, Tf \, d\mu, \quad \forall f \in E, \quad \forall \varphi \in \mu - L_1.$$

L'opérateur T ainsi défini est visiblement linéaire et borné de E dans $\mu - L_\infty$ et on a

$$\pi_\mu^{(\infty)}(Tf) \leqq Cp(f), \forall f \in E,$$

et

$$\sup_{p(f) \leqq 1} \pi_\mu^{(\infty)}(Tf) = \sup_{p(f) \leqq 1} \sup_{\pi_\mu^{(1)}(\varphi) \leqq 1} |\mathscr{B}(f, \varphi)|,$$

ce qui permet de ramener le premier énoncé au second.

Cela étant, démontrons le théorème sous sa seconde forme.

Considérons l'ensemble

$$A = \{Tf : f \in E\}.$$

Comme E est séparable pour p, A est séparable dans $\mu - L_\infty$.

En vertu du théorème de relèvement (cf. II, p. 44), pour tout Tf, $f \in E$, il existe $T'f \in \mu - L_\infty$ tel que

— $(T'f)(x)$ soit défini pour tout $x \in \Omega$,

— $T'f = Tf \quad \mu$-pp,

— $T'f = \sum_{(i)} c_i T'f_i$ si $Tf = \sum_{(i)} c_i Tf_i \quad \mu$-pp,

— $\pi_\mu^{(\infty)}(Tf) = \sup_{x \in \Omega} |(T'f)(x)|$.

Posons

$$\mathscr{C}_x(f) = (T'f)(x).$$

On a alors $\mathscr{C}_x(f) = Tf$ μ-pp.

De plus, pour tout $x \in \Omega$, $\mathscr{C}_x$ est une fonctionnelle linéaire dans E, bornée par p, puisque

$$|\mathscr{C}_x(f)| \leqq \pi_\mu^{(\infty)}(Tf) \leqq Cp(f).$$

Enfin,

$$\sup_{x \in \Omega} \|\mathscr{C}_x\|_p = \sup_{x \in \Omega} \sup_{p(f) \leqq 1} |\mathscr{C}_x(f)| = \sup_{p(f) \leqq 1} \sup_{x \in \Omega} |\mathscr{C}_x(f)| = \sup_{p(f) \leqq 1} \pi_\mu^{(\infty)}(Tf),$$

d'où la conclusion.

EXERCICES

Soit μ une mesure diffuse dans Ω.

Considérons l'espace

$$E_\mu = \{f \in \mu - L_2 : |f|^{2^k} \in \mu - L_1, \quad (k = 1, 2, \dots)\},$$

muni des semi-normes $\sup_{k \leqq N} \pi^{(k)}(f)$, où

$$\pi^{(k)}(f) = \left(\int |f|^{2^k} dV\mu\right)^{1/2^k}, \qquad k=1, 2, \dots .$$

a) L'espace E_μ est de Fréchet.

b) L'ensemble des fonctions étagées est dense dans E_μ.

c) Si $f, g \in E_\mu$, alors $fg \in E_\mu$.

d) $E_\mu \neq \mu - L_\infty$.

e) Toute semi-norme π de E_μ, majorée par une semi-norme $\pi^{(k)}$ et telle que

$$\pi(fg) \leqq \pi(f)\pi(g), \quad \forall f, g \in E_\mu,$$

est nulle.

f) Toute fonctionnelle linéaire multiplicative et bornée dans E_μ est nulle.

Suggestion. Vérifions d'abord que les $\pi^{(k)}$ sont des semi-normes.

On procéde par récurrence. C'est vrai pour $k=1$. Supposons que ce soit vrai pour $k-1$. On a

$$\pi^{(k)}(f+g) = [\pi^{(k-1)}(|f+g|^2)]^{1/2} \leqq [\pi^{(k-1)}(f^2) + 2\pi^{(k-1)}(fg) + \pi^{(k-1)}(g^2)]^{1/2}.$$

Or, on a visiblement

$$\pi^{(k-1)}(fg) \leqq \pi^{(k)}(f)\pi^{(k)}(g).$$

Il vient alors

$$\pi^{(k)}(f+g) \leqq \{[\pi^{(k)}(f)]^2 + 2\pi^{(k)}(f)\pi^{(k)}(g) + [\pi^{(k)}(g)]^2\}^{1/2} = \pi^{(k)}(f) + \pi^{(k)}(g).$$

L'égalité

$$\pi^{(k)}(cf) = |c|\,\pi^{(k)}(f)$$

est triviale.

Passons à présent aux propriétés de E_μ.

a) Toute suite de Cauchy dans E_μ converge dans $\mu - L_2$ et on peut en extraire une sous-suite qui converge μ-pp. On conclut en procédant comme en a), p. 74.

b) La démonstration est analogue à celle de a), p. 78.

c) Si $f, g \in E_\mu$, on a

$$|fg|^{2^k} \leqq \frac{|f|^{2^{k+1}} + |g|^{2^{k+1}}}{2} \in \mu - L_2, \quad \forall k.$$

d) Soit $V\mu(\Omega) > \theta$. Il existe une suite d'ensembles e_m μ-intégrables, deux à deux disjoints et tels que $0 < V\mu(e_m) \leqq \theta/2^m$. Alors

$$f = \sum_{m=1}^{\infty} m\delta_{e_m} \in E_\mu \setminus \mu - L_\infty .$$

e) Pour tout I, on a

$$\pi(\delta_I) = \pi[(\delta_I)^2] \leqq [\pi(\delta_I)]^2.$$

Donc, si $\pi(\delta_I) < 1$, $\pi(\delta_I) = 0$.

Soit $\pi \leqq C\pi^{(k)}$ et soit I un semi-intervalle quelconque. On peut partitionner I en semi-intervalles I_i tels que $\pi^{(k)}(I_i) < 1/C$. On a alors $\pi(\delta_{I_i}) < 1$ donc $\pi(\delta_{I_i}) = 0$ et $\pi(\delta_I) \leqq \sum_{(i)} \pi(\delta_{I_i}) = 0$. De là, $\pi(\alpha) = 0$ pour tout α étagé et, vu b), $\pi = 0$ dans E_μ.

f) Si $\mathscr{T}$ est une fonctionnelle multiplicative et bornée dans E_μ, $\pi(f) = |\mathscr{T}(f)|$ est nul, vu e).

*

* *

Soit μ une mesure diffuse dans Ω, telle que Ω ne soit pas μ-intégrable.

On désigne par F_μ le sous-espace de $\mu - L$ formé des fonctions μ-intégrables dans tout ensemble μ-intégrable.

1. — On a $\mu-L_{1,2,\infty}\subset F_{\mu}$.

2. — On a $f\in F_{\mu}$ si et seulement si il existe $f_1\in\mu-L_1$ et $f_\infty\in\mu-L_\infty$ tels que $f=f_1+f_\infty$. En outre, pour λ assez grand, $e_\lambda=\{x:|f(x)|\geqq\lambda\}$ est μ-intégrable et on peut prendre $f_1=f\delta_{e_\lambda}$ et $f_\infty=f\delta_{\Omega\setminus e_\lambda}$.

Suggestion. Vu l'ex. 1, la condition est suffisante.

Démontrons qu'elle est nécessaire. Soit $f\in F_{\mu}$ et soit

$$e_m=\{x:2^m\leqq|f(x)|<2^{m+1}\}.$$

Pour tout $C>0$, il existe M tel que e_m soit μ-intégrable et que $V\mu(e_m)\leqq C/2^m$ pour tout $m>M$. En effet, si ce n'est pas le cas, il existe une sous-suite e_{m_k} de e_m telle que e_{m_k} ne soit pas μ-intégrable ou que $V\mu(e_{m_k})>C/2^{m_k}$, pour tout k. Comme μ est diffus, chaque e_{m_k} contient e'_{m_k}, μ-intégrable et tel que $V\mu(e'_{m_k})=C/2^{m_k}$. L'ensemble

$$e=\bigcup_{k=1}^{\infty}e'_{m_k}$$

est alors μ-intégrable et la restriction de f à e ne l'est pas, puisque cela entraînerait

$$\int_e|f|\,dV\mu=\sum_{k=1}^{\infty}\int_{e'_{m_k}}|f|\,dV\mu\geqq\sum_{k=1}^{\infty}2^{m_k}V\mu(e'_{m_k}),$$

alors que $2^{m_k}V\mu(e'_{m_k})=C$ pour tout k.

Ceci posé, on a

$$f=f\delta_{\bigcup\limits_{m=0}^{M}e_m}+f\delta_{\bigcup\limits_{m=M+1}^{\infty}e_m}=f_\infty+f_1,$$

où f_∞ est borné par 2^{M+1} et f_1 μ-intégrable, puisque $\bigcup\limits_{m=M+1}^{\infty}e_m$ est μ-intégrable. De plus,

$$\bigcup_{m=M+1}^{\infty}e_m=\{x:|f(x)|\geqq2^M\},$$

d'où la conclusion.

3. — L'expression

$$\|f\|=\sup_{V\mu(e)=1}\int_e|f|\,dV\mu$$

est une norme dans F_{μ}, égale à

$$\|f\|'=\inf_{\substack{f=f_1+f_\infty\\ f_1\in\mu-L_1,\,f_\infty\in\mu-L_\infty}}[\pi_{\mu}^{(1)}(f_1)+\pi_{\mu}^{(\infty)}(f_\infty)].$$

De plus, la sup et l'inf sont réalisées.

Suggestion. Pour tout e μ-intégrable et tel que $V\mu(e)=1$, on a

$$\int_e|f|\,dV\mu\leqq\int_e|f_1|\,dV\mu+\int_e|f_\infty|\,dV\mu\leqq\pi_{\mu}^{(1)}(f_1)+\pi_{\mu}^{(\infty)}(f_\infty),$$

pour toute décomposition de f en $f_1\in\mu-L_1$ et $f_\infty\in\mu-L_\infty$.

De là, l'expression $\|f\|$ est définie et est majorée par $\|f\|'$.

Comme $\|f\|\leqq\|f\|'$, pour établir que $\|f\|=\|f\|'$, il suffit de prouver qu'il existe une décomposition de f en $f_1\in\mu-L_1$, $f_\infty\in\mu-L_\infty$ et e tel que $V\mu(e)=1$, pour lesquels

$$\pi_{\mu}^{(1)}(f_1)+\pi_{\mu}^{(\infty)}(f_\infty)=\int_e|f|\,dV\mu.$$

On en déduit immédiatement que les deux normes sont égales et que la sup et l'inf sont réalisées.

Vu l'ex. 2, $e_m=\{x:|f(x)|\geq m\}$ est μ-intégrable pour m assez grand. De plus, si $m\to\infty$, on a $e_m\downarrow\varnothing$, donc $V\mu(e_m)\to 0$.

De là, l'ensemble des $\lambda\geq 0$ tels que $e_\lambda=\{x:|f(x)|\geq\lambda\}$ soit μ-intégrable et tel que $V\mu(e_\lambda)\leq 1$ n'est pas vide. Soit λ_0 sa borne inférieure.

L'ensemble $e'_{\lambda_0}=\{x:|f(x)|>\lambda_0\}$ est tel que

$$e'_{\lambda_0}=\bigcup_{m=1}^{\infty} e_{\lambda_0+1/m}.$$

Donc, par le théorème de Levi, il est μ-intégrable et on a $V\mu(e'_{\lambda_0})\leq 1$. Comme μ est diffus, il existe donc e μ-intégrable, tel que $V\mu(e)=1$ et que $e'_{\lambda_0}\subset e$.

On pose alors

$$f_1(x)=f(x)\frac{|f(x)|-\lambda_0}{|f(x)|}\delta_e(x)$$

et

$$f_\infty(x)=f(x)\delta_{\complement e}(x)+\lambda_0\frac{f(x)}{|f(x)|}\delta_e(x).$$

Il vient

$$\pi_\mu^{(1)}(f_1)+\pi_\mu^{(\infty)}(f_\infty)=\int_e |f|\,dV\mu,$$

d'où la conclusion.

4. — Soit $f\in F_\mu$. Si λ_0 désigne la borne inférieure de l'ensemble des λ tels que $e_\lambda=\{x:|f(x)|\geq\lambda\}$ soit μ-intégrable et tel que $V\mu(e_\lambda)\leq 1$, alors

$$V\mu(e_\lambda)\in l-L_1(]\lambda_0,+\infty[)$$

et

$$\|f\|=\lambda_0+\int_{\lambda_0}^{+\infty} V\mu(e_\lambda)\,d\lambda.$$

Suggestion. Soit $f=f_1+f_\infty$ la décomposition de f considérée dans l'ex. 3. Il vient

$$\pi_\mu^{(1)}(f_1)+\pi_\mu^{(\infty)}(f_\infty)=\int_e (|f|-\lambda_0)\,dV\mu+\lambda_0.$$

L'intégrale s'écrit encore

$$\int_e\Big(\int_{\lambda_0}^{|f(x)|} d\lambda\Big)\,dV\mu.$$

Il résulte alors du théorème de Fubini-Tonelli que $V\mu(e_\lambda)$ est l-intégrable dans $]\lambda_0,+\infty[$ et que

$$\int_e\Big(\int_{\lambda_0}^{|f(x)|} d\lambda\Big)\,dV\mu=\int_{\lambda_0}^{\infty} V\mu(e_\lambda)\,d\lambda,$$

d'où la conclusion.

5. — Supposons désormais F_μ muni de la norme $\|\cdot\|$ définie dans l'ex. 3.

L'espace F_μ est complet.

Suggestion. Soit $\{I_i\colon i=1,2,\ldots\}$ une partition de Ω en semi-intervalles de $V\mu$-mesure inférieure à 1. Chaque I_i est contenu dans un e_i μ-intégrable tel que $V\mu(e_i)=1$.

Soit f_m une suite de Cauchy dans F_μ. La suite $f_m\delta_{I_1}$ est de Cauchy dans $\mu-L_1(I_1)$ et converge donc dans $\mu-L_1(I_1)$ vers $f^{(1)}\delta_{I_1}$. On peut même en extraire une sous-suite $f_{m'}\delta_{I_1}$ qui converge vers $f^{(1)}\delta_{I_1}$ μ-pp dans I_1. De la suite $f_{m'}$, on peut également extraire une sous-suite $f_{m''}$ telle que $f_{m''}\delta_{I_2}$ converge dans $\mu-L_1$ et μ-pp vers un élément $f^{(2)}\delta_{I_2}$. Et ainsi de suite. En prenant le premier élément de $f_{m'}$, le second de $f_{m''}$, ..., on obtient une sous-suite de f_m, que nous noterons $f_{m'}$, qui converge vers $f=\sum_{i=1}^{\infty} f^{(i)}\delta_{I_i}$ μ-pp.

Soit e μ-intégrable. Il existe un nombre fini d'ensembles e_i' μ-intégrables, tels que $V\mu(e_i')=1$ et que $e\subset\bigcup_{(i)} e_i'$. Donc la suite $f_{m'}$ est de Cauchy dans $\mu-L_1(e)$. Comme elle tend μ-pp vers f, cette fonction est μ-intégrable dans e.

Enfin, si $\|f_r-f_s\|\leqq\varepsilon$ pour $r, s\geqq M$, pour tout e μ-intégrable et tel que $V\mu(e)=1$, il vient

$$\int_e |f_m-f|\,dV\mu=\lim_{m'}\int_e |f_m-f_{m'}|\,dV\mu\leqq\varepsilon,\quad\forall m\geqq M,$$

d'où

$$\|f_m-f\|\leqq\varepsilon,\quad\forall m\geqq M.$$

6. — Déduire de l'ex. 5 que la norme de F_μ est équivalente à

$$\inf_{\substack{f=f_1+f_\infty\\ f_1\in\mu-L_1,\, f_\infty\in\mu-L_\infty}}[\pi_\mu^{(1)}(f_1)+\pi_\mu^{(\infty)}(f_\infty)].$$

Suggestion. Considérons l'opérateur linéaire T défini de $\mu-L_1\times\mu-L_\infty$ dans F_μ par $T(f_1,f_\infty)=f_1+f_\infty$. Il est immédiat que

$$\|f_1+f_\infty\|\leqq\pi_\mu^{(1)}(f_1)+\pi_\mu^{(\infty)}(f_\infty),$$

donc T est borné. Par le théorème de l'opérateur fermé, son inverse de F_μ dans $(\mu-L_1\times\mu-L_\infty)/N(T)$ est borné, d'où la conclusion.

7. — L'espace F_μ n'est pas séparable.

Suggestion. Comme Ω n'est pas μ-intégrable, il existe une suite d'ensembles e_m deux à deux disjoints tels que $V\mu(e_m)\geqq 1$. On peut même les supposer tels que $V\mu(e_m)=1$.

Considérons alors

$$\mathscr{E}=\left\{\sum_{m=1}^{\infty} c_m\delta_{e_m}: c_m=0 \text{ ou } 1\right\}.$$

C'est un sous-ensemble non dénombrable de F_μ. De plus, quels que soient $f, g\in\mathscr{E}$, on a $\|f-g\|=1$ puisque, pour au moins un m,

$$\int_{e_m}|f-g|\,dV\mu=1.$$

Donc $\mathscr{E}$ n'est pas séparable et, de là, F_μ n'est pas séparable.

8. — Soit $\mathscr{T}$ une fonctionnelle linéaire dans F_μ telle que

$$\mathscr{T}(f)=\int\varphi f\,d\mu,\quad\forall f\in F_\mu,$$

avec $\varphi\in\mu-L_1\cap\mu-L_\infty$. Etablir que

$$\|\mathscr{T}\|=\sup[\pi_\mu^{(1)}(\varphi),\pi_\mu^{(\infty)}(\varphi)].$$

Suggestion. Si $\mathscr{T}$ a la forme indiquée et si $f=f_1+f_\infty$ avec $f_1\in\mu-L_1$, $f_\infty\in\mu-L_\infty$, il vient

$$|\mathscr{T}(f)|\leqq\pi_\mu^{(\infty)}(\varphi)\cdot\pi_\mu^{(1)}(f_1)+\pi_\mu^{(1)}(\varphi)\cdot\pi_\mu^{(\infty)}(f_\infty),$$

d'où

$$|\mathscr{T}(f)|\leqq\sup\,[\pi_\mu^{(1)}(\varphi),\pi_\mu^{(\infty)}(\varphi)]\cdot[\pi_\mu^{(1)}(f_1)+\pi_\mu^{(\infty)}(f_\infty)].$$

Vu l'ex. 3, on a alors

$$|\mathscr{T}(f)|\leqq\sup\,[\pi_\mu^{(1)}(\varphi),\pi_\mu^{(\infty)}(\varphi)]\cdot\|f\|,\quad\forall f\in F_\mu,$$

d'où

$$\|\mathscr{T}\|\leqq\sup\,[\pi_\mu^{(1)}(\varphi),\pi_\mu^{(\infty)}(\varphi)].$$

On a aussi

$$\pi_\mu^{(1,\infty)}(\varphi)=\sup_{\pi_\mu^{(\infty,1)}(f)\leqq1}|\mathscr{T}(f)|\leqq\sup_{\|f\|\leqq1}|\mathscr{T}(f)|=\|\mathscr{T}\|,$$

d'où la conclusion.

Espaces $\mathbf{M}'\otimes\mathbf{M}''-L_1(\Omega'\times\Omega'')$

19. — Soient Ω' et Ω'' des ouverts de $E_{n'}$ et $E_{n''}$ respectivement et soient $\mathbf{M}'$ et $\mathbf{M}''$ des ensembles de mesures dans Ω' et Ω'' respectivement, qui satisfont aux conditions du paragraphe 1, p. 67 et tels que $\mathbf{M}'\ll\nu'$ ou $\mathbf{M}''\ll\nu''$.

Il est immédiat que l'ensemble de mesures dans $\Omega=\Omega'\times\Omega''$

$$\mathbf{M}'\otimes\mathbf{M}''=\{\mu'\otimes\mu'':\mu'\in\mathbf{M}',\ \mu''\in\mathbf{M}''\}$$

satisfait aussi aux conditions de la page 67 dans l'ouvert Ω.

a) *La fonctionnelle bilinéaire définie de* $\mathbf{M}'-L_1$, $\mathbf{M}''-L_1$ *dans* $\mathbf{M}'\otimes\mathbf{M}''-L_1$ *par*

$$\mathscr{B}(f',f'')=f'(x')f''(x''),\quad\forall f'\in\mathbf{M}'-L_1,\quad\forall f''\in\mathbf{M}''-L_1,$$

est un produit tensoriel, noté $\otimes$ *dans la suite.*

Si $\mathbf{M}'\ll\nu'$, il existe des $\mu_i'\in\mathbf{M}'$ tels que $\mathbf{M}'\simeq\{\mu_i': i=1,2,\ldots\}$.

Soient $f_i',\ldots,f_N'$ linéairement indépendants dans $\mathbf{M}'-L_1$ et supposons que

$$\sum_{i=1}^N f_i'(x')f_i''(x'')=0\quad\mathbf{M}'\otimes\mathbf{M}''\text{-pp.}$$

Fixons $\mu''\in\mathbf{M}''$.

Pour tout j,

$$\sum_{i=1}^N f_i'(x')f_i''(x'')=0\quad\mu_j'\otimes\mu''\text{-pp},$$

donc μ_j'-pp pour tout $x''\notin e_j''$ avec e_j'' μ''-négligeable. On a alors

$$\sum_{i=1}^N f_i'(x')f_i''(x'')=0\quad\mathbf{M}'\text{-pp}$$

pour tout $x''\notin\bigcup_{j=1}^\infty e_j''$.

Comme les f_i' sont linéairement indépendants dans $\mathbf{M}'-L_1$, on a alors

$$f_i''(x'') = 0, \quad \forall i \leqq N,$$

pour tout $x'' \notin \bigcup_{j=1}^{\infty} e_j''$, donc μ''-pp.

C'est vrai quel que soit $\mu'' \in \mathbf{M}''$, donc $f_i''=0$ $\mathbf{M}''$-pp pour tout $i \leqq N$.

b) *On a*

$$\mathbf{M}' \otimes \mathbf{M}'' - L_1 = \mathbf{M}' - L_1 \bar{\pi}\, \mathbf{M}'' - L_1.$$

L'ensemble $\mathscr{D}$ des fonctions étagées dans Ω est contenu dans $\mathbf{M}' - L_1 \otimes \mathbf{M}'' - L_1$ et est dense dans $\mathbf{M}' \otimes \mathbf{M}'' - L_1$, donc $\mathbf{M}' - L_1 \otimes \mathbf{M}'' - L_1$ est dense dans $\mathbf{M}' \otimes \mathbf{M}'' - L_1$.

Il reste à établir que les semi-normes induites par $\mathbf{M}' \otimes \mathbf{M}'' - L_1$ dans $\mathbf{M}' - L_1 \otimes \mathbf{M}'' - L_1$ sont équivalentes aux semi-normes du produit tensoriel. Comme $\mathscr{D}$ est également dense dans $\mathbf{M}' - L_1\ \pi\ \mathbf{M}'' - L_1$, il suffit de comparer ces semi-normes dans $\mathscr{D}$.

Soit α étagé de la forme

$$\sum_{(i)} c_i \delta_{I_i'} \otimes \delta_{I_i''}.$$

On a

$$\pi_{\mu'}^{(1)} \pi\, \pi_{\mu''}^{(1)}(\alpha) = \inf_{\substack{\alpha = \sum_{(j)} \varphi_j' \otimes \varphi_j'' \\ \varphi_j' \in \mathbf{M}' - L_1,\ \varphi_j'' \in \mathbf{M}'' - L_1}} \sum_{(i)} \pi_{\mu'}^{(1)}(\varphi_j') \pi_{\mu''}^{(1)}(\varphi_j'')$$

$$\leqq \sum_{(i)} |c_i| \pi_{\mu'}^{(1)}(\delta_{I_i'}) \pi_{\mu''}^{(1)}(\delta_{I_i''}) = \pi_{\mu' \otimes \mu''}^{(1)}(\alpha).$$

Inversement, pour toute décomposition $\alpha = \sum_{(j)} \varphi_j' \otimes \varphi_j''$ telle que $\varphi_j' \in \mathbf{M}' - L_1$ et $\varphi_j'' \in \mathbf{M}'' - L_1$, on a

$$\pi_{\mu' \otimes \mu''}^{(1)}(\alpha) \leqq \sum_{(j)} \pi_{\mu' \otimes \mu''}^{(1)}(\varphi_j' \otimes \varphi_j'') = \sum_{(j)} \pi_{\mu'}^{(1)}(\varphi_j') \pi_{\mu''}^{(1)}(\varphi_j''),$$

d'où, comme la décomposition de α est arbitraire,

$$\pi_{\mu' \otimes \mu''}^{(1)}(\alpha) \leqq \pi_{\mu'}^{(1)} \pi\, \pi_{\mu''}^{(1)}(\alpha).$$

Voici une application intéressante de b), qui résulte de la théorie générale des produits tensoriels.

c) *Si* $\mathbf{M}'$ *et* $\mathbf{M}''$ *sont dénombrables et si* K *est précompact dans* $\mathbf{M}' \otimes \mathbf{M}'' - L_1$, *il existe* $\varphi_m' \to 0$ *dans* $\mathbf{M}' - L_1$ *et* $\varphi_m'' \to 0$ *dans* $\mathbf{M}'' - L_1$ *tels que tout* $f \in K$ *se développe en*

$$f = \sum_{m=1}^{\infty} c_m(f) \varphi_m' \otimes \varphi_m'', \tag{*}$$

avec

$$\sum_{m=1}^{\infty} |c_m(f)| < \infty, \quad \forall f \in K,$$

et même

$$\sup_{f \in K} \sum_{m=N}^{\infty} |c_m(f)| \to 0$$

quand $N \to \infty$.

La série (*) *converge* $\mathbf{M}' \otimes \mathbf{M}''$-pp *et dans* $\mathbf{M}' \otimes \mathbf{M}'' - L_1$.

On applique I, p. 344, qui fournit le développement indiqué, la série convergeant dans $\mathbf{M}' \otimes \mathbf{M}'' - L_1$.

Pour établir qu'elle converge $\mathbf{M}' \otimes \mathbf{M}''$-pp, on note que

$$\sum_{m=1}^{\infty} |c_m(f)| \int |\varphi'_m \otimes \varphi''_m| \, dV(\mu' \otimes \mu'') < \infty$$

pour tous $\mu' \in \mathbf{M}'$, $\mu'' \in \mathbf{M}''$, donc, en vertu de II, b), p. 56,

$$\sum_{m=1}^{\infty} c_m(f) \varphi'_m(x') \varphi''_m(x'')$$

converge $\mu' \otimes \mu''$-pp quels que soient $\mu' \in \mathbf{M}'$ et $\mu'' \in \mathbf{M}''$.

EXERCICE

Si $\mathscr{B}$ est une fonctionnelle bilinéaire de $\mathbf{M}' - L_1$, $\mathbf{M}'' - L_1$ dans $\mathbf{C}$ telle que

$$|\mathscr{B}(f', f'')| \leqq C \pi^{(1)}_{\mu'}(f') \pi^{(1)}_{\mu''}(f''), \quad \forall f' \in \mathbf{M}' - L_1, \quad \forall f'' \in \mathbf{M}'' - L_1,$$

avec $\mu' \in \mathbf{M}'$ et $\mu'' \in \mathbf{M}''$, il existe $\varphi \in \mu' \otimes \mu'' - L_\infty$ tel que

$$\mathscr{B}(f', f'') = \int \varphi(x', x'') f'(x') f''(x'') \, d(\mu' \otimes \mu'')$$

pour tous $f' \in \mathbf{M}' - L_1$, $f'' \in \mathbf{M}'' - L_1$ et

$$\|\mathscr{B}\|_{\pi^{(1)}_{\mu'}, \pi^{(1)}_{\mu''}} = \pi^{(\infty)}_{\mu' \otimes \mu''}(\varphi).$$

Suggestion. Appliquer l'ex. 1, I, p. 340 et l'ex. 1, I, p. 349.

Espaces $\mathbf{M} - L_{1,2,\infty}(E)$

20. — Soit E un espace linéaire à semi-normes et $\{p\}$ son système de semi-normes.

Soit d'autre part $\mathbf{M}$ un ensemble de mesures dans Ω qui satisfait aux conditions du paragraphe 1, p. 67.

On dit qu'une fonction définie $\mathbf{M}$-pp dans Ω et à valeurs dans E est $\mathbf{M}$-*mesurable par semi-norme* si elle est μ-mesurable par semi-norme pour tout $\mu \in \mathbf{M}$.

On désigne par $\mathbf{M} - L(\mathbf{\Omega}; E)$ ou $\mathbf{M} - L(E)$ s'il n'y a pas d'ambiguité sur Ω l'espace des fonctions $\mathbf{M}$-mesurables par semi-norme, où deux fonctions $f(x)$ et $g(x)$ sont considérées comme égales si

$$p[f(x) - g(x)] = 0 \ \mathbf{M}\text{-pp}, \quad \forall p \in \{p\},$$

et où la combinaison linéaire est définie par

$$\left(\sum_{i=1}^{N} c_i f_i\right)(x) = \sum_{i=1}^{N} c_i f_i(x) \ \mathbf{M}\text{-pp.}$$

Si $\mathbf{M}=\{\mu\}$, on écrit également $\boldsymbol{\mu}-\boldsymbol{L}(\boldsymbol{\Omega}; \boldsymbol{E})$ et $\boldsymbol{\mu}-\boldsymbol{L}(\boldsymbol{E})$ pour $\mathbf{M}-L(\Omega; E)$ et $\mathbf{M}-L(E)$.

21. — On appelle $\mathbf{M}-\boldsymbol{L}_{1,2,\infty}(\boldsymbol{\Omega}; \boldsymbol{E})$ ou $\mathbf{M}-\boldsymbol{L}_{1,2,\infty}(\boldsymbol{E})$ s'il n'y a pas d'ambiguité sur Ω le sous-espace linéaire de $\mathbf{M}-L(E)$ formé des f tels que

$$p(f)\in\mathbf{M}-L_{1,2,\infty}, \quad \forall p\in\{p\},$$

et muni du système de semi-normes

$$\pi_{p,\mu}^{(1,2,\infty)}(f) = \pi_{\mu}^{(1,2,\infty)}[p(f)], \quad p\in\{p\}, \ \mu\in\mathbf{M}.$$

Les $\pi_{p,\mu}^{(1,2,\infty)}$ sont des semi-normes dans l'espace correspondant, vu I, b), p. 17.

22. — Voici un cas particulier où $\mathbf{M}-L_1(E)$ admet une caractérisation intéressante.

Si E est limite inductive stricte d'espaces de Fréchet E_i, $\mu-L_1(E)$ est la limite inductive stricte des espaces $\mu-L_1(E_i)$.

Pour tout i, les semi-normes induites par $\mu-L_1(E_{i+1})$ dans $\mu-L_1(E_i)$ sont visiblement équivalentes à celles de $\mu-L_1(E_i)$.

Vérifions que $\mu-L_1(E_i)$ est fermé dans $\mu-L_1(E_{i+1})$.

Soit f appartenant à l'adhérence de $\mu-L_1(E_i)$ dans $\mu-L_1(E_{i+1})$. Il suffit d'établir que $f(x)\in E_i$ μ-pp. Il existe une suite $f_m\in\mu-L_1(E_i)$ qui tend vers f dans $\mu-L_1(E_{i+1})$. Par II, b), p. 258, on peut en extraire une sous-suite $f_{m'}$ qui converge vers f μ-pp. Comme $f_{m'}(x)\in E_i$ μ-pp, on a alors $f(x)\in E_i$ μ-pp, d'où la conclusion.

Vu II, d), p. 254, $\mu-L_1(E)$ est l'union des $\mu-L_1(E_i)$.

Il reste à vérifier l'équivalence des semi-normes de $\mu-L_1(E)$ et de celles de la limite inductive des $\mu-L_1(E_i)$.

Ces semi-normes sont de la forme

$$\pi(f) = \int \inf_{\substack{f(x)=\sum_{(i)} f_i \\ f_i\in E_i}} \sum_{(i)} c_i p_i(f_i)\, dV\mu$$

et

$$\pi^*(f) = \inf_{\substack{f=\sum_{(i)} f_i \\ f_i\in\mu-L_1(E_i)}} \sum_{(i)} c_i \int p_i[f_i(x)]\, dV\mu$$

respectivement, p_i désignant une semi-norme de E_i.

Il est trivial que

$$\pi(f) \leqq \pi^*(f), \quad \forall f \in \mu - L_1(E),$$

puisque les décompositions de f qui interviennent dans π^* font partie de celles qui interviennent dans π.

On a aussi

$$\pi^*(f) \leqq \pi(f), \quad \forall f \in \mu - L_1(E).$$

Il suffit de le vérifier pour les fonctions étagées dans E, puisque celles-ci sont denses dans $\mu - L_1(E)$ pour π et π^*.

Soit

$$\alpha = \sum_{(j)} f_j \delta_{I_j},$$

où les I_j sont deux à deux disjoints.

Il vient

$$\pi^{(*)}(\alpha) \leqq \inf_{\substack{f_j = \sum_{(i)} g_i^{(j)} \\ g_i^{(j)} \in E_i}} \sum_{(i)} c_i \int p_i \Big[\sum_{(j)} g_i^{(j)} \delta_{I_j}\Big] dV\mu$$

$$\leqq \sum_{(j)} V\mu(I_j) \inf_{\substack{f_j = \sum_{(i)} g_i^{(j)} \\ g_i^{(j)} \in E_i}} \sum_{(i)} c_i p_i(g_i^{(j)}) = \pi(\alpha),$$

d'où la conclusion.

EXERCICE

Si E est limite inductive stricte d'espaces de Fréchet E_i et si $f \in \mu - L_1(E)$, on sait qu'il existe i tel que $f \in E_i$ μ-pp.

Etablir que cette propriété peut être fausse si on remplace μ par $\mathbf{M}$.

Suggestion. Soient x_m, $m=1, 2, \ldots$, tels que $x_i \neq x_j$ lorsque $i \neq j$ et soit

$$\mathbf{M} = \left\{ \sum_{i=1}^{N} \delta_{x_i} : N = 1, 2, \ldots \right\}.$$

La fonction

$$f(x) = \begin{cases} f_i \notin E_i & \text{si} \quad x = x_i, \\ 0 & \text{sinon.} \end{cases}$$

appartient à $\mathbf{M} - L_1(E)$ et on n'a $f(x) \in E_i$ $\mathbf{M}$-pp pour aucun i.

23. — Etudions la convergence dans $\mathbf{M} - L_{1,2,\infty}(E)$.

a) *Si la suite f_m est de Cauchy dans $\mathbf{M} - L_{1,2,\infty}(E)$ et si $f_m(x)$ tend vers $f(x)$ dans E $\mathbf{M}$-pp, alors $f \in \mathbf{M} - L_{1,2,\infty}(E)$ et f_m tend vers f dans $\mathbf{M} - L_{1,2,\infty}(E)$.*

D'une part, $f \in \mathbf{M} - L$, vu II, p. 238.

D'autre part, pour tout $p \in \{p\}$, la suite $p(f_m)$ est de Cauchy dans $\mathbf{M} - L_{1,2,\infty}$ et converge $\mathbf{M}$-pp vers $p(f)$, d'où $p(f) \in \mathbf{M} - L_{1,2,\infty}$ et $f \in \mathbf{M} - L_{1,2,\infty}(E)$.

Enfin,

$$p(f_r - f_s) \to p(f_r - f) \quad \mathbf{M}\text{-pp}$$

si $s \to \infty$, d'où

$$\pi_\mu^{(1,2,\infty)}[p(f_r - f)] \leqq \varepsilon$$

pour r assez grand.

b) *Si* $\mathbf{M} \ll \nu$ *et si* E *est de Fréchet ou limite inductive stricte d'une suite d'espaces de Fréchet,*

— *de toute suite de Cauchy dans* $\mathbf{M}-L_{1,2}(E)$, *on peut extraire une sous-suite qui converge dans* E $\mathbf{M}$-pp.

— *l'espace* $\mathbf{M}-L_{1,2}(E)$ *est complet.*

Soit f_m de Cauchy dans $\mathbf{M}-L_{1,2}(E)$ et soit $\mu \in \mathbf{M}$ fixé.

Si E est de Fréchet, soient p_i, $(i=1, 2, \ldots)$, ses semi-normes. Si E est limite inductive stricte d'espaces de Fréchet E_n, vu II, d), p. 254, il existe k_0 tel que $f_m \in E_{k_0}$ μ-pp tout m. Soient alors p_i, $(i=1, 2, \ldots)$, les semi-normes de cet E_{k_0}.

De f_m, on peut extraire une sous-suite f_{m_j} telle que

$$\pi_{p_i,\mu}^{(1,2)}(f_{m_j} - f_{m_{j+1}}) \leqq 2^{-j}, \quad \forall i \leqq j.$$

Pour cette sous-suite, en procédant comme en b), p. 75, on voit aisément que, pour tout i,

$$p_i(f_{m_r} - f_{m_s}) \to 0 \quad \mu\text{-pp}$$

si $\inf(r, s) \to \infty$. Comme E est complet, la suite f_{m_j} converge donc μ-pp dans E.

Comme $\mathbf{M} \ll \nu$, il existe une suite $\mu_i \in \mathbf{M}$ telle que

$$\mathbf{M} \simeq \{\mu_i : i=1, 2, \ldots\}.$$

De f_m, on extrait une sous-suite $f_{m'}$ qui converge dans E μ_1-pp. De celle-ci, une sous-suite $f_{m''}$ qui converge dans E μ_2-pp, et ainsi de suite.

La sous-suite obtenue en prenant le premier élément de $f_{m'}$, le second de $f_{m''}$, ..., converge μ_i-pp pour tout i, donc $\mathbf{M}$-pp. Par a), elle converge aussi dans $\mathbf{M}-L_{1,2}(E)$, donc cet espace est complet.

c) *Si* E *est de Fréchet,* $\mathbf{M}-L_\infty(E)$ *est complet.*

Soit f_m de Cauchy dans $\mathbf{M}-L_\infty(E)$.

Si p_i, $(i=1, 2, \ldots)$, sont les semi-normes de E, on a $p_i(f_r - f_s) \to 0$ $\mathbf{M}$-pp pour tout i, donc f_m est de Cauchy dans E $\mathbf{M}$-pp. Comme E est complet, f_m converge donc $\mathbf{M}$-pp, d'où la conclusion.

24. — a) *L'ensemble des fonctions étagées à valeurs dans* E *est dense dans* $\mathbf{M}-L_{1,2}(E)$.

C'est, en fait, la propriété d'approximation II, p. 244 et 245.

b) *Si E est séparable* [resp. *séparable par semi-norme*], $\mathbf{M}-L_{1,2}(E)$ *est séparable* [resp. *séparable par semi-norme*].

De fait, si $D=\{f_i\colon i=1, 2, \ldots\}$ est dense pour p dans E, les fonctions à valeurs dans E, étagées sur les semi-intervalles rationnels dans Ω et à coefficients dans D sont dénombrables et denses dans l'ensemble des fonctions étagées dans E pour les semi-normes $\pi_{p,\mu}$, $\mu\in\mathbf{M}$. D'où la conclusion par a).

c) *Si E est séparable* (resp. *séparable par semi-norme*) *et si* $[\mu]$ *est fini pour tout* $\mu\in\mathbf{M}$, $\mathbf{M}-L_\infty(E)$ *est séparable* (resp. *séparable par semi-norme*).

On voit aisément que si $D=\{f_i\colon i=1, 2, \ldots\}$ est dense pour p dans E, l'ensemble des fonctions à valeurs dans E, étagées sur les semi-intervalles rationnels dans Ω et à coefficients dans D est dénombrable et dense dans $\mathbf{M}-L_\infty(E)$.

25. — Etudions à présent le dual de $\mathbf{M}-L_1(E)$.

Si E est séparable par semi-norme, une fonctionnelle linéaire $\mathscr{T}$ dans $\mathbf{M}-L_1(E)$ est telle que

$$|\mathscr{T}(f)| \leqq C\pi^{(1)}_{p,\mu}(f), \quad \forall f\in\mathbf{M}-L_1(E),$$

si et seulement si

$$\mathscr{T}(f) = \int \mathscr{T}_x[f(x)]\, d\mu, \quad \forall f\in\mathbf{M}-L_1(E),$$

où

— $\mathscr{T}_x\in Cb_p^\triangle$ μ-pp,

— $\mathscr{T}_x(f)$ *est* μ*-mesurable pour tout* $f\in E$,

— $\|\mathscr{T}\|_{\pi^{(1)}_{p,\mu}} = \sup\limits_{\substack{\mu\text{-pp}\\ x\in\Omega}} \|\mathscr{T}_x\|_p$.

Soit $\mathscr{T}$ linéaire et borné par $\pi^{(1)}_{p,\mu}$ dans $\mathbf{M}-L_1(E)$.

Posons

$$\mathscr{B}(f, \varphi) = \mathscr{T}(\varphi f), \quad \forall f\in E, \quad \forall\varphi\in\mathbf{M}-L_1.$$

La loi $\mathscr{B}(f, \varphi)$ est visiblement une fonctionnelle bilinéaire bornée de E, $\mathbf{M}-L_1$, dans $\mathbf{C}$. De là, par le théorème de Dunford-Pettis (cf. p. 111), on a

$$\mathscr{B}(f, \varphi) = \int \mathscr{T}_x(f)\varphi\, d\mu, \quad \forall f\in E, \quad \forall\varphi\in\mathbf{M}-L_1,$$

où

— $\mathscr{T}_x\in Cb_p^\triangle$ μ-pp,

— $\mathscr{T}_x(f)$ est μ-mesurable pour tout $f\in E$,

— $\sup\limits_{\substack{\mu\text{-pp}\\ x\in\Omega}} \|\mathscr{T}_x\|_p = \|\mathscr{B}\|_{p,\pi^{(1)}_\mu} = \|\mathscr{T}\|_{\pi^{(1)}_{p,\mu}}$.

Soit à présent $f(x) \in \mathbf{M}-L_1(E)$. Il existe une suite α_m de fonctions étagées dans E telles que

$$\int p[f(x)-\alpha_m(x)]\, dV\mu \leqq 2^{-m}$$

pour tout m. On a alors $p[\alpha_m(x)-f(x)] \to 0$ μ-pp, donc

$$\mathscr{T}_x[\alpha_m(x)] \to \mathscr{T}_x[f(x)] \quad \mu\text{-pp}.$$

De plus, la suite $\mathscr{T}_x[\alpha_m(x)]$ est de Cauchy dans $\mu-L_1$, donc $\mathscr{T}_x[f(x)]$ est μ-intégrable. Enfin,

$$\mathscr{T}(f) = \lim_m \mathscr{T}(\alpha_m) = \lim_m \int \mathscr{T}_x[\alpha_m(x)]\, d\mu = \int \mathscr{T}_x[f(x)]\, d\mu,$$

d'où la conclusion.

La réciproque est immédiate, une fois établi comme ci-dessus que $\mathscr{T}_x[f(x)]$ est μ-intégrable pour tout $f \in \mathbf{M}-L_1(E)$, si $\mathscr{T}_x(f)$ est μ-mesurable pour tout $f \in E$ et si $\|\mathscr{T}_x\|_p \leqq C$.

26. — Passons à l'interprétation tensorielle de $\mathbf{M}-L_{1,2,\infty}(E)$.

La fonctionnelle bilinéaire définie de E, $\mathbf{M}-L$ dans $\mathbf{M}-L(E)$ par

$$\mathscr{B}(f, \varphi) = \varphi(x) f, \quad \forall f \in E, \quad \forall \varphi \in \mathbf{M}-L,$$

est un produit tensoriel, noté $\overline{\otimes}$ dans la suite.

De fait, si $f_1, \ldots, f_N$ sont linéairement indépendants et si $\varphi_1, \ldots, \varphi_N \in \mathbf{M}-L$ sont tels que

$$\sum_{i=1}^{N} \mathscr{B}(f_i, \varphi_i) = 0,$$

on a

$$\sum_{i=1}^{N} \varphi_i(x) f_i = 0 \quad \mathbf{M}\text{-pp},$$

d'où

$$\varphi_i(x) = 0 \quad \mathbf{M}\text{-pp}, \ \forall i.$$

a) *On a*

$$\mathbf{M}-L_1(E) = \mathbf{M}-L_1 \mathbin{\overline{\pi}} E.$$

On a visiblement

$$\mathbf{M}-L_1 \otimes E \subset \mathbf{M}-L_1(E).$$

De plus, $\mathbf{M}-L_1 \otimes E$ est dense dans $\mathbf{M}-L_1(E)$ puisque l'ensemble des fonctions étagées dans E est contenu dans $\mathbf{M}-L_1 \otimes E$ et dense dans $\mathbf{M}-L_1(E)$.

Il reste à établir l'équivalence dans $\mathbf{M}-L_1 \otimes E$ des semi-normes π du produit tensoriel et de celles induites par $\mathbf{M}-L_1(E)$. Comme l'ensemble D des fonctions étagées dans E est dense dans $\mathbf{M}-L_1 \otimes E$ pour les deux systèmes de semi-normes considérés, il suffit de les comparer dans D.

Soient $\mu \in \mathbf{M}$ et $p \in \{p\}$ fixés et soit

$$\alpha = \sum_{(i)} f_i \delta_{I_i},$$

où les I_i sont deux à deux disjoints.

D'une part, on a

$$\pi_\mu \pi p(\alpha) = \inf_{\substack{\alpha = \sum_{(j)} \varphi_j g_j \\ \varphi_j \in \mathbf{M}-L_1,\ g_j \in E}} \sum_{(j)} \pi_\mu(\varphi_j) p(g_j) \leqq \sum_{(i)} \pi_\mu(\delta_{I_i}) p(f_i) = \int p(\alpha)\, dV\mu.$$

D'autre part, pour toute décomposition $\alpha = \sum_{(j)} \varphi_j g_j$, avec $\varphi_j \in \mathbf{M}-L_1$ et $g_j \in E$, on a

$$\int p(\alpha)\, dV\mu \leqq \sum_{(j)} p(g_j) \pi_\mu(\varphi_j),$$

d'où

$$\int p(\alpha)\, dV\mu \leqq \pi_\mu \pi p(\alpha).$$

Comme corollaire de a), signalons le théorème de structure des précompacts de $\mathbf{M}-L_1(E)$.

Soient E à semi-normes dénombrables, $\mathbf{M}$ dénombrable et D et $\mathscr{D}$ denses dans E et $\mathbf{M}-L_1$ respectivement.

Pour tout précompact $\mathscr{K}$ de $\mathbf{M}-L_1(E)$, il existe $\varphi_m \in \mathscr{D}$ et $f_m \in D$ tels que $\varphi_m \to 0$ dans $\mathbf{M}-L_1$, $f_m \to 0$ dans E et que tout $f \in \mathscr{K}$ s'écrive

$$f = \sum_{m=1}^{\infty} c_m(f) \varphi_m \otimes f_m, \tag{*}$$

où

$$\sum_{m=1}^{\infty} |c_m(f)| < \infty, \quad \forall f \in \mathscr{K},$$

et même

$$\sup_{f \in \mathscr{K}} \sum_{m=N}^{\infty} |c_m(f)| \to 0$$

si $N \to \infty$.

De plus, la série (*) converge vers f $\mathbf{M}$-pp et dans $\mathbf{M}-L_1(E)$.

C'est un cas particulier du théorème de structure des précompacts des espaces $E \pi F$ (cf. I, p. 344). Seule la convergence $\mathbf{M}$-pp de la série (*) est à démontrer.

Comme

$$\sum_{m=1}^{\infty} |c_m(f)| p(f_m) \int |\varphi_m(x)|\, dV\mu < \infty,$$

il résulte du théorème de Levi que la série

$$\sum_{m=1}^{\infty} c_m(f) \varphi_m(x) f_m$$

converge pour p μ-pp. Comme $\{p\}$ et $\mathbf{M}$ sont dénombrables, la série converge alors $\mathbf{M}$-pp dans E.

b) *L'espace* $\mathbf{M}-L_2\otimes E$ *est dense dans* $\mathbf{M}-L_2(E)$ *et les semi-normes induites par* $\mathbf{M}-L_2(E)$ *y sont plus fortes que celles de* $\mathbf{M}-L_2\ \varepsilon E$ *et plus faibles que celles de* $\mathbf{M}-L_2\ \pi E$.

En particulier, si E est nucléaire,

$$\mathbf{M}-L_2(E)=\mathbf{M}-L_2\ \overline{\pi}\ E.$$

Visiblement, on a

$$\mathbf{M}-L_2\otimes E\subset\mathbf{M}-L_2(E).$$

De plus, $\mathbf{M}-L_2\otimes E$ est dense dans $\mathbf{M}-L_2(E)$, puisque l'ensemble des fonctions étagées dans E est contenu dans $\mathbf{M}-L_2\otimes E$ et est dense dans $\mathbf{M}-L_2(E)$.

Pour toute décomposition

$$f=\sum_{(i)}\varphi_i\otimes f_i,\quad f_i\in E,\ \varphi_i\in\mathbf{M}-L_2,$$

de $f\in\mathbf{M}-L_2\otimes E$, on a

$$\pi^{(2)}_{p,\mu}(f)\leqq\sum_{(i)}\pi^{(2)}_{p,\mu}(\varphi_i\otimes f_i)=\sum_{(i)}p(f_i)\pi^{(2)}_{\mu}(\varphi_i),$$

d'où

$$\pi^{(2)}_{p,\mu}(f)\leqq\pi^{(2)}_{\mu}\boldsymbol{\pi}p(f).$$

D'autre part,

$$\sup_{\mathscr{C}\in b_p^{\triangle}}\ \sup_{\pi^{(2)}_{\mu}(\varphi)\leqq 1}\left|\sum_{(i)}\mathscr{C}(f_i)\int\varphi\varphi_i\,d\mu\right|\leqq\sup_{\pi^{(2)}_{\mu}(\varphi)\leqq 1}\int|\varphi|\,p\Big(\sum_{(i)}\varphi_i\otimes f_i\Big)\,dV\mu=\pi^{(2)}_{p,\mu}(f),$$

d'où la conclusion.

c) *Si E est séparable par semi-norme, les semi-normes induites par* $\mathbf{M}-L_\infty(E)$ *dans* $\mathbf{M}-L_\infty\otimes E$ *sont équivalentes aux semi-normes de* $\mathbf{M}-L_\infty\,\overline{\varepsilon}E$.

Si E est de Schwartz, $\mathbf{M}-L_\infty\otimes E$ *est en outre dense dans* $\mathbf{M}-L_\infty(E)$, *donc*

$$\mathbf{M}-L_\infty(E)=\mathbf{M}-L_\infty\overline{\varepsilon}E.$$

En particulier, si E est nucléaire,

$$\mathbf{M}-L_\infty(E)=\mathbf{M}-L_\infty\overline{\pi}E.$$

Soit

$$f=\sum_{(i)}\varphi_i\otimes f_i,\quad \varphi_i\in\mathbf{M}-L_\infty,\ f_i\in E.$$

Soit d'autre part $\{\mathscr{C}_j\colon j=1,2,\ldots\}$ s-dense dans $b_p^{\triangle}$. On a

$$\pi^{(\infty)}_{p,\mu}(f)=\sup_{\substack{\mu\text{-pp}\\ x\in\Omega}}p\Big[\sum_{(i)}f_i\varphi_i(x)\Big]=\sup_{\substack{\mu\text{-pp}\\ x\in\Omega}}\sup_j\Big|\sum_{(i)}\mathscr{C}_j(f_i)\varphi_i(x)\Big|.$$

On peut permuter les sup dans le dernier membre. En effet, si e [resp. e_j, $(j=1, 2, \ldots)$] est l'ensemble μ-négligeable où

$$\sup_j \Big|\sum_{(i)} \mathscr{T}_j(f_i)\varphi_i(x)\Big| \quad \Big[\text{resp.} \Big|\sum_{(i)} \mathscr{T}_j(f_i)\varphi_i(x)\Big|, \ (j=1,2,\ldots)\Big]$$

dépasse sa borne supérieure μ-pp et si e' est l'union de e et des e_j, on a

$$\sup_{\substack{\mu\text{-pp}\\ x\in\Omega}} \sup_j \Big|\sum_{(i)} \mathscr{T}_j(f_i)\varphi_i(x)\Big| = \sup_{x\in\Omega\setminus e} \sup_j \Big|\sum_{(i)} \mathscr{T}_j(f_i)\varphi_i(x)\Big|$$

$$= \sup_j \sup_{x\in\Omega\setminus e} \Big|\sum_{(i)} \mathscr{T}_j(f_i)\varphi_i(x)\Big| = \sup_j \sup_{\substack{\mu\text{-pp}\\ x\in\Omega}} \Big|\sum_{(i)} \mathscr{T}_j(f_i)\varphi_i(x)\Big|.$$

Il vient alors

$$\pi_{p,\mu}^{(\infty)}(f) = \sup_j \sup_{\|\mathscr{Q}\|_{\pi_\mu^{(\infty)}} \leqq 1} \Big|\sum_{(i)} \mathscr{T}_j(f_i)\mathscr{Q}(\varphi_i)\Big|$$

$$= \sup_{\|\mathscr{Q}\|_{\pi_\mu^{(\infty)}} \leqq 1} \sup_j \Big|\sum_{(i)} \mathscr{T}_j(f_i)\mathscr{Q}(\varphi_i)\Big|$$

$$= \sup_{\|\mathscr{Q}\|_{\pi_\mu^{(\infty)}} \leqq 1} \sup_{\mathscr{T}\in b_p^{\triangle}} \Big|\sum_{(i)} \mathscr{T}(f_i)\mathscr{Q}(\varphi_i)\Big| = \pi_\mu^{(\infty)}\boldsymbol{\varepsilon} p(f).$$

Soit à présent E de Schwartz.

Pour p donné, il existe p' tel que $b_{p'}$ soit précompact pour p. Soit $f\in \mathbf{M}-L_\infty(E)$, tel que $\pi_{p',\mu}^{(\infty)}(f)\leqq C$. Il existe $f_1, \ldots, f_N$ tels que

$$b_{p'}(C)\subset\{f_1, \ldots, f_N\}+b_p(\varepsilon).$$

Posons

$$e_1 = \{x : p[f(x)-f_1] \leqq \varepsilon\}$$

et

$$e_i = \{x : p[f(x)-f_i] \leqq \varepsilon\}\setminus \bigcup_{j=1}^{i-1} e_j, \qquad 1 < i \leqq N.$$

Comme $f(x)$ est μ-mesurable par semi-norme, les e_i sont μ-mesurables. On a

$$\sum_{i=1}^N f_i \delta_{e_i} \in \mathbf{M}-L_\infty \otimes E$$

et

$$\pi_{p,\mu}^{(\infty)}\Big(f-\sum_{i=1}^N f_i\delta_{e_i}\Big) \leqq \varepsilon,$$

d'où la conclusion.

EXERCICES

* Soit ω un ouvert de E_p. Soit A l'ensemble des fonctions $f(x, \lambda)$ telles que
— $f(x, \lambda) \in C_L(\omega)$ pour μ-presque tout x,
— $D_\lambda^k f(x, \lambda) \in \mu - L$ pour tout $\lambda \in \omega$ et tout k tel que $|k| \leqq L$,
— $\sup_{\lambda \in \varkappa} |D_\lambda^k f(x, \lambda)| \in \mu - L_1$ pour tout compact $\varkappa \subset \omega$ et tout k tel que $|k| \leqq L$.

Montrer que $A = \mu - L_1[C_L(\omega)]$.

En déduire que, si $f(x, \lambda) \in A$,

$$f(x, \lambda) = \sum_{m=1}^{\infty} c_m \varphi_m(x) \psi_m(\lambda), \tag{*}$$

où $\varphi_m \to 0$ dans $\mu - L_1$, $\psi_m \to 0$ dans $C_L(\omega)$ et $\sum_{m=1}^{\infty} |c_m| < \infty$, la série (*) convergeant uniformément dans tout compact et étant dérivable terme à terme par rapport à λ jusqu'à l'ordre L pour μ-presque tout x.

En déduire le théorème de dérivation sous le signe d'intégration:

$$D_\lambda^k \int f(x, \lambda)\, d\mu = \int D_\lambda^k f(x, \lambda)\, d\mu,$$

pour tout $f \in A$ et tout k tel que $|k| \leqq L$.

Suggestion. Pour tout $\varphi \in C_L(\omega)$ et tout $\varkappa$ compact dans ω, si $\{\lambda^{(j)}: j=1, 2, \ldots\}$ est dense dans $\varkappa$, on a

$$\sup_{|k| \leqq l} \sup_{\lambda \in \varkappa} |D_\lambda^k [f(x, \lambda) - \varphi(\lambda)]| = \sup_{|k| \leqq l} \sup_{j} |D_\lambda^k [f(x, \lambda^{(j)}) - \varphi(\lambda^{(j)})]|,$$

pour μ-presque tout x.

Donc cette expression est μ-mesurable. Il en résulte, par le théorème de Pettis (cf. II, p. 248), que $f(x, \lambda)$ est μ-mesurable par semi-norme dans $C_L(\omega)$. Il est alors immédiat que

$$f(x, \lambda) \in \mu - L_1[C_L(\omega)].$$

Cela étant, comme

$$\mu - L_1[C_L(\omega)] = \mu - L_1 \overline{\boldsymbol{\pi}}\, C_L(\omega),$$

tout élément de $\mu - L_1[C_L(\omega)]$ se développe sous la forme indiquée (cf. I, p. 344).

*

* *

Etablir que $\mathscr{T} \in [\mu - L_{1,2}(\mathbf{C}_N)]^*$ si et seulement si il existe $g \in \mu - L_{\infty,2}(\mathbf{C}_N)$ tel que

$$\mathscr{T}(f) = \int (f(x), g(x))\, d\mu.$$

De plus, si on désigne par $\|\cdot\|$ une des normes

$$\sum_{i=1}^{N} |y_i|, \quad \sqrt{\sum_{i=1}^{N} |y_i|^2}, \quad \sup_{i \leqq N} |y_i|$$

de $\mathbf{C}_N$ et par $\|\cdot\|'$ la norme

$$\sup_{i \leqq N} |y_i|, \quad \sqrt{\sum_{i=1}^{N} |y_i|^2}, \quad \sum_{i=1}^{N} |y_i|,$$

correspondante, montrer que

$$|\mathscr{T}(f)| \leqq C \pi_{\|\cdot\|, \mu}^{(1,2)}(f), \quad \forall f \in \mu - L_{1,2}(\mathbf{C}_N),$$

si et seulement si

$$\pi_{\|\cdot\|', \mu}^{(\infty,2)}(g) \leqq C.$$

Enfin, déterminer les conditions pour que

$$|\mathscr{C}(f)| = \pi^{(\infty,2)}_{\|.\|',\mu}(g)\cdot\pi^{(1,2)}_{\|.\|,\mu}(f).$$

Suggestion. On vérifie immédiatement que

$$\mu - L_{1,2}(\mathbf{C}_N) = \prod_{i=1}^{N} \mu - L_{1,2}(\mathbf{C}),$$

d'où la structure de $[\mu - L_{1,2}(\mathbf{C}_N)]^*$, par I, b), p. 166.

On a visiblement

$$|\mathscr{C}(f) \leq \pi^{(\infty,2)}_{\|.\|',\mu}(g)\cdot\pi^{(1,2)}_{\|.\|,\mu}(f), \quad \forall f \in \mu - L_{1,2}(\mathbf{C}_N).$$

Etablissons que

$$\pi^{(\infty,2)}_{\|.\|',\mu}(g) \leq C$$

si

$$|\mathscr{C}(f)| \leq C\pi^{(1,2)}_{\|.\|,\mu}(f), \quad \forall f \in \mu - L_{1,2}(\mathbf{C}_N).$$

Dans le cas de $\mu - L_1(\mathbf{C}_N)$, il suffit d'appliquer le théorème de structure du dual de $\mu - L_1(E)$, (cf. p. 123).

Traitons le cas de $\mu - L_2(\mathbf{C}_N)$.

Pour la norme $\sup_{i \leq N} |g_i(x)|$, on note que

$$(\sup_{i\leq N} |g_i(x)|)^2 = \sum_{i=1}^{N} g_i(x) f_i(x),$$

où $f_i(x) = \overline{g_i(x)}$ pour le premier i tel que $|g_i(x)| = \sup_{j \leq N} |g_j(x)|$, 0 pour les autres i. On vérifie aisément que $f(x)$ appartient à $\mu - L_2(\mathbf{C}_N)$ et que $\|f(x)\| = \|g(x)\|'$ pour μ-presque tout x.

Il vient alors

$$\int [\|g(x)\|']^2\, dV\mu = \mathscr{C}(f) \leq C\Big(\int \|f(x)\|^2\, dV\mu\Big)^{1/2} = C\Big(\int [\|g(x)\|']^2\, dV\mu\Big)^{1/2},$$

d'où

$$\Big(\int [\|g(x)\|']^2\, dV\mu\Big)^{1/2} \leq C.$$

Pour la norme $(\sum_{i=1}^{N} |g_i(x)|^2)^{1/2}$, on prend $f(x) = \overline{g(x)}$.

Pour la norme $\sum_{i=1}^{N} |g_i(x)|$, on prend

$$f(x) = \sum_{i=1}^{N} |g_i(x)|\cdot(e^{-i\arg g_1(x)}, \ldots, e^{-i\arg g_N(x)}),$$

et on procède de façon analogue.

Enfin, si

$$|\mathscr{C}(f)| = \pi^{(1,2)}_{\|.\|,\mu}(f)\cdot\pi^{(\infty,2)}_{\|.\|',\mu}(g),$$

on a

$$|\mathscr{C}(f)| = \int \|f(x)\|\,\|g(x)\|'\, dV\mu = \pi^{(1,2)}_{\|.\|,\mu}(f)\cdot\pi^{(\infty,2)}_{\|.\|',\mu}(g).$$

De là, il existe $\theta \in [0, 2\pi[$ tel que

$$\big(f(x), g(x)\big) = e^{i\theta}\|f(x)\|\,\|g(x)\|' \quad \mu\text{-pp} \qquad (*)$$

et, en outre,

$$\int \|f(x)\|\,\|g(x)\|'\, dV\mu = \pi^{(1,2)}_{\mu}(\|f\|)\cdot\pi^{(\infty,2)}_{\mu}(\|g\|').$$

En appliquant le paragraphe 3, p. 67, on obtient alors $\|g(x)\|'$ en fonction de $\|f(x)\|$, puis, par le paragraphe 3, p. 12, on déduit de (*) $g(x)$ en fonction de $f(x)$ et de $\|g(x)\|'$.

III. ESPACES DE FONCTIONS CONTINUES

Espace $C_0^{\text{alg}}(e)$

1. — Soit e un ensemble arbitraire de E_n.

Désignons par $C_0^{\text{alg}}(e)$, noté $C_0(e)$ en abrégé et par abus d'écriture, l'ensemble des fonctions continues dans e.

Quels que soient $f_1, \ldots, f_N \in C_0(e)$ et $c_1, \ldots, c_N \in \mathbf{C}$, posons

$$\left(\sum_{i=1}^{N} c_i f_i\right)(x) = \sum_{i=1}^{N} c_i f_i(x), \quad \forall x \in e.$$

La loi ainsi définie est visiblement une combinaison linéaire dans $C_0(e)$. Nous supposons désormais $C_0(e)$ muni de cette combinaison linéaire.

2. — Si $f \in C_0(e)$, on dit que f est

— *réel* si $f(x)$ est réel pour tout $x \in e$,

— *positif* (resp. *négatif*), ce qu'on note $f \geqq 0$ (resp. $f \leqq 0$), si $f(x) \geqq 0$ (resp. $\leqq 0$) pour tout $x \in e$.

Si $f, g \in C_0(e)$, on dit que f est *supérieur ou égal* (resp. *inférieur ou égal*) à g, ce qu'on note $f \geqq g$ (resp. $f \leqq g$), si $f-g \geqq 0$ (resp. $\leqq 0$).

A tout $f \in C_0(e)$, on associe

— $\mathscr{R}f$ *(partie réelle de f)*, défini par

$$(\mathscr{R}f)(x) = \mathscr{R}f(x), \quad \forall x \in e,$$

— $\mathscr{I}f$ *(partie imaginaire de f)*, défini par

$$(\mathscr{I}f)(x) = \mathscr{I}f(x), \quad \forall x \in e,$$

— $\bar{f}$ *(conjugué de f)*, défini par

$$\bar{f}(x) = \overline{f(x)}, \quad \forall x \in e,$$

— $|f|$ *(module de f)*, défini par

$$|f|(x) = |f(x)|, \quad \forall x \in e.$$

A tout $f \in C_0(e)$, réel, on associe en outre

— f_+ *(partie positive de f)*, défini par

$$f_+(x) = [f(x)]_+, \quad \forall x \in e,$$

— f_- *(partie négative de f)*, défini par

$$f_-(x) = [f(x)]_-, \quad \forall x \in e.$$

Les éléments $\mathscr{R}f, \mathscr{I}f, \ldots$ appartiennent visiblement à $C_0(e)$.

Les relations suivantes sont immédiates.

— $f = \mathscr{R}f + i\mathscr{I}f$; $\bar{f} = \mathscr{R}f - i\mathscr{I}f$; $\mathscr{R}f = \dfrac{f+\bar{f}}{2}$; $\mathscr{I}f = \dfrac{f-\bar{f}}{2i}$,

— $\overline{\sum_{(j)} c_j f_j} = \sum_{(j)} \bar{c}_j \bar{f}_j$,

— $|\mathscr{R}f|$, $|\mathscr{I}f| \leqq |f|$ et, si f est réel, f_+, $f_- \leqq |f|$,

— $\left|\sum_{(j)} c_j f_j\right| \leqq \sum_{(j)} |c_j|\,|f_j|$,

— $|f| = |\bar{f}|$.

On voit sans difficulté qu'avec ces conventions, l'espace $C_0(e)$ est complexe et que le module y satisfait aux conditions algébriques des modules (cf. I, p. 351).

Espaces $\mathbf{A}-C_0(e)$ et $\mathbf{A}-C_0^0(e)$

3. — Un ensemble $e \subset E_n$ est *localement compact* si, pour tout $x \in e$, il existe une boule fermée b de centre x telle que $b \cap e$ soit compact.

a) *Un ensemble $e \subset E_n$ est localement compact si et seulement si il existe un fermé F et un ouvert Ω de E_n tels que $e = \Omega \cap F$.*

La condition est nécessaire. Soit Ω l'union des boules ouvertes b telles que $\bar{b} \cap e$ soit compact. C'est un ouvert de E_n qui contient e car e est localement compact.

Nous allons établir que $\Omega \cap \bar{e} = e$. Il est trivial que $e \subset \Omega \cap \bar{e}$. De plus, si $x \in \Omega \cap \bar{e}$, il existe b tel que $b \cap e$ soit compact et que $x \in \mathring{b} \cap \bar{e}$. Donc x est limite d'une suite de points de $b \cap e$ et il appartient à $b \cap e$ puisque $b \cap e$ est compact.

La condition est suffisante. De fait, si $x \in \Omega \cap F$ et si $0 < r < d(x, \complement\Omega)$, la boule fermée $b(x, r)$ est contenue dans Ω et son intersection avec F est compacte.

b) *Un ensemble $e \subset E_n$ est localement compact si et seulement si $\mathscr{E} = \bar{e} \setminus e$ est fermé dans E_n.*

La condition est nécessaire. Vu a), il existe un fermé F et un ouvert Ω de E_n tels que $e = \Omega \cap F$. De là, si x appartient à $\bar{e}$, x appartient à F et x appartient à Ω ou à $\dot{\Omega}$, donc

$$\bar{e} = (F \cap \Omega) \cup (F \cap \dot{\Omega}) = e \cup (F \cap \dot{\Omega}),$$

d'où la conclusion car $\dot{\Omega}$ et e sont disjoints.

La condition est suffisante. De fait, si $\mathscr{E}$ est fermé, $\Omega = E_n \setminus \mathscr{E}$ est ouvert, $F = \bar{e}$ est fermé dans E_n et on a $e = F \cap \Omega$.

c) *Si e est localement compact, il existe une suite de compacts K_m emboîtés en croissant, tels que*

$$e = \bigcup_{m=1}^{\infty} K_m, \quad K_m = \overline{\mathring{K}}_m$$

et

$$K_m \subset \mathring{K}_{m+1}$$

pour tout m, où $\mathring{K}_m$ désigne l'intérieur de K_m dans e.

En outre, tout compact contenu dans e est contenu dans un de ces K_m.

Posons $\mathscr{E} = \dot{e} \setminus e$ et

$$F_m = \{x \in e : |x| \leqq m \text{ et } d(x, \mathscr{E}) \geqq 1/m \text{ si } \mathscr{E} \neq \varnothing\}.$$

Les F_m sont compacts et croissent vers e. De plus, pour tout $x \in e$, il existe un m tel que x soit contenu dans l'intérieur dans e d'un F_m: il suffit de choisir m tel que $|x| > m$ et $d(x, \mathscr{E}) > 1/m$.

Les $\overline{\mathring{F}}_m$ satisfont alors aux conditions de l'énoncé, si $\mathring{F}_m$ est l'intérieur de F_m dans e. Pour le voir, notons d'abord que

$$\overline{\mathring{\overline{\mathring{F}}}}_m = \overline{\mathring{F}}_m.$$

De fait, d'une part, comme $\mathring{F}_m \subset F_m$, on a $\overline{\mathring{F}}_m \subset F_m$, d'où

$$\overline{\mathring{\overline{\mathring{F}}}}_m \subset \overline{\mathring{F}}_m.$$

D'autre part, comme $\overline{\mathring{F}}_m \supset \mathring{F}_m$, on a $\mathring{\overline{\mathring{F}}}_m \supset \mathring{F}_m$ et

$$\overline{\mathring{\overline{\mathring{F}}}}_m \supset \overline{\mathring{F}}_m.$$

En outre, on a $F_m \subset \mathring{F}_{m+1}$ d'où

$$\overline{\mathring{F}}_m \subset F_m \subset \mathring{F}_{m+1} \subset \mathring{\overline{\mathring{F}}}_{m+1}.$$

Signalons trois types intéressants d'ensembles localement compacts et les K_m correspondants:

— Ω, ouvert de E_n.

On peut prendre pour K_m les ensembles $\overline{\omega}_m$, où

$$\omega_m = \{x \in \Omega : |x| < r_m; \quad d(x, \complement\Omega) > \varepsilon_m\},$$

où $r_m \uparrow \infty$ et $\varepsilon_m \downarrow 0$, r_1 et ε_1 étant choisis pour que $\omega_1 \neq \varnothing$.

— F, fermé de E_n.

On peut prendre pour K_m les ensembles $\overline{\omega}_m$, où

$$\omega_m = \{x \in F : |x| < r_m\},$$

où $r_m \uparrow \infty$, r_1 étant tel que $\omega_1 \neq \emptyset$.

— K, compact de E_n.

On peut prendre $K_m = K$ pour tout m.

4. — A partir d'ici, nous désignons par e un ensemble localement compact de E_n, par K_m une suite de compacts qui satisfont à c) ci-dessus et par $\mathscr{E}$ l'ensemble $\bar{e} \setminus e$.

Soit $\mathbf{A}$ un ensemble de fonctions continues dans e, telles que

— $a(x) \geqq 0$, $\forall a \in \mathbf{A}$, $\forall x \in e$,

— quels que soient l'entier N et $a_1, \dots, a_N \in \mathbf{A}$, il existe $a \in \mathbf{A}$ et $C > 0$ tels que

$$a_1, \dots, a_N \leqq Ca,$$

— pour tout $x \in e$, il existe $a \in \mathbf{A}$ tel que $a(x) > 0$.

a) On désigne par $\mathbf{A} - \boldsymbol{C_0}(\boldsymbol{e})$ l'ensemble des fonctions f continues dans e et telles que

$$\sup_{x \in e} a(x) |f(x)| < \infty, \quad \forall a \in \mathbf{A},$$

muni de la combinaison linéaire de $C_0^{\text{alg}}(e)$ et du système de semi-normes

$$\pi_a(f) = \sup_{x \in e} a(x) |f(x)|, \quad a \in \mathbf{A}.$$

C'est visiblement un espace linéaire, les π_a, $a \in \mathbf{A}$, sont des semi-normes dans cet espace et, vu les propriétés de $\mathbf{A}$, l'ensemble des π_a est un système de semi-normes.

Voici quelques remarques utiles à propos de ces semi-normes.

Soit $\{x_i : i = 1, 2, \dots\}$ *un ensemble dénombrable dense dans* e *et posons*

$$\pi_N(f) = \sup_{i \leqq N} |f(x_i)|, \qquad (N = 1, 2, \dots).$$

— *Les semi-normes* π_N *sont plus faibles que les semi-normes de* $\mathbf{A} - C_0(e)$.

De fait, pour tout N, il existe successivement $a_1, \dots, a_N \in \mathbf{A}$ tels que $a_i(x_i) > 0$, puis $a \in \mathbf{A}$ et C tels que $a_i(x) \leqq Ca(x)$, $(i = 1, \dots, N)$, pour tout $x \in e$. On a alors $a(x_i) > 0$ pour tout $i \leqq N$ et

$$\pi_N(f) \leqq \frac{1}{\inf\limits_{i \leqq N} a(x_i)} \pi_a(f), \quad \forall f \in \mathbf{A} - C_0(e).$$

— *Toute semi-boule fermée de semi-norme* π_a *est fermée pour les* π_N.

De fait, on a

$$\{f:\pi_a(f-f_0)\leqq r\}=\{f:\sup_i a(x_i)|f(x_i)-f_0(x_i)|\leqq r\}$$

$$=\bigcap_{i=1}^{\infty}\{f:a(x_i)|f(x_i)-f_0(x_i)|\leqq r\}.$$

— *Pour tout compact $K\subset e$, il existe $a\in\mathbf{A}$ tel que $a(x)>0$ pour tout $x\in K$.* En effet, considérons les ensembles

$$\Omega_a=\{x:a(x)>0\},\quad a\in\mathbf{A}.$$

Ce sont les restrictions à e d'ouverts de E_n, puisque les $a\in\mathbf{A}$ sont continus dans e. Un nombre fini d'entre eux, $\Omega_{a_1},\ldots,\Omega_{a_N}$, recouvrent K.

Soient $a\in\mathbf{A}$ et $C>0$ tels que $a_i(x)\leqq Ca(x)$, $(i=1,\ldots,N)$, pour tout $x\in e$. On a alors $a(x)>0$ pour tout $x\in K$, d'où la conclusion.

b) On appelle $\mathbf{A}-C_0^0(e)$ le sous-espace linéaire de $\mathbf{A}-C_0(e)$ formé des fonctions f telles que

$$a(x_m)f(x_m)\to 0$$

pour toute suite $x_m\in e$ telle que $x_m\to x\in\mathscr{E}$ ou $x_m\to\infty$, muni des semi-normes induites par $\mathbf{A}-C_0(e)$.

— *On a $f\in\mathbf{A}-C_0^0(e)$ si et seulement si $f\in\mathbf{A}-C_0(e)$ et si*

$$\sup_{x\in e\setminus K_m} a(x)|f(x)|\to 0$$

si $m\to\infty$, quel que soit $a\in\mathbf{A}$.

La condition est nécessaire. En effet, si

$$\sup_{x\in e\setminus K_m} a(x)|f(x)|\not\to 0,$$

il existe $\varepsilon>0$ tel que

$$\sup_{x\in e\setminus K_m} a(x)|f(x)|>\varepsilon,\ \forall m.$$

Il existe alors $x_m\in e\setminus K_m$ tels que

$$a(x_m)|f(x_m)|>\varepsilon,\ \forall m. \tag{*}$$

La suite x_m tend vers l'infini ou est bornée. Si elle est bornée, on peut en extraire une sous-suite convergente. Sa limite appartient visiblement à $\mathscr{E}$. Dans les deux cas, on contredit (*).

La condition est suffisante. En effet, si $x_m\in e$ tend vers $x\in\mathscr{E}$ ou tend vers l'infini, on a, pour m assez grand, $x_m\in e\setminus K_{M(m)}$ avec $M(m)\to\infty$.

— *$\mathbf{A}-C_0^0(e)$ est un sous-espace linéaire fermé de $\mathbf{A}-C_0(e)$.*

Soit f_0 appartenant à l'adhérence de $\mathbf{A}-C_0^0(e)$ et soit $x_m \to x \in \mathscr{E}$ (ou $x_m \to \infty$). Pour $a \in \mathbf{A}$ et $\varepsilon > 0$ fixés, il existe $f \in \mathbf{A}-C_0^0(e)$ tel que

$$\sup_{x \in e} a(x)|f(x)-f_0(x)| \leqq \varepsilon/2.$$

Pour cet f, il existe M tel que

$$a(x_m)|f(x_m)| \leqq \varepsilon/2, \quad \forall m \geqq M,$$

donc tel que

$$a(x_m)|f_0(x_m)| \leqq \varepsilon, \quad \forall m \geqq M,$$

d'où la conclusion.

— *Si, pour tout $a \in \mathbf{A}$, il existe $b \in \mathbf{A}$ tel que*

$$a(x) \neq 0 \Rightarrow b(x) \neq 0$$

et que, pour toute suite $x_m \in e$ telle que $x_m \to \infty$ ou $x_m \to x \in \mathscr{E}$,

$$\frac{a(x_m)}{b(x_m)} \left(0 \text{ si } b(x_m)=0\right) \to 0$$

si $m \to \infty$, on a

$$\mathbf{A}-C_0(e) = \mathbf{A}-C_0^0(e).$$

C'est le cas en particulier si tout $a \in \mathbf{A}$ est à support compact disjoint de $\mathscr{E}$.
C'est immédiat puisque, si $x_m \to \infty$ ou si $x_m \to x \in \mathscr{E}$,

$$a(x_m)|f(x_m)| = \frac{a(x_m)}{b(x_m)} b(x_m)|f(x_m)| \leqq \frac{a(x_m)}{b(x_m)} \sup_{x \in e} a(x)|f(x)| \to 0.$$

5. — *Les espaces $\mathbf{A}-C_0(e)$ et $\mathbf{A}-C_0^0(e)$ sont complexes modulaires.*

De fait, si $f \in \mathbf{A}-C_0(e)$ [resp. $\mathbf{A}-C_0^0(e)$], il est immédiat qu'on a aussi

$$\mathscr{R}f,\ \mathscr{I}f,\ \bar{f} \text{ et } |f| \in \mathbf{A}-C_0(e) \text{ [resp. } \mathbf{A}-C_0^0(e)].$$

De là, les espaces $\mathbf{A}-C_0(e)$ et $\mathbf{A}-C_0^0(e)$ sont complexes et le module y satisfait aux conditions algébriques du module (cf. p. 131).

D'où la conclusion, car les semi-normes de ces espaces sont visiblement modulaires.

6. — Voici quelques exemples usuels d'espaces $\mathbf{A}-C_0(e)$ et $\mathbf{A}-C_0^0(e)$.

A. $\boldsymbol{C_0(e)} = \mathbf{A}-C_0(e) = \mathbf{A}-C_0^0(e)$, où $\mathbf{A}$ est l'ensemble des restrictions à e des fonctions continues, positives et à support compact dans $\complement\mathscr{E}$.

L'espace $C_0(e)$ est l'ensemble des fonctions continues dans e, muni du système de semi-normes dénombrables

$$\pi_{K_m}(f) = \sup_{x \in K_m} |f(x)|, \qquad (m=1,2,\ldots).$$

Vérifions que les π_a, $a \in \mathbf{A}$, sont équivalents aux π_m.

D'une part, si $a \in \mathbf{A}$, le support de a est compact et contenu dans e, donc il est contenu dans un des K_m, par exemple K_M, et il vient

$$\pi_a(f) \leqq \sup_{x \in [a]} |a(x)| \cdot \sup_{x \in K_M} |f(x)|, \quad \forall f \in C_0(e).$$

D'autre part, soit a_m la restriction à e d'une ε-adoucie de K_m, avec $\varepsilon < d(K_N, \mathscr{E})$. Il vient alors $a_m \delta_e \in \mathbf{A}$ et

$$\pi_{K_m}(f) \leqq \pi_{a_m}(f), \quad \forall f \in C_0(e).$$

Il est immédiat qu'on a ici $\mathbf{A} - C_0(e) = \mathbf{A} - C_0^0(e)$.

Signalons trois cas particuliers intéressants de $C_0(e)$:

— $\boldsymbol{C_0(\Omega)}$, où Ω est ouvert.

— $\boldsymbol{C_0(F)}$, où F est fermé.

— $\boldsymbol{C_0(K)}$, où K est compact.

Ce dernier espace est normé par

$$\pi_K(f) = \sup_{x \in K} |f(x)|.$$

On remarque que la norme de $C_0(K)$ est équivalente à la norme $\pi_a(f)$ quel que soit a strictement positif et continu dans K, puisque

$$\inf_{x \in K} a(x) \cdot \pi_K(f) \leqq \pi_a(f) \leqq \sup_{x \in K} a(x) \cdot \pi_K(f).$$

B. $\boldsymbol{C_0^b(e)} = \mathbf{A} - C_0(e)$ et $\boldsymbol{C_0^0(e)} = \mathbf{A} - C_0^0(e)$, où $\mathbf{A} = \{1\}$.

L'espace $C_0^b(e)$ est l'ensemble des fonctions continues et bornées dans e, muni de la norme

$$\pi_e(f) = \sup_{x \in e} |f(x)|.$$

L'espace $C_0^0(e)$ est l'ensemble des fonctions continues dans e telles que $f(x_m) \to 0$ si $x_m \in e$ et si $x_m \to x \in \mathscr{E}$ ou $x_m \to \infty$, muni de la norme induite par $C_0^b(e)$.

Signalons deux cas particuliers intéressants de $C_0^b(e)$ et $C_0^0(e)$:

— $\boldsymbol{C_0^b(\Omega)}$ [resp. $\boldsymbol{C_0^0(\Omega)}$], où Ω est ouvert, est l'espace des fonctions continues et bornées dans Ω [resp. telles que $f(x_m) \to 0$ si $x_m \in \Omega$ et si $x_m \to x \in \dot{\Omega}$ ou $x_m \to \infty$], normé par

$$\pi_\Omega(f) = \sup_{x \in \Omega} |f(x)|.$$

— $\boldsymbol{C_0^b(F)}$ [resp. $\boldsymbol{C_0^0(F)}$], où F est fermé, est l'espace des fonctions continues dans F [resp. telles que $f(x_m) \to 0$ si $x_m \in F$ et $x_m \to \infty$], normé par

$$\pi_F(f) = \sup_{x \in F} |f(x)|.$$

C. $\boldsymbol{D_0(e)} = \mathbf{A} - C_0(e) = \mathbf{A} - C_0^0(e)$, où $\mathbf{A}$ est l'ensemble des fonctions continues et positives dans e.

a) *L'espace $D_0(e)$ est l'ensemble des fonctions continues dans e, à support compact contenu dans e.*

Par support de f, on entend ici le support de f prolongé par 0 hors de e.

D'une part, si f est continu et à support compact dans e, pour tout $a \in C_0(e)$, tel que $a \geqq 0$, on a

$$\sup_{x \in e} a(x)|f(x)| = \sup_{x \in [f]} a(x)|f(x)| < \infty.$$

D'autre part, soit $f \in D_0(e)$ fixé. Si $[f]$ n'est pas un compact de e, pour tout m, $[f] \setminus K_m$ n'est pas vide, donc

$$\sup_{x \in K_{m+1} \setminus K_m} |f(x)| = c_m$$

est strictement positif pour une infinité de valeurs de m.

Soit alors a continu dans e, positif et tel que

$$a(x) \geqq m/c_m, \quad \forall x \in K_{m+1} \setminus K_m,$$

pour tout $m > 1$ tel que $c_m \neq 0$.(1) On voit que af n'est pas borné dans e, ce qui est absurde. Donc $[f]$ est compact dans e.

b) De a), il découle immédiatement que, pour l'ensemble $\mathbf{A}$ considéré ici, $\mathbf{A} - C_0(e) = \mathbf{A} - C_0^0(e)$.

c) Précisons à présent la nature des semi-normes de $D_0(e)$.

Pour cela, il est nécessaire d'introduire des sous-espaces remarquables de $D_0(e)$.

Si K est un compact contenu dans e, on désigne par $\boldsymbol{D_0(K, e)}$ le sous-espace linéaire de $D_0(e)$ formé des f à support dans K, muni de la norme

$$\pi_K(f) = \sup_{x \in K} |f(x)|.$$

Notons que, *si $f \in D_0(K, e)$, on a $f = 0$ dans la frontière dans e de K.*

Inversement, *si $f \in C_0(K)$ est nul dans la frontière dans e de K, la fonction f' obtenue en le prolongeant par 0 dans $e \setminus K$ appartient à $D_0(K, e)$.*

---

(1) On prend par exemple

$$a(x) = \sum_{\substack{c_m \neq 0 \\ m > 1}} \frac{m}{c_m} \alpha_m(x),$$

où les α_m sont des adoucies des $K_{m+1} \setminus K_m$, à support dans $K_{m+2} \setminus K_{m-1}$. La suite des α_m est localement finie, donc $a \in C_0(e)$.

Ainsi, $D_0(K, e)$ est le sous-espace linéaire de $C_0(K)$ formé des f nuls dans la frontière dans e de K.

Si $f \in D_0(K, e)$ et si x appartient à la frontière dans e de K, x est limite d'une suite $x_m \in e \setminus K$. Comme $f(x_m)=0$ pour tout m, on a donc $f(x)=0$.

Inversement, soit $f \in C_0(K)$ nul dans la frontière dans e de K et soit f' son prolongement par 0 dans $e \setminus K$. Pour que f' appartienne à $D_0(e)$, il suffit qu'il soit continu dans e, donc qu'il soit continu en tout point frontière dans e de K. Soit x un tel point. Si $x_m \to x$ et si $x_m \in e \setminus K$, on a $f(x)=0$ et $f(x_m)=0$ pour tout m, donc $f(x_m) \to f(x)$. Si $x_m \in K$, on a aussi $f(x_m) \to f(x)$, puisque $f \in C_0(K)$.

L'espace $D_0(e)$ est la limite inductive des $D_0(K_m, e)$.

De plus, cette limite inductive est hyperstricte.

Comme tout compact $K \subset e$ est contenu dans un K_m, on a

$$D_0(e) = \bigcup_{m=1}^{\infty} D_0(K_m, e).$$

Les semi-normes de $D_0(e)$ sont plus faibles que celles de la limite inductive des $D_0(K_m, e)$. Il suffit pour cela qu'elles soient plus faibles dans chaque $D_0(K_m, e)$ que la norme de ce dernier. Or, pour tout $a \in \mathbf{A}$.

$$\sup_{x \in e} a(x)|f(x)| \leqq \sup_{x \in K_m} a(x) \cdot \pi_{K_m}(f), \quad \forall f \in D_0(K_m, e).$$

Inversement, les semi-normes de la limite inductive des $D_0(K_m, e)$ sont plus faibles que celles de $D_0(e)$. Soit π une semi-norme de la limite inductive:

$$\pi(f) = \inf_{\substack{f=\sum_{(i)} f_i \\ f_i \in D_0(K_i, e)}} \sum_{(i)} c_i \sup_{x \in K_i} |f_i(x)|, \quad \forall f \in D_0(e).$$

Soit α_m, $(m=1, 2, \ldots)$, une partition de l'unité localement finie dans e telle que $\alpha_m \in D_0(K_m, e)$ pour tout m.

Comme

$$f = \sum_{(i)} \alpha_i f, \quad \alpha_i f \in D_0(K_i, e),$$

on a

$$\begin{aligned} \pi(f) &\leqq \sum_{(i)} c_i \sup_{x \in K_i} |\alpha_i(x) f(x)| \\ &\leqq \sum_{(i)} c_i \Big[\sup_{x \in K_1} |\alpha_i(x) f(x)| + \sum_{1<j\leqq i} \sup_{x \in K_j \setminus K_{j-1}} |\alpha_i(x) f(x)|\Big] \\ &\leqq \sum_{(i)} c_i \sup_{x \in K_1} |\alpha_i(x) f(x)| + \sum_{j>1} \sum_{i \geqq j} c_i \sup_{x \in K_j \setminus K_{j-1}} |\alpha_i(x) f(x)| . \end{aligned}$$

Comme la partition est localement finie, pour tout j, il n'y a qu'un nombre fini de α_i non nuls dans K_j, donc on peut trouver des nombres $c'_j > 0$ tels que le dernier membre de l'inégalité précédente soit majoré par

$$c'_1 \sup_{x \in K_1} |f(x)| + \sum_{j>1} c'_j \sup_{x \in K_j \setminus K_{j-1}} |f(x)|.$$

Si $a \in C_0(e)$ est positif et tel que

$$a(x) \geqq \begin{cases} c'_1, & \text{si} \quad x \in K_1, \\ c'_j, & \text{si} \quad x \in K_j \setminus K_{j-1}, \end{cases}$$

il vient

$$\pi(f) \leqq \pi_a(f), \ \forall f \in D_0(e),$$

d'où la conclusion.[1]

Enfin, la limite inductive des $D_0(K_m, e)$ est hyperstricte.

Elle est stricte car, pour tout m, la norme $\pi_{K_{m+1}}$ induit dans $D_0(K_m, e)$ la norme π_{K_m}.

En outre, $D_0(K_m, e)$ est fermé dans $D_0(K_{m+1}, e)$ pour tout m, car si $f_k(x) \to f(x)$ pour tout $x \in K_{m+1}$ et si $[f_k] \subset K_m$ pour tout k, on a $[f] \subset K_m$.

d) Examinons encore la forme particulière de $D_0(e)$ lorsque e est ouvert dans E_n.

Si K est compact et contenu dans Ω, sa frontière dans Ω est alors sa frontière dans E_n.

Il en résulte que $D_0(K, \Omega) = C_0^0(\mathring{K})$.

De là, *l'espace* $D_0(\Omega)$ *est la limite inductive hyperstricte des* $C_0^0(\mathring{K}_m)$, *si on convient de prolonger par* 0 *dans* $\Omega \setminus \mathring{K}$ *les éléments de* $C_0^0(\mathring{K})$.

7. — a) *Les espaces* $\mathbf{A} - C_0(e)$ *et* $\mathbf{A} - C_0^0(e)$ *sont complets.*

Soit f_m une suite de Cauchy dans $\mathbf{A} - C_0(e)$.

Pour tout compact $K \subset e$, il existe $a \in \mathbf{A}$ tel que $a(x) > 0$ pour tout $x \in K$. Dès lors,

$$\sup_{x \in K} |f(x)| \leqq C\pi_a(f), \ \forall f \in \mathbf{A} - C_0(e).$$

Il en résulte que la suite f_m est de Cauchy uniformément dans tout compact de e. Elle converge donc vers une fonction f continue dans e.

Comme

$$a(x)|f(x)| = \lim_m a(x)|f_m(x)| \leqq \sup_m \pi_a(f_m) < \infty, \ \forall a \in \mathbf{A}, \ \forall x \in e,$$

il vient $f \in \mathbf{A} - C_0(e)$. De plus, pour m assez grand,

$$a(x)|f(x) - f_m(x)| = \lim_r a(x)|f_r(x) - f_m(x)| \leqq \sup_{r \geqq m} \pi_a(f_r - f_m) \leqq \varepsilon,$$

[1] On construit un tel a en procédant comme en a), p. 137.

donc $\pi_a(f-f_m) \to 0$ et $f_m \to f$ dans $\mathbf{A}-C_0(e)$. Donc $\mathbf{A}-C_0(e)$ est complet.

Comme $\mathbf{A}-C_0^0(e)$ est un sous-espace fermé de $\mathbf{A}-C_0(e)$, il est également complet.

b) *L'espace $D_0(e)$ est limite inductive hyperstricte d'une suite d'espaces de Banach.*

De là,

— *une suite est de Cauchy* (resp. *convergente*) *dans $D_0(e)$ si et seulement si il existe K compact dans e tel que la suite soit contenue dans $D_0(K, e)$ et y soit de Cauchy* (resp. *convergente*).

— *un ensemble est borné dans $D_0(e)$ si et seulement si il existe K compact dans e tel que l'ensemble soit contenu dans $D_0(K, e)$ et y soit borné.*

Pour tout m, $D_0(K_m, e)$ est un sous-espace linéaire fermé de $C_0(K_m)$, puisque c'est l'ensemble des $f \in C_0(K_m)$ nuls dans la frontière dans e de K_m. Comme $C_0(K_m)$ est de Banach, $D_0(K_m, e)$ est donc de Banach. On conclut par c), p. 137.

8. — Examinons la séparabilité de $\mathbf{A}-C_0(e)$ et de $\mathbf{A}-C_0^0(e)$.

a) *L'espace $\mathbf{A}-C_0^0(e)$ est séparable.*

De plus, *l'ensemble des fonctions continues et à support compact dans e est dense dans $\mathbf{A}-C_0^0(e)$.*

Enfin, *si $e = e' \times e''$, $e' \subset E_{n'}$, $e'' \subset E_{n''}$, $(n = n'+n'')$, les fonctions continues et à support compact dans e, de la forme $\varphi(x) = \varphi'(x')\varphi''(x'')$ forment un ensemble total dans $\mathbf{A}-C_0^0(e)$.*

Soient $f \in \mathbf{A}-C_0^0(e)$ et $a \in \mathbf{A}$ fixés.

Désignons par α_m une fonction continue dans e telle que

$$\delta_{K_m} \leqq \alpha_m \leqq \delta_{K_{m+1}}.$$

Il suffit de prendre pour α_m la restriction à e d'une ε-adoucie de K_m, où $\varepsilon < d(K_m, \complement K_{m+1})$.

Posons $T_m f = \alpha_m f$. Il vient

$$\pi_a(f - T_{m_1} f) \leqq \sup_{x \in e \setminus K_{m_1}} a(x)\,|f(x)| \to 0 \qquad (*)$$

si $m_1 \to \infty$.

Pour tout m, soit $\varphi_i^{(m)}$, $(i = 1, 2, \ldots)$, une partition de l'unité localement finie de $\complement \mathscr{E}$, formée de fonctions continues et à support compact dans des boules de centre $x_i^{(m)}$ et de rayon $1/m$ et soit $\beta_i^{(m)}$ la restriction à e des $\varphi_i^{(m)}$ dont le support ne rencontre pas $\mathscr{E}$.

Posons

$$T_{m_1, m_2} f = \sum_{(i)} (T_{m_1} f)\,(x_i^{(m_2)})\,\beta_i^{(m_2)}.$$

Pour $m_2 > 2/d(K_{m_1+1}, \complement K_{m_1+2})$, on a $[\beta_i^{(m_2)}] \subset K_{m_1+2}$ pour tout i tel que $[\beta_i^{(m_2)}] \cap K_{m_1+1} \neq \emptyset$. Dès lors, pour un tel m_2, comme $[T_{m_1} f] \subset K_{m_1+1}$, il vient $[T_{m_1,m_2} f] \subset K_{m_1+2}$. On obtient donc

$$\begin{aligned} &\pi_a(T_{m_1} f - T_{m_1,m_2} f) \\ &\leqq \sup_{x \in K_{m_1+2}} a(x) \left| \sum_{(i)} [(T_{m_1} f)(x) - (T_{m_1} f)(x_i^{(m_2)})] \beta_i^{(m_2)}(x) \right| \\ &\leqq \sup_{x \in K_{m_1+2}} a(x) \sup_{\substack{x, y \in K_{m_1+2} \\ |x-y| \leqq 1/m_2}} |(T_{m_1} f)(x) - (T_{m_1} f)(y)| \qquad (**) \end{aligned}$$

et la majorante tend vers 0 si $m_2 \to \infty$.

Pour $\varepsilon > 0$ fixé, il existe alors successivement m_1 et m_2 tels que

$$\pi_a(f - T_{m_1} f) \leqq \varepsilon/2$$

et

$$\pi_a(T_{m_1} f - T_{m_1,m_2} f) \leqq \varepsilon/2,$$

donc tels que

$$\pi_a(f - T_{m_1,m_2} f) \leqq \varepsilon.$$

Les $\beta_i^{(m)}$, $(i, m = 1, 2, \dots)$, forment donc un ensemble total dans $\mathbf{A} - C_0^0(e)$. Comme ils sont dénombrables, il en résulte que $\mathbf{A} - C_0^0(e)$ est séparable.

De plus, les $T_{m_1,m_2} f$ sont continus et à support compact dans e, d'où la seconde assertion.

Enfin, supposons que $e = e' \times e''$, $e' \subset E_{n'}$, $e'' \subset E_{n''}$.

On peut choisir les $\varphi_i^{(m)}$ de la forme $\varphi_i'^{(m)}(x')\varphi_i''^{(m)}(x'')$. Il suffit de déterminer une partition de l'unité localement finie dans $E_{n'}$ et $E_{n''}$ respectivement et de multiplier deux à deux les fonctions obtenues. D'où la dernière assertion.

b) *L'espace $\mathbf{A} - C_0(e)$ est séparable par semi-norme si et seulement si il est égal à $\mathbf{A} - C_0^0(e)$. Il est alors séparable.*

La condition suffisante découle de a).

Etablissons la réciproque. Supposons qu'il existe

$$f \in \mathbf{A} - C_0(e) \setminus \mathbf{A} - C_0^0(e).$$

Il existe alors $a \in \mathbf{A}$ et $\varepsilon > 0$ tels que

$$\sup_{x \in K_{m+1} \setminus K_m} a(x) |f(x)| > \varepsilon$$

pour une infinité de valeurs de m, soit m_i, $(i = 1, 2, \dots)$.

Soient $x_i \in K_{m_i+1} \setminus K_{m_i}$ tels que $a(x_i) |f(x_i)| \geqq \varepsilon$. En chaque x_i, centrons une boule b_i de rayon ε_i de façon que les b_i soient deux à deux disjoints.

Les fonctions

$$\sum_{i=1}^{\infty} c_i \varrho_{\varepsilon_i}(x - x_i) f(x),$$

où $c_i = 0$ ou 1, appartiennent à $\mathbf{A} - C_0(e)$ et sont non dénombrables. Si g et h sont de telles fonctions, on a $\pi_a(g-h) \geqq \varepsilon$ si $g \neq h$. Ces fonctions constituent donc un ensemble qui n'est pas séparable pour π_a, d'où $\mathbf{A} - C_0(e)$ n'est pas séparable pour π_a.

c) *Les espaces* $\mathbf{A} - C_0(e)$ *et* $\mathbf{A} - C_0^0(e)$ *sont à semi-normes représentables.* En effet,

$$\pi_a(f) = \sup_{x \in e} a(x)|f(x)|,$$

où $\widetilde{\mathscr{C}}_x(f) = a(x)f(x)$ est visiblement une fonctionnelle linéaire bornée par π_a dans $\mathbf{A} - C_0(e)$ et $\mathbf{A} - C_0^0(e)$.

EXERCICES

1. — On a
$$\mathbf{A} - C_0(e) = \mathbf{A} - C_0^0(e)$$
si et seulement si l'ensemble
$$B_f = \{g \in \mathbf{A} - C_0(e) : |g| \leqq |f|\}$$
est séparable par semi-norme pour tout $f \in \mathbf{A} - C_0(e)$.

Suggestion. La condition nécessaire est immédiate.

Pour la condition suffisante, on note qu'en vertu de la démonstration de b) ci-dessus, si $f \notin \mathbf{A} - C_0^0(e)$, B_f n'est pas séparable par semi-norme.

2. — Si $\mathbf{A} - C_0(e) \neq \mathbf{A} - C_0^0(e)$, il n'existe pas de projecteur linéaire borné P de $\mathbf{A} - C_0(e)$ sur $\mathbf{A} - C_0^0(e)$.

Suggestion. Conservons les notations de la démonstration de b) ci-dessus. Il existe un ensemble non dénombrable de fonctions de la forme

$$\sum_{m=1}^{\infty} c_m \varrho_{\varepsilon_m} f \in \mathbf{A} - C_0(e) \backslash \mathbf{A} - C_0^0(e), \tag{*}$$

avec $c_m = 0$ ou 1, donc telles que les suites c_m correspondantes n'ont deux à deux qu'un nombre fini de composantes non nulles communes (cf. ex. 1, p. 23).

Si P existe, les fonctionnelles
$$\widetilde{\mathscr{C}}_m(f) = f(x_m) - (Pf)(x_m)$$
sont linéaires, bornées et nulles dans $\mathbf{A} - C_0^0(e)$.

En procédant comme dans l'ex. 2, p. 23, on voit que l'ensemble des g de la forme (*) tels que $\widetilde{\mathscr{C}}_m(g)$ diffère de 0 pour au moins un m est dénombrable. Il existe donc g, de la forme (*), tel que $\widetilde{\mathscr{C}}_m(g) = 0$ pour tout m, ce qui entraîne $(Pg)(x_m) = g(x_m)$ pour tout m, d'où $Pg \notin \mathbf{A} - C_0^0(e)$.

9. — L'espace $\mathbf{A} - C_0^0(e)$ donne lieu à d'intéressants théorèmes de densité.

a) *Soit* D *un ensemble d'éléments réels de* $\mathbf{A} - C_0^0(e)$, *tel que*

$$-\begin{Bmatrix} \sup \\ \inf \end{Bmatrix} (f,g) \in D, \quad \forall f,g \in D,$$

— pour tous $x, y \in e$ $(x \neq y)$ et $\alpha, \beta \in \mathbf{R}$, il existe $f \in D$ tel que

$$f(x) = \alpha \quad et \quad f(y) = \beta.$$

Alors D est dense dans l'ensemble des éléments réels de $\mathbf{A} - C_0^0(e)$ et, en particulier, il est total dans $\mathbf{A} - C_0^0(e)$.

Soit f un élément réel de $\mathbf{A} - C_0^0(e)$ et soient $a \in \mathbf{A}$ et $\varepsilon > 0$ donnés.

Prouvons d'abord que, pour tout $x_0 \in e$, il existe $g \in D$ tel que

$$ag \geqq af - \varepsilon \quad \text{et} \quad g(x_0) = f(x_0). \tag{*}$$

De fait, il existe $h \in D$ tel que $h(x_0) = f(x_0)$. Il existe alors un compact $K \subset e$ tel que

$$\sup_{x \in e \setminus K} a(x)[|f(x)| + |h(x)|] \leqq \varepsilon.$$

Alors, dans $e \setminus K$, on a

$$ah \geqq af - \sup_{x \in e \setminus K} a(x)|f(x) - h(x)| \geqq af - \varepsilon.$$

Pour tout $x \in K$, il existe $g_x \in D$ tel que $g_x(x_0) = f(x_0)$ et $g_x(x) = f(x)$. On a alors $ag_x \geqq af - \varepsilon$ dans un ouvert $\omega_x \ni x$. On peut recouvrir K par un nombre fini de ces ouverts et, pour les g_{x_i} correspondants, il vient

$$a \sup(h, g_{x_1}, \ldots, g_{x_N}) \geqq af - \varepsilon \quad \text{et} \quad \sup(h, g_{x_1}, \ldots, g_{x_N})(x_0) = f(x_0),$$

d'où la conclusion.

Soit alors g vérifiant (*). En procédant comme ci-dessus, on voit qu'il existe un compact $K' \subset e$ tel que, dans $e \setminus K'$,

$$ag \leqq af + \varepsilon.$$

De plus, vu (*), pour tout $x \in K'$, il existe $g'_x \in D$ tel que

$$ag'_x \geqq af - \varepsilon \quad \text{et} \quad g'_x(x) = f(x).$$

On a alors $ag'_x \leqq af + \varepsilon$ dans un ouvert $\omega'_x \ni x$. On recouvre K' par un nombre fini de ces ouverts et, pour les g'_{x_i} correspondants, on obtient

$$af - \varepsilon \leqq a \inf(g, g'_{x_1}, \ldots, g'_{x_M}) \leqq af + \varepsilon,$$

c'est-à-dire

$$\pi_a[f - \inf(g, g'_{x_1}, \ldots, g'_{x_M})] \leqq \varepsilon,$$

ce qui établit la proposition.

b) Théorème de M. Stone-K. Weierstrass

Un sous-espace linéaire L de $C_0^0(e)$ qui contient les produits finis et les conjugués de ses éléments est dense dans $C_0^0(e)$ si,

— pour tout $x \in e$, il existe $f \in L$ tel que $f(x) \neq 0$,

— pour tous $x, y \in e$ $(x \neq y)$, il existe $f \in L$ tel que $f(x) \neq f(y)$.

Il est immédiat que $\bar{L}$ est linéaire et fermé et qu'il contient les produits finis et les conjugués, donc les parties réelle et imaginaire, de ses éléments.

Il contient aussi les modules de ses éléments. Il suffit de montrer que $\sqrt{f} \in \bar{L}$ si $f \in \bar{L}$ et $0 \leqq f \leqq 1$. En effet, pour tout $f \in \bar{L}$, on a alors

$$|f| = \sup_{x \in e} |f(x)| \cdot \sqrt{f\bar{f}/\sup_{x \in e} |f(x)|^2} \in \bar{L}.$$

Si $f \in \bar{L}$ et $0 \leqq f \leqq 1$, considérons la suite

$$f_0 = 0; \; f_{m+1} = f_m + \frac{1}{2}(f - f_m^2), \quad \forall m \geqq 0.$$

On vérifie par récurrence qu'elle est croissante et majorée par $\sqrt{f}$. De fait, si $f_m^2 \leqq f$ et $f_m \geqq f_{m-1}$, on a

$$f_{m+1} = f_m + \frac{1}{2}(f - f_m^2) \geqq f_m$$

et

$$f_{m+1} = f_m + \frac{1}{2}(\sqrt{f} - f_m)(\sqrt{f} + f_m) \leqq f_m + \sqrt{f}(\sqrt{f} - f_m) \leqq \sqrt{f}.$$

De plus, on a

$$\sqrt{f} - f_m \leqq \frac{2\sqrt{f}}{2 + m\sqrt{f}} \leqq \frac{2}{m}.$$

donc f_m converge uniformément dans e vers $\sqrt{f}$. On le démontre également par récurrence. On a

$$\sqrt{f} - f_m \leqq \frac{2\sqrt{f}}{2 + m\sqrt{f}}$$

si et seulement si

$$f_m(2 + m\sqrt{f}) \geqq mf. \tag{*}$$

Si l'inégalité (*) est vérifiée, on a

$$f_{m+1}[2 + (m+1)\sqrt{f}] = \left[f_m + \frac{1}{2}(f - f_m^2)\right][2 + (m+1)\sqrt{f}]$$

$$\geqq 2f_m + (f - f_m^2) + (m+1)f_m\sqrt{f} = f_m(2 + m\sqrt{f}) + f + f_m(\sqrt{f} - f_m) \geqq (m+1)f,$$

d'où la conclusion.

Donc $\bar{L}$ contient les enveloppes supérieure et inférieure d'un nombre fini quelconque de ses éléments réels.

Enfin, soient $x, y \in e$, $(x \neq y)$, et $\alpha, \beta \in \mathbf{R}$. Il existe f_1, f_2 et $f \in L$ tels que $f_1(x)$ et $f_2(x) \neq 0$ et $f(x) \neq f(y)$. Alors, si

$$g = \alpha \frac{f_1}{f_1(x)} \frac{f-f(y)}{f(x)-f(y)} + \beta \frac{f_2}{f_2(y)} \frac{f-f(x)}{f(y)-f(x)},$$

on a $g \in L$, $g(x)=\alpha$ et $g(y)=\beta$.

Dès lors, $\bar{L}$ satisfait aux hypothèses de a) et est dense dans $C_0^0(e)$, donc il lui est égal.

c) *L'ensemble des polynômes est dense dans* $C_0(e)$.

De fait, il vérifie visiblement les hypothèses de b).

EXERCICE

Si $a > b > 0$,

$$e^{-bt} \sum_{j=0}^{k} \frac{(b-a)^j t^j}{j!}$$

converge uniformément vers e^{-at} dans $[0, +\infty[$.

En déduire que

— si F est fermé et $\alpha > 0$,

$$D = \{e^{-\alpha |x|^2} p(x) : p \text{ polynôme}\}$$

est dense dans $C_0^0(F)$,

— si F est fermé, $\alpha > 0$ et a tel que, pour N assez grand,

$$(a, x) \geqq \alpha |x| \quad \text{si} \quad x \in F \quad \text{et} \quad |x| \geqq N,$$

alors

$$D' = \{e^{-(a, x)} p(x) : p \text{ polynôme}\}$$

est dense dans $C_0^0(F)$.

Suggestion. La fonction

$$\pi_k(t) = e^{-at} - e^{-bt} \sum_{j=0}^{k} \frac{(b-a)^j t^j}{j!}$$

admet un maximum t_0 dans $]0, +\infty[$. Pour ce t_0, on a

$$D_t \pi_k(t_0) = -a\pi_k(t_0) + \frac{(b-a)^{k+1} t_0^k}{k!} e^{-bt_0}$$

donc

$$\sup_{t \in]0, +\infty[} \pi_k(t) \leqq \pi_k(t_0) = \frac{(b-a)^{k+1} t_0^k}{a\, k!} e^{-bt_0}.$$

Or

$$\sup_{t \in]0, +\infty[} \frac{(b-a)^{k+1} t^k}{a\, k!} e^{-bt} = \frac{b-a}{a} \left(\frac{b-a}{b}\right)^k \frac{e^{-k} k^k}{k!} \to 0$$

si $k \to \infty$. Donc $\pi_k(t)$ tend vers 0 uniformément dans $]0, +\infty[$.

Cela étant, soient F fermé et $\alpha > 0$. L'ensemble

$$D'' = \{e^{-m\alpha |x|^2} p(x) : p \text{ polynôme}; \quad m = 1, 2, \ldots\}$$

est visiblement total dans $C_0^0(F)$ car son enveloppe linéaire vérifie les hypothèses de b). Prouvons que D est dense dans D''. Comme il est linéaire, il est alors dense dans $C_0^0(F)$.

Pour tout $m > 1$ et tout p, $e^{-m\alpha |x|^2} p(x)$ s'écrit encore

$$e^{-(m-1/2)\alpha |x|^2} e^{-\alpha |x|^2/2} p(x),$$

donc il est limite uniforme dans E_n de

$$e^{-\alpha|x|^2} \sum_{j=0}^{k} \frac{(1-m)^j \alpha^j |x|^{2j}}{j!} p(x) \in D.$$

Enfin supposons que

$$(a,x) \geqq \alpha |x| \quad \text{si} \quad x \in F \quad \text{et} \quad |x| \geqq N.$$

Ici,

$$D''' = \{e^{-m(a,x)} p(x) \colon p \text{ polynôme}; \quad m = 1, 2, \ldots\}$$

est total dans $C_0^0(F)$, vu b). Prouvons que D' est dense dans D'''.

Soient $m > 1$ et p donnés. Il existe c tel que $(a,x)/2 + c > 0$ dans F. La fonction $e^{-m(a,x)}$ $p(x)$ s'écrit encore

$$e^{-[(a,x)+c]/2}\, e^{-(m-1/2)[(a,x)+c]}\, e^{mc}\, p(x),$$

donc elle est limite uniforme dans F de

$$e^{(m-1)c-(a,x)} \sum_{j=0}^{k} \frac{(1-m)^j [(a,x)+c]^j}{j!} p(x) \in D',$$

d'où la conclusion.

10. — Etudions à présent les précompacts de $\mathbf{A} - C_0^0(e)$.

a) *Un ensemble $\mathscr{K}$ est précompact pour π_a dans $\mathbf{A} - C_0^0(e)$ si et seulement si*

— *pour tout $x \in e$,*

$$\sup_{f \in \mathscr{K}} a(x)|f(x)| < \infty,$$

— *si $x_m \to x_0$ avec $x_m, x_0 \in e$,*

$$\sup_{f \in \mathscr{K}} |a(x_m) f(x_m) - a(x_0) f(x_0)| \to 0,$$

— *si $x_m \to \infty$ ou si $x_m \to x_0 \in \mathscr{E}$ avec $x_m \in e$,*

$$\sup_{f \in \mathscr{K}} a(x_m)|f(x_m)| \to 0.$$

On peut évidemment formuler la dernière condition sous la forme équivalente

$$\sup_{f \in \mathscr{K}} \sup_{x \in e \setminus K_m} a(x)|f(x)| \to 0$$

si $m \to \infty$.

A. Les conditions proposées sont suffisantes.

Supposons que $\mathscr{K}$ les vérifie.

Il est alors borné pour π_a dans $\mathbf{A} - C_0^0(e)$. De fait, pour M assez grand,

$$\sup_{f \in \mathscr{K}} \sup_{x \in e \setminus K_M} a(x)|f(x)| \leqq 1.$$

De plus, vu la seconde condition,

$$\sup_{f \in \mathscr{K}} a(x)|f(x)|$$

est une fonction continue dans Ω, d'où

$$\sup_{x \in K_M} \sup_{f \in \mathscr{K}} a(x)\,|f(x)| \leqq C.$$

De là,

$$\sup_{f \in \mathscr{K}} \pi_a(f) \leqq \sup(1, C).$$

Comme $\mathscr{K}$ est borné pour π_a, il est précompact pour les semi-normes affaiblies

$$\sup_{i \leqq N} a(x_i)\,|f(x_i)|, \tag{*}$$

où $x_1, \ldots, x_N \in e$ et $N=1, 2, \ldots$.

On va établir que, dans $\mathscr{K}$, les semi-normes (*) sont uniformément équivalentes à la semi-norme π_a. Il en résultera que $\mathscr{K}$ est précompact pour π_a.

Soit $\varepsilon > 0$ fixé. Fixons M tel que

$$\sup_{f \in \mathscr{K}} \sup_{x \in e \setminus K_M} a(x)\,|f(x)| \leqq \varepsilon/4.$$

Vu la seconde condition, pour tout $x \in e$, il existe une boule $b_{\eta(x)}$ de centre x telle que

$$\sup_{f \in \mathscr{K}} \sup_{y \in b_{\eta(x)}} |a(x)f(x) - a(y)f(y)| \leqq \varepsilon/4.$$

On peut recouvrir K_M par un nombre fini de telles boules. Soient $x_1, \ldots, x_{M_0}$ leurs centres; on a donc

$$\sup_{x \in K_M} a(x)\,|f(x) - g(x)| \leqq \sup_i a(x_i)\,|f(x_i) - g(x_i)| + \varepsilon/2, \quad \forall f, g \in \mathscr{K}.$$

Au total, il vient

$$\sup_{i=1,\ldots,M_0} a(x_i)\,|f(x_i) - g(x_i)| \leqq \varepsilon/2, \quad f, g \in \mathscr{K} \Rightarrow \pi_a(f-g) \leqq \varepsilon,$$

d'où la conclusion.

B. Les conditions sont nécessaires.

Supposons $\mathscr{K}$ précompact pour π_a dans $\mathbf{A} - C_0^0(e)$.

Il est borné pour π_a, donc, pour tout $x \in e$,

$$\sup_{f \in \mathscr{K}} a(x)\,|f(x)| \leqq \sup_{f \in \mathscr{K}} \pi_a(f) < \infty,$$

d'où la première condition.

Etablissons à présent la deuxième condition.

Soient $x_m \to x_0$, avec $x_m, x_0 \in e$ et $\varepsilon > 0$. Il existe $f_1, \ldots, f_N \in \mathscr{K}$ tels que

$$\mathscr{K} \subset \{f_1, \ldots, f_N\} + b_{\pi_a}(\varepsilon/4).$$

Comme a et $f_1, \ldots, f_N$ sont continus dans e, il existe M tel que

$$|a(x_m)f_i(x_m) - a(x_0)f_i(x_0)| \leqq \varepsilon/2, \quad \forall i \leqq N, \quad \forall m \geqq M.$$

De là, comme $a(x)|f(x)| \leqq \pi_a(f)$ pour tout $x \in e$ et tout $f \in \mathbf{A}-C_0^0(e)$, il vient

$$\sup_{f \in \mathscr{K}} |a(x_m)f(x_m) - a(x_0)f(x_0)| \leqq \varepsilon/2 + \sup_{i=1,\dots,N} |a(x_m)f_i(x_m) - a(x_0)f_i(x_0)| \leqq \varepsilon$$

si $m \geqq M$.

Enfin, établissons la troisième condition.

Soit $\varepsilon > 0$ fixé. Il existe $f_1, \dots, f_N \in \mathscr{K}$ tels que

$$\mathscr{K} \subset \{f_1, \dots, f_N\} + b_{\pi_a}(\varepsilon/2).$$

Pour m assez grand, soit $m \geqq M$, on a

$$\sup_{x \in e \setminus K_m} a(x)|f_i(x)| \leqq \varepsilon/2, \quad \forall i \leqq N,$$

d'où

$$\sup_{f \in \mathscr{K}} \sup_{x \in e \setminus K_m} a(x)|f(x)| \leqq \varepsilon.$$

b) Voici à présent le théorème de C. Arzela-G. Ascoli.

Un ensemble $\mathscr{K}$ est précompact dans $\mathbf{A}-C_0^0(e)$ si et seulement si

— *pour tout $x \in e$,*

$$\sup_{f \in \mathscr{K}} |f(x)| < \infty,$$

— *si $x_m \to x_0$, avec $x_m, x_0 \in e$,*

$$\sup_{f \in \mathscr{K}} |f(x_m) - f(x_0)| \to 0,$$

— *si $x_m \to \infty$ ou si $x_m \to x_0 \in \mathscr{E}$, avec $x_m \in e$,*

$$\sup_{f \in \mathscr{K}} a(x_m)|f(x_m)| \to 0, \quad \forall a \in \mathbf{A}.$$

Cela résulte de a).

De fait, si $\mathscr{K}$ satisfait aux conditions de l'énoncé, il satisfait visiblement aux conditions de a) pour tout $a \in \mathbf{A}$, donc il est précompact pour π_a quel que soit $a \in \mathbf{A}$.

Inversement, soit $\mathscr{K}$ précompact. Il vérifie donc les conditions de a) pour tout $a \in \mathbf{A}$. En choisissant a tel que $a(x) \neq 0$, [resp. tel que $a(x_0) \neq 0$], on en déduit immédiatement qu'il vérifie les conditions proposées ici.

c) *Dans* $\mathbf{A}-C_0(e)$ *et* $\mathbf{A}-C_0^0(e)$,

K compact $\Leftrightarrow$ K extractable $\Leftrightarrow$ K précompact fermé.

En vertu de I, d), p. 97, il suffit d'établir qu'il existe dans $\mathbf{A}-C_0(e)$ et $\mathbf{A}-C_0^0(e)$ un système de semi-normes dénombrables $\{\pi_N : N = 1, 2, \dots\}$ plus faible que les semi-normes naturelles et tel que les semi-boules naturelles soient fermées pour les π_N.

Il suffit alors de noter que le système de semi-normes π_N défini p. 133 répond à la question.

d) *Un ensemble* $\mathscr{K}$ *est précompact* (resp. *compact ou extractable*) *dans* $D_0(e)$ *si et seulement si il existe* K *compact dans* e *tel que* $\mathscr{K}$ *soit contenu dans* $D_0(K, e)$ *et y soit précompact* (resp. *compact ou extractable*).

Cela résulte de c), p. 137.

11. — *L'espace* $\mathbf{A}-C_0^0(e)$ *est pc-accessible.*

Soit $\mathscr{K}$ précompact dans $\mathbf{A}-C_0^0(e)$.

On prend la démonstration de a), p. 140, en passant aux $\sup\limits_{f\in\mathscr{K}}$ dans les inégalités (*) et (**).

Comme $T_{m_1}\mathscr{K}$ est également précompact, vu b), p. 148, on peut fixer successivement m_1 et m_2 tels que

$$\sup_{f\in\mathscr{K}} \sup_{x\in e\setminus K_{m_1}} a(x)|f(x)| \leqq \varepsilon/2$$

et

$$\sup_{f\in\mathscr{K}} \sup_{\substack{x,y\in K_{m_1+2}\\ |x-y|\leqq 1/m_2}} |(T_{m_1}f)(x)-(T_{m_1}f)(y)| \leqq \varepsilon/[2 \sup_{x\in K_{m_1+2}} a(x)],$$

donc tels que

$$\sup_{f\in\mathscr{K}} \pi_a(f-T_{m_1,m_2}f) \leqq \varepsilon.$$

On conclut en notant que T_{m_1,m_2} est un opérateur fini dans $\mathbf{A}-C_0^0(e)$.

12. — Passons à l'étude du dual de $\mathbf{A}-C_0^0(e)$.

On note $\mathbf{A}-C_0^*(e)$ [resp. $\mathbf{A}-C_0^{0*}(e)$] le dual de $\mathbf{A}-C_0(e)$ [resp. $\mathbf{A}-C_0^0(e)$]. On le note $\mathbf{A}-C_{0,s}^*(e)$ [resp. $\mathbf{A}-C_{0,s}^{0*}(e)$], ... s'il est muni du système de semi-normes simples, ...

La structure des fonctionnelles linéaires bornées dans $\mathbf{A}-C_0^0(e)$ est donnée par le théorème de F. Riesz.

Dans $\mathbf{A}-C_0^0(e)$, *une fonctionnelle linéaire* $\mathscr{C}$ *est telle que*

$$|\mathscr{C}(f)| \leqq C\pi_a(f), \quad \forall f\in\mathbf{A}-C_0^0(e),$$

avec $a\in\mathbf{A}$, *si et seulement si*

$$\mathscr{C}(f) = \int f\,d\mu, \quad \forall f\in\mathbf{A}-C_0^0(e),$$

où μ *est une mesure dans* $\complement\mathscr{E}$, *portée par* $e\cap[a]$ *et telle que* $1/a$ *soit* μ*-intégrable et que*

$$\int \frac{1}{a}\,dV\mu \leqq C.$$

En outre,

— $\mathscr{C}$ *est réel si et seulement si* μ *est réel,*

— $\mathscr{C}$ *est positif si et seulement si* μ *est positif,*

— $\mathscr{C}=0$ *si et seulement si* $\mu=0$.

Enfin, on a

$$\|\mathscr{C}\|_{\pi_a} = \int \frac{1}{a}\, dV\mu.$$

13. — Avant d'aborder sa démonstration, précisons d'abord ce théorème en spécifiant les conditions imposées à la mesure μ dans le cas des différents espaces $\mathbf{A}-C_0^0(e)$ introduits dans le paragraphe 4, p. 133.

Pour abréger les notations, si μ est une mesure dans $\complement\mathscr{E}$, définissons $\mathscr{C}_\mu$ par

$$\mathscr{C}_\mu(f) = \int f\, d\mu$$

pour tout f μ-intégrable.

a) *Le dual de* $C_0(e)$ *est l'ensemble des fonctionnelles* $\mathscr{C}_\mu$, *où* μ *est une mesure dans* $\complement\mathscr{E}$, *à support compact dans* e.

De plus, $\mathscr{C}_\mu$ *est borné par* π_K *si et seulement si* $[\mu]\subset K$ *et on a alors*

$$\|\mathscr{C}\|_{\pi_K} = V\mu(e).$$

On peut en outre supposer que μ *est une mesure dans* E_n *ou dans un ouvert quelconque contenant* e.

Si $\mathscr{C}\in C_0^*(e)$, il existe a continu, positif et à support compact dans e tel que

$$|\mathscr{C}(f)| \leqq C\pi_a(f), \quad \forall f\in C_0(e).$$

On a alors $\mathscr{C}=\mathscr{C}_\mu$, où μ est une mesure dans $\complement\mathscr{E}$ telle que $\{x: a(x)=0\}$ soit μ-négligeable, donc à support compact dans e.

Inversement, si μ est une mesure à support compact dans e, il est immédiat que $\mathscr{C}_\mu\in C_0^*(e)$.

De plus, si μ est à support compact dans K, on a

$$|\mathscr{C}_\mu(f)| \leqq \sup_{x\in K} |f(x)|\cdot V\mu(K),$$

donc

$$\|\mathscr{C}_\mu\|_{\pi_K} \leqq V\mu(K).$$

Inversement, si $\mathscr{C}_\mu$ est borné par π_K, $\mathscr{C}_\mu$ est borné par π_a, pour toute ε-adoucie continue a de K telle que $[a]$ soit un compact de e. Donc μ est porté par $[a]$ et, comme ε est arbitrairement petit, $[\mu]\subset K$. En outre,

$$V\mu(K) \leqq \int \frac{1}{a}\, dV\mu \leqq \|\mathscr{C}_\mu\|_{\pi_a} \leqq \|\mathscr{C}_\mu\|_{\pi_K}.$$

Enfin, si Ω est un ouvert contenant e, la loi μ' qui, à tout I dans Ω, associe

$$\mu'(I) = \mu(I \cap K)$$

est visiblement une mesure dans Ω, portée par K, telle que $V\mu'(\Omega) = V\mu(e)$ et que

$$\int f\,d\mu' = \int_K f\,d\mu' = \int_K f\,d\mu = \mathscr{T}(f), \quad \forall f \in C_0(e).$$

b) *Le dual de $C_0^0(e)$ est l'ensemble des fonctionnelles $\mathscr{T}_\mu$, où μ est une mesure bornée dans $\complement\mathscr{E}$, portée par e.*

De plus,

$$\|\mathscr{T}_\mu\| = V\mu(e).$$

On peut en outre supposer que μ est une mesure dans E_n ou dans un ouvert quelconque contenant e.

La première partie de l'énoncé est immédiate.

De plus, si Ω' et Ω'' sont des ouverts contenant e et si on pose

$$\mu'(I) = \mu''(I \cap e) \quad [\text{resp. } \mu''(I) = \mu'(I \cap e)]$$

pour tout I dans Ω' (resp. dans Ω''), μ' est une mesure bornée dans Ω' portée par e si (resp. seulement si) μ'' est une mesure bornée dans Ω'' portée par e, ce qui permet de substituer à μ une mesure portée par un ouvert contenant e.

c) *Le dual de $D_0(e)$ est l'ensemble des fonctionnelles $\mathscr{T}_\mu$, où μ est une mesure dans $\complement\mathscr{E}$, portée par e.*

En outre, si Ω est un ouvert tel que $e \subset \Omega \subset \complement\mathscr{E}$, on peut supposer que μ est une mesure dans Ω.

De fait, tout $\mathscr{T} \in D_0^*(e)$ s'écrit sous la forme indiquée.

Inversement, si μ est une mesure dans $\complement\mathscr{E}$ ou dans un ouvert Ω tel que $e \subset \Omega \subset \complement\mathscr{E}$, portée par e, il existe a continu et positif dans e tel que $1/a$ soit μ-intégrable (cf. II. p. 77). On a alors

$$|\mathscr{T}_\mu(f)| \leqq \int \frac{1}{a}\,dV\mu \cdot \pi_a(f), \quad \forall f \in D_0(e),$$

d'où $\mathscr{T}_\mu \in D_0^*(e)$.

Enfin, si Ω est un ouvert tel que $e \subset \Omega \subset \complement\mathscr{E}$, μ est une mesure dans Ω portée par e si et seulement si c'est la restriction à Ω d'une mesure dans $\complement\mathscr{E}$ portée par e.

De fait, si μ est une mesure dans Ω portée par e, pour tout I dans $\complement\mathscr{E}$, $\bar{I} \cap e$ est compact, donc $I \cap e$ est μ-intégrable et la loi

$$\mu'(I) = \mu(I \cap e)$$

est une mesure dans $\complement\mathscr{E}$, portée par e, dont la restriction à Ω est μ.

14. — Passons à la démonstration du théorème de Riesz.

La condition suffisante est immédiate.

De fait, si $1/a$ est μ-intégrable, $(1/a)\cdot\mu$ est une mesure uniformément bornée dans $\complement\mathscr{E}$.

Soit alors $f\in\mathbf{A}-C_0^0(e)$. Comme $a(x)f(x)$ est borné dans e et que $(1/a)\cdot\mu$ est porté par e, af est $(1/a)\cdot\mu$-intégrable, donc f est μ-intégrable et

$$\int f\,d\mu = \int af\,d(1/a)\cdot\mu.$$

Cette expression définit visiblement une fonctionnelle linéaire $\mathscr{T}$ dans $\mathbf{A}-C_0^0(e)$ et on a

$$|\mathscr{T}(f)| \leqq \pi_a(f)V[(1/a)\cdot\mu](e) \leqq \int(1/a)\,dV\mu\cdot\pi_a(f) \leqq C\pi_a(f),$$

d'où la conclusion.

Comme les restrictions à e de fonctions continues et à support compact dans $\complement\mathscr{E}$ sont des éléments de $\mathbf{A}-C_0^0(e)$, il résulte des théorèmes de II, a), p. 85, que μ est réel, positif ou nul si c'est le cas pour $\mathscr{T}$. La réciproque est immédiate.

La condition nécessaire exige de plus longs développements.

A. On peut supposer que $\mathbf{A}=\{1\}$.

En effet, supposons le théorème démontré dans ce cas et soient $a\in\mathbf{A}$ et $\mathscr{T}$ tels que

$$|\mathscr{T}(f)| \leqq C\pi_a(f),\quad \forall f\in\mathbf{A}-C_0^0(e).$$

Posons

$$L = \{af : f\in\mathbf{A}-C_0^0(e)\};$$

c'est visiblement un sous-espace linéaire de $C_0^0(e)$.

Posons

$$\mathscr{T}'(af) = \mathscr{T}(f),\quad \forall f\in\mathbf{A}-C_0^0(e).$$

Cette définition a un sens car, si $af=ag$, $\pi_a(f-g)=0$ et $\mathscr{T}(f)=\mathscr{T}(g)$. On définit ainsi une fonctionnelle linéaire $\mathscr{T}'$ dans L telle que

$$|\mathscr{T}'(f)| \leqq C\sup_{x\in e}|f(x)|,\quad \forall f\in L.$$

Comme $C_0^0(e)$ est séparable, on peut prolonger $\mathscr{T}'$ par une fonctionnelle linéaire $\mathscr{T}''$ dans $C_0^0(e)$, telle que

$$|\mathscr{T}''(f)| \leqq C\sup_{x\in e}|f(x)|,\quad \forall f\in C_0^0(e).$$

On a alors

$$\mathscr{T}''(f) = \int f\,d\mu,\quad \forall f\in C_0^0(e),$$

où μ est une mesure dans $\complement\mathscr{E}$, portée par e et telle que $V\mu(e)\leqq C$.

On en déduit que

$$\mathscr{T}(f) = \mathscr{T}''(af) = \int af\,d\mu,\quad \forall f\in\mathbf{A}-C_0^0(e).$$

La fonction a, prolongée par 0 hors de e, est visiblement localement μ-intégrable. Si on pose $\mu' = a \cdot \mu$, la mesure μ' est portée par $e \cap [a]$ et $1/a$ est μ'-intégrable et tel que

$$\int \frac{1}{a} dV\mu' = V\mu(e) \leqq C,$$

d'où la conclusion.

B. Traitons à présent le cas de $C_0^0(e)$.

a) Etablissons d'abord un lemme.

Si les fonctions $f_m \in C_0^0(e)$ sont positives et à support compact dans e et décroissent vers f, la suite $\mathscr{C}(f_m)$ converge et sa limite ne dépend que de f.

Notons qu'on ne suppose pas que $f \in C_0^0(e)$.

D'une part, la suite

$$\mathscr{C}(f_N) = \mathscr{C}(f_1) + \sum_{m=1}^{N-1} \mathscr{C}(f_{m+1} - f_m)$$

converge, car la série

$$\sum_{m=1}^{\infty} \mathscr{C}(f_{m+1} - f_m)$$

est absolument convergente. Pour le voir, posons

$$c_m = e^{-i \arg \mathscr{C}(f_{m+1} - f_m)};$$

il vient

$$\sum_{m=1}^{N} |\mathscr{C}(f_{m+1} - f_m)| = \sum_{m=1}^{N} c_m \mathscr{C}(f_{m+1} - f_m) = \left| \mathscr{C}\left[\sum_{m=1}^{N} c_m (f_{m+1} - f_m) \right] \right|$$

$$\leqq C \sup_{x \in e} \left| \sum_{m=1}^{N} c_m [f_{m+1}(x) - f_m(x)] \right| \leqq C \sup_{x \in e} \sum_{m=1}^{N} [f_m(x) - f_{m+1}(x)] \leqq C \sup_{x \in e} f_1(x).$$

D'autre part, soient f_m et g_m deux suites qui tendent vers f dans les conditions de l'énoncé. Quel que soit g continu dans e et tel que $f \leqq g$, les suites

$$\sup(f_m, g) \quad \text{et} \quad \sup(g_m, g)$$

convergent uniformément vers g dans tout compact de e, en vertu du théorème de Dini.

Soit $\alpha \in C_0^0(e)$ positif, à support compact dans e et tel que $\alpha(x) \geqq 1$ dans le compact $[f_1] \cup [g_1]$. Déterminons de proche en proche une suite d'indices $m_k \uparrow \infty$ tels que

$$g_{m_1} \leqq f_1 + \alpha/2, \quad f_{m_2} \leqq g_{m_1} + \alpha/2^2,$$

et

$$g_{m_{2k+1}} \leqq f_{m_{2k}} + \alpha/2^{2k+1}, \quad f_{m_{2k+2}} \leqq g_{m_{2k+1}} + \alpha/2^{2k+2}, \quad \forall k \geqq 1.$$

La suite

$$f_1 + \alpha, \; g_{m_1} + \alpha/2, \; \ldots, \; g_{m_{2k+1}} + \alpha/2^{2k+1}, \; f_{m_{2k+2}} + \alpha/2^{2k+2}, \ldots$$

satisfait aux conditions de l'énoncé. De là,

$$\lim_k \mathscr{T}(f_{m_{2k+2}}) = \lim_k \mathscr{T}(f_{m_{2k+2}} + \alpha/2^{2k+2})$$

$$= \lim_k \mathscr{T}(g_{m_{2k+1}} + \alpha/2^{2k+1}) = \lim_k \mathscr{T}(g_{m_{2k+1}})$$

et

$$\lim_m \mathscr{T}(f_m) = \lim_m \mathscr{T}(g_m).$$

b) Introduisons quelques fonctions auxiliaires.

Plaçons-nous d'abord dans E_1.

Si $I =]a, b]$ et si $0 < \theta < b - a$, posons

$$\varphi_{I,\theta}(x) = \inf\left\{1, \frac{1}{\theta} d(x,]-\infty, a] \cup]b+\theta, +\infty[)\right\}.$$

Son graphique est représenté p. 155.

— $\varphi_{I,\theta}$ est continu dans E_1 et à valeurs dans $[0, 1]$ et son support est $[a, b+\theta]$.

— Si $\theta_m \downarrow 0$ et si $I_m \downarrow I$, on a

$$\varphi_{I_m,\theta_m} \to \delta_I.$$

— On a

$$\varphi_{]a,b],\theta} = \varphi_{]a-\theta,b],\theta} - \varphi_{]a-\theta,a],\theta}.$$

De plus, si $\theta_m \downarrow 0$ et si $I_m \downarrow I$, les suites de fonctions

$$\varphi_{]a_m-\theta_m,b_m],\theta_m} \quad \text{et} \quad \varphi_{]a_m-\theta_m,a_m],\theta_m}$$

décroissent monotonément si $m \to \infty$ et leur support est contenu dans l'intervalle $[a_1 - \theta_1, \; b_1 + \theta_1]$.

— Pour tout réseau $\mathscr{R}(I)$ de I, on a

$$\varphi_{I,\theta} = \sum_{J \in \mathscr{R}(I)} \varphi_{J,\theta}$$

si

$$\theta < \inf_{J \in \mathscr{R}(I)} \operatorname{diam} J.$$

Cela résulte immédiatement de la définition des $\varphi_{I,\theta}$.

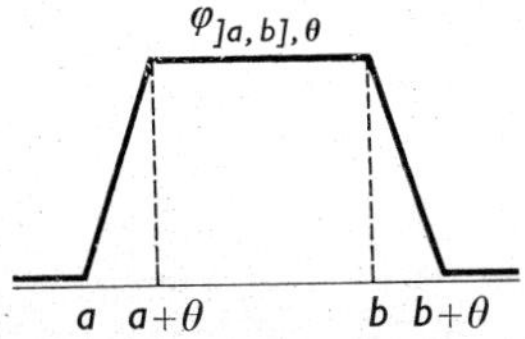

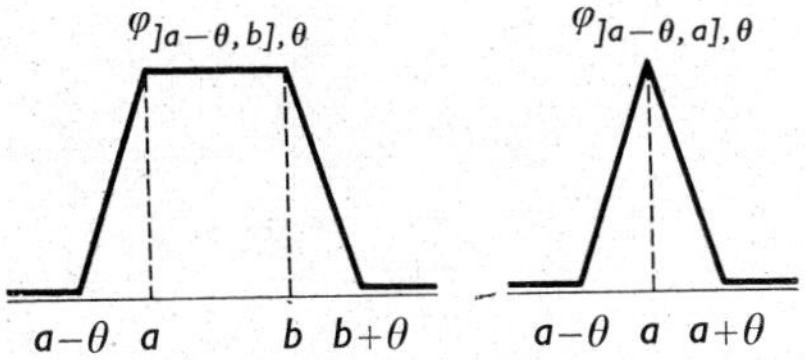

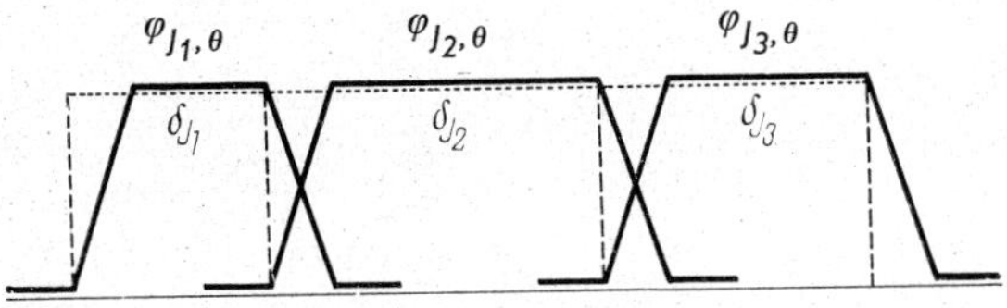

Revenons à présent au cas de E_n.

Si $I =]a, b]$ est un semi-intervalle de E_n et si $\theta > 0$ est tel que

$$\theta < \inf_{i=1,\ldots,n} (b_i - a_i),$$

posons

$$\Phi_{I,\theta}(x) = \prod_{i=1}^{n} \varphi_{]a_i,b_i],\theta}(x_i).$$

— $\Phi_{I,\theta}$ est continu dans E_n et à valeurs dans $[0, 1]$ et son support est

$$\prod_{i=1}^{n} [a_i, b_i + \theta].$$

— Si $\theta_m \downarrow 0$ et si $I_m \downarrow I$, on a

$$\Phi_{I_m,\theta_m} \to \delta_I.$$

— $\Phi_{I,\theta}$ est la différence de deux fonctions continues, positives et à support compact, qui décroissent monotonément si $\theta \downarrow 0$ et $I \downarrow I_0$ quel que soit I_0.

On obtient ces deux fonctions en remplaçant les $\varphi_{]a_i,b_i],\theta}$ par

$$\varphi_{]a_i-\theta,b_i],\theta} - \varphi_{]a_i-\theta,a_i],\theta}$$

dans $\Phi_{I,\theta}$ et en groupant les termes positifs et les termes négatifs, après avoir effectué le produit.

— Pour tout réseau $\mathscr{R}(I)$ de I, on a

$$\Phi_{I,\theta} = \sum_{J \in \mathscr{R}(I)} \Phi_{J,\theta}$$

si

$$\theta < \inf_{J \in \mathscr{R}(I)} \inf_{i=1,\ldots,n} c_{J,i},$$

où les $c_{J,i}$ désignent les côtés de J.

En effet,

$$\Phi_{I,\theta} = \prod_{i=1}^{n} \varphi_{]a_i,b_i],\theta} = \prod_{i=1}^{n} \sum_{J_k^{(i)} \in \mathscr{P}(]a_i,b_i])} \varphi_{J_k^{(i)},\theta} = \sum_{J \in \mathscr{P}(I)} \Phi_{J,\theta}.$$

c) Définissons la mesure μ cherchée dans l'ouvert $\complement\mathscr{E}$.

Soit I un semi-intervalle dans $\complement\mathscr{E}$. Posons

$$\mu(I) = \lim_m \mathscr{T}(\Phi_{I_m,\theta_m}\delta_e),$$

où $\theta_m \downarrow 0$ et $I_m \downarrow I$. En vertu de b), $\Phi_{I_m,\theta_m}\delta_e$ est la différence de deux suites de fonctions appartenant à $C_0^0(e)$, à support compact et monotonément décroissantes. De là, par a), la limite considérée existe. De plus, cette limite ne dépend pas des suites θ_m et I_m, pour autant que $\theta_m \downarrow 0$ et $I_m \downarrow I$.

En effet, si

$$\Phi_{I_m,\theta_m} = \Phi_m - \Psi_m \quad \text{et} \quad \Phi_{I'_m,\theta'_m} = \Phi'_m - \Psi'_m,$$

les suites Φ_m, Φ'_m, Ψ_m et Ψ'_m étant monotonément décroissantes, on a

$$\lim_m \mathscr{T}(\Phi_m + \Psi'_m) = \lim_m \mathscr{T}(\Phi'_m + \Psi_m),$$

donc

$$\lim_m \mathscr{T}(\Phi_m) + \lim_m \mathscr{T}(\Psi'_m) = \lim_m \mathscr{T}(\Phi'_m) + \lim_m \mathscr{T}(\Psi_m)$$

et

$$\lim_m \mathscr{T}(\Phi_m - \Psi_m) = \lim_m \mathscr{T}(\Phi'_m - \Psi'_m).$$

Démontrons que μ est une mesure dans $\complement\mathscr{E}$.

— μ est additif.

De fait, pour tout réseau $\mathscr{R}(I)$, on a

$$\mu(I) = \lim_m \mathscr{T}(\Phi_{I,\theta_m}\delta_e)$$

$$= \lim_m \mathscr{T}\Big(\sum_{J \in \mathscr{R}(I)} \Phi_{J,\theta_m}\delta_e\Big) = \sum_{J \in \mathscr{R}(I)} \lim_m \mathscr{T}(\Phi_{J,\theta_m}\delta_e) = \sum_{J \in \mathscr{R}(I)} \mu(J),$$

si $\theta_m \downarrow 0$.

— μ est à variation finie et $V\mu(\complement\mathscr{E}) \leq C$.

En effet, soit $\mathscr{R}(I)$ un réseau fini de I. Posons $c_J = e^{-i \arg \mu(J)}$ pour tout $J \in \mathscr{R}(I)$. Il vient, si $\theta_m \downarrow 0$,

$$\sum_{J \in \mathscr{R}(I)} |\mu(J)| = \sum_{J \in \mathscr{R}(I)} c_J \mu(J) = \lim_m \mathscr{T}\Big(\sum_{J \in \mathscr{R}(I)} c_J \varphi_{J,\theta_m} \delta_e \Big)$$

$$\leqq C \sup_m \sup_{x \in e} \Big| \sum_{J \in \mathscr{R}(I)} c_J \varphi_{J,\theta_m} \delta_e \Big| \leqq C.$$

— μ est continu.

En effet, soit $h_m \downarrow 0$ dans E_1 et soit $I =]a, b]$ un semi-intervalle dans $\complement\mathscr{E}$. Fixons i et déterminons une suite $\theta_m \downarrow 0$ telle que

$$|\mu(]a, b + h_m e_i]) - \mathscr{T}(\Phi_{]a,b+h_m e_i],\theta_m} \delta_e)| \leqq 1/m.$$

Comme

$$\mathscr{T}(\Phi_{]a,b+h_m e_i],\theta_m} \delta_e) \to \mu(]a, b]),$$

il vient

$$\mu(]a, b + h_m e_i]) \to \mu(]a, b]),$$

d'où la conclusion, par II, C, p. 22.

— μ est porté par e, donc $V\mu(e) \leqq C$.

Il revient au même d'établir que $(\complement\mathscr{E}) \setminus e = \complement \bar{e}$ est un ouvert d'annulation de μ.

Pour tout I dans $\complement \bar{e}$, on a $d(I, e) > 0$. De là, pour m assez grand, $\Phi_{I,1/m} \delta_e = 0$ et

$$\mu(I) = \lim_m \mathscr{T}(\Phi_{I,1/m} \delta_e) = 0.$$

d) Pour tout $f \in C_0^0(e)$, on a

$$\mathscr{T}(f) = \int f \, d\mu.$$

Il suffit d'établir cette relation lorsque le support de f est compact dans $\complement\mathscr{E}$.

En effet, pour tout $f \in C_0^0(e)$ et tout $\varepsilon > 0$, il existe $g \in C_0^0(e)$, à support compact dans e et tel que

$$\sup_{x \in e} |f(x) - g(x)| \leqq \varepsilon/(2C).$$

Il vient alors

$$\Big|\mathscr{T}(f) - \int f \, d\mu\Big| \leqq |\mathscr{T}(f-g)| + \Big|\mathscr{T}(g) - \int g \, d\mu\Big| + \Big|\int g \, d\mu - \int f \, d\mu\Big| \leqq \varepsilon,$$

d'où la conclusion car $\varepsilon > 0$ est arbitraire.

Supposons donc $[f]$ compact dans $\complement\mathscr{E}$ et fixons $\varepsilon > 0$.

Il existe $\eta > 0$ tel que

$$\sup_{\substack{x, y \in \complement\mathscr{E} \\ |x-y| \leqq \eta}} |f(x) - f(y)| \leqq \frac{\varepsilon}{3C}.$$

Soient I un semi-intervalle de E_n tel que $[f]\subset \mathring{I}$ et $\mathscr{R}(I)$ un réseau de I constitué de semi-intervalles de diamètre inférieur à η et à $d([f], \mathscr{E})/3=\theta_0$.

Notons J les semi-intervalles de $\mathscr{R}(I)$ qui rencontrent $\{x: d(x, [f])\leqq\theta_0\}$; ce sont, par construction, des semi-intervalles dans $\complement\mathscr{E}$. Fixons enfin $x_J\in J$ pour tout J.

Pour $\theta<\theta_0$ assez petit, on a

$$\sum_J \Phi_{J,\theta}\delta_{[f]} = \delta_{[f]}$$

et

$$\sum_J |\mu(J)-\mathscr{T}(\Phi_{J,\theta}\delta_e)| \leqq \varepsilon/\big(3\sup_{x\in\complement\mathscr{E}}|f(x)|\big).$$

Il vient alors

$$\Big|\int f\,d\mu-\sum_J f(x_J)\mu(J)\Big| \leqq \sup_{\substack{x,y\in\complement\mathscr{E}\\ |x-y|\leqq\eta}} |f(x)-f(y)|\cdot\sum_J V\mu(J) \leqq \varepsilon/3,$$

$$\Big|\sum_J f(x_J)\mu(J)-\sum_J f(x_J)\mathscr{T}(\Phi_{J,\theta}\delta_e)\Big| \leqq \sum_J |f(x_J)|\,|\mu(J)-\mathscr{T}(\Phi_{J,\theta}\delta_e)| \leqq \varepsilon/3$$

et

$$\Big|\sum_J f(x_J)\mathscr{T}(\Phi_{J,\theta}\delta_e)-\mathscr{T}(f)\Big| \leqq \Big|\mathscr{T}\Big\{\sum_J [f(x_J)-f(x)]\,\Phi_{J,\theta}(x)\delta_e(x)\Big\}\Big|$$

$$\leqq C\sup_{\substack{x,y\in\complement\mathscr{E}\\ |x-y|\leqq\eta}} |f(x)-f(y)| \leqq \varepsilon/3,$$

d'où

$$\Big|\mathscr{T}(f)-\int f\,d\mu\Big| \leqq \varepsilon$$

quel que soit $\varepsilon>0$ et

$$\mathscr{T}(f) = \int f\,d\mu.$$

EXERCICES

1. — Déduire le théorème de Riesz pour $C_0(K)$, K compact de E_n, du même théorème pour un compact de E_1.

Suggestion. On sait que tout compact $K\subset E_n$ s'écrit $\{g(x): x\in K_0\}$, où K_0 est compact dans E_1 et $g(x)\in C_0(K_0)$, (cf. I, a), p. 106).

L'ensemble

$$L=\{f[g(\cdot)]: f\in C_0(K)\}$$

est alors un sous-espace linéaire de $C_0(K_0)$.

Soit $\mathscr{T}$ une fonctionnelle linéaire bornée dans $C_0(K)$.

La loi $\mathscr{T}'$ définie par

$$\mathscr{T}'\{f[g(\cdot)]\}=\mathscr{T}(f),\quad \forall f\in C_0(K),$$

est une fonctionnelle linéaire bornée dans L, car

$$|\mathscr{T}'[f(g)]| \leqq \|\mathscr{T}\|_{\pi_K}\sup_{x\in K_0} |f[g(x)]|.$$

Elle admet donc un prolongement $\mathscr{T}''$ dans $C_0(K_0)$ vérifiant la même majoration. Si le théorème de Riesz est vrai pour $C_0(K_0)$, il existe donc une mesure μ définie dans E_1 telle que $V\mu(E_1) \leqq \|\mathscr{T}\|_{\pi_K}$ et que

$$\mathscr{T}(f) = \int f[g(x)]\, d\mu, \quad \forall f \in C_0(K).$$

La fonction $g(x)$ est évidemment μ-propre; considérons la mesure image $\mu' = g(\mu)$. Elle est à support dans K et, vu II, b), p. 178, on a

$$\int f\, d\mu' = \int f[g(x)]\, d\mu = \mathscr{T}(f), \quad \forall f \in C_0(K),$$

d'où la conclusion.

2. — Soient $f \in \mathbf{A} - C_0^0(e)$ et $\mathscr{T} \in \mathbf{A} - C_0^{0*}(e)$.

On a

$$|\mathscr{T}(f)| = \|\mathscr{T}\|_{\pi_a} \cdot \pi_a(f)$$

si et seulement si

$$\mathscr{T}(\cdot) = \int aJ \cdot d\mu,$$

où μ est positif et porté par $\{y : a(y)|f(y)| = \pi_a(f)\}$ et où $J(x) = e^{i[\theta - \arg f(x)]}$ μ-pp.

Suggestion. Etablissons la condition nécessaire. On peut écrire $\mathscr{T}$ sous la forme

$$\mathscr{T}(g) = \int aJg\, d\mu, \quad \forall g \in \mathbf{A} - C_0^0(e),$$

où $\mu \geqq 0$, $\mu(e) = \|\mathscr{T}\|_{\pi_a}$ et $|J| = 1$ μ-pp.

Si

$$\left|\int aJf\, d\mu\right| = \|\mathscr{T}\|_{\pi_a} \cdot \pi_a(f),$$

il existe θ tel que

$$e^{-i\theta} \int aJf\, d\mu = \|\mathscr{T}\|_{\pi_a} \cdot \pi_a(f) = \int \pi_a(f)\, d\mu.$$

Comme $|e^{-i\theta} aJf| \leqq \pi_a(f)$, il vient

$$e^{-i\theta} aJf = \pi_a(f) \quad \mu\text{-pp.}$$

De là, $\{x : a(x)|f(x)| < \pi_a(f)\}$ est μ-négligeable, donc μ est porté par $\{x : a(x)|f(x)| = \pi_a(f)\}$. Dans cet ensemble, on a alors $e^{-i\theta} aJf = a|f|$ μ-pp, d'où la valeur de J.

La condition suffisante est triviale.

15. — *Les espaces* $\mathbf{A} - C_{0,s}^*(e)$ *et* $\mathbf{A} - C_{0,s}^{0*}(e)$ *sont séparables.*

Soit $\{x_i : i = 1, 2, \ldots\}$ un ensemble dénombrable dense dans e.

Considérons l'ensemble des fonctionnelles linéaires bornées

$$\mathscr{T}_i(f) = f(x_i), \quad \forall f \in \mathbf{A} - C_0^0(e), \qquad (i = 1, 2, \ldots).$$

Vu I, b), p. 244, il est s-total dans $\mathbf{A} - C_0^*(e)$, car

$$f(x_i) = 0, \quad \forall i \Rightarrow f = 0,$$

si $f \in \mathbf{A} - C_0^0(e)$.

Raisonnement analogue pour $\mathbf{A} - C_0^0(e)$.

16. — Etudions à présent l'espace $[\mathbf{A}-C_0^0(e)]_a$.

a) *Une suite* f_m *tend faiblement vers* f (resp. *est faiblement de Cauchy*) *dans* $\mathbf{A}-C_0^0(e)$ *si et seulement si elle est bornée et telle que* $f_m(x)$ *converge vers* $f(x)$ (resp. *soit de Cauchy*) *pour tout* $x\in e$.

La condition est nécessaire.

De fait, si f_m converge faiblement vers f (resp. est faiblement de Cauchy), par le théorème de Mackey, c'est une suite bornée. De plus, pour tout $x\in e$,

$$\mathscr{C}_x(f)=f(x),\quad \forall f\in\mathbf{A}-C_0^0(e),$$

est une fonctionnelle linéaire bornée dans $\mathbf{A}-C_0^0(e)$, donc $f_m(x)$ converge vers $f(x)$ (resp. est de Cauchy) pour tout $x\in e$.

La condition est suffisante.

Soit $\mathscr{C}\in\mathbf{A}-C_0^{0*}(e)$. Il existe $a\in\mathbf{A}$ et une mesure μ dans $\complement\mathscr{E}$ tels que $V\mu(e)<\infty$ et

$$\mathscr{C}(f)=\int af\,d\mu,\quad \forall f\in\mathbf{A}-C_0^0(e).$$

Comme la suite f_m est bornée, il existe C tel que

$$\sup_m a(x)\,|f_m(x)|\leqq C\delta_e(x).$$

D'où la conclusion par le théorème de Lebesgue.

b) *Dans* $\mathbf{A}-C_0^0(e)$,

$$K \text{ } a\text{-compact} \Leftrightarrow K \text{ } a\text{-extractable}.$$

De fait, $\mathbf{A}-C_{0,s}^{0*}(e)$ est séparable, (cf. I, e), p. 213).

EXERCICES

1. — Si e a un point non isolé, alors $\mathbf{A}-C_0^0(e)$ n'est pas faiblement complet.

Suggestion. Soit x_0 un point non isolé de e et soit $f_m(x)=(1-m|x-x_0|)_+\delta_e(x)$. Pour m assez grand, $f_m\in\mathbf{A}-C_0^0(e)$. La suite f_m est bornée dans $\mathbf{A}-C_0^0(e)$ et converge vers la fonction $\delta_{x_0}(x)$ ponctuellement. Elle est donc faiblement de Cauchy. Or, $\delta_{x_0}(x)\notin\mathbf{A}-C_0^0(e)$ puisque $\delta_{x_0}(x)$ n'est pas continu dans e. Donc $\mathbf{A}-C_0^0(e)$ n'est pas faiblement complet.

2. — Si e a un point non isolé, $\mathbf{A}-C_0(e)$ et $\mathbf{A}-C_0^0(e)$ ne sont ni des espaces de Schwartz, ni des espaces nucléaires.

Suggestion. Il suffit d'établir que $\mathbf{A}-C_0^0(e)$ n'est pas de Schwartz puisque c'est un sous-espace linéaire de $\mathbf{A}-C_0(e)$.

Si $\mathbf{A}-C_0^0(e)$ était un espace de Schwartz, comme il est complet, il serait faiblement complet, ce qui est faux, vu l'ex. 1.

Variante. Soit L_m le sous-espace linéaire de $\mathbf{A}-C_0^0(e)$ formé des $f\in C_0(e)$, à support dans K_m. Dans L_m, le système de semi-normes induit par $\mathbf{A}-C_0^0(e)$ est équivalent à la norme

$$\pi_{K_m}(f)=\sup_{x\in K_m}|f(x)|,\quad \forall f\in L_m.$$

Si $\mathbf{A}-C_0^0(e)$ est un espace de Schwartz, L_m est un espace de Schwartz, donc il est de dimension finie. On en déduit aisément que K_m est un ensemble fini. Or, si chaque K_m est fini, tous les points de e sont isolés.

3. — Soit K compact dans E_n. Pour toute mesure μ dans $\Omega \supset K$, l'opérateur identité de $C_0(K)$ dans $\mu-L_1$ est *prénucléaire*, c'est-à-dire qu'il existe $C>0$ tel que

$$\sum_{i=1}^{N} \pi_\mu^{(1)}(f_i) \leqq C \sup_{\substack{\mathscr{C} \in C_0^*(K) \\ \|\mathscr{C}\|_{\pi_K} \leqq 1}} \sum_{i=1}^{N} |\mathscr{C}(f_i)|,$$

pour tout entier N et tous $f_1, \dots, f_N \in C_0(K)$.

Suggestion. De fait, quels que soient $f_1, \dots, f_N \in C_0(K)$, on a

$$\sum_{i=1}^{N} \int_K |f_i| \, dV\mu = \int_K \sum_{i=1}^{N} |f_i| \, dV\mu \leqq V\mu(K) \sup_{x \in K} \sum_{i=1}^{N} |f_i(x)|,$$

où les fonctionnelles $\mathscr{C}_x(f)=f(x)$, $x \in K$, sont équibornées dans $C_0(K)$.

4. — Si K est compact et s'il existe une mesure μ dans $\Omega \supset K$ telle que

$$\sup_{x \in K} |f(x)| \leqq \int_K |f| \, dV\mu, \quad \forall f \in C_0(K),$$

alors K est fini et $|\mu(\{x\})| \geqq 1$ pour tout $x \in K$.

Suggestion. De fait, pour tout $x_0 \in K$, on a

$$|f(x_0)| = \int |f(x)| \, d\delta_{x_0} \leqq \int_K |f| \, dV\mu, \quad \forall f \in C_0(K),$$

d'où $\delta_{x_0} \leqq V\mu$ et dès lors, si les $x_i \in K$ sont deux à deux distincts,

$$\sum_{(i)} \delta_{x_i} \leqq V\mu,$$

d'où la conclusion.

5. — Soit K compact dans Ω et soit T l'opérateur qui, à tout $f \in C_0(\Omega)$, associe sa restriction à K. Démontrer que $TC_0(\Omega)=C_0(K)$. En déduire le théorème de prolongement des fonctions continues de K à Ω.

Suggestion. Il suffit d'appliquer le théorème I, b), p. 402 car, pour tout $\mathscr{Q} \in C_0^*(K)$, on a

$$\|\mathscr{Q}\|_{\pi_K} = \|\mathscr{Q}(T\,\cdot)\|_{\pi_K}.$$

En effet, si

$$\mathscr{Q}(f) = \int f \, d\mu, \quad \forall f \in C_0(K),$$

μ est porté par K et on a

$$\|\mathscr{Q}\|_{\pi_K} = \sup_{\pi_K(f) \leqq 1} \left| \int f \, d\mu \right| = V\mu(K)$$

et

$$\|\mathscr{Q}(T\,\cdot)\|_{\pi_K} = \sup_{\pi_K(f) \leqq 1} \left| \int f \delta_K \, d\mu \right| = V\mu(K).$$

Variante. Comme l'ensemble des restrictions à K des polynômes est dense dans $C_0(K)$, il suffit d'établir que $TC_0(\Omega)$ est fermé dans $C_0(K)$.

Vu I, b), p. 438, il suffit pour cela que

$$\{\mathscr{Q}(T\,.) : \mathscr{Q} \in C_0^*(K)\}$$

soit fermé ou même fermé pour les suites dans $C_{0,s}^*(\Omega)$. Or cet ensemble est

$$\left\{\int \cdot d\mu : [\mu] \subset K\right\},$$

d'où la conclusion.

6. — L'espace $C_0(K)$, muni du produit fg défini par

$$(fg)(x) = f(x)g(x), \quad \forall x \in K,$$

quels que soient $f, g \in C_0(K)$, est une algèbre de Banach commutative avec unité.

La loi qui à f associe $\bar{f}$ est une involution dans cette algèbre.

Un élément $f \in C_0(K)$ est invertible si et seulement si $f(x) \neq 0$ pour tout $x \in K$ et alors f^{-1} est donné par $f^{-1}(x) = 1/f(x)$ pour tout $x \in K$.

Les fonctionnelles multiplicatives dans $C_0(K)$ sont les fonctionnelles

$$\mathscr{Q}_x(f) = f(x), \quad \forall f \in C_0(K),$$

avec $x \in K$.

Suggestion. Le seul fait non trivial est que toute fonctionnelle multiplicative $\mathscr{T}$ ait la forme annoncée.

Posons

$$f(x) = \sum_{i=1}^{n} [x_i \delta_K(x) - \mathscr{T}(x_i \delta_K) \delta_K(x)]^2,$$

où $x = (x_1, \ldots, x_n)$.

On a $f \in C_0(K)$ et $\mathscr{T}(f) = 0$, donc f n'est pas invertible et il existe $x' \in K$ tel que $f(x') = 0$, donc tel que $x_i' = \mathscr{T}(x_i \delta_K)$ pour tout i.

De là, pour tout polynôme $P(x)$, on a

$$\mathscr{T}[P(x)\delta_K(x)] = P(x')$$

et dès lors, par densité, $\mathscr{T}(f) = f(x')$ pour tout $f \in C_0(K)$.

7. — Soit $\mathscr{I}$ un idéal fermé de $C_0(K)$. Posons

$$\mathscr{Z}(\mathscr{I}) = \{x : f(x) = 0, \ \forall f \in \mathscr{I}\}.$$

Etablir que $\mathscr{I} = \{f : f(x) = 0, \ \forall x \in \mathscr{Z}(\mathscr{I})\}$.

Suggestion. Montrons que si $f = 0$ dans $\mathscr{Z}(\mathscr{I})$, alors $f \in \overline{\mathscr{I}}$. Comme $\mathscr{I}$ est fermé, on a alors $f \in \mathscr{I}$.

Soit $\varepsilon > 0$ fixé. Posons $K_\varepsilon = \{x \in K : |f(x)| \geqq \varepsilon\}$. C'est un compact disjoint de $\mathscr{Z}(\mathscr{I})$. Pour tout $x \in K_\varepsilon$, il existe donc $g \in \mathscr{I}$ tel que $g(x) \neq 0$. Alors $g \neq 0$ dans un voisinage de x. Comme K_ε est compact, on peut le recouvrir par un nombre fini de boules b_i telles qu'il existe $g_i \in \mathscr{I}$ différent de 0 en tout point de b_i. Formons alors $g = \sum_{(i)} g_i \overline{g_i}$. C'est un élément de $\mathscr{I}$, qui ne s'annule pas dans K_ε. Comme $\mathscr{I}$ est un idéal, on a $mgf/(1+mg) \in \mathscr{I}$ pour tout m. Or, on a

$$\sup_{x \in K_\varepsilon} \left| f(x) - \frac{mg(x)}{1+mg(x)} f(x) \right| \leqq \frac{1}{m \inf\limits_{x \in K_\varepsilon} g(x)} \sup_{x \in K_\varepsilon} |f(x)| \leqq \varepsilon$$

pour m assez grand et

$$\sup_{x \in K \setminus K_\varepsilon} \left| f(x) - \frac{mg(x)}{1+mg(x)} f(x) \right| \leqq \sup_{x \in K \setminus K_\varepsilon} |f(x)| \leqq \varepsilon, \ \forall m,$$

donc

$$\sup_{x \in K} \left| f(x) - \frac{mg(x)}{1+mg(x)} f(x) \right| \leqq \varepsilon,$$

pour m assez grand, d'où la conclusion.

8. — Toute fonctionnelle linéaire bornée $\mathscr{T}$ dans $\mathbf{A}-C_0^0(e)$ telle que

$$\mathscr{T}(fg) = \mathscr{T}(f)\mathscr{T}(g)$$

pour tous $f, g \in \mathbf{A}-C_0^0(e)$ tels que $fg \in \mathbf{A}-C_0^0(e)$ est de la forme

$$\mathscr{T}(f) = f(x_0), \ \forall f \in \mathbf{A}-C_0^0(e),$$

avec $x_0 \in e$.

Suggestion. La fonctionnelle $\mathscr{T}$ s'écrit

$$\mathscr{T}(f) = \int f \, d\mu, \ \forall f \in \mathbf{A}-C_0^0(e),$$

où μ est une mesure portée par $\complement\mathscr{E}$.

Soit K un compact contenu dans $\complement\mathscr{E}$. Posons

$$\mathscr{Q}_K(f) = \int_K f \, d\mu, \ \forall f \in C_0(K).$$

La fonctionnelle $\mathscr{T}_K$ est multiplicative dans $C_0(K)$.

En effet, soit α la restriction à e d'une η-adoucie de K avec $\eta > 0$ suffisamment petit pour que $[\alpha] \subset \complement\mathscr{E}$ et $V\mu([\alpha] \setminus K) \leqq \varepsilon$.

Soient $f, g \in C_0(K)$ tels que $|f(x)|, |g(x)| \leqq C$ pour tout $x \in K$. Ce sont les restrictions à K de fonctions continues et bornées par C dans E_n, (cf. ex. 5), que nous désignons encore par f et g.

Il vient

$$|\mathscr{T}_K(f) - \mathscr{T}(\alpha f)|, \ |\mathscr{T}_K(g) - \mathscr{T}(\alpha g)| \leqq C\varepsilon$$

et

$$|\mathscr{T}_K(fg) - \mathscr{T}(\alpha^2 fg)| \leqq C^2 \varepsilon.$$

De là, comme $\mathscr{T}(\alpha^2 fg) = \mathscr{T}(\alpha f)\mathscr{T}(\alpha g)$,

$$\begin{aligned} |\mathscr{T}_K(fg) - \mathscr{T}_K(f)\mathscr{T}_K(g)| &\leqq |\mathscr{T}_K(fg) - \mathscr{T}(\alpha^2 fg)| + |\mathscr{T}(\alpha f)\mathscr{T}(\alpha g) - \mathscr{T}_K(f)\mathscr{T}_K(g)| \\ &\leqq C^2\varepsilon + |\mathscr{T}_K(f)|\,|\mathscr{T}(\alpha g) - \mathscr{T}_K(g)| + |\mathscr{T}_K(g)|\,|\mathscr{T}_K(f) - \mathscr{T}(\alpha f)| \\ &\quad + |\mathscr{T}_K(f) - \mathscr{T}(\alpha f)|\,|\mathscr{T}_K(g) - \mathscr{T}(\alpha g)| \leqq C^2\varepsilon + C\varepsilon|\mathscr{T}_K(f)| + C\varepsilon|\mathscr{T}_K(g)| + C^2\varepsilon^2. \end{aligned}$$

On peut choisir ε pour rendre le dernier membre arbitrairement petit, donc

$$\mathscr{T}_K(fg) = \mathscr{T}_K(f)\mathscr{T}_K(g), \ \forall f, g \in C_0(K). \qquad (*)$$

Vu l'ex. 6, on a donc $\mathscr{T}_K(f) = f(x_K)$ ou 0, où $x_K \in K$.

Cela étant, soient $K_m \uparrow e$. Il est immédiat que, si $K_m \subset K_{m'}$ et si

$$\mathscr{T}_{K_m}(f) = f(x_{K_m}), \ \forall f \in C_0(K_m),$$

on a aussi

$$\mathscr{T}_{K_{m'}}(f) = f(x_{K_m}), \ \forall f \in C_0(K_{m'}).$$

On a donc $\mu = 0$ ou $\mu = \mathscr{T}_x$, $x \in e$.

9. — L'ensemble $\mathscr{F}$ des fonctions continues dans $[a, b]$ et dérivables en un point de $[a, b]$ (en a et b, on considère les dérivées à droite et à gauche respectivement) est un ensemble maigre dans $C_0([a, b])$.

De là, il existe des fonctions continues dans $[a, b]$ qui ne sont dérivables en aucun point de $[a, b]$.

Suggestion. Notons d'abord que, si $\mathscr{F}$ est maigre, comme $C_0([a, b])$ est de Baire, $C_0([a, b])\setminus\mathscr{F}$ n'est pas vide, d'où la dernière assertion.

Démontrons que $\mathscr{F}$ est maigre.

Soit $\mathscr{F}_m$ l'ensemble des $f\in C_0([a, b])$ tels qu'il existe $x_0\in[a, b]$ pour lequel

$$|f(x)-f(x_0)| \leqq m|x-x_0|, \quad \forall x\in[a, b].$$

On va prouver que $\mathscr{F}\subset \bigcup_{m=1}^{\infty} \mathscr{F}_m$, que les $\mathscr{F}_m$ sont fermés et que $\mathring{\mathscr{F}}_m=\varnothing$ pour tout m. On saura ainsi que $\mathscr{F}$ est maigre.

a) $\mathscr{F}\subset \bigcup_{m=1}^{\infty} \mathscr{F}_m$.

Soit $f\in\mathscr{F}$, dérivable au point x_0. Comme $[f(x)-f(x_0)]/(x-x_0)$ converge quand $x\to x_0$ dans $[a, b]$, il existe η et C tels que

$$|f(x)-f(x_0)| \leqq C|x-x_0| \quad \text{si} \quad |x-x_0| \leqq \eta.$$

Comme f est continu, il existe alors C' tel que

$$|f(x)-f(x_0)| \leqq C'\eta \leqq C'|x-x_0| \quad \text{si} \quad |x-x_0| \geqq \eta, \quad x\in[a, b],$$

d'où, si $m\geqq C, C'$, on a $f\in\mathscr{F}_m$.

b) $\mathscr{F}_m$ est fermé pour tout m.

Soit $f_k\in\mathscr{F}_m$ une suite convergeant uniformément vers f dans $[a, b]$ et soient $x_k\in[a, b]$ tels que

$$|f_k(x)-f_k(x_k)| \leqq m|x-x_k|, \quad \forall x\in[a, b].$$

Quitte à extraire une sous-suite des f_k, on peut supposer que $x_k\to x_0\in[a, b]$.

On a alors

$$|f(x)-f(x_0)| \leqq m|x-x_0|, \quad \forall x\in[a, b].$$

En effet, il vient

$$|f(x)-f(x_0)| \leqq |f(x)-f_k(x)|+|f_k(x)-f_k(x_k)|+|f_k(x_k)-f_k(x_0)|+|f_k(x_0)-f(x_0)|$$

$$\leqq 2 \sup_{x\in[a,b]} |f(x)-f_k(x)|+m|x-x_k|+m|x_k-x_0|.$$

Or, quel que soit $\varepsilon>0$, pour k assez grand,

$$\sup_{x\in[a,b]} |f(x)-f_k(x)| \leqq \varepsilon/4 \quad \text{et} \quad |x_k-x_0| \leqq \varepsilon/(4m).$$

De là, en majorant $|x-x_k|$ par $|x-x_0|+|x_0-x_k|$, il vient

$$|f(x)-f(x_0)| \leqq m|x-x_0|+\varepsilon,$$

d'où, comme $\varepsilon>0$ est arbitraire, la majoration (*).

c) $\mathring{\mathscr{F}}_m=\varnothing$ pour tout m.

Il suffit de prouver que, si $f\in\mathscr{F}_m$, pour tout $\varepsilon>0$, il existe g tel que $\pi_K(g)\leqq\varepsilon$ et que $f+g\notin\mathscr{F}_m$. Soit x_0 tel que

$$|f(x)-f(x_0)| \leqq m|x-x_0|, \quad \forall x\in[a, b],$$

et soit

$$g(x) = \inf(\varepsilon, 3m|x-x_0|).$$

Si $|x-x_0| \leqq \varepsilon/(3m)$, on a

$$|f(x)+g(x)-f(x_0)-g(x_0)| \geqq 3m|x-x_0|-m|x-x_0| \geqq 2m|x-x_0|$$

et $f+g\notin\mathscr{F}_m$, d'où la conclusion.

10. — Désignons par $C_0^T(E_n)$ l'espace des fonctions f définies dans E_n, continues et périodiques de période $T=(T_1, \ldots, T_n)$, donc telles que

$$f(x+T_i e_i) = f(x), \quad \forall x\in E_n, \ \forall i.$$

Munissons $C_0^T(E_n)$ de la norme

$$\|f\| = \sup_{x\in I} |f(x)|,$$

où $I=]0, T_1]\times\cdots\times]0, T_n]$.

a) $C_0^T(E_n)$ est un espace de Banach.

b) L'ensemble

$$\{e^{2i\pi\sum_{k=1}^n m_k x_k/T_k} : m_1, \ldots, m_n = 0, \pm1, \pm2, \ldots\}$$

est total dans $C_0^T(E_n)$.

c) Soit $f\in C_0^T(E_n)$. L'ensemble des f_a définis par $f_a(x) = f(x+a)$ pour tout $x\in E_n$ est total dans $C_0^T(E_n)$ si et seulement si

$$c_{m_1, \ldots, m_n}(f) = \int_I f(x)e^{2i\pi\sum_{k=1}^n m_k x_k/T_k}\,dx \neq 0, \quad \forall m_1, \ldots, m_n.$$

Suggestion. Pour b), noter que, si $f\in C_0^T(E_n)$, on a $f*\varrho_\varepsilon\in C_0^T(E_n)$.

Comme $f*\varrho_\varepsilon$ est indéfiniment continûment dérivable dans E_n, il se développe en série de Fourier uniformément convergente dans E_n (cf. FVR II, B, p. 458), d'où la conclusion.

Pour c), on note que, pour tout $\mathscr{T}\in[C_0^T(E_n)]^*$,

$$\int_I \mathscr{T}(f_y)\,e^{2i\pi\sum_{k=1}^n m_k y_k/T_k}\,dy = \mathscr{T}\Big(\int_I f_y\,e^{2i\pi\sum_{k=1}^n m_k y_k/T_k}\,dy\Big),$$

où

$$\int_I f(x+y)e^{2i\pi\sum_{k=1}^n m_k y_k/T_k}\,dy = e^{-2i\pi\sum_{k=1}^n m_k x_k/T_k}\int_I f(y')\,e^{2i\pi\sum_{k=1}^n m_k y'_k/T_k}\,dy',$$

donc

$$\int_I \mathscr{T}(f_y)\,e^{2i\pi\sum_{k=1}^n m_k y_k/T_k}\,dy = c_{m_1, \ldots, m_n}(f)\,\mathscr{T}\Big(e^{-2i\pi\sum_{k=1}^n m_k x_k/T_k}\Big).$$

Dès lors,

$$\mathscr{T}(f_y) = 0, \quad \forall y$$

$$\Leftrightarrow \int_I \mathscr{T}(f_y)\,e^{2i\pi\sum_{k=1}^n m_k y_k/T_k}\,dy = 0, \quad \forall m_1, \ldots, m_n$$

$$\Leftrightarrow c_{m_1, \ldots, m_n}(f)\,\mathscr{T}\Big(e^{-2i\pi\sum_{k=1}^n m_k y_k/T_k}\Big) = 0, \quad \forall m_1, \ldots, m_n.$$

Si aucun $c_{m_1, \ldots, m_n}(f)$ n'est nul, on a alors

$$\mathscr{T}(f_y) = 0, \ \forall y \Rightarrow \mathscr{T}\left(e^{2i\pi \sum_{k=1}^{n} m_k y_k / T_k}\right) = 0, \ \forall m_1, \ldots, m_n,$$

donc $\{f_y : y \in E_n\}$ est total dans $C_0^T(E_n)$.

Si cet ensemble n'est pas total, il existe $\mathscr{T} \in [C_0^T(E_n)]^*$ tel que $\mathscr{T} \neq 0$ et $\mathscr{T}(f_y) = 0$ pour tout y. Il existe alors $m_1, \ldots, m_n$ tels que

$$\mathscr{T}\left(e^{-2i\pi \sum_{k=1}^{n} m_k y_k / T_k}\right) \neq 0,$$

donc tels que $c_{m_1, \ldots, m_n}(f) = 0$.

Mesure de Haar dans un groupe topologique localement compact de E_n

17. — Soit G un ensemble localement compact de E_n.

C'est un *groupe* s'il est muni d'un produit xy défini pour tous $x, y \in G$,

— associatif: $(xy)z = x(yz)$ pour tous $x, y, z \in G$,

— avec unité: il existe $e \in G$ tel que $ex = xe = x$ pour tout $x \in G$,

— tel que tout $x \in G$ ait un inverse $x^{-1} \in G$, tel que $xx^{-1} = x^{-1}x = e$.

C'est un groupe *topologique* si, en outre, quelles que soient les suites $x_m, y_m \in G$ telles que $x_m \to x \in G$ et $y_m \to y \in G$, on a

$$x_m y_m \to xy \quad \text{et} \quad x_m^{-1} \to x^{-1}.$$

18. — Dans ce qui suit, G désigne un groupe topologique localement compact de E_n. Les notions d'ouvert et de fermé considérées sont celles d'ouvert et de fermé dans G.

Voici quelques propriétés utiles de G.

Si $A, B \subset G$ et $x \in G$, posons

$$xA = \{xy : y \in A\}, \quad Ax = \{yx : y \in A\}, \quad A^{-1} = \{y^{-1} : y \in A\}$$

et

$$AB = \{yz : y \in A, z \in B\}.$$

a) *Si A est ouvert* (resp. *fermé, compact*), *xA, Ax et A^{-1} sont ouverts* (resp. *fermés, compacts*) *quel que soit $x \in G$.*

b) *Si K et K' sont compacts, KK' est compact.*

c) *Si K est compact et F fermé, KF et FK sont fermés.*

Les démonstrations sont élémentaires.

19. — Introduisons quelques notations.

a) Soit f une fonction définie dans G. Etant donné $x \in G$, on note ${}_x f$ (resp. f_x) la fonction qui, à tout $y \in G$, associe $f(xy)$ [resp. $f(yx)$]. De même, on note $\tilde{f}$ la fonction qui, à tout $x \in G$, associe $f(x^{-1})$.

Si f est une fonction continue dans G, pour tout compact $K \subset G$ et tout $\varepsilon > 0$, il existe $\eta > 0$ tel que

$$\sup_{\substack{x, y \in K \\ |xy^{-1} - e| \leqq \eta}} |f(x) - f(y)| \leqq \varepsilon.$$

C'est immédiat.

b) Soient μ une mesure dans $\complement(\bar{G} \setminus G)$ portée par G et x un élément de G. On note ${}_x\mu$ (resp. μ_x) la mesure définie dans $\complement(\bar{G} \setminus G)$ par

$${}_x\mu(I) = \mu(x^{-1}I) \quad [\text{resp. } \mu_x(I) = \mu(Ix^{-1})],$$

pour tout I dans $\complement(\bar{G} \setminus G)$. De même, on note μ^{-1} la mesure définie dans $\complement(\bar{G} \setminus G)$ par

$$\mu^{-1}(I) = \mu(I^{-1})$$

pour tout I dans $\complement(\bar{G} \setminus G)$.

Les expressions ainsi introduites sont les mesures images de μ par les fonctions μ-propres qui, à tout $y \in G$, associent respectivement

$$x^{-1}y, \quad yx^{-1} \quad \text{et} \quad y^{-1}.$$

Ces fonctions sont définies dans G, donc μ-pp.

Elles sont continues dans G, donc μ-mesurables.

Elles sont μ-propres. Il suffit pour cela que, pour tout I dans $\complement(\bar{G} \setminus G)$, $\bar{I} \cap G$ soit compact. En effet, $x^{-1}(\bar{I} \cap G)$, $(\bar{I} \cap G)x^{-1}$ et $(\bar{I} \cap G)^{-1}$ sont alors également compacts, donc μ-intégrables. Vérifions que $\bar{I} \cap G$ est fermé. Si $x \in \overline{\bar{I} \cap G}$, on a $x \in \bar{I}$ et $x \in \bar{G}$. Comme $\bar{I} \subset \complement(\bar{G} \setminus G)$, si $x \notin G$, on a $x \notin \bar{G}$, ce qui est absurde. Donc $x \in \bar{I} \cap G$.

Enfin, elles sont biunivoques μ-pp.

Vu II, c), p. 179, *pour tout $x \in G$,*

— *f est μ-intégrable si et seulement si ${}_xf$ est ${}_x\mu$-intégrable et*

$$\int f \, d\mu = \int {}_xf \, d_x\mu,$$

— *f est μ-intégrable si et seulement si f_x est μ_x-intégrable et*

$$\int f \, d\mu = \int f_x \, d\mu_x,$$

— *f est μ-intégrable si et seulement si $\tilde{f}$ est μ^{-1}-intégrable et*

$$\int f \, d\mu = \int \tilde{f} \, d\mu^{-1}.$$

20. — On appelle *mesure de Haar à gauche* (resp. *à droite*) dans G une mesure non nulle dans $\complement(\bar{G} \setminus G)$, portée par G, telle que

$${}_x\mu = \mu \quad (\text{resp. } \mu_x = \mu), \quad \forall x \in G.$$

En vertu de II, a), p. 85, c'est le cas si et seulement si

$$\int f(y)\,d\mu(y) = \int {}_x f(y)\,d\mu(y) \quad \left[\text{resp.} \int f_x(y)\,d\mu(y)\right]$$

pour tout $f \in D_0(G)$ et tout $x \in G$.

a) *Si μ est une mesure de Haar à gauche, la mesure μ^{-1} est une mesure de Haar à droite et inversement.*

De fait, si $\mu = {}_x\mu$, pour tout I dans $\complement(\overline{G} \setminus G)$, on a

$$\mu^{-1}(I) = \mu(I^{-1}) = {}_x\mu(I^{-1}) = \mu(x^{-1}I^{-1}) = \mu[(Ix)^{-1}] = (\mu^{-1})_x(I).$$

La démonstration de la réciproque est analogue.

b) *Si μ est une mesure de Haar à gauche* (resp. *à droite*), *il en est de même de $V\mu$.*

De fait, si μ est une mesure de Haar à gauche, pour tout I dans $\complement(\overline{G} \setminus G)$, on a

$$V\mu(I) = \sup_{\mathscr{P}(I)} \sum_{J \in \mathscr{P}(I)} |\mu(J)| = \sup_{\mathscr{P}(I)} \sum_{J \in \mathscr{P}(I)} |\mu(x^{-1}J)| \leqq V\mu(x^{-1}I).$$

De là, $V\mu \leqq {}_x(V\mu)$. On a aussi $V\mu \leqq {}_{x^{-1}}(V\mu)$, donc ${}_x(V\mu) \leqq {}_{xx^{-1}}(V\mu) = V\mu$ et, au total, $V\mu = {}_x(V\mu)$.

c) *Deux mesures de Haar à gauche* (resp. *à droite*) *sont multiples l'une de l'autre.*

En particulier, toute mesure de Haar à gauche (resp. *à droite*) *est multiple d'une mesure positive.*

Soient μ et ν deux mesures de Haar à gauche. Démontrons qu'elles sont multiples l'une de l'autre.

On peut supposer $\mu \geqq 0$. En effet, vu b), on pourra alors établir que les mesures μ et $V\mu$ d'une part et $V\mu$ et ν d'autre part sont multiples l'une de l'autre.

Pour tout m, il existe $\varphi_m \in \mu - L_1(G)$, tel que

$$\varphi_m \geqq 0, \quad [\varphi_m] \subset b_m = \{x : |x - e| < 1/m\} \quad \text{et} \quad \int \varphi_m\,d\mu \neq 0.$$

En effet, si ce n'est pas le cas, un des b_m est un ouvert d'annulation pour μ. C'est alors le cas pour chaque xb_m, $x \in G$, donc chaque point de G est contenu dans un ouvert d'annulation pour μ et $\mu = 0$.

Soient alors $\varphi_m \in \mu - L_1(G)$ tels que $\varphi_m \geqq 0$, $[\varphi_m] \subset b_m$ et $\int \varphi_m\,d\mu = 1$.

Etant donné $f \in D_0(G)$, considérons les fonctions f_m définies dans G par

$$f_m(x) = \int f(y)\,\varphi_m(x^{-1}y)\,d\mu(y) = \int f(xy)\,\varphi_m(y)\,d\mu(y).$$

On a $f_m(x) \to f(x)$ pour tout $x \in G$ car

$$\left|\int f(y)\varphi_m(x^{-1}y)\,d\mu(y) - f(x)\right| = \left|\int [f(y)-f(x)]\varphi_m(x^{-1}y)\,d\mu(y)\right| \leqq \varepsilon$$

si

$$\sup_{\substack{x,y\in G\\ |x^{-1}y-e|\leqq 1/m}} |f(y)-f(x)| \leqq \varepsilon.$$

De plus, les f_m sont majorés en module par une fonction intégrable fixe. D'une part,

$$|f_m(x)| \leqq \sup_{x\in G} |f(x)|.$$

D'autre part, on a $[f_m] \subset [f]\cdot b_m^{-1}$. De fait, si $f_m(x) \neq 0$, il existe y tel que $f(y) \neq 0$ et $\varphi_m(x^{-1}y) \neq 0$, donc $y \in [f]$ et $|x^{-1}y-e| \leqq 1/m$, soit

$$x = y(x^{-1}y)^{-1} \in [f]\cdot b_m^{-1}.$$

Or, si $m \geqq m_0$, le dernier membre est contenu dans un compact de G pour m_0 assez grand.

Par le théorème de Lebesgue, on a

$$\int f(x)\,d\nu = \lim_m \int \left[\int f(y)\,\varphi_m(x^{-1}y)\,d\mu(y)\right] d\nu(x)$$

et, par le théorème de Fubini, il vient

$$\int \left[\int f(y)\,\varphi_m(x^{-1}y)\,d\mu(y)\right] d\nu(x) = \int f(y) \left[\int \varphi_m(x^{-1}y)\,d\nu(x)\right] d\mu(y)$$
$$= \int f\,d\mu \cdot \int \tilde{\varphi}_m\,d\nu.$$

De là, si $\int f\,d\mu = 0$, on a $\int f\,d\nu = 0$.

Si $\int f\,d\mu \neq 0$, on obtient que la suite $\int \tilde{\varphi}_m\,d\nu$ converge. Soit C sa limite. Elle est évidemment indépendante de f et on a

$$\int f\,d\nu = C \int f\,d\mu, \quad \forall f \in D_0(G),$$

d'où la conclusion.

EXERCICES

1. — Si G est compact, les mesures de Haar à gauche et à droite dans G sont proportionnelles.

Suggestion. Soient μ de Haar à gauche et ν de Haar à droite. Par b), on peut supposer $\nu > 0$. Comme $\nu \neq 0$, on a $\nu(G) \neq 0$.

Pour tout $f \in D_0(G)$, on a

$$\nu(G)\int f\,d\mu = \nu(G)\int f(xy)\,d\mu(y) = \int\int f(xy)\,d\nu(x)\,d\mu(y)$$
$$= \int \left[\int f(xy)\,d\nu(x)\right] d\mu(y) = \mu(G)\int f\,d\nu,$$

donc

$$\mu = \frac{\mu(G)}{\nu(G)}\, \nu.$$

2. — Une mesure μ de Haar à gauche (resp. à droite) est de Haar à droite (resp. à gauche) si et seulement si $\mu = \mu^{-1}$.

Suggestion. La condition suffisante est connue (cf. a), p. 168). La condition est nécessaire. Soit μ de Haar à gauche et à droite. Comme μ^{-1} est de Haar à droite, il existe c tel que $\mu = c\mu^{-1}$. Soit alors K compact tel que $\mu(K) \neq 0$. On a $\mu(K \cup K^{-1}) = \mu^{-1}(K \cup K^{-1})$, mais aussi $\mu(K \cup K^{-1}) = c\mu^{-1}(K \cup K^{-1})$, donc $c = 1$.

3. — Le groupe G est compact si et seulement si il est intégrable par rapport à une mesure de Haar dans G.

Suggestion. Si G n'est pas compact, établissons d'abord que, pour tout compact $K \subset G$, il existe une suite $x_m \in G$ telle que les $x_m K$ soient deux à deux disjoints.

De fait, si on a déterminé $x_1, \ldots, x_m$ vérifiant cette propriété, on choisit $x_{m+1} \notin \bigcup_{i=1}^{m} x_i K K^{-1}$, ce qui est toujours possible puisque le second membre est compact et que G ne l'est pas.

Cela étant, soit par exemple μ une mesure de Haar à gauche dans G et soit $K \subset G$ compact et tel que $\mu(K) \neq 0$.

Si les $x_m K$ sont deux à deux disjoints, pour tout N, on a

$$\mu\left(\bigcup_{m=1}^{N} x_m K\right) = \sum_{m=1}^{N} \mu(x_m K) = N\mu(K),$$

donc G n'est pas μ-intégrable.

4. — Si μ est une mesure de Haar dans G, aucun ouvert de G n'est μ-négligeable.

Suggestion. Procédons par l'absurde. Soit $\omega \subset G$ un ouvert μ-négligeable. Comme tout compact de G peut être recouvert par un nombre fini de $x\omega$, $x \in G$, et que les $x\omega$ sont aussi μ-négligeables, tout compact de G est μ-négligeable, donc $\mu = 0$.

21. — Passons à présent au théorème d'existence des mesures de Haar. On utilisera le lemme suivant.

Soit E un espace linéaire à semi-normes et soit e un ensemble de E qui admet un sous-ensemble D dénombrable et dense pour les suites, c'est-à-dire tel que tout point de e soit limite d'une suite d'éléments de D.

Soit Φ un ensemble de fonctions définies dans e tel que

$$\sup_{\varphi \in \Phi} |\varphi(f_m) - \varphi(f)| \to 0$$

si $f_m \to f$ dans e et que

$$\sup_{\varphi \in \Phi} |\varphi(f)| < \infty, \quad \forall f \in e.$$

Alors, de toute suite $\varphi_m \in \Phi$, on peut extraire une sous-suite φ_{m_k} telle que $\varphi_{m_k}(f)$ converge pour tout $f \in e$.

Soit $D = \{f_i\colon i = 1, 2, \ldots\}$.

Comme chaque suite $\varphi_m(f_i)$, $(m=1, 2, \ldots)$, est bornée, on peut en extraire une sous-suite convergente.

Par une extraction diagonale, on peut donc extraire des φ_m une suite φ_{m_k} telle que $\varphi_{m_k}(f_i)$ converge pour tout i.

La suite $\varphi_{m_k}(f)$ converge alors pour tout $f \in e$.

En effet, soit $f \in e$ fixé. On a, pour tout i,

$$\begin{aligned}
&|\varphi_{m_r}(f)-\varphi_{m_s}(f)| \\
&\leqq |\varphi_{m_r}(f)-\varphi_{m_r}(f_i)|+|\varphi_{m_r}(f_i)-\varphi_{m_s}(f_i)|+|\varphi_{m_s}(f_i)-\varphi_{m_s}(f)| \\
&\leqq |\varphi_{m_r}(f_i)-\varphi_{m_s}(f_i)|+2\sup_k |\varphi_{m_k}(f)-\varphi_{m_k}(f_i)|.
\end{aligned}$$

Il existe une sous-suite f_{i_j} des f_i telle que $f_{i_j} \to f$, donc telle que

$$\sup_k |\varphi_{m_k}(f)-\varphi_{m_k}(f_{i_j})| \to 0.$$

Pour $\varepsilon > 0$ arbitraire, il existe donc i tel que

$$\sup_k |\varphi_{m_k}(f)-\varphi_{m_k}(f_i)| \leqq \varepsilon/4.$$

Pour cet i fixé, on a alors

$$|\varphi_{m_r}(f_i)-\varphi_{m_s}(f_i)| \leqq \varepsilon/2$$

donc

$$|\varphi_{m_r}(f)-\varphi_{m_s}(f)| \leqq \varepsilon$$

si r, s sont assez grands, d'où la conclusion.

Le théorème d'existence des mesures de Haar s'énonce comme suit.

Pour tout groupe topologique localement compact $G \subset E_n$, il existe une mesure de Haar à gauche (resp. *à droite*) *positive.*

Dans la démonstration qui suit, nous désignons par $D_0^+(G)$ l'ensemble des fonctions positives appartenant à $D_0(G)$.

Soit

$$b_\varepsilon = \{x \in G : |x-e| \leqq \varepsilon\}$$

et soit $f_0 \in D_0^+(G)$ égal à 1 dans $\{x \in G : |x-e| \leqq r_0/2\}$ et à support dans b_{r_0}, où r_0 est tel que b_{r_0} soit compact.

Pour tout $\varepsilon > 0$, posons

$$C_\varepsilon = \inf\{\sum_{(i)} r_i : f_0 \leqq \sum_{(i)} r_i \delta_{x_i b_\varepsilon},\ x_i \in G\}$$

et, pour tout $f \in D_0^+(G)$,

$$\theta_\varepsilon(f) = \inf\{\sum_{(i)} r_i : f \leqq C_\varepsilon \sum_{(i)} r_i \delta_{x_i b_\varepsilon}\}.$$

Ces expressions sont définies car, pour tout compact $K \subset G$ et tout ouvert $\omega \subset G$, il existe des $x_i \in G$ en nombre fini tels que $K \subset \bigcup_{(i)} x_i \omega$.

A. Examinons les propriétés de $\theta_\varepsilon(f)$.

Soient f, f_i et $g \in D_0^+(G)$.

a) $\theta_\varepsilon(f) = \theta_\varepsilon({}_x f)$ pour tout $x \in G$; autrement dit, $\theta_\varepsilon(f)$ est invariant par multiplication à gauche.

C'est trivial.

b) $\theta_\varepsilon({}_x f_0) = 1$ pour tout $x \in G$.

De fait, $\theta_\varepsilon({}_x f_0) = \theta_\varepsilon(f_0)$ pour tout $x \in G$ et

$$\theta_\varepsilon(f_0) = \inf\{\sum_{(i)} r_i : f_0 \leqq C_\varepsilon \sum_{(i)} r_i \delta_{x_i b_\varepsilon}\}$$

$$= \frac{1}{C_\varepsilon} \inf\{\sum_{(i)} r_i : f_0 \leqq \sum_{(i)} r_i \delta_{x_i b_\varepsilon}\} = 1.$$

c) $\sup\limits_{\varepsilon > 0} \theta_\varepsilon(f) < \infty$.

Il existe $C > 0$ et un compact $K \subset G$ tel que $f \leqq C \delta_K$. On peut alors recouvrir K par un nombre fini de $x_i b_{r_0/2}$ ($x_i \in G$). Il existe donc des $r_i > 0$ et des $x_i \in G$ tels que

$$f \leqq \sum_{(i)} r_{i\, x_i} f_0.$$

Alors, pour tout $\varepsilon > 0$, il vient

$$\theta_\varepsilon(f) \leqq \theta_\varepsilon(\sum_{(i)} r_{i\, x_i} f_0) \leqq \sum_{(i)} r_i.$$

d) $\theta_\varepsilon(cf) = c\theta_\varepsilon(f)$ pour tout $c \geqq 0$.

e) $\theta_\varepsilon(cf + c'g) \leqq c\theta_\varepsilon(f) + c'\theta_\varepsilon(g)$, pour tous $c, c' > 0$.

Les démonstrations sont immédiates.

f) $c\theta_\varepsilon(f) + c'\theta_\varepsilon(g) \leqq \theta_\varepsilon(cf + c'g) + \varepsilon_0$ pour tous c, c' et $\varepsilon_0 > 0$, si $\varepsilon > 0$ est assez petit.

Soit $F \in D_0^+(G)$ égal à 1 dans $[f] \cup [g]$.

Fixons $r > 0$. Posons

$$h = \begin{cases} cf/(cf + c'g + rF) & \text{dans } [f] \\ 0 & \text{ailleurs} \end{cases} \quad \text{et} \quad h' = \begin{cases} c'g/(cf + c'g + rF) & \text{dans } [g] \\ 0 & \text{ailleurs.} \end{cases}$$

On a $h, h' \in D_0(G)$. De là, vu a), p. 166, pour $\varepsilon' > 0$ fixé et pour ε assez petit, on a

$$|h(x) - h(xy)|, \quad |h'(x) - h'(xy)| \leqq \varepsilon', \quad \forall x \in G, \quad \forall y \in b_\varepsilon.$$

Soient alors $x_i \in G$ et $r_i > 0$ tels que

$$cf + c'g + rF \leqq C_\varepsilon \sum_{(i)} r_i \delta_{x_i b_\varepsilon}. \tag{*}$$

Comme $cf = h \cdot (cf + c'g + rF)$ et $c'g = h' \cdot (cf + c'g + rF)$, on a

$$cf \leqq C_\varepsilon \sum_{(i)} r_i \delta_{x_i b_\varepsilon}[h(x_i)+\varepsilon']$$

et

$$c'g \leqq C_\varepsilon \sum_{(i)} r_i \delta_{x_i b_\varepsilon}[h'(x_i)+\varepsilon'],$$

d'où

$$c\theta_\varepsilon(f) = \theta_\varepsilon(cf) \leqq \sum_{(i)} r_i[h(x_i)+\varepsilon']$$

et

$$c'\theta_\varepsilon(g) = \theta_\varepsilon(c'g) \leqq \sum_{(i)} r_i[h'(x_i)+\varepsilon'].$$

Comme $h+h' \leqq 1$, il vient donc

$$c\theta_\varepsilon(f)+c'\theta_\varepsilon(g) \leqq \sum_{(i)} r_i[h(x_i)+h'(x_i)+2\varepsilon'] \leqq (1+2\varepsilon')\sum_{(i)} r_i.$$

Or, dans (*), on peut choisir les x_i, r_i pour que

$$\sum_{(i)} r_i \leqq (1+\varepsilon')\theta_\varepsilon(cf+c'g+rF).$$

Il vient alors

$$\sum_{(i)} r_i \leqq (1+\varepsilon')[\theta_\varepsilon(cf+c'g)+r\theta_\varepsilon(F)].$$

En vertu de c), les $\theta_\varepsilon(F)$ sont bornés par un nombre indépendant de ε, donc, pour r assez petit, il vient

$$\sum_{(i)} r_i \leqq (1+\varepsilon')\theta_\varepsilon(cf+c'g)+\varepsilon'$$

et

$$c\theta_\varepsilon(f)+c'\theta_\varepsilon(g) \leqq (1+\varepsilon')(1+2\varepsilon')\theta_\varepsilon(cf+c'g)+(1+2\varepsilon')\varepsilon'.$$

Comme $\theta_\varepsilon(cf+c'g)$ est borné indépendamment de ε, il vient donc

$$c\theta_\varepsilon(f)+c'\theta_\varepsilon(g) \leqq \theta_\varepsilon(cf+c'g)+\varepsilon_0$$

pour ε' assez petit, ce qu'on obtient en prenant ε assez petit, comme on l'a vu au début de la démonstration.

g) De e) et f), on déduit que, quels que soient $f_1, \dots, f_N \in D_0^+(G)$, $c_1, \dots, c_N \geqq 0$ et $\varepsilon_0 > 0$, on a

$$\left|\theta_\varepsilon\left(\sum_{i=1}^N c_i f_i\right) - \sum_{i=1}^N c_i \theta_\varepsilon(f_i)\right| \leqq \varepsilon_0$$

pour ε assez petit.

Démontrons qu'en fait, cette dernière majoration est uniforme par rapport aux c_i si on impose $c_i \leqq C$ pour tout i.

Vu e), il suffit d'établir que, pour tous $c, c' \in [0, C]$ et tout $\varepsilon_0 > 0$, on a

$$c\theta_\varepsilon(f)+c'\theta_\varepsilon(g) \leqq \theta_\varepsilon(cf+c'g)+\varepsilon_0$$

pour $\varepsilon > 0$ suffisamment petit.

Reprenons la démonstration de f). On vérifie sans peine que, pour ε assez petit,

$$|h(x)-h(xy)|, \quad |h'(x)-h'(xy)| \leqq \varepsilon'$$

pour tous $x \in G$, $y \in b_\varepsilon$ et $c, c' \in [0, C]$.

La démonstration est alors inchangée jusqu'à l'inégalité,

$$c\theta_\varepsilon(f)+c'\theta_\varepsilon(g) \leqq (1+\varepsilon')(1+2\varepsilon')\theta_\varepsilon(cf+c'g)+(1+2\varepsilon')\varepsilon'.$$

On note alors que

$$\theta_\varepsilon(cf+c'g) \leqq c\theta_\varepsilon(f)+c'\theta_\varepsilon(g) \leqq C\theta_\varepsilon(f)+C\theta_\varepsilon(g),$$

où le dernier membre est majoré indépendamment de ε, donc

$$c\theta_\varepsilon(f)+c'\theta_\varepsilon(g) \leqq \theta_\varepsilon(cf+c'g)+\varepsilon_0$$

pour ε' assez petit, quels que soient c, $c' \in [0, C]$.

h) Si f_m tend vers f dans $D_0^+(G)$, on a

$$\sup_{\varepsilon>0} |\theta_\varepsilon(f_m)-\theta_\varepsilon(f)| \to 0.$$

Les f_m et f ont leur support contenu dans un compact $K \subset G$. Déterminons $F \in D_0^+(G)$, égal à 1 dans K. Pour $r>0$, il vient

$$f_m \leqq f+rF \quad \text{et} \quad f \leqq f_m+rF$$

dès que m est assez grand. Il vient alors

$$\theta_\varepsilon(f_m) \leqq \theta_\varepsilon(f)+r\theta_\varepsilon(F) \quad \text{et} \quad \theta_\varepsilon(f) \leqq \theta_\varepsilon(f_m)+r\theta_\varepsilon(F),$$

d'où

$$\sup_\varepsilon |\theta_\varepsilon(f_m)-\theta_\varepsilon(f)| \leqq r \sup_\varepsilon \theta_\varepsilon(F).$$

Or le second membre est aussi petit qu'on veut si on prend r assez petit, d'où la conclusion.

B. Considérons la suite $\theta_{1/m}$.

Elle vérifie les conditions du lemme signalé au début du paragraphe, où on prend pour e l'ensemble $D_0^+(G)$.

Il existe un ensemble dénombrable dense pour les suites dans $D_0^+(G)$. De fait, $D_0(G)$ est la limite inductive des $D_0(K_m, G)$ et chacun de ceux-ci est à semi-normes dénombrables et séparable. Donc chaque $D_0^+(G) \cap D_0(K_m, G)$ admet un ensemble dénombrable dense et même dense pour les suites et, de là, $D_0^+(G)$ en admet un aussi.

De plus, la suite $\theta_{1/m}$ vérifie les propriétés c) et h) ci-dessus.

On peut donc en extraire une sous-suite θ_{1/m_k} telle que $\theta_{1/m_k}(f)$ converge pour tout $f \in D_0^+(G)$.

Examinons les propriétés de sa limite $\tau(f)$.

a) τ est invariant par multiplication à gauche, puisque les $\theta_{1/m}$ le sont.

b) $\tau(cf)=c\tau(f)$, $\forall c\geqq 0$.

c) $\tau(f+g) = \tau(f)+\tau(g)$, $\forall f, g\in D_0^+(G)$.

Cela découle immédiatement de g) ci-dessus.

C. Vu I, p. 359, il existe donc une fonctionnelle linéaire positive $\mathscr{T}$ dans $D_0(G)$, dont la restriction à $D_0^+(G)$ est égale à τ.

Comme $D_0(G)$ est limite inductive hyperstricte d'une suite d'espaces de Banach, il est bornologique et complet. De là, vu I, p. 358, la fonctionnelle $\mathscr{T}$ est bornée.

Enfin, elle est invariante par multiplication à gauche. En effet, quel que soit $f\in D_0(G)$,

$$[\mathscr{R}({}_xf)]_\pm = {}_x[(\mathscr{R}f)_\pm] \quad \text{et} \quad [\mathscr{I}({}_xf)]_\pm = {}_x[(\mathscr{I}f)_\pm],$$

donc

$$\begin{aligned}\mathscr{T}({}_xf) &= \tau[(\mathscr{R}({}_xf))_+]-\tau[(\mathscr{R}({}_xf))_-]+i\tau[(\mathscr{I}({}_xf))_+]-i\tau[(\mathscr{I}({}_xf))_-]\\ &= \tau[(\mathscr{R}f)_+]-\tau[(\mathscr{R}f)_-]+i\tau[(\mathscr{I}f)_+]-i\tau[(\mathscr{I}f)_-] = \mathscr{T}(f).\end{aligned}$$

D. En vertu du théorème de structure du dual de $D_0(G)$, il existe une mesure μ dans $\complement(\overline{G}\setminus G)$, positive, portée par G et telle que

$$\mathscr{T}(f) = \int f\,d\mu, \quad \forall f\in D_0(G).$$

Elle satisfait aux conditions de l'énoncé.

Voici une variante de B qui permet d'éviter de recourir au lemme, en prouvant que les $\theta_{1/m}$ convergent.

a) *Etant donnés $f\in D_0^+(G)$ et $\varepsilon>0$, on peut approcher f à moins de ε par une fonction de la forme*

$$\sum_{(i)} r_i g(x_i^{-1}x), \quad r_i\geqq 0,$$

quel que soit $g\in D_0^+(G)$ non nul et à support dans b_η, pour η assez petit.

Fixons η assez petit pour que

$$\sup_{\substack{x,y\in G\\ |y^{-1}x-e|\leqq\eta}} |f(x)-f(y)| \leqq C\varepsilon,$$

où C sera précisé plus loin.

Soit $g\in D_0^+(G)$ non nul et à support dans b_η. Déterminons $\eta'<\eta$ tel que

$$\sup_{\substack{x,y\in G\\ |xy^{-1}-e|\leqq\eta'}} |g(x)-g(y)| \leqq C'\varepsilon,$$

où C' sera précisé plus loin.

On peut recouvrir $[f]$ par un nombre fini de $xb_{\eta'}$, soit par $x_1b_{\eta'}, \ldots, x_Nb_{\eta'}$. Déterminons alors une partition de l'unité dans $[f]$ constituée par des fonctions $\alpha_1, \ldots, \alpha_N$ portées par $x_1b_{\eta'}, \ldots, x_Nb_{\eta'}$.

Prenons enfin ε_0 tel que

$$\sum_{k=1}^N g(x_k^{-1}x)\,\theta_{\varepsilon_0}(\alpha_k f)-\theta_{\varepsilon_0}\left[\sum_{k=1}^N g(x_k^{-1}x)\alpha_k f\right] \leqq C''\varepsilon, \tag{*}$$

où C'' sera précisé plus loin. Un tel ε_0 existe et est indépendant de x, car les $g(x_k^{-1}x)$ sont bornés dans G, ce qui permet d'appliquer g), p. 173.

On a alors

$$\begin{aligned}
&\left|g(y^{-1}x)f(x)-\sum_{k=1}^{N}g(x_k^{-1}x)\alpha_k(y)f(y)\right| \\
&=\left|g(y^{-1}x)[f(x)-f(y)]+f(y)\sum_{k=1}^{N}[g(y^{-1}x)-g(x_k^{-1}x)]\alpha_k(y)\right| \\
&\leqq g(y^{-1}x)\,|f(x)-f(y)|+\sum_{k=1}^{N}|g(y^{-1}x)-g(x_k^{-1}x)|\alpha_k(y)f(y) \\
&\leqq C\varepsilon g(y^{-1}x)+C'\varepsilon f(y).
\end{aligned}$$

De fait $|y^{-1}x|\leqq\eta$ donc $|f(x)-f(y)|\leqq C\varepsilon$ pour tout y tel que $g(y^{-1}x)\neq 0$. De plus $x_k^{-1}x(y^{-1}x)^{-1}=x_k^{-1}y$ et $|x_k^{-1}y-e|\leqq\eta'$ donc $|g(y^{-1}x)-g(x_k^{-1}x)|\leqq C'\varepsilon$ pour tout k tel que $\alpha_k(y)\neq 0$.

Or, si $|h-h'|\leqq h''$, on a $h\leqq h'+h''$ et $h'\leqq h+h''$, d'où

$$|\theta_{\varepsilon_0}(h)-\theta_{\varepsilon_0}(h')|\leqq\theta_{\varepsilon_0}(h'').$$

Il vient donc, en notant que $g(y^{-1}x)={}_{x^{-1}}(\tilde{g})(y)$,

$$\left|f(x)\,\theta_{\varepsilon_0}(\tilde{g})-\theta_{\varepsilon_0}\left[\sum_{k=1}^{N}g(x_k^{-1}x)\alpha_k f\right]\right|\leqq C\varepsilon\theta_{\varepsilon_0}(\tilde{g})+C'\varepsilon\,\theta_{\varepsilon_0}(f)$$

et, de là, vu (*),

$$\left|f(x)-\sum_{k=1}^{N}\frac{\theta_{\varepsilon_0}(\alpha_k f)}{\theta_{\varepsilon_0}(\tilde{g})}\,g(x_k^{-1}x)\right|\leqq\left(C+\frac{C'\theta_{\varepsilon_0}(f)}{\theta_{\varepsilon_0}(\tilde{g})}+\frac{C''}{\theta_{\varepsilon_0}(\tilde{g})}\right)\varepsilon.$$

Pour un choix convenable de C, C' et C'', on obtient le résultat annoncé.

b) Démontrons à présent que, pour tout $f\in D_0^+(G)$ et tout $r>0$ fixés, il existe η tel que

$$|\theta_\varepsilon(f)-\theta_{\varepsilon'}(f)|\leqq r,\ \forall\varepsilon,\varepsilon'\leqq\eta.$$

Soit $K\subset G$ un compact tel que $[f],[f_0]\subset\mathring{K}$.

Pour ε_0 assez petit et $C>0$ arbitraire, on a

$$|\theta_\varepsilon(f)-\theta_\varepsilon(g)|\leqq Cr\quad\text{et}\quad|\theta_\varepsilon(f_0)-\theta_\varepsilon(g')|\leqq Cr,\ \forall\varepsilon,$$

si $[g],[g']\subset K$ et $|f-g|,|f_0-g'|\leqq\varepsilon_0$.

En vertu de a), il existe $g\in D_0^+(G)$ à support dans $b_{\eta'}$, $x_1,\ldots,x_N\in G$ et $\lambda_1,\ldots,\lambda_N$, $\mu_1,\ldots$ $\ldots,\mu_N\geqq 0$ tels que

$$\left|f(x)-\sum_{i=1}^{N}\lambda_i g(x_i^{-1}x)\right|\leqq\varepsilon_0,\ \forall x\in G,$$

et

$$\left|f_0(x)-\sum_{i=1}^{N}\mu_i g(x_i^{-1}x)\right|\leqq\varepsilon_0,\ \forall x\in G.$$

On peut prendre les mêmes x_i dans ces deux expressions, quitte à y ajouter des termes nuls. En outre, pour η' assez petit, on peut supposer que les fonctions

$$\sum_{i=1}^{N}\lambda_i g(x_i^{-1}x)\quad\text{et}\quad\sum_{i=1}^{N}\mu_i g(x_i^{-1}x)$$

ont leur support contenu dans K. En effet, pour η' assez petit, $x_i b_{\eta'} \subset K$ si $x_i b_{\eta'}$ rencontre $[f]$ ou $[f_0]$ et on peut évidemment supposer que c'est le cas pour tout i.

Pour $C'>0$ arbitraire, on peut alors fixer η assez petit pour que

$$\left|\theta_\varepsilon\left[\sum_{i=1}^{N}\lambda_i g(x_i^{-1}x)\right]-\sum_{i=1}^{N}\lambda_i\theta_\varepsilon[g(x_i^{-1}x)]\right| \leqq C'r$$

et

$$\left|\theta_\varepsilon\left[\sum_{i=1}^{N}\mu_i g(x_i^{-1}x)\right]-\sum_{i=1}^{N}\mu_i\theta_\varepsilon[g(x_i^{-1}x)]\right| \leqq C'r,$$

si $\varepsilon\leqq\eta$.

On remarque que $\theta_\varepsilon[g(x_i^{-1}x)]=\theta_\varepsilon(g)$. Il vient alors

$$\left|\theta_\varepsilon(f)-\sum_{i=1}^{N}\lambda_i\theta_\varepsilon(g)\right| \leqq (C+C')r$$

et

$$\left|\theta_\varepsilon(f_0)-\sum_{i=1}^{N}\mu_i\theta_\varepsilon(g)\right| \leqq (C+C')r.$$

Comme $\theta_\varepsilon(f_0)=1$, la seconde inégalité donne

$$\left|\theta_\varepsilon(g)-\frac{1}{\sum_{i=1}^{N}\mu_i}\right| \leqq \frac{(C+C')r}{\sum_{i=1}^{N}\mu_i},$$

d'où

$$\left|\theta_\varepsilon(f)-\frac{\sum_{i=1}^{N}\lambda_i}{\sum_{i=1}^{N}\mu_i}\right| \leqq (C+C')\left(1+\frac{\sum_{i=1}^{N}\lambda_i}{\sum_{i=1}^{N}\mu_i}\right)r.$$

De cette inégalité, on tire, si on impose $(C+C')r\leqq 1/2$,

$$\left|\frac{\sum_{i=1}^{N}\lambda_i}{\sum_{i=1}^{N}\mu_i}\right| \leqq \frac{\theta_\varepsilon(f)+(C+C')r}{1-(C+C')r} \leqq 2\theta_\varepsilon(f)+1 \leqq C'',$$

car les $\theta_\varepsilon(f)$ sont bornés indépendamment de ε, vu c), p. 172.

Donc, pour C et C' convenablement choisis,

$$\left|\theta_\varepsilon(f)-\frac{\sum_{i=1}^{N}\lambda_i}{\sum_{i=1}^{N}\mu_i}\right| \leqq r/2,\ \forall\,\varepsilon\leqq\eta,$$

ce qui fournit immédiatement la thèse.

c) De b), il résulte que la suite $\theta_{1/m}(f)$ converge pour tout $f\in D_0^+(G)$. Sa limite $\tau(f)$ vérifie alors les propriétés signalées à la fin de B.

Espaces $\mathbf{A}'\otimes\mathbf{A}''-C_0^0(e'\times e'')$

22. — Soient n, n' et n'' des entiers tels que $n = n'+n''$.

Pour tout $x\in E_n$, posons $x=(x', x'')$ avec $x'\in E_{n'}$ et $x''\in E_{n''}$.

Soient $e'\subset E_{n'}$ et $e''\subset E_{n''}$ des ensembles localement compacts.

L'ensemble $e = e'\times e'' \subset E_n$ est alors localement compact car, si $(x', x'')\in e$, x' et x'' sont les centres de boules b' et b'' dont les intersections avec e' et e'' respectivement sont compactes. De là, $(b'\times b'')\cap e$ est compact.

De plus, on a

$$\mathscr{E} = \bar{e}\diagdown e = (\mathscr{E}'\times\bar{e}'')\cup(\bar{e}'\times\mathscr{E}'').$$

En effet, comme $\overline{e'\times e''} = \bar{e}'\times\bar{e}''$ et

$$\complement(e'\times e'') = [(\complement e')\times E_{n''}]\cup[E_{n'}\times(\complement e'')],$$

il vient

$$\mathscr{E} = \{(\bar{e}'\times\bar{e}'')\cap[(\complement e')\times E_{n''}]\}\cup\{(\bar{e}'\times\bar{e}'')\cap[E_{n'}\times(\complement e'')]\} = (\mathscr{E}'\times\bar{e}'')\cup(\bar{e}'\times\mathscr{E}'').$$

Désignons par $\mathbf{A}'$ et $\mathbf{A}''$ des ensembles de fonctions continues dans e' et e'' respectivement, qui satisfont aux conditions du paragraphe 4, p. 133.

Si on pose

$$a'\otimes a''(x', x'') = a'(x')a''(x''),\ \forall x'\in e',\ \forall x''\in e'',$$

l'ensemble

$$\mathbf{A}'\otimes\mathbf{A}'' = \{a'\otimes a'' : a'\in\mathbf{A}', a''\in\mathbf{A}''\}$$

satisfait visiblement aux mêmes conditions pour $e \doteq e'\times e''$.

Si $f'\in\mathbf{A}'-C_0^0(e')$ et $f''\in\mathbf{A}''-C_0^0(e'')$, alors

$$f'(x')f''(x'')\in\mathbf{A}'\otimes\mathbf{A}''-C_0^0(e'\times e'').$$

Si ce n'est pas le cas, il existe $a'\in\mathbf{A}'$, $a''\in\mathbf{A}''$, $\varepsilon>0$ et $x_m\in e'\times e''$ tendant vers $x_0\in\mathscr{E}$ ou vers l'infini, tels que

$$a'(x'_m)a''(x''_m)\,|f'(x'_m)f''(x''_m)| \geqq \varepsilon,\ \forall m.$$

Si x_m tend vers $x_0\in\mathscr{E}$, alors x'_m tend vers un point de $\mathscr{E}'$ ou x''_m tend vers un point de $\mathscr{E}''$. Si x_m tend vers l'infini, on peut en extraire une sous-suite qu'on rebaptise x_m telle que la suite x'_m ou la suite x''_m tendent vers l'infini.

Si, par exemple, x'_m tend vers $x'_0\in\mathscr{E}'$ ou vers l'infini, il vient

$$a'(x'_m)a''(x''_m)\,|f'(x'_m)f''(x''_m)| \leqq a'(x'_m)\,|f'(x'_m)|\,\pi_{a''}(f'')\to 0$$

si $m\to\infty$. D'où la conclusion.

La fonctionnelle bilinéaire

$$\mathscr{B}(f', f'') = f'(x')f''(x'')$$

de $\mathbf{A}'-C_0^0(e')$, $\mathbf{A}''-C_0^0(e'')$ *dans* $\mathbf{A}'\otimes\mathbf{A}''-C_0^0(e'\times e'')$ *est un produit tensoriel, noté* $\otimes$ *dans la suite.*

De fait, si

$$\sum_{(i)} f_i'(x')f_i''(x'')=0, \quad \forall x'\in e', \quad \forall x''\in e'',$$

et si $f_1'', \dots, f_N''$ sont linéairement indépendants, il s'ensuit immédiatement que $f_1', \dots, f_N'$ sont nuls dans e'.

On a

$$\mathbf{A}'\otimes\mathbf{A}''-C_0^0(e'\times e'') = \mathbf{A}'-C_0^0(e')\bar{\varepsilon}\mathbf{A}''-C_0^0(e''),$$

les semi-normes induites dans $\mathbf{A}'-C_0^0(e')\otimes\mathbf{A}''-C_0^0(e'')$ *étant telles que*

$$\pi_{a'\otimes a''} = \pi_{a'}\varepsilon\pi_{a''}, \quad \forall a'\in\mathbf{A}', \quad \forall a''\in\mathbf{A}''.$$

La densité de $\mathbf{A}'-C_0^0(e')\otimes\mathbf{A}''-C_0^0(e'')$ dans $\mathbf{A}'\otimes\mathbf{A}''-C_0^0(e'\times e'')$ résulte de a), p. 140.

De plus, on a

$$\pi_{a'\otimes a''}\Big(\sum_{(i)} f_i'\otimes f_i''\Big)$$

$$= \sup_{x'\in e'}\sup_{x''\in e''} a'(x')a''(x'')\Big|\sum_{(i)} f_i'(x')f_i''(x'')\Big|$$

$$= \sup_{x'\in e'} a'(x') \sup_{\mathscr{C}''\in b^{\triangle}_{\pi_{a''}}} \Big|\sum_{(i)} f_i'(x')\mathscr{C}''(f_i'')\Big|$$

$$= \sup_{\mathscr{C}''\in b^{\triangle}_{\pi_{a''}}}\sup_{x'\in e'} a'(x')\Big|\sum_{(i)} f_i'(x')\mathscr{C}''(f_i'')\Big|$$

$$= \sup_{\mathscr{C}''\in b^{\triangle}_{\pi_{a''}}}\sup_{\mathscr{C}'\in b^{\triangle}_{\pi_{a'}}} \Big|\sum_{(i)} \mathscr{C}'(f_i')\mathscr{C}''(f_i'')\Big| = \pi_{a'}\varepsilon\pi_{a''}\Big(\sum_{(i)} f_i'\otimes f_i''\Big).$$

Espaces $\mathbf{A}-C_0(e;E)$ et $\mathbf{A}-C_0^0(e;E)$

23. — Soit E un espace linéaire à semi-normes représentables.

On appelle $\mathbf{A}-\boldsymbol{C_0(e;E)}$ l'ensemble des fonctions définies dans e et à valeurs dans E, continues et telles que $p[f(x)]\in\mathbf{A}-C_0(e)$ pour toute semi-norme p de E.

On munit $\mathbf{A}-C_0(e;E)$ de la combinaison linéaire

$$\Big(\sum_{(i)} c_i f_i\Big)(x) = \sum_{(i)} c_i f_i(x), \quad \forall x\in e,$$

et du système de semi-normes

$$\pi_{a,p}(f) = \pi_a[p(f)] = \sup_{x\in e} a(x)p[f(x)], \quad \forall p\in\{p\}, \quad \forall a\in\mathbf{A}.$$

C'est alors un espace linéaire à semi-normes.

L'espace $\mathbf{A}-C_0^0(e;E)$ est le sous-espace linéaire de $\mathbf{A}-C_0(e;E)$ formé des f tels que $p(f)\in\mathbf{A}-C_0^0(e)$ pour tout $p\in\{p\}$.

a) *La fonctionnelle bilinéaire*

$$\mathscr{B}(\varphi,f)=\varphi f$$

de $\mathbf{A}-C_0(e)$ [resp. $\mathbf{A}-C_0^0(e)$], E *dans* $\mathbf{A}-C_0(e;E)$ [resp. $\mathbf{A}-C_0^0(e;E)$] *est un produit tensoriel, noté* $\otimes$ *dans la suite.*

En effet, supposons que

$$\sum_{(i)}\varphi_i f_i=0,$$

les f_i étant linéairement indépendants. On a alors

$$\sum_{(i)}\varphi_i(x)f_i=0,\ \forall x\in e,$$

donc

$$\varphi_i(x)=0,\ \forall x\in e,\ \forall i,$$

soit

$$\varphi_i=0,\ \forall i.$$

b) *L'espace* $\mathbf{A}-C_0^0(e)\otimes E$ *est dense dans* $\mathbf{A}-C_0^0(e;E)$.

En outre, le système de semi-normes induit par $\mathbf{A}-C_0^0(e;E)$ *y est équivalent au système de semi-normes de* $\mathbf{A}-C_0^0(e)\,\boldsymbol{\varepsilon}\,E$ *et*

$$\mathbf{A}-C_0^0(e;E)=\mathbf{A}-C_0^0(e)\,\overline{\boldsymbol{\varepsilon}}\,E.$$

Soient $a\in\mathbf{A}$, $p\in\{p\}$, $f\in\mathbf{A}-C_0^0(e;E)$ et $\varepsilon>0$ fixés.

Comme $p(f)\in\mathbf{A}-C_0^0(e)$, pour m assez grand, on a

$$\sup_{x\in e\setminus K_m} a(x)p[f(x)]\leq\varepsilon/2.$$

Comme f est continu dans K_{m+1}, on a

$$\sup_{\substack{x,y\in K_{m+1}\\ |x-y|\leq\eta}} p[f(x)-f(y)]\leq\varepsilon/[2+2\sup_{x\in K_{m+1}}a(x)]$$

si $\eta>0$ est assez petit.

Soient alors α_i, $(i=1,2,\ldots,N)$, un nombre fini de fonctions continues, positives, à support dans des boules b_i de centre x_i, de rayon inférieur ou égal à η et contenues dans K_{m+1}, et telles que

$$\sum_{(i)}\alpha_i(x)\leq 1,\ \forall x\in K_{m+1},\quad\text{et}\quad\sum_{(i)}\alpha_i(x)=1,\ \forall x\in K_m.$$

Il vient

$$\sup_{x\in e}a(x)p\Big[f(x)-\sum_{(i)}\alpha_i(x)f(x_i)\Big]$$

$$\leq\sup_{x\in e}a(x)\sum_{(i)}\alpha_i(x)p[f(x)-f(x_i)]+\sup_{x\in e}a(x)p[f(x)]\Big[1-\sum_{(i)}\alpha_i(x)\Big]$$

$$\leqq \sup_{x \in K_{m+1}} a(x) \cdot \sup_{\substack{x, y \in K_{m+1} \\ |x-y| \leqq \eta}} p[f(x)-f(y)] + \sup_{x \in e \setminus K_m} a(x) p[f(x)] \leqq \varepsilon.$$

Comme $\sum_{(i)} \alpha_i \otimes f(x_i) \in \mathbf{A} - C_0^0(e) \otimes E$, on a ainsi établi que $\mathbf{A} - C_0^0(e) \otimes E$ est dense dans $\mathbf{A} - C_0^0(e; E)$.

Enfin, on a

$$\pi_{a,p}\big(\sum_{(i)} \varphi_i \otimes f_i\big) = \sup_{x \in e} a(x) p\big[\sum_{(i)} \varphi_i(x) f_i\big]$$

$$= \sup_{\mathscr{T} \in b_p^{\triangle}} \sup_{x \in e} a(x) \big|\mathscr{T}\big[\sum_{(i)} \varphi_i(x) f_i\big]\big|$$

$$= \sup_{\mathscr{T} \in b_p^{\triangle}} \sup_{\mathscr{Q} \in b_{\pi_a}^{\triangle}} \big|\sum_{(i)} \mathscr{Q}(\varphi_i) \mathscr{T}(f_i)\big| = \pi_a \varepsilon p\big(\sum_{(i)} \varphi_i \otimes f_i\big),$$

d'où la conclusion.

24. — Indiquons rapidement les principales propriétés de $\mathbf{A} - C_0(e; E)$ et $\mathbf{A} - C_0^0(e; E)$.

a) *Si E est séparable* (resp. *séparable par semi-norme*), *il en est de même pour* $\mathbf{A} - C_0^0(e; E)$.

Cela résulte de I, c), p. 343.

b) *Les espaces* $\mathbf{A} - C_0(e; E)$ *et* $\mathbf{A} - C_0^0(e; E)$ *sont à semi-normes représentables.*

En effet,

$$\pi_{a,p}(f) = \sup_{x \in e} \sup_{\mathscr{T} \in b_p^{\triangle}} a(x) |\mathscr{T}[f(x)]|,$$

où $a(x)\mathscr{T}[f(x)]$, $x \in e$, $\mathscr{T} \in b_p^{\triangle}$, est visiblement une fonctionnelle linéaire bornée par $\pi_{a,p}$ dans $\mathbf{A} - C_0(e; E)$ et $\mathbf{A} - C_0^0(e; E)$.

c) *Si E est complet,* $\mathbf{A} - C_0(e; E)$ *et* $\mathbf{A} - C_0^0(e; E)$ *sont complets.*

La démonstration est entièrement analogue à celle du paragraphe 7, p. 139, vu I, p. 478.

d) *Un ensemble* $\mathscr{K}$ *est précompact pour* $\pi_{a,p}$ *dans* $\mathbf{A} - C_0^0(e; E)$ *si et seulement si*

— *l'ensemble*

$$\mathscr{K}_x = \{a(x) f(x) : f \in \mathscr{K}\}$$

est précompact pour p quel que soit $x \in e$ *fixé,*

— *si* $x_m \to x_0$, *avec* $x_m, x_0 \in e$,

$$\sup_{f \in \mathscr{K}} p[a(x_m) f(x_m) - a(x_0) f(x_0)] \to 0,$$

— *si* $x_m \to \infty$ *ou si* $x_m \to x_0 \in \mathscr{E}$, *avec* $x_m \in e$,

$$\sup_{f \in \mathscr{K}} a(x_m) p[f(x_m)] \to 0.$$

Les conditions sont suffisantes.

En procédant comme en a), p. 146, où on remplace $|f(x)|$ par $p[f(x)]$, on voit que $\mathscr{K}$ est borné pour $\pi_{a,p}$ et que la semi-norme $\pi_{a,p}$ y est uniformément équivalente aux semi-normes

$$\sup_{i \leq N} a(x_i) p[f(x_i)],$$

où $x_1, \ldots, x_N \in e$ et $N = 1, 2, \ldots$.

Or $\mathscr{K}$ est précompact pour ces semi-normes, d'où la conclusion.

Les conditions sont nécessaires.

Si $a(x)=0$, $\mathscr{K}_x = \{0\}$. Si $a(x) \neq 0$, pour $\varepsilon > 0$ arbitraire, soient $f_1, \ldots, f_N \in \mathbf{A} - C_0^0(e; E)$ tels que

$$\mathscr{K} \subset \{f_1, \ldots, f_N\} + b_{\pi_{a,p}}[\varepsilon / a(x)].$$

Il vient

$$\mathscr{K}_x \subset \{f_1(x), \ldots, f_N(x)\} + b_p(\varepsilon),$$

donc, comme $\varepsilon > 0$ est arbitraire, $\mathscr{K}_x$ est précompact.

Les autres conditions se vérifient comme en a), p. 146.

e) *Un ensemble* $\mathscr{K}$ *est précompact dans* $\mathbf{A} - C_0^0(e; E)$ *si et seulement si*
— *l'ensemble*

$$\mathscr{K}_x = \{f(x) : f \in \mathscr{K}\}$$

est précompact dans E pour tout $x \in e$,
— *l'ensemble*

$$\mathscr{K}_p = \{\mathscr{C}[f(x)] : \mathscr{C} \in b_p^{\triangle}, f \in \mathscr{K}\}$$

est précompact dans $\mathbf{A} - C_0^0(e)$ *pour tout* $p \in \{p\}$.

Cela résulte immédiatement de d) ci-dessus et de b), p. 148.

25. — *Si E est pc-accessible,* $\mathbf{A} - C_0^0(e; E)$ *est pc-accessible.*

Soit $\mathscr{K}$ précompact dans $\mathbf{A} - C_0^0(e; E)$ et soient $a \in \mathbf{A}$ et $p \in \{p\}$ fixés.

Vu d) ci-dessus, l'ensemble

$$\mathscr{K}_p = \{\mathscr{C}[f(x)] : \mathscr{C} \in b_p^{\triangle}, f \in \mathscr{K}\}$$

est précompact dans $\mathbf{A} - C_0^0(e)$. Dès lors, vu l'accessibilité de $\mathbf{A} - C_0^0(e)$, il existe un opérateur fini V dans $\mathbf{A} - C_0^0(e)$ tel que

$$\sup_{g \in \mathscr{K}_p} \pi_a(g - Vg) \leq \varepsilon/2.$$

En vertu du paragraphe 11, p. 149, on peut prendre V sous la forme

$$Vg = \sum_{(i)} g(x_i)\varphi_i, \quad \forall g \in \mathbf{A}-C_0^0(e),$$

où $x_i \in e$ et $\varphi_i \in D_0(e)$. Il vient alors

$$\sup_{f\in\mathscr{K}} \pi_{a,p}\left[f(x) - \sum_{(i)} f(x_i)\varphi_i(x)\right] \leqq \varepsilon/2.$$

Pour chaque i, l'ensemble $\{f(x_i): f\in\mathscr{K}\}$ est précompact dans E. Dès lors, il existe un opérateur fini V' dans E tel que

$$\sup_i \sup_{f\in\mathscr{K}} p[f(x_i) - V'f(x_i)] \leqq \varepsilon/\left[1 + 2\sum_{(j)} \pi_a(\varphi_j)\right].$$

On obtient donc

$$\sup_{f\in\mathscr{K}} \pi_{a,p}\left[f(x) - \sum_{(i)} V'f(x_i)\varphi_i(x)\right] \leqq \varepsilon$$

et l'opérateur V'' défini par

$$V''f = \sum_{(i)} V'f(x_i)\varphi_i(x), \quad \forall f\in \mathbf{A}-C_0^0(e;E),$$

est visiblement un opérateur fini dans $\mathbf{A}-C_0^0(e;E)$.

EXERCICE

Soit E à dual séparant et tel que E_b^* soit de Fréchet. Si $f(x)$, fonction à valeurs dans E, est tel que $\mathscr{C}[f(x)]$ soit à support compact dans Ω pour tout $\mathscr{C}\in E^*$, alors $f(x)$ est à support compact dans Ω.

Suggestion. Posons

$$F_m = \{\mathscr{C}\in E^* : [\mathscr{C}(f(.))] \subset K_m\}$$

Les F_m sont visiblement fermés dans E_s^*, donc dans E_b^*. De plus, on a $E^* = \bigcup_{m=1}^{\infty} F_m$. Dès lors, par le théorème de Baire, il existe m_0 tel que $\mathring{F}_{m_0} \neq \varnothing$. Comme F_{m_0} est linéaire, on a alors $F_{m_0} = E^*$. De là, $\mathscr{C}[f(x)] = 0$ pour tout $\mathscr{C}^* \in E^*$ quel que soit $x \notin K_{m_0}$ et $f(x)=0$ hors de K_{m_0}.

26. — *Si* $\mathbf{A}'$, $\mathbf{A}''$, e' *et* e'' *vérifient les conditions du paragraphe 22, on a*

$$\mathbf{A}'\otimes\mathbf{A}'' - C_0^0(e'\times e'') = \mathbf{A}' - C_0^0[e'; \mathbf{A}'' - C_0^0(e'')] = \mathbf{A}'' - C_0^0[e''; \mathbf{A}' - C_0^0(e')],$$

les systèmes de semi-normes de ces différents espaces étant équivalents.

Soit $f(x', x'') \in \mathbf{A}'\otimes\mathbf{A}'' - C_0^0(e'\times e'')$. Il est immédiat que, pour tout $x'\in e'$, $f(x', x'') \in \mathbf{A}'' - C_0^0(e'')$.

De plus, pour tout $a''\in\mathbf{A}''$, on a $\pi_{a''}[f(x', x'')] \in \mathbf{A}' - C_0(e')$.

Il suffit d'établir que, si $x'_m \to x'_0$, avec $x'_m, x'_0 \in e'$,

$$\sup_{x''\in e''} a''(x'')\,|f(x'_m, x'') - f(x'_0, x'')| \to 0.$$

Or, si ce n'est pas le cas, quitte à prendre une sous-suite des x'_m, on peut supposer qu'il existe $x''_m \in e''$ et $\varepsilon > 0$ tels que

$$a''(x''_m)\,|f(x'_m, x''_m) - f(x'_0, x''_m)| \geqq \varepsilon \qquad (*)$$

et même que $x''_m \to x''_0 \in e''$ ou $\mathscr{E}''$ ou que $x''_m \to \infty$. On a alors $(x'_m, x''_m) \to (x'_0, x''_0) \in e$ ou $\mathscr{E}$ ou $(x'_m, x''_m) \to \infty$.

Dans le premier cas, par exemple, on a

$$a''(x''_m) f(x'_m, x''_m) \to a''(x''_0) f(x'_0, x''_0)$$

et

$$a''(x''_m) f(x'_0, x''_m) \to a''(x''_0) f(x'_0, x''_0),$$

ce qui contredit (*). Dans les deux autres cas, un raisonnement analogue permet de conclure.

On vérifie de la même manière que $\pi_{a''}[f(x', x'')] \in \mathbf{A}' - C_0^0(e')$, c'est-à-dire que

$$a'(x'_m) \sup_{x'' \in e''} a''(x'')\,|f(x'_m, x'')| \to 0$$

si $x'_m \to x'_0 \in \mathscr{E}$ ou si $x'_m \to \infty$, avec $x'_m \in e'$.

Donc $f(x', x'') \in \mathbf{A}' - C_0^0[e'; \mathbf{A}'' - C_0^0(e'')]$.

Inversement, il est immédiat que

$$\mathbf{A}' - C_0^0[e'; \mathbf{A}'' - C_0^0(e'')] \subset \mathbf{A}' \otimes \mathbf{A}'' - C_0^0(e' \times e'').$$

Enfin, on a

$$\pi_{a' \otimes a''}(f) = \pi_{a'}[\pi_{a''}(f)], \ \ \forall f \in \mathbf{A}' \otimes \mathbf{A}'' - C_0^0(e' \times e''),$$

d'où la conclusion.

EXERCICE

Etablir que $\mathscr{T} \in [\mathbf{A} - C_0^0(e; \mathbf{C}_N)]^*$ si et seulement si il existe $a \in \mathbf{A}$ et des mesures $\mu_1, \ldots, \mu_N$ dans $\complement\mathscr{E}$, portées par $\{x : a(x) \neq 0\}$, telles que $1/a$ soit μ_i-intégrable pour tout i et que

$$\mathscr{T}(f) = \sum_{i=1}^{N} \int f_i \, d\mu_i .$$

De plus, si on désigne par $\|\cdot\|$ une des normes

$$\sum_{i=1}^{N} |y_i|, \quad \sqrt{\sum_{i=1}^{N} |y_i|^2}, \quad \sup_{i \leqq N} |y_i|$$

de $\mathbf{C}_N$ et par $\|\cdot\|'$ la norme

$$\sup_{i \leqq N} |y_i|, \quad \sqrt{\sum_{i=1}^{N} |y_i|^2}, \quad \sum_{i=1}^{N} |y_i|$$

correspondante, montrer que

$$\|\mathscr{T}\|_{\pi_a, \|\cdot\|} = \left\| \left(\int \frac{1}{a} \, dV\mu_1, \ldots, \int \frac{1}{a} \, dV\mu_N \right) \right\|' .$$

Enfin, déterminer les conditions pour que

$$|\mathscr{C}(f)| = ||\mathscr{C}||_{\pi_{a,||\cdot||}} \cdot \pi_{a,||\cdot||}(f).$$

Suggestion. On vérifie immédiatement que

$$\mathbf{A} - C_0^0(e; \mathbf{C}_N) = \prod_{i=1}^{N} \mathbf{A} - C_0^0(e),$$

d'où la structure de son dual, par I, b), p. 166.

Pour obtenir $||\mathscr{C}||_{\pi_{a,||\cdot||}}$, utiliser I, b), p. 166 dans le premier cas et raisonner de façon analogue pour les autres.

Enfin, écrivons $\mathscr{C}$ sous la forme

$$\mathscr{C}(f) = \sum_{i=1}^{N} \int f_i J_i \, dv = \int (f, J) \, dv,$$

où v est une mesure positive. Si

$$|\mathscr{C}(f)| = ||\mathscr{C}||_{\pi_{a,||\cdot||}} \cdot \pi_{a,||\cdot||}(f),$$

on a

$$\left| \sum_{i=1}^{N} \int f_i J_i \, dv \right| \leq \int \sum_{i=1}^{N} |f_i J_i| \, dv \leq \int \sum_{i=1}^{N} \frac{|J_i|}{a} \pi_a(f_i) \, dv \leq \left\| \int \frac{|J|}{a} dv \right\|' \cdot ||\pi_a(f)||$$

et, comme les extrêmes sont égaux, ces inégalités sont en fait des égalités.

De là, il existe $\theta \in [0, 2\pi[$ tel que

$$f_i(x) J_i(x) = e^{i\theta} |f_i(x) J_i(x)| \quad v\text{-pp}, \ \forall i,$$

d'où on déduit la valeur de $J_i/|J_i|$.

En outre,

$$a(x)|f_i(x)| = \pi_a(f_i) \quad J_i \cdot v\text{-pp}, \ \forall i,$$

d'où $J_i = 0$ v-pp dans $\{x : a(x)|f_i(x)| < \pi_a(f_i)\}$.

Enfin,

$$\left(\int \frac{|J|}{a} dv, \pi_a(f) \right) = \left\| \int \frac{|J|}{a} dv \right\|' \cdot ||\pi_a(f)||,$$

d'où une relation entre les $\displaystyle\int \frac{|J_i|}{a} dv$.

IV. ESPACES DE MESURES

Espaces $M^{\mathrm{alg}}(\Omega)$ et $MB^{\mathrm{alg}}(\Omega)$

1. — Muni de la combinaison linéaire des mesures, l'ensemble des mesures dans Ω constitue un espace linéaire, noté $\boldsymbol{M}^{\mathrm{alg}}(\boldsymbol{\Omega})$.

On désigne par $\boldsymbol{MB}^{\mathrm{alg}}(\boldsymbol{\Omega})$ le sous-espace linéaire de $\boldsymbol{M}^{\mathrm{alg}}(\boldsymbol{\Omega})$ formé des mesures bornées dans Ω.

Montrons que $M^{\mathrm{alg}}(\Omega)$ et $MB^{\mathrm{alg}}(\Omega)$ possèdent les propriétés algébriques caractéristiques des espaces complexes modulaires.

Leurs éléments positifs sont les mesures (resp. *les mesures bornées*) *positives.*

Visiblement,

$$\left.\begin{matrix}\mu_1, \ldots, \mu_N \geqq 0\\ r_1, \ldots, r_N \geqq 0\end{matrix}\right\} \Rightarrow \sum_{i=1}^{N} r_i \mu_i \geqq 0.$$

De plus, si μ et $-\mu$ sont positifs, on a $\mu = 0$.

Leurs éléments réels sont les mesures (resp. *les mesures bornées*) *réelles.*

De fait, une mesure est réelle si et seulement si elle est la différence de mesures positives.

Toute mesure μ admet une décomposition unique de la forme

$$\mu = \lambda + i\nu,$$

avec λ et ν réels.

Les mesure $\mathcal{R}\mu$ et $\mathcal{I}\mu$ répondent à la question.

De plus, pour tout I dans Ω,

$$\begin{Bmatrix}\mathcal{R}\mu(I)\\ \mathcal{I}\mu(I)\end{Bmatrix} = \begin{Bmatrix}\mathcal{R}[\mu(I)]\\ \mathcal{I}[\mu(I)]\end{Bmatrix} = \begin{Bmatrix}\lambda(I)\\ \nu(I)\end{Bmatrix},$$

d'où λ et ν sont uniques.

Le module de μ est $V\mu$.

De fait, on sait que, s'il existe, le module est unique.

Or $V\mu$ est un module, car

— $V\mu = \mu$ si μ est positif,

— $V\mu = V\bar{\mu}$,

— $V(c\mu) = |c| V\mu$,

— $V(\mu_1 + \mu_2) \leqq V\mu_1 + V\mu_2$.

Espaces de mesures munis de systèmes de semi-normes associées aux sous-ensembles de Ω

2. — On désigne par $\boldsymbol{M(\Omega)}$ l'espace $M^{\mathrm{alg}}(\Omega)$ muni du système de semi-normes

$$\sup_{i=1,\ldots,N} V\mu(I_i),$$

où $I_1, \ldots, I_N$ parcourent l'ensemble des semi-intervalles dans Ω et $N = 1, 2, \ldots$.

Ce système de semi-normes est visiblement équivalent au système de semi-normes dénombrables

$$\pi_{Q_m}(\mu) = V\mu(Q_m) \quad [\text{resp. } \pi_{K_m}(\mu) = V\mu(K_m)],$$

où Q_m (resp. K_m) désigne une suite d'ensembles étagés dans Ω (resp. de compacts dans Ω), tels que $\mathring{Q}_m$ (resp. $\mathring{K}_m$)$\uparrow \Omega$.

On désigne par $\boldsymbol{MB(\Omega)}$ l'espace $MB^{\text{alg}}(\Omega)$ muni de la norme

$$\pi(\mu)=V\mu(\Omega).$$

On note $\boldsymbol{M^*(\Omega)}$ [resp. $\boldsymbol{MB^*(\Omega)}$] le dual de $M(\Omega)$ [resp. $MB(\Omega)$]. On le note $\boldsymbol{M_s^*(\Omega)}$ [resp. $\boldsymbol{MB_s^*(\Omega)}$], ... s'il est muni du système de semi-normes simples, ...

EXERCICES

1. — Le système de semi-normes induit par $M(\Omega)$ dans $MB(\Omega)$ est plus faible que la norme de $M(\Omega)$ et ne lui est pas équivalent.

Suggestion. D'une part, ce système de semi-normes est évidemment plus faible que la norme.

D'autre part, si $x_m\to x\in\dot{\Omega}$ avec $x_m\in\Omega$ pour tout m, la suite $\sum_{m=1}^{N}\delta_{x_m}$ est de Cauchy pour les semi-normes induites par $M(\Omega)$ mais non pour la norme de $MB(\Omega)$.

2. — L'ensemble des mesures bornées dans Ω n'est pas fermé pour les suites dans $M(\Omega)$.

Suggestion. Avec les notations de l'ex. 1, $\sum_{m=1}^{N}\delta_{x_m}\to\sum_{m=1}^{\infty}\delta_{x_m}$ dans $M(\Omega)$ et $\sum_{m=1}^{N}\delta_{x_m}\in MB(\Omega)$ pour tout N, mais $\sum_{m=1}^{\infty}\delta_{x_m}\notin MB(\Omega)$.

Il est intéressant d'introduire un autre système de semi-normes dans $M(\Omega)$ [resp. $MB(\Omega)$], plus faible que les semi-normes naturelles.

On désigne par $\boldsymbol{M_e(\Omega)}$ [resp. $\boldsymbol{MB_e(\Omega)}$], l'espace $M(\Omega)$ [resp. $MB(\Omega)$] muni du système de semi-normes

$$\sup_{i=1,\dots,N}|\mu(e_i)|,$$

où $e_1,\dots,e_N$ sont des ensembles boréliens d'adhérence compacte dans Ω (resp. des sous-ensembles boréliens de Ω) et $N=1,2,\dots$.

3. — Soit $\nu\in M(\Omega)$.

Les sous-espaces auxiliaires

$$L_\nu=\{\mu\in M(\Omega):\mu\ll\nu\}\quad[\text{resp. } LB_\nu=\{\mu\in MB(\Omega):\mu\ll\nu\}]$$

jouent un rôle important dans l'étude de $M(\Omega)$ [resp. $MB(\Omega)$].

Rappelons que, vu II, p. 225, *tout ensemble e-séparable de* $M(\Omega)$ [resp. $MB(\Omega)$] *est contenu dans un* L_ν [resp. LB_ν].

En particulier, *toute suite* $\mu_m\in M(\Omega)$ [resp. $MB(\Omega)$] *est contenue dans un* L_ν [resp. LB_ν].

L'espace L_ν [resp. LB_ν] *est e-fermé, donc a fortiori fermé, dans* $M(\Omega)$ [resp. $MB(\Omega)$].

Soit $\mu_0 \in \bar{L}_\nu^e$ [resp. $\overline{LB}_\nu^e$] et soit e_0 un ensemble ν-négligeable. On peut, sans restriction, supposer e_0 borélien. Pour tout e borélien et d'adhérence compacte contenue dans e_0, on a $\mu(e)=0$ pour tout $\mu \in L_\nu$ [resp. LB_ν], donc $\mu_0(e)=0$.

Il vient alors

$$V\mu_0(e_0) \leqq 4 \sup_{e \subset e_0} |\mu_0(e)| = 0$$

et e_0 est μ_0-négligeable.

Dès lors, $\mu_0 \ll \nu$ et $\mu_0 \in L_\nu$ [resp. LB_ν].

L'importance des espaces L_ν et LB_ν découle de la propriété suivante.

On a $\mu \in L_\nu$ [resp. $\mu \in LB_\nu$] *si et seulement si* $\mu = f_\mu \cdot \nu$, *où* $f_\mu \in \nu - L_1^{\text{loc}}$ [resp. $f_\mu \in \nu - L_1$].

De plus, la correspondance entre μ *et* f_μ *est linéaire, biunivoque et telle que*

$$V\mu(e) = \int_e |f_\mu| \, dV\nu$$

pour tout e borélien et d'adhérence compacte [resp. *borélien*] *dans* Ω.

Cela résulte immédiatement du théorème de Radon (cf. II, p. 146).

4. — Etudions les propriétés des espaces $M(\Omega)$ et $MB(\Omega)$.

a) *Les espaces* $M(\Omega)$ *et* $MB(\Omega)$ *sont complets.*

De là, $M(\Omega)$ *est un espace de Fréchet et* $MB(\Omega)$ *est un espace de Banach.*

Dans $M(\Omega)$, il suffit d'appliquer le critère de Cauchy pour la convergence des mesures (cf. II, p. 161).

Pour $MB(\Omega)$, on paraphrase la démonstration de II, p. 161. On peut aussi noter que

$$B = \{\mu \in M(\Omega) : V\mu(\Omega) \leqq 1\}$$

est absolument convexe, borné et fermé dans $M(\Omega)$. L'espace normé engendré par B est alors de Banach, vu I, c), p. 71. Or c'est l'espace $MB(\Omega)$.

b) *Les espaces* $M(\Omega)$ *et* $MB(\Omega)$ *ne sont pas séparables.*

Comme ils sont à semi-normes dénombrables, il suffit qu'ils contiennent un ensemble non séparable. Or, si I est un semi-intervalle dans Ω, l'ensemble des mesures de Dirac δ_x, $x \in I$, est non dénombrable et tel que

$$\pi_I(\delta_x - \delta_y) = 2, \quad \forall x \neq y,$$

d'où la conclusion.

c) *Dans* $M(\Omega)$ *et* $MB(\Omega)$,

$$K \text{ compact} \Leftrightarrow K \text{ extractable} \Leftrightarrow K \text{ précompact fermé.}$$

Cela résulte du fait que $M(\Omega)$ et $MB(\Omega)$ sont des espaces de Fréchet.

d) *Une fonctionnelle linéaire* $\mathscr{C}$ *dans* L_ν [resp. LB_ν] *est telle que*

$$|\mathscr{C}(\mu)| \leqq C\pi_Q(\mu), \ \forall \mu \in L_\nu, \quad [\text{resp. } |\mathscr{C}(\mu)| \leqq C\pi(\mu), \ \forall \mu \in LB_\nu],$$

si et seulement si il existe φ borélien, tel que

$$|\varphi(x)| \leqq C\delta_Q(x), \quad [\text{resp. } |\varphi(x)| \leqq C]$$

et que

$$\mathscr{T}(\mu) = \int \varphi \, d\mu, \quad \forall \mu \in L_\nu \quad [\text{resp. } LB_\nu].$$

La condition est évidemment suffisante.

Démontrons qu'elle est nécessaire.

Vu le paragraphe 3, p. 187, la loi $\mathscr{T}'(f_\mu) = \mathscr{T}(\mu)$ est une fonctionnelle linéaire bornée dans $\nu - L_1^{\text{loc}}$ [resp. $\nu - L_1$], donc, par a), p. 85, il vient

$$\mathscr{T}'(f_\mu) = \int \varphi f_\mu \, d\nu = \int \varphi \, d\mu, \quad \forall \mu \in L_\nu,$$

où φ est ν-mesurable et tel que

$$|\varphi(x)| \leqq C\delta_Q(x) \quad [\text{resp. } |\varphi(x)| \leqq C] \quad \nu\text{-pp.}$$

On peut remplacer φ par une fonction borélienne qui lui est égale ν-pp et qui vérifie les mêmes majorations, donc φ a bien la forme annoncée. Cela étant, la fonctionnelle

$$\mathscr{T}^*(\mu) = \int \varphi \, d\mu$$

est définie, linéaire et bornée dans L_ν [resp. LB_ν] et vérifie les majorations indiquées dans l'énoncé, d'où la conclusion.

En particulier, on peut prolonger $\mathscr{T}$ de L_ν à $M(\Omega)$ [resp. *de LB_ν à $MB(\Omega)$*] *par la fonctionnelle*

$$\mathscr{T}^*(\mu) = \int \varphi \, d\mu$$

telle que

$$|\mathscr{T}^*(\mu)| \leqq C\pi_Q(\mu), \quad \forall \mu \in M(\Omega),$$

$$[\text{resp. } |\mathscr{T}^*(\mu)| \leqq C\pi(\mu), \quad \forall \mu \in MB(\Omega)].$$

e) *Les espaces $M(\Omega)$ et $MB(\Omega)$ sont à semi-normes représentables.*

En effet, on sait que, pour tout Q étagé dans Ω,

$$V\mu(Q) = \sup_{\substack{f \text{ borélien} \\ |f| \leqq 1}} \left| \int f\delta_Q \, d\mu \right|, \quad \forall \mu \in M(\Omega),$$

et

$$V\mu(\Omega) = \sup_{\substack{f \text{ borélien} \\ |f| \leqq 1}} \left| \int f \, d\mu \right|, \quad \forall \mu \in MB(\Omega),$$

(cf. II, f), p. 100).

f) *L'espace $M(\Omega)$* [resp. *$MB(\Omega)$*] *est pc-accessible.*

Soit K un précompact de $M(\Omega)$. Comme il est séparable, il existe une mesure ν dans Ω telle que $K \subset L_\nu$.

Considérons l'ensemble

$$K' = \{f_\mu : \mu = f_\mu \cdot \nu,\ \mu \in K\}.$$

C'est un précompact de $\nu - L_1^{loc}$.

Vu la *pc*-accessibilité de $\nu - L_1^{loc}$, pour tout $\varepsilon > 0$ et tout M, il existe $f_1, \ldots, f_N \in \nu - L_1^{loc}$ et $\mathscr{C}_1', \ldots, \mathscr{C}_N' \in \nu - L_1^{loc*}$ tels que

$$\sup_{f \in K'} \int_{Q_M} \left| f - \sum_{(i)} \mathscr{C}_i'(f) f_i \right| dV\nu \leqq \varepsilon.$$

Si on désigne par $\mathscr{C}_i$ des éléments de $M^*(\Omega)$ dont la restriction à $\nu - L_1^{loc}$ est égale à $\mathscr{C}_i'$, il vient

$$\sup_{\mu \in K} V\big(\mu - \sum_{(i)} \mathscr{C}_i(\mu)\mu_i\big)(Q_M) \leqq \varepsilon,$$

d'où la conclusion.

Pour le cas de $MB(\Omega)$, il suffit de remplacer $\nu - L_1^{loc}$ par $\nu - L_1$ et $M(\Omega)$ par $MB(\Omega)$ dans la démonstration précédente.

5. — L'étude de $[M(\Omega)]_a$ et de $[MB(\Omega)]_a$, que nous notons $\mathbf{M}_a(\mathbf{\Omega})$ et $\mathbf{MB}_a(\mathbf{\Omega})$ respectivement pour alléger les notations, repose sur la propriété suivante, qui permet de comparer les semi-normes affaiblies de $M(\Omega)$ [resp. $MB(\Omega)$] à celles de $\nu - L_1^{loc}$ (resp. $\nu - L_1$).

Soit ν une mesure dans Ω.

Si $f_\mu \in \nu - L_1^{loc}$ (resp. $\nu - L_1$) est tel que $\mu = f_\mu \cdot \nu$, quels que soient $\mathscr{C}_1, \ldots, \mathscr{C}_N \in M^*(\Omega)$ [resp. $MB^*(\Omega)$], il existe $\mathscr{C}_1', \ldots, \mathscr{C}_N' \in \nu - L_1^{loc*}$ (resp. $\nu - L_1^*$) tels que

$$\sup_i |\mathscr{C}_i(\mu)| = \sup_i |\mathscr{C}_i'(f_\mu)|, \quad \forall \mu \in L_\nu \text{ (resp. } LB_\nu).$$

Cela résulte immédiatement de d), p. 188 et de la structure du dual de $\nu - L_1^{loc}$ (resp. $\nu - L_1$).

a) *Une suite μ_m converge dans $M_a(\Omega)$* [resp. $MB_a(\Omega)$] *si et seulement si elle converge dans $M_e(\Omega)$* [resp. $MB_e(\Omega)$].

Enoncé analogue pour les suites de Cauchy et les ensembles complets.

Cette propriété justifie la qualification de faible donnée à la convergence introduite dans II, p. 233.

Toute suite *a*-convergente est visiblement *e*-convergente.

Inversement, soit μ_m une suite *e*-convergente vers μ. Il existe une mesure ν dans Ω telle que μ et $\mu_m \ll \nu$ pour tout m.

On a alors

$$\int_e f_{\mu_m} d\nu \to \int_e f_\mu d\nu$$

pour tout e borélien, d'adhérence compacte dans Ω (resp. borélien dans Ω).

Dès lors, vu b), p. 96, la suite f_{μ_m} tend vers f_μ faiblement dans $\nu-L_1^{\text{loc}}$ [resp. dans $\nu-L_1$]. Ainsi, la suite μ_m tend vers μ faiblement dans L_ν (resp. LB_ν), donc dans $M_a(\Omega)$ [resp. $MB_a(\Omega)$], par la propriété précédente.

Pour les suites de Cauchy, la démonstration est analogue.

b) *Les espaces $M(\Omega)$ et $MB(\Omega)$ sont a-complets.*

Vu a), il suffit pour cela qu'ils soient *e*-complets, ce qui résulte de II, p. 233.

c) *Dans $M(\Omega)$* [resp. $MB(\Omega)$],

$$K \text{ e-compact} \Leftrightarrow K \text{ a-compact} \Leftrightarrow K \text{ a-extractable} \Leftrightarrow K \text{ e-extractable}.$$

En outre, si K est a-compact dans $M(\Omega)$ [resp. $MB(\Omega)$], *il existe une mesure ν dans Ω telle que $K \subset L_\nu$* [resp. LB_ν].

Si les I_i, $(i=1, 2, \ldots)$, désignent les semi-intervalles rationnels dans Ω, les semi-normes

$$\sup_{i \leq N} |\mu(I_i)|, \qquad N=1, 2, \ldots,$$

forment un système dénombrable plus faible que celui de $M_a(\Omega)$ [resp. $MB_a(\Omega)$], donc, par I, d), p. 97, un ensemble est *a*-compact dans $M(\Omega)$ [resp. $MB(\Omega)$] si et seulement si il est *a*-extractable.

Par le même raisonnement, on a aussi

$$K \text{ e-compact} \Leftrightarrow K \text{ e-extractable}.$$

De plus, vu a),

$$K \text{ e-extractable} \Leftrightarrow K \text{ a-extractable}.$$

Enfin, si K est *e*-compact, comme les semi-normes de $M_e(\Omega)$ [resp. $MB_e(\Omega)$] y sont équivalentes à des semi-normes dénombrables, il est *e*-séparable. Il est donc contenu dans un L_ν (resp. LB_ν) (cf. paragraphe 3, p. 187).

d) *Un ensemble $K \subset M(\Omega)$* [resp. $MB(\Omega)$] *est a-compact et a-extractable si seulement si*

— *K est borné,*

— *K est a-fermé pour les suites,*

— *pour toute suite d'ensembles e_m boréliens et à support dans un compact fixe de Ω tels que $e_m \downarrow \emptyset$,*

$$\sup_{\mu \in K} |\mu(e_m)| \to 0 \quad \text{ou} \quad \sup_{\mu \in K} V\mu(e_m) \to 0.$$

La condition est nécessaire.

Si K est *a*-compact, il existe une mesure ν dans Ω telle que $K \subset L_\nu$ [resp. LB_ν].

Si $\mu = f_\mu \cdot \nu$, l'ensemble $\{f_\mu : \mu \in K\}$ est alors *a*-compact dans $\nu-L_1^{\text{loc}}$ [resp. $\nu-L_1$]. D'où la conclusion par le théorème signalé au début de ce paragraphe.

La condition est suffisante.

Comme K est a-fermé pour les suites, il suffit d'établir que, de toute suite $\mu_m \in K$, on peut extraire une sous-suite faiblement de Cauchy.

Soit ν une mesure dans Ω telle que $\mu_m \in L_\nu$ pour tout m.

Si $\mu_m = f_m \cdot \nu$, en vertu de b), p. 100, l'ensemble des f_m est contenu dans un ensemble faiblement extractable dans $\nu - L_1^{\mathrm{loc}}$ [resp. $\nu - L_1$], d'où la conclusion.

e) *Un ensemble* $B \subset M(\Omega)$ [resp. $MB(\Omega)$] *est tel que* $\overline{B}^a$ *soit a-compact et a-extractable si et seulement si il vérifie les conditions de l'énoncé précédent, sauf la seconde.*

En effet, B est borné si et seulement si $\overline{B}^a$ est borné.

En outre, pour tout e borélien d'adhérence compacte dans Ω [resp. pour tout e borélien], on a

$$\sup_{\mu \in B} |\mu(e)| = \sup_{\mu \in \overline{B}^a} |\mu(e)|,$$

donc B et $\overline{B}^a$ satisfont simultanément la dernière condition de d).

f) *Si K est a-compact et a-extractable dans* $M(\Omega)$ [resp. $MB(\Omega)$], *il en est de même de* $\langle K \rangle$ *et de*

$$\{\bar{\mu} : \mu \in K\}, \quad \{\mathscr{R}\mu : \mu \in K\}, \quad \{\mathscr{I}\mu : \mu \in K\}.$$

Si B est tel que $\overline{B}^a$ *soit a-compact et a-extractable dans* $M(\Omega)$ [resp. $MB(\Omega)$], *il en est de même de* $\langle B \rangle$ *et de*

$$\{\bar{\mu} : \mu \in B\}, \quad \{V\mu : \mu \in B\},$$

$$\left\{\begin{Bmatrix}\mathscr{R} \\ \mathscr{I}\end{Bmatrix} \mu : \mu \in B\right\}, \quad \left\{\left(\begin{Bmatrix}\mathscr{R} \\ \mathscr{I}\end{Bmatrix} \mu\right)_{\pm} : \mu \in B\right\}$$

et, si ν *est une mesure dans* Ω, *de*

$$\{\mu : V\mu \leqq V\nu\}.$$

Il suffit d'appliquer d) et e). Vérifions que

$$\{\bar{\mu} : \mu \in K\}, \quad \{\mathscr{R}\mu : \mu \in K\} \quad \text{et} \quad \{\mathscr{I}\mu : \mu \in K\}$$

sont a-fermés pour les suites.

Si $\mu_m \in K$ et si $\bar{\mu}_m \to \mu_0$ faiblement, on a $\mu_m \to \bar{\mu}_0$ faiblement, donc $\bar{\mu}_0 \in K$ et $\mu_0 \in \{\bar{\mu} : \mu \in K\}$.

Si $\mu_m \in K$ et si $\mathscr{R}\mu_m \to \mu_0$ faiblement, des μ_m, on peut extraire une sous-suite e-convergente: soit $\mu_{m_k} \to \mu \in K$. On a alors $\mu_{m_k} \to \mu$ dans $M_a(\Omega)$ [resp. $MB_a(\Omega)$], donc $\mu_0 = \mathscr{R}\mu$ avec $\mu \in K$, d'où la conclusion.

La démonstration du cas des mesures $\mathscr{I}\mu$ est entièrement analogue.

EXERCICES

1. — Si e_0 est ν-mesurable [resp. ν-intégrable], l'ensemble

$$B = \{\nu_e : e \ \nu\text{-mesurable}, \ e \subset e_0\}$$

est tel que $\bar{B}^a$ soit a-compact et a-extractable dans $M(\Omega)$ [resp. $MB(\Omega)$].

Suggestion. L'ensemble B est contenu dans $\{\mu : V\mu \leqq V\nu_{e_0}\}$, donc $\bar{B}^a$ est faiblement compact et extractable, vu f).

2. — Soit $B \subset M(\Omega)$ et soit e_0 un ensemble μ-intégrable pour tout $\mu \in B$ et tel que

$$\sup_{\mu \in B} V\mu(e_0) < \infty.$$

Convenons de noter e les boréliens contenus dans e_0.

Considérons les propositions

$$\text{a) } e_m \downarrow \varnothing, \qquad \text{c) } \sup_{\mu \in B} V\mu(e_m) \to 0,$$

$$\text{b) } e_m \to \varnothing, \qquad \text{c') } \sup_{\mu \in B} |\mu(e_m)| \to 0.$$

Les quatre relations suivantes sont équivalentes:

$$\text{I. } a \Rightarrow c, \qquad \text{I}'. \ a \Rightarrow c',$$

$$\text{II. } b \Rightarrow c, \qquad \text{II}'. \ b \Rightarrow c'.$$

Supposons en outre qu'il existe ν tel que $B \subset L_\nu$ et que e_0 soit ν-intégrable et considérons la proposition

$$\text{d) } \nu(e_m) \to 0.$$

Les relations

$$\text{III. } d \Rightarrow c, \qquad \text{III}'. \ d \Rightarrow c'$$

sont équivalentes aux précédentes.

On notera que si une quelconque des quatre premières relations est vraie et si B est borné, il existe un tel ν.

Suggestion. I $\Rightarrow$ II. Si $e_m \to \varnothing$, on a

$$e'_m = \bigcup_{k=m}^{\infty} e_k \downarrow \varnothing,$$

donc, si I est vrai, il vient

$$\sup_{\mu \in B} V\mu(e'_m) \to 0,$$

d'où la conclusion car

$$\sup_{\mu \in B} V\mu(e_m) \leqq \sup_{\mu \in B} V\mu(e'_m), \quad \forall m.$$

II $\Rightarrow$ II' $\Rightarrow$ I'. C'est immédiat.

I' $\Rightarrow$ I. Cela résulte de A, p. 100.

Comme a $\Rightarrow$ b, si B est borné, l'une quelconque des propositions I, II, I' ou II' entraîne que $\bar{B}^a$ soit a-compact et a-extractable vu d), p. 191, donc qu'il existe une mesure ν dans Ω telle que $B \subset L_\nu$ et que e_0 soit ν-intégrable.

Supposons à présent l'existence d'un tel ν et démontrons que

$$\text{II} \Rightarrow \text{III} \Rightarrow \text{III}' \Rightarrow \text{II}'.$$

II $\Rightarrow$ III. Si $\nu(e_m)\to 0$, de toute sous-suite de e_m, on peut extraire une sous-suite $e_{m'}$ telle que $e_{m'}\to\varnothing$ ν-pp. En retirant des $e_{m'}$ un ensemble ν-négligeable, on peut même supposer que $e_{m'}\to\varnothing$. Si II est vrai, on a alors

$$\sup_{\mu\in B} V\mu(e_{m'})\to 0,$$

d'où la conclusion.

III $\Rightarrow$ III' $\Rightarrow$ II'. C'est trivial.

Remarquons qu'on peut aussi établir directement que II' $\Rightarrow$ II et III' $\Rightarrow$ III, à partir de la majoration

$$V\mu(e)\leqq 4\sup_{e'\subset e}|\mu(e')|.$$

Espaces de mesures munis de systèmes de semi-normes associées aux fonctions continues dans Ω

6. — On peut définir, à partir des espaces de fonctions continues dans Ω, d'autres systèmes de semi-normes dans $M(\Omega)$ et dans $MB(\Omega)$.

a) On appelle $\boldsymbol{M_v(\Omega)}$ l'espace $M(\Omega)$ muni du système de semi-normes

$$\sup_{i\leqq N}\left|\int f_i\,d\mu\right|,$$

où $f_i\in D_0(\Omega)$ et $N=1, 2, \ldots$.

Ces semi-normes sont appelées *semi-normes vagues.*

b) On appelle $\boldsymbol{MB_s(\Omega)}$ l'espace $MB(\Omega)$ muni du système de semi-normes

$$\sup_{i\leqq N}\left|\int f_i\,d\mu\right|,$$

où $f_i\in C_0^0(\Omega)$ et $N=1, 2, \ldots$.

Ces semi-normes sont appelées *semi-normes simples.*

c) On appelle $\boldsymbol{MB_{str}(\Omega)}$ l'espace $MB(\Omega)$ muni du système de semi-normes

$$\sup_{i\leqq N}\left|\int f_i\,d\mu\right|,$$

où $f_i\in C_0^b(\Omega)$ et $N=1, 2, \ldots$.

Ces semi-normes sont appelées *semi-normes strictes.*

La loi qui, à $\mu\in M(\Omega)$ [resp. $MB(\Omega)$], *associe $\mathscr{T}_\mu\in D_0^*(\Omega)$* [resp. $C_0^{0*}(\Omega)$] *défini par*

$$\mathscr{T}_\mu(f)=\int f\,d\mu,\quad\forall f\in D_0(\Omega)\quad\text{[resp. } C_0^0(\Omega)],$$

est une correspondance biunivoque entre $M(\Omega)$ [resp. $MB(\Omega)$] *et $D_0^*(\Omega)$* [resp. $C_0^{0*}(\Omega)$], *telle que*

$$\pi_K(\mu)=\|\mathscr{T}_\mu\|_{\pi_K}\quad(\text{resp. }\pi(\mu)=\|\mathscr{T}\|_{\pi_\Omega}).$$

Cette correspondance est linéaire et bibornée entre

— *$M_v(\Omega)$ et $D_{0,s}^*(\Omega)$,*

— *$MB_s(\Omega)$ et $C_{0,s}^{0*}(\Omega)$,*

— *$MB_{str}(\Omega)$ et le sous-espace de $C_{0,s}^{b*}(\Omega)$ formé des $\mathscr{T}_\mu$, $\mu\in MB(\Omega)$.*

La première partie de l'énoncé découle de la structure du dual de $D_0(\Omega)$ et $C_0^0(\Omega)$ (cf. b) et c), p. 151).

La correspondance considérée est biunivoque, en vertu de II, a), p. 85.

La linéarité et la comparaison des semi-normes sont immédiates.

7. — *Dans $MB(\Omega)$, le système des semi-normes vagues est plus faible que le système des semi-normes simples et ce dernier est plus faible que le système des semi-normes strictes.*

C'est immédiat.

De plus, dans $MB(\Omega)$, ces systèmes de semi-normes sont plus faibles que la norme de $MB(\Omega)$.

De fait, pour tout $f \in C_0^b(\Omega)$, on a

$$\left|\int f\,d\mu\right| \leqq \sup_{x\in\Omega} |f(x)|\,\pi(\mu), \quad \forall \mu \in MB(\Omega).$$

Enfin, dans $M(\Omega)$, le système des semi-normes vagues est plus faible que celui de $M(\Omega)$.

La démonstration est analogue à la précédente.

EXERCICE

Etablir que les systèmes de semi-normes considérés ci-dessus ne sont pas équivalents.

Suggestion. Si f et f_i, $(i \leqq N)$, appartiennent à $C_0^b(\Omega)$ et si

$$\left|\int f\,d\mu\right| \leqq C \sup_{i\leqq N} \left|\int f_i\,d\mu\right|, \quad \forall \mu \in MB(\Omega),$$

vu I, p. 156, f est combinaison linéaire des f_i. Donc, si les f_i appartiennent à $D_0(\Omega)$ ou $C_0^0(\Omega)$, il en est de même pour f.

Supposons à présent que

$$V\mu(K) \leqq C \sup_{i\leqq N} \left|\int f_i\,d\mu\right|, \quad \forall \mu \in M(\Omega),$$

avec $f_i \in D_0(\Omega)$, $(i \leqq N)$. Pour tout $f \in D_0(K)$, on a alors

$$\left|\int f\,d\mu\right| \leqq C' \sup_{i\leqq N} \left|\int f_i\,d\mu\right|, \quad \forall \mu \in M(\Omega).$$

De là, par I, p. 156, f est combinaison linéaire des f_i, donc $D_0(K)$ est de dimension finie, ce qui est absurde si K n'est pas fini.

Raisonnement analogue pour $MB(\Omega)$.

8. — a) *Les ensembles*

$$\{\mu : \mu \geqq 0\} \quad et \quad \{\mu : [\mu] \subset F\},$$

où F est fermé dans Ω, sont fermés dans $M_v(\Omega)$.

Soit μ dans l'adhérence vague de $\{\nu:\nu\geqq 0\}$. Pour tout $f\geqq 0$ appartenant à $D_0(\Omega)$ et tout $\varepsilon>0$, il existe $\nu\geqq 0$ tel que

$$\left|\int f d(\mu-\nu)\right| \leqq \varepsilon.$$

Donc $\int f\,d\mu$ est positif pour tout $f\geqq 0$ appartenant à $D_0(\Omega)$, d'où $\mu\geqq 0$.

Si μ est dans l'adhérence vague de $\{\nu:[\nu]\subset F\}$, on note que $\int f\,d\mu=0$ pour tout $f\in D_0(\Omega\setminus F)$, donc $\mu_{\Omega\setminus F}=0$ et $[\mu]\subset F$.

b) *Toute boule fermée de $MB(\Omega)$ est fermée dans $MB_v(\Omega)$.*

Soit la boule fermée

$$\{\mu\in MB(\Omega): V\mu(\Omega) \leqq C\}$$

dans $MB(\Omega)$.

Si ν appartient à l'adhérence vague de cette boule, on a

$$\left|\int f\,d\nu\right| \leqq C$$

pour tout $f\in D_0(\Omega)$ tel que $\sup_{x\in\Omega}|f(x)|\leqq 1$, d'où $V\nu(\Omega)\leqq C$.

9. — Passons aux propriétés de la convergence dans $M_v(\Omega)$, $MB_s(\Omega)$ et $MB_{str}(\Omega)$.

Comparons d'abord la convergence dans ces différents espaces.

a) *La convergence stricte entraîne la convergence simple et la convergence simple entraîne la convergence vague.*

C'est immédiat.

Voici des réciproques partielles de cet énoncé.

b) *Si $\mu_m\in MB(\Omega)$ converge vaguement vers μ_0 et si*

$$\sup_m V\mu_m(\Omega) < \infty,$$

alors $\mu_0\in MB(\Omega)$ et μ_m converge simplement vers μ_0.

De fait, la suite $\mathscr{C}_{\mu_m}$ est équibornée dans $C_0^{0*}(\Omega)$. De plus, $\mathscr{C}_{\mu_m}(f)$ tend vers $\mathscr{C}_{\mu_0}(f)$ pour tout $f\in D_0(\Omega)$. Comme $D_0(\Omega)$ est dense dans $C_0^0(\Omega)$, par I, e), p. 225, on en déduit que $\mathscr{C}_{\mu_0}\in C_0^{0*}(\Omega)$ et que $\mathscr{C}_{\mu_m}$ tend vers $\mathscr{C}_{\mu_0}$ dans $C_{0,s}^{0*}(\Omega)$, d'où la conclusion par le paragraphe 6, p. 194.

c) *Si $\mu_m\in MB(\Omega)$ converge vaguement vers μ_0 et si*

$$\sup_m V\mu_m(\Omega\setminus K_M)\to 0$$

si $M\to\infty$, alors $\mu_0\in MB(\Omega)$ et μ_m tend vers μ_0 dans $MB_{str}(\Omega)$.

Comme la suite $\mathscr{C}_{\mu_m}$ converge dans $D_{0,s}^*(\Omega)$ et que $D_0(\Omega)$ est tonnelé, elle y est équibornée donc, pour tout K,

$$\sup_m V\mu_m(K) < \infty.$$

De là, pour M assez grand,

$$\sup_m V\mu_m(\Omega) \leqq \sup_m V\mu_m(K_M) + \sup_m V\mu_m(\Omega \setminus K_M) \leqq \sup_m V\mu_m(K_M) + 1 < \infty.$$

Vu b), μ_0 appartient donc à $MB(\Omega)$.

Soit à présent α_M une adoucie de K_M, à support contenu dans Ω.

Alors, si $f \in C_0^b(\Omega)$, on a

$$\left|\int f d(\mu_0 - \mu_m)\right| \leqq \left|\int \alpha_M f d(\mu_0 - \mu_m)\right| + \left|\int (1-\alpha_M) f d(\mu_0 - \mu_m)\right|$$
$$\leqq \left|\int \alpha_M f d(\mu_0 - \mu_m)\right| + \sup_{x\in\Omega} |f(x)| \, [\sup_m V\mu_m(\Omega \setminus K_M) + V\mu_0(\Omega \setminus K_M)]$$

et on rend la dernière majorante inférieure à ε en prenant M tel que son second terme soit inférieur à $\varepsilon/2$, puis, cet M étant fixé, m assez grand pour qu'il en soit ainsi du premier également.

d) Dans le cas de mesures positives, voici une autre condition pour que la convergence vague entraîne la convergence stricte. Elle est moins bonne que la précédente puisqu'elle exige d'avance que la limite soit dans $MB(\Omega)$.

Soient $\mu_m \in MB(\Omega)$ tels que $\mu_m \geqq 0$. La suite μ_m converge strictement vers μ_0 si et seulement si $\mu_0 \in MB(\Omega)$, μ_m tend vers μ_0 vaguement et $\mu_m(\Omega) \to \mu_0(\Omega)$.

La condition est visiblement nécessaire.

La condition est suffisante.

Soit $f \in C_0^b(\Omega)$. Posons $C = \sup_{x\in\Omega} |f(x)|$.

Il existe $\varphi \in D_0(\Omega)$ tel que $0 \leqq \varphi \leqq 1$ et que

$$\int (1-\varphi) d\mu_0 \leqq \varepsilon/(4C).$$

On a donc

$$\int (1-\varphi) d\mu_m \leqq \left|\int (1-\varphi) d(\mu_0 - \mu_m)\right| + \int (1-\varphi) \, d\mu_0$$
$$\leqq |(\mu_0 - \mu_m)(\Omega)| + \left|\int \varphi d(\mu_0 - \mu_m)\right| + \int (1-\varphi) \, d\mu_0 .$$

Il existe M tel que la somme des deux premiers termes du dernier membre soit majorée par $\varepsilon/(4C)$ pour tout $m \geqq M$. On a donc

$$\int (1-\varphi) \, d\mu_m \leqq \varepsilon/(2C), \quad \forall m \geqq M.$$

Il vient alors, pour $m \geqq M$,

$$\left|\int f d(\mu_m - \mu_0)\right| \leqq \left|\int \varphi f d(\mu_m - \mu_0)\right| + C\int (1-\varphi) \, d\mu_m + C\int (1-\varphi) \, d\mu_0$$
$$\leqq \left|\int \varphi f d(\mu_m - \mu_0)\right| + 3\varepsilon/4$$

et la dernière majorante peut être rendue inférieure à ε, en prenant m assez grand, d'où la conclusion.

10. — Examinons à présent la complétion des espaces $M_v(\Omega)$, $MB_s(\Omega)$ et $MB_{str}(\Omega)$.

a) *L'espace $M_v(\Omega)$ est complet.*

Soit μ_m une suite de Cauchy dans $M_v(\Omega)$.

La suite $\mathscr{T}_{\mu_m}$ est alors de Cauchy dans $D^*_{0,s}(\Omega)$. Comme $D_0(\Omega)$ est tonnelé, son dual simple est complet. Il existe donc une mesure μ_0 dans Ω telle que $\mathscr{T}_{\mu_m} \to \mathscr{T}_{\mu_0}$ dans $D^*_{0,s}(\Omega)$, c'est-à-dire telle que $\mu_m \to \mu_0$ dans $M_v(\Omega)$. D'où la conclusion.

b) *L'espace $MB_s(\Omega)$ est complet.*

Soit μ_m une suite de Cauchy dans $MB_s(\Omega)$.

La suite $\mathscr{T}_{\mu_m}$ est de Cauchy dans $C^{0*}_{0,s}(\Omega)$, donc, comme cet espace est complet, elle y converge. Si $\mathscr{T}_\mu$ est sa limite, on a alors $\mu_m \to \mu$ dans $MB_s(\Omega)$.

c) *L'espace $MB_{str}(\Omega)$ est complet.*

La démonstration repose sur la propriété suivante qui sera généralisée plus loin.

d) *Si la suite μ_m est de Cauchy dans $MB_{str}(\Omega)$, on a*

$$\sup_m V\mu_m(\Omega \setminus K_M) \to 0$$

si $M \to \infty$.

Déduisons c) de d).

Soit μ_m une suite de Cauchy dans $MB_{str}(\Omega)$; μ_m est alors de Cauchy dans $M_v(\Omega)$ et, vu a), il existe $\mu_0 \in M(\Omega)$ tel que μ_m converge vers μ_0 dans $M_v(\Omega)$.

De plus, vu d), on a

$$\sup_m V\mu_m(\Omega \setminus K_M) \to 0$$

si $M \to \infty$, d'où la conclusion par c), p. 196.

Démontrons à présent d).

On peut supposer que la suite converge vaguement vers 0. De fait, μ_m, étant de Cauchy dans $MB_{str}(\Omega)$, est de Cauchy dans $MB_s(\Omega)$ et, vu b) ci-dessus, converge donc dans $MB_s(\Omega)$. Soit μ_0 sa limite. La suite $\mu_m - \mu_0$ est alors de Cauchy dans $MB_{str}(\Omega)$ et converge vaguement vers 0. Si le théorème est établi dans ce cas, on a

$$\sup_m V(\mu_m - \mu_0)(\Omega \setminus K_M) \to 0$$

si $M \to \infty$, donc

$$\sup_m V\mu_m(\Omega \setminus K_M) \leqq \sup_m V(\mu_m - \mu_0)(\Omega \setminus K_M) + V\mu_0(\Omega \setminus K_M) \to 0.$$

Supposons donc que la suite μ_m converge vaguement vers 0.

Procédons par l'absurde. Supposons qu'il existe $\varepsilon > 0$ tel que

$$\sup_m V\mu_m(\Omega \setminus K_i) > 4\varepsilon, \quad \forall i.$$

On peut déterminer m_i et $k_i \uparrow \infty$ tels que

$$V\mu_{m_i}(\Omega \setminus K_{k_i}) > 4\varepsilon.$$

On détermine m_1 tel que

$$V\mu_{m_1}(\Omega \setminus K_1) > 4\varepsilon.$$

On fixe ensuite k_2 tel que

$$\sup_{m \leqq m_1} V\mu_m(\Omega \setminus K_{k_2}) \leqq 4\varepsilon.$$

C'est possible puisque $V\mu_m(\Omega \setminus K_i) \to 0$ si $i \to \infty$. On détermine m_2 tel que

$$V\mu_{m_2}(\Omega \setminus K_{k_2}) > 4\varepsilon.$$

On a évidemment $m_2 > m_1$. On continue ainsi de proche en proche.

Renumérotons les k_i et les m_i par m.

La suite μ_m est donc de Cauchy dans $MB_{str}(\Omega)$, converge vaguement vers 0 et est telle que

$$V\mu_m(\Omega \setminus K_m) > 4\varepsilon, \ \forall m.$$

Déterminons de proche en proche une sous-suite μ_{m_i} de μ_m et une suite de fonctions $\alpha_i \in D_0(\Omega)$, à supports deux à deux disjoints et telles que $0 \leqq \alpha_i \leqq \delta_{\Omega \setminus K_i}$, de la manière suivante.

On prend $m_1 = 1$. Vu la majoration

$$V\mu_1(\Omega \setminus K_1) \leqq 4 \sup_{\substack{\alpha \in D_0(\Omega) \\ 0 \leqq \alpha \leqq \delta_{\Omega \setminus K_1}}} \left| \int \alpha \, d\mu_1 \right|,$$

il existe alors $\alpha_1 \in D_0(\Omega)$ tel que $0 \leqq \alpha_1 \leqq \delta_{\Omega \setminus K_1}$ et que

$$\left| \int \alpha_1 \, d\mu_{m_1} \right| > \varepsilon.$$

Si $m_1, \ldots, m_i$ et $\alpha_1, \ldots, \alpha_i$ sont déterminés, on prend $m_{i+1} > m_i$, assez grand pour que

$$\left| \int \alpha_j \, d\mu_{m_{i+1}} \right| \leqq \varepsilon/2^{j+1}, \ \forall j \leqq i,$$

$$V\mu_j(\Omega \setminus K_{m_{i+1}}) \leqq \varepsilon/2^{j+1}, \ \forall j \leqq i,$$

et

$$[\alpha_j] \subset K_{m_{i+1}}, \ \forall j \leqq i.$$

On fixe alors $\alpha_{i+1} \in D_0(\Omega)$ tel que $0 \leqq \alpha_{i+1} \leqq \delta_{\Omega \setminus K_{m_{i+1}}}$ et

$$\left| \int \alpha_{i+1} \, d\mu_{m_{i+1}} \right| > \varepsilon.$$

Considérons à présent la série

$$\sum_{i=1}^{\infty} \theta_i \alpha_i(x)$$

où θ_i est défini par

$$\theta_i \int \alpha_i \, d\mu_{m_i} = (-1)^i \varepsilon.$$

La série considérée converge ponctuellement vers une fonction α continue et bornée dans Ω. Dès lors, la suite

$$\int \alpha \, d\mu_{m_i}$$

converge.

Or, on a

$$\left|\int \alpha \, d\mu_{m_i} - (-1)^i \varepsilon\right| = \left|\sum_{j \neq i} \theta_j \int \alpha_j \, d\mu_{m_i}\right| \leqq \sum_{j \neq i} \left|\int \alpha_j \, d\mu_{m_i}\right|$$

$$\leqq \sum_{j<i} \left|\int \alpha_j \, d\mu_{m_i}\right| + \sum_{j>i} V\mu_{m_i}(\Omega \setminus K_j) \leqq \sum_{j=1}^{\infty} \varepsilon/2^{j+1} = \varepsilon/2,$$

d'où

$$\left|\int \alpha \, d\mu_{m_i} - \int \alpha \, d\mu_{m_{i+1}}\right| \geqq \varepsilon, \quad \forall i,$$

et μ_m n'est pas de Cauchy dans $MB_{str}(\Omega)$.

* *Variante.* Rappelons que $C_0(\Omega)$ est un espace de Fréchet.

Posons

$$F = \{f \in C_0(\Omega) : \sup_{x \in \Omega} |f(x)| \leqq 1\}.$$

Cet ensemble est visiblement fermé dans $C_0(\Omega)$; il est donc complet.

Soit $\varepsilon > 0$. Posons

$$F_m = \left\{f \in F : \left|\int f d(\mu_r - \mu_s)\right| \leqq \varepsilon/3, \ \forall r, s \geqq m\right\}.$$

Vu le théorème de Lebesgue, pour tout m, F_m est fermé dans $C_0(\Omega)$.

Dès lors, par I, p. 109, un des F_m est d'intérieur dans F non vide: il existe m_0, $f_0 \in F$, M_0 et η tels que

$$b = \{f \in F : \sup_{x \in K_{M_0}} |f(x) - f_0(x)| \leqq \eta\} \subset F_{m_0}.$$

Soit α_{M_0} une adoucie de K_{M_0} à support dans K_{M_0+1}. La fonction $f_0' = \alpha_{M_0} f_0$ appartient à F et

$$b = \{f \in F : \sup_{x \in K_{M_0}} |f(x) - f_0'(x)| \leqq \eta\}.$$

Cela étant, pour tout $f \in F \cap D_0(\Omega \setminus K_{M_0+1})$, on a $f + f_0' \in b$, d'où

$$\left|\int f d(\mu_r - \mu_s)\right| \leqq \left|\int (f + f_0') d(\mu_r - \mu_s)\right| + \left|\int f_0' d(\mu_r - \mu_s)\right| \leqq 2\varepsilon/3,$$

pour tous $r, s \geqq m_0$. De là,

$$V(\mu_r - \mu_s)(\Omega \setminus K_{M_0+1}) = \sup_{f \in F \cap D_0(\Omega \setminus K_{M_0+1})} \left|\int f d(\mu_r - \mu_s)\right| \leqq 2\varepsilon/3,$$

pour tous $r, s \geqq m_0$.

Or il existe M_0' tel que

$$V\mu_{m_0}(\Omega \setminus K_M) \leqq \varepsilon/3, \ \forall M \geqq M_0'.$$

Dès lors, pour tout $m \geqq m_0$, on a

$$V\mu_m(\Omega \setminus K_M) \leqq V(\mu_m - \mu_{m_0})(\Omega \setminus K_M) + V\mu_{m_0}(\Omega \setminus K_M) \leqq \varepsilon$$

si $M > \sup(M_0+1, M_0')$. Comme, de plus,

$$V\mu_i(\Omega \setminus K_m) \to 0, \quad \forall\, i < m_0,$$

si $m \to \infty$, on peut donc déterminer M' tel que

$$\sup_m V\mu_m(\Omega \setminus K_M) \leq \varepsilon, \quad \forall\, m \geq M',$$

d'où la conclusion.

EXERCICE

Si les $\mu_m \in MB(\Omega)$ sont tels que $\mu_m \geq 0$ et $\mu_m(\omega) \to 1$ pour tout ouvert $\omega \subset \Omega$ contenant a, la suite μ_m tend vers δ_a strictement.

De là, si les $\mu_m \in M(\Omega)$ sont tels que $\mu_m \geq 0$ et $\mu_m(\omega) \to 1$ pour tout ouvert ω contenant a et d'adhérence compacte dans Ω, la suite μ_m tend vers δ_a vaguement.

Suggestion. Traitons d'abord le premier cas. Soient $\varphi \in C_0^b(\Omega)$ et $\varepsilon > 0$. Il existe η tel que $|\varphi(x) - \varphi(a)| \leq \varepsilon/2$ si $|x-a| \leq \eta$.

Posons $b_\eta = \{x : |x-a| < \eta\}$. Il vient

$$\left| \int \varphi \, d\mu_m - \varphi(a) \right|$$

$$\leq \left| \int_{\Omega \setminus b_\eta} \varphi \, d\mu_m \right| + \left| \int_{b_\eta} [\varphi(x) - \varphi(a)] \, d\mu_m \right| + |\varphi(a)| \, |\mu_m(b_\eta) - 1|$$

$$\leq \sup_{x \in \Omega} |\varphi(x)| \cdot [\mu_m(\Omega) - \mu_m(b_\eta)] + \frac{\varepsilon}{2} \mu_m(b_\eta) + |\varphi(a)| \cdot |\mu_m(b_\eta) - 1|.$$

Comme Ω et $b_\eta \ni a$, on a $\mu_m(\Omega)$ et $\mu_m(b_\eta) \to 1$, donc le dernier membre est majoré par ε pour m assez grand.

Dans le second cas, on note que, pour tout ouvert $\omega \ni a$ d'adhérence compacte dans Ω, la suite $(\mu_m)_\omega$ tend strictement vers δ_a dans $MB(\omega)$, d'où la conclusion.

11. — Voici quelques propriétés supplémentaires de la convergence dans $M_v(\Omega)$ et $MB_{str}(\Omega)$ des suites de mesures positives.

a) *Soit $\mu_m \in MB(\Omega)$ une suite de mesures positives et soit f partout défini et borné dans Ω.*

Si $\mu_m \to \mu$ strictement et si f est μ_m-mesurable pour tout m et continu μ-pp, on a

$$\int f \, d\mu_m \to \int f \, d\mu.$$

Si, en outre, $f(x_m) \to 0$ pour toute suite $x_m \to x_0 \in \dot{\Omega}$ ou $x_m \to \infty$, il suffit que $\mu_m \to \mu$ simplement.

Si, en outre, f est à support compact dans Ω, il suffit que $\mu_m \in M(\Omega)$ et que $\mu_m \to \mu$ vaguement.

Attention! La propriété peut être fausse si f n'est pas borné et continu μ-pp. Ainsi,

— dans E_n, la suite $\dfrac{1}{m}\, \delta_m$ converge strictement vers 0 dans $MB(E_n)$ alors que, si $f = x$,

$$\int f \, d\mu_m = 1 \neq 0.$$

— si $x_m \to x_0$, $x_m, x_0 \in \Omega$, la suite δ_{x_m} converge strictement vers δ_{x_0} dans $MB(\Omega)$. Cependant, si $f(x)=\delta_{x_0}(x)$, on a $\int f\, d\mu_m = 0 \neq 1$.

On peut sans restriction supposer f positif.

Soit $g_i^{(m)}$, $(i=1, 2, \ldots)$, une partition de l'unité localement finie dans Ω par des éléments de $D_0(\Omega)$ tels que diam $[g_i^{(m)}] \leqq 1/m$.

Posons

$$c_i^{(m)} = \sup_{x \in [g_i^{(m)}]} f(x) \quad \text{et} \quad d_i^{(m)} = \inf_{x \in [g_i^{(m)}]} f(x).$$

Les fonctions

$$\varphi_m = \sum_{i=1}^{\infty} c_i^{(m)} g_i^{(m)} \quad \text{et} \quad \psi_m = \sum_{i=1}^{\infty} d_i^{(m)} g_i^{(m)}$$

sont continues et bornées dans Ω et $\varphi_m(x)$, $\psi_m(x)$ tendent vers $f(x)$ en tout point de continuité de f, donc μ-pp. Dès lors, pour m_0 assez grand, on a

$$\int (\varphi_{m_0} - \psi_{m_0})\, d\mu \leqq \varepsilon/4.$$

Il vient alors

$$\begin{aligned} \left|\int f\, d(\mu_m-\mu)\right| &\leqq \left|\int \varphi_{m_0} d(\mu_m-\mu)\right| + \left|\int (\varphi_{m_0}-f)\, d(\mu_m-\mu)\right| \\ &\leqq \left|\int \varphi_{m_0} d(\mu_m-\mu)\right| + \int (\varphi_{m_0}-\psi_{m_0})\, d(\mu_m+\mu) \\ &\leqq \left|\int \varphi_{m_0} d(\mu_m-\mu)\right| + 2\int (\varphi_{m_0}-\psi_{m_0})\, d\mu + \left|\int (\varphi_{m_0}-\psi_{m_0})\, d(\mu_m-\mu)\right|. \end{aligned}$$

On peut rendre le dernier membre inférieur à ε en prenant m assez grand.

En effet, dans le premier cas, φ_{m_0} et $\varphi_{m_0} - \psi_{m_0} \in C_0^b(\Omega)$. Dans le second, pour tout $\varepsilon > 0$, il existe k tel que $\sup_{x \in \Omega \setminus K_k} |f(x)| \leqq \varepsilon$. Comme la suite $g_i^{(m)}$ est localement finie, il existe i_0 et k_0 tels que $g_i^{(m)}=0$ dans K_k pour $i > i_0$ et $\bigcup_{i \leqq i_0} [g_i^{(m)}] \subset K_{k_0}$. Alors,

$$\sup_{x \in \Omega \setminus K_{k_0}} |\varphi_m(x)| \quad \text{et} \quad \sup_{x \in \Omega \setminus K_{k_0}} |\psi_m(x)| \leqq \varepsilon,$$

donc φ_{m_0} et $\varphi_{m_0} - \psi_{m_0} \in C_0^0(\Omega)$. Enfin, si f est à support compact, il est trivial que φ_{m_0} et $\varphi_{m_0} - \psi_{m_0} \in D_0(\Omega)$.

En particulier, *on peut prendre* $f = \delta_e$, *où* e *est contenu dans* Ω (resp. *d'adhérence compacte contenue dans* Ω), μ_m*-mesurable pour tout* m *et de frontière* μ*-négligeable.*

En effet, δ_e est alors continu μ-pp dans Ω et vérifie les conditions imposées à f.

b) *Soit* $\mu_m \in M(\Omega)$ *une suite de mesures positives.*

On a $\mu_m \to \mu$ *vaguement si et seulement si* $\mu_m(I) \to \mu(I)$ *pour tout* I *dans* Ω *tel que* $\dot{I}$ *soit* μ*-négligeable.*

La condition nécessaire découle de a).

Inversement, supposons que μ_m soit positif pour tout m et que

$$\mu_m(I) \to \mu(I)$$

pour tout I dans Ω tel que $\dot{I}$ soit μ-négligeable.

Posons

$$\mathscr{E}_a^{(i)} = \{x \in \Omega : x_i = a\}, \qquad (i=1, \ldots, n;\, a \in \mathbf{R}).$$

Pour i fixé, les ensembles $\mathscr{E}_a^{(i)}$ sont deux à deux disjoints et μ-mesurables. Vu II, d), p. 72, une infinité dénombrable d'entre eux au plus ne sont pas μ-négligeables.

Les a tels que $\mathscr{E}_a^{(i)}$ soit μ-négligeable sont donc denses dans $\{a : \mathscr{E}_a^{(i)} \neq \emptyset\}$. Dès lors, étant donné $\eta > 0$, il est possible de recouvrir un compact arbitraire de Ω par un nombre fini de semi-intervalles dans Ω de diamètre inférieur à η et de frontière μ-négligeable.

Soit $f \in D_0(\Omega)$ à support dans K, compact dans Ω.

Il existe un nombre fini de semi-intervalles dans Ω, I_i, tels que $\mu(\dot{I}_i) = 0$ pour tout i et que

$$K \subset \bigcup_{(i)} I_i.$$

Comme $\mu_m(I_i)$ converge pour tout i, il existe $C > 0$ tel que

$$\mu(\bigcup_{(i)} I_i), \quad \mu_m(\bigcup_{(i)} I_i) \leqq C, \ \forall m.$$

Fixons η pour que

$$\sup_{\substack{x, y \in K \\ |x-y| \leqq \eta}} |f(x) - f(y)| \leqq \varepsilon/(3C).$$

Déterminons alors un nombre fini de semi-intervalles dans Ω, I'_j, de frontière μ-négligeable, de diamètre inférieur à η et tels que

$$K \subset \bigcup_{(j)} I'_j \subset \bigcup_{(i)} I_i.$$

Pour obtenir la dernière inclusion, il suffit de partitionner les I'_j en les $I'_j \cap I_i$.

Dans chaque I'_j, choisissons un point x_j. Il vient

$$\left|\int f d(\mu_m - \mu)\right|$$

$$\leqq \int \left|f - \sum_{(j)} f(x_j) \delta_{I'_j}\right| d\mu_m + \int \left|f - \sum_{(j)} f(x_j) \delta_{I'_j}\right| d\mu + \sum_{(j)} |f(x_j)| \, |(\mu_m - \mu)(I'_j)|$$

$$\leqq \frac{\varepsilon}{3C} V\mu_m(\bigcup_{(i)} I_i) + \frac{\varepsilon}{3C} V\mu(\bigcup_{(i)} I_i) + \sup_{x \in K} |f(x)| \sum_{(j)} |(\mu_m - \mu)(I'_j)|$$

$$\leqq \frac{2\varepsilon}{3} + \sup_{x \in K} |f(x)| \sum_{(j)} |(\mu_m - \mu)(I'_j)| \leqq \varepsilon$$

pour m assez grand, d'où la conclusion.

c) *Soit* $\mu_m \in MB(\Omega)$ *une suite de mesures positives.*

On a $\mu_m \to \mu$ *strictement si et seulement si* $\mu \in MB(\Omega)$, $\mu_m(\Omega) \to \mu(\Omega)$ *et* $\mu_m(I) \to \mu(I)$ *pour tout* I *dans* Ω *tel que* $\dot{I}$ *soit* μ*-négligeable.*

La condition nécessaire résulte de a), p. 201, la condition suffisante de b), p. 202, et de d), p. 197.

12. — *Si* $\{x_i : i=1,2,\ldots\}$ *est dense dans* Ω, *l'ensemble* $\{\delta_{x_i} : i=1,2,\ldots\}$ *est total dans* $MB_{str}(\Omega)$ *et dans* $M_v(\Omega)$.

De là, $M_v(\Omega)$, $MB_v(\Omega)$, $MB_s(\Omega)$ *et* $MB_{str}(\Omega)$ *sont séparables.*

Traitons par exemple le cas de $MB_{str}(\Omega)$. Le cas de $M_v(\Omega)$ est analogue.

Soit $\mu \in MB(\Omega)$, soit

$$\sup_{i \leqq N} \left| \int f_i \, dv \right|$$

une semi-norme de $MB_{str}(\Omega)$ et soit $\varepsilon > 0$.

Posons

$$\sup_{i \leqq N} \sup_{x \in \Omega} |f_i(x)| = C.$$

Il existe un ouvert ω tel que $K = \bar{\omega}$ soit un compact contenu dans Ω tel que $V\mu(\Omega \setminus K) \leqq \varepsilon/(2C)$.

Partitionnons K en un nombre fini d'ensembles e_k d'intérieur non vide et de diamètre inférieur à $\eta > 0$ tel que

$$\sup_{\substack{x, y \in K \\ |x-y| \leqq \eta}} |f_i(x) - f_i(y)| \leqq \frac{\varepsilon}{2V\mu(\Omega)+1}, \qquad (i=1, \ldots, N).$$

Pour tout k, soit i_k tel que $x_{i_k} \in e_k$; de tels i_k existent puisque $\mathring{e}_k \neq \emptyset$. Il vient alors

$$\begin{aligned} \sup_{i \leqq N} \left| \int f_i \, d\Big[\mu - \sum_{(k)} \mu(e_k)\delta_{x_k}\Big] \right| &= \sup_{i \leqq N} \left| \int \Big[f_i - \sum_{(k)} f_i(x_k)\delta_{e_k}\Big] d\mu \right| \\ &\leqq \sup_{i \leqq N} \int_{\Omega \setminus K} |f_i| \, dV\mu + \sup_{i \leqq N} \sum_{(k)} \int_{e_k} |f_i(x) - f_i(x_k)| \, dV\mu \\ &\leqq CV\mu(\Omega \setminus K) + \sup_{i \leqq N} \sup_{\substack{x, y \in K \\ |x-y| \leqq \eta}} |f_i(x) - f_i(y)| \cdot V\mu(\Omega) \leqq \varepsilon, \end{aligned}$$

d'où la conclusion.

13. — a) *Un ensemble est borné dans* $M_v(\Omega)$ *si et seulement si il est borné dans* $M(\Omega)$.

De fait, si B est borné dans $M_v(\Omega)$, $\{\mathscr{T}_\mu : \mu \in B\}$ est s-borné dans $D_0^*(\Omega)$, donc $\{\mathscr{T}_\mu : \mu \in B\}$ est équiborné dans $D_0^*(\Omega)$, car $D_0(\Omega)$ est tonnelé.

Pour tout m, il existe donc C_m tel que

$$\sup_{\mu \in B} V\mu(K_m) = \sup_{\mu \in B} \sup_{\pi_{K_m}(f) \leqq 1} \left| \int f \, d\mu \right| \leqq C_m,$$

donc B est borné dans $M(\Omega)$.

La réciproque est triviale.

b) *Un ensemble est borné dans* $MB_s(\Omega)$ [resp. *dans* $MB_{str}(\Omega)$] *si et seulement si il est borné dans* $MB(\Omega)$.

Si B est borné dans $MB_s(\Omega)$, $\{\mathscr{T}_\mu : \mu \in B\}$ est borné dans $C_{0,s}^{0*}(\Omega)$, donc équiborné dans $C_0^{0*}(\Omega)$, car $C_0^0(\Omega)$ est tonnelé. Il existe donc C tel que

$$\sup_{\mu \in B} V\mu(\Omega) = \sup_{\mu \in B} \sup_{\pi_\Omega(f) \leqq 1} \left|\int f \, d\mu\right| \leqq C$$

et B est borné dans $MB(\Omega)$.

Si B est borné dans $MB_{str}(\Omega)$, il est borné dans $MB_s(\Omega)$, donc dans $MB(\Omega)$. Les réciproques sont triviales. •

EXERCICE

* Montrer que si la suite μ_m est bornée dans $M_v(\Omega)$ [resp. $MB_s(\Omega)$], on a $\mu_m \to \mu_0$ dans $M_v(\Omega)$ [resp. $MB_s(\Omega)$] si et seulement si

$$\int f \, d\mu_m \to \int f \, d\mu_0$$

pour tout $f \in D_\infty(\Omega)$ [resp. $C_\infty^0(\Omega)$].

Suggestion. Démontrons que la condition est suffisante. Soit $f \in D_0(\Omega)$ [resp. $C_0^0(\Omega)$]. Prolongeons f par 0 hors de Ω. Il vient

$$\left|\int f \, d(\mu_m - \mu_0)\right| \leqq \left|\int (f - f * \varrho_\varepsilon) \, d\mu_m\right| + \left|\int (f - f * \varrho_\varepsilon) \, d\mu_0\right| + \left|\int f * \varrho_\varepsilon d(\mu_m - \mu_0)\right|$$

$$\leqq 2 \sup_{x \in \Omega} |f - f * \varrho_\varepsilon| \cdot \sup_{m \geqq 0} V\mu_m(\Omega \cap \{x : d(x, [f]) \leqq \varepsilon\}) + \left|\int f * \varrho_\varepsilon d(\mu_m - \mu_0)\right|.$$

On rend cette expression arbitrairement petite en fixant successivement ε puis m.

Variante. La suite $\mathscr{T}_{\mu_m}$ est équibornée dans $D_0^*(\Omega)$ (resp. $C_0^{0*}(\Omega)$). En outre, $D_\infty(\Omega)$ [resp. $C_\infty^0(\Omega)$] est dense dans $D_0(\Omega)$ [resp. $C_0^0(\Omega)$], d'où la conclusion.

14. — a) *Tout ensemble borné et fermé pour les suites dans* $M_v(\Omega)$ [resp. $MB_s(\Omega)$] *est compact et extractable dans cet espace.*

En outre, le système de semi-normes de $M_v(\Omega)$ [resp. $MB_s(\Omega)$] *y est uniformément équivalent à un système dénombrable de semi-normes vagues.*

Soit B un tel ensemble. En vertu du paragraphe 6, p. 194, l'ensemble $\{\mathscr{T}_\mu : \mu \in B\}$ est équiborné et s-fermé pour les suites dans $D_0^*(\Omega)$ [resp. $C_0^{0*}(\Omega)$]. Il y est donc s-extractable et par conséquent s-compact, d'où la conclusion.

En particulier, $\{\mu \in MB(\Omega) : V\mu(\Omega) \leqq C\}$ *est compact et extractable dans* $M_v(\Omega)$ *et dans* $MB_s(\Omega)$.

De fait, cet ensemble est borné dans les espaces considérés et y est vaguement fermé, vu b), p. 196.

De même, $\{\mu \in MB(\Omega) : \mu \geqq 0$ et $\mu(\Omega) \leqq C\}$ *est compact et extractable dans* $M_v(\Omega)$ *et dans* $MB_s(\Omega)$.

Cela résulte immédiatement du cas particulier précédent car $\{\mu:\mu\geqq 0\}$ est fermé dans $M_v(\Omega)$ et a fortiori dans $MB_s(\Omega)$, vu a), p. 195.

b) *Un ensemble* $\mathscr{K}\subset MB_{str}(\Omega)$ *y est d'adhérence compacte et extractable si et seulement si il est borné et tel que*

$$\sup_{\mu\in\mathscr{K}} V\mu(\Omega\diagdown K_m)\to 0$$

si $m\to\infty$.

En particulier, $\mathscr{K}$ *est compact et extractable dans* $MB_{str}(\Omega)$ *si et seulement si il y est borné, fermé pour les suites et tel que*

$$\sup_{\mu\in\mathscr{K}} V\mu(\Omega\diagdown K_m)\to 0$$

si $m\to\infty$.

Notons d'abord que, si $\overline{\mathscr{K}}$ est l'adhérence de $\mathscr{K}$ dans $MB_{str}(\Omega)$, on a

$$\sup_{\mu\in\mathscr{K}} V\mu(\Omega\diagdown K)=\sup_{\mu\in\overline{\mathscr{K}}} V\mu(\Omega\diagdown K)$$

pour tout compact $K\subset\Omega$. En effet, pour tout $\mu_0\in\overline{\mathscr{K}}$,

$$V\mu_0(\Omega\diagdown K)=\sup_{\substack{f\in C_0^b(\Omega)\\ 0\leqq f\leqq\delta_{\Omega\diagdown K}}}\left|\int f\,d\mu_0\right|\leqq\sup_{\mu\in\mathscr{K}}\sup_{\substack{f\in C_0^b(\Omega)\\ 0\leqq f\leqq\delta_{\Omega\diagdown K}}}\left|\int f\,d\mu\right|=\sup_{\mu\in\mathscr{K}} V\mu(\Omega\diagdown K).$$

Il suffit donc de démontrer le cas particulier.

Notons encore que $\mathscr{K}$ est compact dans $MB_{str}(\Omega)$ si et seulement si il y est extractable. En effet, il existe dans $MB(\Omega)$ un système de semi-normes dénombrable et plus faible que celui de $MB_{str}(\Omega)$, par exemple le système

$$\pi_N(\mu)=\sup_{i\leqq N}\left|\int\varphi_i\,d\mu\right|,\qquad N=1,2,\ldots,\tag{*}$$

où $\{\varphi_i\colon i=1,2,\ldots\}$ est un ensemble dénombrable dense dans $C_0^0(\Omega)$.

Les conditions sont nécessaires.

En effet, si $\mathscr{K}$ est compact dans $MB_{str}(\Omega)$, il y est fermé, borné et extractable.

Enfin, supposons que

$$\sup_{\mu\in\mathscr{K}} V\mu(\Omega\diagdown K_m)\not\to 0$$

si $m\to\infty$. Il existe alors $\varepsilon>0$ et une suite $\mu_m\in\mathscr{K}$ tels que

$$V\mu_m(\Omega\diagdown K_m)>\varepsilon,\ \forall m.$$

Des μ_m, on peut extraire une sous-suite (que nous notons encore μ_m) qui converge dans $MB_{str}(\Omega)$. C'est absurde car alors, vu d), p. 198, on doit avoir

$$\sup_m V\mu_m(\Omega\diagdown K_i)\to 0$$

si $i\to\infty$.

Les conditions sont suffisantes.

On va démontrer que, dans $\mathscr{K}$, les semi-normes de $MB_{str}(\Omega)$ sont uniformément équivalentes à celles de $MB_s(\Omega)$.

Comme $\mathscr{K}$ est borné et fermé pour les suites dans $MB_{str}(\Omega)$, il l'est alors aussi dans $MB_s(\Omega)$, donc il est compact et extractable dans $MB_s(\Omega)$. De là, il est compact et extractable dans $MB_{str}(\Omega)$.

Soit $f \in C_0^b(\Omega)$ fixé. Il existe un compact $K \subset \Omega$ tel que

$$\sup_{\mu \in \mathscr{K}} V\mu(\Omega \setminus K) \leqq \varepsilon/[4 \sup_{x \in \Omega} |f(x)| + 1].$$

Soit $\alpha \in D_0(\Omega)$ tel que $\delta_K \leqq \alpha \leqq \delta_\Omega$. Il vient, quels que soient $\mu, \mu' \in \mathscr{K}$,

$$\left|\int f \, d(\mu - \mu')\right| \leqq \left|\int \alpha f \, d(\mu - \mu')\right| + 2 \sup_{x \in \Omega} |f(x)| \cdot \sup_{\mu \in \mathscr{K}} V\mu(\Omega \setminus K),$$

d'où

$$\left|\int \alpha f \, d(\mu - \mu')\right| \leqq \varepsilon/2, \ \mu, \mu' \in \mathscr{K} \Rightarrow \left|\int f \, d(\mu - \mu')\right| \leqq \varepsilon$$

et la conclusion car $\alpha f \in D_0(\Omega)$.

EXERCICE

Si $B \subset MB(\Omega)$ est borné, on a

$$\sup_{\mu \in B} V\mu(\Omega \setminus K_m) \to 0 \qquad (*)$$

si $m \to \infty$ si et seulement si

$$\sup_{\mu \in B} \left|\int f_i \, d\mu\right| \to 0 \qquad (**)$$

pour toute suite $f_i \in D_0(\Omega)$ bornée dans $C_0^b(\Omega)$ et tendant vers 0 dans $C_0(\Omega)$.

Suggestion. Supposons que B ne vérifie pas la condition (**). Il existe alors, pour au moins un $\varepsilon > 0$, une sous-suite f_{i_k} et une suite $\mu_k \in B$ telles que

$$\left|\int f_{i_k} \, d\mu_k\right| \geqq \varepsilon, \ \forall k.$$

Extrayons des f_{i_k} une nouvelle sous-suite, que nous notons encore f_{i_k}, telle que

$$|f_{i_k}| \leqq C\delta_{\Omega \setminus K_k} + 1/k$$

si $C = \sup_i \pi_\Omega(f_i)$. Il vient

$$\varepsilon \leqq C \sup_{\mu \in B} V\mu(\Omega \setminus K_k) + \frac{1}{k} \sup_{\mu \in B} V\mu(\Omega),$$

donc B ne vérifie pas la condition (*).

Inversement, supposons que B ne vérifie pas (*). Il existe $\varepsilon > 0$ tel que $\sup_{\mu \in B} V\mu(\Omega \setminus K_m) > \varepsilon$ pour tout m. On détermine de proche en proche une suite $\mu_m \in B$ et une suite $f_m \in D_0(\Omega)$ de la manière suivante. On fixe μ_1 tel que

$$V\mu_1(\Omega \setminus K_1) > \varepsilon,$$

puis $f_1 \in D_0(\Omega \setminus K_1)$, borné par 1 et tel que

$$\left|\int f_1 \, d\mu_1\right| \geqq \varepsilon.$$

Si $\mu_i, f_i, i<m$, sont déterminés, on fixe μ_m pour que

$$V\mu_m(\Omega\setminus K'_m) > \varepsilon,$$

où $K'_m = K_m \cup \bigcup_{i=1}^{m-1} [f_i]$. C'est possible, puisque $K'_m \subset K_{m'}$ pour m' assez grand. On fixe ensuite $f_m \in D_0(\Omega\setminus K'_m)$ borné par 1 et tel que

$$\left|\int f_m \, d\mu_m\right| \geqq \varepsilon.$$

La suite f_m satisfait aux conditions de l'énoncé, donc B ne vérifie pas la condition (**).

15. — Examinons à présent l'ensemble des mesures probabilistes

$$\boldsymbol{P} = \{\mu \in MB(\Omega) : \mu \geqq 0 \text{ et } \mu(\Omega)=1\}.$$

a) *Dans P, le système des semi-normes strictes est équivalent au système des semi-normes vagues et même à un système dénombrable de semi-normes vagues.*

Cependant, dans P, le système des semi-normes strictes n'est pas uniformément équivalent au système des semi-normes simples.

Vu a), p. 205, le système des semi-normes vagues est uniformément équivalent dans $\bar{P}^v$, donc dans P, à un système dénombrable de semi-normes vagues. Si $\mu_m \in P$ converge vers $\mu \in P$ pour ce dernier système, on a $\mu_m \to \mu$ vaguement, puis $\mu_m \to \mu$ strictement vu d), p. 197. De là, par I, b), p. 40, il est équivalent dans P au système des semi-normes strictes.

Pour la deuxième partie de l'énoncé, on note que, si $x_m \to x_0 \in \dot{\Omega}$, $x_m \in \Omega$, la suite $\delta_{x_m} \in P$ converge simplement mais non strictement vers 0. Donc x_m est de Cauchy dans $M_v(\Omega)$ et non dans $MB_{str}(\Omega)$, ce qui prouve que la comparaison n'est pas uniforme, vu I, b), p. 42.

Variante. On peut établir directement a) sans recourir à d), p. 197.

Comme

$$\sup_{\mu \in P} \mu(\Omega) < \infty,$$

vu a), p. 205, le système des semi-normes vagues est équivalent dans P à un système dénombrable de semi-normes vagues.

Démontrons que le système des semi-normes vagues est équivalent dans P au système des semi-normes strictes.

Soient $f_1, \ldots, f_N \in C_0^b(\Omega)$ et soit $\mu_0 \in P$.

Il existe $C>1$ tel que

$$\sup_{i \leqq N} \sup_{x \in \Omega} |f_i(x)| \leqq C.$$

Il existe alors $\alpha \in D_0(\Omega)$ tel que $0 \leqq \alpha \leqq 1$ et

$$\int (1-\alpha)\, d\mu_0 \leqq \varepsilon/(4C).$$

Pour tout $\mu \in MB(\Omega)$, on a

$$\left|\int (1-\alpha)\, d\mu\right| \leqq \left|\int (1-\alpha)\, d(\mu-\mu_0)\right| + \left|\int (1-\alpha)\, d\mu_0\right|$$

et, si $\mu \in P$, comme $\mu(\Omega)=\mu_0(\Omega)$, on a

$$\int (1-\alpha)\, d(\mu-\mu_0) = -\int \alpha\, d(\mu-\mu_0),$$

d'où

$$\left|\int (1-\alpha)\, d\mu\right| \leqq \left|\int \alpha\, d(\mu-\mu_0)\right| + \varepsilon/(4C).$$

De là, si $\mu \in P$ et si

$$\left|\int \alpha\, d(\mu-\mu_0)\right|, \quad \left|\int \alpha f_i\, d(\mu-\mu_0)\right| \leqq \varepsilon/(4C), \quad \forall i \leqq N,$$

on a

$$\left|\int f_i\, d(\mu-\mu_0)\right| \leqq \left|\int \alpha f_i\, d(\mu-\mu_0)\right| + C\int (1-\alpha)\, d\mu + C\int (1-\alpha)\, d\mu_0 \leqq \varepsilon,$$

d'où la conclusion.

b) *L'ensemble P est strictement séparable.*

De fait, $\bar{P}^v$ est compact pour un système dénombrable de semi-normes vagues équivalent dans P à celui des semi-normes strictes.

c) *L'ensemble P est strictement fermé, mais n'est pas simplement fermé.*

Soit μ appartenant à l'adhérence stricte de P.

Pour tout f positif appartenant à $C_0^b(\Omega)$ et tout $\varepsilon>0$, il existe $\nu \in P$ tel que

$$\left|\int f\, d(\mu-\nu)\right| \leqq \varepsilon.$$

Comme $\int f\, d\nu$ est positif pour tout $\nu \in P$, on en déduit que $\int f\, d\mu$ est positif. Il en résulte par II, a), p. 85, que μ est positif. Enfin, si on prend $f=1$, on obtient

$$|\mu(\Omega)-1| \leqq \varepsilon,$$

d'où $\mu(\Omega)=1$ et P est strictement fermé.

Pour voir que P n'est pas simplement fermé, il suffit de considérer une suite δ_{x_m}, où $x_m \to x_0 \in \dot{\Omega}$ et $x_m \in \Omega$. Pour une telle suite, on a $\delta_{x_m} \to 0$ simplement alors que $0 \notin P$.

d) *Un ensemble $\mathscr{K} \subset P$ est strictement compact si et seulement si il est simplement fermé ou simplement fermé pour les suites.*

Si $\mathscr{K}$ est strictement compact, il est simplement compact, donc simplement fermé.

Inversement, si $\mathscr{K} \subset P$ est simplement fermé pour les suites, il est simplement compact vu a), p. 205, donc strictement compact vu a) ci-dessus.

e) Théorème de Y. U. Prohorov

Un ensemble $\mathscr{K} \subset P$ est strictement compact si et seulement si il est strictement fermé et tel que

$$\sup_{\mu \in \mathscr{K}} \mu(\Omega \setminus K_m) \to 0 \quad ou \quad \sup_{\mu \in \mathscr{K}} \mu(K_m) \to 1$$

si $m \to \infty$.

Cela résulte immédiatement du critère de compacité stricte b), p. 206.

Cela résulte également de d) car $\mathscr{K}$ est simplement fermé pour les suites vu c), p. 196.

EXERCICES

1. — Dans $MB(\Omega)$, si $\mu_m \geqq 0$ et si $\mu_m \to \mu$ strictement, pour tout fermé F dans Ω, on a

$$\lim_M \sup_{m \geqq M} \mu_m(F) \leqq \mu(F)$$

et, pour tout ouvert $\omega \subset \Omega$,

$$\lim_M \inf_{m \geqq M} \mu_m(\omega) \geqq \mu(\omega).$$

En déduire que si $\mu \in MB(E_n)$ et $\mu \geqq 0$, quels que soient K et F respectivement compact et fermé dans E_n, il existe x_0 et y_0 tels que

$$\sup_{x \in F} \mu(K+x) = \mu(K+x_0) \quad \text{et} \quad \sup_{x \in K} \mu(F+x) = \mu(F+y_0).$$

Suggestion. Soit $\varepsilon > 0$. Si α_η est la restriction à Ω d'une η-adoucie de F, on a

$$\int \alpha_\eta \, d\mu_m \to \int \alpha_\eta \, d\mu.$$

Donc, pour M assez grand, il vient

$$\int \alpha_\eta \, d\mu_m \leqq \int \alpha_\eta \, d\mu + \varepsilon/2, \quad \forall m \geqq M.$$

Si η est assez petit pour que

$$\int \alpha_\eta \, d\mu \leqq \mu(F) + \varepsilon/2,$$

on a alors

$$\sup_{m \geqq M} \mu_m(F) \leqq \sup_{m \geqq M} \int \alpha_\eta \, d\mu_m \leqq \mu(F) + \varepsilon,$$

d'où la conclusion.

Raisonnement analogue pour les ouverts, en prenant cette fois α_η tel que $1-\alpha_\eta$ soit la restriction à Ω d'une η-adoucie de $\complement\omega$.

Soient à présent $\mu \in MB(E_n)$ tel que $\mu \geqq 0$, K compact et F fermé dans E_n.

Soit $x_m \in F$ une suite telle que

$$\mu(K+x_m) \to \sup_{x \in F} \mu(K+x).$$

On peut en extraire une sous-suite, que nous noterons encore x_m, qui tend vers l'infini ou vers $x_0 \in F$.

Si elle tend vers l'infini, $\mu(K+x_m) \to 0$, donc $\mu(K+x) = 0$ pour tout $x \in F$.

Supposons qu'elle tende vers x_0. On vérifie immédiatement que $\mu * \delta_{-x_m} \to \mu * \delta_{-x_0}$ strictement. De là,

$$\sup_{x \in F} \mu(K+x) \leqq \lim_M \sup_{m \geqq M} \mu(K+x_m) = \lim_M \sup_{m \geqq M} (\mu * \delta_{-x_m})(K)$$

$$\leqq (\mu * \delta_{-x_0})(K) = \mu(K+x_0),$$

d'où la conclusion.

Raisonnement analogue dans le second cas.

2. — Déduire de l'ex. 1 que, dans $MB(\Omega)$, si $\mu_m \geqq 0$ et si $\mu_m \to \mu$ strictement, $\mu_m(e) \to \mu(e)$ pour tout borélien e tel que $\dot{e}$ soit μ-négligeable.

Suggestion. On a

$$\lim_M \sup_{m \geqq M} \mu_m(e) \leqq \lim_M \sup_{m \geqq M} \mu_m(\bar{e}) \leqq \mu(\bar{e}) = \mu(e)$$

et

$$\lim_M \inf_{m \geqq M} \mu_m(e) \geqq \lim_M \inf_{m \geqq M} \mu_m(\mathring{e}) \geqq \mu(\mathring{e}) = \mu(e).$$

3. — L'ensemble des mesures diffuses appartenant à P est strictement dense dans P.

Suggestion. Soit $x_0 \in \Omega$. Pour $\varepsilon > 0$ assez petit, les mesures

$$\varrho_\varepsilon(x - x_0) \cdot l$$

appartiennent à P et sont diffuses. De plus, elles convergent strictement vers δ_{x_0} si $\varepsilon \to 0$.

Soit $\mu \in P$. On a

$$\mu = \mu_a + \mu_d = \sum_{m=1}^{\infty} c_m \delta_{x_m} + \mu_d$$

avec $c_m > 0$ et $\mu_d \geqq 0$, μ_d étant une mesure diffuse.

Quels que soient $\eta > 0$ et $f_i \in C_0^b(\Omega)$, $(i = 1, \ldots, N)$, il existe M tel que

$$\sum_{m=M+1}^{\infty} c_m \leqq \eta/[4 \sup_{i \leqq N} \sup_{x \in \Omega} |f_i(x)|]$$

et des ε_m, $(m = 1, \ldots, M+1)$, tels que $\varepsilon_m < d(x_m, \complement \Omega)$ et

$$\sup_{i \leqq N} \left| \int f_i \, d[\varrho_{\varepsilon_m}(x - x_m) \cdot l - \delta_{x_m}] \right| \leqq \eta/(2^{m+1} c_m).$$

Dès lors,

$$\mu' = \sum_{m=1}^{M} c_m \varrho_{\varepsilon_m}(x - x_m) \cdot l + \sum_{m=M+1}^{\infty} c_m \varrho_{\varepsilon_{M+1}}(x - x_{M+1}) \cdot l + \mu_d$$

appartient à P, est diffus et est tel que

$$\sup_{i \leqq N} \left| \int f_i \, d(\mu - \mu') \right| \leqq \sum_{m=1}^{M} \eta/2^{m+1} + \eta/2 \leqq \eta.$$

Variante. Pour $a > 0$, soit F_a l'ensemble des $\mu \in P$ tels que $\mu(\{x\}) \geqq a$ pour au moins un $x \in \Omega$.

L'ensemble F_a est strictement fermé. En effet, soit $\mu_m \in F_a$ une suite convergeant strictement vers μ. Comme $\sup_m \mu_m(\Omega \setminus K_i) \to 0$ si $i \to \infty$, il existe i tel que $\mu_m(K_i) > 1 - a$ pour tout m. Soit x_m tel que $\mu_m(\{x_m\}) \geqq a$. On a $x_m \in K_i$, car si ce n'était pas le cas, on aurait $\mu_m(\Omega) \geqq \mu_m(K_i) + \mu_m(\{x_m\}) > 1$. Quitte à extraire une sous-suite des x_m, on peut supposer que $x_m \to x_0 \in K_i$. Soit alors α_ε une ε-adoucie de $\{x_0\}$. On a

$$\int \alpha_\varepsilon \, d\mu = \lim_m \int \alpha_\varepsilon \, d\mu_m \geqq a,$$

d'où, comme ε est arbitrairement petit, $\mu(\{x_0\}) \geqq a$.

L'ensemble F_a est d'intérieur strict dans P vide. En effet, soit $\mu \in F_a$. Il n'y a qu'un nombre fini de points $x_1, \ldots, x_N$ tels que $\mu(\{x_i\}) \geqq a$. Pour chaque i, soient $\varepsilon_i < a$ et M_i entiers tels que $M_i \varepsilon_i = \mu(\{x_i\})$ et soient $x_{i,j}^{(m)}$, $(j = 1, \ldots, M_i)$, des points deux à deux distincts, μ-négligeables et tels que $|x_i - x_{i,j}^{(m)}| \leqq 1/m$. Les mesures

$$\mu_m = \sum_{i=1}^{N} \varepsilon_i \sum_{j=1}^{M_i} \delta_{x_{i,j}^{(m)}} + \mu_{\Omega \setminus \{x_i,\, x_{i,j}^{(m)} : i = 1, \ldots, N;\; j = 1, \ldots, M_i\}}$$

appartiennent visiblement à P, n'appartiennent pas à F_a et convergent strictement vers μ, donc l'intérieur strict dans P de F_a est vide.

Comme P est strictement complet et que les semi-normes strictes y sont équivalentes à des semi-normes dénombrables, en vertu de I, p. 109, l'ensemble $\bigcup_{m=1}^{\infty} F_{1/m}$ est d'intérieur vide dans P. Or c'est le complémentaire de l'ensemble des mesures diffuses appartenant à P, d'où la conclusion.

4. — Dans P, le système des semi-normes strictes est équivalent au système de semi-normes

$$\sup_{f\in\mathscr{K}} \left|\int f\,d\mu\right|, \qquad (*)$$

où $\mathscr{K}$ désigne les ensembles de fonctions équibornés et équicontinus dans Ω, c'est-à-dire tels que

$$\sup_{f\in\mathscr{K}} \sup_{x\in\Omega} |f(x)| < \infty$$

et

$$\sup_{f\in\mathscr{K}} |f(x_m)-f(x_0)| \to 0$$

si $x_m \to x_0$, $x_m, x_0 \in \Omega$.

Suggestion. Il suffit de prouver que les semi-normes (*) sont plus faibles dans P que les semi-normes

$$\sup_{f\in\mathscr{K}} \left|\int f\,d\mu\right|,$$

où $\mathscr{K}$ parcourt l'ensemble des précompacts de $D_0(\Omega)$.

Comme $\{\mathscr{T}_\mu : \mu\in P\}$ est équiborné dans $D_0^*(\Omega)$, ce système est équivalent au système des semi-normes vagues, lui-même équivalent au système des semi-normes strictes, par a), p. 208.

Soit $\mathscr{K}\subset C_0^b(\Omega)$ tel que $\sup_{f\in\mathscr{K}} \sup_{x\in\Omega} |f(x)| \leq C$, avec $C>1$, et soit $\mu_0\in P$.

Avec les notations de la variante de la démonstration de a), p. 208, on a alors

$$\left|\int f\,d(\mu-\mu_0)\right| \leq \left|\int \alpha f\,d(\mu-\mu_0)\right| + C\int (1-\alpha)\,d\mu + C\int (1-\alpha)\,d\mu_0 \leq \varepsilon, \quad \forall f\in\mathscr{K},$$

si $\mu, \mu_0 \in P$ et si

$$\left|\int \alpha\,d(\mu-\mu_0)\right|, \quad \sup_{f\in\mathscr{K}} \left|\int \alpha f\,d(\mu-\mu_0)\right| \leq \varepsilon/(4C).$$

Or vu a), p. 146, l'ensemble $\{\alpha f : f\in\mathscr{K}\}$ est précompact dans $D_0(\Omega)$, d'où la conclusion.

5. — Si $f\in C_0^b(E_n)$ et si $\mu_m\to\mu$ strictement, avec $\mu_m, \mu\in P$, on a

$$\int f(a-x)\,d\mu_m \to \int f(a-x)\,d\mu$$

uniformément par rapport à a dans tout compact de E_n.

Suggestion. De fait, pour tout compact $K\subset E_n$,

$$\{f(a-x) : a\in K\}$$

est un ensemble équiborné et équicontinu dans E_n, d'où la conclusion par l'ex. 4.

6. — Dans $\{\mu \in MB(\Omega) : \mu \geqq 0\}$, le système des semi-normes strictes est équivalent au système de semi-normes

$$\sup_{i=0,\ldots,N} \left| \int \varphi_i \, d\mu \right|,$$

où $N=1, 2, \ldots, \varphi_1, \ldots, \varphi_N \in D_0(\Omega)$ et $\varphi_0 = 1$.

En déduire qu'une suite $\mu_m \in MB(\Omega)$ telle que $\mu_m \geqq 0$ converge strictement vers μ si et seulement si $\mu_m \to \mu$ vaguement et $\mu_m(\Omega) \to \mu(\Omega)$, (cf. d), p. 197).

Suggestion. Paraphraser la démonstration de la propriété correspondante du texte pour P (cf. variante, p. 208).

7. — Posons

$$\mathscr{F}_\xi^\pm \mu = \int e^{\pm i(x,\xi)} \, d\mu$$

si $\mu \in MB(E_n)$, (cf. II, ex. p. 195).

Si $\mu_m \to \mu$ strictement,

$$\mathscr{F}_\xi^\pm \mu_m \to \mathscr{F}_\xi^\pm \mu, \quad \forall \xi \in E_n.$$

Si, de plus, $\mu_m \in P$ pour tout m, la convergence est uniforme dans tout compact de E_n.

Réciproquement, si $\mu_m \in P$ pour tout m et si

$$\mathscr{F}_\xi^\pm \mu_m \to \varphi(\xi), \quad \forall \xi \in E_n,$$

où φ est continu en 0, alors μ_m converge strictement vers $\mu \in P$ tel que $\mathscr{F}_\xi^\pm \mu = \varphi(\xi)$ pour tout $\xi \in E_n$.

Suggestion. Le premier point est trivial.

Pour le second, on note que, pour tout compact $K \subset E_n$, $\mathscr{K} = \{e^{i(x,\xi)} : \xi \in K\}$ vérifie les conditions de l'ex. 4.

Enfin, supposons que $\mu_m \in P$ pour tout m et que $\mathscr{F}_\xi^\pm \mu_m \to \varphi(\xi)$ pour tout $\xi \in E_n$, $\varphi(x)$ étant continu en 0.

Montrons d'abord que

$$\sup_m \mu_m(\{x : |x_k| \geqq M\}) \to 0 \qquad (k=1, \ldots, n),$$

si $M \to \infty$. De fait, on a

$$\delta_{\{x:|x_k| \geqq M\}} \leqq 2\left(1 - \frac{M}{2|x_k|}\right) \delta_{\{x:|x_k| \geqq M\}} \leqq 2\left(1 - \frac{\sin(2x_k/M)}{2x_k/M}\right)$$

car on a $|\sin x| \leqq 1$ et $1 - \dfrac{\sin x}{x} \geqq 0$ pour tout $x \in E_1$. Il vient alors

$$\mu_m(\{x : |x_k| \geqq M\}) \leqq 2 \int \left(1 - \frac{\sin(2x_k/M)}{2x_k/M}\right) d\mu_m$$

$$\leqq \frac{M}{2} \int \Big[\int_{-2/M}^{2/M} (1 - e^{\pm i x_k \xi}) \, d\xi \Big] \, d\mu_m \leqq \frac{M}{2} \int_{-2/M}^{2/M} (1 - \mathscr{F}_{\xi e_k}^\pm \mu_m) \, d\xi.$$

Pour tout $\varepsilon > 0$, comme φ est continu en 0 et que $\varphi(0) = 1$, il existe M_0 tel que

$$\frac{M_0}{2} \int_{-2/M_0}^{2/M_0} [1 - \varphi(\xi e_k)] \, d\xi < \varepsilon/n.$$

En vertu du théorème de Lebesgue, il existe alors m_0 tel que

$$\frac{M_0}{2} \int_{-2/M_0}^{2/M_0} [1 - \mathscr{F}^{\pm}_{\xi e_k} \mu_m] \, d\xi \leqq \varepsilon/n$$

pour tout $m \geqq m_0$, donc tel que

$$\mu_m(\{x : |x_k| \geqq M_0\}) \leqq \varepsilon/n, \quad \forall\, m \geqq m_0.$$

Cette dernière majoration reste évidemment vraie si on y remplace M_0 par $M \geqq M_0$. Déterminons $M_0' \geqq M_0$ tel que

$$\mu_m(\{x : |x_k| \geqq M_0'\}) \leqq \varepsilon/n, \quad \forall\, m \leqq m_0.$$

Au total, il vient alors

$$\sup_m \mu_m(\{x : |x_k| \geqq M_0'\}) \leqq \varepsilon/n.$$

On en déduit immédiatement que

$$\sup_m \mu_m(\complement K_M) \to 0$$

si $M \to \infty$ car, pour tout M' fixé,

$$\complement K_M \subset \bigcup_{k=1}^{n} \{x : |x_k| \geqq M'\},$$

pour M assez grand.

Il en résulte que la suite μ_m appartient à un ensemble extractable dans $MB_{str}(E_n)$. De toute sous-suite μ_{m_k} de μ_m, on peut alors extraire une sous-suite qui converge strictement vers μ tel que $\mathscr{F}^{\pm}_{\xi} \mu = \varphi(\xi)$, pour tout $\xi \in E_n$. Vu II, ex. 8, p. 196, cette limite μ est indépendante de la sous-suite considérée, donc, vu I, b), p. 41, $\mu_m \to \mu$ strictement.

8. — Soient μ_m des mesures positives telles $x^M \cdot \mu_m \in MB(E_n)$ pour tout m et tout $M = (m_1, \ldots, m_n)$, $(m_1, \ldots, m_n = 0, 1, 2, \ldots)$.

Si $\mu_m \to \mu$ strictement et si

$$\sup_m \int |x|^M \, d\mu_m < \infty, \quad \forall\, M,$$

alors $x^M \cdot \mu \in MB(E_n)$ pour tout M et

$$\int x^M \, d\mu_m \to \int x^M \, d\mu, \quad \forall\, M.$$

Inversement, soit F un ensemble strictement fermé de $MB(E_n)$ tel que

$$x^M \cdot \mu \in MB(E_n), \quad \forall\, M, \quad \forall\, \mu \in F,$$

et que, si $\mu \in F$,

$$x^M \cdot \mu = 0, \quad \forall\, M \Rightarrow \mu = 0.$$

Alors, si $\mu_m \geqq 0$ appartient à F et s'il existe une mesure μ telle que $x^M \cdot \mu \in MB(E_n)$ pour tout M et que

$$\int x^M \, d\mu_m \to \int x^M \, d\mu, \quad \forall\, M,$$

la suite μ_m converge strictement vers μ.

Suggestion. Soit $f \in C_0^b(E_n)$ fixé. Posons $C = \sup_{x \in E_n} |f(x)| + 1$.

Pour M fixé, il existe N tel que

$$\int_{|x|\geqq N} |x|^M \, d\mu_m \leqq \frac{1}{N^2} \int_{|x|\geqq N} |x|^2 |x|^M \, d\mu_m \leqq \frac{1}{N^2} \sup_m \int |x|^{M+2} \, d\mu_m \leqq \varepsilon/(3C)$$

pour tout m.

Si $\alpha \in D_0(E_n)$ est tel que $0 \leqq \alpha \leqq 1$ et que $\alpha(x)=1$ si $|x| \leqq N$, il vient

$$\left|\int fx^M \, d(\mu_r - \mu_s)\right| \leqq \left|\int f\alpha x^M \, d(\mu_r - \mu_s)\right| + C\int (1-\alpha)|x|^M \, d\mu_r + C\int (1-\alpha)|x|^M \, d\mu_s$$

$$\leqq \left|\int f\alpha x^M \, d(\mu_r - \mu_s)\right| + 2C \sup_m \int_{|x|\geqq N} |x|^M \, d\mu_m \leqq \left|\int f\alpha x^M \, d(\mu_r - \mu_s)\right| + 2\varepsilon/3$$

et le dernier membre peut être rendu inférieur à ε en prenant $\inf(r, s)$ assez grand, donc la suite $x^M \cdot \mu_m$ est strictement de Cauchy. Elle converge donc strictement. Soit $\nu_M \in MB(E_n)$ sa limite.

Pour tout $f \in D_0(E_n)$, on a

$$\int f \, d\nu_M = \lim_m \int fx^M \, d\mu_m = \int fx^M \, d\mu,$$

donc $\nu_M = x^M \cdot \mu$. De là, x^M est μ-intégrable et

$$\int x^M \, d\mu_m \to \int x^M \, d\mu, \quad \forall M.$$

Etablissons à présent la réciproque.

On a $\sup_m \mu_m(E_n) < \infty$, comme on le voit en prenant $M=(0, \ldots, 0)$.

En outre, si $N \to \infty$,

$$\sup_m \mu_m(\{x : |x| \geqq N\}) \to 0.$$

Cela résulte immédiatement de ce que

$$\sup_m \mu_m(\{x : |x| \geqq N\}) \leqq \frac{1}{N^2} \sup_m \int_{|x|\geqq N} |x|^2 \, d\mu_m.$$

La suite μ_m appartient donc à un compact strict de $MB(E_n)$.

De toute sous-suite μ_{m_k} de μ_m, on peut donc extraire une sous-suite strictement convergente. Soit ν sa limite. En vertu de la première partie de l'énoncé,

$$\int x^M \, d\mu_{m'_k} \to \int x^M \, d\mu, \quad \forall M,$$

donc

$$\int x^M \, d\mu = \int x^M \, d\nu, \quad \forall M.$$

Comme $\mu, \nu \in F$, on a alors $\mu = \nu$, donc $\mu_m \to \mu$ strictement.

V. ESPACES DE FONCTIONS DÉRIVABLES

Espaces $\mathbf{A}-C_L(\Omega)$ et $\mathbf{A}-C_L^0(\Omega)$

1. — Soit Ω un ouvert de l'espace euclidien E_n.

Sauf mention contraire, on désigne par K_m une suite de compacts analogues à ceux de c), p. 132, où $e=\Omega$.

Désignons par $\mathbf{A}$ un ensemble de fonctions indéfiniment continûment dérivables dans Ω, telles que

— $a(x)\geqq 0$, $\forall a\in\mathbf{A}$, $\forall x\in\Omega$,

— quels que soient $a_1, \dots, a_N\in\mathbf{A}$, $k_1, \dots, k_N$ et $N=1, 2, \dots$, il existe $a\in\mathbf{A}$ et $C>0$ tels que

$$|D_x^{k_1}a_1(x)|, \dots, |D_x^{k_N}a_N(x)| \leqq Ca(x), \quad \forall x\in\Omega,$$

— pour tout $x\in\Omega$, il existe $a\in\mathbf{A}$ tel que $a(x)\neq 0$.

Vu a), p. 133, étant donné K, compact dans Ω, il existe $a\in\mathbf{A}$ tel que $a(x)>0$ pour tout $x\in K$.

a) On appelle $\mathbf{A}-C_L(\Omega)$, (L fini ou non), l'ensemble des fonctions L fois continûment dérivables dans Ω, telles que

$$\sup_{x\in\Omega} a(x)\,|D_x^k f(x)| < \infty,$$

quels que soient $a\in\mathbf{A}$ et k tel que $|k|\leqq L$ (1), muni de la combinaison linéaire de $\mathbf{A}-C_0(\Omega)$ et du système de semi-normes

$$\pi_{a,l}(f) = \sup_{|k|\leqq l}\sup_{x\in\Omega} a(x)\,|D_x^k f(x)|, \quad a\in\mathbf{A},\ l\leqq L.$$

Il découle immédiatement des propriétés de $\mathbf{A}$ qu'il s'agit d'un système de semi-normes.

Si L est fini, il est immédiat que *les semi-normes $\pi_{a,L}$, $a\in\mathbf{A}$, forment un système équivalent au précédent.*

b) On désigne par $\mathbf{A}-C_L^0(\Omega)$ le sous-espace linéaire de $\mathbf{A}-C_L(\Omega)$ dont les éléments sont tels que, si $x_m\in\Omega$ et si $x_m\to x_0\in\dot{\Omega}$ ou $x_m\to\infty$, on ait

$$a(x_m)\,D_x^k f(x_m)\to 0$$

quels que soient $a\in\mathbf{A}$ et k tel que $|k|\leqq L$.

Autrement dit, $D_x^k f\in\mathbf{A}-C_0^0(\Omega)$ quel que soit k tel que $|k|\leqq L$.

Cette condition est équivalente à la suivante

$$\sup_{x\in\Omega\setminus K_m} a(x)\,|D_x^k f(x)|\to 0$$

si $m\to\infty$, quels que soient $a\in\mathbf{A}$ et k tel que $|k|\leqq L$ (cf. b), p. 134).

Il est immédiat que *$\mathbf{A}-C_L^0(\Omega)$ est un sous-espace linéaire fermé de $\mathbf{A}-C_L(\Omega)$.*

---

(1) avec la convention "$i\leqq\infty$" pour "i entier positif quelconque".

2. — Introduisons quelques exemples importants d'espaces $\mathbf{A}-C_L(\Omega)$ et $\mathbf{A}-C_L^0(\Omega)$.

a) $\boldsymbol{C_L(\Omega)} = \mathbf{A}-C_L(\Omega) = \mathbf{A}-C_L^0(\Omega)$, où $\mathbf{A}$ est l'ensemble des fonctions positives, indéfiniment continûment dérivables et à support compact dans Ω.

Il est immédiat que $\mathbf{A}$ répond aux conditions du paragraphe précédent.

L'espace $C_L(\Omega)$ est l'ensemble des fonctions L fois[1] continûment dérivables dans Ω, muni du système dénombrable de semi-normes

$$\pi_{m,l}(f) = \sup_{|k|\leqq l}\sup_{x\in K_m} |D_x^k f(x)|,$$

où $m=1, 2, \ldots$ et où $l=1, 2, \ldots$ si $L=\infty$ et $l=L$ sinon.

Vérifions que le système de semi-normes proposé est équivalent à celui que définit $\mathbf{A}$.

D'une part, si $a\in\mathbf{A}$, il existe m tel que $[a]\subset K_m$. Il existe alors C tel que

$$a \leqq C\delta_{K_m},$$

donc tel que

$$\pi_{a,l}(f) \leqq C\pi_{m,l}(f), \quad \forall f\in C_L(\Omega).$$

D'autre part, pour tout m, si a est une adoucie de K_m, indéfiniment continûment dérivable et à support dans Ω, on a

$$\pi_{m,l}(f) \leqq \pi_{a,l}(f), \quad \forall f\in C_L(\Omega).$$

b) $\boldsymbol{C_L^b(\Omega)} = \mathbf{A}-C_L(\Omega)$ et $\boldsymbol{C_L^0(\Omega)} = \mathbf{A}-C_L^0(\Omega)$, où $\mathbf{A} = \{1\}$.

L'espace $C_L^b(\Omega)$ est l'ensemble des fonctions L fois continûment dérivables dans Ω, bornées dans Ω ainsi que leurs dérivées jusqu'à l'ordre L, muni de la norme

$$\pi_{\Omega,L}(f) = \sup_{|k|\leqq L}\sup_{x\in\Omega} |D_x^k f(x)|$$

si $L<\infty$ et du système dénombrable de semi-normes

$$\pi_{\Omega,m}(f) = \sup_{|k|\leqq m}\sup_{x\in\Omega} |D_x^k f(x)|, \qquad (m=1, 2, \ldots),$$

si $L=\infty$.

L'espace $C_L^0(\Omega)$ est le sous-espace linéaire de $C_L^b(\Omega)$ formé des fonctions f telles que

$$D_x^k f(x_m)\to 0$$

si $|k|\leqq L$ et si $x_m\in\Omega$ et $x_m\to x_0\in\dot{\Omega}$ ou $x_m\to\infty$.

C'est aussi le sous-espace linéaire de $C_L^b(\Omega)$ formé des restrictions à Ω des éléments de $C_L^0(E_n)$ nuls dans $\complement\Omega$ ainsi que leurs dérivées d'ordre inférieur ou égal à L.

---

[1] où "L fois" signifie "indéfiniment" si $L=\infty$.

En effet, ce sous-espace contient $C_L^0(\Omega)$.[1]

Inversement, si $f \in C_L^0(E_n)$ et si $D_x^k f$ est nul dans $\complement\Omega$ pour tout k tel que $|k| \leqq L$, la restriction de f à Ω appartient visiblement à $C_L^0(\Omega)$.

c) $\mathbf{D}_L(\boldsymbol{K}) = C_K^0(\mathring{K})$, où K est compact et tel que $\overline{\mathring{K}} = K$.

Quand on considérera un espace $\mathbf{D}_L(K)$, il sera implicitement admis que K satisfait à la condition $\overline{\mathring{K}} = K$.

Les éléments de $\mathbf{D}_L(K)$ sont les fonctions $f(x)$ L fois continûment dérivables dans $\mathring{K}$ et telles que $D_x^k f(x)$ tende vers 0 si x tend vers $x_0 \in \dot{K}$ et $|k| \leqq L$. Si on les prolonge par 0 hors de $\mathring{K}$, on obtient des fonctions appartenant à $C_L(E_n)$ et elles correspondent biunivoquement à leur prolongement. On peut donc définir $\mathbf{D}_L(K)$ de la manière suivante.

L'espace $\mathbf{D}_L(K)$ est l'ensemble des fonctions L fois continûment dérivables dans E_n et à support dans K, muni de la norme

$$\pi_{K,L}(f) = \sup_{|k| \leqq L} \sup_{x \in K} |D_x^k f(x)|$$

si $L < \infty$ et du système dénombrable de semi-normes

$$\pi_{K,m}(f) = \sup_{|k| \leqq m} \sup_{x \in K} |D_x^k f(x)|, \qquad (m = 1, 2, \ldots),$$

si $L = \infty$.

Il résulte de c), p. 137, que

$$\mathbf{D}_0(K) = D_0(K, E_n) = D_0(K, \Omega)$$

pour tout ouvert Ω contenant K.

d) $\boldsymbol{S}_L(E_n) = \mathbf{A} - C_L(E_n) = \mathbf{A} - C_L^0(E_n)$, où $\mathbf{A} = \{(1 + |x|^2)^s \colon s = 1, 2, \ldots\}$.

L'espace $S_L(E_n)$ est l'ensemble des fonctions L fois continûment dérivables dans E_n, telles que

$$\sup_{x \in E_n} (1 + |x|^2)^s |D_x^k f(x)| < \infty,$$

quels que soient $s = 1, 2, \ldots$ et k tel que $|k| \leqq L$, muni du système dénombrable de semi-normes

$$\pi_{s,l}(f) = \sup_{|k| \leqq l} \sup_{x \in E_n} (1 + |x|^2)^s \, |D_x^k f(x)|,$$

où $s = 1, 2, \ldots$ et où $l = L$ si $L < \infty$ et $l = 1, 2, \ldots$ si $L = \infty$.

Vérifions que, pour cet $\mathbf{A}$, $\mathbf{A} - C_L(E_n) = \mathbf{A} - C_L^0(E_n)$.

---

[1] Cela résulte d'une propriété facile: si $f \in C_L(\Omega)$ et si $D_x^k f(x_m) \to 0$ pour tout k tel que $|k| \leqq L$ et toute suite $x_m \to x_0 \in \dot{\Omega}$, alors f, prolongé par 0 dans $\complement\Omega$, appartient à $C_L(E_n)$.

Il suffit de noter que, si $x_m \to \infty$,

$$(1+|x_m|^2)^s\,|D_x^k f(x_m)| \leqq \frac{1}{1+|x_m|^2} \sup_{x\in E_n} (1+|x|^2)^{s+1}\,|D_x^k f(x)| \to 0$$

quels que soient $s=1, 2, \ldots$ et k tel que $|k|\leqq L$.

e) $\boldsymbol{D}_L^F(\boldsymbol{\Omega}) = \mathbf{A}-C_L(\Omega) = \mathbf{A}-C_L^0(\Omega)$, où $\mathbf{A}$ est l'ensemble des fonctions positives indéfiniment continûment dérivables dans Ω.

Si $L<\infty$, on utilise aussi la notation $\boldsymbol{D}_L(\boldsymbol{\Omega})$ pour $D_L^F(\Omega)$.

L'espace $D_L^F(\Omega)$ est l'espace des fonctions L fois continûment dérivables et à support compact dans Ω, muni du système de semi-normes

$$\pi_{a,l}(f) = \sup_{|k|\leqq l} \sup_{x\in\Omega} a(x)\,|D_x^k f(x)|,$$

où $l=L$ si $L<\infty$ et $l=1, 2, \ldots$ si $L=\infty$ et $a\in\mathbf{A}$.

Si $L<\infty$, $D_L(\Omega)$ *est la limite hyperstricte des espaces* $\mathbf{D}_L(K_m)$.

La démonstration est analogue à celle de c), p. 137.

f) L'espace $D_\infty(\Omega)$ sera étudié en détails au chapitre VI. C'est la limite inductive des espaces $\mathbf{D}_\infty(K_m)$. Ses semi-normes ne sont pas équivalentes à celles de $D_\infty^F(\Omega)$ et ce n'est pas un espace du type $\mathbf{A}-C_L(\Omega)$ ou $\mathbf{A}-C_L^0(\Omega)$.

3. — Avant d'aborder l'étude des espaces $\mathbf{A}-C_L(\Omega)$, rappelons quelques propriétés du produit, du produit de composition et de la transformée de Fourier dans les espaces $C_L(\Omega)$, $\mathbf{D}_L(K)$, $D_L(\Omega)$ et $S_L(E_n)$.

a) Examinons d'abord le cas du produit.

— *Si* $f\in C_L(\Omega)$ *et* $g\in C_L(\Omega)$, *alors* $fg\in C_L(\Omega)$.

— *Si* $f\in\mathbf{D}_L(K)$ *et* $g\in C_L(\Omega)$ *et si* $K\subset\Omega$, *alors* $fg\in\mathbf{D}_L(K)$.

— *Si* $f\in D_L(\Omega)$ *et* $g\in C_L(\Omega)$, *alors* $fg\in D_L(\Omega)$.

— *Si* $f\in S_L(E_n)$ *et* $g\in C_L(E_n)$ *et si, pour tout* k *tel que* $|k|\leqq L$, *il existe* $C_k>0$ *et* s_k *tels que*

$$|D_x^k g(x)| \leqq C_k(1+|x|^2)^{s_k},$$

alors $fg\in S_L(E_n)$.

C'est immédiat.

b) Passons au produit de composition.

— *Si* $f\in C_L(\Omega)\cap L_1^{\mathrm{loc}}(E_n)$ *et* $g\in L_1^{\mathrm{comp}}(E_n)$, *alors* $f*g\in C_L(\Omega)$.

— *Si* $f\in D_L(\Omega)$ *et* $g\in L_1^{\mathrm{loc}}(E_n)$, *alors* $f*g\in C_L(\Omega)$.

— *Si* $f\in D_L(\Omega)$, $g\in L_1^{\mathrm{comp}}(E_n)$ *et* $[f]+[g]\subset\Omega$, *alors* $f*g\in D_L(\Omega)$.

— *Si* $f \in S_L(E_n)$, *si* g *est l-mesurable dans* E_n *et s'il existe* $C>0$ *et* s *tels que*

$$|g(x)| \leqq C(1+|x|^2)^s \quad l\text{-pp},$$

alors $f*g \in C_L(E_n)$ *et il existe* $C_k>0$ *tel que*

$$|D_x^k(f*g)| \leqq C_k(1+|x|^2)^s$$

pour tout k *tel que* $|k| \leqq L$.

Si, en outre, pour tout s, *il existe* C_s *tel que*

$$|g(x)| \leqq C_s(1+|x|^2)^{-s} \quad l\text{-pp},$$

alors $f*g \in S_L(E_n)$.

Pour $S_L(E_n)$, on utilise la majoration

$$1+|x \pm y|^2 \leqq 2(1+|x|^2)(1+|y|^2).$$

Dans le premier cas, on note que

$$|D_x^k(f*g)| \leqq \int |D_y^k f(y) g(x-y)|\, dy \leqq C \int (1+|x-y|^2)^s |D_y^k f(y)|\, dy$$
$$\leqq C'(1+|x|^2)^s \int (1+|y|^2)^s |D_y^k f(y)|\, dy \leqq C''(1+|x|^2)^s.$$

Dans le second, on note que

$$(1+|x|^2)^s |D_x^k(f*g)| \leqq C_r(1+|x|^2)^s \int \frac{|D_y^k f(y)|}{(1+|x-y|^2)^r}\, dy$$
$$\leqq C'(1+|x|^2)^{s-r} \int (1+|y|^2)^r |D_y^k f(y)|\, dy \to 0$$

si $x \to \infty$ pour $r>s$.

c) *La transformée de Fourier d'une fonction de* $S_\infty(E_n)$ *est une fonction de* $S_\infty(E_n)$ *et, pour tout polynôme* P, *on a*

$$P(D)\mathscr{F}^{\pm} f = \mathscr{F}^{\pm}[P(\pm ix)f]$$

et

$$\mathscr{F}^{\pm}[P(D)f] = P(\mp ix)\mathscr{F}^{\pm} f.$$

En outre, on a

$$f = (2\pi)^{-n} \mathscr{F}^{\mp} \mathscr{F}^{\pm} f, \quad \forall f \in S_\infty(E_n),$$

et la correspondance qui, à f, *associe* $\mathscr{F}^{\pm} f$, *est biunivoque et bibornée de* $S_\infty(E_n)$ *sur lui-même.*

On sait que

$$P(D)\mathscr{F}^{\pm} f = \mathscr{F}^{\pm}[P(\pm ix)f]$$

et

$$P(x)\mathscr{F}^{\pm} f = \mathscr{F}^{\pm}[P(\pm iD)f]$$

si f et ses dérivées sont intégrables et si $P(\pm ix)f$ est intégrable.

C'est évidemment le cas pour tout $f \in S_\infty(E_n)$.

Ces deux relations montrent que $\mathscr{F}^{\pm} f \in S_{\infty}(E_n)$ si $f \in S_{\infty}(E_n)$.

On peut alors appliquer le théorème de Fourier et on a

$$f = (2\pi)^{-n} \mathscr{F}^{\mp} \mathscr{F}^{\pm} f.$$

La correspondance considérée est donc biunivoque et tout $f \in S_{\infty}(E_n)$ s'écrit $\mathscr{F}^{\pm} g$, où $g = (2\pi)^{-n} \mathscr{F}^{\mp} f$.

Vérifions qu'elle est bornée. Son inverse est alors borné également puisque $f = (2\pi)^{-n} \mathscr{F}^{\pm}(\mathscr{F}^{\mp} f)$. Pour tout s,

$$(1+|x|^2)^s \, |D_x^k \mathscr{F}^{\pm} f| = |\mathscr{F}^{\pm}(1-\Delta)^s[(\pm ix)^k f]|$$

$$\leqq C \sup_{|l| \leqq 2s} \sup_{x \in E_n} (1+|x|^2)^{k+N} \, |D_x^l f(x)| \cdot \int \frac{1}{(1+|x|^2)^N} \, dx,$$

d'où la conclusion.

4. — Il existe d'importantes relations entre les différents espaces $\mathbf{A} - C_L(\Omega)$.

a) *Si $L' \geqq L$, on a*

$$\mathbf{A} - C_{L'}(\Omega) \subset \mathbf{A} - C_L(\Omega) \quad [\text{resp. } \mathbf{A} - C_{L'}^0(\Omega) \subset \mathbf{A} - C_L^0(\Omega)]$$

et le système de semi-normes du premier espace est plus fort que celui induit par le second.

C'est immédiat.

b) *Si $K \subset \Omega$, on a*

$$\mathbf{D}_L(K) \subset \mathbf{A} - C_L^0(\Omega)$$

et le système de semi-normes induit par $\mathbf{A} - C_L^0(\Omega)$ dans $\mathbf{D}_L(K)$ est équivalent au système de semi-normes de ce dernier.

L'inclusion est immédiate.

Etablissons l'équivalence des deux systèmes de semi-normes. D'une part, si $a \in \mathbf{A}$ et si $l \leqq L$,

$$\sup_{|k| \leqq l} \sup_{x \in \Omega} a(x) \, |D_x^k f(x)| \leqq \sup_{x \in K} a(x) \cdot \sup_{|k| \leqq l} \sup_{x \in K} |D_x^k f(x)|, \quad \forall f \in \mathbf{D}_L(K).$$

D'autre part, comme il existe $a \in \mathbf{A}$ tel que $a(x) > 0$ pour tout $x \in K$, il vient

$$\sup_{|k| \leqq l} \sup_{x \in K} |D_x^k f(x)| \leqq \frac{1}{\inf\limits_{x \in K} a(x)} \sup_{|k| \leqq l} \sup_{x \in \Omega} a(x) \, |D_x^k f(x)|, \quad \forall f \in \mathbf{D}_L(K),$$

quel que soit $l \leqq L$, d'où la conclusion.

c) *On a*

$$D_L^F(\Omega) \subset \mathbf{A} - C_L^0(\Omega)$$

et le système de semi-normes induit par $\mathbf{A}-C_L^0(\Omega)$ *dans* $D_L^F(\Omega)$ *est plus faible que le système de semi-normes de ce dernier.*

Ceci résulte de e), p. 219.

d) *L'espace* $\mathbf{A}-C_L(\Omega)$ *est contenu dans* $C_L(\Omega)$ *et le système de semi-normes induit par* $C_L(\Omega)$ *dans* $\mathbf{A}-C_L(\Omega)$ *est plus faible que le système de semi-normes de ce dernier.*

C'est immédiat.

e) *Si, pour tout* $a\in\mathbf{A}$, *il existe* $b\in\mathbf{A}$ *tel que* $b(x)\neq 0$ *si* $a(x)\neq 0$ *et que* $a(x_m)/b(x_m)$ $\big(0$ *si* $b(x_m)=0\big)\to 0$ *si* $x_m\to x_0\in\dot{\Omega}$ *ou si* $x_m\to\infty$, *alors*

$$\mathbf{A}-C_L(\Omega)=\mathbf{A}-C_L^0(\Omega)$$

et, dans tout borné de $\mathbf{A}-C_L(\Omega)$, *les semi-normes de* $\mathbf{A}-C_L(\Omega)$ *sont uniformément équivalentes aux semi-normes induites par* $C_L(\Omega)$.

Dans ce qui suit, on convient que $a(x)/b(x)=0$ si $b(x)=0$.

Pour la première partie de l'énoncé, on note que, si $x_m\in\Omega$ et si $x_m\to x_0\in\dot{\Omega}$ ou $x_m\to\infty$, on a

$$a(x_m)\,|D_x^k f(x_m)|\leqq\frac{a(x_m)}{b(x_m)}\sup_{x\in\Omega} b(x)\,|D_x^k f(x)|\to 0,$$

pour tout $f\in\mathbf{A}-C_L(\Omega)$.

Soit B borné dans $\mathbf{A}-C_L(\Omega)$ et soient $a\in\mathbf{A}$, $l\leqq L$ et $\varepsilon>0$ donnés.

Il existe m tel que

$$\sup_{x\in\Omega\setminus K_m}\frac{a(x)}{b(x)}\leqq\varepsilon/(4C),$$

où C est tel que

$$\sup_{f\in B}\pi_{a,l}(f)\leqq C.$$

Il vient, pour tous $f,g\in B$,

$$\pi_{a,l}(f-g)\leqq\sup_{x\in\Omega\setminus K_m}\frac{a(x)}{b(x)}\pi_{b,l}(f-g)+\sup_{x\in K_m}a(x)\cdot\sup_{|k|\leqq l}\sup_{x\in K_m}|D_x^k f(x)-D_x^k g(x)|,$$

d'où, si

$$\sup_{x\in K_m}a(x)=C',$$

on a

$$\sup_{|k|\leqq l}\sup_{x\in K_m}|D_x^k f(x)|\leqq\varepsilon/(2C'),\quad f,g\in B\Rightarrow\pi_{a,l}(f-g)\leqq\varepsilon,$$

d'où la conclusion.

f) *Si* F *est fermé, une fonction* $f\in\mathbf{A}-C_L^0(\Omega)$ *est nulle dans* F *avec ses dérivées jusqu'à l'ordre* L *si et seulement si sa restriction à* $\Omega\setminus F$ *appartient à* $\mathbf{A}-C_L^0(\Omega\setminus F)$.

Ainsi, $\mathbf{A}-C_L^0(\Omega\setminus F)$ *s'identifie au sous-espace linéaire de* $\mathbf{A}-C_L^0(\Omega)$ *formé des fonctions nulles dans F avec leurs dérivées jusqu'à l'ordre L, muni des semi-normes induites par* $\mathbf{A}-C_L^0(\Omega)$.

Si $f\in\mathbf{A}-C_L^0(\Omega\setminus F)$, on a $D_x^k f(x_m)\to 0$ si $|k|\leqq L$ et si $x_m\in\Omega\setminus F$ et $x_m\to x_0\in\Omega\cap\dot F$. Dès lors, f, prolongé par 0 dans $\Omega\cap F$, appartient à $C_L(\Omega)$. Il est trivial qu'il est aussi dans $\mathbf{A}-C_L^0(\Omega)$, puisqu'il est nul dans F, ainsi que ses dérivées.

La réciproque est triviale, d'où la conclusion.

5. — a) *Les espaces* $\mathbf{A}-C_L(\Omega)$ *et* $\mathbf{A}-C_L^0(\Omega)$ *sont complets.*

Il suffit de traiter le cas de $\mathbf{A}-C_L(\Omega)$, puisque $\mathbf{A}-C_L^0(\Omega)$ en est un sous-espace linéaire fermé.

Soit f_m une suite de Cauchy dans $\mathbf{A}-C_L(\Omega)$.

Pour tout k tel que $|k|\leqq L$, la suite $D_x^k f_m$ est de Cauchy dans $\mathbf{A}-C_0(\Omega)$, donc elle converge vers $f^{(k)}\in\mathbf{A}-C_0(\Omega)$.

Elle converge notamment vers $f^{(k)}$ uniformément dans tout compact de Ω, donc $f^{(0)}\in C_L(\Omega)$ et $D_x^k f^{(0)}=f^{(k)}$ pour tout k tel que $|k|\leqq L$.

De là, f_m tend vers $f^{(0)}$ dans $\mathbf{A}-C_L(\Omega)$.

En particulier,

— $C_L(\Omega)$ *est un espace de Fréchet.*

— $C_L^b(\Omega)$, $C_L^0(\Omega)$ *et* $\mathbf{D}_L(K)$ *sont des espaces de Banach si* $L<\infty$, *de Fréchet si* $L=\infty$.

— $D_L(\Omega)$ *est limite inductive stricte d'une suite d'espaces de Banach si* $L<\infty$.

b) *Si* $L<\infty$, *une suite converge* (resp. *est de Cauchy*) *dans* $D_L^F(\Omega)$ *si et seulement si elle est contenue dans* $\mathbf{D}_L(K)$ *et y converge* (resp. *y est de Cauchy*).

Cela résulte de e), p. 219.

6. — Les bornés de $D_L^F(\Omega)$ possèdent une ca actérisation intéressante.

Un ensemble B est borné dans $D_L^F(\Omega)$ *si et seulement si il existe un compact* $K\subset\Omega$ *tel que* $[f]\subset K$ *pour tout* $f\in B$ *et que B soit borné dans* $\mathbf{D}_L(K)$.

Pour $L<\infty$, c'est une propriété des limites inductives hyperstrictes. Il suffit donc d'établir le théorème dans le cas où $L=\infty$.

Vu b), p. 221, la condition est suffisante.

Démontrons qu'elle est nécessaire. Soit B borné dans $D_\infty^F(\Omega)$. Il existe m tel que

$$[f]\subset K_m,\quad \forall f\in B,$$

sinon, pour tout m, il existe $f_m\in B$ et $x_m\notin K_m$ tels que $f_m(x_m)\neq 0$. On peut alors trouver $a\in C_\infty(\Omega)$, positif et tel que $a(x_m)\geqq m/|f_m(x_m)|$ pour tout m. Pour cet a, il vient

$$\sup_{f\in B} \pi_{a,0}(f) \geqq \sup_m a(x_m)\,|f_m(x_m)| = \infty,$$

ce qui est absurde.

Donc il existe K compact dans Ω tel que $[f]\subset K$ pour tout $f\in B$. Vu b), p. 221, dans $\mathbf{D}_\infty(K)$, les semi-normes induites par $D^F_\infty(\Omega)$ sont équivalentes à celles de $\mathbf{D}_\infty(K)$, donc B est borné dans $\mathbf{D}_\infty(K)$.

7. — a) *L'espace* $\mathbf{A}-C^0_L(\Omega)$ *est séparable.*

De plus, $D_\infty(\Omega)$ *y est dense.*

Plus précisément, l'ensemble des $\varphi\in D_\infty(\Omega)$ *de la forme*

$$\varphi(x) = \varphi_1(x_1)\ldots\varphi_n(x_n), \quad \varphi_i(x_i)\in D_\infty(E_1), \ \forall i,$$

est total dans $\mathbf{A}-C^0_L(\Omega)$.

Démontrons d'abord que $D_\infty(\Omega)$ est dense dans $\mathbf{A}-C^0_L(\Omega)$.

Soit $f\in\mathbf{A}-C^0_L(\Omega)$ et soient $a\in\mathbf{A}$ et $l\leqq L$ fixés.

Désignons par α_m une 1-adoucie de $B_m=\{x:|x|\leqq m\}$ de la forme $B_{m+1/2}*\varrho_{1/2}$ et posons $T_m f=\alpha_m f$. On a

$$\pi_{a,l}(f-T_{m_1}f)\to 0$$

si $m_1\to\infty$. En effet, pour tout k, $|D^k_x\alpha_m|$ est borné par une constante indépendante de m. En développant $D^k_x[(1-T_{m_1})f]$, $|k|\leqq l$, on voit alors que

$$\pi_{a,l}(f-T_{m_1}f)\leqq C\sup_{|k|\leqq l}\sup_{|x|\geqq m_1} a(x)\,|D^k_x f(x)|. \tag{1}$$

Désignons par β_{m_2} une $1/(2m_2)$-adoucie de $\{x:d(x,\complement\Omega)\geqq 1/m_2\}$ de la forme

$$\delta_{\{x:d(x,\complement\Omega)\geqq 3/(4m_2)\}}*\varrho_{1/(4m_2)}$$

et posons

$$T_{m_1,m_2}f=\alpha_{m_1}\beta_{m_2}f.$$

On a évidemment $T_{m_1,m_2}f\in D_L(\Omega)$ pour tous m_1 et m_2 et même

$$[T_{m_1,m_2}f]\subset\{x:|x|\leqq m_1+1 \text{ et } d(x,\complement\Omega)\geqq 1/(2m_2)\}.$$

Etablissons que, pour m_1 fixé, on a

$$\pi_{a,l}(T_{m_1}f-T_{m_1,m_2}f)\to 0$$

si $m_2\to\infty$.

Si $d(x,\complement\Omega)\leqq 1/m_2$ et $|k|\leqq l$, en développant

$$D^k_x\{[1-\beta_{m_2}(x)]\alpha_{m_1}(x)f(x)\}$$

et en tenant compte des majorations que vérifient les dérivées de β_{m_2}, on obtient

$$|D^k_x(T_{m_1}f-T_{m_1,m_2}f)(x)|\leqq C_1\sum_{i\leqq k} m_2^{|k-i|}\,|D^i_x[T_{m_1}f(x)]|.$$

A x, associons $x_0 \in \dot{\Omega}$ tel que $|x-x_0| \leqq 1/m_2$ et développons

$$a(x)\begin{Bmatrix}\mathscr{R}\\ \mathscr{I}\end{Bmatrix} D_x^i[T_{m_1}f(x)]$$

prolongé par 0 hors de Ω en série de Taylor limitée à l'ordre $l-|i|$ au point x_0. On obtient

$$a(x)\left|\begin{Bmatrix}\mathscr{R}\\ \mathscr{I}\end{Bmatrix} D_x^i(T_{m_1}f)\right| \leqq C_2 \frac{1}{m_2^{l-|i|}} \sum_{|j|=l-|i|} |\{D_x^j[a(x)D_x^i T_{m_1}f(x)]\}_{x=x_0'}|,$$

où $x_0' = \theta x + (1-\theta)x_0$, avec $\theta \in [0, 1]$. On a donc $d(x_0', \complement\Omega) \leqq 1/m_2$.

Si $b \in \mathbf{A}$ est tel que

$$\sup_{|i|\leqq l} |D_x^i a(x)| \leqq C_3 b(x), \quad \forall x \in \Omega,$$

il vient

$$a(x)\,|D_x^k(T_{m_1}f - T_{m_1,m_2}f)| \leqq C_4 \sup_{|j|\leqq l}\ \sup_{d(x,\complement\Omega)\leqq 1/m_2} b(x)\,|D_x^j[T_{m_1}f(x)]|$$

et

$$\pi_{a,l}(T_{m_1}f - T_{m_1,m_2}f) \leqq C_5 \sup_{|j|\leqq l}\ \sup_{d(x,\complement\Omega)\leqq 1/m_2} b(x)\,|D_x^j f(x)|, \tag{2}$$

où C_5 et b ne dépendent que de a, l et m_1 et où la dernière majorante tend vers 0 si $m_2 \to \infty$.

Si $m_3 > 4m_2$, posons

$$T_{m_1,m_2,m_3}f = (T_{m_1,m_2}f) * \varrho_{1/m_3}.$$

On a $T_{m_1,m_2,m_3}f \in D_\infty(\Omega)$. De plus, pour m_1, m_2 fixés,

$$\pi_{a,l}(T_{m_1,m_2}f - T_{m_1,m_2,m_3}f) \to 0$$

si $m_3 \to \infty$. En effet, soit

$$K_{m_1,m_2} = \{x : |x| \leqq m_1 + 2 \text{ et } d(x, \complement\Omega) \geqq 1/(4m_2)\}.$$

Pour $m_3 > 4m_2$, on a $[T_{m_1,m_2,m_3}f] \subset K_{m_1,m_2}$ et

$$\pi_{a,l}(T_{m_1,m_2}f - T_{m_1,m_2,m_3}f)$$

$$\leqq \sup_{x\in K_{m_1,m_2}} a(x) \cdot \sup_{\substack{x,y\in K_{m_1,m_2}\\ |x-y|\leqq 1/m_3}} |D_x^k[T_{m_1,m_2}f(x)] - D_y^k[T_{m_1,m_2}f(y)]|, \tag{3}$$

où le second membre tend vers 0 si $m_3 \to \infty$.

Au total, on peut déterminer successivement m_1, m_2 et m_3 tels que

$$\pi_{a,l}(f - T_{m_1}f) \leqq \varepsilon/3,$$

$$\pi_{a,l}(T_{m_1}f - T_{m_1,m_2}f) \leqq \varepsilon/3$$

et

$$\pi_{a,l}(T_{m_1,m_2}f - T_{m_1,m_2,m_3}f) \leqq \varepsilon/3,$$

donc tels que

$$\pi_{a,l}(f - T_{m_1,m_2,m_3} f) \leqq \varepsilon,$$

d'où la conclusion, puisque $T_{m_1,m_2,m_3} f \in D_\infty(\Omega)$.

Etablissons maintenant que les fonctions séparées de $D_\infty(\Omega)$, c'est-à-dire les fonctions de la forme

$$\varphi(x) = \varphi_1(x_1) \dots \varphi_n(x_n), \quad \varphi_i(x_i) \in D_\infty(E_1), \ \forall i,$$

forment un ensemble total dans $\mathbf{A} - C_L^0(\Omega)$.

Gardons les notations de la démonstration précédente. Désignons par $\{e_i^{(m)}: i=1, 2, \dots\}$ une partition finie de K_{m_1,m_2} en ensembles l-mesurables de diamètre inférieur à $1/m$ et fixons un point $x_i^{(m)}$ dans chacun d'eux. Posons

$$T_{m_1,m_2,m_3,m_4} f = \sum_{(i)} \int_{e_i^{(m_4)}} T_{m_1,m_2} f(y)\, dy \cdot \varrho_{1/m_3}(x - x_i^{(m_4)}).$$

Pour m_1, m_2 et $m_3 > 4m_2$ fixés, on a

$$\begin{aligned} &|D_x^k(T_{m_1,m_2,m_3} f - T_{m_1,m_2,m_3,m_4} f)| \\ &= \Big|\sum_{(i)} \int_{e_i^{(m_4)}} T_{m_1,m_2} f(y) [D_x^k \varrho_{1/m_3}(x-y) - D_x^k \varrho_{1/m_3}(x - x_i^{(m_4)})]\, dy\Big| \\ &\leqq l(K_{m_1,m_2}) \sup_{y \in K_{m_1,m_2}} |T_{m_1,m_2} f(y)| \cdot \sup_{|x-y| \leqq 1/m_4} |D_x^k \varrho_{1/m_3}(x) - D_y^k \varrho_{1/m_3}(y)|. \end{aligned}$$

On peut donc trouver $b \in \mathbf{A}$ et $C_6 > 0$ tels que

$$\begin{aligned} &\pi_{a,l}(T_{m_1,m_2,m_3} f - T_{m_1,m_2,m_3,m_4} f) \\ &\leqq C_6 \pi_{b,0}(f) \sup_{|k| \leqq l} \sup_{|x-y| \leqq 1/m_4} |D_x^k \varrho_{1/m_3}(x) - D_y^k \varrho_{1/m_3}(y)|, \qquad (4) \end{aligned}$$

où le second membre tend vers 0 si $m_4 \to \infty$, d'où la conclusion, en prenant $\varrho_1(x)$ sous la forme

$$\varrho\ (x) = \varrho_{1/\sqrt{n}}(x_1) \dots \varrho_{1/\sqrt{n}}(x_n).$$

Voici encore deux précisions supplémentaires.

— Si on choisit des $e_i^{(m_4)}$ d'intérieur non vide et si on y prend les $x_i^{(m)}$ rationnels, on voit qu'on a établi la séparabilité de $\mathbf{A} - C_L^0(\Omega)$ en y exhibant un ensemble dénombrable total, à savoir les $\varrho_{1/m}(x-r)$, pour $m = 1, 2, \dots$ et $r \in \Omega$ rationnel tel que $d(r, \complement\Omega) > 1/m$.

— On peut substituer à T_{m_1,m_2,m_3,m_4} l'opérateur T'_{m_1,m_2,m_3,m_4} défini par

$$T'_{m_1,m_2,m_3,m_4} f = \sum_{(i)} l(e_i^{(m_4)}) T_{m_1,m_2} f(x_i^{(m_4)}) \varrho_{1/m_3}(x - x_i^{(m_4)}).$$

On obtient alors

$$|D_x^k(T_{m_1,m_2,m_3}f - T'_{m_1,m_2,m_3,m_4}f)|$$

$$\leqq l(K_{m_1,m_2}) \cdot \sup_{\substack{y,z\in K_{m_1,m_2}\\|y-z|\leqq 1/m_4}} |T_{m_1,m_2}f(y)\,D_x^k\varrho_{1/m_3}(x-y) - T_{m_1,m_2}f(z)\,D_x^k\varrho_{1/m_3}(x-z)|$$

$$\leqq l(K_{m_1,m_2}) \cdot \sup_{y\in E_n} |D_y^k\varrho_{1/m_3}(y)| \cdot \sup_{\substack{y,z\in K_{m_1,m_2}\\|y-z|\leqq 1/m_4}} |T_{m_1,m_2}f(y) - T_{m_1,m_2}f(z)|$$

$$+ l(K_{m_1,m_2}) \cdot \sup_{y\in K_{m_1,m_2}} |T_{m_1,m_2}f(y)| \cdot \sup_{|y-z|\leqq 1/m_4} |D_y^k\varrho_{1/m_3}(y) - D_z^k\varrho_{1/m_3}(z)|.$$

On en déduit que

$$\pi_{a,l}(T_{m_1,m_2,m_3}f - T'_{m_1,m_2,m_3,m_4}f)$$

$$\leqq C_7 \cdot \pi_{b,0}(f) \cdot \sup_{|y-z|\leqq 1/m_4} |D_y^k\varrho_{1/m_3}(y) - D_z^k\varrho_{1/m_3}(z)|$$

$$+ C_8 \sup_{\substack{y,z\in K_{m_1,m_2}\\|y-z|\leqq 1/m_4}} |T_{m_1,m_2}f(y) - T_{m_1,m_2}f(z)|, \qquad (5)$$

où le second membre tend vers 0 si $m_4 \to \infty$, m_1, m_2 et m_3 étant fixés.

b) *Si F est fermé, l'ensemble $D_\infty(\Omega\setminus F)$ est dense dans l'ensemble des $f\in \mathbf{A}-C_L^0(\Omega)$ nuls dans F avec leurs dérivées jusqu'à l'ordre L.*

De fait, $D_\infty(\Omega\setminus F)$ est dense dans $\mathbf{A}-C_L^0(\Omega\setminus F)$. On conclut en appliquant f), p. 222.

c) *Les espaces $\mathbf{A}-C_L(\Omega)$ et $\mathbf{A}-C_L^0(\Omega)$ sont à semi-normes représentables.*

En effet,

$$\pi_{a,l}(f) = \sup_{|k|\leqq l}\sup_{x\in\Omega} a(x)\,|D_x^k f(x)|,$$

où $\mathscr{C}_{k,x}(f) = a(x)D_x^k f(x)$ est visiblement une fonctionnelle linéaire bornée par $\pi_{a,l}$ si $|k|\leqq l$ et si $x\in\Omega$.

EXERCICES

1. — L'ensemble

$$\{\varphi * \varphi^* : \varphi\in D_\infty(E_n) \quad \text{et} \quad [\varphi*\varphi^*]\subset\Omega\}$$

est total dans $\mathbf{A}-C_L^0(\Omega)$.

Suggestion. Dans la démonstration de a), p. 224, prendre $\varrho_{1/m}$ sous la forme $\varrho_{1/m} = \varrho'_{1/2m} * \varrho'^{*}_{1/2m}$. Il vient

$$\varrho_{1/m}(x-a) = \varrho'_{1/2m}\left(x-\frac{a}{2}\right) * \varrho'^{*}_{1/2m}\left(x-\frac{a}{2}\right),$$

d'où la conclusion.

2. — L'ensemble des polynômes est dense dans $C_L(\Omega)$.

Suggestion. Vu l'ex. 1, il suffit d'établir que, pour tout $\varphi \in D_\infty(E_n)$, $\varphi * \varphi^*$ est limite d'une suite de polynômes dans $C_\infty(E_n)$. En vertu du théorème de Stone-Weierstrass, (cf. c), p. 145), il existe des polynômes p_m tels que $p_m \to \varphi$ dans $C_0(E_n)$. Alors, $p_m * \varphi^* \to \varphi * \varphi^*$ dans $C_\infty(E_n)$. Or les $p_m * \varphi^*$ sont des polynômes, d'où la conclusion.

8. — a) *Un ensemble* $\mathscr{K}$ *est précompact pour* $\pi_{a,l}$ *dans* $\mathbf{A}-C_L^0(\Omega)$ *si et seulement si*

— *pour tout* $x \in \Omega$ *et tout* k *tel que* $|k| \leqq l$,

$$\sup_{f \in \mathscr{K}} a(x)\, |D_x^k f(x)| < \infty,$$

— *si* $x_m \to x_0$, *avec* $x_m, x_0 \in \Omega$, *pour tout* k *tel que* $|k| \leqq l$,

$$\sup_{f \in \mathscr{K}} |a(x_m)\, D_x^k f(x_m) - a(x_0)\, D_x^k f(x_0)| \to 0,$$

— *si* $x_m \to x_0 \in \dot{\Omega}$ *ou si* $x_m \to \infty$, *avec* $x_m \in \Omega$, *pour tout* k *tel que* $|k| \leqq l$,

$$\sup_{f \in \mathscr{K}} a(x_m)\, |D_x^k f(x_m)| \to 0.$$

Pour tout k tel que $|k| \leqq l$, posons

$$\mathscr{K}_k = \{D_x^k f : f \in \mathscr{K}\}.$$

Si $\mathscr{K}$ est précompact pour $\pi_{a,l}$ dans $\mathbf{A}-C_L^0(\Omega)$, il est immédiat que $\mathscr{K}_k$ est précompact pour π_a dans $\mathbf{A}-C_0^0(\Omega)$, pour tout k tel que $|k| \leqq l$. La condition nécessaire découle alors de a), p. 146.

Inversement, si $\mathscr{K}$ vérifie les conditions de l'énoncé, vu a), p. 146, chaque $\mathscr{K}_k$ est précompact pour π_a dans $\mathbf{A}-C_0^0(\Omega)$, donc le produit des $\mathscr{K}_k$ est précompact dans $\mathbf{A}-C_0^0(\Omega) \times \ldots \times \mathbf{A}-C_0^0(\Omega)$ pour la semi-norme

$$\pi(f_1, f_2, \ldots) = \sup_i \pi_a(f_i).$$

Considérons l'ensemble

$$\mathscr{K}' = \{(f, D_{x_1} f, \ldots) : f \in \mathscr{K}\},$$

où les $D^k f$, $|k| \leqq l$, sont rangés dans un ordre fixe. Il est également précompact pour cette semi-norme, ce qui implique la précompacité de $\mathscr{K}$ pour $\pi_{a,l}$.

b) *Un ensemble* $\mathscr{K}$ *est précompact dans* $\mathbf{A}-C_L^0(\Omega)$ *si et seulement si*

— *pour tout* $x \in \Omega$ *et tout* k *tel que* $|k| \leqq L$,

$$\sup_{f \in \mathscr{K}} |D_x^k f(x)| < \infty,$$

— *si* $x_m \to x_0$, *avec* $x_m, x_0 \in \Omega$, *pour tout* k *tel que* $|k| \leqq L$,

$$\sup_{f \in \mathscr{K}} |D_x^k f(x_m) - D_x^k f(x_0)| \to 0,$$

— *si* $x_m \to \infty$ *ou si* $x_m \to x_0 \in \dot{\Omega}$, *avec* $x_m \in \Omega$, *pour tout* $a \in \mathbf{A}$ *et tout* k *tel que* $|k| \leqq L$,

$$\sup_{f \in \mathscr{K}} a(x_m)\, |D_x^k f(x_m)| \to 0.$$

Vu b), p. 148, ces conditions sont vérifiées si et seulement si chaque $\mathscr{K}_k = \{D_x^k f : f \in \mathscr{K}\}$, avec $|k| \leqq L$, est précompact dans $\mathbf{A} - C_0^0(\Omega)$. D'après la démonstration de a), c'est la condition nécessaire et suffisante pour que $\mathscr{K}$ soit précompact dans $\mathbf{A} - C_L^0(\Omega)$.

c) *Si* $\mathscr{K}$ *est borné dans* $\mathbf{A} - C_L^0(\Omega)$ *et tel que*

$$\sup_{f \in \mathscr{K}} a(x_m)\, |D_x^k f(x_m)| \to 0$$

si $x_m \to \infty$, $x_m \in \Omega$, *pour tout* $a \in \mathbf{A}$ *et tout* k *tel que* $|k| \leqq L-1$, *alors* $\mathscr{K}$ *est précompact dans* $\mathbf{A} - C_{L-1}^0(\Omega)$.

En particulier, *si, pour tout* $a \in \mathbf{A}$, *il existe* $b \in \mathbf{A}$ *tel que* $b(x) \neq 0$ *si* $a(x) \neq 0$ *et que* $a(x_m)/b(x_m)$ $\big(0$ *si* $b(x_m) = 0\big) \to 0$ *si* $x_m \to \infty$, $x_m \in \Omega$, *alors tout borné de* $\mathbf{A} - C_L^0(\Omega)$ *est précompact dans* $\mathbf{A} - C_{L-1}^0(\Omega)$.

C'est le cas notamment pour $C_L(\Omega)$, $S_L(E_n)$, $\mathbf{D}_L(K)$ *et* $D_L^F(\Omega)$.

Etablissons que $\mathscr{K}$ vérifie les conditions de a) pour tout $a \in \mathbf{A}$ et tout $l \leqq L-1$.

La première condition est visiblement satisfaite.

Soit $x_0 \in \Omega$. Démontrons que

$$\sup_{f \in \mathscr{K}} |D_x^k f(x_m) - D_x^k f(x_0)| \to 0$$

si $x_m \to x_0$. Développons $\begin{Bmatrix} \mathscr{R} \\ \mathscr{I} \end{Bmatrix}$ $D_x^k f(x_m)$ en série de Taylor limitée à l'ordre 1 au point x_0. Il vient

$$|D_x^k f(x_m) - D_x^k f(x_0)| \leqq C|x_m - x_0| \sup_{|i| = |k|+1} \sup_{|x - x_0| \leqq |x_m - x_0|} |D_x^i f(x)|.$$

Il existe C' tel que le second membre soit majoré par $C'|x_m - x_0|$ pour tout $f \in \mathscr{K}$, d'où la deuxième condition de a).

Enfin, passons à la troisième condition. Soit $x_0 \in \dot{\Omega}$. Si on prolonge $a(x) D_x^k f(x)$ par 0 hors de Ω, on obtient une fonction de $C_1(E_n)$. Développons cette fois $\begin{Bmatrix} \mathscr{R} \\ \mathscr{I} \end{Bmatrix}$ $[a(x_m) D_x^k f(x_m)]$ au voisinage de x_0. Si $b \in \mathbf{A}$ et $C > 0$ sont tels que Cb majore a et le module des dérivées premières de a, on obtient

$$a(x_m)\, |D_x^k f(x_m)| \leqq C'|x_m - x_0| \sup_{|i| = |k|+1} \sup_{|x - x_0| \leqq |x_m - x_0|} b(x)\, |D_x^i f(x)|.$$

Il existe $C' > 0$ tel que le second membre soit majoré par $C'|x_m - x_0|$ pour tout $f \in \mathscr{K}$, donc

$$\sup_{f \in \mathscr{K}} a(x_m)\, |D_x^k f(x_m)| \leqq C'|x_m - x_0| \to 0$$

si $x_m \to x_0$.

Si $x_m \to \infty$,

$$\sup_{f \in \mathscr{K}} a(x_m)\,|D_x^k f(x_m)| \to 0$$

par hypothèse.

D'où la conclusion.

d) *Un ensemble* $\mathscr{K}$ *est précompact* (resp. *compact, extractable*) *dans* $D_L^F(\Omega)$ *si et seulement si il est contenu dans un* $\mathbf{D}_L(K)$ *et y est précompact* (resp. *compact, extractable*).

Cela résulte du paragraphe 6 et de b), p. 221.

e) *Dans* $\mathbf{A}-C_L(\Omega)$ *et* $\mathbf{A}-C_L^0(\Omega)$,

$$\mathscr{K} \text{ compact} \Leftrightarrow \mathscr{K} \text{ extractable} \Leftrightarrow \mathscr{K} \text{ précompact fermé.}$$

Soit $\{x_i:\ i=1, 2, \ldots\}$ dense dans Ω. Considérons les semi-normes

$$\sup_{i \leqq N} \sup_{|k| \leqq l} |D_x^k f(x_i)|, \quad l \leqq L, \qquad N=1, 2, \ldots.$$

Elles forment un système dénombrable de semi-normes de $\mathbf{A}-C_L(\Omega)$, qui est visiblement plus faible que le système des semi-normes naturelles de $\mathbf{A}-C_L(\Omega)$.

En outre, comme

$$\pi_{a,l}(f) = \sup_i \sup_{|k| \leqq l} a(x_i)\,|D_x^k f(x_i)|,$$

les semi-boules naturelles fermées sont fermées pour ces semi-normes.

D'où la conclusion, par I, d), p. 97.

EXERCICE

Soient Ω connexe et L fini.

Si $B \subset C_L(\Omega)$ est tel que

$$\sup_{|k|=L} \sup_{x \in K} \sup_{f \in B} |D_x^k f(x)| < \infty$$

pour tout compact $K \subset \Omega$ et s'il existe $x_0 \in \Omega$ tel que

$$\sup_{|k| \leqq L} \sup_{f \in B} |D_x^k f(x_0)| < \infty,$$

alors B est borné dans $C_L(\Omega)$.

Si, en outre, B est précompact pour les semi-normes

$$\sup_{|k|=L} \sup_{x \in K} |D_x^k f(x)|,$$

où K est un compact arbitraire de Ω, alors B est précompact dans $C_L(\Omega)$.

En déduire que, si la suite $f_m \in C_L(\Omega)$ est telle que $D_x^k f_m(x_0)$ soit de Cauchy si $|k| \leqq L$, x_0 étant fixé dans Ω, et que $D_x^k f_m(x)$ soit de Cauchy pour la convergence uniforme dans tout compact de Ω pour tout k tel que $|k|=L$, alors f_m est de Cauchy dans $C_L(\Omega)$.

Suggestion. Si $|k| = L-1$ et si

$$\sup_{f \in B} |D_x^k f(x)| < \infty, \tag{*}$$

pour toute boule fermée b de centre x contenue dans Ω, il vient

$$\sup_{y\in b}\sup_{f\in B}|D_y^k f(y)| < \infty.$$

En effet, en développant $\begin{Bmatrix}\mathscr{R}\\ \mathscr{I}\end{Bmatrix} D_y^k f$ en série de Taylor limitée à l'ordre 1 au point x, on obtient

$$\sup_{y\in b}\sup_{f\in B}|D_y^k f(y)| \leqq C\sup_{f\in B}|D_x^k f(x)| + C' \sup_{|i|=L}\sup_{y\in b}\sup_{f\in B}|D_y^i f(y)| < \infty.$$

On en déduit que l'ensemble e des x tels que la relation (*) soit vérifiée est ouvert dans Ω. Il est aussi fermé. En effet, si x appartient à $\bar{e}\cap\Omega$, il existe $y\in e$ tel que $|x-y| < d(y, \complement\Omega)$, donc $x\in e$. Comme e n'est pas vide et que Ω est connexe, il est égal à Ω. Comme tout compact $K\subset\Omega$ est recouvert par un nombre fini de boules fermées contenues dans Ω, on a alors

$$\sup_{x\in K}\sup_{f\in B}|D_x^k f(x)| < \infty.$$

De proche en proche, on montre que c'est vrai pour tout k tel que $|k|\leqq L$, donc B est borné dans $C_L(\Omega)$.

Il est alors précompact dans $C_{L-1}(\Omega)$, (cf. c), p. 229), donc, s'il est précompact pour

$$\sup_{|k|=L}\sup_{x\in K}|D_x^k f(x)|,$$

il est précompact dans $C_L(\Omega)$ et son adhérence y est compacte, (cf. e), p. 230).

Les semi-normes obtenues en filtrant

$$\sup_{|k|\leqq L}|D_x^k f(x_0)| \quad\text{et}\quad \sup_{|k|=L}\sup_{x\in K}|D_x^k f(x)|,$$

où K parcourt l'ensemble des compacts de Ω, constituent un système de semi-normes dans $C_L(\Omega)$. Il suffit pour cela qu'elles séparent $C_L(\Omega)$. Or, si f est tel que

$$\sup_{|k|\leqq L}|D_x^k f(x_0)| \quad\text{et}\quad \sup_{|k|=L}\sup_{x\in K}|D_x^k f(x)| = 0,$$

en procédant comme dans la première partie de la démonstration, on voit que l'ensemble des x tels que $D_x^k f(x)=0$ est égal à Ω pour tout k tel que $|k| = L-1$ et, de proche en proche, pour tout k tel que $|k|<L$.

Ce système de semi-normes est plus faible que celui de $C_L(\Omega)$, donc il lui est équivalent dans $\bar{B}$, ce qui fournit la dernière partie de l'énoncé, en prenant $B = \{f_r - f_s : r, s=1, 2, \ldots\}$.

9. — *L'espace* $\mathbf{A}-C_L^0(\Omega)$ *est pc-accessible.*

Si $\mathscr{K}$ est précompact dans $\mathbf{A}-C_L^0(\Omega)$, vu b), p. 228, on a

$$\sup_{f\in\mathscr{K}}\sup_{x\in\Omega\setminus K_m} a(x)\,|D_x^k f(x)| \to 0$$

si $m\to\infty$ quels que soient $a\in\mathbf{A}$ et k tel que $|k|\leqq L$. De même,

$$\sup_{f\in\mathscr{K}}\sup_{\substack{x,\,y\in K\\ |x-y|\leqq\eta}} |D_x^k f(x) - D_y^k f(y)| \to 0$$

si $\eta\to 0$ pour tout compact K contenu dans Ω.

On reprend alors la démonstration de a), p. 224.

On passe aux $\sup_{f\in\mathscr{K}}$ dans les inégalités (1) à (4) et on constate qu'on peut fixer successivement m_1, m_2, m_3 et m_4 tels que

$$\sup_{f\in\mathscr{K}} \pi_{a,l}(f - T_{m_1,m_2,m_3,m_4} f) \leqq \varepsilon.$$

Or T_{m_1,m_2,m_3,m_4} est un opérateur fini de $\mathbf{A}-C_L^0(\Omega)$ dans lui-même, car

$$\int_{e_i^{(m_4)}} (T_{m_1,m_2} f)(y)\, dy$$

est visiblement une fonctionnelle linéaire bornée dans $\mathbf{A}-C_L^0(\Omega)$ quels que soient m_1, m_2, m_3, m_4. D'où la conclusion.

10. — Passons à l'étude du dual de $\mathbf{A}-C_L^0(\Omega)$.

Une fonctionnelle linéaire $\mathscr{T}$ dans $\mathbf{A}-C_L^0(\Omega)$ est telle que

$$|\mathscr{T}(f)| \leqq C\pi_{a,l}(f), \quad \forall f\in \mathbf{A}-C_L^0(\Omega),$$

si et seulement si il existe des mesures μ_k dans Ω, portées par $\{x : a(x)\neq 0\}$, telles que

$$\mathscr{T}(f) = \sum_{|k|\leqq l} \int D_x^k f(x)\, d\mu_k, \quad \forall f\in \mathbf{A}-C_L^0(\Omega),$$

que $1/a(x)$ soit μ_k-intégrable et que

$$\sum_{|k|\leqq l} \int \frac{1}{a(x)}\, dV\mu_k \leqq C.$$

En outre,

— si $\mathscr{T}$ est réel, on peut supposer les μ_k réels,

— on peut supposer les μ_k tels que

$$\|\mathscr{T}\|_{\pi_{a,l}} = \sum_{|k|\leqq l} \int \frac{1}{a(x)}\, dV\mu_k .$$

Attention! Les mesures μ_k ne sont pas uniques.
Ainsi, si $\varphi\in D_1(E_1)$,

$$\mathscr{T}(f) = \int f\, d(D\varphi\cdot l) + \int Df\, d(\varphi\cdot l) = 0, \quad \forall f\in D_1(E_1),$$

alors que $D\varphi\cdot l$ et $\varphi\cdot l$ ne sont pas nuls.

Considérons l'ensemble

$$L = \{(f, D_{x_1} f, \ldots) : f\in \mathbf{A}-C_L^0(\Omega)\},$$

où les $D_x^k f$, $|k|\leqq l$, sont rangés dans un ordre fixe. C'est un sous-espace linéaire du produit fini $\Pi = \mathbf{A}-C_0^0(\Omega)\times\ldots\times\mathbf{A}-C_0^0(\Omega)$.

La fonctionnelle $\mathscr{C}'$ définie dans L par

$$\mathscr{C}'[(f, D_{x_1}f, \ldots)] = \mathscr{C}(f), \quad \forall (f, D_{x_1}f, \ldots) \in L,$$

est linéaire et bornée par

$$C \sup_{|k| \leqq l} \pi_a(D_x^k f)$$

dans L. Comme Π est séparable, on peut prolonger $\mathscr{C}'$ de L à Π par une fonctionnelle linéaire $\mathscr{C}''$ qui vérifie la même majoration dans Π. Compte tenu de la structure des fonctionnelles linéaires bornées dans un produit fini et dans $\mathbf{A}-C_0^0(\Omega)$, on voit que, pour tout élément $\vec{f} \in \Pi$.

$$\mathscr{C}''(\vec{f}) = \sum_{|k| \leqq l} \int f^{(k)}\, d\mu_k,$$

où μ_k sont des mesures dans Ω, portées par $\{x : a(x) \neq 0\}$ et telles que $1/a(x)$ soit μ_k-intégrable. Vu le paragraphe 12, p. 149, pour tout $\varepsilon' > 0$ et tout k, il existe $f^{(k)} \in \mathbf{A}-C_0^0(\Omega)$ tel que

$$\int \frac{1}{a(x)}\, dV\mu_k \leqq \left| \int f_0^{(k)}\, d\mu_k \right| + \varepsilon'$$

et

$$\pi_a(f_0^{(k)}) \leqq 1.$$

On peut choisir $f_0^{(k)}$ tel que

$$\left| \int f_0^{(k)}\, d\mu_k \right| = \int f_0^{(k)}\, d\mu_k.$$

Il vient alors, pour ε' assez petit,

$$\sum_{|k| \leqq l} \int \frac{1}{a(x)}\, dV\mu_k \leqq |\mathscr{C}''(\vec{f}_0)| + \varepsilon \leqq C + \varepsilon,$$

d'où

$$\sum_{|k| \leqq l} \int \frac{1}{a(x)}\, dV\mu_k \leqq C.$$

Quand on prend pour $\vec{f}$ les éléments de L, on obtient le résultat annoncé.

Précisons la forme des μ_k dans les espaces usuels.

a) *Dans $C_L(\Omega)$, les μ_k sont les mesures à support compact dans Ω.*

b) *Dans $C_L^0(\Omega)$, les μ_k sont les mesures bornées dans Ω.*

c) *Dans $S_L(E_n)$, les μ_k sont les mesures dans E_n telles que*

$$\int \frac{1}{(1+|x|^2)^l}\, dV\mu_k < \infty$$

dour au moins un $l \leqq L$.

d) *Dans $D_L^F(\Omega)$, les μ_k sont les mesures dans Ω.*

EXERCICES

1. — Si μ est une mesure bornée dans E_n, pour tout $L<\infty$ fixé, il existe $m<\infty$ et des $f_{k,\mu}\in C_L(E_n)\cap L_1(E_n)\cap L_\infty(E_n)$, $|k|\leq m$, tels que

$$\int f\,d\mu = \sum_{|k|\leq m}\int f_{k,\mu}(x)\,D_x^k f(x)\,dx, \quad \forall f\in C_\infty^b(E_n).$$

Suggestion. a) Supposons d'abord f à support compact.

Pour N assez grand, la transformée de Fourier de $(\mathscr{F}_\xi^+\mu)/(1+|\xi|^2)^N$ est une fonction appartenant à $C_L(E_n)\cap L_1(E_n)\cap L_\infty(E_n)$. On note alors (cf. II, ex. 7, p. 82) que

$$\int f\,d\mu = \frac{1}{(2\pi)^n}\int \mathscr{F}_x^+\mu\cdot\mathscr{F}_x^- f\,dx = \frac{1}{(2\pi)^n}\int \frac{\mathscr{F}_x^+\mu}{(1+|x|^2)^N}\mathscr{F}_x^-[(1-\Delta)^N f]\,dx$$

$$= \frac{1}{(2\pi)^n}\int \mathscr{F}_x^-\left[\frac{\mathscr{F}_y^+\mu}{(1+|y|^2)^N}\right]\cdot(1-\Delta)^N f(x)\,dx = \int f_\mu(x)(1-\Delta)^N f(x)\,dx,$$

où $f_\mu\in C_L(E_n)\cap L_1(E_n)\cap L_\infty(E_n)$.

b) Soit à présent $f\in C_\infty^b(E_n)$ et soient $\alpha_m = \delta_{\{x:|x|\leq m\}} * \varrho_1$.

Pour tout k, on a

$$D_x^k[\alpha_m(x)f(x)]\to D_x^k f(x), \quad \forall x\in E_n,$$

et il existe C_k tel que

$$|D_x^k[\alpha_m(x)f(x)]|\leq C_k, \quad \forall x\in E_n, \quad \forall m.$$

Dès lors, par le théorème de Lebesgue,

$$\int f\,d\mu = \lim_m \int \alpha_m f\,d\mu = \lim_m \sum_{(k)}\int f_{k,\mu}(x)\,D_x^k[\alpha_m(x)f(x)]\,dx$$

$$= \sum_{(k)}\int f_{k,\mu}(x)\,D_x^k f(x)\,dx,$$

d'où la conclusion.

2. — Si μ est une mesure dans E_n, telle que $(1+|x|^2)^{-r}$ soit μ-intégrable, pour tout $L<\infty$ fixé, il existe $m<\infty$ et des $f_{k,\mu}\in C_L(E_n)$, $|k|\leq m$, tels que $f_{k,\mu}/(1+|x|^2)^r$ appartienne à $L_1(E_n)\cap L_\infty(E_n)$ et que

$$\int f\,d\mu = \sum_{|k|\leq m}\int f_{k,\mu}(x)\,D_x^k f(x)\,dx, \quad \forall f\in S_\infty(E_n).$$

Suggestion. Vu l'ex. 1, on a

$$\int f\,d\mu = \int (1+|x|^2)^r f(x)\,d\left(\frac{1}{(1+|x|^2)^r}\cdot\mu\right) = \sum_{(k)}\int f_k(x)\,D_x^k[(1+|x|^2)^r f(x)]\,dx \qquad (*)$$

puisque $(1+|x|^2)^r f\in C_\infty^b(E_n)$ pour tout $f\in S_\infty(E_n)$ et que

$$V\left(\frac{1}{(1+|x|^2)^r}\cdot\mu\right)(E_n)<\infty.$$

On obtient le résultat annoncé en développant le dernier membre de (*).

11. — *Les espaces* $\mathbf{A}-C_L^*(\Omega)$ *et* $\mathbf{A}-C_L^{0*}(\Omega)$ *sont s-séparables.*

En effet, les fonctionnelles

$$\mathscr{C}_{k,i}(f) = D_x^k f(x_i),$$

où $\{x_i : i=1, 2, \dots\}$ est dense dans Ω et $|k| \leqq L$, séparent $\mathbf{A}-C_L(\Omega)$ et $\mathbf{A}-C_L^0(\Omega)$, donc forment un ensemble total dans $\mathbf{A}-C_{L,s}^*(\Omega)$ et $\mathbf{A}-C_{L,s}^{0*}(\Omega)$.

12. — a) *Si, pour tout $a \in \mathbf{A}$, il existe $b \in \mathbf{A}$ tel que $b(x) \neq 0$ si $a(x) \neq 0$ et*

$$a(x_m)/b(x_m) \ (0 \text{ si } b(x_m) = 0) \to 0$$

si $x_m \to \infty$, $x_m \in \Omega$, alors $\mathbf{A}-C_\infty^0(\Omega)$ est de Schwartz.

Soit $\pi_{a,l}$ une semi-norme de $\mathbf{A}-C_\infty^0(\Omega)$.

Il existe $b \in \mathbf{A}$ tel que $a(x_m)/b(x_m)$ $(0$ si $b(x_m)=0) \to 0$ si $x_m \to \infty$, $x_m \in \Omega$, et tel que b majore a et le module de ses dérivées d'ordre $\leqq 1$.

Démontrons que la semi-boule $\beta = b_{\pi_{b,l+1}}$ est précompacte pour $\pi_{a,l}$.

On a évidemment

$$\sup_{f \in \beta} \pi_{a,l}(f) < \infty.$$

Si $x_m \to x_0$, $x_m, x_0 \in \Omega$, pour tout k tel que $|k| \leqq l$, on a

$$\sup_{f \in \beta} |a(x_m) D_x^k f(x_m) - a(x_0) D_x^k f(x_0)| \to 0$$

si $m \to \infty$. Si $a(x_0)=0$, la démonstration est analogue à celle de la dernière partie de c), p. 229. Si $a(x_0) \neq 0$, on a aussi $b(x_0) \neq 0$ et il existe $\eta > 0$ tel que $b(x) \neq 0$ si $|x - x_0| \leqq \eta$. Il existe donc C tel que

$$\sup_{|k| \leqq l+1} \sup_{|x-x_0| \leqq \eta} |D_x^k f(x)| \leqq C \pi_{b,l+1}(f), \quad \forall f \in \beta,$$

d'où, pour m assez grand,

$$\sup_{f \in \beta} |a(x_m) D_x^k f(x_m) - a(x_0) D_x^k f(x_0)|$$

$$\leqq |a(x_m) - a(x_0)| \sup_{f \in \beta} \sup_{|x-x_0| \leqq \eta} |D_x^k f(x)| + a(x_0) \sup_{f \in \beta} |D_x^k f(x_m) - D_x^k f(x_0)|$$

et il suffit d'établir que

$$\sup_{f \in \beta} |D_x^k f(x_m) - D_x^k f(x_0)| \to 0.$$

On procède alors comme en c), p. 229.

Si $x_m \to x_0 \in \dot{\Omega}$, on a

$$\sup_{f \in \beta} a(x_m) \, |D_x^k f(x_m)| \to 0.$$

On procède encore comme en c), p. 229.

Enfin, si $x_m \to \infty$, on a, en négligeant les x_m pour lesquels $a(x_m)=0$,

$$\sup_{f \in \beta} \sup_{|k| \leqq l} a(x_m) \, |D_x^k f(x_m)| \leqq \frac{a(x_m)}{b(x_m)} \sup_{f \in \beta} \pi_{b,l}(f) \to 0.$$

On conclut par a), p. 228.

b) *Si, pour tout* $a \in \mathbf{A}$, *il existe* $b \in \mathbf{A}$ *tel que* $b(x) \neq 0$ *si* $a(x) \neq 0$ *et que* $a(x)/b(x)$ (0 *si* $b(x)=0$) *soit l-intégrable dans* Ω, *l'espace* $\mathbf{A}-C^0_\infty(\Omega)$ *est nucléaire.*

En particulier, les espaces $C_\infty(\Omega)$, $S_\infty(E_n)$, $\mathbf{D}_\infty(K)$ *et* $D^F_\infty(\Omega)$ *sont nucléaires.*

Dans la démonstration qui suit, on convient que $a(x)/b(x)=0$ si $b(x)=0$.

Quels que soient k et l,

$$D^k_x[a(x)\,D^l_x f(x)]$$

est l-intégrable dans Ω pour tout $f \in \mathbf{A}-C^0_\infty(\Omega)$ et tout $a \in \mathbf{A}$.

En effet, si les dérivées d'ordre inférieur ou égal à $|k|$ de a sont majorées en module par Cb, il existe C' tel que

$$|D^k_x[a(x)\,D^l_x f(x)]| \leqq C'\,b(x) \sup_{|i| \leqq |k|+|l|} |D^i_x f(x)|.$$

Soit alors $c \in \mathbf{A}$ tel que $b(x)/c(x)$ soit l-intégrable. Il vient

$$|D^k_x[a(x)\,D^l_x f(x)]| \leqq C' \frac{b(x)}{c(x)}\,\pi_{c,|k|+|l|}(f) \in L_1(E_n).$$

Ceci posé, soient $a \in \mathbf{A}$, l et $f \in \mathbf{A}-C^0_\infty(\Omega)$ fixés. Il existe $x_0 \in \Omega$ et k_0 tels que $|k_0| \leqq l$ et

$$\pi_{a,l}(f) = a(x_0)\,|D^{k_0}_x f(x_0)|,$$

car

$$\sup_{|k| \leqq l}\ \sup_{x \in \Omega \setminus K_m} a(x)\,|D^k_x f(x)| \to 0$$

si $m \to \infty$. Or on a

$$a(x_0)\,D^{k_0}_x f(x_0) = \int_{-\infty}^{(x_0)_1} \cdots \int_{-\infty}^{(x_0)_n} D_{x_1} \ldots D_{x_n}[a(x)\,D^{k_0}_x f(x)]\,dx_1 \ldots dx_n.$$

Dès lors, il existe $b \in \mathbf{A}$ et $C>0$ tels que

$$\pi_{a,l}(f) \leqq C \sum_{|k| \leqq l+n} \int_\Omega b(x)\,|D^k_x f(x)|\,dx, \quad \forall f \in \mathbf{A}-C^0_L(\Omega).$$

Si $c \in \mathbf{A}$ est tel que $b(x)/c(x)$ soit intégrable, il vient encore

$$\pi_{a,l}(f) \leqq C \sum_{|k| \leqq l+n} \int_\Omega c(x)\,|D^k_x f(x)|\,d(b/c)\cdot l.$$

On conclut en appliquant le critère de nucléarité I, p. 296.

EXERCICE

Sous les conditions du théorème b) précédent, les semi-normes de $\mathbf{A}-C^0_\infty(\Omega)$ sont équivalentes aux semi-normes

$$\sum_{|k| \leqq l} \int_\Omega a\,|D^k f|\,dx, \quad a \in \mathbf{A}, \qquad l=1, 2, \ldots.$$

Toute fonctionnelle $\mathscr{T}$ bornée dans $\mathbf{A}-C^0_\infty(\Omega)$ s'écrit alors

$$\mathscr{T}(f)=\sum_{|k|\leq l}\int_{[a]} F_k\cdot D^k_x f\,dx,\quad \forall f\in \mathbf{A}-C^0_\infty(\Omega),$$

où

$$F_k/a\in L_\infty(\Omega).$$

Suggestion. Les semi-normes proposées sont plus faibles que celles de $\mathbf{A}-C^0_\infty(\Omega)$ car, si $b\in\mathbf{A}$ est tel que $a/b\in L_1(\Omega)$, on a

$$\sum_{|k|\leq l}\int_\Omega a|D^k_x f|\,dx\leq \sum_{|k|\leq l}\int_\Omega \frac{a}{b}\,dx\cdot\pi_{b,l}(f),\quad \forall f\in\mathbf{A}-C^0_\infty(\Omega).$$

Nous avons vu dans la démonstration du théorème b) précédent qu'elles sont plus fortes. Donc elles sont équivalentes.

Si $\mathscr{T}$ est borné par une semi-norme du type indiqué, la loi

$$\mathscr{Q}[(f, D_{x_1}f, \ldots)]=\mathscr{T}(f)$$

définie dans le sous-espace linéaire

$$\{(f, D_{x_1}f, \ldots): f\in\mathbf{A}-C^0_\infty(\Omega)\}$$

de $(a\cdot l)-L_1(\Omega)\times\ldots\times(a\cdot l)-L_1(\Omega)$ y est linéaire et bornée.

Elle se prolonge donc dans cet espace par une fonctionnelle de la forme

$$\sum_{|k|\leq l}\int_{[a]} F_k f_k\,dx,$$

avec $F_k/a\in L_\infty(E_n)$.

D'où la forme de $\mathscr{T}(f)$.

13. — Etudions à présent l'espace affaibli $[\mathbf{A}-C_L(\Omega)]_a$, que nous noterons $\mathbf{A}-C_{L,a}(\Omega)$.

a) *Une suite f_m converge faiblement vers f* (resp. *est faiblement de Cauchy*) *dans* $\mathbf{A}-C^0_L(\Omega)$ *si et seulement si elle est bornée et telle que* $D^k_x f_m(x)$ *converge vers* $D^k_x f(x)$ (resp. *soit de Cauchy*) *pour tout k tel que $|k|\leq L$ et tout $x\in\Omega$.*

La démonstration est analogue à celle de a), p. 160.

b) *Dans* $\mathbf{A}-C_L(\Omega)$,

$$\mathscr{K}\ \textit{a-compact}\Leftrightarrow\mathscr{K}\ \textit{a-extractable}.$$

De fait, $\mathbf{A}-C^*_L(\Omega)$ est s-séparable.

EXERCICES

1. — Montrer que $C^*_{L,b}(\Omega)$ est la limite inductive stricte d'une suite d'espaces de Banach. En particulier, il est tonnelé et bornologique.

Suggestion. Si $L=\infty$, cela résulte de I, c), p. 257. Si $L<\infty$, désignons par L_m l'ensemble des $\mathscr{T}\in C^*_L(\Omega)$ bornés par

$$\pi_m(f)=\sup_{|k|\leq L}\sup_{x\in K_m}|D^k_x f(x)|,$$

muni de la norme $\|\mathscr{T}\|_{\pi_m}$; c'est un espace de Banach.

Prouvons que $C^*_{L,b}(\Omega)$ est la limite inductive L des L_m.

Ses semi-normes sont plus faibles que celles de L, puisqu'elles sont plus faibles dans chaque L_m que la norme de L_m.

Soit $\alpha_i \in D_L(\Omega)$, $(i=1, 2, \dots)$, une partition de l'unité dans Ω telle que $[\alpha_i] \subset K_i \setminus K_{i-2}$ pour tout $i>2$ et que $[\alpha_1] \subset K_1$ et $[\alpha_2] \subset K_2$. Si π est une semi-norme de L, on a

$$\pi(\mathscr{C}) = \inf_{\substack{\mathscr{C} = \sum_{(i)} \mathscr{C}_i \\ \mathscr{C}_i \in L_i}} \sum_{(i)} c_i \|\mathscr{C}_i\|_{\pi_i} \leqq \sum_{(i)} c_i \|\mathscr{C}(\alpha_i \cdot)\|_{\pi_i},$$

puisque

$$\mathscr{C} = \sum_{(i)} \mathscr{C}(\alpha_i \cdot), \quad \text{avec} \quad \mathscr{C}(\alpha_i \cdot) \in L_i, \quad \forall i.$$

Or

$$\sum_{(i)} c_i \|\mathscr{C}(\alpha_i \cdot)\|_{\pi_i} = \sum_{(i)} c_i \sup_{f \in b_{\pi_i}(1)} |\mathscr{C}(\alpha_i f)|$$

$$\leqq \sup_i \sup_{f_i \in b_{\pi_i}(c_i)} \left| \mathscr{C}\left(\sum_{i=1}^{\infty} \alpha_i f_i \right) \right| \leqq \sup_{f \in B} |\mathscr{C}(f)|,$$

si

$$B = \left\{ \sum_{i=1}^{\infty} \alpha_i f_i : f_i \in b_{\pi_i}(c_i), \ \forall i \right\}.$$

Pour la dernière majoration, on note que, si les ensembles $A_i \subset \mathbf{C}$ sont absolument convexes, donc sont des boules,

$$\sum_{(i)} c_i \sup_{z \in A_i} |z| = \sup_{(i)} \sup_{z_i \in A_i} \left| \sum_{(i)} c_i z_i \right|.$$

L'ensemble B est visiblement borné dans $C_L(\Omega)$, d'où la conclusion.

2. — Quels que soient $c_k \in \mathbf{C}$, il existe $f \in C^0_\infty(E_n)$ tel que $D^k_x f(0) = c_k$ pour tout k.

Suggestion. Numérotons les multi-indices k par $i=1, 2, \dots$ et considérons l'opérateur T qui, à tout $f \in C^0_\infty(E_n)$, associe l'élément Tf de l'espace de suites l dont la $i^{\text{ème}}$ composante est $D^{k_i}_x f(0)$.

L'opérateur T est linéaire et borné. Vu I, b), p. 402, pour que $TC^0_\infty(E_n) = l$, il suffit que

$$\mathscr{A}_p = \{\mathscr{Q} \in l^* : \mathscr{Q}(T \cdot) \in b_p^\triangle\}$$

soit s-borné dans l^* pour toute semi-boule b_p de $C^0_\infty(E_n)$.

Soit p la semi-norme

$$p(f) = \sup_{|k| \leqq N} \sup_{x \in E_n} |D^k_x f(x)|, \quad \forall f \in C^0_\infty(E_n),$$

et soit $\mathscr{Q} \in \mathscr{A}_p$. Vu la structure du dual de l, on a

$$\mathscr{Q}(\vec{z}) = \sum_{i=1}^{M} c_i z_i, \quad \forall \vec{z} \in l.$$

Soit $\vec{z}$ fixé dans l et soit

$$f = \sum_{i=1}^{M} z_i \frac{x^{k_i}}{k_i!} \varrho(x),$$

où $\varrho \in D_\infty(E_n)$ et $\varrho(x) = 1$ si $|x| \leqq 1$.

On a

$$|\mathcal{Q}(\vec{z})| = |\mathcal{Q}(Tf)| \leqq p(f),$$

donc

$$\sup_{\mathcal{Q} \in \mathcal{A}_p} |\mathcal{Q}(\vec{z})| < \infty, \ \forall \vec{z} \in l.$$

D'où la conclusion.

Variante. Notons d'abord que $TC_\infty^0(E_n)$ est dense dans l. De fait, pour tout $\vec{z} \in l$ et tout M,

$$\sup_{i \leqq M} \left| z_i - \left\{ T\left[\sum_{j \leqq M} z_j \frac{x^{k_j}}{k_j!} \varrho(x) \right] \right\}_i \right| = 0.$$

Il reste à établir que $TC_\infty^0(E_n)$ est fermé dans l. Vu I, b), p. 438 et c), p. 439, il suffit pour cela que $\mathscr{D} = \{\mathcal{Q}(T\cdot) : \mathcal{Q} \in l^*\}$ soit s-fermé pour les suites dans $C_{\infty,s}^{0*}(E_n)$.

Soit $\mathscr{C}_m$ une suite s-convergente d'éléments de $\mathscr{D}$. Les $\mathscr{C}_m$ sont équibornés, donc de la forme

$$\mathscr{C}_m(f) = \sum_{|k| \leqq M} c_k^{(m)} D_x^k f(0).$$

En prenant $f = x^k \varrho(x)$, on voit que chaque suite $c_k^{(m)}$ converge. Si c_k est sa limite, il est immédiat que $\mathscr{C}_m$ converge simplement vers $\mathscr{C}$ tel que

$$\mathscr{C}(f) = \sum_{|k| \leqq M} c_k D_x^k f(0),$$

qui est un élément de $\mathscr{D}$.

Espaces $\mathbf{A}' \otimes \mathbf{A}'' - \mathbf{C}_L(\boldsymbol{\Omega}' \times \boldsymbol{\Omega}'')$ et $\mathbf{A}' \otimes \mathbf{A}'' - \mathbf{C}_L^0(\boldsymbol{\Omega}' \times \boldsymbol{\Omega}'')$

14. — Soient n' et n'' des entiers tels que $n' + n'' = n$. Si $x \in E_n$, posons $x = (x', x'')$ avec $x' \in E_{n'}$ et $x'' \in E_{n''}$.

Soient, en outre, Ω' et Ω'' des ouverts de $E_{n'}$ et $E_{n''}$ respectivement; $\Omega' \times \Omega''$ est alors un ouvert de E_n.

Si $\mathbf{A}'$ et $\mathbf{A}''$ vérifient les conditions du paragraphe 1, p. 216, pour Ω' et Ω'' respectivement, il est aisé de voir que, si on pose

$$a' \otimes a''(x', x'') = a'(x')a''(x''), \ \forall x' \in \Omega', \ \forall x'' \in \Omega'',$$

l'ensemble

$$\mathbf{A}' \otimes \mathbf{A}'' = \{a' \otimes a'' : a' \in \mathbf{A}', \ a'' \in \mathbf{A}''\}$$

vérifie ces mêmes conditions pour $\Omega' \times \Omega''$.

Etudions les relations entre les espaces

$$\mathbf{A}' \otimes \mathbf{A}'' - C_L^0(\Omega' \times \Omega'')$$

d'une part et

$$\mathbf{A}' - C_L^0(\Omega') \quad \text{et} \quad \mathbf{A}'' - C_L^0(\Omega'')$$

d'autre part.

Voici quelques exemples d'espaces $\mathbf{A}' \otimes \mathbf{A}'' - C_L^0(\Omega' \times \Omega'')$ avec, en regard, les $\mathbf{A}' - C_L^0(\Omega')$ et $\mathbf{A}'' - C_L^0(\Omega'')$ correspondants:

a) $C_L(\Omega' \times \Omega'')$ et $C_L(\Omega')$, $C_L(\Omega'')$,

b) $C_L^0(\Omega' \times \Omega'')$ et $C_L^0(\Omega')$, $C_L^0(\Omega'')$,

c) $S_L(E_n)$ et $S_L(E_{n'})$, $S_L(E_{n''})$,

d) $D_L^F(\Omega)$ et $D_L^F(\Omega')$, $D_L^F(\Omega'')$.

Traitons le cas de $C_L(\Omega' \times \Omega'')$. Soit a positif appartenant à $D_\infty(\Omega' \times \Omega'')$. Il existe K' et K'' compacts dans Ω' et Ω'' respectivement tels que $[a] \subset K' \times K''$. Si a', a'' sont des adoucies de K' et K'' appartenant à $D_\infty(\Omega')$ et $D_\infty(\Omega'')$ respectivement, on a alors

$$a(x) \leqq \sup_{y \in [a]} a(y) \cdot a'(x') a''(x'').$$

Inversement, si $a', a'' \geqq 0$ appartiennent à $D_\infty(\Omega')$ et $D_\infty(\Omega'')$ respectivement, alors $a' \otimes a'' \in D_\infty(\Omega' \times \Omega'')$, d'où la conclusion.

Pour $C_L^0(\Omega' \times \Omega'')$, comme $\mathbf{A} = \{1\}$, c'est trivial.

Pour $S_L(E_n)$, on note que

$$(1+|x|^2)^r \leqq (1+|x'|^2)^r (1+|x''|^2)^r$$

et que

$$(1+|x'|^2)^r (1+|x''|^2)^r \leqq (1+|x|^2)^{2r}.$$

Traitons enfin le cas de $D_L^F(\Omega' \times \Omega'')$. Soit a positif appartenant à $C_\infty(\Omega' \times \Omega'')$.

Partitionnons Ω' et Ω'' en semi-intervalles I_i', I_j'', $(j=1, 2, \ldots)$, dans Ω' et Ω'' respectivement et posons

$$C_{i,j} = \sup_{x' \in I_i'} \sup_{x'' \in I_j''} a(x', x'').$$

Déterminons des C_i tels que $C_{i,j} \leqq C_i C_j$ pour tous i, j. Il suffit de prendre

$$C_i = \sup\{1, C_{i,m}, C_{m,i} : m \leqq i\}.$$

Désignons par α_i' (resp. α_j'') des adoucies de I_i' (resp. I_j'') appartenant à $D_\infty(\Omega')$ [resp. $D_\infty(\Omega'')$]. On peut choisir les I_i', I_j'', α_i' et α_j'' de telle sorte que les suites α_i' et α_j'' soient localement finies.

On a alors

$$a(x', x'') \leqq \sum_{i,j=1}^{\infty} C_{i,j} \alpha_i'(x') \alpha_j''(x'') \leqq \sum_{i=1}^{\infty} C_i \alpha_i'(x') \cdot \sum_{j=1}^{\infty} C_j \alpha_j''(x''),$$

où

$$\sum_{i=1}^{\infty} C_i \alpha_i' \in C_\infty(\Omega') \quad \text{et} \quad \sum_{j=1}^{\infty} C_j \alpha_j'' \in C_\infty(\Omega'').$$

Inversement, si $a', a'' \geqq 0$ appartiennent à $C_\infty(\Omega')$ et $C_\infty(\Omega'')$ respectivement, alors $a' \otimes a'' \in C_\infty(\Omega' \times \Omega'')$, d'où la conclusion.

15. — *La fonctionnelle bilinéaire* $\mathscr{B}$ *de* $\mathbf{A}'-C_L^0(\Omega')$, $\mathbf{A}''-C_L^0(\Omega'')$ *dans* $\mathbf{A}'\otimes\mathbf{A}''-C_L^0(\Omega'\times\Omega'')$ *définie par*

$$\mathscr{B}(f',f'')=f'(x')f''(x''),\quad \forall f'\in\mathbf{A}'-C_L^0(\Omega'),\quad \forall f''\in\mathbf{A}''-C_L^0(\Omega''),$$

est un produit tensoriel noté $\otimes$ *dans la suite.*

On s'en rend compte en paraphrasant la démonstration du paragraphe 22 p. 178.

a) *Le sous-espace linéaire* $\mathbf{A}'-C_L^0(\Omega')\otimes\mathbf{A}''-C_L^0(\Omega'')$ *est dense dans* $\mathbf{A}'\otimes\mathbf{A}''-C_L^0(\Omega'\times\Omega'')$.

Cela résulte de a), p. 224, car

$$D_\infty(\Omega')\otimes D_\infty(\Omega'')\subset\mathbf{A}'-C_L^0(\Omega')\otimes\mathbf{A}''-C_L^0(\Omega'').$$

b) *Si* $L=0$ *ou* ∞, *les semi-normes de*

$$\mathbf{A}'-C_L^0(\Omega')\,\boldsymbol{\varepsilon}\,\mathbf{A}''-C_L^0(\Omega'')$$

sont équivalentes aux semi-normes induites par $\mathbf{A}'\otimes\mathbf{A}''-C_L^0(\Omega'\times\Omega'')$.

Plus précisément, on a

$$\pi_{a',l'}\,\boldsymbol{\varepsilon}\,\pi_{a'',l''}(f)=\sup_{\substack{|k'|\leqq l'\\|k''|\leqq l''}}\ \sup_{\substack{x'\in\Omega'\\x''\in\Omega''}} a'(x')a''(x'')\,|D_{x'}^{k'}D_{x''}^{k''}f(x',x'')|$$

pour tout $f\in\mathbf{A}'-C_L^0(\Omega')\otimes\mathbf{A}''-C_L^0(\Omega'')$.

En effet, soient $a'\in\mathbf{A}'$, $a''\in\mathbf{A}''$, l' et l'' entiers positifs et soit

$$f(x)=\sum_{(i)}f_i'(x')f_i''(x''),\quad f_i'\in\mathbf{A}'-C_L^0(\Omega'),\quad f_i''\in\mathbf{A}''-C_L^0(\Omega'').$$

Il vient

$$\begin{aligned}\pi_{a',l'}\,\boldsymbol{\varepsilon}\,\pi_{a'',l''}(f)&=\sup_{\mathscr{C}\in b^{\triangle}_{\pi_{a',l'}}}\ \sup_{\mathscr{Q}\in b^{\triangle}_{\pi_{a'',l''}}}\Big|\sum_{(i)}\mathscr{C}(f_i')\mathscr{Q}(f_i'')\Big|\\&=\sup_{\mathscr{C}\in b^{\triangle}_{\pi_{a',l'}}}\ \sup_{\mathscr{Q}\in b^{\triangle}_{\pi_{a'',l''}}}\Big|\mathscr{Q}\Big[\sum_{(i)}\mathscr{C}(f_i')f_i''\Big]\Big|\\&=\sup_{\mathscr{C}\in b^{\triangle}_{\pi_{a',l'}}}\ \sup_{|k''|\leqq l''}\ \sup_{x''\in\Omega''}\Big|\mathscr{C}\Big[\sum_{(i)}D_{x''}^{k''}f_i''(x'')f_i'\Big]\Big|\\&=\sup_{\substack{|k'|\leqq l'\\|k''|\leqq l''}}\ \sup_{\substack{x'\in\Omega'\\x''\in\Omega''}}a'(x')a''(x'')\,|D_{x'}^{k'}D_{x''}^{k''}f(x',x'')|.\end{aligned}$$

On a donc

$$\pi_{a',l'}\,\boldsymbol{\varepsilon}\,\pi_{a'',l''}(f)\leqq\pi_{a'\otimes a'',l'+l''}(f)$$

et

$$\pi_{a'\otimes a'',l}(f)\leqq\pi_{a',l}\,\boldsymbol{\varepsilon}\,\pi_{a'',l}(f)$$

pour tout $f\in\mathbf{A}'-C_\infty^0(\Omega')\otimes\mathbf{A}''-C_\infty^0(\Omega'')$, d'où la conclusion.

c) *On a*

$$\mathbf{A}'\otimes\mathbf{A}''-C_0^0(\Omega'\times\Omega'')=\mathbf{A}'-C_0^0(\Omega')\,\bar{\varepsilon}\,\mathbf{A}''-C_0^0(\Omega'')$$

et

$$\mathbf{A}'\otimes\mathbf{A}''-C_\infty^0(\Omega'\times\Omega'')=\mathbf{A}'-C_\infty^0(\Omega')\,\bar{\varepsilon}\,\mathbf{A}''-C_\infty^0(\Omega'').$$

Cela résulte de a) et b) ci-dessus.

16. — a) *Si* $\mathbf{A}'-C_\infty^0(\Omega')$ *ou* $\mathbf{A}''-C_\infty^0(\Omega'')$ *est nucléaire, on a*

$$\mathbf{A}'\otimes\mathbf{A}''-C_\infty^0(\Omega'\times\Omega'')=\mathbf{A}'-C_\infty^0(\Omega')\,\bar{\pi}\,\mathbf{A}''-C_\infty^0(\Omega'').$$

C'est le cas en particulier pour $C_\infty(\Omega'\times\Omega'')$, $S_\infty(E_n)$, $\mathbf{D}_\infty(K'\times K'')$ *et* $D_\infty^F(\Omega'\times\Omega'')$.

En effet, vu c) ci-dessus, on a

$$\mathbf{A}'\otimes\mathbf{A}''-C_\infty^0(\Omega'\times\Omega'')=\mathbf{A}'-C_\infty^0(\Omega')\,\bar{\varepsilon}\,\mathbf{A}''-C_\infty^0(\Omega'')$$

et, comme l'un des espaces qui figurent au second membre est nucléaire, on conclut par I, p. 339.

b) *Si* $\mathbf{A}'-C_\infty^0(\Omega')$ *et* $\mathbf{A}''-C_\infty^0(\Omega'')$ *sont à semi-normes dénombrables et si l'un des deux est nucléaire, pour tout précompact* K *de* $\mathbf{A}'\otimes\mathbf{A}''-C_\infty^0(\Omega'\times\Omega'')$, *il existe des suites* $f_m'\in D_\infty(\Omega')$, $f_m''\in D_\infty(\Omega'')$, *convergeant vers* 0 *dans* $\mathbf{A}'-C_\infty^0(\Omega')$ *et* $\mathbf{A}''-C_\infty^0(\Omega'')$ *respectivement, telles que tout* $f\in K$ *s'écrive*

$$f(x',x'')=\sum_{m=1}^{\infty}c_m(f)f_m'(x')f_m''(x''),$$

où

$$\sum_{m=1}^{\infty}|c_m(f)|<\infty,\quad\forall f\in K,$$

et même

$$\sup_{f\in K}\sum_{m=N}^{\infty}|c_m(f)|\to 0$$

si $N\to\infty$.

Ce théorème s'applique en particulier aux bornés de $C_\infty(\Omega'\times\Omega'')$, $S_\infty(E_n)$, $\mathbf{D}_\infty(K'\times K'')$ et $D_\infty^F(\Omega'\times\Omega'')$.

En effet, comme ces espaces sont nucléaires, tout borné y est précompact. Pour le dernier espace, qui n'est pas à semi-normes dénombrables, on note que tout borné de $D_\infty^F(\Omega'\times\Omega'')$ est contenu et borné dans un $\mathbf{D}_\infty(K'\times K'')$.

17. — On peut définir dans le dual de $\mathbf{A}'\otimes\mathbf{A}''-C_\infty^0(\Omega'\times\Omega'')$ un produit tensoriel $\mathscr{T}'\otimes\mathscr{T}''$, $\mathscr{T}'\in\mathbf{A}'-C_\infty^{0*}(\Omega')$, $\mathscr{T}''\in\mathbf{A}''-C_\infty^{0*}(\Omega'')$.

Comme

$$\mathbf{A}'\otimes\mathbf{A}''-C_\infty^0(\Omega'\times\Omega'')=\mathbf{A}'-C_\infty^0(\Omega')\,\bar{\varepsilon}\,\mathbf{A}''-C_\infty^0(\Omega''),$$

pour tous $\mathscr{C}' \in \mathbf{A}' - C_\infty^{0*}(\Omega')$ et $\mathscr{C}'' \in \mathbf{A}'' - C_\infty^{0*}(\Omega'')$, la fonctionnelle

$$\mathscr{C}' \otimes \mathscr{C}'' \in \mathbf{A}' \otimes \mathbf{A}'' - C_\infty^{0*}(\Omega' \times \Omega'')$$

est définie biunivoquement par

$$\mathscr{C}' \otimes \mathscr{C}''(f' \otimes f'') = \mathscr{C}'(f')\mathscr{C}''(f''), \quad \forall f' \in \mathbf{A}' - C_\infty^0(\Omega'), \quad \forall f'' \in \mathbf{A}'' - C_\infty^0(\Omega''),$$

(cf. I, p. 345).

a) *Si* $\mathbf{A}' - C_\infty^0(\Omega')$ *et* $\mathbf{A}'' - C_\infty^0(\Omega'')$ *sont à semi-normes dénombrables et nucléaires, pour tout borné* B *de* $\mathbf{A}' \otimes \mathbf{A}'' - C_\infty^0(\Omega' \times \Omega'')$, *il existe* $f'_m \to 0$ *dans* $\mathbf{A}' - C_\infty^0(\Omega')$ *et* $f''_m \to 0$ *dans* $\mathbf{A}'' - C_\infty^0(\Omega'')$ *tels que*

$$\sup_{f \in B} |\mathscr{C}' \otimes \mathscr{C}''(f)| \leqq \sup_m |\mathscr{C}'(f'_m)| \cdot \sup_m |\mathscr{C}''(f''_m)|.$$

Cela résulte de b), p. 242 et I, e), p. 346.

b) Théorème de Fubini

Si

$$f(x', x'') \in \mathbf{A}' \otimes \mathbf{A}'' - C_\infty^0(\Omega' \times \Omega''), \quad \mathscr{C}' \in \mathbf{A}' - C_\infty^{0*}(\Omega'), \quad \mathscr{C}'' \in \mathbf{A}'' - C_\infty^{0*}(\Omega''),$$

alors

— $D_{x'}^{k'} f(x', x'') \in \mathbf{A}'' - C_\infty^0(\Omega'')$, *pour tout* $x' \in \Omega'$ *et tout* k',

— $\mathscr{C}''[f(x', x'')] \in \mathbf{A}' - C_\infty^0(\Omega')$ *et* $D_{x'}^{k'} \mathscr{C}''[f(x', x'')] = \mathscr{C}''[D_{x'}^{k'} f(x', x'')]$ *pour tout* k',

— $\mathscr{C}'\{\mathscr{C}''[f(x', x'')]\} = \mathscr{C}' \otimes \mathscr{C}''(f)$.

Démontrons que $\mathscr{C}''[f(x', x'')] \in \mathbf{A}' - C_\infty^0(\Omega')$. On a alors aussi $\mathscr{C}'[f(x', x'')] \in \mathbf{A}'' - C_\infty^0(\Omega'')$ d'où, pour $\mathscr{C}'(f') = D_{x'}^{k'} f'(x')$, la première assertion de l'énoncé.

Soient $a' \in \mathbf{A}'$ et l' donnés. Il existe $a'' \in \mathbf{A}''$, l'' et $C > 0$ tels que

$$|\mathscr{C}''(f'')| \leqq C \pi_{a'', l''}(f''), \quad \forall f'' \in \mathbf{A}'' - C_\infty^0(\Omega'').$$

Soient $\pi_0 = \pi_{a' \otimes a'', l' + l''}$ et, pour $i > 0$, $\pi_i = p_i \, \varepsilon \, \pi_{a'', l''}$, où p_i sont les semi-normes de $C_\infty(\Omega')$. Vu a), p. 241, il existe

$$f_m \in \mathbf{A}' - C_\infty^0(\Omega') \otimes \mathbf{A}'' - C_\infty^0(\Omega'')$$

tels que $f_m \underset{\pi_i}{\to} f$ pour tout i. On a alors $\mathscr{C}''[f_m(x', x'')] \to \mathscr{C}''[f(x', x'')]$ dans $C_\infty(\Omega')$. D'autre part, $f_m \underset{\pi_0}{\to} f$, donc $\mathscr{C}''[f_m(x', x'')]$ est de Cauchy pour $\pi_{a', l'}$. Dès lors, si $|k'| \leqq l'$, on a $a'(x') D_{x'}^{k'} \mathscr{C}''[f(x', x'')] \in C_0^0(\Omega')$, d'où $\mathscr{C}''(f) \in \mathbf{A}' - C_\infty^0(\Omega')$.

Choisissons a' et l' tels que

$$|\mathscr{C}'(f')| \leqq C' \pi_{a', l'}(f'), \quad \forall f' \in \mathbf{A}' - C_\infty^0(\Omega').$$

On a alors

$$\mathscr{C}'\{\mathscr{C}''[f_m(x', x'')]\} \to \mathscr{C}'\{\mathscr{C}''[f(x', x'')]\}.$$

Or

$$\mathscr{T}'\{\mathscr{T}''[f_m(x',x'')]\} = \mathscr{T}'\otimes\mathscr{T}''(f_m) \to \mathscr{T}'\otimes\mathscr{T}''(f),$$

donc

$$\mathscr{T}'\{\mathscr{T}''[f(x',x'')]\} = \mathscr{T}'\otimes\mathscr{T}''(f).$$

En permutant $\mathscr{T}'$ et $\mathscr{T}''$, on obtient

$$\mathscr{T}'\{\mathscr{T}''[f(x',x'')]\} = \mathscr{T}''\{\mathscr{T}'[f(x',x'')]\},$$

ce qui, dans le cas particulier $\mathscr{T}'(f) = D_{x'}^{k'}f$, donne la relation

$$D_{x'}^{k'}\mathscr{T}''[f(x',x'')] = \mathscr{T}''[D_{x'}^{k'}f(x',x'')].$$

c) *Si* $\mathbf{A}'-C_\infty^0(\Omega')$ *ou* $\mathbf{A}''-C_\infty^0(\Omega'')$ *est nucléaire, tout* $\mathscr{T}\in\mathbf{A}'\otimes\mathbf{A}''-C_\infty^{0*}(\Omega'\times\Omega'')$ *s'écrit*

$$\mathscr{T} = \sum_{m=1}^{\infty} c_m \mathscr{T}_m'\otimes\mathscr{T}_m'',$$

la convergence ayant lieu dans $\mathbf{A}'\otimes\mathbf{A}''-C_{\infty,b}^{0*}(\Omega'\times\Omega'')$ *avec*

$$\sum_{m=1}^{\infty} |c_m| < \infty,$$

les $\mathscr{T}_m'$ *et* $\mathscr{T}_m''$ *étant équibornés dans* $\mathbf{A}'-C_\infty^0(\Omega')$ *et* $\mathbf{A}''-C_\infty^0(\Omega'')$ *respectivement.*

Cela résulte de I, c), p. 348.

18. — Désignons par $B_b(E, F)$ l'espace linéaire formé des fonctionnelles bilinéaires bornées dans E, F, muni des semi-normes

$$\sup_{f\in B}\sup_{g\in B'} |\mathscr{B}(f,g)|,$$

où B, B' sont bornés dans E et F respectivement.

Théorème des noyaux

Si $\mathbf{A}'-C_\infty^0(\Omega')$ *et* $\mathbf{A}''-C_\infty^0(\Omega'')$ *sont à semi-normes dénombrables et nucléaires, la correspondance entre*

$$\mathbf{A}'\otimes\mathbf{A}''-C_{\infty,b}^{0*}(\Omega'\times\Omega'') \quad et \quad B_b[\mathbf{A}'-C_\infty^0(\Omega'), \mathbf{A}''-C_\infty^0(\Omega'')]$$

définie par

$$\mathscr{T}(f'\otimes f'') = \mathscr{B}(f',f''), \ \forall f'\in\mathbf{A}'-C_\infty^0(\Omega'), \ \forall f''\in\mathbf{A}''-C_\infty^0(\Omega''),$$

est linéaire, biunivoque et bibornée.

Soit $\mathscr{T}\in\mathbf{A}'\otimes\mathbf{A}''-C_\infty^{0*}(\Omega'\times\Omega'')$. C'est une fonctionnelle linéaire bornée dans

$$\mathbf{A}'-C_\infty^0(\Omega')\,\pi\,\mathbf{A}''-C_\infty^0(\Omega'')$$

donc, pour tout $f'\in\mathbf{A}'-C_\infty^0(\Omega')$ et tout $f''\in\mathbf{A}''-C_\infty^0(\Omega'')$,

$$|\mathscr{B}(f',f'')| = |\mathscr{C}(f'\otimes f'')| \leqq C\pi_{a',l'}\,\pi\,\pi_{a'',l''}(f'\otimes f'') = C\pi_{a',l'}(f')\pi_{a'',l''}(f'')$$

et $\mathscr{B} \in B_b[\mathbf{A}'-C^0_\infty(\Omega'),\, \mathbf{A}''-C^0_\infty(\Omega'')]$.

Inversement, soit $\mathscr{B}$ bilinéaire tel que

$$|\mathscr{B}(f',f'')| \leqq C\pi_{a',l'}(f')\pi_{a'',l''}(f'').$$

Si

$$f = \sum_{(i)} f_i'\otimes f_i'', \quad f_i' \in \mathbf{A}'-C^0_\infty(\Omega'), \quad f_i'' \in \mathbf{A}''-C^0_\infty(\Omega''),$$

est une décomposition de f, on a

$$|\mathscr{C}(f)| = \Big|\sum_{(i)} \mathscr{B}(f_i',f_i'')\Big| \leqq C\sum_{(i)} \pi_{a',l'}(f_i')\pi_{a'',l''}(f_i'').$$

Comme c'est vrai quels que soient les f_i' et f_i'' tels que $f = \sum_{(i)} f_i'\otimes f_i''$, on a donc

$$|\mathscr{C}(f)| \leqq C\pi_{a',l'}\,\pi\,\pi_{a'',l''}(f)$$

et $\mathscr{C} \in [\mathbf{A}'-C^0_\infty(\Omega')\,\pi\,\mathbf{A}''-C^0_\infty(\Omega'')]^*$.

La fonctionnelle $\mathscr{C}$ se prolonge alors de manière unique par une fonctionnelle linéaire bornée dans

$$\mathbf{A}'\otimes\mathbf{A}''-C^0_\infty(\Omega'\times\Omega'') = \mathbf{A}'-C^0_\infty(\Omega')\,\bar{\pi}\,\mathbf{A}''-C^0_\infty(\Omega'').$$

Quels que soient B', B'' bornés dans $\mathbf{A}'-C^0_\infty(\Omega')$ et $\mathbf{A}''-C^0_\infty(\Omega'')$ respectivement,

$$\sup_{f'\in B'}\sup_{f''\in B''} |\mathscr{B}(f',f'')| = \sup_{f\in B'\otimes B''} |\mathscr{C}(f)|.$$

Inversement, si B est borné dans $\mathbf{A}'\otimes\mathbf{A}''-C^0_\infty(\Omega'\times\Omega'')$, donc précompact, vu a), p. 243, il existe $f_m'\to 0$ dans $\mathbf{A}'-C^0_\infty(\Omega')$ et $f_m''\to 0$ dans $\mathbf{A}''-C^0_\infty(\Omega'')$ tels que

$$\sup_{f\in B} |\mathscr{C}(f)| \leqq \sup_m |\mathscr{C}[f_m'(x')f_m''(x'')]| \leqq \sup_{f'\in B'}\sup_{f''\in B''} |\mathscr{B}(f',f'')|$$

si $B'=\{f_m'\colon m=1, 2, \ldots\}$ et $B''=\{f_m''\colon m=1, 2, \ldots\}$, d'où la conclusion.

EXERCICES

1. — Si $\mathbf{A}'$ et $\mathbf{A}''$ sont dénombrables, démontrer à partir du théorème de Fubini que, pour tout borné B de $\mathbf{A}'\otimes\mathbf{A}''-C^0_\infty(\Omega'\times\Omega'')$, il existe un borné B' de $\mathbf{A}'-C^0_\infty(\Omega')$ et un borné B'' de $\mathbf{A}''-C^0_\infty(\Omega'')$, tels que

$$\sup_{f\in B} |\mathscr{C}'\otimes\mathscr{C}''(f)| \leqq \sup_{f'\in B'} |\mathscr{C}'(f')| \sup_{f''\in B''} |\mathscr{C}''(f'')|, \qquad (*)$$

pour tout $\mathscr{C}'\in\mathbf{A}'-C^{0*}_\infty(\Omega')$ et tout $\mathscr{C}''\in\mathbf{A}''-C^{0*}_\infty(\Omega'')$.

Suggestion. Notons que

$$B_m' = \{a_m''(x'')D^{k''}_{x''}f(x',x'')\colon f\in B,\ |k''|\leqq m,\ x''\in\Omega''\}$$

est borné dans $\mathbf{A}'-C^0_\infty(\Omega')$ pour tout m. Vu I, b), p. 251, il existe B' borné dans $\mathbf{A}'-C^0_\infty(\Omega')$ et $\lambda_m>0$ tels que $B'_m\subset\lambda_m B'$ pour tout m.

L'ensemble

$$B''=\{\mathscr{C}'[f(x',x'')]:\mathscr{C}'\in B'^{\triangle},\ f\in B\}$$

est alors borné dans $\mathbf{A}''-C^0_\infty(\Omega'')$. En effet, pour tout m,

$$\sup_{\mathscr{C}'\in B'^{\triangle}}\sup_{f\in B}\pi_{a''_m,m}\{\mathscr{C}'[f(x',x'')]\}=\sup_{\mathscr{C}'\in B'^{\triangle}}\sup_{g'\in B'_m}|\mathscr{C}'(g')|\leq\lambda_m.$$

Ces ensembles B' et B'' sont tels que si $\mathscr{C}'\in B'^{\triangle}$ et $\mathscr{C}''\in B''^{\triangle}$, on a

$$|\mathscr{C}'\otimes\mathscr{C}''(f)|=|\mathscr{C}''\{\mathscr{C}'[f(x',x'')]\}|\leq 1$$

pour tout $f\in B$, donc ils vérifient la relation (*).

2. — Désignons par $B_b(E,F;G)$ l'espace des fonctionnelles bilinéaires bornées de E, F dans G, muni des semi-normes

$$\sup_{f\in B}\sup_{g\in B'}r[\mathscr{B}(f,g)],$$

où B, B' sont les bornés de E et F respectivement et r les semi-normes de G.

Généraliser le théorème des noyaux comme suit.

Si $\mathbf{A}'-C^0_\infty(\Omega')$ et $\mathbf{A}''-C^0_\infty(\Omega'')$ sont à semi-normes dénombrables et nucléaires et si E est complet, la correspondance entre

$$\mathscr{L}_b[\mathbf{A}'\otimes\mathbf{A}''-C^0_\infty(\Omega'\times\Omega''),E]\quad\text{et}\quad B_b[\mathbf{A}'-C^0_\infty(\Omega'),\ \mathbf{A}''-C^0_\infty(\Omega'');E]$$

définie par

$$T(f'\otimes f'')=\mathscr{B}(f',f''),\ \forall f'\in\mathbf{A}'-C^0_\infty(\Omega'),\ \forall f''\in\mathbf{A}''-C^0_\infty(\Omega''),$$

est linéaire, biunivoque et bibornée.

Suggestion. Paraphraser la démonstration du texte en utilisant le théorème de prolongement par densité pour les opérateurs (cf. I, d), p. 400).

*

* *

Désignons par $\mathbf{A}'\otimes\mathbf{A}''-C_{L',L''}(\Omega'\times\Omega'')$ l'espace des fonctions $f(x',x'')$, définies dans $\Omega'\times\Omega''$, dont les dérivées

$$D^{k'}_{x'}D^{k''}_{x''}f(x',x'')\quad\text{et}\quad D^{k''}_{x''}D^{k'}_{x'}f(x',x''),\ |k'|\leq L',\ |k''|\leq L'',$$

existent, sont continues dans $\Omega'\times\Omega''$ et telles que

$$\sup_{\substack{x'\in\Omega'\\ x''\in\Omega''}}a'(x')a''(x'')|D^{k'}_{x'}D^{k''}_{x''}f(x',x'')|<\infty,$$

si $a'\in\mathbf{A}'$, $a''\in\mathbf{A}''$, $|k'|\leq L'$, $|k''|\leq L''$. On munit cet espace des semi-normes

$$\pi_{a',a'',l',l''}(f)=\sup_{\substack{|k'|\leq l'\\ |k''|\leq l''}}\sup_{\substack{x'\in\Omega'\\ x''\in\Omega''}}a'(x')a''(x'')|D^{k'}_{x'}D^{k''}_{x''}f(x',x'')|,$$

où $a'\in\mathbf{A}'$, $a''\in\mathbf{A}''$, $l'\leq L'$ et $l''\leq L''$.

L'espace $\mathbf{A}'\otimes\mathbf{A}''-C^0_{L',L''}(\Omega'\times\Omega'')$ est le sous-espace de $\mathbf{A}'\otimes\mathbf{A}''-C_{L',L''}(\Omega'\times\Omega'')$ formé des f tels que

$$a'(x')a''(x'')D^{k'}_{x'}D^{k''}_{x''}f(x',x'')\to 0$$

si (x',x'') tend vers un point frontière de $\Omega'\times\Omega''$ ou vers l'infini.

Notons que, si $f \in \mathbf{A}' \otimes \mathbf{A}'' - C_{L', L''}(\Omega' \times \Omega'')$, les dérivées $D_x^k f$ où $k = (k', k'')$, avec $|k'| \leqq L'$ et $|k''| \leqq L''$, existent et sont indépendantes de l'ordre de dérivation (cf. FVR I, ex., p. 253).

On peut étudier ces espaces de manière analogue aux espaces $\mathbf{A} - C_L(\Omega)$ et $\mathbf{A} - C_L^0(\Omega)$. Nous proposons ici en exercices ce qui concerne leur interprétation tensorielle.

1. — L'espace $D_\infty(\Omega') \otimes D_\infty(\Omega'')$ est dense dans $\mathbf{A}' \otimes \mathbf{A}'' - C^0_{L', L''}(\Omega' \times \Omega'')$.

2. — On a

$$\mathbf{A}' \otimes \mathbf{A}'' - C^0_{L', L''}(\Omega' \times \Omega'') = \mathbf{A}' - C^0_{L'}(\Omega') \,\bar{\boldsymbol{\varepsilon}}\, \mathbf{A}'' - C^0_{L''}(\Omega'').$$

3. — Si $\mathscr{C}' \in \mathbf{A}' - C^{0*}_{L'}(\Omega')$ et $\mathscr{C}'' \in \mathbf{A}'' - C^{0*}_{L''}(\Omega'')$, on peut définir

$$\mathscr{C}' \otimes \mathscr{C}'' \in \mathbf{A}' \otimes \mathbf{A}'' - C^{0*}_{L', L''}(\Omega' \times \Omega''),$$

tel que

$$\mathscr{C}' \otimes \mathscr{C}''(f' \otimes f'') = \mathscr{C}'(f') \mathscr{C}''(f''),$$

pour tout $f' \in \mathbf{A}' - C^0_{L'}(\Omega')$ et tout $f'' \in \mathbf{A}'' - C^0_{L''}(\Omega'')$.

De plus, pour tout $f \in \mathbf{A}' \otimes \mathbf{A}'' - C^0_{L', L''}(\Omega' \times \Omega'')$,

— $D^{k''}_{x''} f(x', x'') \in \mathbf{A}' - C^0_{L'}(\Omega')$, pour tout $x'' \in \Omega''$ et tout k'' tel que $|k''| \leqq L''$,

— $\mathscr{C}'[f(x', x'')] \in \mathbf{A}'' - C^0_{L''}(\Omega'')$ et $D^{k''}_{x''} \mathscr{C}'[f(x', x'')] = \mathscr{C}'[D^{k''}_{x''} f(x', x'')]$ pour tout k'' tel que $|k''| \leqq L''$,

— $\mathscr{C}''\{\mathscr{C}'[f(x', x'')]\} = \mathscr{C}' \otimes \mathscr{C}''[f(x', x'')]$.

Pour $L = L' = 0$, on retrouve le produit $\mu' \otimes \mu''$ de mesures et le théorème de Fubini dans le cas particulier où $f(x', x'')$ est continu.

Pour $L = L' = \infty$, on retrouve le théorème de Fubini, b), p. 243.

Suggestion. Paraphraser les démonstrations des propriétés correspondantes du texte.

Espaces $\mathbf{A} - C_L(\Omega; E)$ et $\mathbf{A} - C_L^0(\Omega; E)$

19. — Jusqu'à la fin de ce chapitre, E désigne un espace linéaire à semi-normes représentables.

On appelle $\mathbf{A} - C_L(\Omega; E)$ l'ensemble des fonctions à valeurs dans E, L fois continûment dérivables dans Ω et telles que

$$\sup_{x \in \Omega} a(x) p[D_x^k f(x)] < \infty,$$

pour tout $a \in \mathbf{A}$, tout $p \in \{p\}$ et tout k tel que $|k| \leqq L$, muni de la combinaison linéaire définie par

$$\Big(\sum_{(i)} c_i f_i\Big)(x) = \sum_{(i)} c_i f_i(x), \quad \forall x \in \Omega,$$

et du système de semi-normes

$$\pi_{a,p,l}(f) = \sup_{|k| \leqq l} \sup_{x \in \Omega} a(x) p[D_x^k f(x)], \quad a \in \mathbf{A}, \ p \in \{p\}, \ l \leqq L.$$

On appelle $\mathbf{A} - C_L^0(\Omega; E)$ le sous-espace linéaire de $\mathbf{A} - C_L(\Omega; E)$ formé des fonctions $f(x)$ telles que

$$a(x_m) D_x^k f(x_m) \to 0$$

dans E, si $x_m \in \Omega$ et si $x_m \to x_0 \in \dot{\Omega}$ ou si $x_m \to \infty$, quels que soient $a \in \mathbf{A}$ et k tel que $|k| \leqq L$.

a) *La fonctionnelle bilinéaire*

$$\mathscr{B}(\varphi, f) = \varphi(x) f$$

de $\mathbf{A}-C_L(\Omega)$ [resp. $\mathbf{A}-C_L^0(\Omega)$], E *dans* $\mathbf{A}-C_L(\Omega; E)$ [resp. $\mathbf{A}-C_L^0(\Omega; E)$] *est un produit tensoriel, noté* $\otimes$ *dans la suite.*

La démonstration est analogue à celle du paragraphe 15, p. 241.

b) *L'espace* $D_\infty(\Omega) \otimes E$ *est dense dans* $\mathbf{A}-C_L^0(\Omega; E)$.

Soit $f \in \mathbf{A}-C_L^0(\Omega; E)$ et soit p une semi-norme de E.

L'ensemble

$$\mathscr{K} = \{\mathscr{T}[f(x)] : \mathscr{T} \in b_p^\triangle\}$$

est visiblement un précompact de $\mathbf{A}-C_L^0(\Omega)$, en vertu du critère b), p. 228.

Si $a \in \mathbf{A}$, $l \leqq L$ et $\varepsilon > 0$, il existe donc un opérateur fini V tel que

$$\sup_{g \in \mathscr{K}} \pi_{a,l}(g - Vg) \leqq \varepsilon.$$

Comme on l'a vu à la fin de a), p. 224, cet opérateur fini V peut être pris sous la forme

$$Vg = \sum_{(i)} c_i g(x_i) \varphi_i,$$

où $x_i \in \Omega$ et $\varphi_i \in D_\infty(\Omega)$ pour tout i.

On a alors

$$V\mathscr{T}[f(x)] = \sum_{(i)} c_i \mathscr{T}[f(x_i)] \varphi_i$$

et, si on définit l'opérateur fini V' de $\mathbf{A}-C_L^0(\Omega; E)$ dans $D_\infty(\Omega; E)$ par

$$V'f = \sum_{(i)} c_i f(x_i) \varphi_i,$$

il vient

$$\pi_{a,p,l}(f - V'f) \leqq \varepsilon,$$

d'où la conclusion.

c) *On a*

$$\mathbf{A}-C_L^0(\Omega; E) = \mathbf{A}-C_L^0(\Omega) \,\bar{\boldsymbol{\varepsilon}}\, E.$$

Vu b), $\mathbf{A}-C_L^0(\Omega) \otimes E$ est dense dans $\mathbf{A}-C_L^0(\Omega; E)$.

Soient $p \in \{p\}$, $a \in \mathbf{A}$ et $l \leqq L$ donnés. Pour tout $f = \sum_{(i)} f_i \varphi_i \in \mathbf{A}-C_L^0(\Omega) \otimes E$, on a

$$\sup_{\mathscr{T} \in b_p^\triangle} \sup_{\mathscr{Q} \in b_{\pi_{a,l}}^\triangle} \Big| \sum_{(i)} \mathscr{T}(f_i) \mathscr{Q}(\varphi_i) \Big| = \sup_{\mathscr{T} \in b_p^\triangle} \pi_{a,l} \Big[\sum_{(i)} \mathscr{T}(f_i) \varphi_i \Big]$$

car

$$\sum_{(i)} \mathscr{T}(f_i) \mathscr{Q}(\varphi_i) = \mathscr{Q}\Big[\sum_{(i)} \mathscr{T}(f_i) \varphi_i \Big].$$

Vu la forme de $\pi_{a,l}$, le second membre s'écrit encore

$$\sup_{|k|\leq l}\sup_{x\in\Omega}\sup_{\mathscr{C}\in b_p^\triangle} a(x)\left|\sum_{(i)}\mathscr{C}(f_i)D_x^k\varphi_i(x)\right|.$$

En notant cette fois que

$$\sum_{(i)}\mathscr{C}(f_i)D_x^k\varphi_i(x)=\mathscr{C}\big[\sum_{(i)}D_x^k\varphi_i(x)f_i\big],$$

on obtient

$$\sup_{\mathscr{C}\in b_p^\triangle}\sup_{\mathscr{Q}\in b_{\pi_{a,l}}^\triangle}\left|\sum_{(i)}\mathscr{C}(f_i)\mathscr{Q}(\varphi_i)\right|=\sup_{|k|\leq l}\sup_{x\in\Omega}a(x)p[D_x^kf(x)],$$

d'où la conclusion.

20. — Les propriétés des espaces $\mathbf{A}-C_L^0(\Omega;E)$ découlent de leur interprétation tensorielle ou se démontrent de la même manière que les propriétés correspondantes de $\mathbf{A}-C_L^0(\Omega)$.

Si E est complet, $\mathbf{A}-C_L(\Omega;E)$ *et* $\mathbf{A}-C_L^0(\Omega;E)$ *sont complets.*

Démonstration analogue à celle de la propriété correspondante pour les espaces $\mathbf{A}-C_L(\Omega)$ et $\mathbf{A}-C_L^0(\Omega)$, (cf. a), p. 223 et I, p. 483).

21. — a) *Si E est séparable* (resp. *séparable par semi-norme*), *il en est de même pour* $\mathbf{A}-C_L^0(\Omega;E)$.

Cela résulte de la séparabilité de $\mathbf{A}-C_L^0(\Omega)$ et de c), p. 248.

b) *Les espaces* $\mathbf{A}-C_L(\Omega;E)$ *et* $\mathbf{A}-C_L^0(\Omega;E)$ *sont à semi-normes représentables.*

De fait, comme on a supposé E à semi-normes représentables, pour tout $a\in\mathbf{A}$, tout $p\in\{p\}$ et tout $l\leq L$, on a

$$\pi_{a,p,l}(f)=\sup_{|k|\leq l}\sup_{x\in\Omega}\sup_{\mathscr{C}\in b_p^\triangle}|a(x)\mathscr{C}[D_x^kf(x)]|,\quad\forall f\in\mathbf{A}-C_L(\Omega;E),$$

où $a(x)\mathscr{C}[D_x^kf(x)]$ est visiblement une fonctionnelle linéaire bornée par $\pi_{a,p,l}$ quels que soient $x\in\Omega$, $\mathscr{C}\in b_p^\triangle$ et k tel que $|k|\leq l$.

22. — a) *Un ensemble* $\mathscr{K}$ *est précompact pour* $\pi_{a,p,l}$ *dans* $\mathbf{A}-C_L^0(\Omega;E)$ *si et seulement si*

— l'ensemble

$$\mathscr{K}_{k,x}=\{a(x)D_x^kf(x):f\in\mathscr{K}\}$$

est précompact pour p dans E pour tout $x\in\Omega$ *et tout k tel que* $|k|\leq l$,

— l'ensemble

$$\mathscr{K}_p=\{\mathscr{C}[f(x)]:\mathscr{C}\in b_p^\triangle,\ f\in\mathscr{K}\}$$

est précompact pour $\pi_{a,l}$ *dans* $\mathbf{A}-C_L^0(\Omega)$.

b) *Un ensemble* $\mathscr{K}$ *est précompact dans* $\mathbf{A}-C_L^0(\Omega; E)$ *si et seulement si*
— *l'ensemble*

$$\mathscr{K}_{k,x} = \{D_x^k f(x) : f \in \mathscr{K}\}$$

est précompact dans E pour tout $x \in \Omega$ *et tout k tel que* $|k| \leqq L$,
— *l'ensemble*

$$\mathscr{K}_p = \{\mathscr{C}[f(x)] : \mathscr{C} \in b_p^\triangle,\ f \in \mathscr{K}\}$$

est précompact dans $\mathbf{A}-C_L^0(\Omega)$ *pour tout* $p \in \{p\}$.

c) *Si* $\mathscr{K}$ *est borné dans* $\mathbf{A}-C_L^0(\Omega; E)$ *et tel que*

$$\mathscr{K}_{k,x} = \{D_x^k f(x) : f \in \mathscr{K}\}$$

soit précompact dans E pour tout $x \in \Omega$ *et tout k tel que* $|k| \leqq L-1$ *et que*

$$\sup_{f \in \mathscr{K}} a(x_m)\, p[D_x^k f(x_m)] \to 0$$

si $x_m \to \infty$ *pour tous* $p \in \{p\}$, $a \in \mathbf{A}$ *et k tel que* $|k| \leqq L-1$, *alors* $\mathscr{K}$ *est précompact dans* $\mathbf{A}-C_{L-1}^0(\Omega; E)$.

En particulier, si tout borné de E est précompact, tout borné de $C_L(\Omega; E)$ [resp. $S_L(E_n; E)$, $\mathbf{D}_L(K; E)$, $D_L^F(\Omega; E)$] *est précompact dans* $C_{L-1}(\Omega; E)$ [resp. $S_{L-1}(E_n; E)$, $\mathbf{D}_{L-1}(K; E)$, $D_{L-1}^F(\Omega; E)$].

Les démonstrations sont analogues à celles de a), b) et c), pp. 228—229, en partant des propriétés correspondantes de $\mathbf{A}-C_0^0(\Omega; E)$.

Pour la dernière, dans les développements de Taylor considérés p. 229, on substitue $\mathscr{C}[D_x^k f(x)]$ à $D_x^k f(x)$ et on utilise la relation

$$p(f) = \sup_{\mathscr{C} \in b_p^\triangle} |\mathscr{C}(f)|$$

pour revenir à p.

23. — *Si E est pc-accessible,* $\mathbf{A}-C_L^0(\Omega; E)$ *est pc-accessible.*

Soit $\mathscr{K}$ précompact dans $\mathbf{A}-C_L^0(\Omega; E)$ et soient $a \in \mathbf{A}$, $p \in \{p\}$, $\varepsilon > 0$ et l tel que $l \leqq L$ donnés.

Vu b), p. 250, l'ensemble

$$\mathscr{K}_p = \{\mathscr{C}[f(x)] : \mathscr{C} \in b_p^\triangle,\ f \in \mathscr{K}\}$$

est précompact dans $\mathbf{A}-C_L^0(\Omega)$.

Dès lors, vu l'accessibilité de $\mathbf{A}-C_L^0(\Omega)$, il existe un opérateur fini V dans $\mathbf{A}-C_L^0(\Omega)$ tel que

$$\sup_{g \in \mathscr{K}_p} \pi_{a,l}(g - Vg) \leqq \varepsilon/2.$$

Vu la remarque qui termine a), p. 224, on peut prendre V sous la forme

$$Vg = \sum_{(i)} g(x_i)\varphi_i, \quad \forall g \in \mathbf{A} - C_L^0(\Omega),$$

où $x_i \in \Omega$ et où $\varphi_i \in D_\infty(\Omega)$.

Il vient alors

$$\sup_{f \in \mathscr{K}} \pi_{a,p,l}\left[f(x) - \sum_{(i)} f(x_i)\varphi_i(x)\right] \leqq \varepsilon/2.$$

Pour chaque i, l'ensemble $\{f(x_i) : f \in \mathscr{K}\}$ est précompact dans E. Dès lors, il existe un opérateur fini V' dans E tel que

$$\sup_i \sup_{f \in \mathscr{K}} p[f(x_i) - V'f(x_i)] \leqq \varepsilon / \left[2 \sum_{(j)} \pi_{a,l}(\varphi_j)\right].$$

On obtient donc

$$\sup_{f \in \mathscr{K}} \pi_{a,p,l}\left[f(x) - \sum_{(i)} V'f(x_i)\varphi_i(x)\right] \leqq \varepsilon$$

où

$$\sum_{(i)} V'f(x_i)\varphi_i(x), \quad \forall f \in \mathbf{A} - C_L^0(\Omega; E),$$

est visiblement un opérateur fini dans $\mathbf{A} - C_L^0(\Omega; E)$.

24. — a) *Si, pour tout $a \in \mathbf{A}$, il existe $b \in \mathbf{A}$ tel que $b(x) \neq 0$ si $a(x) \neq 0$ et que $a(x)/b(x)$ $(0$ si $b(x) = 0)$ $\to 0$ quand $x \to \infty$ et si E est un espace de Schwartz, alors $\mathbf{A} - C_\infty^0(\Omega; E)$ est un espace de Schwartz.*

Soient $a \in \mathbf{A}$, $p \in \{p\}$ et $l > 0$ donnés et soient $b \in \mathbf{A}$ et $q \in \{q\}$ tels que $b \geqq a$, $q \geqq p$ et que $b_{\pi_{b,l+1}}$ soit précompact pour $\pi_{a,l}$ et b_q précompact pour p.

La semi-boule $b_{\pi_{b,q,l+1}}$ est alors précompacte pour $b_{\pi_{a,p,l}}$.

Il suffit pour le voir d'appliquer a), p. 249, en notant que

$$\{a(x) D_x^k f(x) : f \in b_{\pi_{b,q,l+1}}\} \subset b_q$$

pour tout k tel que $|k| \leqq l$ et que

$$\{\mathscr{T}[f(x)] : \mathscr{T} \in b_p^\triangle, f \in b_{\pi_{b,q,l+1}}\} \subset b_{\pi_{b,l+1}}.$$

b) *Si E est nucléaire et si, pour tout $a \in \mathbf{A}$, il existe $b \in \mathbf{A}$ tel que $b(x) \neq 0$ si $a(x) \neq 0$ et que $a(x)/b(x)$ $(0$ si $b(x) = 0)$ soit l-intégrable, alors $\mathbf{A} - C_\infty^0(\Omega; E)$ est nucléaire.*

De fait, $\mathbf{A} - C_\infty^0(\Omega)$ est alors nucléaire, donc $\mathbf{A} - C_\infty^0(\Omega)\, \bar{\boldsymbol{\varepsilon}}\, E$ est nucléaire.

c) *Si E ou $\mathbf{A} - C_L^0(\Omega)$ est nucléaire, on a*

$$\mathbf{A} - C_L^0(\Omega; E) = \mathbf{A} - C_L^0(\Omega)\, \bar{\boldsymbol{\pi}}\, E.$$

Cela résulte immédiatement de c), p. 248.

25. — Notons finalement que

$$\mathbf{A}' \otimes \mathbf{A}'' - C_\infty^0(\Omega' \times \Omega'') = \mathbf{A}' - C_\infty^0[\Omega'; \mathbf{A}'' - C_\infty^0(\Omega'')]$$
$$= \mathbf{A}'' - C_\infty^0[\Omega''; \mathbf{A}' - C_\infty^0(\Omega')]$$

et les systèmes de semi-normes de ces différents espaces sont équivalents.
La démonstration est entièrement analogue à celle du paragraphe 26, p. 183.

EXERCICES

1. — Si $f \in \mathbf{A} - C_L^0(\Omega; E)$, l'opérateur T défini par

$$T\widetilde{\mathscr{C}} = \widetilde{\mathscr{C}}[f(x)], \quad \forall \widetilde{\mathscr{C}} \in E^*,$$

est linéaire et borné de E_{pc}^* dans $\mathbf{A} - C_L^0(\Omega)$.

Suggestion. Soient $a \in \mathbf{A}$ et $l \le L$ donnés. On a

$$\pi_{a, l}(T\widetilde{\mathscr{C}}) \le \sup_{|k| \le l} \sup_{g \in \mathscr{K}_{a,k}} |\widetilde{\mathscr{C}}(g)|,$$

où $\mathscr{K}_{a,k} = \{a(x) D_x^k f(x) : x \in \Omega\}$.
Il suffit donc d'établir que $\mathscr{K}_{a,k}$ est précompact dans E quels que soient a et k.
Pour tout m,

$$\{a(x) D_x^k f(x) : x \in K_m\}$$

est précompact dans E, puisque $D_x^k f$ est continu de K_m dans E.
De plus, pour tout $p \in \{p\}$ et tout $\varepsilon > 0$, il existe M tel que

$$\mathscr{K}_{a,k} \subset \{a(x) D_x^k f(x) : x \in K_m\} + b_p(\varepsilon)$$

pour tout $m \ge M$. D'où la conclusion.

2. — Si $T \in \mathscr{L}[E_{ca}^*, \mathbf{A} - C_L^0(\Omega)]$, il existe $f \in \mathbf{A} - C_L^0(\Omega; E)$ tel que

$$T\widetilde{\mathscr{C}} = \widetilde{\mathscr{C}}[f(x)], \quad \forall \widetilde{\mathscr{C}} \in E^*.$$

Suggestion. Pour tout $x \in \Omega$ et tout k tel que $|k| \le L$, $D_x^k T\widetilde{\mathscr{C}}$ est une fonctionnelle linéaire bornée dans E_{ca}^* donc il existe $f_k(x) \in E$ tel que $D_x^k T\widetilde{\mathscr{C}} = \widetilde{\mathscr{C}}[f_k(x)]$ pour tout $\widetilde{\mathscr{C}} \in E^*$.
En vertu de I, p. 483, où on prend $E_{\{q\}} = E$ et $E_{\{p\}} = E_a$, on a $f_0 \in C_L(\Omega; E)$ et $D_x^k f_0(x) = f_k(x)$ pour tout $x \in \Omega$ et tout k tel que $|k| \le L$.
De plus, comme $b_p^\triangle$ est précompact dans E_{ca}^*,

$$\{T\widetilde{\mathscr{C}} : \widetilde{\mathscr{C}} \in b_p^\triangle\}$$

est précompact dans $\mathbf{A} - C_L^0(\Omega)$, donc $a(x_m) p[D_x^k f_0(x_m)] \to 0$ si $x_m \to x_0 \in \dot{\Omega}$ ou si $x_m \to \infty$, quels que soient $p \in \{p\}$ et k tel que $|k| \le L$.

VI. ESPACE $D_\infty(\Omega)$ ET DISTRIBUTIONS

Espace $D_\infty(\Omega)$

1. — Soit Ω un ouvert de E_n.

On appelle $\boldsymbol{D}_\infty(\boldsymbol{\Omega})$ l'espace des fonctions indéfiniment continûment dérivables et à support compact dans Ω, muni du système de semi-normes de la limite inductive des espaces $\mathbf{D}_\infty(K_m)$, où K_m est une suite de compacts satisfaisant aux conditions de c), p. 132, c'est-à-dire tels que

$$\Omega = \bigcup_{m=1}^{\infty} K_m, \quad K_m = \overline{\mathring{K}_m} \quad \text{et} \quad K_m \subset \mathring{K}_{m+1}, \ \forall m.$$

Vérifions que le système de semi-normes de $D_\infty(\Omega)$ ne dépend pas du choix des K_m.

Si les compacts K'_m satisfont aux conditions indiquées, pour tout m, il existe i_m et j_m tels que

$$K_m \subset \mathring{K}'_{i_m} \subset K'_{i_m} \quad \text{et} \quad K'_m \subset \mathring{K}_{j_m} \subset K_{j_m}.$$

On conclut par I, b), p. 131.

L'espace $D_\infty(\Omega)$ est limite inductive hyperstricte des $\mathbf{D}_\infty(K_m)$.

Si $K \subset K'$, on a $\mathbf{D}_\infty(K) \subset \mathbf{D}_\infty(K')$, les semi-normes induites par $\mathbf{D}_\infty(K')$ dans $\mathbf{D}_\infty(K)$ sont équivalentes aux semi-normes de ce dernier et $\mathbf{D}_\infty(K)$ est fermé dans $\mathbf{D}_\infty(K')$. Dès lors, la limite inductive des $\mathbf{D}_\infty(K_m)$ est hyperstricte.

2. — Les propriétés de $D_\infty(\Omega)$ découlent de celles de $\mathbf{D}_\infty(K_m)$ et de celles des limites inductives hyperstrictes (cf. I, pp. 121—132).

a) *Une suite f_m est de Cauchy* (resp. *convergente*) *dans $D_\infty(\Omega)$ si et seulement si les f_m sont à support dans un compact fixe $K \subset \Omega$ et forment une suite de Cauchy* (resp. *convergente*) *dans $\mathbf{D}_\infty(K)$.*

En particulier, *$D_\infty(\Omega)$ est complet.*

De fait, comme la limite inductive des $\mathbf{D}_\infty(K_m)$ est hyperstricte, la suite f_m est de Cauchy (resp. convergente) si et seulement si elle est contenue dans un $\mathbf{D}_\infty(K_{m_0})$ et y est de Cauchy (resp. convergente).

b) *L'espace $D_\infty(\Omega)$ est séparable.*

De plus, *l'ensemble des $f \in D_\infty(\Omega)$ de la forme $f_1(x_1)\ldots f_n(x_n)$, où $f_i \in D_\infty(E_1)$ pour tout i, est total dans $D_\infty(\Omega)$.*

En effet, les espaces $\mathbf{D}_\infty(K_m)$ sont séparables et l'ensemble des $f \in \mathbf{D}_\infty(K_m)$ de la forme $f_1(x_1)\ldots f_n(x_n)$, où $f_i \in D_\infty(E_1)$ pour tout i, y est total, vu, a) p. 224.

c) *Un ensemble B est borné dans* $D_\infty(\Omega)$ *si et seulement si il est contenu dans un* $\mathbf{D}_\infty(K_m)$ *et y est borné.*

De là, *tout borné fermé dans* $D_\infty(\Omega)$ *y est compact et extractable.*

La première partie de l'énoncé découle encore des propriétés des limites inductives.

On note alors que $\mathbf{D}_\infty(K_m)$ est un espace de Fréchet et de Schwartz, donc que tout borné fermé y est compact et extractable.

d) *L'espace* $D_\infty(\Omega)$ *est pc-accessible.*

Cela résulte de la *pc*-accessibilité des espaces $\mathbf{D}_\infty(K_m)$ et de I, p. 457.

e) *L'espace* $D_\infty(\Omega)$ *est de Schwartz et nucléaire.*

En particulier, *il est a-complet.*

Cela résulte de b), p. 236 et de I, d), p. 290. Pour le cas particulier, on utilise I, c), p. 214.

f) *L'espace* $D_\infty(\Omega)$ *est tonnelé, bornologique et évaluable.*

En effet, c'est une limite inductive d'espaces de Fréchet.

EXERCICES

1. — Soient Ω et K_m, $(m=1, 2, \ldots)$, comme au paragraphe 1.

Soit en outre $\alpha_m \in D_\infty(\Omega)$, $(m=1, 2, \ldots)$, une partition de l'unité dans Ω telle que

$$[\alpha_1] \subset K_1, \quad [\alpha_2] \subset K_2 \quad \text{et} \quad [\alpha_m] \subset K_m \setminus K_{m-2} \quad \text{si} \quad m > 2.$$

Pour tout entier l et tout $f \in D_\infty(\Omega)$, posons

$$p_l(f) = \sup_{|k| \leq l} \sup_{x \in \Omega} |D_x^k f(x)|.$$

Etablir que les expressions

$$\sum_{m=1}^{\infty} c_m p_{l_m}(\alpha_m \cdot), \tag{*}$$

où c_m et l_m désignent des suites arbitraires d'entiers positifs, déterminent un système de semi-normes dans $D_\infty(\Omega)$, équivalent au système des semi-normes naturelles de $D_\infty(\Omega)$.

Suggestion. Vu les conditions imposées aux α_m, il est clair que, si $f \in \mathbf{D}_\infty(K_M)$, on a

$$f = \sum_{m=1}^{M+2} \alpha_m f,$$

car $\alpha_m f = 0$ si $m > M+2$. De là, les séries (*) convergent pour tout $f \in D_\infty(\Omega)$ et déterminent un système de semi-normes dans $D_\infty(\Omega)$.

Ce système de semi-normes est, d'une part, plus fort que celui de $D_\infty(\Omega)$ car $\sum_{m=1}^{\infty} \alpha_m f$ est en fait une décomposition linéaire particulière de f en éléments $\alpha_m f \in \mathbf{D}_\infty(K_m)$ si $f \in D_\infty(\Omega)$.

D'autre part, il est plus faible que celui de $D_\infty(\Omega)$ car, dans chaque $\mathbf{D}_\infty(K_M)$, il est plus faible que celui de $\mathbf{D}_\infty(K_M)$. De fait, si les suites c_m et l_m sont fixées, pour tout $f \in \mathbf{D}_\infty(K_M)$, on a

$$\sum_{m=1}^{\infty} c_m p_{l_m}(\alpha_m f) = \sum_{m=1}^{M+2} c_m \sup_{|k| \leq l_m} \sup_{x \in \Omega} |D_x^k [\alpha_m(x) f(x)]|$$

et il est possible de déterminer $C>0$ ne dépendant que des c_m et α_m, $(m \leqq M+2)$, tel que

$$\sum_{m=1}^{\infty} c_m p_{l_m}(\alpha_m f) \leqq C \sup_{|k|\leqq L} \sup_{x\in K_M} |D_x^k f(x)|, \quad \forall f \in \mathbf{D}_\infty(K_M),$$

où $L=\sup(l_1, \ldots, l_{m+2})$.

2. — L'espace $D_\infty(\Omega)$ n'est pas un espace du type $\mathbf{A}-C_\infty(\Omega)$.

Suggestion. Si c'était le cas, avec les notations de l'ex. 1, il existerait $a\in\mathbf{A}$, un entier l et $C>0$ tels que

$$\sum_{m=1}^{\infty} \sup_{|k|\leqq m} \sup_{x\in\Omega} |D_x^k[\alpha_m(x)f(x)]| \leqq C \sup_{|k|\leqq l} \sup_{x\in\Omega} a(x)|D_x^k f(x)|, \quad \forall f\in D_\infty(\Omega).$$

En particulier, si

$$\sup_{x\in K_{l+1}} a(x) \leqq M,$$

on aurait

$$\sup_{|k|\leqq l+1} \sup_{x\in\Omega} |D_x^k[\alpha_{l+1}(x)f(x)]| \leqq CM \sup_{|k|\leqq l} \sup_{x\in\Omega} |D_x^k f(x)|, \quad \forall f\in \mathbf{D}_\infty(K_{l+1}).$$

Cette majoration signifie que l'opérateur T de $\mathbf{D}_l(K_{l+1})$ dans $\mathbf{D}_{l+1}(K_{l+1})$ défini par $Tf=\alpha_{l+1}f$ est borné, ce qui est absurde.

3. — Etablir les propriétés de $D_\infty(\Omega)$ à partir de l'ex. 1, sans recourir à la théorie des limites inductives.

Suggestion. a) Les semi-normes (*) sont équivalentes dans chaque $\mathbf{D}_\infty(K_m)$ à celles de $\mathbf{D}_\infty(K_m)$.

On a établi dans l'ex. 1 qu'elles sont plus faibles.

Vérifions qu'elles sont aussi plus fortes. Si

$$p(f) = \sup_{|k|\leqq l} \sup_{x\in K_M} |D_x^k f(x)|$$

est une semi-norme de $\mathbf{D}_\infty(K_M)$, on a

$$p(f) \leqq \sum_{m=1}^{\infty} p_l(\alpha_m f), \quad \forall f\in\mathbf{D}_\infty(K_M),$$

car, si $|k|\leqq l$ et si $x\in K_M$, on a

$$|D_x^k f(x)| = \left|D_x^k\left[\sum_{m=1}^{M+2} \alpha_m(x)f(x)\right]\right| \leqq \sum_{m=1}^{M+2} |D_x^k[\alpha_m(x)f(x)]|.$$

b) Les semi-normes (*) étant équivalentes dans chaque $\mathbf{D}_\infty(K_m)$ à celles de $\mathbf{D}_\infty(K_m)$, la séparabilité de $D_\infty(\Omega)$ résulte de celle des espaces $\mathbf{D}_\infty(K_m)$.

Pour obtenir les propriétés a) et c) du texte, il suffit d'établir que, pour tout ensemble B borné dans $D_\infty(\Omega)$, il existe M tel que

$$\alpha_m f = 0, \quad \forall f\in B, \quad \forall m \geqq M,$$

car on a alors $B\subset\mathbf{D}_\infty(K_M)$.

Si ce n'est pas le cas, il existe $j_m\uparrow\infty$, $x_m\in K_{j_m}\setminus K_{j_{m-1}}$ et $f_m\in B$ tels que

$$r_m = \alpha_{j_m}(x_m)f_m(x_m) \neq 0, \quad \forall m.$$

Il vient alors

$$\sup_{f \in B} \sum_{m=1}^{\infty} \frac{1}{r_m} p_0(\alpha_{j_m} f) = \infty$$

et B n'est pas borné.

c) Démontrons que $D_\infty(\Omega)$ est tonnelé et bornologique.

Soit Θ un tonneau (resp. un ensemble absolument convexe et bornivore) dans $D_\infty(\Omega)$. Comme chaque $\mathbf{D}_\infty(K_m)$ est tonnelé et bornologique, Θ contient une semi-boule de chaque $\mathbf{D}_\infty(K_m)$, par exemple

$$\Theta \supset \{f \in D_\infty(\Omega) : [f] \subset K_m,\ p_{l_m}(f) \leq c_m\} = b_m.$$

Dès lors, la semi-boule

$$\beta = \left\{ f \in D_\infty(\Omega) : \sum_{m=1}^{\infty} \frac{2^m}{c_m} p_{l_m}(\alpha_m f) \leq 1 \right\}$$

est contenue dans Θ car, si $f \in \beta$, pour tout m, on a $(2^m/c_m) p_{l_m}(\alpha_m f) \leq 1$, d'où

$$\alpha_m f \in \frac{1}{2^m} b_m \subset \frac{1}{2^m} \Theta$$

et $f \in \Theta$ vu que

$$f = \sum_{(m)} \alpha_m f \in \sum_{(m)} \frac{1}{2^m} \Theta \subset \Theta.$$

d) Une fonctionnelle linéaire est bornée dans $D_\infty(\Omega)$ si et seulement si sa restriction à $\mathbf{D}_\infty(K_m)$ est bornée dans $\mathbf{D}_\infty(K_m)$ pour tout m.

La condition est évidemment nécessaire car la restriction de toute semi-norme (*) à $\mathbf{D}_\infty(K_m)$ est plus faible que le système de semi-normes de $\mathbf{D}_\infty(K_m)$.

La condition est suffisante. De fait, si, pour tout m, il existe p_{l_m} et C_m tels que

$$|\mathscr{T}(f)| \leq C_m p_{l_m}(f), \quad \forall f \in \mathbf{D}_\infty(K_m),$$

on a

$$|\mathscr{T}(f)| \leq \sum_{m=1}^{\infty} |\mathscr{T}(\alpha_m f)| \leq \sum_{m=1}^{\infty} C_m p_{l_m}(\alpha_m f), \quad \forall f \in D_\infty(\Omega).$$

e) Etablissons que $D_\infty(\Omega)$ est nucléaire.

Il suffit de démontrer que, pour toute semi-norme (*)

$$\sum_{m=1}^{\infty} c_m p_{l_m}(\alpha_m \cdot),$$

il en existe une autre telle que la première soit sous-nucléaire par rapport à la deuxième (cf. I, a), p. 284).

Comme chaque espace $\mathbf{D}_\infty(K_m)$ est nucléaire, pour tout m, il existe l'_m, $c_{m,k} > 0$ et $\mathscr{T}_{m,k} \in \mathbf{D}^*_\infty(K_m)$ tels que

$$p_{l_m}(\alpha_m f) \leq \sum_{k=1}^{\infty} c_{m,k} |\mathscr{T}_{m,k}(\alpha_m f)|, \quad \forall f \in D_\infty(\Omega),$$

avec

$$\sum_{k=1}^{\infty} c_{m,k} \leq 1 \quad \text{et} \quad \mathscr{T}_{m,k} \in C_m b^{\triangle}_{p_{l'_m}}.$$

De là,

$$\sum_{m=1}^{\infty} c_m p_{l_m}(\alpha_m f) \leq \sum_{m=1}^{\infty} c_m \sum_{k=1}^{\infty} c_{m,k} |\mathscr{T}_{m,k}(\alpha_m f)| \leq \sum_{m=1}^{\infty} 2^{-m} \sum_{k=1}^{\infty} c_{m,k} |\mathscr{Q}_{m,k}(f)|,$$

où on pose

$$\mathcal{Q}_{m,k}(f) = 2^m c_m \mathcal{C}_{m,k}(\alpha_m f), \quad \forall f \in \mathbf{D}_\infty(K_m).$$

Les $\mathcal{Q}_{m,k}$ sont équibornés par rapport à la semi-norme

$$\sum_{m=1}^{\infty} 2^m c_m C_m p_{l'_m}$$

et on a

$$\sum_{m=1}^{\infty} 2^{-m} \sum_{k=1}^{\infty} c_{m,k} < \infty,$$

d'où la conclusion.

f) Si $\mathbf{T}$ est une fonctionnelle linéaire continue dans $D^*_{\infty,s}(\Omega)$, établissons qu'il existe $f_0 \in D_\infty(\Omega)$ tel que

$$\mathbf{T}(\mathcal{C}) = \mathcal{C}(f_0), \quad \forall \mathcal{C} \in D^*_\infty(\Omega).$$

Démontrons tout d'abord qu'il existe M tel que

$$\mathbf{T}[\mathcal{C}(\alpha_m \cdot)] = 0, \quad \forall m > M, \quad \forall \mathcal{C} \in D^*_\infty(\Omega),$$

où $\mathcal{C}(\alpha_m \cdot)$ désigne la fonctionnelle

$$[\mathcal{C}(\alpha_m \cdot)](f) = \mathcal{C}(\alpha_m f), \quad \forall f \in D_\infty(\Omega).$$

Si ce n'est pas le cas, il existe une suite $\mathcal{C}_{m_k} \in D^*_\infty(\Omega)$ telle que

$$\mathbf{T}[\mathcal{C}_{m_k}(\alpha_{m_k} \cdot)] = 1, \quad \forall k.$$

Or, pour tout $f \in D_\infty(\Omega)$ fixé, on a $\mathcal{C}_{m_k}(\alpha_{m_k} f) \to 0$, donc $\mathcal{C}_{m_k}(\alpha_{m_k} \cdot) \to 0$ dans $D^*_{\infty,s}(\Omega)$ et on obtient une contradiction.

On a donc

$$\mathbf{T}(\mathcal{C}) = \sum_{m=1}^{M} \mathbf{T}[\mathcal{C}(\alpha_m \cdot)], \quad \forall \mathcal{C} \in D^*_\infty(\Omega).$$

Etudions les $\mathbf{T}_m$ définis par

$$\mathbf{T}_m(\mathcal{C}) = \mathbf{T}[\mathcal{C}(\alpha_m \cdot)].$$

Si $\mathcal{C} \in \mathbf{D}^*_\infty(K_m)$, $\mathcal{C}(\alpha_m \cdot)$, appartient à $D^*_\infty(\Omega)$; $\mathbf{T}_m$ est donc une fonctionnelle linéaire dans $\mathbf{D}^*_\infty(K_m)$. De plus, si $\mathcal{C}_m \to 0$ dans $\mathbf{D}^*_{\infty,s}(K_m)$, $\mathcal{C}(\alpha_m \cdot) \to 0$ dans $D^*_{\infty,s}(\Omega)$.

Dès lors, par le théorème correspondant dans les espaces de Fréchet séparables (cf. I, p. 236), pour tout m, il existe $f_m \in \mathbf{D}_\infty(K_m)$ tel que $\mathbf{T}_m = \mathbf{T}_{f_m}$.

Au total, on obtient

$$\mathbf{T} = \sum_{m=1}^{M} \mathbf{T}_m = \sum_{m=1}^{M} \mathbf{T}_{f_m} = \mathbf{T}_{\sum_{m=1}^{M} f_m}.$$

Distributions

3. — On appelle *distribution dans Ω* toute fonctionnelle linéaire bornée dans $D_\infty(\Omega)$. L'ensemble des distributions est donc le dual de $D_\infty(\Omega)$, désigné par $D^*_\infty(\Omega)$.

Donnons deux caractérisations utiles des distributions.

a) *Une fonctionnelle linéaire* $\mathscr{T}$ *dans* $D_\infty(\Omega)$ *est une distribution si et seulement si, pour tout compact* $K \subset \Omega$, *il existe une constante* C_K *et un entier* n_K *tels que*

$$|\mathscr{T}(\varphi)| \leq C_K \sup_{|k| \leq n_K} \sup_{x \in K} |D_x^k \varphi(x)|,$$

pour tout $\varphi \in D_\infty(\Omega)$ *à support dans* K.

De fait, comme $D_\infty(\Omega)$ est la limite inductive des espaces $\mathbf{D}_\infty(K_m)$, la fonctionnelle linéaire $\mathscr{T}$ est bornée dans $D_\infty(\Omega)$ si et seulement si elle l'est dans chaque $\mathbf{D}_\infty(K_m)$, donc notamment dans $\mathbf{D}_\infty(K)$ quel que soit K.

b) On peut remplacer la majoration précédente par une condition de continuité.

Une fonctionnelle linéaire $\mathscr{T}$ *dans* $D_\infty(\Omega)$ *est une distribution dans* Ω *si et seulement si, pour tout compact* $K \subset \Omega$,

$$\left.\begin{array}{l} \varphi_m \in \mathbf{D}_\infty(K) \\ D_x^k \varphi_m(x) \underset{K}{\rightrightarrows} 0, \quad \forall k \end{array}\right\} \Rightarrow \mathscr{T}(\varphi_m) \to 0.$$

De fait, les espaces $\mathbf{D}_\infty(K_m)$ sont des espaces de Fréchet, donc ils sont bornologiques et une fonctionnelle linéaire y est bornée si et seulement si elle y est continue.

EXERCICE

Soit $\mathscr{T}$ une fonctionnelle linéaire dans $D_\infty(\Omega)$.

Si, pour tout $x \in \Omega$, il existe un ouvert $\omega_x \subset \Omega$ tel que $x \in \omega_x$ et que $\mathscr{T}(\varphi_m) \to 0$ pour toute suite $\varphi_m \to 0$ dans $D_\infty(\omega_x)$, alors $\mathscr{T}$ est une distribution dans Ω.

Suggestion. Il suffit d'établir que, pour tout compact $K \subset \Omega$, $\mathscr{T}(\varphi_m) \to 0$ si $\varphi_m \to 0$ dans $\mathbf{D}_\infty(K)$.

On peut recouvrir K par un nombre fini de ω_x, soit par $\omega_{x_1}, \ldots, \omega_{x_N}$. Il existe alors $\varepsilon > 0$ tel que

$$K \subset \bigcup_{i=1}^{N} \{x : d(x, \complement\omega_{x_i}) > \varepsilon\}.$$

De là, il existe des $\alpha_i \in D_\infty(\omega_{x_i})$ positifs et tels que $\sum_{i=1}^{N} \alpha_i(x) = 1$ pour tout $x \in K$.

Si $\varphi_m \to 0$ dans $\mathbf{D}_\infty(K)$, on a alors $\alpha_i \varphi_m \to 0$ dans $D_\infty(\omega_{x_i})$ pour tout $i \leq N$, donc $\mathscr{T}(\alpha_i \varphi_m) \to 0$ pour tout $i \leq N$ et $\mathscr{T}(\varphi_m) = \sum_{i=1}^{N} \mathscr{T}(\alpha_i \varphi_m) \to 0$.

4. — Voici quelques exemples de distributions.

a) On appelle *distribution d'une fonction* f *localement l-intégrable dans* Ω et on note $\mathscr{T}_f$ la loi

$$\mathscr{T}_f(\varphi) = \int f(x)\varphi(x)\,dx, \quad \forall \varphi \in D_\infty(\Omega).$$

C'est une distribution dans Ω car, si $[\varphi]\subset K\subset \Omega$,

$$|\mathscr{T}_f(\varphi)| \leqq \int_K |f(x)|\,dx \cdot \sup_{y\in K} |\varphi(y)|.$$

b) On appelle *distribution d'une mesure* μ *dans* Ω et on note $\mathscr{T}_\mu$ la loi

$$\mathscr{T}_\mu(\varphi) = \int \varphi(x)\,d\mu, \quad \forall\, \varphi\in D_\infty(\Omega).$$

C'est une distribution dans Ω car, si $[\varphi]\subset K\subset \Omega$,

$$|\mathscr{T}_\mu(\varphi)| \leqq V\mu(K)\cdot \sup_{x\in K} |\varphi(x)|.$$

En particulier, on appelle *distribution de Dirac en* $x_0\in\Omega$ la distribution $\mathscr{T}_{\delta_{x_0}}$; elle est donc définie par

$$\mathscr{T}_{\delta_{x_0}}(\varphi) = \varphi(x_0), \quad \forall\, \varphi\in D_\infty(\Omega).$$

5. — Quels que soient $\mathscr{T}_1, \ldots, \mathscr{T}_N\in D^*_\infty(\Omega)$, $c_1, \ldots, c_N\in \mathbf{C}$ et $N=1, 2, \ldots$, on pose

$$\left(\sum_{i=1}^N c_i\mathscr{T}_i\right)(\varphi) = \sum_{i=1}^N c_i\mathscr{T}_i(\varphi), \quad \forall\, \varphi\in D_\infty(\Omega).$$

L'expression $\sum_{i=1}^N c_i\mathscr{T}_i$ est une distribution dans Ω, appelée *combinaison linéaire* des $\mathscr{T}_i$ à coefficients c_i.

Soit $\mathscr{T}\in D^*_\infty(\Omega)$.

— Si $\alpha\in C_\infty(\Omega)$, on note $\mathscr{T}(\alpha\cdot)$ la distribution définie par

$$[\mathscr{T}(\alpha\cdot)](\varphi) = \mathscr{T}(\alpha\varphi), \quad \forall\, \varphi\in D_\infty(\Omega).$$

— Si $L(D)$ est un opérateur de dérivation linéaire à coefficients constants, on note $\mathscr{T}[L(D)\cdot]$ la distribution définie par

$$\{\mathscr{T}[L(D)\cdot]\}(\varphi) = \mathscr{T}[L(D)\varphi], \quad \forall\, \varphi\in D_\infty(E_n).$$

— Si $\Omega=E_n$ et si $a\in E_n$, on note $\mathscr{T}_{(a)}$ la distribution définie par

$$\mathscr{T}_{(a)}(\varphi) = \mathscr{T}[\varphi(x-a)], \quad \forall\, \varphi\in D_\infty(\Omega).$$

On vérifie facilement qu'il s'agit bien de distributions.

Voici encore un exemple de distribution.

Soient Ω' *et* Ω'' *des ouverts de* $E_{n'}$ *et* $E_{n''}$ *respectivement. Si* $\mathscr{T}$ *est une distribution dans* $\Omega'\times\Omega''$ *et si* $\varphi'\in D_\infty(\Omega')$, *la loi qui, à tout* $\varphi''\in D_\infty(\Omega'')$, *associe* $\mathscr{T}[\varphi'(x')\varphi''(x'')]$ *est une distribution dans* Ω''.

De fait, si $\varphi''_m\to\varphi''$ dans $D_\infty(\Omega'')$, on a $\varphi'(x')\varphi''_m(x'')\to\varphi'(x')\varphi''(x'')$ dans $D_\infty(\Omega'\times\Omega'')$, donc $\mathscr{T}[\varphi'(x')\varphi''_m(x'')]\to\mathscr{T}[\varphi'(x')\varphi''(x'')]$, d'où la conclusion par b), p. 258.

EXERCICES

1. — Soit I un intervalle ouvert de E_n. Si $\varphi \in D_\infty(I)$ est tel que

$$\int_I \varphi(x)\,dx = 0,$$

établir qu'il existe $\varphi_1, \ldots, \varphi_n \in D_\infty(I)$ tels que

$$\varphi = \sum_{i=1}^{n} D_{x_i}\varphi_i.$$

Suggestion. On procède par récurrence par rapport à n.
Si $n=1$, c'est immédiat car, si $I=]a, b[$, on a

$$\varphi(x) = D_x \int_a^x \varphi(\xi)\,d\xi.$$

Supposons que ce soit vrai pour tout intervalle ouvert de E_i, $i<n$, et considérons

$$I =]a_1, b_1[\times\ldots\times]a_n, b_n[.$$

Soit $\varphi \in D_\infty(I)$ tel que $\int_I \varphi(x)\,dx=0$. On a

$$\int_{a_n}^{b_n} \ldots \int_{a_2}^{b_2} \left[\int_{a_1}^{b_1} \varphi(x)\,dx_1\right] dx_2 \ldots dx_n = 0,$$

donc il existe des $\varphi_i \in D_\infty(]a_2, b_2[\times\ldots\times]a_n, b_n[)$, $(i=2, \ldots, n)$, tels que

$$\int_{a_1}^{b_1} \varphi(x)\,dx_1 = \sum_{i=2}^{n} D_{x_i}\varphi_i(x_2, \ldots, x_n).$$

Si $\varphi_1 \in D_\infty(]a_1, b_1[)$ est tel que $\int_{a_1}^{b_1} \varphi_1(x_1)\,dx_1=0$, il vient alors

$$\varphi(x) - \sum_{i=2}^{n} D_{x_i}\varphi_i(x_2, \ldots, x_n)\,\varphi_1(x_1)$$

$$= D_{x_1} \int_{a_1}^{x_1} [\varphi(\xi_1, x_2, \ldots, x_n) - \sum_{i=2}^{n} D_{x_i}\varphi_i(x_2, \ldots, x_n)\varphi_1(\xi_1)]\,d\xi_1,$$

d'où la conclusion.

2. — Soit I est un intervalle ouvert de E_n. Si $\varphi \in D_\infty(I)$ est tel que

$$\int_I x^k \varphi(x)\,dx = 0$$

pour tout k tel que $|k|<l$, établir qu'il existe $\varphi_k \in D_\infty(E_n)$, $|k|=l$, tels que

$$\varphi = \sum_{|k|=l} D_x^k \varphi_k.$$

Suggestion. On procède par récurrence par rapport à l.

C'est vrai pour $l=1$, vu l'ex. 1.

Supposons que ce soit vrai pour $l-1$ et soit φ satisfaisant aux conditions de l'énoncé. Il existe alors $\varphi_k \in D_\infty(I)$, $|k| = l-1$, tels que

$$\varphi = \sum_{|k|=l-1} D_x^k \varphi_k.$$

Pour tout k_0 tel que $|k_0| = l-1$, il vient alors

$$(-1)^{|k_0|} k_0! \int_I \varphi_{k_0}(x)\, dx = \int_I x^{k_0} \sum_{|k|=l-1} D_x^k \varphi_k(x)\, dx = 0,$$

donc $\varphi_{k_0} = \sum_{i=1}^n D_{x_i} \varphi_{k_0,i}$, avec $\varphi_{k_0,i} \in D_\infty(I)$. D'où la conclusion.

3. — Soit I un intervalle ouvert dans E_n. Si $\mathscr{T} \in D_\infty^*(I)$ est tel que

$$\mathscr{T}(D_x^k \varphi) = 0$$

pour tout $\varphi \in D_\infty(I)$ et tout k tel que $|k|=l$, établir qu'il existe un polynôme P_{l-1} de degré $l-1$ au plus tel que

$$\mathscr{T}(\varphi) = \int P_{l-1}(x) \varphi(x)\, dx.$$

Suggestion. Vu l'ex. 2, on a

$$\int x^k \varphi(x)\, dx = 0 \quad \text{si} \quad |k|<l \Rightarrow \mathscr{T}(\varphi)=0.$$

Par I, p. 156, $\mathscr{T}$ est donc combinaison linéaire des

$$\mathscr{T}_k(\varphi) = \int x^k \varphi(x)\, dx, \quad |k|<l.$$

4. — Soit Ω un ouvert convexe. Si $f_1, \ldots, f_n \in C_0(\Omega)$ et si

$$\int f_i D_{x_j} \varphi\, dx = \int f_j D_{x_i} \varphi\, dx, \quad \forall \varphi \in D_\infty(\Omega),$$

il existe $F \in C_1(\Omega)$ tel que $D_{x_k} F = f_k$ pour $k=1, \ldots, n$.

Suggestion. Pour tout $\varepsilon>0$, $f_i * \varrho_\varepsilon \in C_\infty(\Omega_\varepsilon)$, où $\Omega_\varepsilon = \{x : d(x, \complement\Omega) > \varepsilon\}$. Dans Ω_ε, on a $D_{x_j}(f_i * \varrho_\varepsilon) = D_{x_i}(f_j * \varrho_\varepsilon)$. Donc il existe $F_\varepsilon \in C_1(\Omega_\varepsilon)$ tel que, dans Ω_ε, $D_{x_k} F_\varepsilon = f_k * \varrho_\varepsilon$ pour $k=1, \ldots, n$. Fixons x_0 dans Ω et imposons à F_ε la condition $F_\varepsilon(x_0)=C$, pour $\varepsilon \leqq \varepsilon_0 < d(x_0, \complement\Omega)$.

Si $\varepsilon \to 0$, $F_\varepsilon(x_0) \to C$ et $D_{x_k} F_\varepsilon$ converge uniformément dans tout compact de Ω_{ε_0} pour $k=1, \ldots, n$. De là, vu l'ex. p. 230, $F_\varepsilon(x)$ converge uniformément dans tout compact de Ω et sa limite $F(x)$ appartient à $C_1(\Omega)$ et est telle que $D_{x_k} F = f_k$ pour tout k.

5. — Si $f, f_1, \ldots, f_N \in C_0(\Omega)$ sont tels que

$$\int f D_{x_k} \varphi\, dx = -\int f_k \varphi\, dx, \quad \forall k, \quad \forall \varphi \in D_\infty(\Omega),$$

alors $f \in C_1(\Omega)$ et $D_{x_k} f = f_k$ pour tout k.

Suggestion. On peut substituer à Ω un intervalle ouvert I quelconque contenu dans Ω. Comme

$$\int f_k D_{x_j} \varphi\, dx = \int f_j D_{x_k} \varphi\, dx, \quad \forall \varphi \in D_\infty(I), \quad \forall i, j,$$

vu l'ex. 4, il existe $F \in C_1(I)$ tel que $D_{x_k} F = f_k$ pour tout k.

Pour cet F, on a

$$\int (F-f) D_{x_k} \varphi \, dx = 0, \quad \forall \varphi \in D_\infty(I), \quad \forall k.$$

De là, vu l'ex. 3, il existe C tel que

$$\int (F-f-C) \varphi \, dx = 0, \quad \forall \varphi \in D_\infty(I),$$

donc $f = F-C$ pour presque tout $x \in I$. Comme F et $f \in C_0(I)$, on a alors $f = F-C$, d'où $f \in C_1(I)$ et $D_{x_k} f = f_k$ pour tout k.

6. — Soit Ω un ouvert de E_n. Si $P^{(1)}, \ldots, P^{(n)}$ sont des polynômes tels que

$$D_{x_i} P^{(j)}(x) = D_{x_j} P^{(i)}(x), \quad \forall i, j, \quad \forall x \in \Omega, \tag{*}$$

établir qu'il existe un polynôme P tel que

$$D_{x_i} P = P^{(i)}, \quad \forall i.$$

Suggestion. Il suffit que ce soit vrai dans le voisinage d'un point de Ω. On applique alors l'ex. 4. On peut aussi donner une démonstration plus élémentaire.

On procède par récurrence par rapport à n.

Ecrivons les $P^{(i)}$ sous la forme

$$P^{(i)}(x) = \sum_{(k)} x_n^k P_k^{(i)}(x_1, \ldots, x_{n-1}), \quad \forall i.$$

De (*), on déduit que

$$\sum_{(k)} x_n^k D_{x_i} P_k^{(n)}(x_1, \ldots, x_{n-1}) = \sum_{k>0} k x_n^{k-1} P_k^{(i)}(x_1, \ldots, x_{n-1})$$

pour tout $i \neq n$, d'où, en identifiant les coefficients des x_n^k,

$$P_k^{(i)}(x_1, \ldots, x_{n-1}) = \frac{1}{k} D_{x_i} P_{k-1}^{(n)}(x_1, \ldots, x_{n-1}), \quad \forall k>0, \quad \forall i \neq n.$$

De plus, en identifiant les termes indépendants de x_n dans $D_{x_i} P^{(j)}$ et $D_{x_j} P^{(i)}$, on obtient

$$D_{x_i} P_0^{(j)}(x_1, \ldots, x_{n-1}) = D_{x_j} P_0^{(i)}(x_1, \ldots, x_{n-1}), \quad \forall i, j<n.$$

Il existe donc un polynôme $P(x_1, \ldots, x_{n-1})$ tel que

$$D_{x_i} P(x_1, \ldots, x_{n-1}) = P_0^{(i)}(x_1, \ldots, x_{n-1}), \quad \forall i<n.$$

Le polynôme

$$\sum_{(k)} \frac{x_n^{k+1}}{k+1} P_k^{(n)}(x_1, \ldots, x_{n-1}) + P(x_1, \ldots, x_{n-1})$$

satisfait alors aux conditions de l'énoncé.

7. — Soient $L(D)$ un opérateur de dérivation linéaire à coefficients constants d'ordre N et $]a, b[$ un intervalle ouvert de E_1.

Toute distribution $\mathscr{T} \in D_\infty^*(]a, b[)$ telle que $\mathscr{T}[L(-D)\varphi]=0$ pour tout $\varphi \in D_\infty(]a, b[)$ a la forme

$$\mathscr{T}(\varphi) = \int \left[\sum_{i=1}^{N} c_i u_i(x) \right] \varphi(x) \, dx, \quad \forall \varphi \in D_\infty(]a, b[),$$

les u_i désignant N solutions linéairement indépendantes de $L(D)u=0$, (par exemple, les fonctions $e^{a_j x} x^k$, $k \leqq \alpha_j$, où a_j sont les zéros de L et α_j leur multiplicité).

Suggestion. Vu I, p. 156, il suffit de montrer que, pour un tel $\mathscr{C}$, on a

$$\left.\begin{array}{l}\varphi_0 \in D_\infty(]a, b[) \\ \int u_i(x)\varphi_0(x)\,dx = 0, \quad \forall i\end{array}\right\} \Rightarrow \mathscr{C}(\varphi_0) = 0.$$

Soit $e(x) = \sum_{i=1}^{N} c_i^0 u_i(x)$ la solution de $L(D)$ qui s'annule avec ses dérivées jusqu'à l'ordre $N-2$ en $x=0$ et telle que $D_x^{N-1} e(0) = -1/a_N$, a_N désignant le coefficient de D^N dans $L(D)$.

La fonction

$$\psi(x) = \int_a^x e(y-x)\varphi_0(y)\,dy$$

appartient à $D_\infty(]a, b[)$ et on a $L(-D)\psi(x) = \varphi_0(x)$. De là,

$$\mathscr{C}(\varphi_0) = \mathscr{C}[L(-D)\psi] = 0.$$

8. — Avec les notations de l'ex. précédent, établir que la solution générale de l'équation $\mathscr{C}[L(-D)\cdot] = \mathscr{C}_0(\cdot)$ dans $D_\infty(]a, b[)$ est la somme d'une solution particulière de cette équation et de la solution générale de $\mathscr{C}[L(-D)\cdot] = 0$.

Si $\varphi_1, \ldots, \varphi_N \in D_\infty(]a, b[)$ sont biorthogonaux aux distributions $\mathscr{C}_{u_1}, \ldots, \mathscr{C}_{u_N}$, (cf. I, p. 152), une solution particulière de cette équation s'écrit

$$\mathscr{C}(\varphi) = \mathscr{C}_0\left(\int_a^x e(y-x)\left[\varphi(y) - \sum_{j=1}^{N} \mathscr{C}_{u_i}(\varphi)\varphi_i(y)\right] dy\right).$$

Suggestion. Comme les $\mathscr{C}_{u_i}$ sont biorthogonaux aux φ_i, on a

$$\int_a^b \left[\varphi - \sum_{i=1}^{N} \mathscr{C}_{u_i}(\varphi)\varphi_i\right] u_j\,dx = 0, \quad \forall j \leqq N,$$

d'où

$$\psi(x) = \int_a^x e(y-x)\left[\varphi(y) - \sum_{i=1}^{N} \mathscr{C}_{u_i}(\varphi)\varphi_i(y)\right] dy$$

appartient à $D_\infty(]a, b[)$.

On vérifie alors aisément que $\mathscr{C}[L(-D)\cdot] = \mathscr{C}_0(\cdot)$.

9. — Soit $]a, b[$ un intervalle de E_1 et soit r réel.

Etablir que, si $\mathscr{C} \in D_\infty^*(]a, b[)$ est tel que

$$\mathscr{C}[xD_x\varphi + (1+r)\varphi] = 0, \quad \forall \varphi \in D_\infty(]a, b[),$$

il existe $c \in \mathbf{C}$ tel que

$$\mathscr{C}(\varphi) = c\int_a^b x^r \varphi(x)\,dx, \quad \forall \varphi \in D_\infty(]a, b[).$$

Suggestion. Il suffit d'établir que, pour tout $\varphi \in D_\infty(]a, b[)$,

$$\int_a^b x^r \varphi(x)\,dx = 0 \Rightarrow \mathscr{C}(\varphi) = 0.$$

Or, si $\varphi \in D_\infty(]a, b[)$ est tel que $\int_a^b x^r \varphi(x)\,dx = 0$, on vérifie aisément que la fonction

$$\psi(x) = x^{-(r+1)} \int_0^x y^r \varphi(y)\,dy$$

appartient à $D_\infty(]a, b[)$ et que

$$\varphi = x D_x \psi + (1+r)\psi.$$

On a alors $\mathscr{T}(\varphi) = 0$, d'où la conclusion.

10. — Une distribution $\mathscr{T} \in D_\infty^*(E_n)$ est *homogène d'ordre r*, r réel, si

$$\mathscr{T}(\varphi) = \lambda^{n+r} \mathscr{T}[\varphi(\lambda\,\cdot)], \quad \forall \lambda > 0, \quad \forall \varphi \in D_\infty(E_n).$$

Etablir que $\mathscr{T} \in D_\infty^*(E_n)$ est homogène d'ordre r si et seulement si

$$\mathscr{T}\left[\sum_{i=1}^n x_i D_{x_i} \varphi + (n+r)\varphi\right] = 0, \quad \forall \varphi \in D_\infty(E_n).$$

Suggestion. Soient $\varphi \in D_\infty(E_n)$ et $\mathscr{T}' \in D_\infty^*(E_n)$ fixés. On vérifie aisément que $\mathscr{T}'[\varphi(\lambda\cdot)]$ est dérivable par rapport à λ dans $]0, +\infty[$ et que

$$D_\lambda \mathscr{T}'[\varphi(\lambda\cdot)] = \mathscr{T}'[D_\lambda \varphi(\lambda\cdot)].$$

Dès lors, $\mathscr{T} \in D_\infty^*(E_n)$ est homogène d'ordre r si et seulement si

$$D_\lambda\{\lambda^{n+r} \mathscr{T}[\varphi(\lambda\cdot)]\} = 0, \quad \forall \lambda > 0, \quad \forall \varphi \in D_\infty(E_n),$$

c'est-à-dire si et seulement si

$$(n+r)\lambda^{n+r-1} \mathscr{T}[\varphi(\lambda\cdot)] + \lambda^{n+r} \mathscr{T}\left[\sum_{i=1}^n x_i (D_{x_i}\varphi)(\lambda\cdot)\right] = 0$$

pour tout $\varphi \in D_\infty(E_n)$ et tout $\lambda > 0$, ce qui équivaut à la relation annoncée.

11. — Une distribution $\mathscr{T} \in D_\infty^*(E_n)$ est *invariante par rotation* si $\mathscr{T}(\varphi) = \mathscr{T}[\varphi(U\cdot)]$ pour toute rotation U et tout $\varphi \in D_\infty(E_n)$.

Soient $\mathscr{T} \in D_\infty^*(E_n)$ invariant par rotation et F fermé dans E_1. Etablir que $\mathscr{T}$ est à support dans $\{x : |x| \in F\}$ si et seulement si

$$\mathscr{T}[\psi(|x|)] = 0, \quad \forall \psi \in D_\infty(E_1 \setminus F).$$

Suggestion. Soit μ la mesure de Haar du groupe G des rotations dans E_n telle que $\mu(G) = 1$. Posons

$$\psi(x) = \int_G \varphi(Ux)\,d\mu(U).$$

Comme $\varphi(Ux)$ est une fonction à valeurs dans $D_\infty(E_n)$, continue par rapport à U, l'intégrale a un sens en tant qu'intégrale à valeurs dans $D_\infty(E_n)$ et on a $\psi \in D_\infty(E_n)$ et, vu II, a), p. 250,

$$\mathscr{T}(\psi) = \int_G \mathscr{T}[\varphi(Ux)]\,d\mu(U).$$

D'où, comme $\mathscr{T}$ est invariant par rotation,

$$\mathscr{T}(\psi) = \mathscr{T}(\varphi).$$

Puisque μ est invariant par rotation, ψ est une fonction radiale, donc, si $\varphi\in D_\infty(\{x:|x|\notin F\})$, elle s'écrit $\chi(|x|)$, où $\chi\in D_\infty(E_1\setminus F)$. D'où la conclusion.

12. — Si $\mathscr{T}\in D^*_\infty(E_n)$ est invariant par rotation et homogène d'ordre r, il existe c tel que

$$\mathscr{T}(\varphi) = c\int |x|^r\varphi(x)\,dx,\quad \forall\varphi\in D_\infty(\complement 0). \tag{*}$$

Suggestion. La loi

$$\mathscr{T}'(\varphi) = c\int |x|^r\varphi(x)\,dx,\quad \forall\varphi\in D_\infty(E_n),$$

est visiblement une distribution invariante par rotation. Dès lors, $\mathscr{T}-\mathscr{T}'$ est invariant par rotation et, vu l'ex. 11, la relation (*) est satisfaite si

$$\mathscr{T}[\psi(|x|)] = c\int |x|^r\psi(|x|)\,dx,\quad \forall\psi\in D_\infty(]0,+\infty[).$$

Or, vu l'ex. 10, on a

$$\mathscr{T}\left[\sum_{i=1}^n x_iD_{x_i}\varphi+(n+r)\varphi\right] = 0,\quad \forall\varphi\in D_\infty(E_n),$$

d'où

$$\mathscr{T}\left[\sum_{i=1}^n x_iD_{x_i}\psi(|x|)+(n+r)\psi(|x|)\right] = \mathscr{T}[|x|D_{|x|}\psi(|x|)+(n+r)\psi(|x|)]$$

est nul pour tout $\psi\in D_\infty(]0,+\infty[)$. De là, par l'ex. 9, il existe c tel que

$$\mathscr{T}[\psi(|x|)] = c\int t^{n+r-1}\psi(t)\,dt = c'\int |x|^r\psi(|x|)\,dx$$

pour tout $\psi\in D_\infty(]0,+\infty[)$. D'où la conclusion.

Ouverts d'annulation et support d'une distribution

6. — On dit qu'un ouvert $\omega\subset\Omega$ est un *ouvert d'annulation* de $\mathscr{T}\in D^*_\infty(\Omega)$ si $\mathscr{T}(\varphi)=0$ pour tout $\varphi\in D_\infty(\Omega)$ tel que $[\varphi]\subset\omega$.

Toute union d'ouverts d'annulation de $\mathscr{T}\in D^*_\infty(\Omega)$ est un ouvert d'annulation de $\mathscr{T}$.

Soit Ω' une union d'ouverts d'annulation de $\mathscr{T}$. C'est un ouvert.

De plus, si $\varphi\in D_\infty(\Omega)$ est tel que $[\varphi]\subset\Omega'$, il existe un nombre fini d'ouverts d'annulation de $\mathscr{T}$, $\omega_1, \ldots, \omega_N$, dont l'union contient $[\varphi]$. Il existe alors $\varepsilon>0$ tel que

$$[\varphi]\subset\bigcup_{i=1}^N \omega_{i,\varepsilon},$$

où

$$\omega_{i,\varepsilon} = \{x:d(x,\complement\omega_i)>\varepsilon\}.$$

Désignons par α_i des $\varepsilon/2$-adoucies des $\omega_{i,\varepsilon}$ appartenant à $C_\infty(\Omega)$. Les fonctions

$$\alpha_i'(x) = \frac{\alpha_i(x)}{\sum_{j=1}^N\alpha_j(x)}\quad (0 \text{ si } \alpha_i(x)=0),\qquad (i=1,\ldots,N),$$

appartiennent à $C_\infty(\bigcup_{i=1}^{N} \omega_{i,\varepsilon})$ et constituent une partition de l'unité dans $\bigcup_{i=1}^{N} \omega_{i,\varepsilon}$.
On a donc $\alpha_i' \varphi \in D_\infty(\Omega)$ pour tout i,

$$\varphi = \sum_{i=1}^{N} \alpha_i' \varphi$$

et

$$[\alpha_i' \varphi] \subset \omega_i, \qquad (i=1, \ldots, N),$$

d'où

$$\mathscr{C}(\varphi) = \mathscr{C}\left(\sum_{i=1}^{N} \alpha_i' \varphi\right) = 0.$$

Une distribution $\mathscr{C} \in D_\infty^*(\Omega)$ est nulle dans Ω si et seulement si tout point de Ω appartient à un ouvert d'annulation de $\mathscr{C}$.

Cela résulte trivialement de l'énoncé précédent.

Notons que *l'ouvert $\omega \subset \Omega$ est un ouvert d'annulation de $\mathscr{C} \in D_\infty^*(\Omega)$ si $\mathscr{C}(\varphi)=0$ pour tout $\varphi \in D_\infty(\omega)$ de la forme $\varphi_1(x_1) \ldots \varphi_n(x_n)$, où $\varphi_i \in D_\infty(E_1)$ pour tout i.*

Cela résulte de b), p. 253.

7. — L'union de tous les ouverts d'annulation de $\mathscr{C} \in D_\infty^*(\Omega)$ est un ouvert d'annulation de $\mathscr{C}$, appelé *le plus grand ouvert d'annulation de* $\mathscr{C}$.

On appelle *support de* $\mathscr{C} \in D_\infty^*(\Omega)$ et on désigne par $[\mathscr{C}]$ le complémentaire dans Ω du plus grand ouvert d'annulation de $\mathscr{C}$.

a) *Si $f \in L_1^{\mathrm{loc}}(\Omega)$, on a*

$$[\mathscr{C}_f] = [f]_l.$$

De fait, ω est un ouvert d'annulation de $\mathscr{C}$ si et seulement si

$$\mathscr{C}(\varphi) = \int f\varphi \, dx = 0, \quad \forall \varphi \in D_\infty(\omega),$$

donc si et seulement si $f=0$ l-pp dans ω.

b) *Si μ est une mesure dans Ω, on a*

$$[\mathscr{C}_\mu] = [\mu].$$

La démonstration est analogue à la précédente.

8. — Examinons quelques propriétés du support.

a) *Si $\mathscr{C}_i \in D_\infty^*(\Omega)$, $(i=1, \ldots, N)$,*

$$\left[\sum_{i=1}^{N} c_i \mathscr{C}_i\right] \subset \bigcup_{i=1}^{N} [\mathscr{C}_i].$$

En particulier, *si $\mathscr{C} \in D_\infty^*(\Omega)$, $[c\mathscr{C}]=[\mathscr{C}]$ pour tout $c \neq 0$.*

De fait, $\Omega \setminus \bigcup_{i=1}^{N} [\mathscr{T}_i]$ est un ouvert et, pour tout $\varphi \in D_\infty(\Omega)$ dont le support est contenu dans cet ouvert,

$$\sum_{i=1}^{N} c_i \mathscr{T}_i(\varphi) = 0.$$

b) *Si $\mathscr{T} \in D_\infty^*(\Omega)$ et si $\alpha \in C_\infty(\Omega)$,*

$$[\mathscr{T}(\alpha \cdot)] \subset [\mathscr{T}] \cap [\alpha].$$

De fait, si $\varphi \in D_\infty(\Omega)$, on a

$$[\varphi] \subset \complement([\mathscr{T}] \cap [\alpha]) \Rightarrow [\alpha\varphi] \subset \complement[\mathscr{T}] \Rightarrow \mathscr{T}(\alpha\varphi) = 0.$$

c) *Si $\mathscr{T} \in D_\infty^*(\Omega)$, pour tout opérateur de dérivation $L(D)$ linéaire à coefficients constants,*

$$[\mathscr{T}(L(D) \cdot)] \subset [\mathscr{T}].$$

C'est immédiat car

$$[L(D)\varphi] \subset [\varphi], \quad \forall \varphi \in D_\infty(\Omega).$$

Attention! Dans les énoncés précédents, on peut ne pas avoir l'égalité. Ainsi,

— pour tout $\mathscr{T} \in D_\infty^*(\Omega)$, on a $[\mathscr{T} - \mathscr{T}] = \varnothing$ alors que $[\mathscr{T}] \cup [\mathscr{T}] = [\mathscr{T}]$.

— pour $\mathscr{T} = \mathscr{T}_{\delta_0} \in D_\infty^*(E_1)$, on a $[\mathscr{T}(x \cdot)] = \varnothing$ alors que $[\mathscr{T}] \cap [x] = \{0\}$.

— pour $\mathscr{T} = \mathscr{T}_{\delta_{E_1}} \in D_\infty^*(E_1)$, on a $[\mathscr{T}(D \cdot)] = \varnothing$ et $[\mathscr{T}] = E_1$.

d) *Si $\mathscr{T} \in D_\infty^*(E_n)$ et si $a \in E_n$,*

$$[\mathscr{T}_{(a)}] = [\mathscr{T}] - a.$$

De fait, si $\varphi \in D_\infty(E_n)$, on a $[\varphi(\cdot - a)] = a + [\varphi]$, d'où

$$[\varphi(\cdot - a)] \cap [\mathscr{T}] = \varnothing$$

si et seulement si

$$[\varphi] \cap ([\mathscr{T}] - a) = \varnothing.$$

EXERCICES

1. — Soient Ω un ouvert de E_n et $\omega \subset \Omega$ des ouverts dont l'union est Ω. Si les $\mathscr{T}_\omega \in D_\infty^*(\omega)$ sont tels que, quels que soient ω et ω',

$$\mathscr{T}_\omega(\varphi) = \mathscr{T}_{\omega'}(\varphi), \quad \forall \varphi \in D_\infty(\omega \cap \omega'),$$

établir qu'il existe un et un seul $\mathscr{T} \in D_\infty^*(\Omega)$ tel que

$$\mathscr{T}(\varphi) = \mathscr{T}_\omega(\varphi), \quad \forall \varphi \in D_\infty(\omega).$$

En particulier, si $\mathscr{T}, \mathscr{T}' \in D_\infty^*(\Omega)$ sont tels que

$$\mathscr{T}(\varphi) = \mathscr{T}'(\varphi), \quad \forall \varphi \in D_\infty(\omega), \quad \forall \omega,$$

on a $\mathscr{T} = \mathscr{T}'$.

Suggestion. Soit $\varphi \in D_\infty(\Omega)$. Comme dans la démonstration du paragraphe 6, p. 265, on établit qu'il existe des ouverts $\omega_1, \ldots, \omega_N$ en nombre fini et des fonctions α_i telles que $\alpha_i \varphi \in D_\infty(\omega_i)$ et $\sum_{i=1}^{N} \alpha_i(x) = 1$ si $x \in [\varphi]$.

On définit alors $\mathscr{T}(\varphi)$ par

$$\mathscr{T}(\varphi) = \sum_{i=1}^{N} \mathscr{T}_{\omega_i}(\alpha_i \varphi).$$

En fait, $\mathscr{T}(\varphi)$ ne dépend ni du choix des ω_i, ni de celui des α_i. En effet, supposons que $\omega_1', \ldots, \omega_{N'}'$ et $\alpha_1', \ldots, \alpha_{N'}'$ conviennent également. On a

$$\alpha_i \varphi = \sum_{j=1}^{N'} \alpha_j' \alpha_i \varphi$$

donc, comme $[\alpha_j' \alpha_i \varphi] \subset \omega_i \cap \omega_j'$ pour tout j,

$$\mathscr{T}_{\omega_i}(\alpha_i \varphi) = \sum_{j=1}^{N'} \mathscr{T}_{\omega_i}(\alpha_j' \alpha_i \varphi) = \sum_{j=1}^{N'} \mathscr{T}_{\omega_j'}(\alpha_j' \alpha_i \varphi)$$

et

$$\sum_{i=1}^{N} \mathscr{T}_{\omega_i}(\alpha_i \varphi) = \sum_{j=1}^{N'} \sum_{i=1}^{N} \mathscr{T}_{\omega_j'}(\alpha_j' \alpha_i \varphi) = \sum_{j=1}^{N'} \mathscr{T}_{\omega_j'}(\alpha_j' \varphi).$$

Il est immédiat que $\mathscr{T}$ est une fonctionnelle linéaire dans $D_\infty(\Omega)$. Elle est bornée, vu l'ex. p. 258. Elle est unique car, si $\mathscr{T}$ et $\mathscr{T}'$ conviennent, chaque ω est un ouvert d'annulation pour $\mathscr{T} - \mathscr{T}'$, d'où $\mathscr{T} - \mathscr{T}' = 0$.

2. — Soient Ω un ouvert connexe de E_n et ω des ouverts dont l'union est Ω. Si $\mathscr{T}, \mathscr{T}' \in D_\infty^*(\Omega)$ sont tels que $[\mathscr{T}'] = \Omega$ et que, pour tout ω, il existe c_ω tel que

$$\mathscr{T}(\varphi) = c_\omega \mathscr{T}'(\varphi), \quad \forall \varphi \in D_\infty(\omega),$$

alors il existe c tel que $\mathscr{T} = c\mathscr{T}'$.

Suggestion. L'union de deux ouverts $\mathcal{O}$ et $\mathcal{O}'$ tels que $\mathscr{T} = c_{\mathcal{O}} \mathscr{T}'$ dans $\mathcal{O}$ et $\mathscr{T} = c_{\mathcal{O}'} \mathscr{T}'$ dans $\mathcal{O}'$ est un ouvert de même type si leur intersection n'est pas vide. En effet, il existe $\varphi \in D_\infty(\Omega)$, à support dans $\mathcal{O} \cap \mathcal{O}'$ tel que $\mathscr{T}'(\varphi) \neq 0$. Il vient alors

$$\mathscr{T}(\varphi) = c_{\mathcal{O}} \mathscr{T}'(\varphi) \quad \text{et} \quad \mathscr{T}(\varphi) = c_{\mathcal{O}'} \mathscr{T}'(\varphi),$$

d'où $c_{\mathcal{O}} = c_{\mathcal{O}'}$. Vu l'ex. 1, on a alors $\mathscr{T} = c\mathscr{T}'$ dans $D_\infty(\mathcal{O} \cup \mathcal{O}')$.

Soit alors $\mathcal{O}_c$ le plus grand ouvert contenu dans Ω dans lequel $\mathscr{T} = c\mathscr{T}'$. Les ouverts $\mathcal{O}_c$ constituent une partition de Ω d'où, comme Ω est connexe, un seul d'entre eux n'est pas vide et il est égal à Ω.

3. — Soit Ω un ouvert connexe de E_n. Etablir que si $\mathscr{T} \in D_\infty^*(\Omega)$ est tel que

$$\mathscr{T}(D_{x_i} \varphi) = 0, \quad \forall i, \quad \forall \varphi \in D_\infty(\Omega),$$

il existe c tel que

$$\mathscr{T}(\varphi) = c \int \varphi(x)\, dx, \quad \forall \varphi \in D_\infty(\Omega).$$

Suggestion. Vu l'ex. 2, on peut se borner à établir l'égalité dans tout intervalle ouvert $]a, b[\subset \Omega$. On conclut alors par l'ex. 3, p. 261, pour $l = 1$.

Voici une démonstration directe de ce cas particulier.

Raisonnons par récurrence par rapport à n.

Si $n=1$ et si $\varphi \in D_\infty(]a, b[)$ est tel que $\int_a^b \varphi(x)\,dx=0$, on a

$$\psi(x) = \int_a^x \varphi(\xi)\,d\xi \in D_\infty(]a, b[)$$

et

$$\mathscr{C}(\varphi) = \mathscr{C}(D_x\psi) = 0,$$

d'où la conclusion par I, p. 156.

Passons à $n>1$. Posons $I=]a_1, b_1[\times\ldots\times]a_{n-1}, b_{n-1}[$ et $I'=]a_n, b_n[$. Si $\psi\in D_\infty(I)$ et $\varphi_n\in D_\infty(I')$, $\mathscr{C}(\psi\otimes\varphi_n)$ est une distribution par rapport à φ_n telle que $\mathscr{C}(\psi\otimes D_{x_n}\varphi_n)=0$ pour tout $\varphi_n\in D_\infty(I')$ (cf. paragraphe 5, p. 259). Donc

$$\mathscr{C}(\psi\otimes\varphi_n) = C(\psi)\int_{a_n}^{b_n}\varphi_n(x_n)\,dx_n.$$

Mais $C(\psi)$ est une distribution dans I telle que $C(D_{x_k}\psi)=0$, $(k=1, \ldots, n-1)$, donc

$$C(\psi) = c\int_I \psi(\xi)\,d\xi$$

et

$$\mathscr{C}(\psi\otimes\varphi_n) = c\int_{]a, b[}\psi(\xi)\varphi_n(x_n)\,dx.$$

On conclut en notant que l'ensemble des $\psi\otimes\varphi_n$, $\psi\in D_\infty(I)$, $\varphi_n\in D_\infty(I')$, est total dans $D_\infty(]a, b[)$, vu b), p. 253.

4. — Soit Ω un ouvert connexe de E_n. Si $\mathscr{C}\in D_\infty^*(\Omega)$ est tel que

$$\mathscr{C}(D_x^k\varphi) = 0, \quad \forall\varphi\in D_\infty(\Omega),$$

si $|k|=l$, établir que

$$\mathscr{C}(\varphi) = \int P_{l-1}(x)\varphi(x)\,dx, \quad \forall\varphi\in D_\infty(\Omega),$$

où P_{l-1} est un polynôme de degré $l-1$.

Suggestion. On procède par récurrence par rapport à l. La propriété est vraie pour $l=1$, vu l'ex. 3.

Supposons-la vraie pour $1, \ldots, l-1$. Posons $\mathscr{C}(D_{x_i}\cdot)=\mathscr{C}_i$. On a alors

$$\mathscr{C}_i(\varphi) = \int P^{(i)}(x)\varphi(x)\,dx, \quad \forall\varphi\in D_\infty(\Omega),$$

où $P^{(i)}$ est de degré $l-2$. De plus,

$$\int D_{x_j}P^{(i)}\cdot\varphi\,dx = \int D_{x_i}P^{(j)}\cdot\varphi\,dx, \quad \forall\varphi\in D_\infty(\Omega),$$

donc $D_{x_i}P^{(j)}=D_{x_j}P^{(i)}$ pour tous i, j.

Il existe alors un polynôme P tel que $D_{x_i}P=P^{(i)}$ pour tout i (cf. ex. 6, p. 262).

Ce polynôme P est donc de degré $l-1$ et tel que

$$\mathscr{C}(D_{x_i}\varphi) = -\int PD_{x_i}\varphi\,dx, \quad \forall\varphi\in D_\infty(\Omega).$$

De là, il existe $c \in \mathbf{C}$ tel que

$$\mathscr{T}(\varphi) = -\int P\varphi\, dx + c\int \varphi\, dx, \quad \forall \varphi \in D_\infty(\Omega).$$

Distributions prolongeables dans $\mathbf{A}-C_L^0(\Omega)$

9. — On considère souvent des distributions qui sont la restriction à $D_\infty(\Omega)$ de fonctionnelles linéaires bornées dans $\mathbf{A}-C_L^0(\Omega)$.

L'espace $D_\infty(\Omega)$ est dense dans $\mathbf{A}-C_L^0(\Omega)$ et le système de semi-normes induit par ce dernier est plus faible que celui de $D_\infty(\Omega)$.

Cela résulte immédiatement de a), p. 224 et b), p. 221.

De là, *$\mathscr{T}$ appartient à $\mathbf{A}-C_L^{0*}(\Omega)$ si et seulement si sa restriction $\mathscr{T}_0$ à $D_\infty(\Omega)$ est une distribution bornée pour les semi-normes induites par $\mathbf{A}-C_L^0(\Omega)$.*

En outre, *le seul prolongement linéaire borné de $\mathscr{T}_0$ à $\mathbf{A}-C_L^0(\Omega)$ est $\mathscr{T}$.*

On désignera désormais indifféremment par $\mathscr{T}$ l'élément de $\mathbf{A}-C_L^{0*}(\Omega)$ ou sa restriction à $D_\infty(\Omega)$.

On dit que $\mathscr{T} \in D_\infty^*(\Omega)$ est *prolongeable à* $\mathbf{A}-C_L^0(\Omega)$ si c'est la restriction à $D_\infty(\Omega)$ d'un élément de $\mathbf{A}-C_L^{0*}(\Omega)$.

EXERCICE

Soit $\mathscr{T} \in D_\infty^*(\Omega)$ et soit L le sous-espace linéaire de $C_\infty(\Omega)$ formé des f tels que $[f] \cap [\mathscr{T}]$ soit vide ou compact.

Etablir qu'il existe une fonctionnelle linéaire $\mathscr{T}^*$ dans L, dont la restriction à $D_\infty(\Omega)$ est est $\mathscr{T}$ et telle que, si $[f_m] \cap [\mathscr{T}]$ est contenu dans un compact K et si $f_m \to f$ dans $C_\infty(\omega)$, $\omega \supset K$, alors $\mathscr{T}^*(f_m) \to \mathscr{T}^*(f)$.

Suggestion. Il est immédiat que L est linéaire.

Soit $f \in L$ et soit $\alpha \in D_\infty(\Omega)$, égal à 1 dans un voisinage de $[f] \cap [\mathscr{T}]$. Posons $\mathscr{T}^*(f) = \mathscr{T}(\alpha f)$. Il est immédiat que cette expression ne dépend pas de α. Elle est linéaire car, si $f_1, \ldots, f_N \in L$ et si $\alpha = 1$ dans un voisinage de $([f_1] \cup \ldots \cup [f_N]) \cap [\mathscr{T}]$, on a

$$\mathscr{T}^*\left(\sum_{i=1}^N c_i f_i\right) = \mathscr{T}\left[\left(\sum_{i=1}^N c_i f_i\right)\alpha_i\right] = \sum_{i=1}^N c_i \mathscr{T}(\alpha f_i) = \sum_{i=1}^N c_i \mathscr{T}^*(f_i).$$

Enfin, si $f_m \to f$ dans les conditions de l'énoncé et si α est égal à 1 dans un voisinage de K et à support dans $\omega \cap \Omega$, on a $\alpha f_m \to \alpha f$ dans $D_\infty(\Omega)$ et

$$\mathscr{T}^*(f_m) = \mathscr{T}(\alpha f_m) \to \mathscr{T}(\alpha f) = \mathscr{T}^*(f).$$

10. — Voici une propriété importante du support des distributions prolongeables à $\mathbf{A}-C_L^0(\Omega)$.

Si $\mathscr{T} \in D_\infty^*(\Omega)$ est prolongeable à $\mathbf{A}-C_L^0(\Omega)$ et si $f \in \mathbf{A}-C_L^0(\Omega)$ est tel que

$$D_x^k f(x) = 0 \quad si \quad x \in [\mathscr{T}] \quad et \quad |k| \leq L,$$

alors $\mathscr{T}(f) = 0$.

De fait, vu b), p. 227, l'ensemble des $\varphi \in D_\infty(\Omega)$ à support dans $\Omega \setminus [\mathscr{T}]$ est dense pour les semi-normes de $\mathbf{A}-C_L^0(\Omega)$ dans l'ensemble des f qui satisfont aux conditions de l'énoncé. De là, pour un tel f, quel que soit $\varepsilon > 0$, il existe $\varphi \in D_\infty(\Omega \setminus [\mathscr{T}])$ tel que

$$|\mathscr{T}(f-\varphi)| \leqq \varepsilon.$$

Or $\mathscr{T}(\varphi)=0$, donc $|\mathscr{T}(f)| \leqq \varepsilon$ et, comme ε est arbitraire, $\mathscr{T}(f)=0$.

Distributions d'ordre fini

11. — Une distribution $\mathscr{T} \in D_\infty^*(\Omega)$ est d'*ordre fini* s'il existe $L < \infty$ tel que $\mathscr{T}$ soit prolongeable à $D_L(\Omega)$.

Vu le paragraphe précédent, $\mathscr{T} \in D_\infty^*(\Omega)$ *est d'ordre fini si et seulement si il existe* $L < \infty$ *tel que, pour tout compact* $K \subset \Omega$, *il existe* $C(K)$ *tel que*

$$|\mathscr{T}(\varphi)| \leqq C(K) \sup_{|k| \leqq L} \sup_{x \in K} |D_x^k \varphi(x)|,$$

pour tout $\varphi \in D_\infty(\Omega)$ *à support dans* K.

Si $\mathscr{T} \in D_\infty^*(\Omega)$ est d'ordre fini, on appelle *ordre de* $\mathscr{T}$ et on note $o(\mathscr{T})$ le plus petit L pour lequel il existe une telle majoration.

Ainsi, les distributions associées aux fonctions localement l-intégrables dans Ω et aux mesures dans Ω sont d'ordre 0.

On peut remplacer les majorations ci-dessus par une condition de continuité: $\mathscr{T} \in D_\infty^*(\Omega)$ *est d'ordre fini si et seulement si il existe* $L < \infty$ *tel que*

$$\left.\begin{array}{l} \varphi_m \in D_\infty(\Omega),\ [\varphi_m] \subset K,\ \forall m \\ D_x^k \varphi_m(x) \underset{K}{\rightrightarrows} 0 \ \ si\ |k| \leqq L \end{array}\right\} \Rightarrow \mathscr{T}(\varphi_m) \to 0.$$

La condition est visiblement nécessaire.

Elle est suffisante. En effet, si elle est satisfaite, pour tout compact $K \subset \Omega$, il existe $C(K)$ tel que

$$|\mathscr{T}(\varphi)| \leqq C(K) \sup_{|k| \leqq L} \sup_{x \in K} |D_x^k \varphi(x)|, \quad \forall \varphi \in \mathbf{D}_\infty(K),$$

sinon il existe $K \subset \Omega$ et $\varphi_m \in D_\infty(\Omega)$ tels que $[\varphi_m] \subset K$, $|\mathscr{T}(\varphi_m)| \geqq 1$ et

$$\sup_{|k| \leqq L} \sup_{x \in K} |D_x^k \varphi_m(x)| \leqq 1/m,$$

ce qui est absurde.

Une distribution $\mathscr{T} \in D_\infty^*(\Omega)$ *est d'ordre fini si et seulement si elle appartient à* $D_\infty^{F*}(\Omega)$.

En outre, si $\mathscr{T}$ *est d'ordre* L,

$$\mathscr{T}(\varphi) = \sum_{|k| \leqq L} \int D_x^k \varphi \, d\mu_k, \quad \forall \varphi \in D_\infty(\Omega),$$

où μ_k, $|k| \leqq L$, *sont des mesures dans* Ω.

Toute distribution d'ordre L est la restriction à $D_\infty(\Omega)$ d'une fonctionnelle linéaire bornée dans $D_L(\Omega)$, d'où $\mathscr{T}$ a la forme annoncée et $\mathscr{T}\in D_\infty^{F*}(\Omega)$.

Inversement, toute fonctionnelle linéaire bornée dans $D_\infty^F(\Omega)$ s'écrit aussi sous cette forme, donc elle est visiblement d'ordre fini.

12. — Voici quelques propriétés immédiates des distributions d'ordre fini.

a) *Toute combinaison linéaire de distributions d'ordre fini est d'ordre fini et*

$$o\Big(\sum_{(i)} c_i\mathscr{T}_i\Big) \leqq \sup_{(i)} o(\mathscr{T}_i).$$

b) *Pour tout* $\mathscr{T}\in D_\infty^*(E_n)$ *et tout* $\alpha\in C_\infty(\Omega)$,

$$o[\mathscr{T}(\alpha\cdot)] \leqq o(\mathscr{T}).$$

c) *Pour tout* $\mathscr{T}\in D_\infty^*(\Omega)$ *et tout opérateur de dérivation* $L(D)$ *linéaire à coefficients constants d'ordre* l,

$$o\{\mathscr{T}[L(D)\cdot]\} \leqq o(\mathscr{T})+l.$$

Attention! Dans les énoncés précédents, on peut ne pas avoir l'égalité. Ainsi,

— pour tout $\mathscr{T}\in D_\infty^*(\Omega)$, on a $o(\mathscr{T}-\mathscr{T}) = 0$.

— pour tout $\mathscr{T}\in D_\infty^*(\Omega)$, on a $o[\mathscr{T}(0\cdot)] = 0$.

— pour $\mathscr{T}=\mathscr{T}_{\delta_{E_1}}\in D_\infty^*(E_1)$, on a $o[\mathscr{T}(D\cdot)] = 0$.

d) *Pour tout* $\mathscr{T}\in D_\infty^*(E_n)$ *et tout* $a\in E_n$,

$$o(\mathscr{T}_{(a)}) = o(\mathscr{T}).$$

13. — *Si* $\mathscr{T}$ *est une fonctionnelle linéaire dans* $D_\infty(\Omega)$ *et si* $\mathscr{T}(\varphi)\geqq 0$ *pour tout* $\varphi\geqq 0$ *appartenant à* $D_\infty(\Omega)$, $\mathscr{T}$ *est la distribution d'une mesure positive dans* Ω.

Soient K un compact de Ω et $\alpha\in D_\infty(\Omega)$ une adoucie de K.

Pour tout φ réel appartenant à $\mathbf{D}_\infty(K)$, on a

$$-\sup_{y\in K}|\varphi(y)|\cdot\alpha(x) \leqq \varphi(x) \leqq \sup_{y\in K}|\varphi(y)|\cdot\alpha(x),\quad \forall x\in\Omega,$$

donc

$$-\sup_{y\in K}|\varphi(y)|\cdot\mathscr{T}(\alpha) \leqq \mathscr{T}(\varphi) \leqq \sup_{y\in K}|\varphi(y)|\cdot\mathscr{T}(\alpha),$$

et

$$|\mathscr{T}(\varphi)| \leqq \mathscr{T}(\alpha)\cdot\sup_{y\in K}|\varphi(y)|.$$

Si φ est complexe

$$|\mathscr{T}(\varphi)| \leqq |\mathscr{T}(\mathscr{R}\varphi)|+|\mathscr{T}(\mathscr{I}\varphi)| \leqq 2\mathscr{T}(\alpha)\cdot\sup_{y\in K}|\varphi(y)|.$$

D'où la conclusion.

Distributions à support compact

14. — Etudions à présent les distributions à support compact.

Une distribution $\mathscr{T}$ dans Ω est à support compact si et seulement si elle est prolongeable dans $C_\infty(\Omega)$.

En d'autres termes, $\mathscr{T}\in D^*_\infty(\Omega)$ *est à support compact si et seulement si il existe K compact contenu dans Ω, $C>0$ et L entier tels que*

$$|\mathscr{T}(\varphi)| \leqq C \sup_{|k|\leqq L}\sup_{x\in K}|D^k_x\varphi(x)|, \quad \forall \varphi\in D_\infty(\Omega).$$

En particulier, *toute distribution à support compact est d'ordre fini.*

La condition est suffisante et entraîne visiblement que $[\mathscr{T}]\subset K$.

Inversement, soit $\mathscr{T}\in D^*_\infty(\Omega)$ tel que $[\mathscr{T}]$ soit compact. Pour $\varepsilon < \frac{1}{2}\, d([\mathscr{T}], \complement\Omega)$, $[\mathscr{T}]_\varepsilon = \{x: d(x, [\mathscr{T}])\leqq\varepsilon\}$ est compact et est contenu dans Ω. Soit alors $\alpha\in D_\infty(\Omega)$ une ε-adoucie de $[\mathscr{T}]_\varepsilon$.

Pour tout $\varphi\in D_\infty(\Omega)$, $[\varphi-\alpha\varphi]\subset\Omega\setminus[\mathscr{T}]$, donc $\mathscr{T}(\varphi)=\mathscr{T}(\alpha\varphi)$.

Si K désigne le support de α, il existe C et l tels que

$$|\mathscr{T}(\varphi)| \leqq C \sup_{|k|\leqq l}\sup_{x\in K}|D^k_x\varphi(x)|, \quad \forall \varphi\in \mathbf{D}_\infty(K).$$

Dès lors, pour tout $\varphi\in D_\infty(\Omega)$,

$$|\mathscr{T}(\varphi)| = |\mathscr{T}(\alpha\varphi)| \leqq C \sup_{|k|\leqq l}\sup_{x\in K}|D^k_x[\alpha(x)\varphi(x)]| = C' \sup_{|k|\leqq l}\sup_{x\in K}|D^k_x\varphi(x)|,$$

d'où la conclusion.

On notera qu'on peut supposer que

$$K\subset\{x: d(x, [\mathscr{T}]) \leqq \varepsilon\},$$

quel que soit $\varepsilon>0$.

La structure des distributions à support compact est fournie par le théorème suivant.

Si $\mathscr{T}\in D^*_\infty(\Omega)$ est à support compact et d'ordre l, pour tout $\varepsilon>0$, il existe des mesures μ_k dans Ω, $|k|\leqq l$, à support dans $[\mathscr{T}]_\varepsilon=\{x: d(x, [\mathscr{T}])\leqq\varepsilon\}$ telles que

$$\mathscr{T}(\varphi) = \sum_{|k|\leqq l}\int D^k_x\varphi\, d\mu_k, \quad \forall \varphi\in D_\infty(\Omega).$$

Soit $\varepsilon<d([\mathscr{T}], \complement\Omega)$ fixé.

Comme on l'a vu dans la démonstration précédente, il existe C tel que

$$|\mathscr{T}(\varphi)| \leqq C \sup_{|k|\leqq l}\sup_{x\in[\mathscr{T}]_\varepsilon}|D^k_x\varphi(x)|, \quad \forall \varphi\in D_\infty(\Omega).$$

On en déduit immédiatement que

$$|\mathscr{T}(f)| \leqq C \sup_{|k|\leqq l}\sup_{x\in[\mathscr{T}]_\varepsilon}|D^k_x f(x)|, \quad \forall f\in C_\infty(\Omega).$$

Vu le paragraphe 10, p. 232, il existe alors des mesures μ_k dans Ω, à support dans $[\mathscr{T}]_\varepsilon$ telles que

$$\mathscr{T}(f) = \sum_{|k| \leqq l} \int D_x^k f \, d\mu, \quad \forall f \in C_\infty(\Omega),$$

d'où la conclusion.

15. — a) *Toute combinaison linéaire de distributions à support compact est à support compact.*

b) *Si* $\mathscr{T} \in D_\infty^*(\Omega)$ *et* $\alpha \in C_\infty(\Omega)$ *sont tels que* $[\mathscr{T}] \cap [\alpha]$ *soit compact,* $\mathscr{T}(\alpha \cdot)$ *est à support compact*

c) *Si* $\mathscr{T} \in D_\infty^*(\Omega)$ *est à support compact,* $\mathscr{T}[L(D) \cdot]$ *est à support compact pour tout opérateur de dérivation* $L(D)$ *linéaire à coefficients constants.*

d) *Si* $\mathscr{T} \in D_\infty^*(E_n)$ *est à support compact, pour tout* $a \in E_n$, $\mathscr{T}_{(a)}$ *est à support compact.*

C'est immédiat, vu le paragraphe 8, p. 266.

16. — Examinons un exemple intéressant de distribution à support compact.

Une distribution $\mathscr{T}$ *d'ordre* l *dans* Ω *est à support ponctuel* $[\mathscr{T}] = \{x_0\}$ *si et seulement si il existe* $c_k \in \mathbf{C}$, $|k| \leqq l$, *tels que*

$$\mathscr{T}(\varphi) = \sum_{|k| \leqq l} c_k D_x^k \varphi(x_0), \quad \forall \varphi \in D_\infty(\Omega).$$

De plus, les c_k *sont uniques.*

La condition est visiblement suffisante.

Elle est nécessaire. De fait, si $\alpha \in D_\infty(\Omega)$ est une adoucie de $\{x : |x - x_0| \leqq \varepsilon\}$, $\varepsilon < d(x_0, \complement\Omega)$, la fonction

$$\varphi(x) - \sum_{|k| \leqq l} \frac{(x - x_0)^k}{k!} \alpha(x) D_x^k \varphi(x_0)$$

s'annule en x_0 ainsi que ses dérivées jusqu'à l'ordre l. De là, par le paragraphe 10, p. 270,

$$\mathscr{T}(\varphi) = \sum_{|k| \leqq l} D_x^k \varphi(x_0) \mathscr{T}\left[\frac{(x - x_0)^k}{k!} \alpha(x)\right],$$

d'où la forme de $\mathscr{T}$.

Pour s'assurer de l'unicité des c_k, on note que

$$c_k = \mathscr{T}\left[\frac{(x - x_0)^k \alpha(x)}{k!}\right].$$

EXERCICES

1. — Si $x\in\Omega$ et si $\mathscr{T}\in D_\infty^*(\Omega)$ est tel que $\mathscr{T}[(y-x)^k\varphi(y)]=0$ pour tout $\varphi\in D_\infty(\Omega)$ et tout k tel que $|k|=l$, alors il existe $c_k\in\mathbf{C}$ tels que

$$\mathscr{T}(\varphi)=\sum_{|k|<l} c_k D_x^k\varphi(x),\quad \forall\varphi\in D_\infty(\Omega).$$

Suggestion. Pour tout i, $\Omega_i=\Omega\cap\{y:y_i\neq x_i\}$ est un ouvert d'annulation de $\mathscr{T}$. De fait, si $\varphi\in D_\infty(\Omega_i)$,

$$\mathscr{T}(\varphi)=\mathscr{T}\left[(y_i-x_i)^l\frac{\varphi(x)}{(y_i-x_i)^l}\right]=0.$$

De là, l'union des Ω_i, c'est-à-dire $\Omega\setminus\{x\}$, est un ouvert d'annulation de $\mathscr{T}$.
On applique alors le théorème précédent.

2. — Si $\mathscr{T}\in D_\infty^*(E_n)$ et α_k réels et non nuls sont tels que

$$\mathscr{T}[(1-e^{i\alpha_k x_k})\varphi]=0,\quad\forall\varphi\in D_\infty(E_n),\quad\forall k\leq n,$$

il existe $c_{m_1,\dots,m_n}\in C$, ($m_1,\dots,m_n=0,\pm1,\pm2,\dots$), tels que

$$\mathscr{T}(\varphi)=\sum_{m_1=-\infty}^{+\infty}\cdots\sum_{m_n=-\infty}^{+\infty}c_{m_1,\dots,m_n}\varphi[(2\pi m_1/\alpha_1,\dots,2\pi m_n/\alpha_n)]$$

pour tout $\varphi\in D_\infty(E_n)$.

Suggestion. Notons d'abord que

$$[\mathscr{T}]\subset\{(2\pi m_1/\alpha_1,\dots,2\pi m_n/\alpha_n):m_1,\dots,m_n=0,\pm1,\dots\}.$$

Il suffit pour cela que

$$[\mathscr{T}]\subset F_k=\{x:x_k=2\pi m_k/\alpha_k,\ m_k=0,\pm1,\dots\}$$

pour tout k. Or, si $[\varphi]\cap F_k=\varnothing$, on a $\varphi=(1-e^{i\alpha_k x_k})\psi$, où $\psi=\varphi/(1-e^{i\alpha_k x_k})\in D_\infty(E_n)$, donc $\mathscr{T}(\varphi)=0$.

Dès lors, par le théorème précédent, pour tout $x_0=(2\pi m_1/\alpha_1,\dots,2\pi m_n/\alpha_n)$ fixé, il existe des $c_k\in\mathbf{C}$ tels que

$$\mathscr{T}(\varphi)=\sum_{|k|\leq k_0}c_k D_x^k\varphi(x_0)$$

pour tout $\varphi\in\mathbf{D}_\infty(\{x:|x-x_0|\leq\varepsilon\})$, si ε est assez petit.

Comme

$$\mathscr{T}(\varphi)=\mathscr{T}(e^{i\sum_{k=1}^n\alpha_k m_k x_k}\varphi)$$

pour tout $\varphi\in D_\infty(E_n)$ et tous $m_1,\dots,m_n=0,\pm1,\dots$, l'expression

$$\sum_{|k|\leq k_0}c_k[D_x^k(e^{i\sum_{k=1}^n\alpha_k m_k x_k}\varphi)](x_0)$$

est indépendante de $m_1,\dots,m_n$. Comme c'est un polynôme en $m_1,\dots,m_n$, il en résulte que seul son terme indépendant n'est pas nul, ce qui prouve que $c_k=0$ si $|k|>0$.

D'où la conclusion.

Distributions tempérées

17. — Une distribution $\mathscr{T} \in D^*_\infty(E_n)$ est *tempérée* si elle est prolongeable dans $S_\infty(E_n)$.

En d'autres termes, $\mathscr{T} \in D^*_\infty(E_n)$ *est tempéré si et seulement si il existe* $C>0$, l *et* N *tels que*

$$|\mathscr{T}(\varphi)| \leqq C \sup_{|k| \leqq l} \sup_{x \in E_n} (1+|x|^2)^N |D^k_x \varphi(x)|, \quad \forall \varphi \in D_\infty(E_n).$$

La structure des distributions tempérées est fournie par le théorème suivant.

Une distribution $\mathscr{T} \in D^*_\infty(E_n)$ *est tempérée si et seulement si il existe* l, N *et* $\mu_k \in M(E_n)$ *tels que*

$$\mathscr{T}(\varphi) = \sum_{|k| \leqq l} \int D^k_x \varphi \, d\mu_k, \quad \forall \varphi \in D_\infty(E_n),$$

et

$$(1+|x|^2)^{-N} \in \mu_k - L_1$$

si $|k| \leqq l$.

Ainsi,

— *toute distribution à support compact est tempérée.*

— *si* $f \in L_1^{\mathrm{loc}}(E_n)$ *et s'il existe un entier* N *tel que* $(1+|x|^2)^{-N} f \in L_{1,2,\infty}(E_n)$, $\mathscr{T}_f$ *est tempéré.*

— *si* μ *est une mesure dans* E_n *et s'il existe un entier* N *tel que* $(1+|x|^2)^{-N} \in \mu - L_1$, $\mathscr{T}_\mu$ *est tempéré.*

Cela résulte de la structure du dual de $S_\infty(E_n)$, (cf. c), p. 233).

Pour le second cas particulier, on note que, si $(1+|x|^2)^{-N} f \in L_{2,\infty}(E_n)$, on a $(1+|x|^2)^{-N-n} f \in L_1(E_n)$.

Notons encore que *toute distribution tempérée est d'ordre fini.*

C'est immédiat.

18. — *Si* $\mathscr{T} \in D^*_\infty(E_n)$ *est tempéré et tel que* $\mathscr{T}(\varphi) \geqq 0$ *pour tout* $\varphi \geqq 0$ *appartenant à* $D_\infty(E_n)$, $\mathscr{T}$ *est la distribution d'une mesure* μ *dans* E_n *telle que* $(1+|x|^2)^{-l} \in \mu - L_1(E_n)$ *pour au moins un* l.

Vu le paragraphe 13, p. 272, $\mathscr{T}$ est d'ordre 0 et s'écrit $\mathscr{T}_\mu$, où μ est une mesure positive dans E_n.

Supposons que

$$|\mathscr{T}(\varphi)| \leqq C \sup_{|k| \leqq l} \sup_{x \in E_n} (1+|x|^2)^N |D^k_x \varphi(x)|, \quad \forall \varphi \in D_\infty(E_n).$$

Soient $\alpha_m = \delta_{\{x:|x| \leqq m\}} * \varrho_1$; on a $\alpha_m \uparrow 1$ et

$$\int \alpha_m/(1+|x|^2)^N \, d\mu \leqq C', \quad \forall m,$$

d'où $(1+|x|^2)^{-N} \in \mu - L_1(E_n)$, par le théorème de Levi.

19. — a) *Toute combinaison linéaire de distributions tempérées est une distribution tempérée.*

C'est immédiat.

b) *Si* $\mathscr{T} \in D_\infty^*(E_n)$ *est tempéré et d'ordre* l *et si* $\alpha \in C_\infty(E_n)$ *est tel qu'il existe* N_0 *et* C *tels que*

$$\sup_{|k| \leqq l} |D_x^k \alpha(x)| \leqq C(1+|x|^2)^{N_0},$$

alors $\mathscr{T}(\alpha \cdot)$ *est tempéré.*

De fait, pour un tel $\mathscr{T}$, on a

$$|\mathscr{T}(\alpha\varphi)| \leqq C' \sup_{|k| \leqq l} \sup_{x \in E_n} (1+|x|^2)^N |D_x^k(\alpha\varphi)(x)|$$

$$\leqq C'' \sup_{|k| \leqq l} \sup_{x \in E_n} (1+|x|^2)^{N+N_0} |D_x^k \varphi(x)|, \quad \forall \varphi \in D_\infty(E_n).$$

c) *Si* $\mathscr{T} \in D_\infty^*(E_n)$ *est tempéré, pour tout opérateur de dérivation* $L(D)$ *linéaire à coefficients constants,* $\mathscr{T}[L(D)\cdot]$ *est tempéré.*

C'est immédiat.

d) Soient $\mathscr{T} \in D_\infty^*(\Omega)$ et $L(x, D)$ un opérateur de dérivation linéaire à coefficients polynomiaux.

On peut alors définir $\mathscr{T}[L(x, D)\cdot]$ par

$$\{\mathscr{T}[L(x, D)\cdot]\}(\varphi) = \mathscr{T}[L(x, D)\varphi], \quad \forall \varphi \in D_\infty(E_n).$$

On a évidemment $\mathscr{T}[L(x, D)\cdot] \in D_\infty^*(\Omega)$.

Les énoncés b) et c) établissent que $\mathscr{T}[L(x, D)\cdot]$ *est tempéré si* $\mathscr{T} \in D_\infty^*(E_n)$ *est tempéré et si* $L(x, D)$ *est un opérateur de dérivation linéaire à coefficients polynomiaux.*

e) *Si* $\mathscr{T} \in D_\infty^*(E_n)$ *est tempéré et si* $a \in E_n$, $\mathscr{T}_{(a)}$ *est tempéré.*

Cela résulte immédiatement de la formule

$$(1+|x|^2)^N \leqq 2^N(1+|x-a|^2)^N(1+|a|^2)^N, \quad \forall N.$$

20. — Voici une propriété qui va permettre d'utiliser les propriétés de la transformation de Fourier dans la théorie des distributions.

Si $\mathscr{T} \in D_\infty^*(E_n)$ *est tempéré,* $\mathscr{T}(\mathscr{F}^{\pm}\cdot)$ *est tempéré.*

On l'appelle *distribution transformée de Fourier de* $\mathscr{T}$.

L'expression $\mathscr{T}(\mathscr{F}^{\pm}\varphi)$ a un sens car $\mathscr{F}^{\pm}\varphi \in S_\infty(E_n)$ si $\varphi \in D_\infty(E_n)$.

De plus, il existe une constante $C>0$ et une semi-norme π de $S_\infty(E_n)$ telles que

$$|\mathscr{T}(\varphi)| \leqq C\pi(\varphi), \quad \forall \varphi \in D_\infty(E_n).$$

Vu c), p. 220, il existe alors une constante $C'>0$ et une semi-norme π' de $S_\infty(E_n)$ telles que

$$\pi(\mathscr{F}^{\pm}\varphi) \leqq C'\pi'(\varphi), \quad \forall \varphi \in D_\infty(E_n),$$

d'où

$$|\mathscr{C}(\mathscr{F}^{\pm}\varphi)| \leqq CC'\pi'(\varphi), \quad \forall \varphi \in D_\infty(E_n),$$

et $\mathscr{C}(\mathscr{F}^{\pm}\cdot)$ est tempéré.

En particulier, *si* $\mathscr{C} \in D^*_\infty(E_n)$ *est tempéré,*

$$\mathscr{C}(\mathscr{F}^{\mp}\mathscr{F}^{\pm}\varphi) = (2\pi)^n\mathscr{C}(\varphi), \quad \forall \varphi \in D_\infty(E_n).$$

De plus, il résulte des énoncés précédents que, *si* $\mathscr{C} \in D^*_\infty(E_n)$ *est tempéré et si* $L(x, D)$ *est un opérateur de dérivation linéaire à coefficients polynomiaux,*

$$\mathscr{C}[L(x,D)\mathscr{F}^{\pm}\cdot] = \mathscr{C}\{\mathscr{F}^{\pm}[L(\pm iD, \pm ix)\cdot]\}$$

et

$$\mathscr{C}[\mathscr{F}^{\pm}L(x, D)\cdot] = \mathscr{C}[L(\mp iD, \mp ix)\mathscr{F}^{\pm}\cdot]$$

sont tempérés.

21. — Il est intéressant d'évaluer la distribution $\mathscr{C}(\mathscr{F}^{\pm}\cdot)$ pour différentes distributions tempérées $\mathscr{C} \in D^*_\infty(E_n)$.

a) *Si* $f \in L_1(E_n)$, $\mathscr{C}_f$ *est tempéré et*

$$\mathscr{C}_f(\mathscr{F}^{\pm}\cdot) = \mathscr{C}_{\mathscr{F}^{\pm}f}.$$

On sait que $\mathscr{C}_f$ est tempéré (cf. p. 276); de plus,

$$\int_{E_n} f\cdot\mathscr{F}^{\pm}\varphi\,dx = \int_{E_n}\mathscr{F}^{\pm}f\cdot\varphi\,dx, \quad \forall \varphi \in D_\infty(E_n),$$

par le théorème de transfert.

b) *Si* $f \in L_2(E_n)$, $\mathscr{C}_f$ *est tempéré et si* $\mathscr{F}^{\pm}f$ *désigne la transformée de* f *dans* $L_2(E_n)$,

$$\mathscr{C}_f(\mathscr{F}^{\pm}\cdot) = \mathscr{C}_{\mathscr{F}^{\pm}f}.$$

Ici encore, on sait que $\mathscr{C}_f$ est tempéré (cf. p. 276); de plus,

$$\int_{E_n} f\cdot\mathscr{F}^{\pm}\varphi\,dx = \int_{E_n}\mathscr{F}^{\pm}f\cdot\varphi\,dx, \quad \forall \varphi \in D_\infty(E_n).$$

c) *Si* μ *est une mesure dans* E_n *telle que* $V\mu(E_n)<\infty$, $\mathscr{C}_\mu$ *est tempéré et on a*

$$\mathscr{C}_\mu(\mathscr{F}^{\pm}\cdot) = \mathscr{C}_{\mathscr{F}^{\pm}\mu}.$$

Cela résulte du théorème de Fubini.

Si $\mathscr{C} \in D^*_\infty(E_n)$ est tempéré et si $\mathscr{C}(\mathscr{F}^{\pm}\cdot) = \mathscr{C}_g$ avec $g \in L_1^{\mathrm{loc}}$, on dit que g est la *transformée de Fourier de* $\mathscr{C}$ *dans* L_1^{loc}.

Une telle transformée de Fourier existe dans les cas a), b) et c) ci-dessus.

EXERCICES

1. — Etablir que toute distribution $\mathscr{T} \in D_\infty^*(E_n)$ homogène d'ordre r (cf. ex. 10, p. 264) est tempérée.

Suggestion. Il existe C et l tels que

$$|\mathscr{T}(\varphi)| \leq C \sup_{|k|\leq l} \sup_{|x|\leq 1} |D_x^k \varphi(x)| \qquad (*)$$

pour tout $\varphi \in \mathbf{D}_\infty(\{x: |x| \leq 1\})$.

Soit α_m, $(m=0, 1, 2, \ldots)$, la partition de l'unité localement finie dans E_n obtenue en passant aux moyennes à partir des fonctions

$$\beta_0 = \delta_{\{x: |x|\leq 1\}} * \varrho_{1/2}$$

et

$$\beta_m = \delta_{\{x: m\leq |x|\leq m+1\}} * \varrho_{1/2} \quad \text{si} \quad m \neq 0.$$

Pour tout $m \geq 1$, on a

$$\mathscr{T}(\alpha_m \varphi) = (m+2)^{n+r} \mathscr{T}\{\alpha_m[(m+2)\cdot]\varphi[(m+2)\cdot]\}$$

pour tout $\varphi \in D_\infty(E_n)$, où $\alpha_m[(m+2)\cdot]\varphi[(m+2)\cdot]$ est à support contenu dans $\{x: |x| \leq 1\}$. Dès lors, de la majoration (*), on déduit que

$$|\mathscr{T}(\alpha_m \varphi)| \leq (m+2)^{n+r} P_l(m+2) \sup_{|k|\leq l} \sup_{m-1/2\leq |x|\leq m+2} |D_x^k \varphi(x)|,$$

P_l étant un polynôme de degré l, indépendant de m. De là, si $m \geq 1$ et si $n+l+r+2 \geq 0$, ce qu'on peut toujours obtenir, quitte à augmenter l, il vient

$$|\mathscr{T}(\alpha_m \varphi)| \leq \frac{(m+2)^{n+r} P_l(m+2)}{(m-1/2)^{n+r+l+2}} \sup_{|k|\leq l} \sup_{x \in E_n} |x|^{n+r+l+2} |D_x^k \varphi(x)| = c_m \pi(\varphi).$$

Dans cette majorante, π est une semi-norme de $S_\infty(E_n)$, indépendante de m, et c_m est le terme général d'une série convergente. Il vient

$$|\mathscr{T}[(1-\alpha_0)\varphi]| \leq \sum_{m=1}^{\infty} |\mathscr{T}(\alpha_m \varphi)| \leq \sum_{m=1}^{\infty} c_m \pi(\varphi), \quad \forall \varphi \in D_\infty(E_n),$$

d'où la conclusion puisque

$$\mathscr{T} = \mathscr{T}(\alpha_0 \cdot) + \mathscr{T}[(1-\alpha_0)\cdot]$$

est alors la somme de deux distributions tempérées.

2. — Si $\mathscr{T} \in D^*(E_n)$ est homogène d'ordre r, $\mathscr{T}(\mathscr{F}^{\pm}\cdot)$ est homogène d'ordre $-(n+r)$.

Suggestion. Vu l'ex. 1, $\mathscr{T}$ est tempéré, donc $\mathscr{T}(\mathscr{F}^{\pm}\cdot) \in D_\infty^*(E_n)$.

De plus, vu la densité de $D_\infty(E_n)$ dans $S_\infty(E_n)$, pour tout $\varphi \in D_\infty(E_n)$, on a

$$\mathscr{T}(\mathscr{F}^{\pm}\varphi) = \lambda^{n+r}\mathscr{T}(\mathscr{F}_{\lambda x}^{\pm}\varphi) = \lambda^r \mathscr{T}[\mathscr{F}_x^{\pm}\varphi(y/\lambda)], \ \forall \lambda > 0,$$

soit

$$\mathscr{T}(\mathscr{F}^{\pm}\varphi) = \lambda'^{-r}\mathscr{T}\{\mathscr{F}^{\pm}[\varphi(\lambda'\cdot)]\}, \ \forall \lambda' > 0,$$

ce qui prouve que $\mathscr{T}(\mathscr{F}^{\pm}\cdot)$ est d'ordre $-(n+r)$.

3. — Si $\mathscr{T} \in D_\infty^*(E_n)$ est tempéré et invariant par rotation, établir que $\mathscr{T}(\mathscr{F}^{\pm}\cdot)$ est invariant par rotation.

Suggestion. Il suffit de noter que, pour toute matrice orthogonale U,

$$\mathscr{F}_x^{\pm}[\varphi(U\cdot)] = \mathscr{F}_{\tilde{U}x}^{\pm}\varphi, \quad \forall \varphi \in D_\infty(E_n).$$

Distributions périodiques et séries de Fourier

22. — Une distribution $\mathscr{T} \in D_\infty^*(E_n)$ est *périodique* de *période* $T=(T_1, \dots, T_n)$, où $T_1, \dots, T_n > 0$, si

$$\mathscr{T}[\varphi(\cdot + T)] = \mathscr{T}(\varphi), \quad \forall \varphi \in D_\infty(E_n).$$

Dans ce qui suit, on pose

— $m=(m_1, \dots, m_n)$, où $m_1, \dots, m_n = 0, \pm 1, \pm 2, \dots$,

— $mT=(m_1T_1, \dots, m_nT_n)$,

— $m/T=(m_1/T_1, \dots, m_n/T_n)$.

On désigne par M l'ensemble des m et par α un élément positif de $D_\infty(E_n)$ tel que les $\alpha(x+mT)$, $m \in M$, forment une partition localement finie de l'unité dans E_n.[1]

a) *Toute distribution* $\mathscr{T} \in D_\infty^*(E_n)$ *périodique de période* T *s'écrit de façon unique sous la forme*

$$\mathscr{T}(\varphi) = \sum_{m \in M} c_m(\mathscr{T}) \mathscr{F}^+_{2\pi \frac{m}{T}} \varphi, \quad \forall \varphi \in D_\infty(E_n), \tag{*}$$

où

$$|c_m(\mathscr{T})| \leqq C(1+|m|^2)^{k_0}, \quad \forall m,$$

pour k_0 *assez grand. Les* $c_m(\mathscr{T})$ *sont donnés par la formule*

$$c_m(\mathscr{T}) = \frac{1}{l(]0, T])} \mathscr{T}\left[\alpha(x) e^{-2i\pi\left(\frac{m}{T}, x\right)}\right].$$

Les $c_m(\mathscr{T})$ sont appelés *coefficients de Fourier de* $\mathscr{T}$.

En développant $\sum_{m \in M} \varphi(x+mT)$ en série de Fourier trigonométrique dans $]0, T]$, on obtient

$$\sum_{m \in M} \varphi(x+mT) = \frac{1}{l(]0, T])} \sum_{m' \in M} e^{-2i\pi\left(\frac{m'}{T}, x\right)} \int_{]0, T]} e^{2i\pi\left(\frac{m'}{T}, y\right)} \sum_{m \in M} \varphi(y+mT)\, dy$$

$$= \frac{1}{l(]0, T])} \sum_{m' \in M} e^{-2i\pi\left(\frac{m'}{T}, x\right)} \int_{E_n} e^{2i\pi\left(\frac{m'}{T}, y\right)} \varphi(y)\, dy,$$

[1] Pour obtenir un tel α, on part de $\beta \in D_\infty(E_n)$ positif et tel que $\beta > 0$ dans $]0, T]$. La fonction $\alpha(x) = \beta(x) / \sum_{m \in M} \beta(x+mT)$ convient.

la série convergeant uniformément dans E_n, de même que ses dérivées terme à terme (cf. FVR II, B, p. 458).

Ceci posé, on a

$$\mathscr{T}(\varphi) = \mathscr{T}[\sum_{m\in M} \alpha(x-mT)\varphi(x)] = \mathscr{T}[\alpha(x) \sum_{m\in M} \varphi(x+mT)]$$

$$= \frac{1}{l(]0,T])} \sum_{m\in M} \mathscr{T}\left(\alpha e^{-2i\pi\left(\frac{m}{T},\cdot\right)}\right) \mathscr{F}^+_{2\pi\frac{m}{T}} \varphi.$$

Les

$$c_m = \frac{1}{l(]0,T])} \mathscr{T}\left(\alpha e^{-2i\pi\left(\frac{m}{T},\cdot\right)}\right)$$

vérifient la majoration annoncée. En effet, il existe k_0 tel que

$$|c_m| \leqq C \sup_{|k|\leqq k_0} \sup_{x\in[\alpha]} \left|D_x^k\left[\alpha(x) e^{-2i\pi\left(\frac{m}{T},x\right)}\right]\right| \leqq C' P_{k_0}(m), \quad \forall m,$$

où P_{k_0} est un polynôme de degré k_0, donc il existe C'' tel que

$$|c_m| \leqq C''(1+|m|^2)^{k_0}, \quad \forall m.$$

Il reste à établir l'unicité des $c_m(\mathscr{T})$ qui figurent dans (*). Pour cela, on note que

$$\mathscr{T}\left[\alpha(x) e^{-2i\pi\left(\frac{m}{T},x\right)}\right] = \sum_{m'\in M} c_{m'}(\mathscr{T}) \mathscr{F}^+_{2\pi\frac{m'}{T}}\left(\alpha e^{-2i\pi\left(\frac{m}{T},\cdot\right)}\right).$$

Or

$$\mathscr{F}^+_{2\pi\frac{m'}{T}}\left(\alpha e^{-2i\pi\left(\frac{m}{T},\cdot\right)}\right) = \int_{E_n} e^{2i\pi\left(\frac{m'-m}{T},x\right)} \alpha(x)\, dx$$

$$= \int_{]0,T]} e^{2i\pi\left(\frac{m'-m}{T},x\right)} \sum_{j\in M} \alpha(x+jT)\, dx = l(]0,T])\cdot\delta_{m,m'},$$

d'où la conclusion.

b) *Inversement, si les* $c_m \in \mathbf{C}$ *sont tels que*

$$|c_m| \leqq C(1+|m|^2)^{k_0}, \quad \forall m,$$

pour k_0 *assez grand, l'expression*

$$\mathscr{T}(\varphi) = \sum_{m\in M} c_m \mathscr{F}^+_{2\pi\frac{m}{T}} \varphi, \quad \forall \varphi \in D_\infty(E_n),$$

est une distribution tempérée et périodique de période T *dans* E_n.

On a

$$|c_m \mathscr{F}^+_{2\pi\frac{m}{T}} \varphi| \leqq \frac{C'}{(1+|m|^2)^n} \sup_{x\in E_n} (1+|x|^2)^{k_0+n} |\mathscr{F}^+_x \varphi|,$$

donc la série

$$\sum_{m \in M} c_m \mathscr{F}^+_{2\pi \frac{m}{T}} \varphi \tag{**}$$

converge pour tout $\varphi \in D_\infty(E_n)$ et définit une distribution tempérée:

$$\Big| \sum_{m \in M} c_m \mathscr{F}^+_{2\pi \frac{m}{T}} \varphi \Big| \leqq C'' \sup_{x \in E_n} (1+|x|^2)^{k_0+n} |\mathscr{F}^+_x \varphi| \leqq C''' \pi(\varphi),$$

où π est une semi-norme de $S_\infty(E_n)$. Cette distribution est visiblement périodique de période T.

De là, *toute distribution périodique est tempérée.*

c) *Quels que soient* $\mathscr{C} \in D^*_\infty(E_n)$ *et* $f \in C_\infty(E_n)$ *périodiques de période* T, *l'expression* $\mathscr{C}(\alpha f)$ *est indépendante de* α.

Il suffit pour cela que $\mathscr{F}^+_{2\pi \frac{m}{T}}(\alpha f)$ ne dépende pas de α. Or

$$\mathscr{F}^+_{2\pi \frac{m}{T}}(\alpha f) = \sum_{m' \in M} \int_{]0,T]} e^{2i\pi\left(\frac{m}{T}, x\right)} \alpha(x+m'T) f(x)\, dx = \int_{]0,T]} e^{2i\pi\left(\frac{m}{T}, x\right)} f(x)\, dx,$$

d'où la conclusion.

EXERCICES

1. — Etablir directement que

$$\sum_{m \in M} \varphi(mT) = \frac{1}{l(]0,T])} \sum_{m \in M} \mathscr{F}^+_{2\pi \frac{m}{T}} \varphi, \quad \forall \varphi \in D_\infty(E_n), \tag{*}$$

et rendre la théorie des distributions périodiques indépendante de toute connaissance préalable des séries trigonométriques.

Suggestion. La théorie des séries trigonométriques n'intervient que dans la première formule de la démonstration de a), p. 280. Or celle-ci se déduit immédiatement de la formule (*) ci-dessus.

Démontrons la formule (*). Le second membre de celle-ci, que nous appellerons $\mathscr{C}(\varphi)$, définit une distribution tempérée et périodique de période T. Cela résulte de b) ci-dessus.

En outre, on vérifie immédiatement que

$$\mathscr{C}[(1-e^{2i\pi x_k/T_k})\varphi] = 0$$

pour tout $\varphi \in D_\infty(E_n)$ et tout k. Il en résulte que

$$\mathscr{C}(\varphi) = \sum_{m \in M} c_m \varphi(mT), \quad \forall \varphi \in D_\infty(E_n).$$

(cf. ex. 2, p. 275).

Comme $\mathscr{C}$ est périodique de période T, tous les c_m sont égaux. Il reste à calculer leur valeur commune c. Pour cela, on note, en prenant $\varphi = \alpha$, que

$$c = c \sum_{m \in M} \alpha(mT) = \frac{1}{l(]0,T])} \sum_{m \in M} \int_{E_n} e^{2i\pi\left(\frac{m}{T}, x\right)} \alpha(x)\, dx$$

$$= \frac{1}{l(]0,T])} \sum_{m\in M} \int_{]0,T]} e^{2i\pi\left(\frac{m}{T},x\right)} \sum_{m'\in M} \alpha(x+m'T)\,dx$$

$$= \frac{1}{l(]0,T])} \sum_{m\in M} \int_{]0,T]} e^{2i\pi\left(\frac{m}{T},x\right)}\,dx = 1.$$

2. — Déduire le théorème classique de développement en série de Fourier trigonométrique du théorème a): si f est périodique de période T, intégrable dans $]0, T]$ et tel que les

$$c_m(f) = \frac{1}{l(]0,T])} \int_{]0,T]} f(x)\, e^{-2i\pi\left(\frac{m}{T},x\right)}\,dx$$

forment une série absolument convergente, on a

$$f(x) = \sum_{m\in M} c_m(f)\, e^{2i\pi\left(\frac{m}{T},x\right)} \quad l\text{-pp},$$

la série convergeant absolument et uniformément dans E_n.

Suggestion. La distribution $\mathscr{T}_f$ est périodique de période T, donc elle s'écrit

$$\mathscr{T}_f(\varphi) = \sum_{m\in M} c_m(\mathscr{T}_f)\overset{+}{\mathscr{F}}_{2\pi\frac{m}{T}}\varphi, \quad \forall\varphi\in D_\infty(E_n),$$

où

$$c_m(\mathscr{T}_f) = \frac{1}{l(]0,T])} \int_{E_n} \alpha(x)\, e^{-2i\pi\left(\frac{m}{T},x\right)} f(x)\,dx$$

$$= \frac{1}{l(]0,T])} \sum_{m'\in M} \int_{]0,T]} \alpha(x+m'T)\, e^{-2i\pi\left(\frac{m}{T},x\right)} f(x)\,dx = c_m(f).$$

Comme la série

$$\sum_{m\in M} c_m(f)\, e^{2i\pi\left(\frac{m}{T},x\right)}$$

est absolument convergente, il résulte du théorème de Lebesgue que

$$\int_{E_n} \sum_{m\in M} c_m(f)\, e^{2i\pi\left(\frac{m}{T},x\right)}\varphi\,dx = \sum_{m\in M} c_m(f)\mathscr{F}_{2\pi\frac{m}{T}}\varphi.$$

De là,

$$\int \varphi\cdot[f - \sum_{m\in M} c_m(f)\, e^{2i\pi\left(\frac{m}{T},x\right)}]\,dx = 0, \quad \forall\varphi\in D_\infty(E_n),$$

d'où la conclusion.

3. — Si $T\in D_\infty^*(E_n)$ est périodique de période T, établir que

$$c_m\{\mathscr{T}[L(D)\cdot]\} = L\left(-2i\pi\frac{m}{T}\right) c_m(\mathscr{T}), \quad \forall m,$$

L désignant un polynôme.

Suggestion. Vu (*), a), p. 280,

$$\mathscr{T}[L(D)\varphi] = \sum_{m\in M} c_m(\mathscr{T}) L\left(-2i\pi\frac{m}{T}\right)\overset{+}{\mathscr{F}}_{2\pi\frac{m}{T}}\varphi, \quad \forall\varphi\in D_\infty(E_n),$$

d'où la conclusion.

4. — Toute distribution $\mathscr{T} \in D^*_\infty(E_n)$ périodique de période T s'écrit

$$\mathscr{T}(\varphi) = \int f \cdot (1-\Delta)^{k_0} \varphi \, dx, \quad \forall \varphi \in D_\infty(E_n),$$

où f est continu et périodique de période T dans E_n et k_0 assez grand.

Suggestion. Pour k_0 assez grand, la série

$$\sum_{m \in M} \frac{c_m(\mathscr{T})}{\left(1+4\pi^2 \left|\frac{m}{T}\right|^2\right)^{k_0}} e^{2i\pi\left(\frac{m}{T}, x\right)}$$

converge uniformément dans E_n vers f continu et périodique de période T. Il vient alors

$$\mathscr{T}(\varphi) = \sum_{m \in M} c_m(\mathscr{T}) \mathscr{F}^+_{2\pi\frac{m}{T}} \varphi$$

$$= \sum_{m \in M} \frac{c_m(\mathscr{T})}{\left(1+4\pi^2 \left|\frac{m}{T}\right|^2\right)^{k_0}} \mathscr{F}^+_{2\pi\frac{m}{T}} [(1-\Delta)^{k_0} \varphi] = \int f \cdot (1-\Delta)^{k_0} \varphi \, dx, \quad \forall \varphi \in D_\infty(E_n).$$

5. — Soit $\mathscr{T} \in D^*_\infty(E_n)$ périodique de période T. La condition nécessaire et suffisante pour que $c_m(\mathscr{T}) \geqq 0$ pour tout m est que $\mathscr{T}(\varphi * \varphi^*) \geqq 0$ pour tout $\varphi \in D_\infty(E_n)$.

Suggestion. Pour la condition suffisante, on note que

$$c_m(\mathscr{T}) = \frac{1}{l(]0, T])} \mathscr{T}[\alpha(x) e^{-2i\pi\left(\frac{m}{T}, x\right)}].$$

Or, si on prend α sous la forme $\alpha' * \alpha'^*$, il vient

$$\mathscr{T}[\alpha(x) e^{-2i\pi\left(\frac{m}{T}, x\right)}] = \mathscr{T}[(\alpha' e^{-2i\pi\left(\frac{m}{T}, \cdot\right)}) * (\alpha' e^{-2i\pi\left(\frac{m}{T}, \cdot\right)})^*] \geqq 0.$$

Régularisée d'une distribution

23. — Etant donnés un ouvert $\Omega \subset E_n$ et une fonction $\varphi \in D_\infty(E_n)$, posons

$$\Omega_\varphi = \{x : x - [\varphi] \subset \Omega\}.$$

Pour tout $x \in \Omega_\varphi$, la fonction $\psi(y) = \varphi(x-y)$ appartient à $D_\infty(\Omega)$, car $[\psi] = x - [\varphi]$.

Pour tout $\varepsilon > 0$, posons en outre

$$\Omega_\varepsilon = \{x : d(x, \complement \Omega) > \varepsilon\}$$

et

$$b_\varepsilon = \{x : |x| \leqq \varepsilon\}.$$

Si $\Omega_\varepsilon \neq \emptyset$, c'est un ouvert tel que $\Omega_\varepsilon + b_\varepsilon \subset \Omega$.

a) Ω_φ *peut être vide.*

b) Ω_φ *est ouvert.*

De fait, si $x-[\varphi] \subset \Omega$, comme $x-[\varphi]$ est compact, il existe une boule b telle que $x+b-[\varphi] \subset \Omega$, donc telle que $x+b \subset \Omega_\varphi$.

c) *Si* $\Omega=E_n$, *on a* $\Omega_\varphi=E_n$.

d) *Si* $[\varphi]\subset b_R$, *on a* $\Omega_\varphi\supset\Omega_R$.

De fait, si $d(x, \complement\Omega)>R$, on a

$$x-[\varphi]\subset x+b_R\subset\Omega.$$

24. — Soit à présent $\mathscr{T}\in D^*_\infty(\Omega)$, d'ordre l éventuellement infini.

A tout $\varphi\in D_{l'}(E_n)$, $l'\geqq l$, associons la fonction $\mathscr{T}*\varphi$ définie dans Ω_φ par

$$(\mathscr{T}*\varphi)(x) = \mathscr{T}_{(y)}[\varphi(x-y)]. \text{ [1]}$$

On appelle $\mathscr{T}*\varphi$ la *régularisée de* $\mathscr{T}$ *par* φ.

Etudions les propriétés de $\mathscr{T}*\varphi$.

Souvent, on impose diam $[\varphi]\leqq\varepsilon$ et on étudie $\mathscr{T}*\varphi$ dans Ω_ε.

a) *Si* $\mathscr{T}\in D^*_\infty(\Omega)$ *est d'ordre* l *et si* $\varphi\in D_{l'}(E_n)$, $l'\geqq l$, *alors* $\mathscr{T}*\varphi\in C_{l'-l}(\Omega_\varphi)$ *et*

$$D^k_x(\mathscr{T}*\varphi) = \mathscr{T}*D^k_x\varphi$$

pour tout k *tel que* $|k|\leqq l'-l$, *si on pose* $\infty-l=\infty$ *pour tout* l.

Si $|k|\leqq l'-l$, on vérifie aisément que $D^k_x\varphi(x-y)\in D_l(\Omega)$ pour tout $x\in\Omega_\varphi$ et que

$$D^k_x\varphi(x_m-y)\to D^k_x\varphi(x-y)$$

dans $D_l(\Omega_\varphi)$ si $x_m\to x$ dans Ω_φ. De plus, si $|k|<l'-l$,

$$\frac{D^k_x\varphi(x+he_i-y)-D^k_x\varphi(x-y)}{h}\to D_{x_i}D^k_x\varphi(x-y)$$

dans $D_l(\Omega_\varphi)$ si $h\to 0$.

Cela étant,

$$\mathscr{T}_{(y)}[D^k_x\varphi(x_m-y)]\to\mathscr{T}_{(y)}[D^k_x\varphi(x-y)]$$

et

$$\mathscr{T}_{(y)}\left[\frac{D^k_x\varphi(x+he_i-y)-D^k_x\varphi(x-y)}{h}\right]\to\mathscr{T}_{(y)}[D_{x_i}D^k_x\varphi(x-y)].$$

On en déduit de proche en proche que $\mathscr{T}*\varphi$ est continûment dérivable jusqu'à l'ordre $l'-l$ dans Ω_φ et y vérifie la relation annoncée.

b) $[\mathscr{T}*\varphi]\subset[\mathscr{T}]+[\varphi]$.

---

[1] On écrit $\mathscr{T}_{(y)}[\varphi(x-y)]$ pour $\mathscr{T}(\psi)$, où $\psi(y)=\varphi(x-y)$.

En effet, si $\omega \subset \Omega_\varphi$ est un ouvert tel que

$$\omega \cap ([\mathscr{T}]+[\varphi]) = \varnothing,$$

pour tout $x_0 \in \omega$, il vient

$$[\varphi(x_0-y)] = x_0-[\varphi] \subset \omega-[\varphi] \subset \complement[\mathscr{T}],$$

donc $\mathscr{T}*\varphi = 0$ dans ω.

c) *Soit K un compact de Ω. Si* $\mathscr{T}*\varphi = 0$ *dans* $\Omega_\varphi \setminus K$ *pour tout* $\varphi \in D_\infty(E_n)$, *alors* $[\mathscr{T}] \subset K$.

Il suffit même qu'il existe ε_0 *tel que, pour tout* $\varepsilon<\varepsilon_0$, $\mathscr{T}*\varphi = 0$ *dans* $\Omega_\varepsilon \setminus K$ *pour tout* $\varphi \in \mathbf{D}_\infty(b_\varepsilon)$.

En particulier, *s'il existe* ε_0 *tel que, pour tout* $\varepsilon<\varepsilon_0$, $\mathscr{T}*\varphi = 0$ *dans* Ω_ε *pour tout* $\varphi \in \mathbf{D}_\infty(b_\varepsilon)$, *alors* $\mathscr{T}=0$.

Il suffit d'établir que toute boule ouverte b de centre $x_0 \in \Omega \setminus K$ et de rayon $\eta < \frac{1}{2}\inf[\varepsilon_0, d(x_0, K \cup \complement\Omega)]$ est un ouvert d'annulation de $\mathscr{T}$.

Soit $\varphi \in D_\infty(\Omega)$ tel que $[\varphi] \subset x_0+b_\eta$. Posons $\psi(x) = \varphi(x_0-x)$. On a $\psi \in \mathbf{D}_\infty(b_\eta)$ et $x_0 \in \Omega_\eta$, d'où

$$(\mathscr{T}*\psi)(x_0) = \mathscr{T}(\varphi) = 0,$$

d'où la conclusion.

d) *Si* $\mathscr{T} \in D_\infty^*(\Omega)$ *est d'ordre l, pour tout* $l' \geqq l$ *et tout* $R>0$, *l'opérateur T défini de* $\mathbf{D}_{l'}(b_R)$ *dans* $C_{l'-l}(\Omega_R)$ *par*

$$T\varphi = \mathscr{T}*\varphi, \quad \forall \varphi \in \mathbf{D}_{l'}(b_R),$$

est linéaire et borné si on pose $\infty - l = \infty$ *pour tout l.*

Vu I, p. 409, il suffit d'établir que l'opérateur T est fermé.

Si $\varphi_m \to \varphi$ dans $\mathbf{D}_{l'}(b_R)$ et si $\mathscr{T}*\varphi_m \to f$ dans $C_{l'-l}(\Omega_R)$, on a $\varphi_m(x_0-y) \to \varphi(x_0-y)$ dans $D_{l'}(\Omega)$ pour tout $x_0 \in \Omega_R$, donc

$$(\mathscr{T}*\varphi_m)(x_0) \to (\mathscr{T}*\varphi)(x_0), \quad \forall x_0 \in \Omega_R,$$

et $\mathscr{T}*\varphi = f$ dans Ω_R, d'où la conclusion.

e) Dans le cas de $D_\infty(E_n)$, les propriétés de la régularisée s'expriment de manière particulièrement simple, car $\Omega_\varphi = E_n$ pour tout $\varphi \in D_\infty(E_n)$.

Récapitulons-les.

Si $\mathscr{T} \in D_\infty^*(E_n)$ *et si* $\varphi \in D_\infty(E_n)$,

— $\mathscr{T}*\varphi \in C_\infty(E_n)$ *et* $D_x^k(\mathscr{T}*\varphi) = \mathscr{T}*D_x^k\varphi$ *pour tout k.*

— $[\mathscr{T}*\varphi] \subset [\mathscr{T}]+[\varphi]$.

— *si* $\mathscr{T}*\varphi = 0$ *pour tout* $\varphi \in D_\infty(b_\varepsilon)$, *où* $\varepsilon>0$ *est fixé arbitrairement, on a* $\mathscr{T}=0$.

— *l'opérateur qui, à* φ, *associe* $\mathscr{T}*\varphi$, *est borné de* $D_\infty(E_n)$ *dans* $C_\infty(E_n)$.

En particulier, *si* $\varphi_m \to \varphi$ *dans* $D_\infty(E_n)$, *on a* $\mathscr{T}*\varphi_m \to \mathscr{T}*\varphi$ *dans* $C_\infty(E_n)$.

25. — Voici une application intéressante de c), p. 286.

Soit $\mathscr{T}\in D_\infty^*(\Omega)$. *S'il existe* ε_0 *et* $\varepsilon>0$ *tels que* $[\mathscr{T}*\varphi]$ *soit compact et contenu dans* Ω_{ε_0} *pour tout* $\varphi\in \mathbf{D}_\infty(b_\varepsilon)$, *alors* $\mathscr{T}$ *est à support compact.*

En particulier, *si* $\mathscr{T}\in D_\infty^*(E_n)$ *et s'il existe* $\varepsilon>0$ *tel que* $\mathscr{T}*\varphi$ *soit à support compact pour tout* $\varphi\in \mathbf{D}_\infty(b_\varepsilon)$, *alors* $\mathscr{T}$ *est à support compact.*

Considérons l'opérateur T qui, à tout $\varphi\in\mathbf{D}_\infty(b_\varepsilon)$, associe $T\varphi=\mathscr{T}*\varphi\in D_0(\Omega_{\varepsilon_0})$.

Il est fermé car, si $\varphi_m\to\varphi$ dans $\mathbf{D}_\infty(b_\varepsilon)$ et si $\mathscr{T}*\varphi_m\to f$ dans $D_0(\Omega_{\varepsilon_0})$, on a aussi $\mathscr{T}*\varphi_m\to\mathscr{T}*\varphi$ dans $C_\infty(\Omega_{\varepsilon_0})$ vu d), p. 286, donc $\mathscr{T}*\varphi=f$ dans Ω_{ε_0}.

De là, vu I, p. 409, T est borné et, vu I, b), p. 415, il existe un compact $K_m\subset\Omega_{\varepsilon_0}$ tel que

$$T\varphi\in D_0(K_m),\quad \forall\varphi\in\mathbf{D}_\infty(b_\varepsilon).$$

Comme $\mathscr{T}*\varphi=0$ dans $\Omega_\varphi\setminus\Omega_{\varepsilon_0}$, on a alors $[\mathscr{T}*\varphi]\subset K_m$ pour tout $\varphi\in\mathbf{D}_\infty(b_\varepsilon)$.

Dès lors, vu c), p. 286, $\mathscr{T}$ est à support dans K_m.

26. — Passons à présent à des produits de composition $\mathscr{T}*\varphi*\psi$.

Leur étude repose sur le théorème suivant.

a) *Soit* $\mathscr{T}\in D_\infty^*(E_n)$ *d'ordre* l. *Si* $\varphi\in D_l(E_n)$ *et* $f\in L_1^{\text{comp}}(E_n)$, *alors* $\varphi*f\in D_l(E_n)$ *et*

$$\mathscr{T}(\varphi*f)=\int \underset{(x)}{\mathscr{T}}[\varphi(x-y)]f(y)\,dy.$$

Remarquons d'abord que $\varphi(\cdot-y)f(y)$ est une fonction l-intégrable dans E_n, à valeurs dans $D_l(\Omega)$. Elle est l-mesurable par semi-norme vu II, b), p. 239.

Si $[f]\subset K$, pour toute semi-norme π de $D_l(E_n)$,

$$\pi[\varphi(\cdot-y)f(y)]\leqq\sup_{y\in K}\pi[\varphi(\cdot-y)]\cdot|f(y)|\in L_1(E_n),$$

donc $\varphi(\cdot-y)f(y)$ est l-intégrable, vu II, d), p. 254.

Vu II, a), p. 250, on a alors

$$\mathscr{T}\Big[\int\varphi(\cdot-y)f(y)\,dy\Big]=\int\underset{(x)}{\mathscr{T}}[\varphi(x-y)]f(y)\,dy,\quad\forall\mathscr{T}\in D_l^*(E_n).$$

Pour $\mathscr{T}=\mathscr{T}_{\delta_x}$, $x\in E_n$, on a

$$\Big[\int\varphi(\cdot-y)f(y)\,dy\Big](x)=(\varphi*f)(x),$$

d'où

$$\int\varphi(\cdot-y)f(y)\,dy=\varphi*f.$$

Il vient alors

$$\mathscr{T}(\varphi * f) = \int \underset{(x)}{\mathscr{T}}[\varphi(x-y)] f(y)\, dy, \quad \forall \mathscr{T} \in D_l^*(E_n).$$

Voici une démonstration élémentaire de cette proposition.

Soit d'abord $f = \delta_I$, où I est un semi-intervalle et soit $K = \overline{[\varphi] + I}$. Il existe C tel que

$$|\mathscr{T}(\varphi)| \leq C \sup_{|k| \leq l} \sup_{x \in K} |D_x^k \varphi(x)|, \quad \forall \varphi \in \mathbf{D}_\infty(K).$$

Posons $\varepsilon' = \varepsilon/[2C\, l(I)]$. Désignons par I_i, $(i = 1, 2, \ldots)$, une partition finie de I en semi-intervalles de diamètre inférieur à η, où η est tel que

$$\sup_{|k| \leq l} \sup_{|x-y| \leq \eta} |D_x^k \varphi(x) - D_y^k \varphi(y)| \leq \varepsilon',$$

et fixons un point y_i dans chaque I_i. Il vient

$$\left| \int_I D_x^k \varphi(x-y)\, dy - \sum_{(i)} D_x^k \varphi(x-y_i)\, l(I_i) \right| \leq \varepsilon'\, l(I)$$

pour tout x et tout k tel que $|k| \leq l$. Comme $\varphi * \delta_I$ et $\sum_{(i)} \varphi(x-y_i) l(I_i)$ appartiennent à $\mathbf{D}_l(K)$, on a alors

$$|\mathscr{T}(\varphi * \delta_I) - \sum_{(i)} \mathscr{T}[\varphi(x-y_i)]\, l(I_i)| \leq \varepsilon/2.$$

On a aussi

$$\left| \int_I \underset{(x)}{\mathscr{T}}[\varphi(x-y)]\, dy - \sum_{(i)} \mathscr{T}[\varphi(x-y_i)]\, l(I_i) \right| \leq \varepsilon/2,$$

d'où

$$\left| \mathscr{T}(\varphi * \delta_I) - \int_I \underset{(x)}{\mathscr{T}}[\varphi(x-y)]\, dy \right| \leq \varepsilon$$

et, comme $\varepsilon > 0$ est arbitraire,

$$\mathscr{T}(\varphi * \delta_I) = \int_I \underset{(x)}{\mathscr{T}}[\varphi(x-y)]\, dy.$$

On passe immédiatement à f étagé.

Enfin, si $f \in L_1^{\text{comp}}(E_n)$ et si α_m est une suite de fonctions étagées à support dans un compact fixe, qui tend vers f dans $L_1(E_n)$, on vérifie immédiatement que $\varphi * \alpha_m \to \varphi * f$ dans $\mathbf{D}_l(E_n)$ et que

$$\int \underset{(x)}{\mathscr{T}}[\varphi(x-y)]\, \alpha_m(y)\, dy \to \int \underset{(x)}{\mathscr{T}}[\varphi(x-y)] f(y)\, dy,$$

d'où l'égalité annoncée.

Dans le cas de $\mathscr{T} \in D_\infty^*(\Omega)$, des restrictions sur le support de φ et f sont nécessaires.

Soient $\mathscr{T} \in D_\infty^*(\Omega)$ d'ordre l, $\varphi \in \mathbf{D}_l(b_\varepsilon)$ et $f \in L_1(b_{\varepsilon'})$. On a $\varphi * f \in D_l(b_{\varepsilon+\varepsilon'})$, $\mathscr{T} * \varphi \in C_0(\Omega_\varepsilon)$ et

$$\mathscr{T} * (\varphi * f) = (\mathscr{T} * \varphi) * f$$

dans $\Omega_{\varepsilon+\varepsilon'}$.

La démonstration est analogue à la précédente.

b) Pour tout $\mathscr{T} \in D^*_\infty(\Omega)$ d'ordre l, si $\varphi, \psi \in \mathbf{D}_{l'}(b_\varepsilon)$ avec $l' \geqq l$, on appelle *birégularisée de $\mathscr{T}$ par φ et ψ* et on note $\mathscr{T} * \varphi * \psi$ la fonction définie dans $\Omega_{2\varepsilon}$ par

$$(\mathscr{T} * \varphi) * \psi = \mathscr{T} * (\varphi * \psi) = (\mathscr{T} * \psi) * \varphi.$$

Les propriétés des birégularisées découlent immédiatement de leur définition et de celles des régularisées.

Signalons entre autres les suivantes: si $\varphi, \psi \in \mathbf{D}_\infty(b_\varepsilon)$,

— $\mathscr{T} * \varphi * \psi \in C_\infty(\Omega_{2\varepsilon})$ et $D^k_x(\mathscr{T} * \varphi * \psi) = \mathscr{T} * D^{k'}_x \varphi * D^{k''}_x \psi$ pour tous $x \in \Omega_{2\varepsilon}$ et k', k'' tels que $k' + k'' = k$.

— $[\mathscr{T} * \varphi * \psi] \subset [\mathscr{T}] + [\varphi] + [\psi]$.

— $\mathscr{T} * \varphi * \psi$ est une fonctionnelle bilinéaire bornée de $\mathbf{D}_\infty(b_\varepsilon)$, $\mathbf{D}_\infty(b_\varepsilon)$ dans $C_\infty(\Omega_{2\varepsilon})$.

— $\mathscr{T} * \varrho_{\varepsilon'} * \varphi \to \mathscr{T} * \varphi$ dans $C_\infty(\Omega_{2\varepsilon})$ pour tout $\varphi \in \mathbf{D}_\infty(b_\varepsilon)$ si $\varepsilon' \to 0$.

Structure précisée des distributions d'ordre fini

27. — Introduisons d'abord une fonction auxiliaire importante.

Pour tout entier $l_0 > n/2$, la fonction

$$e_{l_0}(x) = (2\pi)^{-n} \int_{E_n} e^{i(x,\xi)} (1 + |\xi|^2)^{-l_0} \, d\xi = (2\pi)^{-n} \mathscr{F}^+_x (1 + |\xi|^2)^{-l_0}$$

appartient à

$$C_{2l}(E_n) \cap C_\infty(\complement 0), \quad \forall l < l_0 - n/2,$$

et est telle que

$$\int_{E_n} e_{l_0}(x) \cdot (1 - \Delta)^{l_0} \varphi(x) \, dx = \varphi(0), \quad \forall f \in D_\infty(E_n).$$

En particulier, on a

$$\tilde{e}_{l_0} * (1 - \Delta)^{l_0} \varphi = \varphi, \quad \forall \varphi \in D_\infty(E_n).$$

La fonction e_{l_0} est appelée *solution élémentaire de* $(1 - \Delta)^{l_0}$.

Remarquons immédiatement que $(1 - \Delta)^{l_0} e_{l_0}(x) = 0$ dans $\complement 0$.

D'une part, $e_{l_0}(x) \in C_{2l}(E_n)$. De fait, comme $l_0 > \dfrac{n}{2} + l$, pour tout k tel que $|k| \leqq l$, on a $|\xi|^k (1 + |\xi|^2)^{-l_0} \in L_1(E_n)$, d'où la conclusion, par FVR II, g), p. 399.

D'autre part, $e_{l_0}(x) \in C_\infty(\complement 0)$. Il suffit d'établir que, pour $j = 1, \ldots, n$,

$$e_{l_0}(x) \in C_\infty(\{x : x_j \neq 0\}).$$

Or $(1 + |\xi|^2)^{-l_0} \in C_\infty(E_n)$ et, pour tout N, on a $D^N_{\xi_j}(1 + |\xi|^2)^{-l_0} \in L_1(E_n)$, d'où, par FVR II, d), p. 397, on a

$$e_{l_0}(x) = (2\pi)^{-n}(-ix_j)^{-N}\mathscr{F}_x^+ D_{\xi_j}^N(1+|\xi|^2)^{-l_0}$$

pour tout N et le second membre appartient visiblement à $C_{2l+N}(\{x:x_j\neq 0\})$.

Enfin, pour tout $\varphi \in D_\infty(E_n)$, on a

$$(2\pi)^{-n}\int_{E_n}[(1-\Delta)^{l_0}\varphi(x)]\cdot\mathscr{F}_x^+(1+|\xi|^2)^{-l_0}\,dx$$
$$=(2\pi)^{-n}\int_{E_n}(1+|x|^2)^{-l_0}\cdot\mathscr{F}_x^+[(1-\Delta)^{l_0}\varphi(\xi)]\,dx$$
$$=(2\pi)^{-n}\int_{E_n}\mathscr{F}_x^+\varphi\,dx = (2\pi)^{-n}\mathscr{F}_0^-\mathscr{F}_x^+\varphi = \varphi(0).$$

28. — Voici à présent une formule concernant la structure des distributions d'ordre l dans un ouvert Ω de E_n. En fait, elle donne une forme explicite très précise de ces distributions, sans recourir au théorème de Hahn-Banach.

Nous utilisons les notations du paragraphe précédent.

De plus, étant donné $\varepsilon>0$, nous désignons par $\alpha_\varepsilon \in D_\infty(E_n)$ une $\varepsilon/2$-adoucie de $b_{\varepsilon/2}$.

a) *Pour tout* $\varepsilon>0$, *tout* $\mathscr{T}\in D_\infty^*(\Omega)$ *d'ordre* l *et tout* $l' > (l+n)/2$, *on a*

$$\mathscr{T}(\varphi) = \int_\Omega[\mathscr{T}*(\alpha_\varepsilon e_{l'})]\cdot(1-\Delta)^{l'}\varphi\,dx$$
$$+\int_\Omega \varphi\cdot\mathscr{T}*(1-\Delta)^{l'}[(1-\alpha_\varepsilon)e_{l'}]\,dx,\quad \forall\varphi\in D_{2l'}(\Omega_\varepsilon).$$

Pour $\Omega=E_n$, on a le cas particulier suivant.

Pour tout $\mathscr{T}\in D_\infty^*(E_n)$ *d'ordre* l *et tout* $l' > l+n/2$, *on a*

$$\mathscr{T}(\varphi) = \int_{E_n}[\mathscr{T}*(\alpha_\varepsilon e_{l'})]\cdot(1-\Delta)^{l'}\varphi\,dx$$
$$+\int_{E_n} \varphi\cdot\mathscr{T}*(1-\Delta)^{l'}[(1-\alpha_\varepsilon)e_{l'}]\,dx,\quad \forall\varphi\in D_\infty(E_n).$$

Notons d'abord que, comme $\alpha_\varepsilon e_{l'}$ appartient à $C_l(E_n)$ et est tel que $[\alpha_\varepsilon e_{l'}]\subset b_\varepsilon$, on a

$$\mathscr{T}*(\alpha_\varepsilon e_{l'})\in C_0(\Omega_\varepsilon).$$

De plus, comme $(1-\Delta)^{l'}e_{l'}=0$ dans $\complement 0$,

$$(1-\Delta)^{l'}[(1-\alpha_\varepsilon)e_{l'}]\in \mathbf{D}_\infty(b_\varepsilon).$$

Dès lors, l'expression considérée dans l'énoncé est définie pour tout $\varphi\in D_\infty(\Omega_\varepsilon)$.

Elle s'écrit encore (cf. b), p. 289),

$$\mathscr{T}\{[(1-\Delta)^{l'}\varphi]*(\alpha_\varepsilon e_{l'})^\sim\}+\mathscr{T}\{\varphi*\{(1-\Delta)^{l'}[(1-\alpha_\varepsilon)e_{l'}]\}^\sim\}$$
$$=\mathscr{T}[(1-\Delta)^{l'}(\varphi*\tilde{e}_{l'})] = \mathscr{T}(\varphi),\quad\forall\varphi\in D_\infty(\Omega_\varepsilon).$$

Cette égalité s'étend immédiatement à $D_{2l'}(\Omega_\varepsilon)$.

b) *Soient* $\mathscr{T} \in D^*_\infty(\Omega)$ *et* $\varepsilon_0 > 0$ *fixés.*

S'il existe $l > n/2$, $\varepsilon < \varepsilon_0$ *et* $f \in L_1^{\text{loc}}(\Omega_{\varepsilon_0})$ *tels que*

$$\mathscr{T} * \varrho_\eta * (\alpha_\varepsilon e_l)$$

converge dans $L_1^{\text{loc}}(\Omega_{\varepsilon_0})$ *vers* f *quand* $\eta \to 0$, *alors*

$$\mathscr{T}(\varphi) = \int_\Omega [(1-\Delta)^l \varphi] \cdot f\, dx + \int_\Omega \varphi \cdot \mathscr{T} * (1-\Delta)^l [(1-\alpha_\varepsilon) e_l]\, dx, \quad \forall \varphi \in D_\infty(\Omega_{\varepsilon_0}).$$

De plus, la restriction de $\mathscr{T}$ *à* $D_\infty(\Omega_{\varepsilon_0})$ *est une distribution d'ordre* $2l$ *au plus.*

Pour $\Omega = E_n$, on a le cas particulier suivant.

Soit $\mathscr{T} \in D^*_\infty(E_n)$. *S'il existe* $l > n/2$, $\varepsilon > 0$ *et* $f \in L_1^{\text{loc}}(E_n)$ *tels que*

$$\mathscr{T} * \varrho_\eta * (\alpha_\varepsilon e_l)$$

converge dans $L_1^{\text{loc}}(E_n)$ *vers* f *quand* $\eta \to 0$, *alors*

$$\mathscr{T}(\varphi) = \int_{E_n} [(1-\Delta)^l \varphi] \cdot f\, dx + \int_{E_n} \varphi \cdot \mathscr{T} * (1-\Delta)^l [(1-\alpha_\varepsilon) e_l]\, dx, \quad \forall \varphi \in D_\infty(E_n),$$

et $\mathscr{T}$ *est d'ordre* $2l$ *au plus.*

Pour tout $\eta > 0$, comme $\mathscr{T} * \varrho_\eta \in C_\infty(\Omega_\eta)$, $\mathscr{T}_{\mathscr{T} * \varrho_\eta}$ est une distribution dans Ω_η, d'ordre 0.

Pour $\eta < \varepsilon_0 - \varepsilon$, vu a), on a

$$\mathscr{T}_{\mathscr{T} * \varrho_\eta}(\varphi) = \int_{\Omega_\eta} [\mathscr{T} * \varrho_\eta * (\alpha_\varepsilon e_l)] \cdot (1-\Delta)^l \varphi\, dx + \int_{\Omega_\eta} \varphi \cdot \mathscr{T} * \varrho_\eta * (1-\Delta)^l [(1-\alpha_\varepsilon) e_l]\, dx$$

pour tout $\varphi \in D_\infty[(\Omega_\eta)_\varepsilon]$, donc pour tout $\varphi \in D_\infty(\Omega_{\varepsilon_0})$.

Passons à la limite pour $\eta \to 0$. Le dernier terme du second membre s'écrit aussi

$$\mathscr{T}_{\mathscr{T} * \varrho_\eta}\{\varphi * \{(1-\Delta)^l [(1-\alpha_\varepsilon) e_l]\}^{\check{}}\};$$

si $\eta \to 0$, il converge donc vers

$$\mathscr{T}\{\varphi * \{(1-\Delta)^l [(1-\alpha_\varepsilon) e_l]\}^{\check{}}\}$$

vu b), p. 289. Il vient donc

$$\mathscr{T}(\varphi) = \int_{\Omega_{\varepsilon_0}} [(1-\Delta)^l \varphi] \cdot f\, dx + \int_{\Omega_{\varepsilon_0}} \varphi \cdot \mathscr{T} * (1-\Delta)^l [(1-\alpha_\varepsilon) e_l]\, dx$$

pour tout $\varphi \in D_\infty(\Omega_{\varepsilon_0})$, d'où la conclusion.

c) *Soient* Ω *un ouvert de* E_n, $\mathscr{T} \in D^*_\infty(\Omega)$ *et* $\varepsilon_0 > \varepsilon > 0$.

Soit B *un espace de fonctions continues ou l-mesurables, de Banach ou limite inductive d'espaces de Banach* B_m, *contenu dans* $L_1^{\text{loc}}(\Omega_{\varepsilon_0})$ *et dont le système de semi-normes est plus fort que celui induit par* $L_1^{\text{loc}}(\Omega_{\varepsilon_0})$.

Si

$$\mathscr{T} * \varphi \in B, \quad \forall \varphi \in \mathbf{D}_\infty(b_\varepsilon),$$

alors la restriction de $\mathscr{T}$ *à* Ω_{ε_0} *est d'ordre fini et il existe* F_0, $F_1 \in B$ *et* l *tels que*

$$\mathscr{T}(\varphi) = \int\limits_{\Omega_{\varepsilon_0}} [(1-\Delta)^l \varphi] \cdot F_0\, dx + \int\limits_{\Omega_{\varepsilon_0}} \varphi \cdot F_1\, dx, \quad \forall \varphi \in D_\infty(\Omega_{\varepsilon_0}).$$

Sous les mêmes hypothèses, si $\Omega = E_n$, $\mathscr{T}$ *est d'ordre fini et*

$$\mathscr{T}(\varphi) = \int\limits_{E_n} [(1-\Delta)^l \varphi] \cdot F_0\, dx + \int\limits_{E_n} \varphi \cdot F_1\, dx, \quad \forall \varphi \in D_\infty(E_n).$$

Considérons l'opérateur linéaire T qui, à tout $\varphi \in \mathbf{D}_\infty(b_\varepsilon)$, associe $\mathscr{T} * \varphi \in B$. Il est fermé car, si $\varphi_m \to \varphi$ dans $\mathbf{D}_\infty(b_\varepsilon)$ et si $\mathscr{T} * \varphi_m \to f$ dans B, on a aussi $\mathscr{T} * \varphi_m \to \mathscr{T} * \varphi$ dans $L_1^{\text{loc}}(\Omega_{\varepsilon_0})$ (cf. d), p. 286) et $\mathscr{T} * \varphi_m \to f$ dans $L_1^{\text{loc}}(\Omega_{\varepsilon_0})$, donc $\mathscr{T} * \varphi = f$.

De là, par I, pp. 409 et 415, T est borné et, si B est limite inductive des B_m, il existe m tel que $T\mathbf{D}_\infty(b_\varepsilon) \subset B_m$ et que T soit borné de $\mathbf{D}_\infty(b_\varepsilon)$ dans B_m.

Si on désigne par $\|\cdot\|$ la norme de B ou de ce B_m, il existe donc l' tel que

$$\|\mathscr{T} * \varphi\| \leq C \sup_{|k| \leq l'} \sup_{|x| \leq \varepsilon} |D_x^k \varphi(x)|, \quad \forall \varphi \in \mathbf{D}_\infty(b_\varepsilon).$$

Si $\varepsilon' < \varepsilon$ et si $l > l' + n/2$, on a $\alpha_{\varepsilon'} e_l \in D_{l'}(E_n)$ et

$$\varrho_\eta * (\alpha_{\varepsilon'} e_l) \to \alpha_{\varepsilon'} e_l$$

dans $\mathbf{D}_{l'}(b_\varepsilon)$ si $\eta \to 0$. De là, la suite $\mathscr{T} * (\varrho_\eta * \alpha_{\varepsilon'} e_l)$ est de Cauchy dans B ou B_m et, comme cet espace est complet, elle y converge. Soit F_0 sa limite et soit

$$F_1 = \mathscr{T} * (1-\Delta)^l [(1-\alpha_{\varepsilon'}) e_l].$$

On a $F_1 \in B$ ou B_m et, vu b), il vient

$$\mathscr{T}(\varphi) = \int\limits_{\Omega_{\varepsilon_0}} [(1-\Delta)^l \varphi] \cdot F_0\, dx + \int\limits_{\Omega_{\varepsilon_0}} \varphi \cdot F_1\, dx, \quad \forall \varphi \in D_\infty(\Omega_{\varepsilon_0}),$$

d'où la conclusion.

Voici quelques exemples d'espaces B qui satisfont aux conditions de c):

— $C_L^b(\Omega_{\varepsilon_0})$, $C_L^0(\Omega_{\varepsilon_0})$, $D_L(\Omega_{\varepsilon_0})$, *avec* $L < \infty$.

— $\mu - L_{1,2,\infty}(\Omega_{\varepsilon_0})$, *où* μ *est une mesure telle que, pour tout compact* $K \subset \Omega_{\varepsilon_0}$, *il existe* C_K *tel que* $l_K \leq C_K \mu_K$, *où* l_K *et* μ_K *sont les restrictions de* l *et* μ *à* K.

— *l'espace* $L_1^{\text{comp}}(\Omega_{\varepsilon_0})$ *formé des fonctions l-intégrables à support compact dans* Ω_{ε_0} *et muni des semi-normes de la limite inductive des espaces* $L_1(K_m)$, *où les* K_m *sont des compacts tels que* $K_m \subset \Omega_{\varepsilon_0}$ *et* $\mathring{K}_m \uparrow \Omega_{\varepsilon_0}$.

d) Dans le cas de $D_L(\Omega_{\varepsilon_0})$, $(L < \infty)$, on peut apporter une précision intéressante à c).

Si $\mathscr{T} \in D_\infty^*(\Omega)$ est tel que, pour tout $\varphi \in \mathbf{D}_\infty(b_\varepsilon)$, $[\mathscr{T} * \varphi]$ soit compact et contenu dans Ω_{ε_0}, alors $\mathscr{T}$ est à support compact dans Ω_{ε_0} et, pour tout $L<\infty$, il existe $F_0, F_1 \in D_L(\Omega_{\varepsilon_0})$ tels que

$$\mathscr{T}(\varphi) = \int_\Omega [(1-\Delta)^k \varphi] \cdot F_0 \, dx + \int_\Omega \varphi \cdot F_1 \, dx, \quad \forall \varphi \in D_\infty(\Omega).$$

Notons que $\mathscr{T} * \varphi \in D_L(\Omega_{\varepsilon_0})$ signifie que la restriction à Ω_{ε_0} de $\mathscr{T} * \varphi$ est un élément de $D_L(\Omega_{\varepsilon_0})$. On suppose ici que $\mathscr{T} * \varphi$ est en outre nul hors d'un compact contenu dans Ω_{ε_0}.

Vu le paragraphe 25, p. 287, $\mathscr{T}$ est à support compact dans Ω_{ε_0}. De plus, vu c), pour tout $L<\infty$, il existe $F_0, F_1 \in D_L(\Omega_{\varepsilon_0})$ tels que

$$\mathscr{T}(\varphi) = \int_{\Omega_{\varepsilon_0}} [(1-\Delta)^k \varphi] \cdot F_0 \, dx + \int_{\Omega_{\varepsilon_0}} \varphi \cdot F_1 \, dx, \quad \forall \varphi \in D_\infty(\Omega_{\varepsilon_0}).$$

Soit alors $\alpha \in D_\infty(\Omega_{\varepsilon_0})$, égal à 1 dans un ouvert contenant $[\mathscr{T}] \cup [F_0] \cup [F_1]$. Pour tout $\varphi \in D_\infty(\Omega)$, on a $\alpha\varphi \in D_\infty(\Omega_{\varepsilon_0})$ et

$$\begin{aligned}\mathscr{T}(\varphi) = \mathscr{T}(\alpha\varphi) &= \int_{\Omega_{\varepsilon_0}} [(1-\Delta)^k (\alpha\varphi)] \cdot F_0 \, dx + \int_{\Omega_{\varepsilon_0}} \alpha\varphi \cdot F_1 \, dx \\ &= \int_\Omega [(1-\Delta)^k \varphi] \cdot F_0 \, dx + \int_\Omega \varphi \cdot F_1 \, dx,\end{aligned}$$

d'où la conclusion.

e) Voici encore une remarque utile.

Si $\mathscr{T} \in D_\infty^*(\Omega)$ est tel que

$$\mathscr{T}(\varphi) = \int_\Omega [(1-\Delta)^l \varphi] \cdot F_0 \, dx + \int_\Omega \varphi \cdot F_1 \, dx, \quad \forall \varphi \in D_\infty(\Omega), \qquad (*)$$

où $F_0, F_1 \in L_1^{\text{loc}}(\Omega)$, alors $\mathscr{T}$ est une distribution dans Ω d'ordre $2l$ au plus et l'égalité (*) se maintient pour tout $\varphi \in D_{2l}(\Omega)$.

Plus généralement, *si les expressions qui figurent au second membre de (*) sont des fonctionnelles linéaires bornées dans $\mathbf{A} - C_L^0(\Omega)$, alors $\mathscr{T}$ est prolongeable à $\mathbf{A} - C_L^0(\Omega)$ et l'égalité (*) reste vraie pour tout $\varphi \in \mathbf{A} - C_L^0(\Omega)$.*

C'est immédiat.

29. — Donnons quelques applications des théorèmes précédents.

a) *Soit $\mathscr{T} \in D_\infty^*(E_n)$. Si $\mathscr{T}$ est tempéré, il existe l tel que*

$$\sup_{x \in E_n} \frac{|(\mathscr{T} * \varphi)(x)|}{(1+|x|^2)^l} < \infty, \quad \forall \varphi \in D_\infty(E_n).$$

Inversement, si, pour tout $\varphi \in D_\infty(E_n)$, il existe un entier l tel que

$$\sup_{x \in E_n} \frac{|(\mathscr{T} * \varphi)(x)|}{(1+|x|^2)^l} < \infty,$$

alors $\mathscr{T}$ est tempéré.

De fait, si $\mathscr{T}$ est tempéré, il existe C et l tels que

$$|\mathscr{T}(\varphi)| \leqq C \sup_{|k| \leqq l} \sup_{x \in E_n} (1+|x|^2)^l |D_x^k \varphi(x)|, \quad \forall \varphi \in D_\infty(E_n),$$

d'où

$$|\mathscr{T}_{(y)}[\varphi(x-y)]| \leqq C \sup_{|k| \leqq l} \sup_{y \in E_n} (1+|y|^2)^l |D_y^k \varphi(x-y)|, \quad \forall \varphi \in D_\infty(E_n).$$

Or

$$1+|y|^2 \leqq 1+|(y-x)+x|^2 \leqq 2(1+|x-y|^2)(1+|x|^2), \quad \forall x, y \in E_n.$$

De là, pour tout $\varphi \in D_\infty(E_n)$, il vient

$$|(\mathscr{T} * \varphi)(x)| \leqq 2^l C (1+|x|^2)^l \sup_{|k| \leqq l} \sup_{y \in E_n} (1+|x-y|^2)^l |D_y^k \varphi(x-y)|$$

et

$$\sup_{x \in E_n} \frac{|(\mathscr{T} * \varphi)(x)|}{(1+|x|^2)^l} < \infty.$$

La condition est suffisante.

Il suffit d'appliquer c) en prenant pour B la limite inductive des espaces $B_m = (1+|x|^2)^{-m} - C_0(E_n)$. De fait, on voit alors qu'il existe m et l tels que

$$\mathscr{T}(\varphi) = \int [(1-\Delta)^l \varphi] \cdot F_0 \, dx + \int \varphi \cdot F_1 \, dx, \quad \forall \varphi \in D_\infty(E_n),$$

où F_0 et $F_1 \in B_m$, ce qui prouve que $\mathscr{T}$ est tempéré.

b) *Soit $\mathscr{T}_m \in D_\infty^*(\Omega)$ d'ordre l au plus pour tout m.*

Si, pour tout $\varepsilon \in]0, \varepsilon_0[$, $\mathscr{T}_m * \varphi \to 0$ dans $C_0(\Omega_\varepsilon)$ pour tout $\varphi \in \mathbf{D}_l(b_\varepsilon)$, alors $\mathscr{T}_m \to 0$ dans $D_{2l',b}^*(\Omega)$, pour tout l' tel que $l' > (l+n)/2$.

Soit B borné dans $D_{2l'}(\Omega)$. Il existe un compact $K \subset \Omega$ tel que $[\varphi] \subset K$ pour tout $\varphi \in B$ et C tel que

$$\sup_{|k| \leqq 2l'} \sup_{x \in K} |D_x^k \varphi(x)| \leqq C, \quad \forall \varphi \in B.$$

Soit $\varepsilon > 0$ tel que $\varepsilon < \inf[\varepsilon_0, d(K, \complement\Omega)]$. Vu a), p. 290, on a

$$\mathscr{T}_m(\varphi) = \int [(1-\Delta)^{l'} \varphi] \cdot \mathscr{T}_m * (\alpha_\varepsilon e_{l'}) \, dx + \int \varphi \cdot \mathscr{T}_m * (1-\Delta)^{l'} [(1-\alpha_\varepsilon) e_{l'}] \, dx$$

pour tout m et tout $\varphi \in D_{2l'}(\Omega_\varepsilon)$. Il vient donc

$$\sup_{\varphi \in B} |\mathscr{T}_m(\varphi)| \leqq C' \int_K |\mathscr{T}_m * (\alpha_\varepsilon e_{l'})| \, dx + C \int_K |\mathscr{T}_m * (1-\Delta)^{l'} [(1-\alpha_\varepsilon) e_{l'}|] \, dx.$$

Le second membre tend vers 0 si $m \to \infty$ car $\mathscr{T}_m * (\alpha_\varepsilon e_{l'})$ et $\mathscr{T}_m * (1-\Delta)^{l'} [(1-\alpha_\varepsilon) e_{l'}]$ tendent vers 0 dans $C_0(\Omega_\varepsilon)$ et K est contenu dans Ω_ε.

* c) *Soient $\mathscr{T} \in D_\infty^*(\Omega)$ et $\varepsilon_0 > \varepsilon > 0$. Si $\mathscr{T} * \varphi$ est analytique dans Ω_{ε_0} pour tout $\varphi \in \mathbf{D}_\infty(b_\varepsilon)$, alors la restriction de $\mathscr{T}$ à Ω_{ε_0} est la distribution d'une fonction analytique dans Ω_{ε_0}.*

Comme l'espace $A(\Omega_{\varepsilon_0})$ est bornant (cf. j), p. 343), l'opérateur qui, à $\varphi \in \mathbf{D}_\infty(b_\varepsilon)$, associe $\mathscr{T} * \varphi \in A(\Omega_{\varepsilon_0})$, est borné.

Soit ω un ouvert d'adhérence compacte dans Ω_{ε_0}. Posons

$$F_m = \{f \in A(\Omega_{\varepsilon_0}) : \sup_{|k|=l} \sup_{x \in \overline{\omega}} |D_x^k f(x)| \leqq l!\, m^l,\ \forall l\}.$$

On a

$$\mathbf{D}_\infty(b_\varepsilon) = \bigcup_{m=1}^{\infty} \{\varphi : \mathscr{T} * \varphi \in F_m\}.$$

Les F_m sont fermés, donc les

$$F'_m = \{\varphi \in \mathbf{D}_\infty(b_\varepsilon) : \mathscr{T} * \varphi \in F_m\}$$

sont fermés. Par le théorème de Baire, un des F'_m contient donc une semi-boule de $\mathbf{D}_\infty(b_\varepsilon)$ et il existe m_0, l_0 et C tels que

$$\sup_{|k| \leqq l_0} \sup_{|x| \leqq \varepsilon} |D_x^k \varphi(x)| \leqq C,\ \varphi \in \mathbf{D}_\infty(b_\varepsilon) \quad \Rightarrow \quad \sup_{|k|=l} \sup_{x \in \overline{\omega}} |D_x^k f(x)| \leqq l!\, m_0^l,\ \forall l.$$

Soit alors l' assez grand pour que $e_{l'} \in C_{l_0}(E_n)$.

Vu la relation précédente, comme $\varrho_\eta * (\alpha_{\varepsilon/2} e_{l'})$ converge vers $\alpha_{\varepsilon/2} e_{l'}$ dans $\mathbf{D}_{l_0}(b_\varepsilon)$, la suite $\mathscr{T} * [\varrho_\eta * (\alpha_{\varepsilon/2} e_{l'})]$ est bornée dans $A(\omega)$, donc contient une sous-suite convergente dans $A(\omega)$. Soit f sa limite. Vu b), p. 291, il vient

$$\begin{aligned} \mathscr{T}(\varphi) &= \int_\Omega [(1-\Delta)^{l'} \varphi] \cdot f\, dx + \int_\Omega \varphi \cdot \mathscr{T} * (1-\Delta)^{l'} [(1-\alpha_\varepsilon) e_{l'}]\, dx \\ &= \int_\Omega \varphi \{(1-\Delta)^{l'} f + \mathscr{T} * (1-\Delta)^{l'} [(1-\alpha_\varepsilon) e_{l'}]\}\, dx \end{aligned}$$

pour tout $\varphi \in D_\infty(\Omega_{\varepsilon_0})$. Appelons f_ω l'expression entre accolades. C'est une fonction analytique dans ω. Considérons une suite $\omega_m \uparrow \Omega_{\varepsilon_0}$. Il vient $f_{\omega_m} = f_{\omega_{m'}}$ dans $\omega_{m'}$ pour tout $m \geqq m'$, donc la fonction f égale à f_{ω_m} dans chaque ω_m est analytique dans Ω_{ε_0} et telle que $\mathscr{T} = \mathscr{T}_f$ dans Ω_{ε_0}, d'où la conclusion.

d) Dans le même ordre d'idées que c), voici encore un critère pour que $\mathscr{T}$ soit la distribution d'une fonction.

Si $\mathscr{T} \in D^*_\infty(\Omega)$ est d'ordre l au plus et si $\varepsilon > 0$ est tel que $\mathscr{T} * \varphi \in C_\infty(\Omega_\varepsilon)$ pour tout $\varphi \in \mathbf{D}_l(b_\varepsilon)$, alors la restriction de $\mathscr{T}$ à Ω_ε est la distribution d'un élément de $C_\infty(\Omega_\varepsilon)$.

Notons en outre que *si L est un sous-espace linéaire de $C_\infty(\Omega_\varepsilon)$ qui contient les dérivées de ses éléments et si $\mathscr{T} * \varphi \in L$ pour tout $\varphi \in \mathbf{D}_l(b_\varepsilon)$, alors la restriction de $\mathscr{T}$ à Ω_ε est la distribution d'un élément de L.*

En particulier, *si $\mathscr{T} \in D^*_\infty(E_n)$ est d'ordre l au plus et si $\mathscr{T} * \varphi \in C_\infty(E_n)$ pour tout $\varphi \in \mathbf{D}_l(b_\varepsilon)$ pour au moins un $\varepsilon > 0$, alors $\mathscr{T}$ est la distribution d'un élément de $C_\infty(E_n)$.*

Vu a), p. 290, si $l' > (l+n)/2$, on a

$$\mathscr{T}(\varphi) = \int_\Omega [\mathscr{T} * (\alpha_\varepsilon e_{l'})] \cdot (1-\Delta)^{l'} \varphi \, dx$$
$$+ \int_\Omega \varphi \cdot \mathscr{T} * (1-\Delta)^{l'} [(1-\alpha_\varepsilon) e_{l'}] \, dx, \quad \forall \varphi \in D_\infty(\Omega_\varepsilon).$$

Or, comme $\mathscr{T} * (\alpha_\varepsilon e_{l'}) \in C_\infty(\Omega_\varepsilon)$, la première intégrale s'écrit encore

$$\int_\Omega (1-\Delta)^{l'} [\mathscr{T} * (\alpha_\varepsilon e_{l'})] \cdot \varphi \, dx,$$

d'où la conclusion.

30. — On peut formuler un énoncé analogue à c), p. 291, dans le cas des birégularisées.

a) *Soient* $\mathscr{T} \in D_\infty^*(\Omega)$, $\varepsilon_0 > 0$ *et* $\varepsilon \in]0, \varepsilon_0/2[$ *donnés.*

Soit d'autre part $B \subset C_0(\Omega_{\varepsilon_0})$ *un espace de Banach ou la limite inductive stricte d'une suite d'espaces de Banach dont le système de semi-normes est plus fort que celui induit par* $C_0(\Omega_{\varepsilon_0})$.

Si $\mathscr{T} * \varphi * \psi \in B$ *pour tous* $\varphi, \psi \in \mathbf{D}_\infty(b_\varepsilon)$, *alors* $\mathscr{T} * \varphi \in B$ *pour tout* $\varphi \in \mathbf{D}_\infty(b_\varepsilon)$.

De là, la restriction de $\mathscr{T}$ *à* Ω_{ε_0} *est d'ordre fini et il existe* $l > 0$ *et* F_0, $F_1 \in B$ *tels que*

$$\mathscr{T}(\varphi) = \int [(1-\Delta)^l \varphi] \cdot F_0 \, dx + \int \varphi \cdot F_1 \, dx, \quad \forall \varphi \in D_\infty(\Omega_{\varepsilon_0}).$$

Démontrons que $\mathscr{T} * \varphi \in B$ pour tout $\varphi \in \mathbf{D}_\infty(b_\varepsilon)$. La seconde partie de l'énoncé découle alors de c), p. 291.

Pour tout φ (resp. ψ) $\in \mathbf{D}_\infty(b_\varepsilon)$, l'opérateur qui, à ψ (resp. φ) $\in \mathbf{D}_\infty(b_\varepsilon)$, associe $\mathscr{T} * \varphi * \psi$, est borné de $\mathbf{D}_\infty(b_\varepsilon)$ dans B. De là, par I, b), p. 319, la fonctionnelle bilinéaire $\mathscr{B}(\varphi, \psi) = \mathscr{T} * \varphi * \psi$ de $\mathbf{D}_\infty(b_\varepsilon)$, $\mathbf{D}_\infty(b_\varepsilon)$ dans B est bornée.

En outre, si B est limite inductive des B_m, il existe m_0 tel que $\mathscr{T} * \varphi * \psi \in B_{m_0}$ pour tous $\varphi, \psi \in \mathbf{D}_\infty(b_\varepsilon)$. De fait, pour tout φ, vu I, b), p. 415, il existe m_φ tel que $\mathscr{T} * \varphi * \psi \in B_{m_\varphi}$ pour tout ψ. Les sous-espaces linéaires $F_m = \{\varphi : \mathscr{T} * \varphi * \psi \in B_m, \ \forall \psi\}$ sont alors fermés dans $\mathbf{D}_\infty(b_\varepsilon)$, donc, comme $\mathbf{D}_\infty(b_\varepsilon)$ est un espace de Fréchet, l'un d'eux est égal à $\mathbf{D}_\infty(b_\varepsilon)$. Dans la suite, nous désignons B_{m_0} par B et sa norme par $\|\cdot\|$.

Comme $\mathscr{B}(\varphi, \psi)$ est borné, il existe C, l et l' tels que

$$\|\mathscr{T} * \varphi * \psi\| \leq C \sup_{|k| \leq l} \sup_{|x| \leq \varepsilon} |D_x^k \varphi(x)| \cdot \sup_{|k'| \leq l'} \sup_{|x'| \leq \varepsilon} |D_{x'}^{k'} \psi(x')|,$$

pour tous $\varphi, \psi \in \mathbf{D}_\infty(b_\varepsilon)$. On peut prolonger $\mathscr{B}$ par densité à $\mathbf{D}_\infty(b_\varepsilon)$, $\mathbf{D}_{l'}(b_\varepsilon)$. La démonstration directe est immédiate. On peut aussi interpréter $\mathscr{B}$ comme un élément de $\mathscr{L}\{\mathbf{D}_\infty(b_\varepsilon), \mathscr{L}_b[\mathbf{D}_\infty(b_\varepsilon), B]\}$ et appliquer I, d), p. 400.

Désignons par B_∞ le sous-espace linéaire de $C_\infty(\Omega_{\varepsilon_0})$ formé des f tels que $D_x^k f \in B$ pour tout k, muni des semi-normes

$$\sup_{|k| \leq l} \|D_x^k f\|, \qquad l = 1, 2, \ldots.$$

C'est visiblement un espace complet. En effet, si f_m est de Cauchy dans B_∞, chaque suite $D_x^k f_m$ converge vers $f^{(k)}$ dans B. Elle converge aussi dans $C_0(\Omega_{\varepsilon_0})$, donc $f^{(k)} = D_x^k f_0$ pour tout k et $f^{(0)} \in B_\infty$. Donc B_∞ est un espace de Fréchet.

Fixons φ dans $\mathbf{D}_\infty(b_\varepsilon)$. Pour tout $\psi \in \mathbf{D}_{l'}(b_\varepsilon)$, on a $D^k(\mathscr{T} * \varphi * \psi) = \mathscr{T} * D^k \varphi * \psi \in B$, donc $\mathscr{T} * \varphi * \psi \in B_\infty$. De là, comme $\mathscr{T} * \varphi$ est une distribution d'ordre 0, par c), p. 291, $\mathscr{T} * \varphi$ est la distribution d'un élément $f \in B_\infty$, ce qui prouve que $\mathscr{T} * \varphi = f \in B_\infty \subset B$.

Comme exemples de tels espaces B, signalons $C_0^b(\Omega_{\varepsilon_0})$, $C_0^0(\Omega_{\varepsilon_0})$, $D_0(\Omega_{\varepsilon_0})$ et, si $\Omega = E_n$, $S_0(E_n)$.

b) *Soient $\mathscr{T} \in D_\infty^*(\Omega)$, $\varepsilon_0 > 0$ et $\varepsilon \in]0, \varepsilon_0/2[$ donnés.*

Si $\mathscr{T} * \varphi * \psi$ est à support compact contenu dans Ω_{ε_0} pour tous $\varphi, \psi \in \mathbf{D}_\infty(b_\varepsilon)$, alors $\mathscr{T} * \varphi$ est à support compact contenu dans Ω_{ε_0} pour tout $\varphi \in \mathbf{D}_\infty(b_\varepsilon)$.

De là, $\mathscr{T}$ est à support compact dans Ω_{ε_0} et, pour tout $L < \infty$, il existe l et $F_0, F_1 \in D_L(\Omega_{\varepsilon_0})$ tels que

$$\mathscr{T}(\varphi) = \int_\Omega [(1-\Delta)^l \varphi] \cdot F_0 \, dx + \int_\Omega \varphi \cdot F_1 \, dx, \quad \forall \varphi \in D_\infty(\Omega).$$

Pour tout $\varphi \in \mathbf{D}_\infty(b_\varepsilon)$ fixé, $\mathscr{T}_{\mathscr{T} * \varphi}$ est une distribution dans $\Omega_\varphi \supset \Omega_\varepsilon$ telle que $\mathscr{T}_{\mathscr{T} * \varphi} * \psi$ soit à support compact dans Ω_{ε_0} pour tout $\psi \in \mathbf{D}_\infty(b_\varepsilon)$. On en déduit que $\mathscr{T} * \varphi$ est à support compact dans Ω_{ε_0} (cf. d), p. 293). Il suffit alors d'appliquer d), p. 293 pour conclure.

Distributions définies positives

31. — Une distribution $\mathscr{T} \in D_\infty^*(E_n)$ est *définie positive* si

$$\mathscr{T}(\varphi * \varphi^*) \geqq 0, \quad \forall \varphi \in D_\infty(E_n).$$

Une fonction $f \in L_1^{\text{loc}}(E_n)$ est *définie positive* si $\mathscr{T}_f$ est défini positif.

Le théorème de S. Bochner sous la forme généralisée par L. Schwartz s'énonce comme suit.

Théorème de Bochner-Schwartz

La distribution $\mathscr{T} \in D_\infty^*(E_n)$ est définie positive si et seulement si il existe une mesure positive μ dans E_n telle que

$$\mathscr{T}(\varphi) = \int \mathscr{F}^\pm \varphi \, d\mu, \quad \forall \varphi \in D_\infty(E_n),$$

et que $(1 + |x|^2)^{-l} \in \mu - L_1(E_n)$ pour au moins un l.

En particulier, $\mathscr{T}$ est alors tempéré.

Traitons le cas de $\mathscr{F}^+$. Celui de $\mathscr{F}^-$ est analogue.

La condition est suffisante. De fait, soit

$$\mathscr{T}(\varphi) = \int \mathscr{F}^+ \varphi \, d\mu, \quad \forall \varphi \in D_\infty(E_n),$$

où μ est une mesure positive dans E_n telle que $(1+|x|^2)^{-l} \in \mu - L_1(E_n)$. On a $|\mathscr{F}^+ \varphi|^2 \in \mu - L_1$ pour tout $\varphi \in D_\infty(E_n)$, d'où la conclusion car

$$\mathscr{T}(\varphi * \varphi^*) = \int \mathscr{F}^+ (\varphi * \varphi^*) \, d\mu = \int |\mathscr{F}^+ \varphi|^2 \, d\mu \geqq 0$$

pour tout $\varphi \in D_\infty(E_n)$.

La condition est nécessaire.

A. Etablissons d'abord que

$$\mathscr{T} * \varphi * \psi \in C_0^b(E_n)$$

pour tous $\varphi, \psi \in D_\infty(E_n)$.

Il suffit que ce soit vrai pour $\mathscr{T} * \varphi * \varphi^*$ quel que soit $\varphi \in D_\infty(E_n)$, car

$$\mathscr{T} * \varphi * \psi = \sum_{k=0}^{3} i^k \mathscr{T} * \frac{\varphi + i^k \psi^*}{2} * \left(\frac{\varphi + i^k \psi^*}{2} \right)^* .$$

Soit φ fixé dans $D_\infty(\Omega)$. Notons d'abord que

$$\mathscr{T}\{\varphi(x - \cdot) * [\varphi(y - \cdot)]^*\} = (\mathscr{T} * \varphi * \varphi^*)(x - y).$$

De là, quels que soient c et $c' \in \mathbf{C}$,

$$\mathscr{T}\{[c\varphi(x - \cdot) + c' \tilde{\varphi}] * [c\varphi(x - \cdot) + c' \tilde{\varphi}]^*\}$$
$$= (|c|^2 + |c'|^2)(\mathscr{T} * \varphi * \varphi^*)(0) + c\bar{c}'(\mathscr{T} * \varphi * \varphi^*)(x) + \bar{c}c'(\mathscr{T} * \varphi * \varphi^*)(-x) \geqq 0.$$

On en déduit que la matrice

$$\begin{pmatrix} (\mathscr{T} * \varphi * \varphi^*)(0) & (\mathscr{T} * \varphi * \varphi^*)(x) \\ (\mathscr{T} * \varphi * \varphi^*)(-x) & (\mathscr{T} * \varphi * \varphi^*)(0) \end{pmatrix}$$

est hermitienne semi-définie positive, d'où

$$(\mathscr{T} * \varphi * \varphi^*)(x) = \overline{(\mathscr{T} * \varphi * \varphi^*)(-x)}$$

et

$$|(\mathscr{T} * \varphi * \varphi^*)(x)|^2 \leqq [(\mathscr{T} * \varphi * \varphi^*)(0)]^2.$$

La dernière inégalité prouve que $\mathscr{T} * \varphi * \varphi^*$ est borné.

B. Il résulte de A que $\mathscr{T}$ est tempéré.

En effet, vu a), p. 296, il existe F_0 et $F_1 \in C_0^b(E_n)$ et l tels que

$$\mathscr{T}(\varphi) = \int [(1 - \Delta)^l \varphi] \cdot F_0 \, dx + \int \varphi \cdot F_1 \, dx, \quad \forall \varphi \in D_\infty(E_n),$$

donc $\mathscr{T}$ est tempéré.

C. Remarquons que $\mathscr{T}(\varphi * \varphi^*) \geqq 0$ pour tout $\varphi \in S_\infty(E_n)$.

De fait, $\varphi*\varphi^*\in S_\infty(E_n)$ et, si $\varphi_m\in D_\infty(E_n)$ tend vers φ dans $S_\infty(E_n)$, on a $\varphi_m*\varphi_m^*\in D_\infty(E_n)$ et $\varphi_m*\varphi_m^*\to\varphi*\varphi^*$ dans $S_\infty(E_n)$, donc

$$\mathscr{C}(\varphi*\varphi^*)=\lim_m \mathscr{C}(\varphi_m*\varphi_m^*)\geqq 0.$$

Le théorème de Bochner-Schwartz résulte alors de ce que la distribution tempérée $\mathscr{C}(\mathscr{F}^\pm\cdot)$ est telle que $\mathscr{C}(\mathscr{F}^\pm\varphi)\geqq 0$ pour tout $\varphi\geqq 0$ appartenant à $D_\infty(E_n)$, (cf. § 18, p. 276).

C'est vrai pour tout φ de la forme $\psi\bar\psi$, $\psi\in D_\infty(E_n)$. En effet, pour un tel φ,

$$\mathscr{F}^+\varphi=(2\pi)^{-n}\mathscr{F}^+\psi*\mathscr{F}^+\bar\psi=(2\pi)^{-n}\mathscr{F}^+\psi*(\mathscr{F}^+\psi)^*,$$

donc $\mathscr{C}(\mathscr{F}^\pm\varphi)\geqq 0$.

Pour $\varphi\geqq 0$ quelconque, on note que, si $\alpha\in D_\infty(E_n)$ est égal à 1 dans un ouvert contenant $[\varphi]$, on a $\alpha\sqrt{\varphi+\frac{1}{m}}\in D_\infty(E_n)$ et

$$\left(\alpha\sqrt{\varphi+\frac{1}{m}}\right)^2=\alpha^2\left(\varphi+\frac{1}{m}\right)\to\varphi$$

dans $D_\infty(E_n)$, donc

$$\mathscr{C}(\mathscr{F}^+\varphi)=\lim_m \mathscr{C}\left[\mathscr{F}^+\left(\alpha\sqrt{\varphi+\frac{1}{m}}\right)^2\right]\geqq 0.$$

32. — On déduit le théorème classique de S. Bochner du précédent.

Théorème de Bochner

Soit $f\in L_1^{\mathrm{loc}}(E_n)$ continu en 0 ou borné l-pp dans E_n. Si f est défini positif, il existe une mesure μ positive bornée dans E_n telle que

$$f(x)=\int e^{\pm i(x,y)}\,d\mu \quad l\text{-pp}$$

et

$$\mu(E_n)=\sup_{l\text{-pp}}|f|.$$

Inversement, si $\mu\geqq 0$ est borné, $f=\mathscr{F}^\pm\mu$ est tel que $\int f\cdot\varphi*\varphi^*\,dx\geqq 0$ pour tout $\varphi\in D_\infty(E_n)$.

Traitons le cas de $\mathscr{F}^+$.

En vertu du théorème précédent appliqué à la distribution $\mathscr{C}_f$, il existe une mesure $\mu\geqq 0$ dans E_n telle que

$$\int f\varphi\,dx=\int\mathscr{F}^+\varphi\,d\mu,\quad \forall\varphi\in D_\infty(E_n),$$

et l tel que $(1+|x|^2)^{-l}\in\mu-L_1(E_n)$.

Démontrons à présent que $\int|\mathscr{F}^+\varrho_\varepsilon|^2\,d\mu$ est borné pour ε assez petit.

Si f est continu en 0, on a

$$\int |\mathscr{F}^+ \varrho_\varepsilon|^2 \, d\mu = \int \mathscr{F}^+ (\varrho_\varepsilon * \varrho_\varepsilon^*) \, d\mu = \int f \cdot \varrho_\varepsilon * \varrho_\varepsilon^* \, dx \to f(0)$$

si $\varepsilon \to 0$, donc, quel que soit $\varepsilon_0 > 0$ fixé, dès que ε est assez petit,

$$\int |\mathscr{F}^+ \varrho_\varepsilon|^2 \, d\mu \leqq f(0) + \varepsilon_0.$$

Si f est borné l-pp, on a

$$\int |\mathscr{F}^+ \varrho_\varepsilon|^2 \, d\mu = \int f \cdot \varrho_\varepsilon * \varrho_\varepsilon^* \, dx \leqq \sup_{l\text{-pp}} |f|.$$

Comme $\mathscr{F}^+ \varrho_\varepsilon \to 1$, il découle du théorème de Fatou (cf. II, p. 67) appliqué à $|\mathscr{F}^+ \varrho_\varepsilon|^2$, que $1 \in \mu - L_1(E_n)$ et

$$\mu(E_n) \leqq f(0) + \varepsilon_0 \quad (\text{resp. } \sup_{l\text{-pp}} |f|).$$

Comme ε_0 est arbitraire, on a donc

$$\mu(E_n) \leqq \sup_{l\text{-pp}} |f|.$$

Pour tout $\varphi \in D_\infty(E_n)$, on a à présent

$$\int f\varphi \, dx = \int \mathscr{F}^+ \varphi \, d\mu = \int \varphi(x) \Big[\int e^{i(x,y)} \, d\mu_y \Big] \, dx,$$

d'où

$$f(x) = \int e^{i(x,y)} \, d\mu_y \quad l\text{-pp},$$

ce qui entraîne que

$$\sup_{l\text{-pp}} |f| \leqq \mu(E_n).$$

Pour la réciproque, on note que, pour tout $\varphi \in D_\infty(E_n)$,

$$\int f \cdot \varphi * \varphi^* \, dx = \int \mathscr{F}^\pm (\varphi * \varphi^*) \, d\mu = \int |\mathscr{F}^\pm \varphi|^2 \, d\mu \geqq 0.$$

EXERCICES

1. — Si $\mathscr{T} \in D_\infty^*(E_n)$ est défini positif et si $\mathscr{T}(\mathscr{F}^\pm \cdot) = \mathscr{T}_f$ avec $f \in L_1^{\text{loc}}$, on a $f \geqq 0$ et il existe l tel que

$$\int f(x) (1 + |x|^2)^{-l} \, dx < \infty.$$

Si, en outre, $\mathscr{T} = \mathscr{T}_g$ où g est continu en 0, alors f est intégrable et $g = \mathscr{F}^\pm f$ l-pp.

2. — Si $\mathscr{T} \in D_\infty^*(E_n)$ est défini positif, pour l assez grand, il existe $f \in C_0(E_n)$ défini positif et tel que $\mathscr{T} = \mathscr{T}_f[(1-\Delta)^l \cdot]$.

Suggestion. Par le théorème de Bochner-Schwartz, on a

$$\mathscr{T}(\varphi) = \int \mathscr{F}^+ \varphi \, d\mu, \quad \forall \varphi \in D_\infty(E_n),$$

où μ est une mesure positive dans E telle que $(1 + |x|^2)^{-l} \in \mu - L_1(E_n)$ pour au moins un l.

Pour $l' \geqq l$, on a alors, en posant $\mu' = (1+|x|^2)^{-l'} \cdot \mu$,

$$\mathscr{T}(\varphi) = \int (1+|x|^2)^{l'} \cdot \mathscr{F}^+ \varphi \, d\mu' = \int \mathscr{F}^+ [(1-\Delta)^{l'} \varphi] \, d\mu' = \mathscr{T}_{\mathscr{F}^+_{\mu'}} [(1-\Delta)^{l'} \varphi]$$

pour tout $\varphi \in D_\infty(E_n)$.

3. — Si $f \in C^*_\infty(E_n)$ et $\mathscr{T} \in D_\infty(E_n)$ sont définis positifs, $\mathscr{T}(f \cdot)$ est défini positif.

Suggestion. Vu l'ex. 2, il existe l et $g \in C_0(E_n)$ défini positif tels que

$$\mathscr{T}(\varphi) = \int g \cdot (1-\Delta)^l \varphi \, dx, \quad \forall \varphi \in D_\infty(E_n).$$

Vu le théorème de Bochner, il existe μ positif et borné tel que $g = \mathscr{F}^+ \mu$. On a alors

$$\mathscr{T}(f\varphi) = \int g \cdot (1-\Delta)^l (f\varphi) \, dx = \int \mathscr{F}^+ (1-\Delta)^l (f\varphi) \, d\mu = \int (1+|x|^2)^l \cdot \mathscr{F}^+ (f\varphi) \, d\mu$$

(cf. II, ex. 6, p. 195). Il existe aussi ν positif et borné tel que $f = \mathscr{F}^- \nu$. Il vient alors

$$\mathscr{F}^+(f\varphi) = \int \mathscr{F}^+_{x-u} \varphi \, d\nu(u),$$

d'où

$$\mathscr{T}(f\varphi) = \int\int (1+|x|^2)^l \cdot \mathscr{F}^+_{x-u} \varphi \, d\nu(u) \, d\mu(x).$$

Pour $\varphi = \psi * \psi^*$, on a $\mathscr{F}^+ \varphi = |\mathscr{F}^+ \psi|^2 \geqq 0$, donc $\mathscr{T}(f \cdot \psi * \psi)^* \geqq 0$.

Transformées de Laplace et de Fourier des distributions

La présente théorie est la généralisation naturelle aux distributions dans E_n des transformées de Laplace et de Fourier dans $L_1(E_n)$. Nous utilisons les propriétés de la transformée de Laplace telles qu'elles sont exposées dans FVR II.

33. — Dans ce qui suit, on désigne par p un point de $\mathbf{C}_n$; on pose $p = \xi + i\eta$ où $\xi, \eta \in E_n$. Enfin, si $A, B \subset E_n$, on désigne par $A + iB$ l'ensemble

$$\{p = \xi + i\eta : \xi \in A, \eta \in B\}.$$

Si $\mathscr{T} \in D^*_\infty(E_n)$, on appelle *ensemble de $\mathscr{L}$-transformabilité de $\mathscr{T}$* et on désigne par $\Gamma_{\mathscr{T}}$ l'ensemble

$$\Gamma_{\mathscr{T}} = \bigcap_{\varphi \in D_\infty(E_n)} \Gamma_{\mathscr{T} * \varphi}.$$

où

$$\Gamma_{\mathscr{T} * \varphi} = \{\xi : e^{-(\xi, x)} (\mathscr{T} * \varphi) \in L_1\}.$$

Pour tout $\mathscr{T} \in D^*_\infty(E_n)$, $\Gamma_{\mathscr{T}}$ est un ensemble convexe.

De fait, c'est l'intersection des ensembles convexes $\Gamma_{\mathscr{T} * \varphi}$, $\varphi \in D_\infty(E_n)$.

Etant donné $\mathscr{T} \in D^*_\infty(E_n)$, nous allons établir au paragraphe suivant qu'il existe une et une seule fonction $f(p)$ définie dans $\Gamma_{\mathscr{T}} + iE_n$, telle que

$$\mathscr{L}_p(\mathscr{T} * \varphi) = \int e^{-(p, x)} (\mathscr{T} * \varphi)(x) \, dx = f(p) \mathscr{L}_p \varphi, \quad \forall \varphi \in D_\infty(E_n).$$

Cette fonction $f(p)$ est appelée *transformée de Laplace de* $\mathscr{T}$ et est notée $\mathscr{L}_p\mathscr{T}$.

Si $0 \in \Gamma_{\mathscr{T}}$, la fonction

$$\mathscr{F}_\eta^{\pm}\mathscr{T} = \mathscr{L}_{\mp i\eta}\mathscr{T}$$

est appelée *transformée de Fourier de* $\mathscr{T}$. Elle est donc telle que

$$\int e^{\pm i(\eta,x)}(\mathscr{T}*\varphi)(x)\,dx = \mathscr{F}_\eta^{\pm}\mathscr{T}\cdot\mathscr{F}_\eta^{\pm}\varphi,\quad \forall \varphi \in D_\infty(E_n).$$

34. — a) *Soit* $\mathscr{T} \in D_\infty^*(E_n)$. *Si* $\Gamma_{\mathscr{T}} \neq \emptyset$, $\mathscr{T}$ *est d'ordre fini et, pour tous* $\xi_1, \ldots$ $\ldots, \xi_N \in \Gamma_{\mathscr{T}}$, *il existe* l *et*

$$F_0, F_1 \in e^{-(\xi_k,x)} - L_1, \qquad (k=1,\ldots,N),$$

tels que

$$\mathscr{T}(\varphi) = \int [(1-\Delta)^l\varphi]\cdot F_0\,dx + \int \varphi\cdot F_1\,dx,\quad \forall \varphi \in D_\infty(E_n).$$

Soit $\langle\langle \xi_1, \ldots, \xi_N\rangle\rangle$ l'enveloppe convexe de $\xi_1, \ldots, \xi_N \in \Gamma_{\mathscr{T}}$.

Une fonction f est $\mathscr{L}$-transformable dans $\langle\langle \xi_1, \ldots, \xi_N\rangle\rangle$ si et seulement si

$$e^{-(\xi_k,x)}f(x) \in L_1, \qquad (k=1,\ldots,n),$$

donc si et seulement si elle appartient à $\mu - L_1$, si nous posons

$$\mu = \sup_{k=1,\ldots,N} e^{-(\xi_k,x)}\cdot l.$$

Comme $\langle\langle \xi_1, \ldots, \xi_N\rangle\rangle \subset \Gamma_{\mathscr{T}}$, on a donc $\mathscr{T}*\varphi \in \mu - L_1$ pour tout $\varphi \in D_\infty(E_n)$. D'où la conclusion, par c), p. 291.

b) *Soit* $\mathscr{T} \in D_\infty^*(E_n)$. *Si* $\Gamma_{\mathscr{T}} \neq \emptyset$, *il existe une et une seule fonction* $f(p)$ *définie dans* $\Gamma_{\mathscr{T}} + iE_n$, *telle que*

$$\mathscr{L}_p(\mathscr{T}*\varphi) = f(p)\,\mathscr{L}_p\varphi,\quad \forall \varphi \in D_\infty(E_n).$$

Si $\xi_1, \ldots, \xi_N \in \Gamma_{\mathscr{T}}$, *dans* $\langle\langle \xi_1, \ldots, \xi_N\rangle\rangle$, $f(p)$ *a la forme*

$$f(p) = [1-(p,p)]^l\,\mathscr{L}_pF_0 + \mathscr{L}_pF_1, \tag{*}$$

où F_0 *et* F_1 *sont des fonctions* $\mathscr{L}$*-transformables dans* $\langle\langle \xi_1, \ldots, \xi_N\rangle\rangle$.

Si on pose

$$\mu = \sup_{k=1,\ldots,N} e^{-(\xi_k,x)}\cdot l,$$

vu a), il existe $F_0, F_1 \in \mu - L_1$ et un entier l tels que

$$\mathscr{T}*\varphi = [(1-\Delta)^l\varphi]*F_0 + \varphi*F_1,\quad \forall \varphi \in D_\infty(E_n).$$

Il vient alors

$$\begin{aligned}\mathscr{L}_p(\mathscr{T}*\varphi) &= \mathscr{L}_p[(1-\Delta)^l\varphi]\cdot\mathscr{L}_pF_0 + \mathscr{L}_p\varphi\cdot\mathscr{L}_pF_1\\ &= \mathscr{L}_p\varphi\cdot\{[1-(p,p)]^l\,\mathscr{L}_pF_0 + \mathscr{L}_pF_1\}\end{aligned}$$

pour tout $\varphi \in D_\infty(E_n)$.

Dans $\langle\langle\xi_1, \ldots, \xi_N\rangle\rangle$, posons

$$f(p) = [1-(p,p)]^l \mathscr{L}_p F_0 + \mathscr{L}_p F_1.$$

Il reste à vérifier que $f(p)$ ne dépend pas du choix de $\xi_1, \ldots, \xi_N \in \Gamma_{\mathscr{T}}$ tels que $\langle\langle\xi_1, \ldots, \xi_N\rangle\rangle + iE_n$ contienne p.

Posons $\varphi(x) = e^{-(p,x)}\psi(x)$, où $\psi \in D_\infty(E_n)$ est tel que $\psi \geqq 0$ et que

$$\mathscr{L}_p(\varphi) = \int \psi(x)\, dx \neq 0.$$

Il vient

$$f(p) = \mathscr{L}_p(\mathscr{T} * \varphi)/\mathscr{L}_p \varphi$$

et le second membre est indépendant de $\langle\langle\xi_1, \ldots, \xi_N\rangle\rangle$.

35. — Les propriétés de $\mathscr{L}_p\mathscr{T}$ se déduisent facilement de celles des transformées de Laplace des fonctions, via la formule de structure (*).

a) *Soit* $\mathscr{T} \in D_\infty^*(E_n)$. *Pour tous* $\xi_1, \ldots, \xi_N \in \Gamma_{\mathscr{T}}$, *il existe* C_1, C_2 *et un entier* N *tels que*

$$|\mathscr{L}_p\mathscr{T}| \leqq C_1|p|^N + C_2$$

si $\xi \in \langle\langle\xi_1, \ldots, \xi_N\rangle\rangle$.

Cette majoration se déduit immédiatement de la formule de structure puisque $\mathscr{L}_p F_0$ et $\mathscr{L}_p F_1$ sont bornés dans $\langle\langle\xi_1, \ldots, \xi_N\rangle\rangle + iE_n$.

b) *Si* $\mathscr{T} \in D_\infty^*(E_n)$, $\mathscr{L}_p\mathscr{T}$ *est holomorphe dans* $\mathring{\Gamma}_{\mathscr{T}} + iE_n$.

En effet, si $p_0 \in \mathring{\Gamma}_{\mathscr{T}} + iE_n$, il existe $\xi_1, \ldots, \xi_N$ tels que $p_0 \in (\langle\langle\xi_1, \ldots, \xi_N\rangle\rangle)^\circ$. Il existe l et $F_0, F_1 \in e^{-(\xi_k, x)} - L_1$, $(k=1, \ldots, N)$, tels que

$$\mathscr{L}_p\mathscr{T} = [1-(p,p)]^l \mathscr{L}_p F_0 + \mathscr{L}_p F_1, \quad \forall \xi \in (\langle\langle\xi_1, \ldots, \xi_N\rangle\rangle)^\circ,$$

où le second membre est holomorphe dans $(\langle\langle\xi_1, \ldots, \xi_N\rangle\rangle)^\circ + iE_n$.

c) *Si* $\mathscr{T} \in D_\infty^*(E_n)$ *et si* $\xi_0 \in \Gamma_{\mathscr{T}}$, $\mathscr{L}_{\xi_0 + i\eta}\mathscr{T}$ *est une fonction continue de* η *dans* E_n.

En effet, il existe l et $F_0, F_1 \in e^{-(\xi_0, x)} - L_1$ tels que

$$\begin{aligned}\mathscr{L}_{\xi_0+i\eta}\mathscr{T} &= [1-(p,p)]^l \mathscr{L}_{\xi_0+i\eta} F_0 + \mathscr{L}_{\xi_0+i\eta} F_1 \\ &= [1-(p,p)]^l \mathscr{F}_\eta^- [e^{-(\xi_0, x)} F_0(x)] + \mathscr{F}_\eta^- [e^{-(\xi_0, x)} F_1(x)],\end{aligned}$$

d'où la conclusion.

36. — Voici quelques exemples de transformées de Laplace et de Fourier de distributions.

a) *Si* $f \in L_1^{\mathrm{loc}}(E_n)$, *on a*

$$\Gamma_{\mathscr{T}_f} \supset \Gamma_f$$

et

$$\mathscr{L}_p\mathscr{T}_f = \mathscr{L}_p f, \quad \forall p \in \Gamma_f + iE_n.$$

En outre, si $f \geqq 0$, $\Gamma_{\mathscr{T}_f} = \Gamma_f$.

Attention! On peut avoir $\Gamma_{\mathscr{T}_f} \neq \Gamma_f$.

Ainsi, la fonction $f(x) = e^{ix^2/2} \in L_1^{\text{loc}}(E_1)$ n'appartient pas à $L_1(E_1)$, donc $0 \notin \Gamma_f$. Par contre, on a $f * \varphi \in L_1(E_1)$ pour tout $\varphi \in D_\infty(E_1)$ car

$$(f*\varphi)(x) = \int e^{i(x-y)^2/2}\,\varphi(y)\,dy = e^{ix^2/2}\mathscr{F}_x^-(f\varphi)$$

et, comme $f\varphi \in D_\infty(E_1)$, on a $\mathscr{F}^-(f\varphi) \in S_\infty(E_1)$, d'où $f*\varphi \in L_1(E_1)$; on obtient donc $\Gamma_{\mathscr{T}_f} \ni 0$.

Pour tout $\varphi \in D_\infty(E_n)$, on a

$$\Gamma_{\mathscr{T}_{f*\varphi}} = \Gamma_{f*\varphi} \supset \Gamma_f \cap \Gamma_\varphi = \Gamma_f,$$

d'où $\Gamma_{\mathscr{T}_f} \supset \Gamma_f$.

De plus, si $p \in \Gamma_f + iE_n$, on a

$$\mathscr{L}_p(\mathscr{T}_f * \varphi) = \mathscr{L}_p(f*\varphi) = \mathscr{L}_p f \cdot \mathscr{L}_p \varphi, \quad \forall \varphi \in D_\infty(E_n),$$

donc $\mathscr{L}_p f = \mathscr{L}_p \mathscr{T}_f$.

Enfin, supposons $f \geqq 0$ et soit $p \in \Gamma_{\mathscr{T}_f} + iE_n$. On sait qu'il existe l et F_0, $F_1 \in e^{-(p,x)} - L_1$ tels que

$$\int f(x)\varphi(x)\,dx = \mathscr{T}_f(\varphi) = \int [(1-\Delta)^l \varphi] \cdot F_0\,dx + \int \varphi \cdot F_1\,dx, \quad \forall \varphi \in D_\infty(E_n).$$

Posons $\alpha_m = \delta_{\{x:|x| \leqq m\}} * \varrho_1$. On a

$$\int \{(1-\Delta)^l [e^{-(\xi,x)}\alpha_m(x)]\} \cdot F_0(x)\,dx + \int e^{-(\xi,x)}\alpha_m(x) \cdot F_1(x)\,dx$$

$$\to [1-(\xi,\xi)]^l \int e^{-(\xi,x)} F_0(x)\,dx + \int e^{-(\xi,x)} F_1(x)\,dx,$$

donc la suite

$$\int f(x) e^{-(\xi,x)} \alpha_m(x)\,dx$$

converge. Il résulte alors du théorème de Levi que $e^{-(\xi,x)} f(x)$ est l-intégrable, d'où la conclusion.

De même, si $f \in L_1(E_n)$, on a

$$\mathscr{F}_\eta^\pm \mathscr{T}_f = \mathscr{F}_\eta^\pm f.$$

b) *Si μ est une mesure dans E_n, on a*

$$\Gamma_{\mathscr{T}_\mu} \supset \{\xi : e^{-(\xi,x)} \in \mu - L_1\}$$

et, pour tout ξ tel que $e^{-(\xi,x)} \in \mu - L_1$, on a

$$\mathscr{L}_p \mathscr{T}_\mu = \int e^{-(p,x)}\,d\mu(x).$$

En outre, si $\mu \geqq 0$,

$$\Gamma_{\mathscr{T}_\mu} = \{\xi : e^{-(\xi,x)} \in \mu - L_1\}.$$

Si $e^{-(\xi,x)} \in \mu - L_1$, la fonction

$$e^{-(p,x)}\varphi(x-y) = e^{-(p,y)} e^{-(p,x-y)} \varphi(x-y)$$

appartient à $l\otimes\mu - L_1$, par le théorème de Fubini-Tonelli, donc $\xi \in \Gamma_{\mathscr{T}_\mu * \varphi}$. De plus,

$$\mathscr{L}_p(\mathscr{T}_\mu * \varphi) = \int e^{-(p,x)}\, d\mu(x) \cdot \mathscr{L}_p \varphi,$$

d'où la conclusion.

Pour établir que

$$\Gamma_{\mathscr{T}_\mu} = \{\xi : e^{-(\xi,x)} \in \mu - L_1\}$$

si $\mu \geqq 0$, on procède comme en a).

De même, si $V\mu(E_n) < \infty$, *on a*

$$\mathscr{F}_\eta^\pm \mathscr{T}_\mu = \int e^{\pm i(x,\eta)}\, d\mu(x).$$

c) *Si* $\mathscr{T} \in D_\infty^*(E_n)$ *est à support compact, on a* $\Gamma_{\mathscr{T}} = E_n$ *et*

$$\mathscr{L}_p \mathscr{T} = \mathscr{T}[e^{-(p,x)}].$$

Si $\mathscr{T} \in D_\infty^*(E_n)$ est à support compact, pour tout $\varphi \in D_\infty(E_n)$, $\mathscr{T} * \varphi$ appartient à $D_\infty(E_n)$ et

$$e^{-(\xi,x)}(\mathscr{T} * \varphi) \in L_1, \quad \forall \xi \in E_n,$$

d'où $\Gamma_{\mathscr{T}} = E_n$.

Il vient alors

$$\mathscr{L}_p(\mathscr{T} * \varphi) = \int e^{-(p,x)} \underset{(y)}{\mathscr{T}}[\varphi(x-y)]\, dx = \underset{(y)}{\mathscr{T}}\Big[\int e^{-(p,x)} \varphi(x-y)\, dx\Big]$$

$$= \underset{(y)}{\mathscr{T}}\Big[e^{-(p,y)} \int e^{-(p,x-y)} \varphi(x-y)\, dx\Big] = \underset{(y)}{\mathscr{T}}(e^{-(p,y)}) \cdot \mathscr{L}_p \varphi,$$

pour tout $\varphi \in D_\infty(E_n)$, d'où la conclusion.

De même, si $\mathscr{T} \in D_\infty^*(E_n)$ *est à support compact, on a*

$$\mathscr{F}_\eta^\pm \mathscr{T} = \underset{(x)}{\mathscr{T}}(e^{\pm i(x,\eta)}).$$

d) *Si* $a \in E_n$, *on a* $\Gamma_{\mathscr{T}_{\delta_a}} = E_n$ *et*

$$\mathscr{L}_p \mathscr{T}_{\delta_a} = e^{-(p,a)}.$$

De fait, comme δ_a est à support compact, vu c), on a $\Gamma_{\mathscr{T}_{\delta_a}} = E_n$ et

$$\mathscr{L}_p \mathscr{T}_{\delta_a} = \delta_a(e^{-(p,x)}) = e^{-(p,a)}.$$

e) *Si* $\mathscr{T} = \mathscr{T}_{\delta_a}(D^k \cdot)$, *on a* $\Gamma_{\mathscr{T}} = E_n$ *et*

$$\mathscr{L}_p \mathscr{T} = (-p)^k e^{-(p,a)}.$$

De fait, comme $\mathscr{T}$ est à support compact, vu c), on a $\Gamma_{\mathscr{T}} = E_n$ et

$$\mathscr{L}_p \mathscr{T} = \mathscr{T}(e^{-(p,x)}) = (-p)^k e^{-(p,a)}.$$

37. — Revenons aux propriétés des transformées de Laplace et de Fourier de $\mathscr{T} \in D_\infty^*(E_n)$.

a) *Quels que soient* $\mathscr{T}_i \in D^*_\infty(E_n)$ *et* $c_i \in \mathbf{C}$, *on a*

$$\Gamma_{\sum\limits_{(i)} c_i \mathscr{T}_i} \supset \bigcap_{(i)} \Gamma_{\mathscr{T}_i}$$

et, dans ce dernier ensemble,

$$\mathscr{L}_p\Big(\sum_{(i)} c_i \mathscr{T}_i\Big) = \sum_{(i)} c_i \mathscr{L}_p \mathscr{T}_i.$$

De même, si les $\mathscr{T}_i \in D^*_\infty(E_n)$ *admettent une transformée de Fourier,* $\sum\limits_{(i)} c_i \mathscr{T}_i$ *en admet une également et*

$$\mathscr{F}^\pm_\eta\Big(\sum_{(i)} c_i \mathscr{T}_i\Big) = \sum_{(i)} c_i \mathscr{F}^\pm_\eta \mathscr{T}_i.$$

C'est immédiat.

b) *Soit* $\mathscr{T} \in D^*_\infty(E_n)$. *Si* $\xi \in \Gamma_{\mathscr{T}}$, *alors* $0 \in \Gamma_{\mathscr{T}(e^{-(p,x)}\cdot)}$ *et*

$$\mathscr{L}_p \mathscr{T} = \mathscr{L}_0 \mathscr{T}(e^{-(p,x)}\cdot).$$

Il suffit de remarquer que

$$e^{-(p,x)}(\mathscr{T} * \varphi) = \mathscr{T}(e^{-(p,x)}\cdot) * (e^{-(p,x)}\varphi), \quad \forall \varphi \in D_\infty(E_n),$$

donc que

$$\mathscr{L}_p(\mathscr{T} * \varphi) = \mathscr{L}_0 \mathscr{T}(e^{-(p,x)}\cdot) \cdot \mathscr{L}_p \varphi, \quad \forall \varphi \in D_\infty(E_n).$$

c) *Si* $\mathscr{T} \in D^*_\infty(E_n)$ *et si* $L(D)$ *est un opérateur de dérivation linéaire à coefficients constants, on a*

$$\Gamma_{\mathscr{T}[L(D)\cdot]} \supset \Gamma_{\mathscr{T}}$$

et

$$\mathscr{L}_p\{\mathscr{T}[L(D)\cdot]\} = L(-p)\mathscr{L}_p \mathscr{T}$$

dans $\Gamma_{\mathscr{T}}$.

De fait, si $\xi \in \Gamma_{\mathscr{T}}$, on a

$$e^{-(\xi,x)}\{\mathscr{T}[L(D)\cdot] * \varphi\} = e^{-(\xi,x)}[\mathscr{T} * L(-D)\varphi] \in L_1(E_n)$$

pour tout $\varphi \in D_\infty(E_n)$, donc $\xi \in \Gamma_{\mathscr{T}[L(D)\cdot]}$. De plus,

$$\mathscr{L}_p\{\mathscr{T}[L(D)\cdot] * \varphi\} = \mathscr{L}_p[\mathscr{T} * L(-D)\varphi] = \mathscr{L}_p \mathscr{T} \cdot L(-p)\mathscr{L}_p \varphi,$$

pour tout $\varphi \in D_\infty(E_n)$, donc

$$\mathscr{L}_p\{\mathscr{T}[L(D)\cdot]\} = L(-p)\mathscr{L}_p \mathscr{T}.$$

De même, si $\mathscr{T} \in D^*_\infty(E_n)$ *admet une transformée de Fourier et si* $L(D)$ *est un opérateur de dérivation linéaire à coefficients constants,* $\mathscr{T}[L(D)\cdot]$ *admet la transformée de Fourier*

$$\mathscr{F}^\pm_\eta\{\mathscr{T}[L(D)\cdot]\} = L(\pm i\eta)\mathscr{F}^\pm \mathscr{T}.$$

d) *Si* $\mathscr{T}\in D^*_\infty(E_n)$ *et si* L *est un polynôme dans* E_n, *on a*

$$\Gamma_{\mathscr{T}(L\cdot)}\supset\mathring{\Gamma}_{\mathscr{T}}$$

et

$$\mathscr{L}_p[\mathscr{T}(L\cdot)] = L(-D_p)\mathscr{L}_p\mathscr{T}$$

dans $\mathring{\Gamma}_{\mathscr{T}}$.

Traitons le cas où $L(x)=x_j$. On passe au cas général de proche en proche.

On sait que

$$\Gamma_{x_j f}\supset\mathring{\Gamma}_f$$

pour tout f et que, dans $\mathring{\Gamma}_{\mathscr{T}}$,

$$\mathscr{L}_p(x_j f) = -D_{p_j}\mathscr{L}_p f.$$

En outre, on a

$$\mathscr{T}(x_j\cdot)*\varphi = \underset{(y)}{\mathscr{T}}\{[x_j-(x_j-y_j)]\varphi(x-y)\} = x_j\mathscr{T}*\varphi-\mathscr{T}*(x_j\varphi).$$

Or si $\xi\in\mathring{\Gamma}_{\mathscr{T}}$, pour tout $\varphi\in D_\infty(E_n)$, on a $\xi\in\Gamma_{\mathscr{T}*(x_j\varphi)}$ et $\xi\in\Gamma_{x_j\mathscr{T}*\varphi}$, donc $\xi\in\Gamma_{\mathscr{T}(x_j\cdot)*\varphi}$ et $\xi\in\Gamma_{\mathscr{T}(x_j\cdot)}$. Pour un tel ξ, on a

$$\begin{aligned}\mathscr{L}_p[\mathscr{T}(x_j\cdot)*\varphi] &= \mathscr{L}_p(x_j\mathscr{T}*\varphi)-\mathscr{L}_p[\mathscr{T}*(x_j\varphi)]\\ &= -D_{p_j}(\mathscr{L}_p\mathscr{T}\cdot\mathscr{L}_p\varphi)+\mathscr{L}_p\mathscr{T}\cdot D_{p_j}\mathscr{L}_p\varphi = -(D_{p_j}\mathscr{L}_p\mathscr{T})\cdot\mathscr{L}_p\varphi,\end{aligned}$$

pour tout $\varphi\in D_\infty(E_n)$, donc $\mathscr{L}_p\mathscr{T}(x_j\cdot) = -D_{p_j}\mathscr{L}_p\mathscr{T}$.

Dans le cas de la transformée de Fourier, on peut améliorer l'énoncé précédent, car, pour pouvoir dériver la transformée de Fourier de f, il n'est pas nécessaire que $0\in\mathring{\Gamma}_f$.

Si $\mathscr{T}\in D^*_\infty(E_n)$ *est tel que* $\mathscr{T}(x^k\cdot)$ *admette une transformée de Fourier pour tout* k *tel que* $|k|\leq l$, *alors* $\mathscr{T}(L\cdot)$ *admet une transformée de Fourier pour tout polynôme* L *de degré* $\leq l$ *et on a*

$$\mathscr{F}^\pm_\eta[\mathscr{T}(L\cdot)] = L(\pm iD_\eta)\mathscr{F}^\pm_\eta\mathscr{T}.$$

Il suffit encore de traiter le cas de x_j. On passe de proche en proche au cas général.

Comme

$$\mathscr{T}(x_j\cdot)*\varphi = x_j\mathscr{T}*\varphi-\mathscr{T}*(x_j\varphi),\quad\forall\varphi\in D_\infty(E_n),$$

on voit que $x_j\mathscr{T}*\varphi$ est l-intégrable dans E_n pour tout $\varphi\in D_\infty(E_n)$. On a alors, en prenant la transformée de Fourier des deux membres,

$$\begin{aligned}\mathscr{F}^\pm_\eta[\mathscr{T}(x_j\cdot)]\cdot\mathscr{F}^\pm_\eta\varphi &= \mp iD_{\eta_j}(\mathscr{F}^\pm_\eta\mathscr{T}\cdot\mathscr{F}^\pm_\eta\varphi)\pm i\mathscr{F}^\pm_\eta\mathscr{T}\cdot D_{\eta_j}\mathscr{F}^\pm_\eta\varphi\\ &= \mp i(D_{\eta_j}\mathscr{F}^\pm_\eta\mathscr{T})\cdot\mathscr{F}^\pm_\eta\varphi\end{aligned}$$

pour tout $\varphi\in D_\infty(E_n)$, d'où la conclusion.

e) *Si* $\mathscr{T}\in D_{\infty}^{*}(E_n)$ *et si* $\xi\in\Gamma_{\mathscr{T}}$, *on a*

$$\mathscr{T}(\varphi)=(2\pi)^{-n}\int_{E_n}\mathscr{L}_p\mathscr{T}\cdot\mathscr{L}_{-p}\varphi\,d\eta,\quad\forall\varphi\in D_{\infty}(E_n).$$

Vérifions d'abord que, si $\xi\in\Gamma_{\mathscr{T}}$, $\mathscr{L}_p\mathscr{T}\cdot\mathscr{L}_{-p}\varphi$ est intégrable en η dans E_n pour tout $\varphi\in D_{\infty}(E_n)$.

De fait, c'est une fonction continue de η dans E_n (cf. c), p. 303) et, pour N suffisamment grand, on a

$$|\mathscr{L}_p\mathscr{T}\cdot\mathscr{L}_{-p}\varphi|\leqq\frac{C|p|^{N(\xi)}+C'}{|1-(p,p)|^k}|\mathscr{L}_{-p}[(1-\Delta)^k\varphi]|$$

si $|\eta|\geqq N$, où

$$\frac{C|p|^{N(\xi)}+C'}{|1-(p,p)|^k}\in L_1(\{\eta:|\eta|\geqq N\})$$

si k est assez grand et où $\mathscr{L}_{-p}[(1-\Delta)^k\varphi]$ est borné.

Etablissons à présent la formule proposée.

On sait qu'il existe l et F_0, $F_1\in e^{-(\xi,x)}-L_1$ tels que

$$\mathscr{T}(\varphi)=\int[(1-\Delta)^l\varphi]\cdot F_0\,dx+\int\varphi\cdot F_1\,dx,\quad\forall\varphi\in D_{\infty}(E_n),$$

et que

$$\mathscr{L}_p\mathscr{T}=[1-(p,p)]^l\mathscr{L}_pF_0+\mathscr{L}_pF_1.$$

Soit $\varphi\in D_{\infty}(E_n)$. L'expression

$$\int[(1-\Delta)^l\varphi]\cdot F_0\,dx$$

s'écrit encore

$$\int[e^{(\xi,x)}(1-\Delta)^l\varphi]\cdot[e^{-(\xi,x)}F_0]\,dx.$$

Les fonctions $f=e^{(\xi,x)}(1-\Delta)^l\varphi$ et $e^{-(\xi,x)}F_0$ sont intégrables, donc ont une transformée de Fourier et $\mathscr{F}^{\pm}f$ est aussi intégrable. Dès lors, par la formule de Parseval, l'intégrale considérée devient

$$(2\pi)^{-n}\int\mathscr{F}_{\eta}^{+}[e^{(\xi,x)}(1-\Delta)^l\varphi]\cdot\mathscr{F}_{\eta}^{-}[e^{-(\xi,x)}F_0]\,d\eta$$

$$=(2\pi)^{-n}\int\mathscr{L}_{-p}[(1-\Delta)^l\varphi]\cdot\mathscr{L}_pF_0\,d\eta=(2\pi)^{-n}\int[1-(p,p)]^k\mathscr{L}_pF_0\cdot\mathscr{L}_{-p}\varphi\,d\eta.$$

Par un calcul analogue sur $\int\varphi\cdot F_1\,dx$, $\varphi\in D_{\infty}(E_n)$, on obtient

$$\int\varphi\cdot F_1\,dx=(2\pi)^{-n}\int\mathscr{L}_{-p}\varphi\cdot\mathscr{L}_pF_1\,d\eta.$$

Dès lors, il vient

$$\mathscr{T}(\varphi)=(2\pi)^{-n}\int\mathscr{L}_p\mathscr{T}\cdot\mathscr{L}_{-p}\varphi\,d\eta,\quad\forall\varphi\in D_{\infty}(E_n),$$

d'où la conclusion.

En particulier, *si* $\mathscr{T}\in D_\infty^*(E_n)$ *admet une transformée de Fourier, on a*

$$\mathscr{T}(\varphi)=(2\pi)^{-n}\int \mathscr{F}_\eta^{\pm}\mathscr{T}\cdot\mathscr{F}_\eta^{\mp}\varphi\,d\eta,\quad \forall\varphi\in D_\infty(E_n).$$

f) *Soient* $\mathscr{T}\in D_\infty^*(E_n)$ *et* $\xi\in\Gamma_{\mathscr{T}}$. *Si* $\mathscr{L}_p\mathscr{T}=0$ *pour tout* $\eta\in E_n$, *alors* $\mathscr{T}=0$.

De fait, vu e), on a alors

$$\mathscr{T}(\varphi)=(2\pi)^{-n}\int_{E_n}\mathscr{L}_p\mathscr{T}\cdot\mathscr{L}_{-p}\varphi\,d\eta=0$$

pour tout $\varphi\in D_\infty(E_n)$.

En particulier, *si* $\mathscr{T}\in D_\infty^*(E_n)$ *admet une transformée de Fourier nulle, alors* $\mathscr{T}=0$.

g) *Soit* $\mathscr{T}\in D_\infty^*(E_n)$. *S'il existe un ouvert* $\omega\subset\Gamma_{\mathscr{T}}$ *tel que* $\mathscr{L}_\xi\mathscr{T}=0$ *pour tout* $\xi\in\omega$, *alors* $\mathscr{T}=0$.

De fait, pour tout $\varphi\in D_\infty(E_n)$, comme

$$\mathscr{L}_p(\mathscr{T}*\varphi)=\mathscr{L}_p\mathscr{T}\cdot\mathscr{L}_p\varphi,\quad\forall\varphi\in D_\infty(E_n),$$

$\mathscr{L}_\xi(\mathscr{T}*\varphi)$ est nul dans ω, donc $\mathscr{T}*\varphi$ est nul l-pp et, vu sa continuité, $\mathscr{T}*\varphi=0$.

h) *Si* $\mathscr{T}\in D_\infty^*(E_n)$ *et si* $\xi\in\Gamma_{\mathscr{T}}$, $\mathscr{T}[e^{-(\xi,x)}\cdot\,]$ *est une distribution tempérée telle que*

$$\mathscr{T}[e^{-(\xi,x)}\mathscr{F}_x^- f]=\int_{E_n}\mathscr{L}_p\mathscr{T}\cdot f(\eta)\,d\eta$$

et que $\mathscr{T}(e^{-(\xi,x)}\cdot\,)*f\in S_\infty(E_n)$ *pour tout* $f\in S_\infty(E_n)$.

En vertu de e), on a

$$\mathscr{T}(\varphi)=(2\pi)^{-n}\int\mathscr{L}_p\mathscr{T}\cdot\mathscr{L}_{-p}\varphi\,d\eta,\quad\forall\varphi\in D_\infty(E_n).$$

Si $\varphi\in D_\infty(E_n)$, on a $e^{-(\xi,x)}\varphi(x)\in D_\infty(E_n)$ et il vient

$$\begin{aligned}\mathscr{T}[e^{-(\xi,x)}\varphi(x)]&=(2\pi)^{-n}\int\mathscr{L}_p\mathscr{T}\cdot\mathscr{L}_{-p}[e^{-(\xi,x)}\varphi(x)]\,d\eta\\&=(2\pi)^{-n}\int\mathscr{L}_p\mathscr{T}\cdot\mathscr{F}_\eta^+\varphi\,d\eta.\end{aligned}\qquad(*)$$

Vu la majoration

$$|\mathscr{L}_p\mathscr{T}|\leqq C_1|p|^N+C_2,$$

la distribution

$$\mathscr{Q}(\varphi)=(2\pi)^{-n}\int\mathscr{L}_p\mathscr{T}\cdot\varphi\,d\eta,\quad\forall\varphi\in D_\infty(E_n),$$

est tempérée. Comme l'opérateur qui, à $\varphi\in D_\infty(E_n)$, associe $\mathscr{F}^+\varphi$, est borné de $S_\infty(E_n)$ dans lui-même, $\mathscr{T}(e^{-(\xi,x)}\cdot\,)$ est donc tempéré et l'égalité (*) est vraie pour tout $f\in S_\infty(E_n)$. En particulier, pour un tel f, on a

$$\mathscr{T}(e^{-(\xi,x)}\mathscr{F}_x^- f)=(2\pi)^{-n}\int\mathscr{L}_p\mathscr{T}\cdot\mathscr{F}_\eta^+\mathscr{F}^- f\,d\eta=\int\mathscr{L}_p\mathscr{T}\cdot f\,d\eta.$$

Il reste à vérifier que $\mathscr{T}(e^{-(p,x)}\cdot\,)*f\in S_\infty(E_n)$ si $f\in S_\infty(E_n)$. Pour cela, en remplacant f par $(2\pi)^{-n}\mathscr{F}^+\mathscr{F}^- f$ et en notant que

$$\mathscr{F}^+_{x-y}\mathscr{F}^- f = \mathscr{F}^-_y (e^{+i(x,\cdot)}\mathscr{F}^- f),$$

on obtient

$$\mathscr{T}(e^{-(p,x)}\cdot)*f = (2\pi)^{-n}\int \mathscr{L}_p\mathscr{T}\cdot e^{i(x,\eta)}\mathscr{F}^-_\eta f\,d\eta = (2\pi)^{-n}\mathscr{F}^+_x(\mathscr{L}_p\mathscr{T}\cdot\mathscr{F}^-_\eta f).$$

Or, comme $\mathscr{F}^- f\in S_\infty(E_n)$, il en est de même pour $\mathscr{L}_p\mathscr{T}\cdot\mathscr{F}^- f$, donc aussi pour sa transformée de Fourier.

En particulier, *si* $\mathscr{T}\in D^*_\infty(E_n)$ *et si* $0\in\Gamma_{\mathscr{T}}$, $\mathscr{T}$ *est une distribution tempérée telle que*

$$\mathscr{T}(\mathscr{F}^\pm_x f) = \int_{E_n}\mathscr{F}^\pm_\eta\mathscr{T}\cdot f(\eta)\,d\eta$$

et que $\mathscr{T}*f\in S_\infty(E_n)$ *pour tout* $f\in S_\infty(E_n)$.

i) Voici enfin le théorème de R. Paley-N. Wiener.

Soient $\mathscr{T}\in D^*_\infty(E_n)$ *et* $a\in E_n$.

Si $[\mathscr{T}]\subset\{x:(x,a)\geqq A\}$, *alors*

$$\xi+ta\in\Gamma_{\mathscr{T}},\quad \forall\xi\in\Gamma_{\mathscr{T}},\quad \forall t\geqq 0,$$

et, pour tout $\xi_0\in\Gamma_{\mathscr{T}}$, *il existe* C_{ξ_0} *et* M_{ξ_0} *indépendants de a et tels que*

$$|\mathscr{L}_p\mathscr{T}|\leqq C_{\xi_0}e^{-tA}(1+|p|^2)^{M_{\xi_0}}$$

pour tout $p\in\{\xi_0+ta:t\geqq 0\}+iE_n$.

Inversement, s'il existe ξ_0 *et a tels que*

$$\xi_0+ta\in\Gamma_{\mathscr{T}},\quad \forall t\geqq 0,$$

et C_{ξ_0}, M_{ξ_0} *tels que*

$$|\mathscr{L}_p\mathscr{T}|\leqq C_{\xi_0}e^{-tA}(1+|p|^2)^{M_{\xi_0}}$$

pour tout $p\in\{\xi_0+ta:t\geqq 0\}+iE_n$, *alors*

$$[\mathscr{T}]\subset\{x:(x,a)\geqq A\}.$$

Démontrons la première partie de l'énoncé.

Pour tout $\varphi\in D_\infty(E_n)$, on a

$$[\mathscr{T}*\varphi]\subset[\mathscr{T}]+[\varphi]\subset\{x:(x,a)\geqq A\}+[\varphi],$$

donc il existe A_φ tel que

$$[\mathscr{T}*\varphi]\subset\{x:(x,a)\geqq A_\varphi\}.$$

Dès lors, si $\xi\in\Gamma_{\mathscr{T}}$ et $t\geqq 0$, on a

$$e^{-(\xi+ta,x)}|\mathscr{T}*\varphi|\leqq e^{-tA_\varphi}e^{-(\xi,x)}|\mathscr{T}*\varphi|$$

où le second membre est l-intégrable pour tout $\varphi\in D_\infty(E_n)$, donc $\xi+ta\in\Gamma_{\mathscr{T}}$.

Soit ξ_0 fixé dans $\Gamma_{\mathscr{T}}$. Il existe l et F_0, F_1 tels que $\xi_0\in\Gamma_{F_0}\cap\Gamma_{F_1}$ et que

$$\mathscr{T}(\varphi)=\int[(1-\Delta)^l\varphi]\cdot F_0\,dx+\int\varphi\cdot F_1\,dx,\quad \forall\varphi\in D_\infty(E_n). \qquad (*)$$

Soient $\alpha = \delta_{]-\infty,1/2[} * \varrho_{1/2}$ et

$$\beta(x) = \alpha\{t[A-(x,a)]\}, \quad t>0.$$

La fonction $\beta(x)$ appartient à $C_\infty(E_n)$ et est telle que $\beta(x)=1$ si $(x,a)\geqq A$ et $\beta(x)=0$ si $(x,a) < A - 1/t$.

Comme $[\mathscr{T}]\subset\{x:(x,a)\geqq A\}$, on a alors

$$\underset{(y)}{\mathscr{T}}[\varphi(x-y)] = \underset{(y)}{\mathscr{T}}[\beta(y)\varphi(x-y)]$$

$$= \int\{(1-\Delta_y)^l[\beta(y)\varphi(x-y)]\}\cdot F_0(y)\,dy + \int \beta(y)\varphi(x-y)\cdot F_1(y)\,dy$$

pour tout $\varphi\in D_\infty(E_n)$.

On en déduit que $\mathscr{L}_p\mathscr{T}$ est de la forme

$$\mathscr{L}_p\mathscr{T} = \sum_{|k|\leqq 2l} P_k(p)\mathscr{L}_p(F_0\cdot D^k\beta) + \mathscr{L}_p(\beta\cdot F_1),$$

où $P_k(p)$ est un polynôme pour tout k. Or on a une majoration de la forme

$$|D^k\beta| \leqq C|at|^{|k|}, \quad \forall k,$$

où C est indépendant de a. Il vient donc, pour $p = \xi_0 + i\eta + ta$,

$$|\mathscr{L}_p(F_0\cdot D^k\beta)| \leqq C|at|^{|k|} \int\limits_{(x,a)\geqq A-1/t} e^{-(\xi_0+ta,x)}|F_0(x)|\,dx$$

$$\leqq C|at|^{|k|}e^{1-tA}\mathscr{L}_{\xi_0}|F_0| \leqq C'|at|^{|k|}e^{-tA}.$$

De même,

$$|\mathscr{L}_p(\beta\cdot F_1)| \leqq C''e^{-tA}.$$

On a donc finalement

$$|\mathscr{L}_p\mathscr{T}| \leqq C'''(1+|p|^2)^M e^{-tA}, \quad \forall \eta\in E_n, \quad \forall t>0,$$

pour C''' et M assez grands.

Passons à la réciproque.

Soit $\varphi\in D_\infty(E_n)$ tel que

$$[\varphi]\subset\{x:(x,a)<A\}.$$

Il existe donc $\varepsilon>0$ tel que

$$[\varphi] \subset \{x:(x,a) \leqq A-\varepsilon\}.$$

Prouvons que $\mathscr{T}(\varphi)=0$. Si $p\in\{\xi_0+ta:t\geqq 0\}+iE_n$, vu e), p. 308, on a

$$\mathscr{T}(\varphi) = (2\pi)^{-n}\int \mathscr{L}_p\mathscr{T}\cdot\mathscr{L}_{-p}\varphi\,d\eta,$$

donc, pour tout $t>0$,

$$|\mathscr{T}(\varphi)| \leqq (2\pi)^{-n} C_{\xi_0} e^{-tA} \int (1+|p|^2)^M |\mathscr{L}_{-p}\varphi| \, d\eta$$
$$\leqq 2^M (2\pi)^{-n} C_{\xi_0} e^{-tA} (1+|\xi_0+ta|^2)^M \int (1+|\eta|^2)^M |\mathscr{L}_{-p}\varphi| \, d\eta$$

car $1+|x+y|^2 \leqq 2(1+|x|^2)(1+|y|^2)$.

Or

$$(1+|\eta|^2)^{M+n} |\mathscr{L}_{-p}\varphi| = |\mathscr{F}_\eta^+ \{(1-\Delta)^{M+n}[e^{(\xi_0+ta,\, x)}\varphi(x)]\}| \leqq Ce^{(A-\varepsilon)t},$$

où C est indépendant de η et de t. Il vient donc

$$|\mathscr{T}(\varphi)| \leqq 2^M (2\pi)^{-n} C' C_{\xi_0} (1+|\xi_0+ta|^2)^M e^{-\varepsilon t} \leqq C''(1+|\xi_0+ta|^2)^M e^{-\varepsilon t}$$

pour tout $t>0$ et le dernier membre tend vers 0 si $t \to +\infty$, donc $\mathscr{T}(\varphi)=0$.

En particulier, *si* $\mathscr{T} \in D_\infty^*(E_n)$, *on a*

$$[\mathscr{T}] \subset \{x : |x| \leqq R\}$$

si et seulement si $\mathscr{T}$ *est tel que* $\Gamma_{\mathscr{T}} = E_n$ *et qu'il existe* C *et* M *tels que*

$$|\mathscr{L}_p \mathscr{T}| \leqq Ce^{|\xi| R}(1+|p|^2)^M, \quad \forall p \in \mathbf{C}_n.$$

Il suffit de noter que

$$\{x : |x| \leqq R\} = \bigcap_{|e|=1} \{x : (x, e) \geqq -R\}.$$

On obtient la condition pour que $[\mathscr{T}] \subset \{x : |x-x_0| \leqq R\}$ en substituant $\mathscr{T}_{(-x_0)}$ à $\mathscr{T}$.

EXERCICE

Etablir que si $\mathscr{T} \in D_\infty^*(E_n)$ est à support compact et s'il existe un opérateur de dérivation linéaire et à coefficients constants $L(D)$ tel que $\mathscr{T}[L(D)\cdot]=0$, alors $\mathscr{T}=0$.

Suggestion. On a $\Gamma_{\mathscr{T}} = E_n$ et $L(-p)\mathscr{L}_p\mathscr{T} = \mathscr{L}_p\mathscr{T}[L(D)\cdot]=0$. Si ω est un ouvert où $L(-p)\neq 0$, on a $\mathscr{L}_p\mathscr{T}=0$ dans ω, donc $\mathscr{T}=0$.

38. — On peut caractériser les fonctions $f(p)$ qui sont la transformée de Laplace d'une distribution.

a) *Si* $f \in C_\infty(E_n)$ *et s'il existe* C *et* N *tels que*

$$|f(\eta)| \leqq C(1+|\eta|)^N, \quad \forall \eta \in E_n,$$

alors, pour tout $\xi \in E_n$, *il existe une et une seule distribution* $\mathscr{T}_\xi$ *dans* E_n, *d'ordre fini et telle que*

$$\mathscr{L}_p \mathscr{T}_\xi = f(\eta), \quad \forall \eta \in E_n.$$

Cette distribution est donnée par

$$\mathscr{T}_\xi(\varphi) = (2\pi)^{-n} \int f(\eta) \mathscr{L}_{-p}\varphi \, d\eta, \quad \forall \varphi \in D_\infty(E_n).$$

En particulier, *il existe* $\mathscr{T}\in D^*_\infty(E_n)$ *tel que*

$$\mathscr{F}_\eta^{\pm}\mathscr{T}=f(\eta),\quad \forall\eta\in E_n.$$

Soit $\xi\in E_n$ fixé.

Vérifions d'abord que l'expression qui définit $\mathscr{T}_\xi$ a un sens et que $\mathscr{T}_\xi$ est une distribution dans E_n.

Pour l et C' assez grands, on a

$$(1+|\eta|)^N/|(p,p)|^l\in L_1(\{\eta:|\eta|\geqq C'\}).$$

Or, pour $|\eta|\geqq C'$,

$$f(\eta)\mathscr{L}_{-p}\varphi=\frac{f(\eta)}{(p,p)^l}\mathscr{L}_{-p}(\Delta^l\varphi)$$

où

$$\sup_{\eta\in E_n}|\mathscr{L}_{-p}(\Delta^l\varphi)|\leqq C''\sup_{|k|\leqq 2l}\sup_{x\in[\varphi]}|D_x^k\varphi(x)|.$$

Donc $f(\eta)\mathscr{L}_{-p}\varphi$ est intégrable et $\mathscr{T}_\xi$ est une distribution d'ordre fini.

Vérifions à présent que $\Gamma_{\mathscr{T}_\xi}\ni\xi$ et que

$$\mathscr{L}_p\mathscr{T}_\xi=f(\eta).$$

Pour tout $\varphi\in D_\infty(E_n)$, on a

$$\begin{aligned}e^{-(\xi,x)}(\mathscr{T}_\xi*\varphi)&=(2\pi)^{-n}e^{-(\xi,x)}\int f(\eta)\cdot\left[\int e^{(p,y)}\varphi(x-y)\,dy\right]d\eta\\&=(2\pi)^{-n}\int e^{i(\eta,x)}f(\eta)\cdot\left[\int e^{-(p,x-y)}\varphi(x-y)\,dy\right]d\eta\\&=(2\pi)^{-n}\int e^{i(\eta,x)}f(\eta)\cdot\mathscr{L}_p\varphi\,d\eta.\end{aligned}$$

Comme $\mathscr{L}_p\varphi\in S_\infty(E_n)$ et que $f(\eta)$ est indéfiniment continûment dérivable et majoré par un polynôme, $f(\eta)\mathscr{L}_p\varphi$ appartient à $S_\infty(E_n)$, donc sa transformée de Fourier est intégrable et $e^{-(\xi,x)}(\mathscr{T}_\xi*\varphi)$ est intégrable, d'où $\xi\in\Gamma_{\mathscr{T}_\xi}$.

De plus, si $p=\xi+i\eta$, $\eta\in E_n$, pour tout $\varphi\in D_\infty(E_n)$, on a

$$\begin{aligned}\mathscr{L}_p(\mathscr{T}_\xi*\varphi)&=\int e^{-i(\eta,x)}[e^{-(\xi,x)}(\mathscr{T}_\xi*\varphi)]\,dx\\&=(2\pi)^{-n}\mathscr{F}_\eta^-\{\mathscr{F}_x^+[f(\eta)\mathscr{L}_p(\varphi)]\}=f(\eta)\mathscr{L}_p(\varphi),\end{aligned}$$

donc $\mathscr{L}_p\mathscr{T}_\xi=f(\eta)$.

L'unicité de $\mathscr{T}_\xi$ résulte de f), p. 309.

b) *Soit Ω un ouvert connexe de E_n. Si $f(p)$ est holomorphe dans $\Omega+iE_n$ et si, pour tout compact $K\subset\Omega$, il existe $C(K)$ et $N(K)$ tels que*

$$|f(p)|\leqq C(K)(1+|p|)^{N(K)},\quad\forall p\in K+iE_n,$$

alors il existe une et une seule distribution $\mathscr{T}$ dans E_n, d'ordre fini et telle que $\mathscr{L}_p\mathscr{T}=f(p)$ pour tout $p\in\Omega+iE_n$.

Cette distribution est donnée par

$$\mathscr{T}(\varphi) = (2\pi)^{-n} \int f(p) \mathscr{L}_{-p}\varphi \, d\eta, \quad \forall \varphi \in D_\infty(E_n), \quad \forall p \in \Omega + iE_n.$$

Si $\mathscr{T}$ existe, il est unique en vertu de f), p. 309.

Soit $\xi \in \Omega$ fixé. La fonction $F(\eta) = f(\xi + i\eta)$ satisfait alors aux hypothèses de a) et il existe une distribution $\mathscr{T}_\xi$ dans E_n, d'ordre fini et telle que

$$\mathscr{L}_{\xi + i\eta} \mathscr{T}_\xi = F(\eta) = f(\xi + i\eta), \quad \forall \eta \in E_n.$$

On va montrer que la distribution $\mathscr{T}_\xi$ est indépendante de $\xi \in \Omega$. Elle répond alors à la question.

Soit K compact dans Ω. Il existe C et N tels que

$$|f(p)| \leqq C(1 + |p|)^N, \quad \forall p \in K + iE_n.$$

De plus, il existe un polynôme L tel que $(1 + |p|)^N / |L(p)| \to 0$ uniformément par rapport à $\xi \in K$ si $\eta \to \infty$. Soit l son degré.

Pour $\varphi \in D_\infty(E_n)$ arbitraire, on a alors, pour η assez grand,

$$f(p) \mathscr{L}_{-p} \varphi = \frac{f(p)}{L(p)} \mathscr{L}_{-p}[L(-D)\varphi],$$

où

$$\sup_{\xi \in K} \sup_{\eta \in E_n} |\mathscr{L}_{-p}[L(-D)\varphi]| < \infty,$$

donc

$$\sup_{\xi \in K} |f(p) \mathscr{L}_{-p} \varphi| \to 0$$

si $\eta \to \infty$.

Soit $\varphi \in D_\infty(E_n)$ fixé. Démontrons que $\mathscr{T}_\xi(\varphi) = \mathscr{T}_{\xi'}(\varphi)$ si ξ et ξ' sont assez voisins. Il suffit que ce soit vrai pour tous ξ et $\xi' = \xi + he_k$, $(k = 1, \ldots, n)$, tels que le segment $[\xi, \xi']$ soit contenu dans Ω. Ce segment est compact. On a donc

$$\sup_{\xi'' \in [\xi, \xi']} |f(\xi'' + i\eta) \mathscr{L}_{-\xi'' - i\eta} \varphi| \to 0$$

si $\eta \to \infty$. De là, comme $f(p)$ et $\mathscr{L}_p \varphi$ sont holomorphes par rapport à p_k, on a

$$\int f(\xi + i\eta) \mathscr{L}_{-\xi - i\eta} \varphi \, d\eta_k = \int f(\xi' + i\eta) \mathscr{L}_{-\xi' - i\eta} \varphi \, d\eta_k$$

et

$$\mathscr{T}_\xi(\varphi) = \mathscr{T}_{\xi'}(\varphi).$$

Cela étant, pour ξ_0 fixé dans Ω,

$$\{\xi \in \Omega : \mathscr{T}_\xi(\varphi) = \mathscr{T}_{\xi_0}(\varphi)\} \quad \text{et} \quad \{\xi \in \Omega : \mathscr{T}_\xi(\varphi) \neq \mathscr{T}_{\xi_0}(\varphi)\}$$

sont deux ouverts disjoints dont l'union est Ω. Comme Ω est connexe, l'un d'eux est vide et comme le premier contient ξ_0, il est égal à Ω.

EXERCICES

Si $\mathscr{R}z>0$, la fonction

$$f(p) = 1/[z-(p,p)]$$

est la transformée de Laplace de la distribution $\mathscr{T}$ telle que

$$\varphi = \mathscr{T} * [(-\Delta+z)\varphi], \quad \forall \varphi \in D_\infty(E_n),$$

(solution élémentaire de $-\Delta+z$).

Suggestion. La fonction $f(p)$ est définie et holomorphe dans

$$\Omega = \{p : |\xi| < \sqrt{\mathscr{R}z}\}$$

car, si $|\xi| < \sqrt{\mathscr{R}z}$, on a

$$1/|z-(p,p)| \leqq 1/(\mathscr{R}z - |\xi|^2 + |\eta|^2) \leqq 1/(\mathscr{R}z - |\xi|^2).$$

De plus, $f(p)$ est visiblement borné dans tout compact de Ω. C'est donc la transformée de Laplace d'une distribution $\mathscr{T}$.

Celle-ci est telle que, pour tout $\varphi \in D_\infty(E_n)$,

$$\mathscr{L}_p\{\mathscr{T} * [(-\Delta+z)\varphi]\} = \mathscr{L}_p\mathscr{T} \cdot \mathscr{L}_p[(-\Delta+z)\varphi] = \mathscr{L}_p\varphi,$$

d'où

$$\mathscr{T} * [(-\Delta+z)\varphi] = \varphi, \quad \forall \varphi \in D_\infty(E_n).$$

* * *

Voici, sous forme d'exercices, les principales propriétés de la transformée de Laplace partielle des distributions.

Soient m et n fixés et soit Ω un ouvert de E_n.

Dans ce qui suit, désignons par x (resp. y) les points de Ω (resp. E_m) et par φ (resp. ψ, χ), les éléments de $D_\infty(\Omega)$ [resp. $D_\infty(E_m)$, $D_\infty(\Omega \times E_m)$].

Si $\mathscr{T} \in D^*_\infty(\Omega \times E_m)$ et si $\varphi \in D_\infty(\Omega)$, posons

$$\mathscr{T}_\varphi(\psi) = \mathscr{T}(\varphi \otimes \psi), \quad \forall \psi \in D_\infty(E_m);$$

$\mathscr{T}_\varphi$ appartient alors à $D^*_\infty(E_m)$.

Enfin, soit $p = \xi + i\eta$, $\xi, \eta \in E_m$.

1. — A $\mathscr{T} \in D^*_\infty(\Omega \times E_m)$, associons l'ensemble

$$\Gamma^y_{\mathscr{T}} = \bigcap_{\varphi \in D_\infty(\Omega)} \Gamma_{\mathscr{T}_\varphi},$$

appelé *ensemble de $\mathscr{L}$-transformabilité de $\mathscr{T}$ par rapport à y.*

a) $\Gamma^y_{\mathscr{T}}$ est convexe.

b) Pour tout $p \in \Gamma^y_{\mathscr{T}} + iE_m$, il existe $\mathscr{T}_p \in D^*_\infty(\Omega)$ tel que

$$\mathscr{L}_p(\mathscr{T}_\varphi * \psi) = \mathscr{T}_p(\varphi) \cdot \mathscr{L}_p\psi, \quad \forall \varphi \in D_\infty(\Omega), \quad \forall \psi \in D_\infty(E_m).$$

La distribution $\mathscr{T}_p$ est appelée *transformée de Laplace de $\mathscr{T}$ par rapport à y* et notée $\mathscr{L}^y_p\mathscr{T}$.

c) Pour tout $\varphi \in D_\infty(\Omega)$,

$$\mathscr{T}_p(\varphi) = \mathscr{L}_p\mathscr{T}_\varphi.$$

De là, $\mathscr{T}_p(\varphi)$ est holomorphe dans $\mathring{\Gamma}^y_{\mathscr{T}}+iE_m$.

En outre, pour tout borné B de $D_\infty(\Omega)$ et tous $\xi_1, \ldots, \xi_N \in \Gamma^y_{\mathscr{T}}$, il existe C_1, C_2 et N dépendants de K et de $\xi_1, \ldots, \xi_N$, tels que

$$|\mathscr{T}_p(\varphi)| \leqq C_1|p|^N + C_2, \quad \forall \varphi \in B, \quad \forall p \in \langle\langle \xi_1, \ldots, \xi_N \rangle\rangle + iE_m.$$

Suggestion. a) De fait, on a

$$\Gamma^y_{\mathscr{T}} = \bigcap_{\varphi \in D_\infty(\Omega)} \Gamma_{\mathscr{T}_\varphi}$$

et les ensembles $\Gamma_{\mathscr{T}_\varphi}$ sont convexes pour tout $\varphi \in D_\infty(\Omega)$.

b) Soit $p \in \Gamma^y_{\mathscr{T}}+iE_m$. On a

$$\mathscr{L}_p(\mathscr{T}_\varphi * \psi) = \mathscr{L}_p\psi \cdot \mathscr{L}_p\mathscr{T}_\varphi, \quad \forall p \in D_\infty(\Omega), \quad \forall \psi \in D_\infty(E_m).$$

Montrons que la fonctionnelle $\mathscr{T}_p$ définie dans $D_\infty(\Omega)$ par

$$\mathscr{T}_p(\varphi) = \mathscr{L}_p\mathscr{T}_\varphi, \quad \forall \varphi \in D_\infty(\Omega),$$

est une distribution dans Ω.

C'est visiblement une fonctionnelle linéaire. Vérifions qu'elle est continue. Pour cela, considérons l'opérateur T de $D_\infty(\Omega)$ dans $e^{-(\xi,x)}\cdot l-L_1$ défini par

$$T\varphi = \mathscr{T}_\varphi * \psi, \quad \forall \varphi \in D_\infty(\Omega),$$

$\psi \in D_\infty(E_m)$ étant fixé. Il est visiblement fermé, donc il est borné. De là, si $\varphi_m \to \varphi$ dans $D_\infty(\Omega)$, on a

$$\mathscr{L}_p(\mathscr{T}_{\varphi_m} * \psi) \to \mathscr{L}_p(\mathscr{T}_\varphi * \psi),$$

d'où, si $\mathscr{L}_p\psi \neq 0$,

$$\mathscr{L}_p\mathscr{T}_{\varphi_m} \to \mathscr{L}_p\mathscr{T}_\varphi.$$

c) Comme $\mathscr{T}_p(\varphi) = \mathscr{L}_p\mathscr{T}_\varphi$, ses propriétés se déduisent de celles de la transformée de Laplace des distributions dans E_m.

En particulier, $\mathscr{T}_p(\varphi)$ est holomorphe dans $\mathring{\Gamma}^y_{\mathscr{T}}+iE_m$ et, pour tous $\xi_1, \ldots, \xi_N \in \Gamma^y_{\mathscr{T}}$, il existe C_1, C_2 et N dépendant de φ et de $\xi_1, \ldots, \xi_N$ tels que

$$|\mathscr{T}_p(\varphi)| \leqq C_1|p|^N + C_2, \quad \forall p \in \langle\langle \xi_1, \ldots, \xi_N \rangle\rangle + iE_m.$$

Démontrons que, si B est borné dans $D_\infty(\Omega)$, on peut choisir ces C_1, C_2 et N indépendants de $\varphi \in B$.

Il existe K compact dans Ω tel que B soit borné dans $\mathbf{D}_\infty(K)$.

Pour tout $p \in \Gamma^y_{\mathscr{T}}+iE_m$, $\mathscr{T}_p$ est une distribution dans Ω. Dès lors,

$$F_N = \{\varphi \in \mathbf{D}_\infty(K): |\mathscr{T}_p(\varphi)| \leqq N(|p|^N+1), \quad \forall p \in \langle\langle \xi_1, \ldots, \xi_N \rangle\rangle + iE_m\},$$

est fermé dans $\mathbf{D}_\infty(K)$ pour tout N. Comme

$$\mathbf{D}_\infty(K) = \bigcup_{N=1}^{\infty} F_N,$$

vu I, p. 109, un des F_N est d'intérieur non vide, donc contient une semi-boule de centre 0. Il absorbe alors B, d'où la conclusion.

2. — a) Quels que soient $\mathscr{T}_i \in D^*_\infty(\Omega \times E_m)$ et $c_i \in \mathbf{C}$, on a

$$\Gamma^y_{\sum\limits_{(i)} c_i\mathscr{T}_i} \supset \bigcap_{(i)} \Gamma^y_{\mathscr{T}_i}$$

et, dans ce dernier ensemble,

$$\mathscr{L}^y_p\Big(\sum_{(i)} c_i\mathscr{T}_i\Big) = \sum_{(i)} c_i\mathscr{L}^y_p\mathscr{T}_i.$$

b) Si $\mathscr{T} \in D^*_\infty(\Omega \times E_m)$ et si $L(D)$ est un opérateur de dérivation par rapport à y, linéaire et à coefficients constants, on a

$$\Gamma^y_{\mathscr{T}[L(D)\cdot]} \supset \Gamma^y_{\mathscr{T}}$$

et, dans $\Gamma^y_{\mathscr{T}}$,

$$\mathscr{L}^y_p \mathscr{T}[L(D)\cdot] = L(-p)\mathscr{L}^y_p \mathscr{T}.$$

c) Si $\mathscr{T} \in D^*_\infty(\Omega \times E_m)$ et si L est un polynôme en y, on a

$$\Gamma^y_{\mathscr{T}(L\cdot)} \supset \mathring{\Gamma}^y_{\mathscr{T}}$$

et, dans $\mathring{\Gamma}^y_{\mathscr{T}}$,

$$[\mathscr{L}_p \mathscr{T}(L\cdot)](\varphi) = L(-D_p)[\mathscr{L}^y_p \mathscr{T}(\varphi)], \quad \forall \varphi \in D_\infty(\Omega).$$

d) Soient $\mathscr{T} \in D^*_\infty(\Omega \times E_m)$ et $\xi_0 \in \Gamma^y_{\mathscr{T}}$. Si $\mathscr{L}^y_{\xi_0 + i\eta}\mathscr{T} = 0$ pour tout $\eta \in E_m$, alors $\mathscr{T} = 0$.

e) Soient $\mathscr{T} \in D^*_\infty(\Omega \times E_m)$ et $\omega \subset \Gamma^y_{\mathscr{T}}$ un ouvert de E_m. Si $\mathscr{L}^y_\xi \mathscr{T} = 0$ pour tout $\xi \in \omega$, alors $\mathscr{T} = 0$.

Suggestion. Pour a), b) et c), il suffit d'utiliser les propriétés correspondantes des transformées de Laplace.

Pour d) et e), on note que $\mathscr{T}_\varphi = 0$ pour tout $\varphi \in D_\infty(\Omega)$, d'où $\mathscr{T} = 0$, puisque $\{\varphi \otimes \psi : \varphi \in D_\infty(\Omega), \psi \in D_\infty(E_m)\}$ est total dans $D_\infty(\Omega \times E_m)$.

3. — Soit $\mathscr{T} \in D^*_\infty(\Omega \times E_m)$. Pour tout $\chi \in D_\infty(\Omega \times E_m)$, posons

$$\mathscr{T} \underset{y}{*} \chi = \underset{(x,\eta)}{\mathscr{T}} [\chi(x, y-\eta)].$$

a) $\mathscr{T} \underset{y}{*} \chi \in C_\infty(E_m)$.

b) Si $\chi_m \to \chi$ dans $D_\infty(\Omega \times E_m)$, alors $\mathscr{T} \underset{y}{*} \chi_m \to \mathscr{T} \underset{y}{*} \chi$ dans $C_\infty(E_m)$.

c) $\mathscr{T} \underset{y}{*} (\varphi \otimes \psi) = \mathscr{T}_\varphi * \psi$.

* d) $\mathring{\Gamma}^y_{\mathscr{T}} \subset \Gamma_{\mathscr{T} \underset{y}{*} \chi}, \quad \forall \chi \in D_\infty(\Omega \times E_m)$.

De là,

$$\Gamma^y_{\mathscr{T}} = \bigcap_{\chi \in D_\infty(\Omega \times E_m)} \Gamma_{\mathscr{T} \underset{y}{*} \chi}.$$

* e) Si $p \in \Gamma^y_{\mathscr{T}} + iE_m$,

$$\mathscr{L}_p(\mathscr{T} \underset{y}{*} \chi) = (\mathscr{L}^y_p \mathscr{T}) \cdot (\mathscr{L}^y_p \chi), \quad \forall \chi \in D_\infty(\Omega \times E_m).$$

Suggestion. a), b) et c) sont immédiats.

Pour d) et e), soit $\xi \in \Gamma^y_{\mathscr{T}}$. Considérons la fonctionnelle bilinéaire

$$\mathscr{B}(\varphi, \psi) = \mathscr{T}_\varphi * \psi$$

de $D_\infty(\Omega)$, $D_\infty(E_m)$ dans $e^{-(\xi, x)} \cdot l - L_1$.

Elle est séparément bornée. Vu dans l'ex. 1, b), elle est bornée par rapport à φ. On vérifie de façon analogue qu'elle est bornée par rapport à ψ.

En vertu de la généralisation du théorème des noyaux (cf. ex. 7, p. 328), il existe alors un opérateur linéaire borné T de $D_\infty(\Omega \times E_m)$ dans $e^{-(\xi, x)} \cdot l - L_1$, tel que

$$\mathscr{B}(\varphi, \psi) = T(\varphi \otimes \psi), \quad \forall \varphi \in D_\infty(\Omega), \quad \forall \psi \in D_\infty(E_m).$$

De plus, T est unique et défini par

$$T\chi = \lim_m \sum_{(i)} \mathscr{B}(\varphi^{(i)}_m, \psi^{(i)}_m)$$

si

$$\sum_{(i)} \varphi^{(i)}_m \otimes \psi^{(i)}_m \to \chi$$

dans $D_\infty(\Omega \times E_m)$.

On voit immédiatement que

$$T\chi = \mathscr{T} \underset{y}{*} \chi, \quad \forall \chi \in D_\infty(\Omega \times E_m).$$

De là,

$$\mathscr{T} \underset{y}{*} \chi \in e^{-(\xi, x)} \cdot l - L_1, \quad \forall \chi \in D_\infty(\Omega \times E_m),$$

et

$$\mathscr{L}_p(\mathscr{T} \underset{y}{*} \chi) = \lim_m (\mathscr{L}_p^y \mathscr{T})[\mathscr{L}_p^y(\sum_{(i)} \varphi_m^{(i)} \otimes \psi_m^{(i)})] = (\mathscr{L}_p^y \mathscr{T})(\mathscr{L}_p^y \chi)$$

pour tout $\chi \in D_\infty(\Omega \times E_m)$.

*4. — Si $\mathscr{T} \in D_\infty^*(\Omega \times E_m)$ et $\xi \in \Gamma_{\mathscr{T}}^y$, on a

$$\mathscr{T}(\chi) = (2\pi)^{-m} \int_{E_m} (\mathscr{L}_p^y \mathscr{T})(\mathscr{L}_{-p}^y \chi)\, d\eta, \quad \forall \chi \in D_\infty(\Omega \times E_m).$$

Suggestion. Si $\chi = \varphi \otimes \psi$, avec $\varphi \in D_\infty(\Omega)$ et $\psi \in D_\infty(E_m)$, cela résulte de e), p. 308. De fait, on a alors

$$\mathscr{T}(\chi) = \mathscr{T}_\varphi(\psi) = (2\pi)^{-m} \int_{E_m} \mathscr{L}_p \mathscr{T}_\varphi \cdot \mathscr{L}_{-p} \psi \, d\eta = (2\pi)^{-m} \int_{E_m} (\mathscr{L}_p^y \mathscr{T})[\mathscr{L}_{-p}^y(\varphi \otimes \psi)]\, d\eta.$$

On passe à un élément quelconque de $D_\infty(\Omega \times E_m)$ par densité.

*5. — Si $\mathscr{T}_\eta \in D_\infty^*(\Omega)$, $(\eta \in E_m)$, est tel que $\mathscr{T}_\eta(\varphi) \in C_\infty(E_m)$ pour tout $\varphi \in D_\infty(\Omega)$ et que, pour tout borné $B \subset D_\infty(\Omega)$, il existe C et N tels que

$$|\mathscr{T}_\eta(\varphi)| \leqq C(1+|\eta|)^N, \quad \forall \varphi \in B, \quad \forall \eta \in E_m,$$

pour tout $\xi \in E_m$ fixé, il existe une et une seule distribution $\mathscr{T} \in D_\infty^*(\Omega \times E_m)$ telle que $\mathscr{L}_{\xi+i\eta}^y \mathscr{T} = \mathscr{T}_\eta$ pour tout $\eta \in E_m$.

Soit ω un ouvert connexe de E_m. Si $\mathscr{T}_p \in D_\infty^*(\Omega)$, $(p \in \omega + iE_m)$, est tel que $\mathscr{T}_p(\varphi)$ soit holomorphe dans $\omega + iE_m$ pour tout $\varphi \in D_\infty(\Omega)$ et que, pour tout compact $K \subset \omega$ et tout borné $B \subset D_\infty(\Omega)$, il existe C et N tels que

$$|\mathscr{T}_p(\varphi)| \leqq C(1+|p|)^N, \quad \forall \varphi \in B, \quad \forall p \in K + iE_m,$$

il existe une et une seule distribution $\mathscr{T} \in D_\infty^*(\Omega \times E_m)$ telle que $\mathscr{L}_p^y \mathscr{T} = \mathscr{T}_p$ pour tout $p \in \omega + iE_m$.

De plus,

$$\mathscr{T}(\chi) = (2\pi)^{-m} \int \mathscr{T}_p(\mathscr{L}_{-p}^y \chi)\, d\eta, \quad \forall \chi \in D_\infty(\Omega \times E_m), \quad \forall p \in \omega + iE_m.$$

Suggestion. Traitons par exemple le second cas.

Pour tout $\varphi \in D_\infty(\Omega)$, vu le paragraphe 38, p. 312, il existe une et une seule distribution $\mathscr{T}^{(\varphi)} \in D_\infty^*(E_m)$ telle que $\mathscr{L}_p \mathscr{T}^{(\varphi)} = \mathscr{T}_p(\varphi)$ pour tout $p \in \omega \times E_m$ et cette distribution est donnée par

$$\mathscr{T}^{(\varphi)}(\psi) = (2\pi)^{-m} \int \mathscr{T}_p(\varphi) \mathscr{L}_{-p} \psi \, d\eta, \quad \forall \psi \in D_\infty(E_m).$$

La loi $\mathscr{T}^{(\varphi)}(\psi)$ est une fonctionnelle bilinéaire dans $D_\infty(\Omega)$, $D_\infty(E_m)$. Elle est séparément bornée. Pour cela, il suffit qu'elle soit séparément continue, ce qu'on vérifie immédiatement.

De là, par le théorème des noyaux, (cf. e), p. 325), il existe $\mathscr{T} \in D_\infty^*(\Omega \times E_m)$ tel que $\mathscr{T}(\varphi \otimes \psi) = \mathscr{T}^{(\varphi)}(\psi)$ pour tout $\varphi \in D_\infty(\Omega)$ et tout $\psi \in D_\infty(E_m)$. On vérifie alors immédiatement que

$$\mathscr{T}(\chi) = (2\pi)^{-m} \int \mathscr{T}_p(\mathscr{L}_{-p} \chi)\, d\eta, \quad \forall \chi \in D_\infty(\Omega \times E_m).$$

L'unicité de $\mathscr{T}$ résulte de l'ex. 2, e), p. 316.

Espace $D^*_\infty(\Omega)$

39. — La plupart des propriétés de l'espace $D^*_\infty(\Omega)$ découlent du fait que $D_\infty(\Omega)$ est limite inductive hyperstricte d'une suite d'espaces de Fréchet nucléaires, donc de Schwartz.

Comparons d'abord les systèmes de semi-normes de $D^*_\infty(\Omega)$.

On note $D^*_{\infty,s}(\Omega)$, ... l'espace $D^*_\infty(\Omega)$ muni du système de semi-normes simples, ...

a) *On a*

$$D^*_{\infty,b}(\Omega) = D^*_{\infty,pc}(\Omega) = D^*_{\infty,ca}(\Omega).$$

De là, *le dual de* $D^*_{\infty,b}(\Omega)$ *est l'ensemble des* $\mathbf{T}_\varphi$, $\varphi \in D_\infty(\Omega)$, *et*

$$D^*_{\infty,s}(\Omega) = [D^*_{\infty,b}(\Omega)]_a.$$

De fait, tout borné fermé de $D_\infty(\Omega)$ est compact et a fortiori faiblement compact.

La structure du dual de $D^*_{\infty,b}(\Omega) = D^*_{\infty,ca}(\Omega)$ résulte de I, d), p. 220.

On peut améliorer le second point de l'énoncé précédent.

b) *Si* $\mathbf{T}$ *est une fonctionnelle linéaire dans* $D^*_\infty(\Omega)$ *telle que* $\mathbf{T}(\mathscr{C}_m) \to 0$ *si* $\mathscr{C}_m \to 0$ *dans* $D^*_{\infty,s}(\Omega)$, *alors* $\mathbf{T} = \mathbf{T}_\varphi$, *avec* $\varphi \in D_\infty(\Omega)$.

Cela résulte de I, p. 236.

On trouve une démonstration directe de ce fait dans l'ex. 3, f), p. 257.

40. — La convergence dans $D^*_\infty(\Omega)$ est régie par les théorèmes suivants.

a) *L'espace* $D^*_{\infty,s}(\Omega)$ *donc, a fortiori* $D^*_{\infty,b}(\Omega)$, *est complet.*

Ce théorème s'énonce encore sous la forme suivante, plus familière aux utilisateurs: *si une suite de distributions* $\mathscr{C}_m$ *dans* Ω *est telle que* $\mathscr{C}_m(\varphi)$ *converge pour tout* $\varphi \in D_\infty(\Omega)$, *alors* $\mathscr{C}(\varphi) = \lim_m \mathscr{C}_m(\varphi)$ *est une distribution.*

Cela résulte du fait que $D_\infty(\Omega)$ est tonnelé (cf. I, b), p. 242).

On trouve une démonstration directe de a) dans l'ex. ci-après.

b) *Toute suite* $\mathscr{C}_m$ *convergente dans* $D^*_{\infty,s}(\Omega)$ *converge dans* $D^*_{\infty,b}(\Omega)$.

Comme $D_\infty(\Omega)$ est tonnelé, la suite $\mathscr{C}_m$ est équibornée (cf. I, b), p. 242). Donc elle converge uniformément sur les précompacts de $D_\infty(\Omega)$ (cf. I, a), p. 226), qui sont aussi les bornés de $D_\infty(\Omega)$.

Voici une application intéressante de cette propriété.

c) *Si* $\mathscr{C}_m \to 0$ *dans* $D^*_{\infty,s}(\Omega)$ *et si* $\varphi \in \mathbf{D}_\infty(b_\varepsilon)$, *on a* $\mathscr{C}_m * \varphi \to 0$ *dans* $C_\infty(\Omega_\varepsilon)$.

Soient K compact contenu dans Ω_ε et $l < \infty$. L'ensemble

$$B = \{D^k_x \varphi(x - \cdot) : x \in K, |k| \leq l\}$$

est borné dans $D_\infty(\Omega)$. De fait, les fonctions $D_x^k\varphi(x-\cdot)$ sont à support dans $K-[\varphi]$, compact de Ω, et, pour tout k', on a

$$\sup_{|k|\leqq l}\ \sup_{\substack{y\in K-[\varphi]\\ x\in K}} |D_y^{k'}D_x^k\varphi(x-y)| \leqq \sup_{|k|\leqq l+|k'|}\ \sup_{y\in[\varphi]} |D_y^k\varphi(y)|<\infty.$$

Donc

$$\sup_{\psi\in B}|\mathscr{T}_m(\psi)|\to 0,$$

soit

$$\sup_{|k|\leqq l}\ \sup_{x\in K}|D_x^k(\mathscr{T}_m*\varphi)(x)|\to 0$$

si $m\to\infty$.

EXERCICE

Démontrer directement a), ci-dessus.

Suggestion. Soit une suite $\mathscr{T}_m\in D_\infty^*(\Omega)$ telle que

$$\mathscr{T}_m(\varphi)\to\theta(\varphi),\quad \forall\varphi\in D_\infty(\Omega).$$

Il est immédiat que θ est une fonctionnelle linéaire dans $D_\infty(\Omega)$.

Supposons que $\theta\notin D_\infty^*(\Omega)$. Il existe alors une suite $\varphi_m\to 0$ dans $D_\infty(\Omega)$ telle que $\theta(\varphi_m)\to+\infty$.

En effet, comme $\theta\notin D_\infty^*(\Omega)$, il existe $\varepsilon>0$ et une suite $\psi_m\to 0$ dans $D_\infty(\Omega)$ tels que $|\theta(\psi_m)|\geqq\varepsilon$ pour tout m. Il existe donc un compact $K\subset\Omega$ tel que $[\psi_m]\subset K$ pour tout m. Extrayons une sous-suite ψ_{m_i} de ψ_m, telle que

$$\sup_{|k|\leqq i}\ \sup_{x\in K}|D_x^k\psi_{m_i}(x)|\leqq 2^{-2i}.$$

La suite $2^i\psi_{m_i}$ tend encore vers 0 dans $D_\infty(\Omega)$ et $\theta(2^i\psi_{m_i})\to+\infty$.

Soit donc $\varphi_m\to 0$ dans $D_\infty(\Omega)$ tel que $\theta(\varphi_m)\to+\infty$. Déterminons une sous-suite φ_{m_k} de φ_m et une sous-suite $\mathscr{T}_{m_k'}$ de $\mathscr{T}_m$ de la manière suivante.

Soient $\alpha_j>0$ tels que $\sum_{j=1}^{\infty}\alpha_j^2\leqq 1$.

On garde $\mathscr{T}_1$ et φ_1. Si φ_{m_j} et $\mathscr{T}_{m_j'}$ sont déterminés pour $j<k$, on choisit φ_{m_k} tel que

$$\sup_{j<k}|\mathscr{T}_{m_j'}(\varphi_{m_k})|\leqq\alpha_k\Big/\sum_{j=1}^{\infty}\alpha_j^2,$$

et

$$|\theta(\varphi_{m_k})|\geqq\frac{2}{\alpha_k}\left[\sum_{j=1}^{k-1}\alpha_j|\theta(\varphi_{m_j})|+k\right].$$

C'est possible puisque $\varphi_m\to 0$ et $\theta(\varphi_m)\to+\infty$. On choisit alors $\mathscr{T}_{m_k'}$ tel que

$$\alpha_k|\mathscr{T}_{m_k'}(\varphi_{m_k})|\geqq\sum_{j=1}^{k-1}\alpha_j|\mathscr{T}_{m_k'}(\varphi_{m_j})|+k.$$

C'est possible puisque $\mathscr{T}_m(\varphi)\to\theta(\varphi)$ si $m\to\infty$ pour tout $\varphi\in D_\infty(\Omega)$.

Soit alors $\varphi = \sum_{j=1}^{\infty} \alpha_j \varphi_{m_j}$. On a visiblement $\varphi \in D_\infty(\Omega)$ vu I, b), p. 45. Il vient alors

$$|\mathscr{T}_{m'_k}(\varphi)| = \left| \sum_{j=1}^{\infty} \alpha_j \mathscr{T}_{m'_k}(\varphi_{m_j}) \right|$$

$$\geqq \alpha_k |\mathscr{T}_{m'_k}(\varphi_{m_k})| - \sum_{j=1}^{k-1} \alpha_j |\mathscr{T}_{m'_k}(\varphi_{m_j})| - \sum_{j=k+1}^{\infty} \alpha_j |\mathscr{T}_{m'_k}(\varphi_{m_j})|$$

$$\geqq k - \sum_{j=k+1}^{\infty} \alpha_k^2 \Big/ \left(\sum_{i=1}^{\infty} \alpha_i^2 \right) \geqq k-1,$$

donc $\mathscr{T}_{m'_k}(\varphi) \to \infty$, ce qui est absurde.

41. — Passons aux propriétés des bornés.

a) *Tout borné de $D^*_{\infty,s}(\Omega)$ est équiborné.*

Cela résulte du fait que $D_\infty(\Omega)$ est tonnelé (cf. I, b), p. 242).

b) *Tout borné fermé pour les suites de $D^*_{\infty,s}(\Omega)$* [resp. $D^*_{\infty,b}(\Omega)$] *est compact dans $D^*_{\infty,b}(\Omega)$.*

En effet, dans $D^*_\infty(\Omega)$, tout équiborné s-fermé pour les suites est s- et pc-compact, donc b-compact.

42. — a) *L'espace $D^*_{\infty,b}(\Omega)$ est séparable.*

Cela résulte de I, p. 254.

On peut en outre y exhiber des ensembles denses intéressants.

b) *L'ensemble*

$$\{\mathscr{T}_\varphi : \varphi \in D_\infty(\Omega)\}$$

est dense dans $D^*_{\infty,b}(\Omega)$.

Si $\Omega = \Omega' \times \Omega''$, où Ω' et Ω'' sont ouverts dans $E_{n'}$ et $E_{n''}$ respectivement, l'ensemble

$$\{\mathscr{T}_{\varphi' \otimes \varphi''} : \varphi' \in D_\infty(\Omega'), \varphi'' \in D_\infty(\Omega'')\}$$

est total dans $D^*_{\infty,b}(\Omega)$.

On trouve une démonstration directe de a) et b) dans l'ex. 3, p. 322.

Vu I, p. 189, pour que $\mathscr{D}$ soit dense dans $D^*_{\infty,b}(\Omega)$, il suffit que

$$\mathscr{T}(\psi) = 0, \ \forall \mathscr{T} \in \mathscr{D} \Rightarrow \psi = 0.$$

Or

$$\mathscr{T}_\varphi(\psi) = \int \varphi\psi \, dx,$$

donc, par II, a), p. 85,

$$\mathscr{T}_\varphi(\psi) = 0, \ \forall \varphi \in D_\infty(\Omega) \Rightarrow \psi = 0.$$

D'où la conclusion.

La deuxième assertion se démontre de façon analogue.

c) *L'ensemble*

$$\{\mathscr{T}_{\delta_x} : x \in \Omega\}$$

est total dans $D^*_{\infty,b}(\Omega)$.

La démonstration est analogue à celle de b).

EXERCICES

1. — Soit F un fermé dans Ω. L'ensemble

$$\{\mathscr{T}(D^k\cdot) : \mathscr{T} = \mathscr{T}_\varphi,\ \varphi \in D_\infty(\Omega),\ [\varphi] \subset F,\ |k| \leqq L\}$$

et l'ensemble

$$\{\mathscr{T}(D^k\cdot) : \mathscr{T} = \mathscr{T}_{\delta_x},\ x \in F,\ |k| \leqq L\}$$

sont b-totaux dans l'ensemble des distributions d'ordre inférieur ou égal à L et à support dans F.

Suggestion. On raisonne comme en b) et c) ci-dessus, en notant que, si $D^k_x \varphi(x) = 0$ pour tout $x \in F$ et tout k tel que $|k| \leqq L$, on a $\mathscr{T}(\varphi) = 0$ pour tout $\mathscr{T}$ d'ordre inférieur ou égal à L et à support dans F.

2. — L'opérateur T défini de $\mathbf{A} - C_L(\Omega)$ dans $D^*_{\infty,b}(\Omega)$ par

$$Tf = \mathscr{T}_f, \quad \forall f \in \mathbf{A} - C_L(\Omega),$$

est linéaire et borné.

Suggestion. Soit B borné dans $D_\infty(\Omega)$. Il existe $C > 0$ et K compact contenu dans Ω tels que

$$[\varphi] \subset K \quad \text{et} \quad \sup_{x \in K} |\varphi(x)| \leqq C, \quad \forall \varphi \in B.$$

De là,

$$\sup_{\varphi \in B} \left| \int f(x)\varphi(x)\,dx \right| \leqq C\, l(K) \sup_{x \in K} |f(x)|, \quad \forall f \in \mathbf{A} - C_L(\Omega),$$

et le second membre est majoré par une semi-norme de $\mathbf{A} - C_L(\Omega)$.

3. — Démontrer directement que $D^*_{\infty,b}(\Omega)$ est séparable.

Suggestion. Soit B borné donc précompact dans $D_\infty(\Omega)$ et soit $\mathscr{T} \in D^*_\infty(\Omega)$.

Pour m assez grand, B est aussi précompact dans $D_\infty(\Omega_{1/m})$. On vérifie alors aisément que

$$\sup_{\varphi \in B} \left| \mathscr{T}(\varphi) - \int (\mathscr{T} * \varrho_\eta)(x)\varphi(x)\,dx \right| \to 0$$

si $\eta \to 0$.

Soit η tel que

$$\sup_{\varphi \in B} \left| \mathscr{T}(\varphi) - \int (\mathscr{T} * \varrho_\eta)(x)\varphi(x)\,dx \right| \leqq \varepsilon/2.$$

Si $\alpha_m \in D_\infty(\Omega_\varepsilon)$ sont positifs et croissants vers $\delta_{\Omega_\varepsilon}$, on a encore

$$\sup_{\varphi \in B} \left| \int [1 - \alpha_m(x)](\mathscr{T} * \varrho_\eta)(x)\varphi(x)\,dx \right| \leqq \varepsilon/2$$

pour m assez grand, donc, au total,

$$\sup_{\varphi\in B}\left|\mathscr{T}(\varphi)-\int\alpha_m(\mathscr{T}*\varrho_\eta)\varphi\,dx\right|\leqq\varepsilon.$$

De là, $\{\mathscr{T}_\varphi:\varphi\in D_\infty(\Omega)\}$ est dense dans $D^*_{\infty,b}(\Omega)$.

Or, comme $D_\infty(\Omega)$ est séparable, vu l'ex. 2, $\{\mathscr{T}_\varphi:\varphi\in D_\infty(\Omega)\}$ est séparable dans $D^*_{\infty,b}(\Omega)$,

De plus, avec les notations de b) ci-dessus, $D_\infty(\Omega')\otimes D_\infty(\Omega'')$ est dense dans $D_\infty(\Omega)$, donc $\{\mathscr{T}_{\varphi'\otimes\varphi''}:\varphi'\in D_\infty(\Omega'),\ \varphi''\in D_\infty(\Omega'')\}$ est dense dans$D^*_{\infty,b}(\Omega)$.

43. — *L'espace $D^*_{\infty,b}(\Omega)$ est tonnelé, bornologique et évaluable.*

Cela résulte de I, c), p. 257.

44. — *L'espace $D^*_{\infty,b}(\Omega)$ est de Schwartz et nucléaire.*

Cela résulte de I, b), p. 292.

Espace $D_\infty(\Omega'\times\Omega'')$

45. — Soient n' et n'' des entiers tels que $n'+n''=n$ et soient Ω' et Ω'' des ouverts de $E_{n'}$ et $E_{n''}$ respectivement.

a) *La fonctionnelle bilinéaire $\mathscr{B}$ de $D_\infty(\Omega')$, $D_\infty(\Omega'')$ dans $D_\infty(\Omega'\times\Omega'')$ définie par*

$$\mathscr{B}(\varphi',\varphi'')=\varphi'(x')\varphi''(x''),\quad\forall\varphi'\in D_\infty(\Omega'),\quad\forall\varphi''\in D_\infty(\Omega''),$$

est un produit tensoriel, noté $\otimes$ dans la suite.

La démonstration est analogue à celle du paragraphe 17, p. 242.

b) *Le sous-espace linéaire $D_\infty(\Omega')\otimes D_\infty(\Omega'')$ est dense dans $D_\infty(\Omega'\times\Omega'')$. Les systèmes de semi-normes de $D_\infty(\Omega')\,\varepsilon\,D_\infty(\Omega'')$ et $D_\infty(\Omega')\,\pi\,D_\infty(\Omega'')$ sont équivalents entre eux et plus faibles que celui de $D_\infty(\Omega'\times\Omega'')$.*

Ils sont même strictement plus faibles que le système induit par $D_\infty(\Omega'\times\Omega'')$.

La densité résulte de b), p. 253.

L'équivalence des systèmes de semi-normes de $D_\infty(\Omega')\,\varepsilon\,D_\infty(\Omega'')$ et $D_\infty(\Omega')\,\pi\,D_\infty(\Omega'')$ découle de la nucléarité de $D_\infty(\Omega')$ et de $D_\infty(\Omega'')$ (cf. I, p. 339).

Soit $x_0'\in K_1'$ et soient $x_m''\in\Omega''$ tels que $x_m''\to x\in\dot{\Omega}$ ou $x_m''\to\infty$. Supposons que la distribution

$$\mathscr{T}(\varphi)=\sum_{m=1}^{\infty}D^m_{x_1'}\varphi(x_0',x_m'')$$

soit bornée dans $D_\infty(\Omega')\,\pi\,D_\infty(\Omega'')$. Il existe alors des semi-normes p' et p'' de $D_\infty(\Omega')$ et $D_\infty(\Omega'')$ respectivement telles que

$$|\mathscr{T}(\varphi'\otimes\varphi'')|\leqq Cp'(\varphi')p''(\varphi''),\quad\forall\varphi'\in D_\infty(\Omega'),\quad\forall\varphi''\in D_\infty(\Omega''),$$

vu I, b), p. 332. Il existe $C'>0$ et l tels que

$$p'(\varphi') \leqq C' \sup_{|k|\leqq l} \sup_{x'\in K_1} |D^k_{x'}\varphi'(x')|, \quad \forall \varphi' \in \mathbf{D}_\infty(K_1').$$

Pour $\varphi'' \in D_\infty(\Omega'')$ tel que $\varphi''(x''_m)=1$ et $\varphi''(x''_i)=0$ si $i\neq m$, il vient alors

$$|\mathscr{T}(\varphi'\otimes\varphi'')| = |D^m_{x'_1}\varphi'(x'_0)| \leqq CC'p''(\varphi'') \sup_{|k|\leqq l} \sup_{x'\in K'_1} |D^k_{x'}\varphi'(x')|, \quad \forall \varphi' \in \mathbf{D}_\infty(K_1'),$$

ce qui est absurde pour $m>l$.

c) *Si B est borné dans $D_\infty(\Omega'\times\Omega'')$, il existe des suites $\varphi'_m \in D_\infty(\Omega')$ et $\varphi''_m \in D_\infty(\Omega'')$ convergeant vers* 0 *dans $D_\infty(\Omega')$ et $D_\infty(\Omega'')$ respectivement, telles que tout $\varphi \in B$ s'écrive*

$$\varphi = \sum_{m=1}^{\infty} c_m(\varphi)\varphi'_m \otimes \varphi''_m,$$

la convergence de la série ayant lieu dans $D_\infty(\Omega'\times\Omega'')$, où

$$\sum_{m=1}^{\infty} |c_m(\varphi)| < \infty, \quad \forall \varphi \in B,$$

et même

$$\sup_{\varphi\in B} \sum_{m=N}^{\infty} |c_m(\varphi)| \to 0$$

si $N\to\infty$.

De fait, tout borné de $D_\infty(\Omega'\times\Omega'')$ est contenu dans un $\mathbf{D}_\infty(K)$ et y est borné et on peut prendre K sous la forme $K'\times K''$, où K' et K'' sont compacts dans Ω' et Ω'' respectivement. On applique alors b), p. 242.

Produit tensoriel de distributions

46. — Soient Ω' et Ω'' comme au paragraphe précédent.

a) *La fonctionnelle bilinéaire $\mathscr{B}$ de $D^*_\infty(\Omega')$, $D^*_\infty(\Omega'')$ dans $D^*_\infty(\Omega'\times\Omega'')$ définie par*

$$\mathscr{B}(\mathscr{T}',\mathscr{T}'')(\varphi'\otimes\varphi'') = \mathscr{T}'(\varphi')\mathscr{T}''(\varphi''), \quad \forall \varphi' \in D_\infty(\Omega'), \quad \forall \varphi'' \in D_\infty(\Omega''),$$

est un produit tensoriel, noté $\otimes$ dans la suite.

C'est à ce produit tensoriel qu'on réserve, dans la suite, le nom de *produit tensoriel de $\mathscr{T}'$ et $\mathscr{T}''$.*

Comme $D_\infty(\Omega')\otimes D_\infty(\Omega'')$ est dense dans $D_\infty(\Omega'\times\Omega'')$ et que les semi-normes de $D_\infty(\Omega')\,\pi\, D_\infty(\Omega'')$ sont plus faibles que celles induites par $D_\infty(\Omega'\times\Omega'')$, vu I, a) et b), p. 345, il existe une et une seule distribution $\mathscr{T}\in D^*_\infty(\Omega'\times\Omega'')$ telle que

$$\mathscr{T}(\varphi'\otimes\varphi'') = \mathscr{T}'(\varphi')\mathscr{T}''(\varphi''), \quad \forall \varphi' \in D_\infty(\Omega'), \quad \forall \varphi'' \in D_\infty(\Omega'').$$

Vu I, c), p. 345, $\mathscr{B}$ est alors un produit tensoriel de $D_\infty^*(\Omega')$, $D_\infty^*(\Omega'')$ dans $D_\infty^*(\Omega'\times\Omega'')$.

b) *Pour tout borné B de $D_\infty(\Omega'\times\Omega'')$, il existe des suites $\varphi_m'\to 0$ dans $D_\infty(\Omega')$ et $\varphi_m''\to 0$ dans $D_\infty(\Omega'')$ telles que*

$$\sup_{\varphi\in B}|\mathscr{T}'\otimes\mathscr{T}''(\varphi)|\leqq\sup_m|\mathscr{T}'(\varphi_m')|\cdot\sup_m|\mathscr{T}''(\varphi_m'')|.$$

Cela résulte de c), p. 324.

c) Théorème de Fubini

Si $\varphi\in D_\infty(\Omega'\times\Omega'')$, alors

— $D_{x'}^{k'}\varphi(x',x'')\in D_\infty(\Omega'')$ *pour tout* $x'\in\Omega'$ *et tout* k',

— $\mathscr{T}''[\varphi(x',x'')]\in D_\infty(\Omega')$ *et* $D_{x'}^{k'}\mathscr{T}''[\varphi(x',x'')]=\mathscr{T}''[D_{x'}^{k'}\varphi(x',x'')]$ *pour tout* k',

— $\mathscr{T}'\{\mathscr{T}''[\varphi(x',x'')]\}=\mathscr{T}'\otimes\mathscr{T}''(\varphi)$.

La démonstration est analogue à celle de b), p. 243.

d) *On a*

$$[\mathscr{T}'\otimes\mathscr{T}'']=[\mathscr{T}']\times[\mathscr{T}''].$$

De fait, si $(x',x'')\notin[\mathscr{T}']\times[\mathscr{T}'']$, on a $x'\notin[\mathscr{T}']$ ou $x''\notin[\mathscr{T}'']$. Si, par exemple, $x'\notin[\mathscr{T}']$, il existe un ouvert $\omega'\subset\Omega'$ tel que $x'\in\omega'$ et que $\mathscr{T}'(\varphi')=0$ pour tout $\varphi'\in D_\infty(\omega')$. On a alors

$$\mathscr{T}'\otimes\mathscr{T}''(\varphi'\otimes\varphi'')=0$$

pour tout $\varphi'\in D_\infty(\omega')$ et tout $\varphi''\in D_\infty(\Omega'')$, donc, par densité,

$$\mathscr{T}'\otimes\mathscr{T}''(\varphi)=0$$

pour tout $\varphi\in D_\infty(\omega'\times\Omega'')$.

Ainsi, (x',x'') appartient à un ouvert d'annulation de $\mathscr{T}'\otimes\mathscr{T}''$.

Inversement, si $(x',x'')\notin[\mathscr{T}'\otimes\mathscr{T}'']$, il existe un ouvert de la forme $\omega'\times\omega''$, $\omega'\subset\Omega'$, $\omega''\subset\Omega''$, tel que

$$\mathscr{T}'(\varphi')\mathscr{T}''(\varphi'')=\mathscr{T}'\otimes\mathscr{T}''(\varphi'\otimes\varphi'')=0$$

pour tout $\varphi'\in D_\infty(\omega')$ et tout $\varphi''\in D_\infty(\omega'')$.

De là, $\mathscr{T}'(\varphi')=0$ pour tout $\varphi'\in D_\infty(\omega')$ ou $\mathscr{T}''(\varphi'')=0$ pour tout $\varphi''\in D_\infty(\omega'')$, ce qui entraîne que $x'\notin[\mathscr{T}']$ ou $x''\notin[\mathscr{T}'']$, donc que $(x',x'')\notin[\mathscr{T}']\times[\mathscr{T}'']$.

e) Théorème des noyaux

Désignons par $B_b^{(s)}(E,F)$ l'espace linéaire formé des fonctionnelles bilinéaires séparément bornées dans E, F, muni du système de semi-normes

$$\sup_{f\in B}\sup_{g\in B'}|\mathscr{B}(f,g)|,$$

où B et B' sont bornés dans E et F respectivement.

La correspondance entre $D^*_{\infty,b}(\Omega'\times\Omega'')$ *et* $B_b^{(s)}[D_\infty(\Omega'), D_\infty(\Omega'')]$ *définie par*

$$\mathscr{C}(\varphi'\otimes\varphi'') = \mathscr{B}(\varphi', \varphi''), \quad \forall\varphi'\in D_\infty(\Omega'), \quad \forall\varphi''\in D_\infty(\Omega''),$$

est linéaire, biunivoque et bibornée.

En vertu du théorème des noyaux dans $\mathbf{D}_\infty(K'\times K'')$, (cf. p. 244), la correspondance entre $\mathbf{D}^*_{\infty,b}(K'\times K'')$ et $B_b[\mathbf{D}_\infty(K'), \mathbf{D}_\infty(K'')]$ définie de façon analogue est linéaire, biunivoque et bibornée.

Soit $\mathscr{B}$ bilinéaire séparément borné dans $D_\infty(\Omega')$, $D_\infty(\Omega'')$. Vu I, b), p. 319, sa restriction à $\mathbf{D}_\infty(K'_m)$, $\mathbf{D}_\infty(K''_m)$ est bilinéaire et bornée dans $\mathbf{D}_\infty(K'_m)$, $\mathbf{D}_\infty(K''_m)$, donc il existe un et un seul $\mathscr{C}_m\in\mathbf{D}^*_\infty(K'_m\times K''_m)$ tel que

$$\mathscr{C}_m(\varphi'\otimes\varphi'') = \mathscr{B}(\varphi', \varphi''), \quad \forall\varphi'\in\mathbf{D}_\infty(K'_m), \quad \forall\varphi''\in\mathbf{D}_\infty(K''_m).$$

Comme $\mathbf{D}_\infty(K'_m)\otimes\mathbf{D}_\infty(K''_m)$ est total dans $\mathbf{D}_\infty(K'_m\times K''_m)$, il est immédiat que

$$\mathscr{C}_m(\varphi) = \mathscr{C}_{m+1}(\varphi), \quad \forall\varphi\in\mathbf{D}_\infty(K'_m\times K''_m).$$

La fonctionnelle $\mathscr{C}$ définie dans $D_\infty(\Omega'\times\Omega'')$ par

$$\mathscr{C}(\varphi) = \mathscr{C}_m(\varphi), \quad \forall\varphi\in\mathbf{D}_\infty(K'_m\times K''_m),$$

est alors linéaire et bornée dans $D_\infty(\Omega'\times\Omega'')$, vu I, a), p. 165, et elle est univoquement déterminée vu la totalité de $D_\infty(\Omega')\otimes D_\infty(\Omega'')$ dans $D_\infty(\Omega'\times\Omega'')$.

Réciproquement, soit $\mathscr{C}\in D^*_\infty(\Omega'\times\Omega'')$. Il est immédiat que $\mathscr{B}$ défini par

$$\mathscr{B}(\varphi', \varphi'') = \mathscr{C}(\varphi'\otimes\varphi''), \quad \forall\varphi'\in D_\infty(\Omega'), \quad \forall\varphi''\in D_\infty(\Omega''),$$

est bilinéaire et séparément continu, donc séparément borné dans $D_\infty(\Omega')$, $D_\infty(\Omega'')$.

Le fait que la correspondance soit bibornée résulte de c), p. 324.

Variante. Soit $\mathscr{B}$ bilinéaire et séparément borné dans $D_\infty(\Omega')$, $D_\infty(\Omega'')$. Pour tout m_0 fixé, $\mathscr{B}$ est borné dans $\mathbf{D}_\infty(K'_{m_0})$, $\mathbf{D}_\infty(K''_{m_0})$. Il existe alors r_0 tel que $\mathscr{B}$ se prolonge par densité par une fonctionnelle bilinéaire bornée dans $\mathbf{D}_{r_0}(K'_{m_0})$, $\mathbf{D}_\infty(K''_{m_0})$.

Choisissons k assez grand pour que la solution élémentaire e_k de $(1-\Delta)^k$ appartienne à $C_{r_0}(E_{n'})$ et désignons par α une adoucie de K'_{m_0-1} appartenant à $\mathbf{D}_\infty(K'_{m_0})$.

Définissons $\mathscr{C}_{m_0}$ dans $\mathbf{D}_\infty(K'_{m_0-1}\times K''_{m_0})$ par

$$\mathscr{C}_{m_0}(\varphi) = \int \underset{(x', x'')}{\mathscr{B}} [e_k(y'-x')\alpha(x'), (1-\Delta)^k_{y'}\varphi(y', x'')]\, dy'.$$

L'intégrale a un sens, car l'intégrand est continu et à support dans K'_{m_0}. On vérifie aisément que $\mathscr{C}_{m_0}$ est une fonctionnelle linéaire bornée.

De plus, pour $\varphi = \varphi'\otimes\varphi''$, il vient

$$\begin{aligned}\mathscr{C}_{m_0}(\varphi) &= \int \underset{(x', x'')}{\mathscr{B}} [e_k(y'-x')\alpha(x')(1-\Delta)^k_{y'}\varphi'(y'), \varphi''(x'')]\, dy' \\ &= \mathscr{B}\Big[\alpha(x')\int e_k(y'-x')(1-\Delta)^k_{y'}\varphi'(y')\, dy', \varphi''(x'')\Big] = \mathscr{B}(\varphi', \varphi'').\end{aligned}$$

Pour la permutation de $\mathscr{B}$ et $\int$, on procède comme en a), p. 287.

Les $\mathscr{T}_{m_0}$ ainsi définis sont tels que

$$\mathscr{T}_{m+1}(\varphi) = \mathscr{T}_m(\varphi), \quad \forall \varphi \in \mathbf{D}_\infty(K'_{m-1} \times K''_m), \quad \forall m,$$

vu la totalité de $\mathbf{D}_\infty(K'_{m-1}) \otimes \mathbf{D}_\infty(K''_m)$ dans $\mathbf{D}_\infty(K'_{m-1} \times K''_m)$.

La loi $\mathscr{T}$ définie dans $D_\infty(\Omega' \times \Omega'')$ par

$$\mathscr{T}(\varphi) = \mathscr{T}_m(\varphi), \quad \forall \varphi \in \mathbf{D}_\infty(K'_{m-1} \times K''_m),$$

est donc une distribution dans Ω.

EXERCICES

1. — Si $f' \in L_1^{\text{loc}}(\Omega')$ et $f'' \in L_1^{\text{loc}}(\Omega'')$, on a

$$\mathscr{T}_{f'} \otimes \mathscr{T}_{f''} = \mathscr{T}_{f' \otimes f''}.$$

2. — Si μ' et μ'' sont des mesures dans Ω' et Ω'' respectivement, on a

$$\mathscr{T}_{\mu'} \otimes \mathscr{T}_{\mu''} = \mathscr{T}_{\mu' \otimes \mu''}.$$

3. — Si $\mathscr{T}' \in D_\infty^*(\Omega')$ est d'ordre l' et $\mathscr{T}'' \in D_\infty^*(\Omega'')$ d'ordre l'', alors $\mathscr{T}' \otimes \mathscr{T}''$ est d'ordre $l' + l''$.

4. — Si $\mathscr{T}'$ et $\mathscr{T}''$ sont tempérés, $\mathscr{T}' \otimes \mathscr{T}''$ est tempéré.

5. — Si Ω' est connexe et si $\mathscr{T} \in D_\infty^*(\Omega' \times \Omega'')$ est tel que

$$\mathscr{T}(D_{x'_i}\varphi) = 0, \quad \forall \varphi \in D_\infty(\Omega' \times \Omega''), \quad \forall i,$$

il existe $\mathscr{T}'' \in D_\infty(\Omega'')$ tel que

$$\mathscr{T} = \left(\int \cdot\, dx'\right) \otimes \mathscr{T}''.$$

Suggestion. Soit $\varphi'' \in D_\infty(\Omega'')$. Posons

$$\mathscr{T}_{\varphi''}(\varphi') = \mathscr{T}(\varphi' \otimes \varphi''), \quad \forall \varphi' \in D_\infty(\Omega').$$

On a $\mathscr{T}_{\varphi''} \in D_\infty^*(\Omega')$ et

$$\mathscr{T}_{\varphi''}(D_{x'_i}\varphi') = 0, \quad \forall \varphi' \in D_\infty(\Omega'), \quad \forall i.$$

Vu l'ex. 3, p. 268, il existe donc $c(\varphi'')$ tel que

$$\mathscr{T}_{\varphi''}(\varphi') = c(\varphi'') \int \varphi'\, dx', \quad \forall \varphi' \in D_\infty(\Omega').$$

Soit $\varphi'_0 \in D_\infty(\Omega')$ tel que $\int \varphi'_0\, dx' \neq 0$. Il vient alors

$$c(\varphi'') = \mathscr{T}_{\varphi''}(\varphi'_0) \Big/ \int \varphi'_0\, dx', \quad \forall \varphi'' \in D_\infty(\Omega'').$$

Le second membre est visiblement une distribution $\mathscr{T}''$ dans Ω'' et

$$\mathscr{T}(\varphi' \otimes \varphi'') = \int \varphi'\, dx' \cdot \mathscr{T}''(\varphi''), \quad \forall \varphi' \in D_\infty(\Omega'), \quad \forall \varphi'' \in D_\infty(\Omega''),$$

d'où la conclusion.

6. — Le théorème des noyaux est faux si on y remplace $B^{(s)}[D_\infty(\Omega'), D_\infty(\Omega'')]$ par $B[D_\infty(\Omega'), D_\infty(\Omega'')]$.

Suggestion. S'il était vrai, vu l'ex. 1, I, p. 340, on aurait $\mathscr{T}\in D^*_\infty(\Omega'\times\Omega'')$ si et seulement si sa restriction à $D_\infty(\Omega')\times D_\infty(\Omega'')$ est bornée pour les semi-normes π, ce qui est faux, vu la démonstration de b), p. 323.

7. — Généraliser le théorème des noyaux comme suit.

Soit E un espace linéaire à semi-normes complet. La correspondance entre $\mathscr{L}_b[D_\infty(\Omega'\times\Omega''), E]$ et $B_b^{(s)}[D_\infty(\Omega'), D_\infty(\Omega''); E]$ définie par

$$T(\varphi'\otimes\varphi'') = \mathscr{B}(\varphi', \varphi''), \quad \forall \varphi'\in D_\infty(\Omega'), \quad \forall \varphi''\in D_\infty(\Omega''),$$

est linéaire, biunivoque et bibornée.

Suggestion. Paraphraser la démonstration du texte, en utilisant le théorème de prolongement par densité pour les opérateurs (I, d), p. 400).

Produit de composition de distributions

Il ne semble pas possible de présenter une théorie unifiée du produit de composition de distributions.

Nous nous bornons ici à traiter deux cas particuliers importants. Dans le premier, le produit de composition est défini pour des raisons liées aux supports. Dans le second, on le définit à partir des transformées de Fourier. D'autres cas sont signalés dans les exercices.

47. — Etudions d'abord le produit de composition de distributions défini à partir de considérations sur le support.

Soit $\mathscr{T}$ une distribution dans E_n. Désignons par $C_{\infty,\mathscr{T}}(E_n)$ l'ensemble des $f\in C_\infty(E_n)$ tels que $[f]\cap[\mathscr{T}]$ soit compact.

On peut prolonger $\mathscr{T}$ à $C_{\infty,\mathscr{T}}(E_n)$ de la manière suivante.

Soit $f\in C_{\infty,\mathscr{T}}(E_n)$. Posons

$$\mathscr{T}(f) = \mathscr{T}(\alpha f),$$

pour tout $\alpha\in D_\infty(E_n)$ égal à 1 dans un ouvert contenant $[\mathscr{T}]\cap[f]$. L'expression $\mathscr{T}(\alpha f)$ est indépendante de α. En effet, si α et α' sont égaux à 1 dans un ouvert contenant $[\mathscr{T}]\cap[f]$, $(\alpha-\alpha')f$ est nul avec toutes ses dérivées dans $[\mathscr{T}]$, donc, par le paragraphe 10, p. 270, $\mathscr{T}(\alpha f)=\mathscr{T}(\alpha' f)$.

Deux distributions $\mathscr{T}'$, $\mathscr{T}''$ dans E_n sont *composables* si

$$([\mathscr{T}']\times[\mathscr{T}''])\cap\{(x', x''): x'+x''\in K\}$$

est compact pour tout compact K.

Il est équivalent de supposer que

$$[\mathscr{T}']\cap(K-[\mathscr{T}'']) \quad \text{ou} \quad [\mathscr{T}'']\cap(K-[\mathscr{T}'])$$

soient compacts pour tout compact K, ou encore que, quels que soient $x'_m\in[\mathscr{T}']$ et $x''_m\in[\mathscr{T}'']$, si la suite $x'_m+x''_m$ est bornée, les suites x'_m et x''_m soient également bornées.

Si $\mathscr{T}'$ et $\mathscr{T}''$ sont composables, on appelle *produit de composition* de $\mathscr{T}'$ et de $\mathscr{T}''$ et on note $\mathscr{T}' * \mathscr{T}''$ la distribution dans E_n définie par

$$(\mathscr{T}' * \mathscr{T}'')(\varphi) = \mathscr{T}'\{\underset{(x'')}{\mathscr{T}''}[\varphi(x'+x'')]\} = \mathscr{T}''\{\underset{(x')}{\mathscr{T}'}[\varphi(x'+x'')]\}$$

pour tout $\varphi \in D_\infty(E_n)$.

Vérifions que les expressions considérées ont un sens.

De fait, si $[\varphi] \subset K$,

$$\underset{(x'')}{\mathscr{T}''}[\varphi(x'+x'')] \ \left(\text{resp. } \underset{(x')}{\mathscr{T}'}[\varphi(x'+x'')]\right)$$

est à support dans

$$K-[\mathscr{T}''] \ (\text{resp. } K-[\mathscr{T}']),$$

donc appartient à $C_{\infty,\mathscr{T}'}(E_n)$ [resp. $C_{\infty,\mathscr{T}''}(E_n)$].

Ces deux expressions sont égales.

Soit α' (resp. α'') appartenant à $D_\infty(E_n)$ et égal à 1 dans un ouvert contenant

$$[\mathscr{T}'] \cap (K-[\mathscr{T}'']) \ \{\text{resp. } [\mathscr{T}''] \cap (K-[\mathscr{T}'])\}.$$

On a

$$\mathscr{T}'\{\underset{(x'')}{\mathscr{T}''}[\varphi(x'+x'')]\} = \mathscr{T}'\{\alpha'(x')\underset{(x'')}{\mathscr{T}''}[\varphi(x'+x'')]\}$$
$$= \mathscr{T}'\{\underset{(x'')}{\mathscr{T}''}[\alpha'(x')\alpha''(x'')\varphi(x'+x'')]\}$$

et, de même,

$$\mathscr{T}''\{\underset{(x')}{\mathscr{T}'}[\varphi(x'+x'')]\} = \mathscr{T}''\{\underset{(x')}{\mathscr{T}'}[\alpha'(x')\alpha''(x'')\varphi(x'+x'')]\}.$$

Or, en vertu du théorème de Fubini (cf. c), p. 325), ces deux expressions sont égales.

Il reste enfin à établir que $\mathscr{T}' * \mathscr{T}''$ est une distribution.

Soit $\varphi_m \to 0$ dans $D_\infty(E_n)$ et soit K un compact de E_n tel que $[\varphi_m] \subset K$ pour tout m. On a $\underset{(x')}{\mathscr{T}'}[\varphi_m(x'+x'')] \to 0$ dans $C_\infty(E_n)$. Si, de plus, $\alpha \in D_\infty(E_n)$ est égal à 1 dans un ouvert contenant $[\mathscr{T}''] \cap (K-[\mathscr{T}'])$, on a alors

$$\alpha(x'')\underset{(x')}{\mathscr{T}'}[\varphi_m(x'+x'')] \to 0$$

dans $D_\infty(E_n)$, donc

$$\mathscr{T}' * \mathscr{T}''(\varphi_m) = \mathscr{T}''\{\alpha(x'')\underset{(x')}{\mathscr{T}'}[\varphi_m(x'+x'')]\} \to 0.$$

Voici les deux principaux critères pour que deux distributions soient composables.

a) *Si $[\mathscr{T}']$ ou $[\mathscr{T}'']$ est compact, $\mathscr{T}'$ et $\mathscr{T}''$ sont composables.*

De fait, si, par exemple, $[\mathscr{T}']$ est compact, pour tout compact K, $[\mathscr{T}'] \cap (K-[\mathscr{T}''])$ est compact.

b) Soit $E_n = \{(x, t) : x \in E_{n-1},\ t \in E_1\}$.

On dit que $A \subset E_n$ est *hyperbolique* (resp. *parabolique*) s'il existe $C>0$ (resp. $C=0$) tel que

$$A \subset \{(x, t) : t \geqq C|x|\}.$$

Si $[\mathscr{C}']$ *est hyperbolique et* $[\mathscr{C}'']$ *parabolique,* $\mathscr{C}'$ *et* $\mathscr{C}''$ *sont composables.* En effet, ici également, si, par exemple, $[\mathscr{C}']$ est hyperbolique, pour tout compact K, $[\mathscr{C}'] \cap (K - [\mathscr{C}''])$ est compact.

Signalons encore quelques exemples de distributions composables.

— *Quel que soit* $\mathscr{C} \in D^*_\infty(E_n)$, $\mathscr{C}$ *et* δ_0 *sont composables et*

$$\mathscr{C} * \delta_0 = \mathscr{C}.$$

— *Quel que soit* $\mathscr{C} \in D^*_\infty(E_n)$ *et* $\varphi \in D_\infty(E_n)$, $\mathscr{C}$ *et* $\mathscr{C}_\varphi$ *sont composables et*

$$\mathscr{C} * \mathscr{C}_\varphi = \mathscr{C}_{\mathscr{C} * \varphi}.$$

— *Si* $\mathscr{C}'$ *et* $\mathscr{C}''$ *sont composables, quels que soient les polynômes* L' *et* L'', $\mathscr{C}'[L'(D)\cdot]$ *et* $\mathscr{C}''[L''(D)\cdot]$ *sont composables et*

$$\mathscr{C}'[L'(D)\cdot] * \mathscr{C}''[L''(D)\cdot] = (\mathscr{C}' * \mathscr{C}'')[L'(D)L''(D)\cdot].$$

— *Si* $\mathscr{C}'$ *et* $\mathscr{C}'' \in D^*_\infty(E_n)$ [resp. $\mathscr{Q}'$ *et* $\mathscr{Q}'' \in D^*_\infty(E_{n'})$] *sont composables,* $\mathscr{C}' \otimes \mathscr{Q}'$ *et* $\mathscr{C}'' \otimes \mathscr{Q}''$ *sont composables et*

$$(\mathscr{C}' \otimes \mathscr{Q}') * (\mathscr{C}'' \otimes \mathscr{Q}'') = (\mathscr{C}' * \mathscr{C}'') \otimes (\mathscr{Q}' * \mathscr{Q}'').$$

Les démonstrations sont immédiates.

48. — Passons aux propriétés des produits de composition.

a) *Si* $\mathscr{C}'$ *et* $\mathscr{C}''$ *sont composables, alors*

$$\mathscr{C}' * \mathscr{C}'' = \mathscr{C}'' * \mathscr{C}'.$$

b) *Si* $\mathscr{C}'$ *et* $\mathscr{C}''$ *sont composables, on a*

$$[\mathscr{C}' * \mathscr{C}''] \subset [\mathscr{C}'] + [\mathscr{C}''].$$

En particulier,

— *si* $\mathscr{C}'$ *et* $\mathscr{C}''$ *sont à support compact,* $\mathscr{C}' * \mathscr{C}''$ *est à support compact.*

— *si* $[\mathscr{C}']$ *est hyperbolique et* $[\mathscr{C}'']$ *parabolique* (resp. *hyperbolique*), *alors* $[\mathscr{C}' * \mathscr{C}'']$ *est parabolique* (resp. *hyperbolique*).

De fait, si $\varphi \in D_\infty(E_n)$, on a

$$\begin{aligned}[\varphi] \cap ([\mathscr{C}'] + [\mathscr{C}'']) = \varnothing &\Rightarrow [\mathscr{C}'] \cap ([\varphi] - [\mathscr{C}'']) = \varnothing \\ &\Rightarrow [\mathscr{C}'] \cap [\mathscr{C}''_{(x'')}(\varphi(x' + x''))] = \varnothing \\ &\Rightarrow \mathscr{C}'\{\mathscr{C}''_{(x'')}[\varphi(x' + x'')]\} = 0.\end{aligned}$$

c) *Si $\mathcal{T}'$ et $\mathcal{T}''$ sont composables, on a*

$$o(\mathcal{T}'*\mathcal{T}'') \leqq o(\mathcal{T}')+o(\mathcal{T}'').$$

C'est immédiat.

49. — On peut étendre la notion de produit de composition à $m>2$ distributions.

Examinons par exemple le cas de trois distributions $\mathcal{T}'$, $\mathcal{T}''$, $\mathcal{T}''' \in D^*_\infty(E_n)$.

a) *Si $\mathcal{T}'$, $\mathcal{T}''$, $\mathcal{T}'''$ sont tels que*

$$\{[\mathcal{T}']\times[\mathcal{T}'']\times[\mathcal{T}''']\}\cap\{(x', x'', x'''): x'+x''+x''' \in K\} \qquad (*)$$

soit compact dans E_{3n} pour tout compact K de E_n, pour toute permutation $\{\mathcal{T}_1, \mathcal{T}_2, \mathcal{T}_3\}$ de $\{\mathcal{T}', \mathcal{T}'', \mathcal{T}'''\}$, $\mathcal{T}_1$ et $\mathcal{T}_2$ sont composables, $\mathcal{T}_1*\mathcal{T}_2$ et $\mathcal{T}_3$ sont composables et $(\mathcal{T}_1*\mathcal{T}_2)*\mathcal{T}_3$ est indépendant de la permutation.

L'hypothèse entraîne, par projection, que les ensembles

$$[\mathcal{T}']\cap(K-[\mathcal{T}'']-[\mathcal{T}''']),\quad [\mathcal{T}'']\cap(K-[\mathcal{T}''']-[\mathcal{T}']),\quad [\mathcal{T}''']\cap(K-[\mathcal{T}']-[\mathcal{T}''])$$

soient compacts dans E_n si K est compact. Donc

$$[\mathcal{T}']\cap(K-[\mathcal{T}'']),\quad [\mathcal{T}'']\cap(K-[\mathcal{T}''']),\quad [\mathcal{T}''']\cap(K-[\mathcal{T}'])$$

le sont aussi, car ils sont fermés et contenus dans

$$[\mathcal{T}']\cap\{(K+a''')-[\mathcal{T}'']-[\mathcal{T}''']\},\quad (a'''\in[\mathcal{T}''']),$$

$$[\mathcal{T}'']\cap\{(K+a')-[\mathcal{T}''']-[\mathcal{T}']\},\quad (a'\in[\mathcal{T}']),$$

et

$$[\mathcal{T}''']\cap\{(K+a'')-[\mathcal{T}']-[\mathcal{T}'']\},\quad (a''\in[\mathcal{T}'']).$$

D'où le sens des expressions considérées.

On démontre leur égalité en reprenant dans E_{3n} le raisonnement fait pour $\mathcal{T}'*\mathcal{T}''$.

Si l'hypothèse de a) est satisfaite, on dit que $\mathcal{T}'$, $\mathcal{T}''$ et $\mathcal{T}'''$ sont *composables*. On appelle *produit de composition de $\mathcal{T}'$, $\mathcal{T}''$ et $\mathcal{T}'''$* et on note $\mathcal{T}'*\mathcal{T}''*\mathcal{T}'''$ une quelconque des expressions $(\mathcal{T}_1*\mathcal{T}_2)*\mathcal{T}_3$.

L'hypothèse de a) est indispensable, comme le montre le cas des trois distributions

$$\mathcal{T}'(\varphi) = \int_{-\infty}^{+\infty} \varphi(x)\,dx,\quad \mathcal{T}''(\varphi) = -D_x\varphi(0),\quad \mathcal{T}'''(\varphi) = \int_0^{+\infty} \varphi(x)\,dx,$$

pour lesquelles

$$\mathcal{T}'*(\mathcal{T}''*\mathcal{T}''') = \mathcal{T}'$$

et

$$(\mathcal{T}'*\mathcal{T}'')*\mathcal{T}''' = 0.$$

b) *Si $\mathscr{C}'$, $\mathscr{C}''$ et $\mathscr{C}'''$ sont composables, on a*

$$[\mathscr{C}' * \mathscr{C}'' * \mathscr{C}'''] \subset [\mathscr{C}'] + [\mathscr{C}''] + [\mathscr{C}''']$$

et

$$o(\mathscr{C}' * \mathscr{C}'' * \mathscr{C}''') \leqq o(\mathscr{C}') + o(\mathscr{C}'') + o(\mathscr{C}''').$$

Cela découle immédiatement de a) et du paragraphe précédent.

c) *Pour que les distributions $\mathscr{C}'$, $\mathscr{C}''$ et $\mathscr{C}'''$ soient composables,*

— *il suffit que deux d'entre elles soient à support compact.*

— *il suffit que deux d'entre elles soient à support hyperbolique et la troisième à support parabolique.*

Cela résulte de a) et b), p. 330.

50. — On peut donner une forme beaucoup plus précise à la relation entre les supports

$$[\mathscr{C}' * \mathscr{C}''] \subset [\mathscr{C}'] + [\mathscr{C}''].$$

Désignons par $\langle\langle A \rangle\rangle$ l'enveloppe convexe de A, (cf. p. 353).

Théorème de J. L. Lions

Si $\mathscr{C}'$ et $\mathscr{C}'' \in D^*_\infty(E_n)$ sont à support compact, on a

$$\langle\langle [\mathscr{C}' * \mathscr{C}''] \rangle\rangle = \langle\langle [\mathscr{C}'] \rangle\rangle + \langle\langle [\mathscr{C}''] \rangle\rangle.$$

a) Démontrons d'abord que, si $\mathscr{C} \in D^*_\infty(E_n)$ est à support compact, on a

$$\langle\langle [\mathscr{C} * \mathscr{C}] \rangle\rangle = 2 \langle\langle [\mathscr{C}] \rangle\rangle.$$

Comme $[\mathscr{C}]$ et $[\mathscr{C} * \mathscr{C}]$ sont compacts, leurs enveloppes convexes sont compactes. Or, pour tout compact convexe K de E_n, on a

$$K = \bigcap_{|e|=1} \{x : (x, e) \geqq \inf_{y \in K} (y, e)\}.$$

Dès lors, $\langle\langle [\mathscr{C}] \rangle\rangle$ et $\langle\langle [\mathscr{C} * \mathscr{C}] \rangle\rangle$ s'écrivent sous la forme

$$\langle\langle [\mathscr{C}] \rangle\rangle = \bigcap_{|e|=1} \{x : (x, e) \geqq A_e\}$$

et

$$\langle\langle [\mathscr{C} * \mathscr{C}] \rangle\rangle = \bigcap_{|e|=1} \{x : (x, e) \geqq B_e\},$$

pour un choix convenable des A_e et B_e.

Fixons e tel que $|e| = 1$. Nous dirons que $\mathscr{C}$ est *nul sous A dans la direction e* si $\{x : (x, e) < A\}$ est un ouvert d'annulation de $\mathscr{C}$, donc si $A \leqq A_e$.

Comme $0 \in \Gamma_{\mathscr{C} * \mathscr{C}}$, par le théorème de Paley-Wiener (cf. i), p. 310), $\mathscr{C} * \mathscr{C}$ est nul sous A dans la direction e si et seulement si il existe C et N tels que

$$|\mathscr{L}_p(\mathscr{C} * \mathscr{C})| = |\mathscr{L}_p \mathscr{C}|^2 \leqq C e^{-At} (1 + |p|^2)^N, \quad \forall p \in \{te : t \geqq 0\} + iE_n.$$

C'est le cas si et seulement si il existe C' et N' tels que.

$$|\mathscr{L}_p\mathscr{T}| \leqq C' e^{-At/2}(1+|p|^2)^{N'}, \quad \forall p \in \{te : t \geqq 0\} + iE_n,$$

donc si et seulement si $\mathscr{T}$ est nul sous $A/2$ dans la direction e.

Dès lors, on a $B_e = 2A_e$ pour tout e et $\langle\langle[\mathscr{T} * \mathscr{T}]\rangle\rangle = 2\langle\langle[\mathscr{T}]\rangle\rangle$.

b) Quels que soient les polynômes $p'(x')$, $p''(x'')$, on a

$$\langle\langle[\mathscr{T}'(p'\cdot) * \mathscr{T}''(p''\cdot)]\rangle\rangle \subset \langle\langle[\mathscr{T}' * \mathscr{T}'']\rangle\rangle.$$

Il suffit de le démontrer pour $p'=1$ et $p''=x_i''$. On passe alors de proche en proche au cas général.

Il suffit donc d'établir que, si $\mathscr{T}' * \mathscr{T}''$ est nul sous A dans la direction e, c'est aussi le cas pour $\mathscr{T}' * [\mathscr{T}''(x_i''\cdot)]$.

Notons que, si $\mathscr{T}'$ est nul sous A et $\mathscr{T}''$ sous B dans la direction e, $\mathscr{T}' * \mathscr{T}''$ est nul sous $A+B$ car $[\mathscr{T}' * \mathscr{T}''] \subset [\mathscr{T}'] + [\mathscr{T}'']$.

Désignons par θ les nombres appartenant à $[0, 1]$ et tels que, quels que soient $\mathscr{T}$ et $\mathscr{Q}$ à support compact, nuls sous A et B respectivement, si $\mathscr{T} * \mathscr{Q}$ est nul sous $C \geqq A+B$, alors $\mathscr{T}(x_i\cdot) * \mathscr{Q}$ est nul sous $(1-\theta)(A+B)+\theta C$. De tels nombres θ existent; par exemple, $\theta=0$ convient. Désignons par θ_0 leur borne supérieure. Elle est atteinte car toute union d'ouverts d'annulation d'une distribution est un ouvert d'annulation de cette distribution.

On va prouver que $\theta_0 = 1$.

On a

$$\mathscr{T} * [\mathscr{Q}(x_i\cdot)] + \mathscr{T}(x_i\cdot) * \mathscr{Q} = (\mathscr{T} * \mathscr{Q})(x_i\cdot).$$

De là,

$$[\mathscr{T}(x_i\cdot) * \mathscr{Q}] * [\mathscr{T}(x_i\cdot) * \mathscr{Q}] = \underbrace{\underbrace{[\underbrace{\mathscr{T}(x_i\cdot)}_{A} * \underbrace{\mathscr{Q}}_{B}]}_{(1-\theta_0)(A+B)+\theta_0 C} * [\underbrace{(\mathscr{T} * \mathscr{Q})}_{C}(x_i\cdot)]}_{(1-\theta_0)(A+B)+(1+\theta_0)C} - \underbrace{\underbrace{(\mathscr{T} * \mathscr{Q})}_{C} * \underbrace{[\underbrace{\mathscr{T}(x_i\cdot)}_{A} * \underbrace{\mathscr{Q}(x_i\cdot)}_{B}]}_{(1-\theta_0)(A+B)+\theta_0 C}}_{(1-\theta_0)(A+B)+(1+\theta_0)C}.$$

Chaque distribution du second membre est nulle dans la direction e sous le nombre indiqué en dessous d'elle, donc le premier membre est nul sous

$$(1-\theta_0)(A+B)+(1+\theta_0)C.$$

De là, par a), $\mathscr{T}(x_i\cdot) * \mathscr{Q}$ est nul sous

$$\frac{1-\theta_0}{2}(A+B) + \frac{1+\theta_0}{2} C = (1-\theta)(A+B)+(1-\theta)C,$$

où $\theta = (1+\theta_0)/2 > \theta_0$ si $\theta_0 \neq 1$. Donc $\theta_0 = 1$.

c) Vérifions enfin que

$$[\mathscr{T}'] + [\mathscr{T}''] \subset \langle\langle[\mathscr{T}' * \mathscr{T}'']\rangle\rangle \qquad (*)$$

Il en résulte que

$$\langle\langle[\mathscr{T}']\rangle\rangle+\langle\langle[\mathscr{T}'']\rangle\rangle\subset\langle\langle[\mathscr{T}'*\mathscr{T}'']\rangle\rangle$$

et comme

$$[\mathscr{T}'*\mathscr{T}'']\subset[\mathscr{T}']+[\mathscr{T}''],$$

on a aussi

$$\langle\langle[\mathscr{T}'*\mathscr{T}'']\rangle\rangle\subset\langle\langle[\mathscr{T}']\rangle\rangle+\langle\langle[\mathscr{T}'']\rangle\rangle,$$

d'où la conclusion.

Notons que (*) est équivalent à

$$[\mathscr{T}'\otimes\mathscr{T}'']\subset\{(x',x''):x'+x''\in\langle\langle[\mathscr{T}'*\mathscr{T}'']\rangle\rangle\},$$

car $[\mathscr{T}'\otimes\mathscr{T}''] = [\mathscr{T}']\times[\mathscr{T}'']$.

Soit (x_0', x_0'') tel que $x_0'+x_0'' = x_0\notin\langle\langle[\mathscr{T}'\times\mathscr{T}'']\rangle\rangle$. Il existe alors $\varepsilon>0$ tel que $\{x:|x-x_0|<\varepsilon\}$ ne rencontre pas $\langle\langle[\mathscr{T}'*\mathscr{T}'']\rangle\rangle$.

Soit b une boule de centre (x_0', x_0'') et de rayon $\varepsilon/4$. Montrons que

$$\mathscr{T}'\otimes\mathscr{T}''(\varphi) = 0$$

pour tout $\varphi\in D_\infty(E_{2n})$, à support dans b.

Il existe une suite de polynômes $p_m(x', x'')$ convergeant vers φ dans $C_\infty(E_{2n})$. Soit α une $(\varepsilon/4)$-adoucie de $\{x:|x-x_0|\leqq\varepsilon/2\}$. La suite $p_m(x', x'')\alpha(x'+x'')$ tend encore vers φ dans $C_\infty(E_{2n})$.

Or, vu b), comme $[\alpha]\cap\langle\langle[\mathscr{T}'*\mathscr{T}'']\rangle\rangle = \varnothing$,

$$\mathscr{T}'\otimes\mathscr{T}''[p'(x')p''(x'')\alpha(x'+x'')] = [\mathscr{T}'(p'\cdot)*\mathscr{T}''(p''\cdot)](\alpha) = 0,$$

pour tous polynômes p', p'', d'où, par combinaison linéaire,

$$\mathscr{T}'\otimes\mathscr{T}''[p_m(x', x'')\alpha(x'+x'')] = 0,\ \forall m,$$

et, par passage à la limite, $\mathscr{T}'\otimes\mathscr{T}''(\varphi) = 0$, d'où la conclusion.

51. — On peut également définir le produit de composition de distributions dans E_n à partir de leur transformée de Fourier.

Deux distributions $\mathscr{T}'$ et $\mathscr{T}''$ dans E_n sont *composables* si $0\in\Gamma_{\mathscr{T}'}\cap\Gamma_{\mathscr{T}''}$. Leur *produit de composition*, noté $\mathscr{T}'*\mathscr{T}''$, est la distribution dans E_n définie par

$$(\mathscr{T}'*\mathscr{T}'')(\varphi) = \mathscr{T}'\{\underset{(x'')}{\mathscr{T}''}[\varphi(x'+x'')]\} = \mathscr{T}''\{\underset{(x')}{\mathscr{T}'}[\varphi(x', x'')]\}$$

pour tout $\varphi\in D_\infty(E_n)$.

Vérifions d'abord que les expressions considérées ont un sens.

Vu h), p. 309,

$$\underset{(x'')}{\mathscr{T}''}[\varphi(x'+x'')]\in S_\infty(E_n)$$

pour tout $\varphi \in D_\infty(E_n)$ et $\mathscr{T}'$ est tempéré. L'expression

$$\mathscr{T}'\{\underset{(x'')}{\mathscr{T}''}[\varphi(x'+x'')]\}$$

est donc définie quel que soit $\varphi \in D_\infty(E_n)$.

C'est une distribution dans E_n. Il suffit pour cela que, si $\varphi_m \to 0$ dans $D_\infty(E_n)$,

$$\underset{(x'')}{\mathscr{T}''}[\varphi_m(x'+x'')] \to 0$$

dans $S_\infty(E_n)$, puisque $\mathscr{T}' \in S_\infty^*(E_n)$.

Or, si $\varphi_m \to 0$ dans $D_\infty(E_n)$,

$$\underset{(x'')}{\mathscr{T}''}[\varphi_m(x'+x'')] \to 0$$

pour tout x' fixé. De là, l'opérateur qui, à $\varphi \in D_\infty(E_n)$ associe $\underset{(x'')}{\mathscr{T}''}[\varphi(x'+x'')] \in S_\infty(E_n)$ est fermé, donc borné.

Pour $\mathscr{T}' * \mathscr{T}''$ ainsi défini, on a $0 \in \Gamma_{\mathscr{T}' * \mathscr{T}''}$. En effet, pour tout $\varphi \in D_\infty(E_n)$, on a $(\mathscr{T}' * \mathscr{T}'') * \varphi = \mathscr{T}' * (\mathscr{T}'' * \varphi)$ et, vu h), p. 309,

$$\mathscr{T}'' * \varphi \in S_\infty(E_n) \text{ et } \mathscr{T}' * (\mathscr{T}'' * \varphi) \in S_\infty(E_n) \subset L_1(E_n).$$

Calculons la transformée de Fourier en η de $\mathscr{T}' * \mathscr{T}''$. Pour cela, notons que

$$\{\mathscr{T}' * [\mathscr{T}''(e^{i(\eta,x)}\cdot)]\} * \varphi = \mathscr{T}'(e^{i(\eta,x)}\cdot) * [\mathscr{T}''(e^{i(\eta,x)}\cdot) * \varphi]$$

pour tout $\varphi \in D_\infty(E_n)$.

De là, vu b), p. 304,

$$\begin{aligned}\mathscr{F}_\eta^+(\mathscr{T}' * \mathscr{T}'') &= \mathscr{F}_0^+[(\mathscr{T}' * \mathscr{T}'')(e^{i(\eta,x)}\cdot)] \\ &= \mathscr{F}_0^+[\mathscr{T}'(e^{i(\eta,x)}\cdot)] \cdot \mathscr{F}_0^+[\mathscr{T}''(e^{i(\eta,x)}\cdot)] = \mathscr{F}_\eta^+\mathscr{T} \cdot \mathscr{F}_\eta^+\mathscr{T}''.\end{aligned}$$

La distribution définie de la même manière, en permutant $\mathscr{T}'$ et $\mathscr{T}''$ a la même transformée de Fourier que $\mathscr{T}' * \mathscr{T}''$ pour tout η, donc, vu le théorème d'annulation f), p. 309, elle lui est égale.

a) *Si $\mathscr{T}'$ et $\mathscr{T}''$ sont composables* (au sens considéré ici), *on a*

— $\mathscr{T}' * \mathscr{T}'' = \mathscr{T}'' * \mathscr{T}'$,

— $[\mathscr{T}' * \mathscr{T}''] \subset [\mathscr{T}'] + [\mathscr{T}'']$,

— $o(\mathscr{T}' * \mathscr{T}'') \leqq o(\mathscr{T}') + o(\mathscr{T}'')$.

Le premier point vient d'être établi. Quant aux deux autres, leur démonstration est analogue à celles de b) et c), p. 330.

b) *Si $\mathscr{T}'$ et $\mathscr{T}''$ sont composables, $\Gamma_{\mathscr{T}' * \mathscr{T}''} \ni 0$ et $\mathscr{F}_\eta^+(\mathscr{T}' * \mathscr{T}'') = \mathscr{F}_\eta^+\mathscr{T}' \cdot \mathscr{F}_\eta^+\mathscr{T}''$.*

Cela a été établi plus haut.

c) *Si $\mathring{\Gamma}_{\mathscr{T}'} \cap \mathring{\Gamma}_{\mathscr{T}''} \ni 0$, pour tout ouvert connexe ω tel que $0 \in \omega \subset \mathring{\Gamma}_{\mathscr{T}'} \cap \mathring{\Gamma}_{\mathscr{T}''}$, on a $\Gamma_{\mathscr{T}' * \mathscr{T}''} \supset \omega$ et*

$$\mathscr{L}_p(\mathscr{T}' * \mathscr{T}'') = \mathscr{L}_p\mathscr{T}' \cdot \mathscr{L}_p\mathscr{T}'', \quad \forall p \in \omega + iE_n.$$

On a alors

$$(\mathscr{C}' * \mathscr{C}'')(\varphi) = [\mathscr{C}'(e^{-(p,x)}\cdot) * \mathscr{C}''(e^{-(p,x)}\cdot)][e^{(p,x)}\varphi(x)]$$

pour tout $\varphi \in D_\infty(E_n)$ *et tout* $p \in (\mathring{\Gamma}_{\mathscr{C}'} \cap \mathring{\Gamma}_{\mathscr{C}''}) + iE_n$.

Comme $\mathscr{L}_p\mathscr{C}' \cdot \mathscr{L}_p\mathscr{C}''$ vérifie les hypothèses du théorème b), p. 313 dans ω, il existe une et une seule distribution $\mathscr{C}$ telle que $\Gamma_{\mathscr{C}} \supset \omega$ et que

$$\mathscr{L}_p\mathscr{C} = \mathscr{L}_p\mathscr{C}' \cdot \mathscr{L}_p\mathscr{C}'', \quad \forall p \in \omega + iE_n.$$

Comme ce $\mathscr{C}$ est tel que

$$\mathscr{F}_\eta^+\mathscr{C} = \mathscr{F}_\eta^+\mathscr{C}' \cdot \mathscr{F}_\eta^+\mathscr{C}'' = \mathscr{F}_\eta^+(\mathscr{C}' * \mathscr{C}''), \quad \forall \eta \in E_n,$$

vu f), p. 309, $\mathscr{C} = \mathscr{C}' * \mathscr{C}''$.

La dernière formule est immédiate, si on note que, sous les conditions de l'énoncé,

$$\Gamma_{\mathscr{C}'(e^{-(p,x)}\cdot)} = \Gamma_{\mathscr{C}'} - \xi \ni 0$$

et

$$\Gamma_{\mathscr{C}''(e^{-(p,x)}\cdot)} = \Gamma_{\mathscr{C}''} - \xi \ni 0,$$

donc que $\mathscr{C}'(e^{-(p,x)}\cdot)$ et $\mathscr{C}''(e^{-(p,x)}\cdot)$ sont composables.

d) On peut étendre ce qui précède à $m > 2$ distributions.

Examinons encore le cas de trois distributions, par exemple.

Si $\mathscr{C}', \mathscr{C}'', \mathscr{C}''' \in D_\infty^*(E_n)$ *sont tels que* $\Gamma_{\mathscr{C}'}, \Gamma_{\mathscr{C}''}, \Gamma_{\mathscr{C}'''} \ni 0$, *pour toute permutation* $\{\mathscr{C}_1, \mathscr{C}_2, \mathscr{C}_3\}$ *de* $\{\mathscr{C}', \mathscr{C}'', \mathscr{C}'''\}$, $\mathscr{C}_1$ *et* $\mathscr{C}_2$ *sont composables,* $\mathscr{C}_1 * \mathscr{C}_2$ *et* $\mathscr{C}_3$ *sont composables et* $(\mathscr{C}_1 * \mathscr{C}_2) * \mathscr{C}_3$ *est indépendant de la permutation considérée.*

On désigne par $\mathscr{C}' * \mathscr{C}'' * \mathscr{C}'''$ une quelconque des distributions $(\mathscr{C}_1 * \mathscr{C}_2) * \mathscr{C}_3$.

Le produit ainsi défini est commutatif et associatif.

En outre,

— $[\mathscr{C}' * \mathscr{C}'' * \mathscr{C}'''] \subset [\mathscr{C}'] + [\mathscr{C}''] + [\mathscr{C}''']$.

— $o(\mathscr{C}' * \mathscr{C}'' * \mathscr{C}''') \leq o(\mathscr{C}') + o(\mathscr{C}'') + o(\mathscr{C}''')$.

— $\Gamma_{\mathscr{C}' * \mathscr{C}'' * \mathscr{C}'''} \ni 0$ *et*

$$\mathscr{F}_\eta^+(\mathscr{C}' * \mathscr{C}'' * \mathscr{C}''') = \mathscr{F}_\eta^+\mathscr{C}' \cdot \mathscr{F}_\eta^+\mathscr{C}'' \cdot \mathscr{F}_\eta^+\mathscr{C}'''.$$

— *si* $\mathring{\Gamma}_{\mathscr{C}'} \cap \mathring{\Gamma}_{\mathscr{C}''} \cap \mathring{\Gamma}_{\mathscr{C}'''} \ni 0$ *et si* ω *est un ouvert connexe tel que*

$$0 \in \omega \subset \mathring{\Gamma}_{\mathscr{C}'} \cap \mathring{\Gamma}_{\mathscr{C}''} \cap \mathring{\Gamma}_{\mathscr{C}'''},$$

on a

$$\mathscr{L}_p(\mathscr{C}' * \mathscr{C}'' * \mathscr{C}''') = \mathscr{L}_p\mathscr{C}' \cdot \mathscr{L}_p\mathscr{C}'' \cdot \mathscr{L}_p\mathscr{C}'''$$

pour tout $p \in \omega + iE_n$.

On sait que $\mathscr{C}_1$ et $\mathscr{C}_2$ sont composables et que $\Gamma_{\mathscr{C}_1 * \mathscr{C}_2} \ni 0$. Dès lors, $\mathscr{C}_1 * \mathscr{C}_2$ et $\mathscr{C}_3$ sont composables. En outre, pour tout $\eta \in E_n$,

$$\mathscr{F}_\eta^+[(\mathscr{C}_1 * \mathscr{C}_2) * \mathscr{C}_3] = \mathscr{F}_\eta^+(\mathscr{C}_1 * \mathscr{C}_2) \cdot \mathscr{F}_\eta^+\mathscr{C}_3 = \mathscr{F}_\eta^+\mathscr{C}' \cdot \mathscr{F}_\eta^+\mathscr{C}'' \cdot \mathscr{F}_\eta^+\mathscr{C}'''$$

donc $(\mathscr{C}_1 * \mathscr{C}_2) * \mathscr{C}_3$ est indépendant de la permutation.

Les propriétés de $\mathscr{T}' * \mathscr{T}'' * \mathscr{T}'''$ se déduisent alors immédiatement de celles de $\mathscr{T}' * \mathscr{T}''$.

EXERCICES

Soient $\mathscr{T}', \mathscr{T}'', \mathscr{T}''' \in D^*_\infty(E_n)$. On peut donner un sens à $\mathscr{T}' * \mathscr{T}''$ si $\Gamma_{\mathscr{T}'} \cap \Gamma_{\mathscr{T}''} \neq \varnothing$. Le produit de composition ainsi obtenu dépend alors du point considéré dans $\Gamma_{\mathscr{T}'} \cap \Gamma_{\mathscr{T}''}$. Indiquons en exercices les principaux résultats.

1. — Si $\Gamma_{\mathscr{T}'} \cap \Gamma_{\mathscr{T}''} \ni \xi$, l'expression

$$(\mathscr{T}' \underset{(\xi)}{*} \mathscr{T}'')(\varphi) = [\mathscr{T}'(e^{-(\xi,x)}\cdot) * \mathscr{T}''(e^{-(\xi,x)}\cdot)]\,(e^{(\xi,x)}\varphi)$$

est une distribution dans E_n telle que

— $\mathscr{T}' \underset{(\xi)}{*} \mathscr{T}'' = \mathscr{T}'' \underset{(\xi)}{*} \mathscr{T}'$.

— $\Gamma_{\mathscr{T}' \underset{(\xi)}{*} \mathscr{T}''} \ni \xi$ et $\mathscr{L}_p(\mathscr{T}' \underset{(\xi)}{*} \mathscr{T}'') = \mathscr{L}_p\mathscr{T}' \cdot \mathscr{L}_p\mathscr{T}''$ pour tout $p = \xi + i\eta$, $\eta \in E_n$.

— $[\mathscr{T}' \underset{(\xi)}{*} \mathscr{T}''] \subset [\mathscr{T}'] + [\mathscr{T}'']$.

— $o(\mathscr{T}' \underset{(\xi)}{*} \mathscr{T}'') \leqq o(\mathscr{T}') + o(\mathscr{T}'')$.

2. — Si ω est un ouvert connexe contenu dans $\Gamma_{\mathscr{T}'} \cap \Gamma_{\mathscr{T}''}$, $\mathscr{T}' \underset{(\xi)}{*} \mathscr{T}''$ est indépendant de $\xi \in \omega$.

En particulier, si $\omega \ni 0$, $\mathscr{T}' \underset{(\xi)}{*} \mathscr{T}'' = \mathscr{T}' * \mathscr{T}''$ pour tout $\xi \in \omega$.

3. — Si $\Gamma_{\mathscr{T}'} \cap \Gamma_{\mathscr{T}''} \cap \Gamma_{\mathscr{T}'''} \ni \xi$, l'expression

$$(\mathscr{T}_1 \underset{(\xi)}{*} \mathscr{T}_2) \underset{(\xi)}{*} \mathscr{T}_3$$

est une distribution indépendante de la permutation $\mathscr{T}_1, \mathscr{T}_2, \mathscr{T}_3$ de $\mathscr{T}', \mathscr{T}''$ et $\mathscr{T}'''$.

*

* *

Il existe encore d'autres cas où l'on peut définir un produit de composition de $\mathscr{T}', \mathscr{T}'' \in D_\infty(E_n)$. En voici deux exemples.

1. — Si $\mathscr{T}' = \mathscr{T}_{f'}$ et $\mathscr{T}'' = \mathscr{T}_{f''}$ avec $f', f'' \in L_1^{\text{loc}}(E_n)$ tels que $|f'| * |f''|$ soit défini et appartienne à $L_1^{\text{loc}}(E_n)$, on pose

$$\mathscr{T}_{f'} * \mathscr{T}_{f''} = \mathscr{T}_{f' * f''} = \mathscr{T}_{f''} * \mathscr{T}_{f'}.$$

Etablir les propriétés de $\mathscr{T}_{f'} * \mathscr{T}_{f''}$ analogues à celles du texte.

2. — Si $\mathscr{T}' = \mathscr{T}_{\mu'}$ et $\mathscr{T}'' = \mathscr{T}_{\mu''}$, μ' et μ'' étant des mesures composables dans E_n, on pose

$$\mathscr{T}_{\mu'} * \mathscr{T}_{\mu''} = \mathscr{T}_{\mu' * \mu''} = \mathscr{T}_{\mu''} * \mathscr{T}_{\mu'}.$$

Etablir les propriétés de $\mathscr{T}_{\mu'} * \mathscr{T}_{\mu''}$ analogues à celles du texte.

VII. ESPACES DE FONCTIONS ANALYTIQUES

Espace $A(\Omega)$

1. — Soit Ω un ouvert de E_n.

Une fonction f est *analytique* dans Ω si $f \in C_\infty(\Omega)$ et si, pour tout compact $K \subset \Omega$, il existe une constante C_K telle que

$$\sup_{|k|=l} \sup_{x \in K} |D_x^k f(x)| \leqq l! C_K^l, \quad \forall l.$$

Nous renvoyons à FVR II pour les propriétés de ces fonctions.

Voici toutefois un rappel utile.

Une fonction f est analytique dans Ω si et seulement si, pour tout $x_0 \in \Omega$, il existe $\varepsilon < d(x_0, \complement\Omega)$ tel que

$$f(x) = \sum_{|k|=0}^{\infty} \frac{(x-x_0)^k}{k!} D_x^k f(x_0), \quad \forall x \in \{x : |x-x_0| \leqq \varepsilon\},$$

la série convergeant absolument et uniformément dans $\{x : |x-x_0| \leqq \varepsilon\}$.

En particulier, *si Ω est connexe et si $D_x^k f(x_0) = 0$ pour tout k, alors f est identiquement nul dans Ω.*

2. — Une suite $\vec{a} \geqq 0$ est *à décroissance rapide* si, pour tout N, $a_m N^m \to 0$ quand $m \to \infty$.

a) *Une suite $\vec{a} \geqq 0$ est à décroissance rapide si et seulement si, pour tout N, il existe $C_N > 0$ tel que*

$$a_m \leqq C_N N^{-m}$$

pour m assez grand.

La condition est visiblement nécessaire.

Elle est suffisante. De fait, si $a_m \leqq C_N N^{-2m}$ pour m assez grand, on a

$$a_m N^m \leqq C_N N^{-m} \to 0$$

si $m \to \infty$.

b) *Une suite $\vec{b}$ est telle que*

$$|b_m| \leqq N^m, \quad \forall m,$$

pour au moins un N si et seulement si, pour toute suite $\vec{a} \geqq 0$ à décroissance rapide,

$$\sup_m a_m |b_m| < \infty.$$

La condition est nécessaire.

Elle est suffisante.

Si on n'a

$$|b_m| \leqq N^m, \ \forall m,$$

pour aucun N, il existe des suites N_k et $m_k \uparrow \infty$ telles que

$$|b_{m_k}| \geqq N_k^{m_k}, \ \forall k.$$

On prend par exemple $N_1 = 1$ et on détermine m_1 tel que

$$|b_{m_1}| \geqq 1.$$

Si N_{k-1}, m_{k-1} sont fixés, on détermine $N_k > N_{k-1}$ tel que

$$|b_m| < N_k^m, \ \forall m \leqq m_{k-1}.$$

On choisit alors m_k tel que

$$|b_{m_k}| \geqq N_k^{m_k}.$$

Il est immédiat que $m_k > m_{k-1}$.

Considérons alors la suite

$$a_m = \begin{cases} 1/N_k^{m_k-1} & \text{si} \quad m = m_k, \\ 0 & \text{si} \quad m \neq m_k, \ \forall k. \end{cases}$$

Elle est à décroissance rapide, car

$$a_{m_k} N^{m_k} = N^{m_k}/N_k^{m_k-1} \leqq 1/N^{m_k-2}$$

dès que $N_k \geqq N^2$.

Or

$$a_{m_k} |b_{m_k}| \geqq N_k \to \infty$$

si $k \to \infty$, d'où la conclusion.

3. — Désignons par **A** l'ensemble des suites positives à décroissance rapide.

On appelle $A(\boldsymbol{\Omega})$ l'ensemble des fonctions analytiques dans Ω muni de la combinaison linéaire de $C_\infty(\Omega)$ et du système de semi-normes

$$\pi_{\vec{a},K}(f) = \sup_l \sup_{|k|=l} \sup_{x \in K} \frac{a_l}{l!} |D_x^k f(x)|,$$

où $\vec{a} \in \mathbf{A}$ et où K est compact et contenu dans Ω.

Il est immédiat que c'est bien un système de semi-normes.

a) *L'espace $A(\Omega)$ est le sous-espace linéaire de $C_\infty(\Omega)$ formé des f pour lesquels les semi-normes $\pi_{\vec{a},K}$ sont définies.*

Cela résulte immédiatement de la définition des fonctions analytiques et de b), p. 338.

b) *Le système de semi-normes induit dans $A(\Omega)$ par $C_\infty(\Omega)$ est plus faible que celui de $A(\Omega)$.*

De plus, les semi-boules fermées de $A(\Omega)$ sont fermées pour les semi-normes induites par $C_\infty(\Omega)$.

C'est immédiat.

c) *Un ensemble B est borné dans $A(\Omega)$ si et seulement si, pour tout compact $K \subset \Omega$, il existe C_K tel que*

$$\sup_{f\in B} \sup_{|k|=l} \sup_{x\in K} |D_x^k f(x)| \leqq l! C_K^l, \quad \forall l.$$

De fait, B est borné dans $A(\Omega)$ si et seulement si, pour tout compact $K \subset \Omega$ et tout $a \in \mathbf{A}$,

$$\sup_{f\in B} \pi_{\vec{a},K}(f) = \sup_l a_l \frac{1}{l!} \sup_{f\in B} \sup_{|k|=l} \sup_{x\in K} |D_x^k f(x)| < \infty.$$

Vu b), p. 338, c'est le cas si et seulement si, pour tout K, il existe C_K tel que

$$\frac{1}{l!} \sup_{f\in B} \sup_{|k|=l} \sup_{x\in K} |D_x^k f(x)| \leqq C_K^l,$$

d'où la conclusion.

d) *L'espace $A(\Omega)$ est complet.*

Soit f_m une suite de Cauchy dans $A(\Omega)$. Elle est de Cauchy dans $C_\infty(\Omega)$, donc elle converge vers f dans $C_\infty(\Omega)$.

Elle est aussi bornée dans $A(\Omega)$, donc, pour tout compact $K \subset \Omega$, il existe C_K tel que

$$\sup_m \sup_{|k|=l} \sup_{x\in K} |D_x^k f_m(x)| \leqq l! C_K^l, \quad \forall l.$$

On en déduit immédiatement que

$$\sup_{|k|=l} \sup_{x\in K} |D_x^k f(x)| \leqq l! C_K^l, \quad \forall l,$$

donc f est analytique dans Ω.

Vu I, a), p. 43, f_m tend alors vers f dans $A(\Omega)$.

e) *Tout borné de $A(\Omega)$ est précompact.*

Cela résulte du fait que $A(\Omega)$ est un espace de Schwartz (cf. g), ci-dessous). On peut aussi le démontrer directement.

Nous allons établir que, si B est borné dans $A(\Omega)$, les semi-normes de $A(\Omega)$ y sont uniformément équivalentes à celles induites par $C_\infty(\Omega)$. Comme B est borné dans $C_\infty(\Omega)$, il y est précompact. Il est alors précompact dans $A(\Omega)$.

Soient $\vec{a} \in \mathbf{A}$ et K compact dans Ω fixés et soit C_K tel que

$$\sup_{f\in B} \sup_{|k|=l} \sup_{x\in K} |D_x^k f(x)| \leqq l! C_K^l, \quad \forall l.$$

Fixons l_0 tel que

$$\sup_{l \geqq l_0} a_l C_K^l \leqq \varepsilon/4.$$

Pour tous $f, g \in B$, il vient alors

$$\pi_{\vec{a},K}(f-g) \leqq \sup_{l \leqq l_0} \frac{a_l}{l!} \cdot \sup_{|k| \leqq l_0} \sup_{x \in K} |D_x^k(f-g)| + \varepsilon/2 \leqq \varepsilon$$

si

$$\sup_{|k| \leqq l_0} \sup_{x \in K} |D_x^k(f-g)| \leqq \varepsilon \bigg/ \left[2 \sup_{l \leqq l_0} \frac{a_l}{l!} + 1\right],$$

d'où la conclusion.

f) *Tout borné fermé pour les suites dans $A(\Omega)$ est compact et extractable.*

Soit B un tel borné. Dans $\overline{\langle B \rangle}$, les semi-normes de $A(\Omega)$ sont uniformément équivalentes aux semi-normes induites par $C_\infty(\Omega)$.

Cela résulte de la démonstration précédente, ou du fait que $\overline{\langle B \rangle}$ est précompact et de I, c), p. 95.

On applique alors I, d), p. 97.

g) *L'espace $A(\Omega)$ est nucléaire, donc de Schwartz.*

Soient $\vec{a} \in \mathbf{A}$ et K compact dans Ω fixés.

Comme $C_\infty(\Omega)$ est nucléaire, il existe $\mathscr{C}_i \in C_\infty^*(\Omega)$, c_i, l_0 et K' compact dans Ω tels que

$$\sup_{x \in K} |f(x)| \leqq \sum_{i=1}^{\infty} c_i |\mathscr{C}_i(f)|, \quad \forall f \in C_\infty(\Omega),$$

avec

$$c_i > 0, \quad \sum_{i=1}^{\infty} c_i < \infty$$

et

$$|\mathscr{C}_i(f)| \leqq \sup_{|k| \leqq l_0} \sup_{x \in K'} |D_x^k f(x)|, \quad \forall f \in C_\infty(\Omega), \ \forall i.$$

Pour tout l tel que $a_l > 0$, il vient alors

$$\frac{a_l}{l!} \sup_{|k|=l} \sup_{x \in K} |D_x^k f(x)| \leqq \frac{a_l}{l!} \sup_{|k|=l} \sum_{i=1}^{\infty} c_i |\mathscr{C}_i(D_x^k f)|$$

$$\leqq \sum_{i=1}^{\infty} c_i \sum_{|k|=l} \frac{a_l}{l!} |\mathscr{C}_i(D_x^k f)| \leqq \sum_{i=1}^{\infty} \sum_{|k|=l} c_i \frac{a_l}{b_l} \left[\frac{b_l}{l!} |\mathscr{C}_i(D_x^k f)|\right],$$

si $b_l > 0$.

Posons

$$b_l = a_l n^{l+2}.$$

La suite $\vec{b}$ est visiblement à décroissance rapide.

De plus, comme il y a au plus n^l multi-indices k tels que $|k|=l$,

$$\sum_{i=1}^{\infty} \sum_{\substack{l=0 \\ a_l \neq 0}}^{\infty} \sum_{|k|=l} c_i \frac{a_l}{b_l} \leqq \sum_{i=1}^{\infty} c_i \cdot \sum_{\substack{l=0 \\ a_l \neq 0}}^{\infty} n^l \frac{a_l}{b_l} < \infty.$$

Enfin, si $|k|=l$,

$$\mathscr{C}_{k,i} = \frac{b_l}{l!} \mathscr{C}_i(D_x^k .)$$

est une fonctionnelle linéaire dans $A(\Omega)$, telle que

$$|\mathscr{C}_{k,i}(f)| \leqq \sup_{l \leqq j \leqq l+l_0} \frac{b_l}{l!} \sup_{|k'|=j} \sup_{x \in K'} |D_x^{k'} f(x)|.$$

Chaque semi-norme

$$\pi_r(f) = \sup_l \frac{b_l}{l!} \sup_{|k'|=l+r} \sup_{x \in K'} |D_x^{k'} f(x)|$$

est une semi-norme de $A(\Omega)$ car la suite $(l+r)!b_l/l!$ est à décroissance rapide.

Il existe donc $\vec{d} \in \mathbf{A}$ et $C>0$ tels que

$$|\mathscr{C}_{k,i}(f)| \leqq \sup_{0 \leqq r \leqq l_0} \pi_r(f) \leqq C\pi_{\vec{d},K'}(f), \ \forall f \in A(\Omega), \ \forall k, \ \forall i.$$

Si on pose $c_{i,k}=c_i a_{|k|}/b_{|k|}$ si $b_{|k|} \neq 0$ et 0 si $b_{|k|}=0$, il vient finalement

$$\pi_{\vec{a},K}(f) \leqq \sum_{i=1}^{\infty} \sum_{|k|=0}^{\infty} c_{i,k} |\mathscr{C}_{k,i}(f)|, \ \forall f \in A(\Omega),$$

avec

$$\sum_{i=1}^{\infty} \sum_{|k|=0}^{\infty} c_{i,k} < \infty$$

et

$$|\mathscr{C}_{k,i}(f)| \leqq C\pi_{\vec{d},K'}(f), \ \forall f \in A(\Omega), \ \forall i, \ \forall k,$$

donc $A(\Omega)$ est nucléaire, vu I, a), p. 284.

h) *L'espace $A(\Omega)$ est séparable par semi-norme.*

De fait, $A(\Omega)$ est nucléaire.

i) Structure du dual de $A(\Omega)$

Une fonctionnelle linéaire $\mathscr{C}$ dans $A(\Omega)$ est telle que

$$|\mathscr{C}(f)| \leqq C\pi_{\vec{a},K}(f), \ \forall f \in A(\Omega),$$

si et seulement si

$$\mathscr{C}(f) = \sum_{l=0}^{\infty} \sum_{|k|=l} c_k \int D_x^k f(x) \, d\mu_k, \ \forall f \in A(\Omega),$$

où μ_k sont des mesures dans Ω, portées par K et telles que

$$V\mu_k(K) \leqq 1, \ \forall k,$$

et où les c_k sont tels que $c_k=0$ si $a_{|k|}=0$ et

$$\sum_{\substack{l=0\\ a_l\neq 0}}^{\infty} \sum_{|k|=l} \frac{|c_k|\, l!}{a_l} < \infty.$$

Pour la condition suffisante, il suffit de noter que

$$|\mathscr{T}(f)| \leqq \sum_{l=0}^{\infty} \sum_{|k|=l} |c_k| \int |D_x^k f(x)|\, dV\mu_k$$

$$\leqq \sup_{l} \sup_{|k|=l} \sup_{x\in K} a_l \frac{|D_x^k f(x)|}{l!} \cdot \sum_{\substack{l=0\\ a_l\neq 0}}^{\infty} \sum_{|k|=l} \frac{|c_k|\, l!}{a_l} \leqq C\pi_{\vec{a},K}(f),$$

pour tout $f\in A(\Omega)$.

Pour la condition nécessaire, numérotons les multi-indices k tels que $a_{|k|}\neq 0$ par $m=1, 2, \ldots$, de sorte que $m<m'$ si $|k_m|<|k_{m'}|$. Considérons le sous-espace linéaire

$$L = \{\vec{f} = (D_x^{k_1} f, D_x^{k_2} f, \ldots) : f\in A(\Omega)\}$$

de $\vec{a}_0 - c_0[C_0(\Omega)]$, où $a_{0,m}=a_{|k_m|}/|k_m|!$ pour tout m. Posons

$$\theta(\vec{f}) = \mathscr{T}(f), \quad \forall \vec{f}\in L.$$

On définit ainsi une fonctionnelle linéaire bornée dans L.

Par le théorème de Hahn-Banach, on peut la prolonger par une fonctionnelle linéaire bornée dans $\vec{a}_0 - c_0[C_0(\Omega)]$. Vu a), p. 61, θ s'écrit

$$\theta(\vec{f}) = \sum_{m=1}^{\infty} c_m \mathscr{T}_m(D_x^{k_m} f),$$

avec

$$\sum_{m=1}^{\infty} c_m |k_m|!/a_{|k_m|} \leqq C$$

et

$$|\mathscr{T}_m(f)| \leqq \sup_{x\in K} |f(x)|, \quad \forall f\in C_0(\Omega).$$

Chaque $\mathscr{T}_m$ s'écrit donc

$$\mathscr{T}_m(f) = \int f\, d\mu_m, \quad \forall f\in C_0(\Omega),$$

où μ_m est porté par K et tel que $V\mu_m(K)\leqq 1$.

On obtient donc

$$\mathscr{T}(f) = \sum_{l=0}^{\infty} \sum_{|k|=l} c_k \int D_x^k f(x)\, d\mu_k, \quad \forall f\in A(\Omega),$$

où les c_k et les μ_k satisfont aux conditions annoncées.

j) *L'espace $A(\Omega)$ est bornant.*

Soient K_m des compacts contenus dans Ω tels que $\mathring{K}_m \uparrow \Omega$.

Posons

$$e_{n_1,\ldots,n_r}=\{f\in A(\Omega):\ \sup_{|k|=l}\sup_{x\in K_i}|D_x^k f(x)|\leqq l!n_i^l,\ \forall l,\ \forall i\leqq r\}.$$

Il est immédiat que

$$e_{n_1}\supset e_{n_1,n_2}\supset\ldots,\ \forall n_1,n_2,\ldots,$$

et que

$$A(\Omega)=\bigcup_{n_1=1}^{\infty}e_{n_1}$$

et

$$e_{n_1,\ldots,n_{k-1}}=\bigcup_{n_k=1}^{\infty}e_{n_1,\ldots,n_k},\ \forall n_1,\ldots,n_{k-1}.$$

De plus, pour toute suite n_k fixée, si $f_m\in e_{n_1,\ldots,n_m}$ pour tout m, la suite f_m est bornée. En effet, pour tout m_0,

$$\sup_{|k|=l}\sup_{x\in K_{m_0}}|D_x^k f_m(x)|\leqq l!n_{m_0}^l,\ \forall m\geqq m_0,\ \forall l,$$

donc il existe C_{m_0} tel que

$$\sup_{|k|=l}\sup_{x\in K_{m_0}}|D_x^k f_m(x)|\leqq l!C_{m_0}^l,\ \forall m,\ \forall l.$$

Dès lors, si $\sum_{m=1}^{\infty}\theta_m<\infty$, $(\theta_m\geqq 0)$, la série $\sum_{m=1}^{\infty}\theta_m f_m$ converge puisque $A(\Omega)$ est complet.

EXERCICE

Soit f_m une suite bornée dans $A(\Omega)$.

Si $f_m(x)\to f_0(x)$ pour tout $x\in D$ dense dans Ω et si $f_0\in C_0(\Omega)$, alors $f_0\in A(\Omega)$ et $f_m\to f_0$ dans $A(\Omega)$.

Si Ω est connexe, si $f_0\in A(\Omega)$ et si $x_0\in\Omega$ et $D_x^k f_m(x_0)\to D_x^k f(x_0)$ pour tout k, alors $f_m\to f_0$ dans $A(\Omega)$.

Suggestion. Les semi-normes

$$\sup_{i\leqq N}|f(x_i)|,\qquad (x_1,\ldots,x_N\in D;\ N=1,2,\ldots),\tag{*}$$

sont plus faibles que celles de $A(\Omega)$ et elles séparent $A(\Omega)$.

Comme tout borné de $A(\Omega)$ est contenu dans un compact, les semi-normes de $A(\Omega)$ y sont équivalentes aux semi-normes (*).

Soit f_m la suite donnée. On peut en extraire une sous-suite qui converge vers $f\in A(\Omega)$. On a alors $f(x)=f_0(x)$ pour tout $x\in D$, donc $f=f_0$ et $f_0\in A(\Omega)$. Vu l'équivalence des semi-normes (*) à celles de $A(\Omega)$, f_m tend alors vers f_0 dans $A(\Omega)$.

Raisonnement analogue pour le deuxième énoncé, en appliquant le théorème d'annulation du paragraphe 1, p. 338.

Espace $A_L(\Omega)$, $L(D)$ elliptique

4. — Un opérateur de dérivation $L(D)$ linéaire et à coefficients constants est *elliptique* si sa partie d'ordre maximum, notée $\mathring{L}(D)$, est telle que, pour tout $x \in E_n$,

$$\mathring{L}(ix) = 0 \Rightarrow x = 0.$$

On démontre, (cf. par exemple FVR II, pp. 497—505), que tout opérateur elliptique $L(D)$ admet une *solution élémentaire* e_L telle que

— $e_L \in L_1^{\text{loc}}(E_n)$,
— $e_L \in A(\complement 0)$,
— pour tout $\varphi \in D_\infty(E_n)$,

$$\int e_L(x) L(-D) \varphi(x) \, dx = \varphi(0).$$

On a alors

— $L(D) e_L(x) = 0$ dans $\complement 0$,
— $\varphi = L(-D)(\tilde{e}_L * \varphi), \ \forall \varphi \in D_\infty(E_n)$.

5. — Rappelons que $\Omega_\varepsilon = \{x : d(x, \complement \Omega) > \varepsilon\}$ et $b_\varepsilon = \{x : |x| \leqq \varepsilon\}$.

On appelle *solution faible* de $L(D)$ dans Ω toute distribution $\mathscr{T}$ dans Ω telle que $\mathscr{T}[L(-D)\cdot\,]$ soit nul.

Les solutions faibles d'un opérateur elliptique admettent une formule de représentation très utile.

Soit α_ε une $\varepsilon/3$-adoucie de $b_{\varepsilon/3}$.

Dans Ω_ε, toute solution faible $\mathscr{T}$ de l'opérateur elliptique $L(D)$ est telle que

$$\mathscr{T}(\varphi) = \int \varphi \cdot \mathscr{T} * L(D)[(1-\alpha_\varepsilon) e_L] \, dx, \quad \forall \varphi \in D_\infty(\Omega_\varepsilon).$$

De plus,

$$\mathscr{T}(D^k \varphi) = \int \varphi \cdot \mathscr{T} * L(D)[(1-\alpha_\varepsilon) D^k e_L] \, dx, \quad \forall \varphi \in D_\infty(\Omega_\varepsilon),$$

quel que soit k.

Il est immédiat que $L(D_x)\,\{[1-\alpha_\varepsilon(x-y)] e_L(x-y)\}$ appartient à $\mathbf{D}_\infty(y+b_\varepsilon)$.

Soit $\varphi \in D_\infty(\Omega_\varepsilon)$. L'expression

$$\int \varphi \cdot \mathscr{T} * L(D)[(1-\alpha_\varepsilon) e_L] \, dx$$

s'écrit encore

$$\underset{(y)}{\mathscr{T}} \left[\int \varphi(x) L(D_x) \{[1-\alpha_\varepsilon(x-y)] e_L(x-y)\} \, dx \right]. \tag{*}$$

L'intégrale devient

$$\int [1-\alpha_\varepsilon(x-y)] e_L(x-y) \cdot L(-D) \varphi(x) \, dx$$

$$= \int e_L(x-y) \cdot L(-D) \varphi(x) \, dx - \int \alpha_\varepsilon(x-y) e_L(x-y) \cdot L(-D) \varphi(x) \, dx$$

$$= \varphi(x) - L(-D)[(\alpha_\varepsilon e_L)^\sim * \varphi].$$

La fonction $(\alpha_\varepsilon e_L)^\sim * \varphi$ appartient à $D_\infty(\Omega)$, puisque $[\alpha_\varepsilon e_L] \subset b_\varepsilon$.

Comme $\mathscr{T}$ est solution faible de $L(D)$ dans Ω, on a alors

$$\mathscr{T}\{L(-D)[(\alpha_\varepsilon e_L)^\sim * \varphi]\} = 0,$$

d'où l'expression (*) est égale à $\mathscr{T}(\varphi)$, ce qui établit la formule de représentation.

De celle-ci, on déduit immédiatement la formule

$$\mathscr{T}(D^k\varphi) = \int \varphi \cdot \mathscr{T} * L(D) D^k[(1-\alpha_\varepsilon)e_L]\, dx. \qquad (**)$$

Le développement de $D^k[(1-\alpha_\varepsilon)e_L]$ est formé de $(1-\alpha_\varepsilon)D^k e_L$ et de termes de la forme $\psi = c_i D^i(1-\alpha_\varepsilon) \cdot D^{k-i} e_L$. Or,

$$\mathscr{T} * L(D)\psi = \underset{(y)}{\mathscr{T}}[L(-D)\psi(x-y)] = 0$$

si $x \in \Omega_\varepsilon$, car, pour un tel x, $\psi(x-y) \in D_\infty(\Omega)$. Dès lors, il vient

$$\mathscr{T}(D^k\varphi) = \int \varphi \cdot \mathscr{T} * L(D)[(1-\alpha_\varepsilon) D^k e_L]\, dx,$$

d'où la conclusion.

De là, *toute solution faible de $L(D)$ dans Ω est la distribution d'une fonction $f \in C_\infty(\Omega)$, telle que $L(D)f = 0$.*

De fait, il découle de la formule de représentation que la restriction de $\mathscr{T}$ à Ω_ε est la distribution d'une fonction

$$f_\varepsilon = \mathscr{T} * L(D)[(1-\alpha_\varepsilon)e_L].$$

On a $f_\varepsilon \in C_\infty(\Omega_\varepsilon)$, car $L(D)[(1-\alpha_\varepsilon)e_L] \in \mathbf{D}_\infty(b_\varepsilon)$, (cf. a), p. 285).

Si $\varepsilon < \varepsilon'$, on a

$$\int \varphi f_\varepsilon\, dx = \int \varphi f_{\varepsilon'}\, dx, \quad \forall \varphi \in D_\infty(\Omega_{\varepsilon'}),$$

donc $f_\varepsilon = f_{\varepsilon'}$ l-pp dans $\Omega_{\varepsilon'}$ et, comme f_ε et $f_{\varepsilon'}$ sont continus dans $\Omega_{\varepsilon'}$, $f_\varepsilon = f_{\varepsilon'}$ dans $\Omega_{\varepsilon'}$.

Appelons f la fonction définie dans Ω par

$$f(x) = f_\varepsilon(x), \quad \forall x \in \Omega_\varepsilon.$$

C'est un élément de $C_\infty(\Omega)$, tel que $\mathscr{T} = \mathscr{T}_f$.

Enfin,

$$\int \varphi L(D) f\, dx = \int f L(-D)\varphi\, dx = 0, \quad \forall \varphi \in D_\infty(\Omega),$$

donc $L(D)f = 0$ dans Ω.

6. — Soit $L(D)$ un opérateur de dérivation, linéaire, à coefficients constants et elliptique.

On appelle $\boldsymbol{A}_L(\boldsymbol{\Omega})$ le sous-espace linéaire de $C_\infty(\Omega)$ formé des f tels que $L(D)f=0$, muni du système de semi-normes

$$\sup_{x\in K_m}|f(x)|, \qquad m=1,2,\ldots,$$

induit par $C_0(\Omega)$.

a) *L'espace* $A_L(\Omega)$ *est un sous-espace linéaire de* $A(\Omega)$ *et son système de semi-normes est équivalent à celui induit par* $A(\Omega)$.

Soit K compact dans Ω et soit $\varepsilon>0$ tel que $K\subset\Omega_{2\varepsilon}$.

Soit $f\in A_L(\Omega)$. En vertu de la formule de représentation appliquée à $\mathscr{T}_f$ dans Ω_ε, on a

$$D^k f = f * L(D)\,[(1-\alpha_\varepsilon)\,(-D)^k e_L].$$

Cette expression s'écrit encore sous la forme

$$\sum_{|j|\leqq l_0} c_j f*(\varphi_j D^{j+k} e_L),$$

où φ_j est une dérivée de α_ε et l_0 l'ordre de $L(D)$. Notons que c_j et φ_j ne dépendent pas de k.

Il vient alors, si on pose $K_\varepsilon=\{x: d(x,K)\leqq\varepsilon\}$,

$$\sup_{x\in K}|D_x^k f(x)| \leqq C \sup_{x\in K_\varepsilon}|f(x)|\cdot \sup_{|j|\leqq l_0}\ \sup_{\varepsilon/3\leqq|x|\leqq\varepsilon}|D_x^{j+k} e_L(x)|.$$

Soit $\vec{a}$ une suite à décroissance rapide. On obtient

$$\pi_{\vec{a},K}(f) \leqq C \sup_{x\in K_\varepsilon}|f(x)|\cdot \sup_{|j|\leqq l_0}\ \sup_{l}\ \sup_{|k|=l}\ \sup_{\varepsilon/3\leqq|x|\leqq\varepsilon}\frac{a_l}{l!}|D_x^{j+k} e_L(x)|.$$

Comme e_L est analytique dans $\complement 0$, le dernier facteur du second membre est borné, donc $\pi_{\vec{a},K}(f)$ est défini, ce qui prouve que $f\in A(\Omega)$ et

$$\pi_{\vec{a},K}(f) \leqq C' \sup_{x\in K_\varepsilon}|f(x)|, \quad \forall f\in A_L(\Omega).$$

Ainsi les semi-normes de $A(\Omega)$ sont plus faibles dans $A_L(\Omega)$ que celles de $C_0(\Omega)$. D'où la conclusion.

b) *L'espace* $A_L(\Omega)$ *est fermé dans* $C_0(\Omega)$, *donc a fortiori dans* $C_\infty(\Omega)$ *et dans* $A(\Omega)$. *En particulier,* $A_L(\Omega)$ *est complet.*

De fait, soient $f_m\in A_L(\Omega)$, convergeant vers f dans $C_0(\Omega)$. Il est immédiat que $\mathscr{T}_{f_m}\to\mathscr{T}_f$ dans $D^*_{\infty,s}(\Omega)$. De là, pour tout $\varphi\in D_\infty(\Omega)$,

$$\mathscr{T}_f[L(-D)\varphi] = \lim_m \mathscr{T}_{f_m}[L(-D)\varphi] = 0,$$

donc f est une solution faible de $L(D)$. Il existe alors $f_0\in A_L(\Omega)$ tel que $f=f_0$ l-pp. Comme $f\in C_0(\Omega)$, on a $f=f_0$, d'où la conclusion.

EXERCICES

1. — Déduire de b) que, dans $A_L(\Omega)$, les semi-normes de $C_0(\Omega)$, de $C_\infty(\Omega)$ et de $A(\Omega)$ sont équivalentes.

Suggestion. L'espace $A_L(\Omega)$ est un espace de Fréchet pour les semi-normes de $C_0(\Omega)$. Etant fermé dans $A(\Omega)$, il est bornant pour celles de $A(\Omega)$. Enfin, ces dernières sont visiblement plus fortes que celles de $C_0(\Omega)$. Vu I, p. 421, elles leur sont donc équivalentes dans $A_L(\Omega)$.

2. — Montrer que les semi-normes de $A_L(\Omega)$ sont équivalentes à celles de $L_1^{\mathrm{loc}}(\Omega)$ et $L_2^{\mathrm{loc}}(\Omega)$.

Suggestion. Soit K compact dans Ω. D'une part,

$$\Big(\int_K |f|^{1,2}\,dx\Big)^{1,1/2} \leqq [l(K)]^{1,1/2}\cdot \sup_{x\in K}|f(x)|,\quad \forall f\in A_L(\Omega),$$

et, d'autre part, la formule de représentation dans $\Omega_\varepsilon \supset K$,

$$f(x)=\int_\Omega f(y)\,L(D_x)\{[1-\alpha_\varepsilon(x-y)]\,e_L(x-y)\}\,dy,$$

permet d'écrire successivement

$$\sup_{x\in K}|f(x)| \leqq \int_{K_\varepsilon}|f(y)|\,dy\cdot \sup_{x\in E_n}|L(D)\{[1-\alpha_\varepsilon(x)]\,e_L(x)\}|$$

ou

$$\sup_{x\in K}|f(x)| \leqq \Big(\int_{K_\varepsilon}|f(y)|^2\,dy\Big)^{1/2}\cdot\Big(\int_{E_n}|L(D)\{[1-\alpha_\varepsilon(x)]\,e_L(x)\}|^2\,dx\Big)^{1/2}.$$

7. — Les propriétés de $A_L(\Omega)$ découlent immédiatement des théorèmes a) et b) précédents.

a) *L'espace $A_L(\Omega)$ est de Fréchet.*

b) *L'espace $A_L(\Omega)$ est séparable.*

c) *Dans $A_L(\Omega)$,*

— *tout borné est précompact,*

— *tout borné fermé pour les suites est compact et extractable.*

Cela résulte de e) et f), pp. 340—341.

d) *L'espace $A_L(\Omega)$ est nucléaire, donc de Schwartz.*

Cela résulte de g), p. 341.

e) *Une fonctionnelle linéaire $\mathscr{T}$ dans $A_L(\Omega)$ est bornée si et seulement si*

$$\mathscr{T}(f)=\int \varphi f\,dx,\quad \forall f\in A_L(\Omega),$$

où $\varphi\in D_\infty(\Omega)$.

La condition est évidemment suffisante.

Elle est nécessaire.

Si $\mathscr{C}$ vérifie la majoration

$$|\mathscr{C}(f)| \leqq C \sup_{x \in K} |f(x)|, \quad \forall f \in A_L(\Omega),$$

on peut le prolonger par une fonctionnelle qui vérifie la même majoration dans $C_0(K)$, donc

$$\mathscr{C}(f) = \int f \, d\mu, \quad \forall f \in C_0(K),$$

où μ est une mesure dans Ω, à support dans K.

Si $\Omega_\varepsilon \supset K$, il vient alors, pour tout $f \in A_L(\Omega)$,

$$\mathscr{C}(f) = \int \left[\int f(y) L(D_x) \{[1 - \alpha_\varepsilon(x-y)] e_L(x-y)\} \, dy \right] d\mu(x)$$

$$= \int f(y) \left[\int L(D_x) \{[1 - \alpha_\varepsilon(x-y)] e_L(x-y)\} \, d\mu(x) \right] dy = \int f(y) \varphi(y) \, dy$$

avec $\varphi \in D_\infty(\Omega)$.

APPENDICE: THÉORÈME DE KREIN-MILMAN

Cet appendice constitue un complément à la théorie générale développée dans le tome I. Toutefois les exercices qui l'illustrent font largement appel aux tomes II et III.

Conformément à la position adoptée dans l'ensemble de l'ouvrage, l'axiome du choix non dénombrable n'est pas utilisé, ce qui introduit dans les énoncés qui suivent certaines hypothèses que son usage permettrait d'éviter.

Sous-ensembles extrémaux

1. — Soit A un ensemble d'un espace linéaire à semi-normes E.

Un sous-ensemble non vide A' de A est un *sous-ensemble extrémal* de A si

$$\left.\begin{array}{l} f = \theta g + (1-\theta)h \\ f \in A';\ g, h \in A;\ \theta \in]0, 1[\end{array}\right\} \Rightarrow g, h \in A';$$

on dit encore que A' est *extrémal dans* A.

En particulier, un élément $f \in A$ est un *élément extrémal* de A si

$$\left.\begin{array}{l} f = \theta g + (1-\theta)h \\ g, h \in A;\ \theta \in]0, 1[\end{array}\right\} \Rightarrow f = g = h;$$

on dit encore que f est *extrémal dans* A.

L'ensemble des éléments extrémaux de A est noté $\ddot{A}$.[1]

Tout ensemble n'admet pas nécessairement des éléments extrémaux.

Ainsi,

— *un sous-espace linéaire de E n'a pas d'éléments extrémaux.*

— *un ouvert de E n'a pas d'éléments extrémaux.*

Par contre, *tout ensemble admet au moins un sous-ensemble extrémal, lui-même.*

C'est immédiat.

2. — Voici quelques propriétés élémentaires des éléments et sous-ensembles extrémaux de A.

a) *Si A' est extrémal dans A, cA'* [resp. f_0+A'] *est extrémal dans cA* [resp. f_0+A].

b) *Toute union et toute intersection de sous-ensembles extrémaux de A sont extrémales dans A.*

---

[1] Le contexte empêche de confondre cette notation avec celle de l'adhérence de A pour les suites (cf. I, § 10, p. 61).

c) *Si A'' est extrémal dans A' et si A' est extrémal dans A, alors A'' est extrémal dans A.*

De fait,

$$\left.\begin{array}{l} f = \theta g + (1-\theta)h \\ f \in A''; \ g, h \in A; \ \theta \in]0, 1[\end{array}\right\} \Rightarrow \left\{\begin{array}{l} f = \theta g + (1-\theta)h \\ f \in A''; \ g, h \in A'; \ \theta \in]0, 1[\end{array}\right\} \Rightarrow g, h \in A''.$$

De même, *si A_{m+1} est extrémal dans A_m pour $m = 1, 2, \ldots, \bigcap_{m=1}^{\infty} A_m$ est extrémal dans A_1 s'il n'est pas vide.*

Cela résulte de b) car chaque A_m, $m \geqq 1$, est extrémal dans A_1.

d) *Si $A'' \subset A' \subset A$ et si A'' est extrémal dans A, alors A'' est extrémal dans A'.*

C'est immédiat.

e) *Si un opérateur linéaire T de E dans F a un inverse de F dans E, A' est extrémal dans A si et seulement si TA' est extrémal dans TA.*

f) *Si T est un opérateur linéaire de E dans F et si $A' \subset F$, $T_{-1}A'$ est extrémal dans A si A' est extrémal dans TA.*

En effet, on a successivement

$$\left.\begin{array}{l} f = \theta g + (1-\theta)h \\ f \in T_{-1}A'; \ g, h \in A; \ \theta \in]0, 1[\end{array}\right\} \Rightarrow \left\{\begin{array}{l} Tf = \theta Tg + (1-\theta)Th \\ Tf \in A'; \ Tg, Th \in TA; \ \theta \in]0, 1[\end{array}\right\}$$

$$\Rightarrow Tg, Th \in A'.$$

Attention! Si T est un opérateur linéaire de E dans F,

— f peut être extrémal dans A sans que Tf soit extrémal dans TA,

— Tf peut être extrémal dans TA sans que f soit extrémal dans A,

— g peut être extrémal dans TA sans que $T_{-1}g$ contienne un élément extrémal de A.

Soit T la projection de $E_1 \times E_2$ dans E_2.

Si $A = (g, 0) \cup (0 \times E_2)$, où $g \neq 0$, $f = (g, 0)$ est extrémal dans A et $Tf = 0$ n'est pas extrémal dans $TA = E_2$, d'où la première assertion.

Si $A = E_1 \times 0$, on a $TA = 0$, donc 0 est extrémal dans TA, alors que A n'a aucun élément extrémal. D'où les seconde et troisième assertions.

g) *Si A' est extrémal dans A, on a $(A')^{\bullet} \cap \overset{\circ}{A} = \varnothing$.*

En particulier, *tout sous-ensemble extrémal de A est contenu dans $\dot{A}$ si son intérieur est vide; c'est donc toujours le cas pour un élément extrémal.*

En effet, si $f \in (A')^{\bullet} \cap \overset{\circ}{A}$, il existe une semi-boule de centre f contenue dans A, soit $b = \{g : p(f-g) < r\}$. Il existe alors $g \in A'$ tel que $p(f-g) < r/3$ et $h \notin A'$ tel que $p(f-h) < r/3$. Posons $l = 2g - h$. Il vient

$$\left.\begin{array}{l} g = \tfrac{1}{2}(l+h) \\ g \in A'; \ l, h \in A \end{array}\right\} \Rightarrow l, h \in A',$$

d'où une contradiction.

3. — On dit qu'un ensemble A de E est *convexe* si

$$\theta f + (1-\theta) g \in A$$

pour tous $f, g \in A$ et tout $\theta \in [0, 1]$.

On vérifie facilement que *$A \subset E$ est convexe si et seulement si*

$$\sum_{(i)} \theta_i f_i \in A$$

pour tous $f_i \in A$ et tous $\theta_i \geqq 0$ tels que $\sum_{(i)} \theta_i = 1$.

Examinons les propriétés des ensembles extrémaux dans un ensemble convexe.

a) *Si A est convexe et si $A' \subset A$ est extrémal dans A, on a*

$$\left.\begin{array}{l} f = \sum_{(i)} \theta_i f_i \\ \sum_{(i)} \theta_i = 1; \ \theta_i > 0, \ \forall i \\ f \in A'; \ f_i \in A, \ \forall i \end{array}\right\} \Rightarrow f_i \in A', \ \forall i.$$

En particulier, *si f est extrémal dans A, on a*

$$\left.\begin{array}{l} f = \sum_{(i)} \theta_i f_i \\ \sum_{(i)} \theta_i = 1; \ \theta_i > 0, \ \forall i \\ f_i \in A, \ \forall i \end{array}\right\} \Rightarrow f_i = f, \ \forall i.$$

De fait, pour tout i fixé, on a

$$\left.\begin{array}{l} f = \theta_i f_i + (1-\theta_i) \sum_{j \neq i} \dfrac{\theta_j}{1-\theta_i} f_j \\ f_i \in A, \ \sum_{j \neq i} \dfrac{\theta_j}{1-\theta_i} f_j \in A \end{array}\right\} \Rightarrow f_i \in A'.$$

b) *Inversement, soient $\theta_i > 0$ fixés tels que $\sum_{(i)} \theta_i = 1$. Si A est convexe, $A' \subset A$ est extrémal dans A si*

$$\left.\begin{array}{l} f = \sum_{(i)} \theta_i f_i \\ f \in A'; \ f_i \in A, \ \forall i \end{array}\right\} \Rightarrow f_i \in A', \ \forall i.$$

En particulier, *$f \in A$ est extrémal dans A si*

$$\left.\begin{array}{l} f = \sum_{(i)} \theta_i f_i \\ f_i \in A, \ \forall i \end{array}\right\} \Rightarrow f_i = f, \ \forall i.$$

On se ramène immédiatement au cas où les θ_i se réduisent à deux termes θ et $1-\theta$, où $\theta\in]0,1[$.

En effet,

$$\left.\begin{array}{l} f=\theta_1 g+(1-\theta_1)h \\ f\in A';\ g,h\in A \end{array}\right\} \Rightarrow \left\{\begin{array}{l} f=\theta_1 g+\sum\limits_{i>1}\theta_i h \\ f\in A';\ g,h\in A \end{array}\right\} \Rightarrow g,h\in A'.$$

Supposons donc que

$$\left.\begin{array}{l} f=\theta_0 g+(1-\theta_0)h \\ f\in A';\ g,h\in A \end{array}\right\} \Rightarrow g,h\in A'.$$

Appelons Θ l'ensemble des $\theta\in]0,1[$ tels que

$$\left.\begin{array}{l} f=\theta g+(1-\theta)h \\ f\in A';\ g,h\in A \end{array}\right\} \Rightarrow g,h\in A'.$$

L'ensemble Θ n'est pas vide, puisqu'il contient θ_0 et $1-\theta_0$.

S'il contient θ, il contient θ^k quel que soit k.

On le démontre par récurrence par rapport à k. C'est vrai pour $k=1$. De plus, si c'est vrai pour $k-1$ et si

$$f=\theta^k g+(1-\theta^k)h, f\in A',\ g,h\in A,$$

on a

$$f=\theta[\theta^{k-1}g+(1-\theta^{k-1})h]+(1-\theta)h,$$

d'où $\theta^{k-1}g+(1-\theta^{k-1})h\in A'$ et $g,h\in A'$.

S'il contient θ' et θ'', il contient $[\theta',\theta'']$.

De fait, soit $\theta\in]\theta',\theta''[$. Si $f=\theta g+(1-\theta)h$ avec $f\in A'$ et $g,h\in A$, on a

$$f=\theta' g+(1-\theta')\left(\frac{\theta-\theta'}{1-\theta'}g+\frac{1-\theta}{1-\theta'}h\right)=\theta''\left(\frac{\theta}{\theta''}g+\frac{\theta''-\theta}{\theta''}h\right)+(1-\theta'')h,$$

donc $g,h\in A'$.

Cela étant, il est immédiat que $\Theta=]0,1[$ car $\theta_0^k\to 0$ et $1-\theta_0^k\to 1$.

4. — On appelle *enveloppe convexe* de A et on note $\langle\langle A\rangle\rangle$ l'ensemble

$$\langle\langle A\rangle\rangle=\left\{\sum_{i=1}^N \theta_i f_i : \theta_i\geqq 0,\ \sum_{i=1}^N\theta_i=1;\ f_1,\dots,f_N\in A;\ N=1,2,\dots\right\}.$$

On vérifie immédiatement que $\langle\langle A\rangle\rangle$ *est convexe* et que *tout convexe contenant* A *contient* $\langle\langle A\rangle\rangle$.

L'*enveloppe convexe fermée* de A est $\overline{\langle\langle A\rangle\rangle}$: c'est le convexe fermé tel que tout convexe fermé contenant A le contient.

a) *Tout élément extrémal de* $\langle\langle A\rangle\rangle$ *est contenu dans* A *et y est extrémal.*

En effet, soit $f\in\langle\langle A\rangle\rangle$ un élément extrémal de $\langle\langle A\rangle\rangle$. Comme $f\in\langle\langle A\rangle\rangle$, il s'écrit $f=\sum_{(i)}\theta_i f_i$ avec $f_i\in A$, $\theta_i>0$ et $\sum_{(i)}\theta_i=1$. De là, vu que $A\subset\langle\langle A\rangle\rangle$, on a $f=f_i$ pour tout i et $f\in A$, d'où la conclusion, vu d), p. 351.

b) *Si A' est extrémal dans $\langle\langle A\rangle\rangle$, alors $A'\subset\langle\langle A\cap A'\rangle\rangle$.*

De fait, si $f\in A'$, on a $f\in\langle\langle A\rangle\rangle$, donc $f=\sum_{(i)}\theta_i f_i$ avec $f_i\in A$, $\theta_i>0$, $\sum_{(i)}\theta_i=1$. D'où $f_i\in A'$ pour tout i et $f\in\langle\langle A\cap A'\rangle\rangle$.

c) *Si A' est extrémal dans A, alors $A'\subset\complement\langle\langle A\setminus A'\rangle\rangle$.*

En effet, si $f\in A'\cap\langle\langle A\setminus A'\rangle\rangle$, on a $f=\sum_{(i)}\theta_i f_i$ avec $f_i\in A\setminus A'$, $\theta_i>0$ et $\sum_{(i)}\theta_i=1$. De là, $f_i\in A'$ pour tout i, ce qui est impossible.

d) La réciproque est vraie pour un élément extrémal.

Si $f\in A$ est tel que $f\notin\langle\langle A\setminus f\rangle\rangle$, alors f est extrémal dans A.

En particulier, *$f\in A$ est extrémal dans A si $A\setminus f$ est convexe.*

En effet, si $f=\theta h+(1-\theta)g$ avec $h, g\in A$ et $\theta\in]0,1[$, l'un au moins des éléments g, h ne peut appartenir à $A\setminus f$ sinon $f\in\langle\langle A\setminus f\rangle\rangle$. Il coïncide donc avec f et dès lors, on a $f=g=h$, d'où la conclusion.

e) *Si K et $\overline{\langle\langle K\rangle\rangle}$ sont compacts dans E, tout élément extrémal de $\overline{\langle\langle K\rangle\rangle}$ appartient à K et est donc extrémal dans K.*

Soit f un élément extrémal de $\overline{\langle\langle K\rangle\rangle}$. Pour que $f\in K$, il suffit que, pour toute semi-boule fermée b de centre 0, $(f+b)\cap K\neq\varnothing$.

Etant donné b, il existe un recouvrement fini de K par des semi-boules f_i+b, $f_i\in K$.

Les ensembles $K_i=\overline{\langle\langle K\cap(f_i+b)\rangle\rangle}$ sont convexes et compacts, comme sous-ensembles convexes fermés de $\overline{\langle\langle K\rangle\rangle}$. De plus, $\langle\langle\bigcup_{(i)}K_i\rangle\rangle$ est convexe et compact, comme enveloppe convexe d'une union finie de compacts convexes. Comme

$$K\subset\langle\langle\bigcup_{(i)}K_i\rangle\rangle\subset\overline{\langle\langle K\rangle\rangle},$$

on a donc

$$\langle\langle\bigcup_{(i)}K_i\rangle\rangle=\overline{\langle\langle K\rangle\rangle}.$$

On en conclut que f s'écrit $f=\sum_{(i)}\theta_i g_i$ où $g_i\in K_i$, $\theta_i>0$ et $\sum_{(i)}\theta_i=1$. De là, $f=g_i$ pour tout i et f appartient à $K+b$, d'où la conclusion.

f) *Si A est absolument convexe, pour tout f extrémal dans A et tout c tel que $|c|=1$, cf est extrémal dans A.*

De plus, si $A=\langle B\rangle$, pour tout f extrémal dans A, il existe c tel que $|c|=1$ et que cf soit contenu dans B et y soit extrémal.

Le premier point est trivial. Le second résulte de a). En effet, on a $A=$

$\langle\langle\{cg : g \in B, |c| = 1\}\rangle\rangle$. De là, il existe c tel que $|c| = 1$ et $cf \in B$. Or cf est extrémal dans A, donc il est extrémal dans B.

5. — Etudions un type utile d'ensemble extrémal.

Soit A un ensemble de E.

Une fonction réelle φ est *convexe dans* A si

$$\varphi[\theta f + (1-\theta)g] \leqq \theta\varphi(f) + (1-\theta)\varphi(g)$$

pour tous $f, g \in A$ et $\theta \in [0, 1]$ tels que $\theta f + (1-\theta)g \in A$.

a) *Si φ est une fonction réelle, bornée supérieurement et convexe dans A, l'ensemble*

$$A_\varphi = \{f \in A : \varphi(f) = \sup_{g \in A} \varphi(g)\}$$

est extrémal dans A, s'il n'est pas vide.

De fait, si $f_0 = \theta g + (1-\theta)h$ avec $f_0 \in A_\varphi$, $g, h \in A$ et $\theta \in]0, 1[$, on a

$$\sup_{f \in A} \varphi(f) = \theta\varphi(g) + (1-\theta)\varphi(h),$$

ce qui exige

$$\varphi(g) = \varphi(h) = \sup_{f \in A} \varphi(f),$$

c'est-à-dire $g, h \in A_\varphi$.

En particulier, *si φ est réel et convexe dans A et si $f_0 \in A$ est tel que*

$$\varphi(f) < \varphi(f_0), \quad \forall f \in A \setminus f_0,$$

alors f_0 est extrémal dans A.

b) *Soit A compact ou extractable. Soit d'autre part φ une fonction réelle et convexe dans A.*

Si φ est semi-continu supérieurement dans A, c'est-à-dire si, pour tout $f_0 \in A$ et tout $\varepsilon > 0$, il existe p et η tels que

$$p(f - f_0) \leqq \eta, \quad f \in A \Rightarrow \varphi(f) \leqq \varphi(f_0) + \varepsilon,$$

alors φ est borné supérieurement dans A et A_φ n'est pas vide.

Soient $r_m \uparrow \sup_{f \in A} \varphi(f)$ et soient

$$F_m = \{f \in A : \varphi(f) \geqq r_m\}.$$

Les F_m sont des fermés non vides, emboîtés en décroissant. Par I, c), p. 89, l'intersection des F_m n'est pas vide. Si f_0 appartient à cette intersection, on a $\varphi(f_0) \geqq r_m$ pour tout m, donc

$$\varphi(f_0) = \sup_{f \in A} \varphi(f),$$

ce qui prouve que cette borne supérieure existe et est atteinte.

c) Signalons encore que *si* $\varphi(f)$ *est réel, convexe et continu dans* E *et borné supérieurement dans* $A \subset E$, *on a*

$$\sup_{f\in A} \varphi(f) = \sup_{f\in\langle\langle A\rangle\rangle} \varphi(f) \tag{*}$$

et

$$\sup_{f\in A} \varphi(f) = \sup_{f\in \bar{A}} \varphi(f), \tag{**}$$

donc, en particulier,

$$\sup_{f\in A} \varphi(f) = \sup_{f\in\overline{\langle\langle A\rangle\rangle}} \varphi(f).$$

Pour (*) et (**), l'inégalité $\leqq$ est triviale.

Etablissons l'autre inégalité. Pour (*), on a

$$\sup_{f\in\langle\langle A\rangle\rangle} \varphi(f) = \sup_{\substack{f_i\in A\\ \theta_i\geqq 0,\ \sum_{(i)}\theta_i=1}} \varphi\big(\sum_{(i)} \theta_i f_i\big) \leqq \sup_{f\in A} \varphi(f).$$

Pour (**), on note que si $f_0 \in \bar{A}\setminus A$, pour tout ε, il existe p et η tels qu'on ait $|\varphi(f)-\varphi(f_0)| \leqq \varepsilon$ si $f\in A$ et $p(f-f_0) \leqq \eta$. On obtient donc

$$|\varphi(f_0)| \leqq \sup_{f\in A} \varphi(f)+\varepsilon, \quad \forall \varepsilon>0,$$

ce qui entraîne

$$\sup_{f\in \bar{A}} \varphi(f) \leqq \sup_{f\in A} \varphi(f).$$

d) Voici enfin quelques exemples de telles fonctions φ.

Si p *est une semi-norme de* E *et si* A *est borné pour* p, *on peut prendre pour* φ *les fonctions suivantes:*

— $\mathcal{R}\mathcal{C}(f)$ *ou* $\mathcal{I}\mathcal{C}(f)$, *si* $\mathcal{C}\in E_p^*$,

— $p(f)$,

— $\inf_{g\in e} p(f-g)$, *si* e *est convexe.*

Il est immédiat que ces fonctions sont réelles et continues dans E et bornées supérieurement dans A.

Elles sont convexes dans E. Pour les deux premiers exemples, c'est immédiat. Pour le troisième, on note que, quels que soient $f, f' \in A$ et $g, g' \in e$,

$$\begin{aligned}\inf_{h\in e} p[\theta f+(1-\theta)f'-h] &\leqq p\{\theta f+(1-\theta)f'-[\theta g+(1-\theta)g']\}\\ &\leqq \theta p(f-g)+(1-\theta)p(f'-g'),\end{aligned}$$

donc

$$\inf_{h\in e} p[\theta f+(1-\theta)f'-h] \leqq \theta \inf_{h\in e} p(f-h)+(1-\theta)\inf_{h\in e} p(f'-h).$$

De plus, elles sont continues dans E. En fait, il existe même $C>0$ tel que

$$|\varphi(f)-\varphi(f')| \leqq Cp(f-f'), \quad \forall f, f' \in E.$$

C'est immédiat dans les deux premiers cas. Dans le troisième, il suffit de remarquer qu'on a

$$|\inf_{g\in e} p(f-g) - \inf_{g\in e} p(f'-g)| \leqq \inf_{g\in e} |p(f-g) - p(f'-g)| \leqq p(f-f').$$

EXERCICES

Les exercices qui suivent permettent de déterminer les éléments extrémaux des boules fermées des espaces normés usuels.

1. — Si p est une semi-norme mais pas une norme dans E, la semi-boule fermée $b_p(1)$ n'a pas d'éléments extrémaux.

Suggestion. Si g est tel que $p(g)=0$ et si $p(f)\leqq 1$, on a $p(f\pm g) = p(f)\leqq 1$ et $f = \frac{1}{2}(f+g) + \frac{1}{2}(f-g)$.

2. — Soit p une semi-norme de E.

Considérons les assertions suivantes.

a) Si f et g sont tels que $p(f), p(g)\neq 0$ et que $p(f+g) = p(f)+p(g)$, alors il existe $\lambda>0$ tel que $p(f-\lambda g) = 0$.

b_θ) Si f et g sont tels que $p(f-g) \neq 0$ et que $p(f), p(g)\leqq 1$, on a $p[\theta f+(1-\theta)g]<1$.

c) Si f est tel que $p(f)=1$, $\{g: p(f-g) = 0\}$ est un ensemble extrémal de la semi-boule fermée $b_p(1)$.

Etablir que

$$b_\theta \Leftrightarrow b_{\theta'}$$

pour tous $\theta, \theta' \in]0, 1[$ et que

$$a \Leftrightarrow b_\theta \Leftrightarrow c.$$

Voici une variante utile de b_θ si $\theta\in]0, 1[$: si $f = \theta g+(1-\theta)\, h$ avec $p(g), p(h)\leqq p(f)$, alors $f \underset{p}{=} g \underset{p}{=} h$.

Suggestion. $\mathrm{b}_\theta \Leftrightarrow \mathrm{b}_{\theta'}$ pour tous $\theta, \theta' \in]0, 1[$. Si $\theta'>\theta$, on a

$$\theta' f+(1-\theta')g = \theta f+(1-\theta)\left(\frac{\theta'-\theta}{1-\theta} f+\frac{1-\theta'}{1-\theta} g\right),$$

où f et $\dfrac{\theta'-\theta}{1-\theta} f+\dfrac{1-\theta'}{1-\theta} g\in b_p(1)$, donc, si p vérifie b_θ, $p[\theta' f+(1-\theta')g] < 1$. Si $\theta'<\theta$, on part de la relation

$$\theta' f+(1-\theta')g = \theta\left(\frac{\theta'}{\theta} f+\frac{\theta-\theta'}{\theta} g\right)+(1-\theta)g.$$

$\mathrm{a}\Rightarrow\mathrm{b}_\theta$. Supposons que p vérifie a) et que f et g soient tels que $p(f-g) \neq 0$, $p(f)=p(g)=1$ et $p[\theta f+(1-\theta)g] = 1$. On a alors

$$p[\theta f+(1-\theta)g] = \theta p(f)+(1-\theta)p(g),$$

d'où, par a), il existe $\lambda>0$ tel que $\theta f \underset{p}{=} \lambda(1-\theta)g$, d'où, comme $p(f)=p(g)=1$, $\lambda = \theta/(1-\theta)$ et $p(f-g) = 0$.

$\mathrm{b}_\theta\Rightarrow\mathrm{c}$. De fait, si $f = \theta g+(1-\theta)h$ avec $p(f)=1$ et $p(g), p(h)\leqq 1$ et si p vérifie b_θ, on a $p(g-h) = 0$, d'où la conclusion.

c⇒a. Soient $f, g \in E$ tels que $p(f+g) = p(f)+p(g)$ et $p(f)$, $p(g) \neq 0$. Posons $\theta = p(f)/p(f+g)$. Il vient $1-\theta = p(g)/p(f+g)$ et

$$\frac{f+g}{p(f+g)} = \theta \frac{f}{p(f)} + (1-\theta)\frac{g}{p(g)}.$$

Si p vérifie c), on a alors $f/p(f) \underset{p}{=} g/p(g)$, soit $f \underset{p}{=} \lambda g$ avec $\lambda > 0$.

3. — Toute semi-norme préhilbertienne (cf. I, ex. 1, p. 271) vérifie les conditions équivalentes de l'ex. 2. C'est le cas en particulier pour la norme euclidienne

$$|x| = \left(\sum_{i=1}^{n} |x_i|^2\right)^{1/2}$$

pour laquelle on a donc

$$\left.\begin{array}{l} x = \theta y + (1-\theta) z \\ \theta \in [0, 1];\ |y|, |z| \leq |x| \end{array}\right\} \Rightarrow x = y = z.$$

Suggestion. Si p est une semi-norme préhilbertienne,

$$p^2\left(\frac{f+g}{2}\right) + p^2\left(\frac{f-g}{2}\right) = \frac{1}{2} p^2(f) + \frac{1}{2} p^2(g).$$

De là, si $p(f), p(g) \leq 1$ et $p(f-g) \neq 0$, on a $p\left(\frac{f+g}{2}\right) < 1$, ce qui est la condition $b_{1/2}$ de l'ex. 2.

4. — Eléments extrémaux des boules fermées dans les espaces de suites

Soit $\vec{a}$ une suite dont tous les éléments sont strictement positifs.

a) Les éléments extrémaux de la boule fermée $b(1)$ de $\vec{a}-l_1$ sont les éléments $\lambda_j \vec{e}_j$, où $|\lambda_j| = 1/a_j$ et $j = 1, 2, \ldots$.

b) Les éléments extrémaux de la boule fermée $b(1)$ de $\vec{a}-l_2$ sont les éléments $\vec{x}$ tels que $\pi_{\vec{a}}^{(2)}(\vec{x}) = 1$.

c) Les éléments extrémaux de la boule fermée $b(1)$ de $\vec{a}-l_\infty$ sont les éléments $\vec{x}$ tels que $a_j\, |x_j| = 1$ pour tout j.

Suggestion. a) Pour $\vec{a}-l_1$, notons d'abord que, si $\vec{x}$ est extrémal dans $b(1)$, il n'a qu'une composante non nulle. De fait, si $x_k \neq 0$, comme on a

$$b(1) = \langle\langle \{\lambda \vec{e}_k : |\lambda| = 1/a_k\} \cup \{\vec{y} : \pi_{\vec{a}}^{(1)}(y) \leq 1,\ y_j = 0\} \rangle\rangle,$$

vu a), p. 353, si $\vec{x}$ est extrémal dans $b(1)$, on a $\vec{x} = \lambda \vec{e}_k$, avec $|\lambda| = 1/a_k$.

Inversement, un tel $\vec{x}$ est extrémal dans $b(1)$ puisque la fonctionnelle $\mathscr{C} \in \vec{a}-l_1^*$ définie par

$$\mathscr{C}(\vec{y}) = e^{-i \arg x_j} y_j, \quad \forall \vec{y} \in \vec{a}-l_1,$$

est telle que $\mathscr{R}\mathscr{C}(\vec{y}) < \mathscr{R}\mathscr{C}(\vec{x})$ pour tout $\vec{y} \in b(1)$ autre que $\vec{x}$.

b) Pour $\vec{a}-l_2$, cela résulte des ex. 2 et 3.

c) Pour $\vec{a}-l_\infty$, notons d'abord que si $a_j |x_j| < 1$, $\vec{x}$ n'est pas extrémal car on peut écrire $\vec{x} = \frac{1}{2}(\vec{x}+\varepsilon\vec{e}_j) + \frac{1}{2}(\vec{x}-\varepsilon\vec{e}_j)$ avec $\pi_{\vec{a}}^{(\infty)}(\vec{x} \pm \varepsilon \vec{e}_j) \leq 1$ pour ε assez petit.

Inversement, si $\vec{x} = \frac{1}{2}\vec{y} + \frac{1}{2}\vec{z}$ avec $\pi_{\vec{a}}^{(\infty)}(\vec{y}), \pi_{\vec{a}}^{(\infty)}(\vec{z}) \leq 1$ et $\vec{y}, \vec{z} \neq \vec{x}$, on a $y_j \neq z_j$ pour au moins un j et dès lors, $x_j = \frac{1}{2}(y_j + z_j)$ avec $|y_j|, |z_j| \leq 1/a_j$, d'où $|x_j| < 1/a_j$.

5. — Eléments extrémaux des boules fermées dans les espaces de fonctions μ-mesurables

a) Les éléments extrémaux de la boule fermée $b(1)$ de $\mu - L_1(e)$ sont les $\lambda\delta_x$, où $\mu(\{x\}) \neq 0$ et $|\lambda| = 1/V\mu(\{x\})$.

b) Les éléments extrémaux de la boule fermée $b(1)$ de $\mu - L_2(e)$ sont les f tels que $\pi_\mu^{(2)}(f) = 1$.

c) Les éléments extrémaux de la boule fermée $b(1)$ de $\mu - L_\infty(e)$ sont les f tels que $|f(x)| = 1$ μ-pp dans e.

Suggestion. a) Pour $\mu - L_1(e)$, notons que

$$b(1) = \langle\langle \{f\delta_{e'} : \pi_\mu^{(1)}(f) \leqq 1\} \cup \{f\delta_{e \setminus e'} : \pi_\mu^{(1)}(f) \leqq 1\} \rangle\rangle$$

pour tout e' μ-mesurable contenu dans e.

De là, si f est extrémal dans $b(1)$, on a $f = 0$ μ-pp dans e' ou dans $e \setminus e'$, pour tout ensemble μ-mesurable $e' \subset e$.

L'ensemble $\{x : f(x) \neq 0\}$ est donc réduit à un point x_0 et, comme $\pi_\mu^{(1)}(f) = 1$, x_0 n'est pas μ-négligeable et on a $V\mu(\{x_0\}) \cdot |f(x_0)| = 1$.

Inversement, si $f = \lambda\delta_x$, où $\mu(\{x\}) \neq 0$ et $|\lambda| = 1/V\mu(\{x\})$, f est extrémal dans $b(1)$ car la fonctionnelle $\mathscr{T} \in \mu - L_1^*(e)$ définie par $\mathscr{T}(g) = e^{-i \arg \lambda} g(x)$ pour tout $g \in \mu - L_1(e)$ est telle que $\mathscr{R}\mathscr{T}(g) < \mathscr{R}\mathscr{T}(f)$ pour tout $g \in b(1)$ tel que $g \neq f$.

b) Pour $\mu - L_2(e)$, cela résulte des ex. 2 et 3.

c) Pour $\mu - L_\infty(e)$, notons d'abord que si $|f|$ n'est pas égal à 1 μ-pp, il existe un ensemble e' non μ-négligeable et $\varepsilon > 0$ tels que $|f(x)| < 1 - \varepsilon$ pour tout $x \in e'$. On a alors $f = \frac{1}{2}(f + \varepsilon\delta_{e'}) + \frac{1}{2}(f - \varepsilon\delta_{e'})$ avec $\pi_\mu^{(\infty)}(f \pm \varepsilon\delta_{e'}) \leqq 1$.

Inversement, si $f = \frac{1}{2}g + \frac{1}{2}h$ avec $\pi_\mu^{(\infty)}(g), \pi_\mu^{(\infty)}(h) \leqq 1$ et $g, h \neq f$ μ-pp, il existe e' non μ-négligeable tel que $g \neq h$ dans e'. Pour μ-presque tout $x \in e'$, on a alors $f(x) = \frac{1}{2}g(x) + \frac{1}{2}h(x)$, $|g(x)|, |h(x)| \leqq 1$, $g(x) \neq h(x)$, donc $|f(x)| < 1$.

6. — Soit $a \in C_0(e)$ strictement positif dans e. Les éléments extrémaux de la boule fermée $b(1)$ de $a - C_0(e)$ sont les f tels que $a(x)|f(x)| = 1$ pour tout $x \in e$.

Suggestion. Si $a(x_0)|f(x_0)| < 1 - \varepsilon$, $x_0 \in e$, on a $a(x)|f(x)| < 1 - \varepsilon$ si $x \in e$ et $|x - x_0| \leqq \eta$ pour η assez petit.

Soit alors $g \in C_0(e)$ tel que $0 \leqq ga \leqq \varepsilon\delta_{e \cap \{x : |x - x_0| \leqq \eta\}}$. Il vient $f \pm g \in b_{\pi_a}(1)$ et $f = \frac{1}{2}(f + g) + \frac{1}{2}(f - g)$, donc f n'est pas extrémal.

Inversement, si f n'est pas extrémal, on a $f = \frac{1}{2}g + \frac{1}{2}h$ avec $g, h \in b(1)$ et $g, h \neq f$.

Soit $x \in e$ tel que $g(x) \neq h(x)$. Il vient $f(x) = \frac{1}{2}g(x) + \frac{1}{2}h(x)$ et $|g(x)|, |h(x)| \leqq 1/a(x)$, ce qui entraîne $|f(x)| < 1/a(x)$.

7. — Les éléments extrémaux de la boule fermée $b(1)$ de $MB(\Omega)$ sont les $\lambda\delta_x$, où $|\lambda| = 1$ et $x \in \Omega$.

Suggestion. Pour tout e borélien contenu dans Ω, on a

$$b(1) = \langle\langle \{\mu_e : V\mu(\Omega) \leqq 1\} \cup \{\mu_{\Omega \setminus e} : V\mu(\Omega) \leqq 1\} \rangle\rangle.$$

De là, tout élément extrémal μ de $b(1)$ est porté par e ou par $\Omega \setminus e$. Il en résulte que le support de μ est un point $x_0 \in \Omega$ et dès lors, $\mu = \lambda\delta_{x_0}$, avec $|\lambda| = 1$.

Inversement, si $\mu = \lambda\delta_x$, avec $|\lambda| = 1$ et $x \in \Omega$, μ est extrémal dans $b(1)$ car la fonctionnelle $\mathscr{T} \in MB^*(\Omega)$ définie par $\mathscr{T}(\nu) = \bar{\lambda}\nu(\{x\})$ pour tout $\nu \in MB(\Omega)$ est telle que $\mathscr{R}\mathscr{T}(\nu) < \mathscr{R}\mathscr{T}(\mu)$ pour tout $\nu \in b(1)$ tel que $\nu \neq \mu$.

8. — Soient K un compact convexe de E_n et μ une mesure dans Ω. Etablir qu'un élément $\vec{f}$ de

$$\mathscr{K} = \{\vec{f} \in \mu - L_\infty(\Omega; E_n) : \vec{f}(x) \in K \ \mu\text{-pp}\}$$

est extrémal dans $\mathscr{K}$ si et seulement si $\vec{f}(x) \in \ddot{K}$ μ-pp.

Suggestion. Si $\vec{f} \in \mathscr{K}$ est tel que $\vec{f}(x) \in \ddot{K}$ μ-pp, alors $\vec{f} \in \ddot{\mathscr{K}}$. De fait, si $\vec{f} \pm \vec{g} \in \mathscr{K}$ avec $\vec{g} \in \mu - L_\infty(\Omega; E_n)$, on a $\vec{f}(x) \pm \vec{g}(x) \in K$ μ-pp, d'où $\vec{g}(x) = 0$ μ-pp et la conclusion.

Inversement, si $\vec{f}(x)$ n'est pas extrémal dans K μ-pp, il existe un ensemble e μ-mesurable et non μ-négligeable tel que $\vec{f}(x) \notin \ddot{K}$ pour tout $x \in e$. Dans e, il existe alors un compact K_0 non μ-négligeable tel que toutes les composantes de $\vec{f}$ soient continues dans K_0 (cf. II, c), p. 81).

Comme $\vec{f}(x) \notin \ddot{K}$ pour tout $x \in K_0$, on a

$$K_0 = \bigcup_{m=1}^{\infty} K_m, \quad \text{où} \quad K_m = \bigcup_{m=1}^{\infty} \bigcup_{|y| \geq 1/m} \{x \in K_0 : \vec{f}(x) \pm y \in K\}.$$

Les ensembles K_m sont μ-mesurables comme intersection de K_0 avec l'image inverse par $\vec{f}$, continu dans K_0, de

$$\bigcup_{|z| \geq 1/m} \{y \in K : y \pm z \in K\},$$

qui est compact dans E_n. Il existe donc m_0 tel que K_{m_0} soit μ-intégrable et non μ-négligeable.

Pour $x \in K_0$, les ensembles

$$K_{\vec{f}(x)} = \{y : \vec{f}(x) \pm y \in K, \ |y| \geq 1/m\}$$

vérifient les conditions de II, c), p. 41. De fait, ils sont compacts car

$$K_{\vec{f}(x)} = [K - \vec{f}(x)] \cap [K + \vec{f}(x)] \cap \{y : |y| \geq 1/m\}.$$

De plus, si $x_m \to x_0$ dans K_0, on a $\vec{f}(x_m) \to \vec{f}(x_0)$ et si $\vec{f}(x_m) \pm y_m \in K$ avec $|y_m| \geq 1/m_0$, on voit qu'on peut extraire une sous-suite convergente de y_m, soit $y_{m'} \to y_0$. On a alors $|y_0| \geq 1/m_0$ et $\vec{f}(x_0) \pm y_0 \in K$, d'où $y_0 \in K_{\vec{f}(x_0)}$.

Dès lors, il existe $\vec{g} \in \mu - L_\infty(K_0; E_n)$ tel que $\vec{g}(x) \in K_{\vec{f}(x)}$ μ-pp dans K_0. On a alors $\vec{f} \pm \vec{g}\delta_{K_{m_0}} \in \mathscr{K}$, avec $|\vec{g}(x)| \geq 1/m_0$ dans K_{m_0}, d'où $f \notin \ddot{\mathscr{K}}$.

9. — Simplifier la démonstration de l'ex. 8 si K est l'enveloppe convexe d'un ensemble fini de E_n.

Suggestion. On raisonne par récurrence par rapport à n.

Soient $n=1$ et $K=[a, b]$. Si $f(x) \notin \ddot{K}$ μ-pp, il existe $\varepsilon > 0$ tel que

$$e = \{x : a + \varepsilon \leq f(x) \leq b - \varepsilon\}$$

ne soit pas μ-négligeable. Alors, $f \pm \varepsilon\delta_e \in \mathscr{K}$ et $f \notin \ddot{\mathscr{K}}$.

Si la propriété est vraie pour $n-1$, elle est vraie pour n.

Soit $\vec{f} \in \mathscr{K}$ tel qu'on n'ait pas $\vec{f}(x) \in \ddot{K}$ μ-pp.

Si $\{x : \vec{f}(x) \in \mathring{K}\}$ n'est pas μ-négligeable, il existe un compact K_0 non μ-négligeable où toutes les composantes de $\vec{f}$ sont continues et tel que $\vec{f}(x) \in \mathring{K}$ pour tout $x \in K_0$. Il existe alors $y \in E_n$ non nul et tel que $\vec{f}(x) \pm y \in K$ pour tout $x \in K_0$. De là, on a $\vec{f} \pm y\delta_{K_0} \in \mathscr{K}$ et $\vec{f} \notin \ddot{\mathscr{K}}$.

Si $\{\vec{x}:\vec{f}(x)\in\mathring{K}\}$ est μ-négligeable, il existe une face F de K et un ensemble e non μ-négligeable tel que $\vec{f}(x)\in F$ μ-pp dans e. On est ainsi ramené à E_{n-1}.

*

* *

Les éléments extrémaux de certains ensembles du dual d'une algèbre de Banach sont des fonctionnelles multiplicatives.

1. — Soient A une algèbre de Banach avec unité et P un ensemble total dans A tel que

— $c1\in P$ pour tout $c>0$,

— $fg\in P$ si $f, g\in P$,

— pour tout $f\in P$, il existe $c\geqq 0$ tel que $c1-f\in P$.

Alors, tout élément extrémal de

$$\mathscr{P}=\{\mathscr{T}\in A^*:\mathscr{T}(f)\geqq 0,\ \forall f\in P;\ \mathscr{T}(1)=1\}$$

est une fonctionnelle multiplicative.

Suggestion. Soit $\mathscr{T}$ un élément extrémal de $\mathscr{P}$. Démontrons que $\mathscr{T}$ est multiplicatif dans A. Il suffit d'établir que, pour tout $f_0\in P$ fixé, on a

$$\mathscr{T}(ff_0)=\mathscr{T}(f)\mathscr{T}(f_0),\ \forall f\in A,$$

car P est total dans A. On peut supposer que f_0 et $1-f_0$ appartiennent à P car si $f_0\in P$, il existe $c\geqq 0$ tel que $c1-f_0\in P$, d'où $1-f_0/c\in P$ et il suffit de remplacer f_0 par f_0/c.

La fonctionnelle $\mathscr{T}_0$ définie par

$$\mathscr{T}_0(f)=\mathscr{T}(ff_0)-\mathscr{T}(f)\mathscr{T}(f_0),\ \forall f\in A,$$

appartient à A^*. De plus, on a $\mathscr{T}\pm\mathscr{T}_0\in\mathscr{P}$. De fait, on a évidemment $(\mathscr{T}\pm\mathscr{T}_0)(1)=1$ et, pour tout $f\in P$,

$$(\mathscr{T}+\mathscr{T}_0)(f)=\mathscr{T}(f)\mathscr{T}(1-f_0)+\mathscr{T}(ff_0)\geqq 0$$

et

$$(\mathscr{T}-\mathscr{T}_0)(f)=\mathscr{T}[f(1-f_0)]+\mathscr{T}(f)\mathscr{T}(f_0)\geqq 0.$$

Au total, on obtient donc $\mathscr{T}_0=0$ et $\mathscr{T}$ est multiplicatif.

2. — Soit A l'algèbre de Banach $C_0^b(e)$ ou $\mu-L_\infty(e)$ munie de la multiplication habituelle. Tout élément extrémal de

$$\mathscr{P}=\{\mathscr{T}\in A^*:\mathscr{T}(f)\geqq 0,\ \forall f\geqq 0;\ \mathscr{T}(1)=1\}$$

est une fonctionnelle multiplicative. La réciproque est exacte dans $\mu-L_\infty(e)$.

Suggestion. L'ensemble $P=\{f\in A: f\geqq 0\}$ satisfait visiblement aux conditions de l'ex. 1. Inversement, si $\mathscr{T}$ est une fonctionnelle multiplicative dans $\mu-L_\infty(e)$, on a $\mathscr{T}(\delta_e)=1$ et $\mathscr{T}(\delta_{e'})=0$ ou 1 pour tout ensemble μ-mesurable $e'\subset e$ car $\mathscr{T}(\delta_{e'}+\delta_{e\setminus e'})=1$ et $\mathscr{T}(\delta_{e'}\delta_{e\setminus e'})=0$. De là, par densité, $\mathscr{T}(f)\geqq 0$ pour tout $f\geqq 0$ et $\mathscr{T}\in\mathscr{P}$. Si alors $\mathscr{T}=\theta\mathscr{T}_1+(1-\theta)\mathscr{T}_2$ avec $\mathscr{T}_1,\mathscr{T}_2\in\mathscr{P}$ et $\theta\in]0,1[$, on obtient que $\mathscr{T}_1(\delta_{e'})=\mathscr{T}_2(\delta_{e'})=\mathscr{T}(\delta_{e'})$ pour tout ensemble μ-mesurable $e'\subset e$, car $0\leqq\mathscr{T}_1(\delta_{e'})$, $\mathscr{T}_2(\delta_{e'})\leqq 1$ vu que $0\leqq\delta_{e'}\leqq 1$ μ-pp dans e. Donc $\mathscr{T}_1=\mathscr{T}_2=\mathscr{T}$.

3. — Soit A une algèbre de Banach commutative, avec unité et involution.

Etablir que tout élément extrémal de l'ensemble

$$\mathscr{P} = \{\mathscr{T} \in A^* : \mathscr{T}(ff^*) \geqq 0, \ \forall f \in A;\ \mathscr{T}(1) = 1\}$$

est une fonctionnelle multiplicative et inversement.

Suggestion. On applique l'ex. 1 en prenant $P = \{ff^* : f \in A\}$. Cet ensemble P est total dans A car tout $g \in A$ s'écrit

$$g = \sum_{k=0}^{3} i^k \frac{1+i^k g^*}{2} \left(\frac{1+i^k g^*}{2}\right)^*.$$

De plus, si $f, g \in P$, on a $fg \in P$. Enfin, si $f \in P$, on a $2\|f\| - f \in P$. Seul ce dernier point n'est pas immédiat. Il suffit d'établir que si $f \in P$ et si $\|f\| < 1$, on a $1 - f \in P$.

Or, si $f = gg^*$, on a

$$1 - f = \left[\sum_{m=0}^{\infty} (-1)^m C_{1/2}^m f^m\right]\left[\sum_{m=0}^{\infty} (-1)^m C_{1/2}^m f^m\right]^*.$$

Pour vérifier l'égalité, on note que les séries considérées convergent absolument et on effectue le produit en calculant les coefficients qui apparaissent à partir de l'identité

$$1 - x^2 = \left[\sum_{m=0}^{\infty} C_{1/2}^m (-x^2)^m\right]^2, \quad \forall x \in]-1, 1[. \qquad (*)$$

Inversement, soit $\mathscr{T}$ multiplicatif. C'est visiblement un élément de $\mathscr{P}$. Supposons que $\mathscr{T} = \theta\mathscr{T}_1 + (1-\theta)\mathscr{T}_2$ avec $\theta \in]0, 1[$ et $\mathscr{T}_1, \mathscr{T}_2 \in \mathscr{P}$. Comme $\mathscr{T}(1) = \mathscr{T}_1(1) = \mathscr{T}_2(1) = 1$, il suffit que

$$\mathscr{T}(f) = 0 \Rightarrow \mathscr{T}_1(f) = \mathscr{T}_2(f) = 0$$

pour prouver que $\mathscr{T} = \mathscr{T}_1 = \mathscr{T}_2$.

Or, si $\mathscr{T}(f) = 0$, on a $\mathscr{T}(ff^*) = 0$, d'où $\theta\mathscr{T}_1(ff^*) + (1-\theta)\mathscr{T}_2(ff^*) = 0$. Comme $\mathscr{T}_1(ff^*)$ et $\mathscr{T}_2(ff^*)$ sont positifs, on obtient $\mathscr{T}_1(ff^*) = \mathscr{T}_2(ff^*) = 0$. De là, il vient $\mathscr{T}_1(f) = \mathscr{T}_2(f) = 0$, vu l'inégalité de Schwarz appliquée aux fonctionnelles bilinéaires gauches $\mathscr{B}_1(g, h) = \mathscr{T}_1(gh^*)$ et $\mathscr{B}_2(g, h) = \mathscr{T}_2(gh^*)$, en prenant $g = f$ et $h = 1$.

Variante pour la condition nécessaire

Si A est séparable, vu I, p. 386, il y a correspondance biunivoque et bibornée entre A et $C_0(\mathscr{M})$. Appliquer l'ex. 2 à $C_0(\mathscr{M})$ en prenant pour P l'ensemble des fonctions continues et positives dans $\mathscr{M}$.

4. — Désignons par $\|\mathscr{T}\|$ et $\|g\|$ la norme de $\mathscr{T} \in L_1^*(E_n)$ et de $g \in L_\infty(E_n)$ respectivement. Soit A l'algèbre de Banach $L_1(E_n)$ munie du produit $f * g$.

Etablir que les éléments extrémaux de

$$\mathscr{P} = \{\mathscr{T} \in L_1^*(E_n) : \mathscr{T}(f * f^*) \geqq 0, \ \forall f \in L_1(E_n); 0 < \|\mathscr{T}\| \leqq 1\}$$

sont les fonctionnelles multiplicatives dans A, c'est-à-dire les

$$\mathscr{T}_x(f) = \mathscr{F}_x^+ f, \quad x \in E_n.$$

Suggestion. Voici tout d'abord quelques remarques utiles.

a) Si $g \in L_\infty(E_n)$, on a $\|g * \varrho_\varepsilon * \varrho_\varepsilon^*\| \to \|g\|$ si $\varepsilon \to 0$.

En effet, d'une part, on a évidemment $\|g * \varrho_\varepsilon * \varrho_\varepsilon^*\| \leqq \|g\|$ et, d'autre part, comme

$$\int (g * \varrho_\varepsilon * \varrho_\varepsilon^*) f \, dx \to \int gf \, dx, \quad \forall f \in L_1(E_n),$$

si $\varepsilon \to 0$, on a $\|g\| \leqq \sup\limits_{\varepsilon \leqq \varepsilon_0} \|g * \varrho_\varepsilon * \varrho_\varepsilon^*\|$ pour tout ε_0.

b) Si $g \in L_\infty(E_n)$ est continu en 0 et tel que

$$\int \tilde{g}(f * f^*)\, dx = (g * f * f^*)(0) \geqq 0, \quad \forall f \in L_1(E_n),$$

alors $\|\mathscr{T}_g\| = \|g\| = g(0)$. Cela résulte du théorème de Bochner. On peut aussi le démontrer directement.

Il suffit évidemment d'établir que $\|g\| \leqq g(0)$.

Vu a), il suffit pour cela que

$$|(g * \varrho_\varepsilon * \varrho_\varepsilon^*)(y)| \leqq \int \tilde{g}(\varrho_\varepsilon * \varrho_\varepsilon^*)\, dx, \quad \forall y \in E_n.$$

On raisonne alors comme en A, p. 298.

c) Enfin, notons que, si $f, g \in A$ et si $\pi_l^{(1)}(g) < 1$, il existe $h \in A$ tel que

$$f * f^* - f * f^* * g * g^* = h * h^*.$$

De fait, à partir de la relation (*) de l'ex. 3, on vérifie immédiatement que

$$h = \sum_{m=0}^{\infty} (-1)^m C_{1/2}^m f * \underbrace{(g * g^*) * \ldots * (g * g^*)}_{m}$$

convient.

d) Cela étant, soit $\mathscr{T} = \int \Phi \cdot dx$, $\Phi \in L_\infty(E_n)$, extrémal dans $\mathscr{P}$, ce qui exige $\|\Phi\| = 1$. Pour $f_0 \in L_1(E_n)$ tel que $\pi_l^{(1)}(f_0) < 1$, posons

$$\mathscr{T}_1(f) = \mathscr{T}(f * f_0 * f_0^*) \quad \text{et} \quad \mathscr{T}_2(f) = \mathscr{T}(f - f * f_0 * f_0^*).$$

Vu c), il est immédiat que $\mathscr{T}_1(f * f^*)$ et $\mathscr{T}_2(f * f^*)$ sont positifs pour tout $f \in A$.

De plus,

$$\|\mathscr{T}_1\| = [\Phi * (f_0 * f_0^*)^\sim](0) = \mathscr{T}(f_0 * f_0^*)$$

et

$$\|\mathscr{T}_2\| = 1 - \mathscr{T}(f_0 * f_0^*),$$

ce qui entraîne

$$\|\mathscr{T}_1\| + \|\mathscr{T}_2\| = 1.$$

Pour la première égalité, on utilise b) car $\Phi * (f_0 * f_0^*)^\sim$ est continu en 0. Pour la seconde, on note que, vu a),

$$\|\Phi - \Phi * (f_0 * f_0^*)^\sim\| = \lim_{\varepsilon \to 0} \|\Phi * \varrho_\varepsilon * \varrho_\varepsilon^* - \Phi * \varrho_\varepsilon * \varrho_\varepsilon^* * (f_0 * f_0^*)^\sim\|$$

$$= \lim_{\varepsilon \to 0} \{(\Phi * \varrho_\varepsilon * \varrho_\varepsilon^*)(0) - [\Phi * \varrho_\varepsilon * \varrho_\varepsilon^* * (f_0 * f_0^*)^\sim](0)\} = 1 - \mathscr{T}(f_0 * f_0^*).$$

On a alors

$$\mathscr{T} = \|\mathscr{T}_1\| \cdot \frac{\mathscr{T}_1}{\|\mathscr{T}_1\|} + \|\mathscr{T}_2\| \cdot \frac{\mathscr{T}_2}{\|\mathscr{T}_2\|}, \quad \text{avec} \quad \frac{\mathscr{T}_1}{\|\mathscr{T}_1\|}, \frac{\mathscr{T}_2}{\|\mathscr{T}_2\|} \in \mathscr{P},$$

donc $\mathscr{T} = \mathscr{T}_1 / \|\mathscr{T}_1\|$, soit $\mathscr{T}(f * f_0 * f_0^*) = \mathscr{T}(f)\mathscr{T}(f_0 * f_0^*)$ pour tous $f_0, f \in A$.

De là, $\mathscr{T}$ est multiplicatif dans A car les $f * f^*$, $f \in A$, forment un ensemble total dans A puisque

$$f * \varrho_\varepsilon = \sum_{k=0}^{3} i^k \frac{f + i^k \varrho_\varepsilon^*}{2} * \left(\frac{f + i^k \varrho_\varepsilon^*}{2}\right)^*.$$

Vu l'ex. 4, p. 93, il existe alors $x \in E_n$ tel que $\mathscr{T}(f) = \mathscr{F}_x^+ f$.

Inversement, si $\mathscr{T}$ a la forme indiquée, $\mathscr{T}$ est extrémal dans la boule unité du dual de A, donc a fortiori dans $\mathscr{P}$ (cf. ex. 5, c), p. 359).

Théorème de Krein-Milman

6. — Voici d'abord un critère d'existence d'éléments extrémaux.

a) *Tout compact K de E où les semi-normes sont équivalentes à des semi-normes dénombrables admet au moins un élément extrémal.*

Soient p_i des semi-normes dénombrables équivalentes dans K aux semi-normes de E et soit $\{f_j\colon j=1,2,\dots\}$ un ensemble dénombrable dense dans K. Numérotons les couples (i,j) par un seul indice $m=(i_m,j_m)$ et définissons les ensembles K_m de proche en proche par $K_0=K$ et, pour $m\geqq 1$,

$$K_m=\{f\in K_{m-1}\colon p_{i_m}(f-f_{j_m})=\sup_{g\in K_{m-1}} p_{i_m}(g-f_{j_m})\}.$$

Vu b), p. 355, chaque K_m est un compact non vide, extrémal dans K_{m-1}. Comme les K_m sont emboîtés en décroissant, leur intersection n'est pas vide et est extrémale dans K.

Cette intersection se réduit à un élément qui est donc extrémal dans K. En effet, si elle contient deux éléments distincts f et g, il existe i tel que $p_i(f-g)>0$, donc f_j tel que $p_i(f-f_j)\neq p_i(g-f_j)$. Si m est le numéro du couple (i,j), on doit avoir $f,g\in K_m$, ce qui est absurde.

Variante si E_s^* est séparable

Soit $\{\mathscr{C}_m\colon m=1,2,\dots\}$ un ensemble dense dans E_s^*. Posons $\mathscr{C}'_{2m}=\mathscr{R}\mathscr{C}_m$ et $\mathscr{C}'_{2m+1}=\mathscr{I}\mathscr{C}_m$ pour tout m. On définit alors les K_m de proche en proche par $K_0=K$ et

$$K_m=\{f\in K_{m-1}\colon \mathscr{C}'_m(f)=\sup_{g\in K_{m-1}}\mathscr{C}'_m(g)\}$$

et on poursuit comme ci-dessus.

b) Théorème de M. G. Krein-D. P. Milman

Tout compact K de E où les semi-normes sont équivalentes à des semi-normes dénombrables a la même enveloppe convexe fermée que l'ensemble de ses éléments extrémaux:

$$\overline{\langle\langle K\rangle\rangle}=\overline{\langle\langle \ddot{K}\rangle\rangle}.$$

En particulier, *tout compact convexe où les semi-normes sont équivalentes à des semi-normes dénombrables est l'enveloppe convexe fermée de l'ensemble de ses éléments extrémaux.*

Comme $\ddot{K}\subset K$, on a évidemment $\overline{\langle\langle \ddot{K}\rangle\rangle}\subset\overline{\langle\langle K\rangle\rangle}$.

Pour établir l'autre inclusion, il suffit de prouver que $K\subset\overline{\langle\langle \ddot{K}\rangle\rangle}$. Si ce n'est pas le cas, soit

$$f_0\in K\setminus\overline{\langle\langle \ddot{K}\rangle\rangle}.$$

Il existe une semi-boule de centre f dont l'intersection avec $\overline{\langle\langle \ddot{K}\rangle\rangle}$ est vide. Soit $f_0+b_p(\varepsilon)$ cette semi-boule.

Posons alors

$$\varphi(f) = \inf_{g \in \overline{\langle\langle \ddot{K} \rangle\rangle}} p(f-g), \ \forall f \in E,$$

et

$$e = \{f \in K : \varphi(f) = \sup_{g \in \overline{\langle\langle K \rangle\rangle}} \varphi(g)\}.$$

Cette fonction φ satisfait aux conditions de a), p. 355. De plus, comme φ est continu, e est fermé et non vide. Il est donc extrémal dans K. Comme il est fermé, il admet un élément extrémal, qui est alors extrémal dans K vu c), p. 351, ce qui est absurde puisque $e \cap \ddot{K} = \emptyset$, vu la définition de φ.

EXERCICES

1. — L'ensemble des éléments non extrémaux d'un compact K où les semi-normes sont équivalentes à des semi-normes dénombrables est union dénombrable de compacts.

Suggestion. Cet ensemble peut s'écrire $\bigcup_{m=1}^{\infty} K_m$ où K_m est l'ensemble des $f \in K$ pour lesquels il existe g tel que $p_m(g) \geqq 1/m$ et $\lambda, \mu \geqq 1$ tels que $f+\lambda g, f-\mu g \in K$.

Il suffit d'établir que les ensembles K_m sont fermés pour les suites car, étant contenus dans K, ils sont alors compacts.

Soient $f_i \in K_m$ tels que $f_i \to f$. Il existe g_i tels que $p_m(g_i) \geqq 1/m$ et $\lambda_i, \mu_i \geqq 1$ tels que $f_i + \lambda_i g_i$, $f_i - \mu_i g_i \in K$. Comme K est borné, les suites λ_i et μ_i sont bornées. Il existe donc une sous-suite i_k telle que λ_{i_k} et μ_{i_k} convergent et, si λ et μ désigne leurs limites, on a $\lambda, \mu \geqq 1$. De plus, on a $\lambda_{i_k} g_{i_k} \subset K - f_{i_k} \subset K - K$. On peut donc extraire une sous-suite convergente de $\lambda_{i_k} g_{i_k}$. La sous-suite correspondante de g_{i_k} est alors convergente. Soit g sa limite. Au total, on a $f+\lambda g, f-\mu g \in K$ et $p_m(g) \geqq 1/m$, d'où $f \in K_m$.

2. — Etablir II, d), p. 217, à partir du théorème de Krein-Milman.

Suggestion. Adoptons les notations de II, d), p. 217.

Il suffit d'établir que $\mathscr{A}(B) \subset \mathscr{A}(\ddot{B})$ si B est compact et convexe.

Posons

$$\mathscr{K} = \{\vec{f} \in \mu - L_\infty(\Omega; \mathbf{C}_N) : \vec{f}(x) \in B \ \mu\text{-pp}\}.$$

On sait que $\mathscr{K}$ est convexe et compact pour les semi-normes

$$\sup_{(i)} \left| \int (\vec{f}(x), \vec{\varphi}_i(x)) \, d\mu \right| \qquad (*)$$

avec $\vec{\varphi}_i \in \mu - L_1(\Omega; \mathbf{C}_N)$, ces semi-normes y étant équivalentes à des semi-normes dénombrables.

Soit $\vec{f}_0 \in \mathscr{K}$. Etablissons qu'il existe $\vec{f} \in \mu - L_\infty(\Omega; \mathbf{C}_N)$ tel que $\vec{f}(x) \in \ddot{B}$ μ-pp et que

$$\int M(x) \vec{f}(x) \, d\mu = \int M(x) \vec{f}_0(x) \, d\mu.$$

Posons

$$\mathscr{K}_0 = \left\{ \vec{f} \in \mathscr{K} : \int M(x) \vec{f}(x) \, d\mu = \int M(x) \vec{f}_0(x) \, d\mu \right\}.$$

C'est un sous-ensemble de $\mathscr{K}$ fermé pour les semi-normes (*). C'est donc un compact pour ces semi-normes et $\mathscr{K}_0$ admet un élément extrémal, soit $\vec{f}$.

Cet $\vec{f}$ est aussi extrémal dans $\mathscr{K}$. Sinon, il existe $\vec{g}\neq 0$ μ-pp tel que $\vec{f}\pm\vec{g}\in\mathscr{K}$. Il existe donc un ensemble e μ-intégrable et non μ-négligeable tel que $\vec{g}(x)\neq 0$ pour tout $x\in e$. Comme μ est diffus, on peut partitionner e en $2M+1$ ensembles e_i μ-intégrables et non μ-négligeables (cf. II, b), p. 208). Dès lors, les vecteurs

$$\int_{e_i} M(x)\vec{g}(x)\,d\mu$$

sont linéairement dépendants et il existe des $c_i\in[-1, 1]$ non tous nuls et tels que

$$\sum_{i=1}^{2M+1} c_i \int_{e_i} M(x)\vec{g}(x)\,d\mu = \int M(x)\left[\sum_{i=1}^{2M+1} c_i\delta_{e_i}(x)\right]\vec{g}(x)\,d\mu = 0.$$

Posons $\varphi(x) = \sum_{i=1}^{2M+1} c_i\delta_{e_i}(x)$. Comme B est convexe, on a $\vec{f}\pm\varphi\vec{g}\in\mathscr{K}_0$ et $\vec{f}$ n'est pas extrémal $\mathscr{K}_0$, d'où une contradiction.

Il résulte alors de l'ex. 8, p. 360 que $\vec{f}(x)$ est extrémal dans B pour μ-presque tout x, d'où

$$\int M(x)\vec{f}_0(x)\,d\mu = \int M(x)\vec{f}(x)\,d\mu\in\mathscr{A}(\ddot{B}),$$

d'où la conclusion.

3. — Déduire le théorème de Stone-Weierstrass (cf. b), p. 143) du théorème de Krein-Milman.

Suggestion. Adoptons les notations de b), p. 143.

Pour que L soit dense dans $C_0^0(e)$, il suffit que

$$\mathscr{K} = \left\{\mu : V\mu(e) \leqq 1,\ \int f\,d\mu = 0,\ \forall f\in L\right\} = \{0\}.$$

Cet ensemble est un sous-ensemble s-fermé du polaire de la boule unité de $C_0^0(e)$. C'est donc un compact de $C_{0,s}^{0*}(e)$, où les semi-normes sont équivalentes à des semi-normes dénombrables. On va prouver que $\ddot{\mathscr{K}}=\{0\}$. De là, $\mathscr{K}=\{0\}$.

Soit $\mu_0\in\ddot{\mathscr{K}}$. Son support se réduit à un point. En effet, si $x, y\in[\mu_0]$, il existe $f\in L$ tel que $|f(x)|\neq|f(y)|$. De fait, si $f\in L$ est réel et tel que $f(x)\neq f(y)$, alors f ou $f+f^2$ conviennent. Posons

$$\varphi = \frac{f\bar{f}}{\sup_{x\in e}|f(x)|^2} \quad\text{et}\quad \theta = \int \varphi\,dV\mu_0/V\mu_0(e).$$

On a $\theta\in[0, 1]$ et, dès lors, les mesures

$$\mu_1 = \frac{\varphi}{\theta}\cdot\mu_0 \quad\text{et}\quad \mu_2 = \frac{1-\varphi}{1-\theta}\cdot\mu_0$$

appartiennent à $\mathscr{K}$ et sont telles que $\mu_0 = \theta\mu_1+(1-\theta)\mu_2$, d'où $\mu_0=\mu_1=\mu_2$ et on a $\varphi=\theta$ μ_0-pp, ce qui est absurde.

Il existe donc $x_0\in e$ et $c\in\mathbf{C}$ tels que $\mu_0=c\delta_{x_0}$. Ceci posé, si $f\in L$ est tel que $f(x_0)\neq 0$, on a $c\int f\,d\mu_0=0$, d'où $c=0$ et $\mu_0=0$

4. — Déduire le théorème de Bochner (cf. p. 299) du théorème de Krein-Milman.

Suggestion. Vu l'ex. 4, p. 362, les éléments extrémaux de

$$\mathscr{P}=\{g\in L_\infty(E_n)\colon \int g\cdot f*f^*\,dx \geqq 0,\ \forall f\in L_1(E_n);\ \pi_l^{(\infty)}(g)\leqq 1\}$$

sont les $e^{i\langle x,\cdot\rangle}$, $x\in E_n$.

Considérons alors

$$P'=\left\{\int e^{i\langle x,\cdot\rangle}\,d\mu\colon \mu\geqq 0,\ \mu(E_n)=1\right\}.$$

L'ensemble P' est convexe. C'est l'image de $\{\mu\colon\mu\geqq 0, \mu(E_n)=1\}$ par l'opérateur $T\mu=\mathscr{F}_x^+\mu$ qui est borné de $MB_s(E_n)$ dans $L^*_{1,s}(E_n)$, car

$$\int \mathscr{F}_x^+\mu\cdot f(x)\,dx=\int \mathscr{F}_y^+ f\,d\mu,$$

où $\mathscr{F}_y{}^+ f\in C_0^0(E_n)$ si $f\in L_1(E_n)$. Comme $\{\mu\colon\mu\geqq 0, \mu(E_n)=1\}$ est s-compact, P' est donc aussi s-compact.

D'où $\mathscr{P}=P'$ car P' contient les éléments extrémaux de $\mathscr{P}$ et est contenu dans $\mathscr{P}$.

Le cas où g est continu en 0 se ramène au précédent par b), ex. 4, p. 363.

5. — Etablir le théorème suivant dû à S. Bernstein, à partir du théorème de Krein-Milman.

Pour tout $f\in C_\infty(]0,+\infty[)$, réel et tel que $(-1)^m D_x^m f\geqq 0$ dans $]0,+\infty[$ pour $m=0, 1, 2, \ldots$, il existe une mesure positive μ dans E_1, à support dans $[0,+\infty[$, telle que e^{-xy} soit μ-intégrable pour tout $x>0$ et que

$$f(x)=\int_{y>0} e^{-xy}\,d\mu(y),\quad \forall x\in]0,+\infty[.$$

Suggestion. Désignons par P l'ensemble des fonctions f considérées dans l'énoncé, telles que $f(0+)$ existe et soit inférieur ou égal à 1, $f(0+)$ désignant la limite de $f(x)$ lorsque $x\downarrow 0$.

Cet ensemble P est compact dans $C_\infty(]0,+\infty[)$. De fait, il est visiblement fermé et, de plus, il est borné car, pour $a>0$ et $x\in[a,+\infty[$, en appliquant la formule des accroissements finis entre $a/2$ et x, on obtient

$$(-1)^{m+1}D_x^{m+1}f(x)\leqq(2/a)\,[(-1)^m D_x^m f(a/2)-(-1)^m D_x^m f(x)]\leqq(2/a)\,(-1)^m D_x^m f(a/2).$$

Dès lors, P coïncide avec l'enveloppe convexe fermée de ses éléments extrémaux. Déterminons ceux-ci.

Si f est un élément extrémal de P, on a $f(x+y)=f(x)f(y)$ pour tous $x, y\geqq 0$. En effet, soit x_0 fixé. Posons $g(x)=f(x_0+x)-f(x_0)f(x)$. On a $f\pm g\in P$ car, d'une part, $f(0+)\pm g(0+)\leqq 1$ et, d'autre part,

$$(-1)^m D_x^m(f+g)=[1-f(x_0)](-1)^m D_x^m f(x)+(-1)^m D_x^m f(x_0+x)\geqq 0$$

et

$$(-1)^m D_x^m(f-g)=(-1)^m[D_x^m f(x)-D_x^m f(x_0+x)]+f(x_0)(-1)^m D_x^m f(x)\geqq 0.$$

De là, $g=0$. Il en résulte qu'il existe $\alpha\in\mathbf{C}$ tel que $f(x)=e^{-\alpha x}$. Comme $f\geqq 0$ et $D_x f\leqq 0$, on voit que $\alpha\geqq 0$.

On peut vérifier aisément que tout $e^{-\alpha x}$, $\alpha\geqq 0$, est extrémal dans P, mais ce n'est pas nécessaire ici.

Cela étant, considérons l'ensemble

$$P'=\left\{\int_{\alpha>0} e^{-\alpha x}\,d\mu(\alpha)\colon x\geqq 0;\ \mu\in MB(E_1),\ \mu\geqq 0,\ [\mu]\subset[0,+\infty[,\ \mu(E_1)\leqq 1\right\}.$$

Nous allons établir que $P=P'$. D'une part, il est immédiat que $P'\subset P$. D'autre part, P' est convexe et contient les éléments extrémaux de P. Pour prouver que $P\subset P'$, il suffit donc d'établir que P' est fermé car P est compact.

Soit μ_m une suite de mesures positives dans E_1 telles que $[\mu_m]\subset[0,+\infty]$ et que $\mu_m(E_1)\leqq 1$ pour tout m. On sait (cf. a), p. 205) qu'on peut en extraire une sous-suite convergente dans $C_{0,s}^{0*}(E_1)$; soit μ sa limite. On a donc

$$\int \varphi\, d\mu_{m_k} \to \int \varphi\, d\mu, \quad \forall \varphi\in C_0^0(E_1),$$

avec $\mu\geqq 0$ et $[\mu]\subset[0,+\infty[$. De là, on a

$$\int e^{-\alpha x}\, d\mu_{m_k} \to \int e^{-\alpha x}\, d\mu, \quad \forall x\geqq 0,$$

d'où on tire que $\mu(E_1)\leqq 1$, d'où la conclusion.

On a donc prouvé que tout f satisfaisant aux conditions de l'énoncé et tel que $f(0+)$ existe et soit inférieur ou égal à 1 a la forme indiquée.

Passons à présent au cas général. Soit f_0 une fonction satisfaisant aux conditions de l'énoncé. Pour tout $\varepsilon>0$ fixé, la fonction

$$f_\varepsilon(x) = f_0(x+\varepsilon)/f_0(\varepsilon),$$

vu ce qui précède, s'écrit

$$f_\varepsilon(x) = \int_{\alpha>0} e^{-\alpha x}\, d\mu_\varepsilon,$$

où $\mu_\varepsilon\in MB(E_1)$, $\mu_\varepsilon\geqq 0$, $[\mu_\varepsilon]\subset[0,+\infty[$ et $\mu_\varepsilon(E_1)\leqq 1$.

De là, on a

$$f_0(x) = \int_{\alpha>0} e^{-\alpha x}\, d\mu'_\varepsilon, \quad \forall x\geqq\varepsilon,$$

où $\mu'_\varepsilon = f_0(\varepsilon)e^{\alpha\varepsilon}\cdot\mu_\varepsilon$ est tel que $e^{-\alpha x}\in\mu'_\varepsilon - L_1$ pour tout $x\geqq\varepsilon$.

On fixe alors une suite $\varepsilon_m\to 0$.

Comme, vu b), p. 143, $\{e^{-\alpha x}: x>0\}$ est total dans $C_0^0(]0,\infty[)$, on a $\mu'_{\varepsilon_m}=\mu'_{\varepsilon_{m'}}$ dans $]\sup(\varepsilon_m,\varepsilon_{m'}),+\infty[$, quels que soient m et m'. Il existe donc μ tel que

$$f_0(x) = \int_{\alpha>0} e^{-\alpha x}\, d\mu$$

avec $\mu\in MB(E_1)$, $\mu\geqq 0$, $[\mu]\subset[0,+\infty[$ et tel que $e^{-\alpha x}\in\mu - L_1$ pour tout $x>0$, d'où la conclusion.

BIBLIOGRAPHIE

Voici une liste d'ouvrages où sont étudiés divers espaces particuliers. On trouvera plus spécialement dans [3], [4] et [8] une bibliographie étendue, agrémentée de commentaires détaillés.

BILLINGSLEY, P.

[1] *Convergence of probability measures*, Wiley and Sons, New York, 1968.

DONOGHUE, W. F.

[2] *Distributions and Fourier transform*, Academic Press, New York, 1969.

DUNFORD, N. et SCHWARTZ, J. T.

[3] *Linear operators, Part I: General theory*, Interscience, New York, 1958.

EDWARDS, R. E.

[4] *Functional analysis: theory and applications*, Holt, Rinehart and Winston, New York, 1965.

GELFAND, I. M. et SILOV, G. E.

[5] *Generalized functions, Volume II, Functions and generalized functions spaces*, Academic Press, New York, 1964.

GELFAND, I. M. et VILENKIN, N, Y.

[6] *Generalized functions, Volume IV, Applications to harmonic analysis*, Academic Press, New York, 1964.

HORVÁTH, J.

[7] *Topological vector spaces and distributions*, I, Addison-Wesley, 1966.

KÖTHE, G.

[8] *Topologische lineare Räume*, I, Springer, Berlin, 1960.

PARTHASARATHY, K. R.

[9] *Probability measures on metric spaces*, Academic Press, New York, 1967.

SCHWARTZ, L.

[10] *Théorie des distributions*, tomes I et II, Hermann, Paris, 1951 et 1957.

TRÈVES, F.

[11] *Topological vector spaces, distributions and kernels*, Academic Press, New York, 1964.

INDEX

Adoucie
  ε- — 10
ARZELA-ASCOLI
  théorème de — 148

BERNSTEIN
  théorème de — 367
BOCHNER
  théorème de — 299, 366
  théorème de — -SCHWARTZ 297

Coefficient
  — de Fourier 280
compact
  localement — 131

Définie positive
  distribution — 297
  fonction — 297
distribution
  — dans Ω 257
  — définie positive 297
  — d'ordre fini 271
  — d'une fonction 258
  — d'une mesure 259
  — homogène d'ordre r 264
  — invariante par rotation 264
  — nulle sous a dans la direction e 332
  — périodique 280
  — prolongeable à $\mathbf{A}-C_L^0(\Omega)$ 270
  — s composables 328, 331, 334
  — tempérée 276
  birégularisée d'une — 289
  ouvert d'annulation d'une — 265
  régularisée d'une — 285
  support d'une — 266
DUNFORD-PETTIS
  théorème de — 111

Ensemble
  — hyperbolique 330
  — parabolique 330
  — de $\mathscr{L}$-transformabilité de $\mathscr{T}$ 301
enveloppe
  — convexe 353
  — convexe fermée 353
extrémal
  élément — 350
  sous-ensemble — 350

Fonction
  — analytique 338
FOURIER
  coefficient de — 280
  série de — 280
  transformée de — 11, 277
FUBINI
  théorème de — 243, 325

Groupe
  — topologique 166

HAAR
  mesure de — 167

Inverse 15
invertible 15

KREIN-MILMAN
  théorème de — 364

LIONS
  théorème de — 332

Mesurable
  M- — 67
  M- — par semi-norme 119
moyennes
  passage aux — 11

Négligeable
M- — 67
noyaux
théorème des — 244, 246, 325, 328

Ordre
— d'une distribution 271

PALEY-WIENER
théorème de — 310
partition de l'unité 11
— localement finie 11
période
— de $\mathscr{C}$ 280
produit
— de composition de suites 15
— de composition de distributions 329, 331
— scalaire 12
— tensoriel 56, 117, 124, 241, 248, 323
— tensoriel de distributions 324
PROHOROV
théorème de — 209

Règle des multiplicateurs 40

RIESZ
théorème de — 149

SCHUR-BANACH
théorème de — 32, 34
semi-norme
— simple 194
— stricte 194
— vague 194
solution élémentaire 289, 345
solution faible 345
STONE-WEIERSTRASS
théorème de — 143, 366
suite
— finie 12
— à décroissance rapide 338
composante d'une — 12
dimension d'une — 12

Transformée
— de FOURIER de $\mathscr{C}$ 302
— de LAPLACE de $\mathscr{C}$ 302

Unité
— de composition 10

INDEX DES NOTATIONS

$\langle\langle A\rangle\rangle$ 353

$\ddot{A}$ 350

$\vec{a}-c_0$ 20

$\vec{a}-l_1$, $\vec{a}-l_2$, $\vec{a}-l_\infty$ 20

$A(\Omega)$ 339

$A_L(\Omega)$ 347

$\mathbf{A}$ 15, 133, 216

$\mathbf{A}-c_0$ 18

$\mathbf{A}-l_1$, $\mathbf{A}-l_2$, $\mathbf{A}-l_\infty$ 16

$\mathbf{A}-c_0(E)$ 57

$\mathbf{A}-l_1(E)$, $\mathbf{A}-l_2(E)$, $\mathbf{A}-l_\infty(E)$ 57

$\mathbf{A}-C_0(e)$ 133

$\mathbf{A}-C_0^0(e)$ 134

$\mathbf{A}-C_0(e;E)$ 179

$\mathbf{A}-C_0^0(e;E)$ 180

$\mathbf{A}'\otimes\mathbf{A}''-C_0^0(e'\times e'')$ 178

$\mathbf{A}-C_L(\Omega)$ 216

$\mathbf{A}-C_L^0(\Omega)$ 216

$\mathbf{A}-C_L(\Omega;E)$ 247

$\mathbf{A}-C_L^0(\Omega;E)$ 247

$\mathbf{A}'\otimes\mathbf{A}''-C_L(\Omega'\times\Omega'')$ 239

$\mathbf{A}'\otimes\mathbf{A}''-C_L^0(\Omega'\times\Omega'')$ 239

c_0 20

$C_0^{\mathrm{alg}}(e)$ 130

$C_0(e)$ 130, 135

$C_0^0(e)$ 136

$C_0^b(e)$ 136

$C_0^T(E_n)$ 165

$C_L(\Omega)$ 217

$C_L^0(\Omega)$ 217

$C_L^b(\Omega)$ 217

C_m^i 9

D_x^i 9

$D_0(e)$ 137

$\mathbf{D}_0(K)$ 218

$\mathbf{D}_0(K,e)$ 137

$D_L(\Omega)$, $D_L^F(\Omega)$ 219

$\mathbf{D}_L(K)$ 218

$D_\infty(\Omega)$ 253

$\vec{e}_i$ 12

e_l 289

e_L 345

E_μ 112

$\hat{f}$, $\tilde{f}$, f^* 11

$\vec{f}$ 56

$(f,g)_\mu$ 67

F_μ 113

$\mathscr{F}^{\pm}f$ 11

$\mathscr{F}^{\pm}\mathscr{C}$ 302

$i!$, $|i|$ 9

l, l^* 20, 21

l_1, l_2, l_∞ 20

$l_1(e)$, $l_2(e)$, $l_\infty(e)$ 48

L_1, L_2, L_∞ 72

L_1^b, L_2^b, L_∞^b 72

L_1^{comp}, L_2^{comp} 73

$L_1^{loc}, L_2^{loc}, L_\infty^{loc}$ 72

$L_1(e), L_2(e), L_\infty(e)$ 72

L_ν 187

LB_ν 187

$\mathscr{L}_p f$ 11

$\mathscr{L}_p \mathscr{T}$ 302

$\mathscr{L}_p^y \mathscr{T}$ 315

$M(\Omega)$ 186

$M_e(\Omega)$ 187

$M_v(\Omega)$ 194

$M^{alg}(\Omega), MB^{alg}(\Omega)$ 185

$MB(\Omega)$ 187

$MB_e(\Omega)$ 187

$MB_s(\Omega)$ 194

$MB_{str}(\Omega)$ 194

$\mathbf{M}$ 67

$\mathbf{M}-L, \mathbf{M}-L(\Omega)$ 67

$\mathbf{M}-L(\Omega; E), \mathbf{M}-L(E)$ 119

$\mathbf{M}-L_1(\Omega), \mathbf{M}-L_2(\Omega), \mathbf{M}-L_\infty(\Omega)$ 70

$\mathbf{M}-L_1, \mathbf{M}-L_2, \mathbf{M}-L_\infty$ 71

$\mathbf{M}-L_1^b, \mathbf{M}-L_2^b, \mathbf{M}-L_\infty^b$ 72

$\mathbf{M}-L_1^{comp}, \mathbf{M}-L_2^{comp}$ 73

$\mathbf{M}-L_1^{loc}, \mathbf{M}-L_2^{loc}, \mathbf{M}-L_\infty^{loc}$ 72

$\mathbf{M}-L_1(e), \mathbf{M}-L_2(e), \mathbf{M}-L_\infty(e)$ 72

$\mathbf{M}-L_1(\Omega; E), \mathbf{M}-L_2(\Omega; E)$ 120

$\mathbf{M}-L_\infty(\Omega; E)$ 120

$\mathbf{M}-L_1(E), \mathbf{M}-L_2(E), \mathbf{M}-L_\infty(E)$ 120

$\mathbf{M}-L_{\infty,s}$ 94

$\mathbf{M}'\otimes\mathbf{M}''-L_1(\Omega'\times\Omega'')$ 117

$N(\vec{x})$ 26

$o(\mathscr{T})$ 271

P 208

$S_L(E_n)$ 218

$\mathscr{T}_{(a)}$ 259

$\mathscr{T}_f$ 258

$\mathscr{T}_\mu$ 259

$\mathscr{T}[L(D)\cdot]$ 259

$\mathscr{T}(\alpha\cdot)$ 259

$\mathscr{T} * \varphi$ 285

$\mathscr{T} * \varphi * \psi$ 289

$\mathscr{T}' * \mathscr{T}''$ 329, 334

$\mathscr{T}' * \mathscr{T}'' * \mathscr{T}'''$ 331, 336

$\mathscr{T}' \otimes \mathscr{T}''$ 324

V, V^0 12

$V(E), V^0(E)$ 56

$\vec{x}$ 12

$|\vec{x}|, \mathscr{R}\vec{x}, \mathscr{I}\vec{x}, \bar{\vec{x}}, \vec{x}_+, \vec{x}_-$ 14

$\vec{x}\times\vec{y}$ 12

$\vec{x} * \vec{y}$ 15

$\Gamma_{\mathscr{T}}$ 301

$\Gamma_{\mathscr{T}}^y$ 315

$\mu-L, \mu-L(\Omega)$ 67

$\mu-L_1, \mu-L_2, \mu-L_\infty$ 72

$\mu-L_1^b, \mu-L_2^b, \mu-L_\infty^b$ 72

$\mu-L_1^{comp}, \mu-L_2^{comp}$ 73

$\mu-L_1^{loc}, \mu-L_2^{loc}, \mu-L_\infty^{loc}$ 72

$\mu-L_1(e), \mu-L_2(e), \mu-L_\infty(e)$ 72

$\pi_a(f)$ 133

$\pi_{a,l}(f)$ 216

$\pi_{\vec{a},K}(f)$ 339

$\pi_{a,p}(f)$ 179

$\pi_{a,p,l}(f)$ 247

$\pi_{K,L}(f), \pi_{K,m}(f)$ 218

$\pi_{\Omega,L}(f)$, $\pi_{\Omega,m}(f)$ 217

$\pi^{(1)}_{\vec{a},p}(\vec{f})$, $\pi^{(2)}_{\vec{a},p}(\vec{f})$, $\pi^{(\infty)}_{\vec{a},p}(\vec{f})$ 57

$\pi^{(1)}_{\mu}(f)$, $\pi^{(2)}_{\mu}(f)$, $\pi^{(\infty)}_{\mu}(f)$ 71

$\pi^{(1)}_{p,\mu}(f)$, $\pi^{(2)}_{p,\mu}(f)$, $\pi^{(\infty)}_{p,\mu}(f)$ 120

$\pi_{Q_m}(\mu)$ 186

$\pi_{s,l}(f)$ 218

$\pi(\mu)$ 187

$\pi^{(1)}_{\vec{a}}(\vec{x})$, $\pi^{(2)}_{\vec{a}}(\vec{x})$, $\pi^{(\infty)}_{\vec{a}}(\vec{x})$ 16

$\pi_N(\vec{x})$ 21

$\langle\langle \xi_1, \ldots, \xi_N \rangle\rangle$ 302